W0408302

E-Book inside.

Mit folgendem persönlichen Code
können Sie die E-Book-Ausgabe
dieses Buches downloaden.

4ywx6-p56r0-
18400-zy1vu

Registrieren Sie sich unter
www.hanser-fachbuch.de/ebookinside
und nutzen Sie das E-Book
auf Ihrem Rechner*, Tablet-PC
und E-Book-Reader.

Der Download dieses Buches als E-Book unterliegt gesetzlichen Bestimmungen bzw. steuerrechtlichen Regelungen, die Sie unter www.hanser-fachbuch.de/ebookinside nachlesen können.

* Systemvoraussetzungen: Internet-Verbindung und Adobe® Reader®

Breyer-Mayländer

Management 4.0 –
Den digitalen Wandel erfolgreich meistern

Thomas Breyer-Mayländer

MANAGEMENT 4.0 – DEN DIGITALEN WANDEL ERFOLGREICH MEISTERN

Das Kursbuch für Führungskräfte

HANSER

MIX
Papier aus verantwortungsvollen Quellen
FSC® C016439
FSC www.fsc.org

Bibliografische Information der Deutschen Nationalbibliothek

Die Deutsche Nationalbibliothek verzeichnet diese Publikation in der Deutschen Nationalbibliografie; detaillierte bibliografische Daten sind im Internet über <http://dnb.d-nb.de> abrufbar.

www.hanser-fachbuch.de

Lektorat: Lisa Hoffmann-Bäuml
Herstellung: Thomas Gerhardy
Satz: Kösel Media GmbH, Krugzell
Umschlaggestaltung: Stephan Rönigk
Druck & Bindung: Hubert & Co, Göttingen
Printed in Germany

ISBN 978-3-446-45038-7
E-Book-ISBN 978-3-446-45170-4

„Wer im falschen Zug sitzt, dem hilft es nichts, im Gang in die richtige Richtung zu gehen.“

(Dietrich Bonhoeffer)

„Verleihe mir Gott den Mut und die Kraft, die Dinge zu ändern, die ich ändern kann; die Gelassenheit, das Unabänderliche zu ertragen; die Weisheit, zwischen diesen beiden Dingen die rechte Unterscheidung zu treffen.“

(Reinhold Niebuhr bzw. Franz von Assisi)

[Zitate nach: Griesbeck, Josef/Zeller, Alfred (Hrsg.): (1992): Auf den Punkt gebracht – Aphorismen für die Seelsorge, Grünewald Verlag Mainz, S. 55 – Dort wird das Gelassenheitsgebet der stoischen Tradition Franz von Assisi zugeordnet. Die originäre Autorenschaft dieses Zitats ist jedoch umstritten und wird häufig auch dem amerikanischen Theologen Reinhold Niebuhr (1892 bis 1971) zugeschrieben.]

Vorwort

Wenn man ein Buch über ein derart dynamisches Thema wie den digitalen Transformationsprozess schreibt, gibt es die spannende Phase zwischen Abschluss des Manuskripts durch den Autor und dem Zeitpunkt unmittelbar vor der Drucklegung des Buchs durch den Verlag. Dazwischen liegen stets ein paar Monate und es ist gewissermaßen eine Art Nagelprobe des Inhalts, ob in dieser Zeit die Aussagen des Buchs an Bedeutung einbüßen oder gar ergänzt oder revidiert werden müssen. Unter diesem Gesichtspunkt haben sich Inhalte von „Management 4.0" bereits bewährt und bestätigt.

Beispielhaft möchte ich den in Kapitel 3 beschriebenen Transformationsprozess des Stahlhändlers Klöckner aus Duisburg herausgreifen. Einige Monate nach Fertigstellung des Manuskripts war ich Moderator des Steinbeis-Consulting-Tags, zum Thema „Unternehmen 4.0", bei dem Philipp Depiereux in einem Vortrag und einer Podiumsdiskussion die Perspektive der digitalen Startup-Kultur dem Auditorium nahe brachte. Er ist Gründer und Geschäftsführer von etventure, dem Beratungsunternehmen, das den digitalen Wandel bei Klöckner begleitet und seine Aussagen bestätigten die Thesen, die Sie in „Management 4.0" vorfinden. Wie aktuell der „Showcase Klöckner" ist, zeigt zudem der Umstand, dass in der Zeit, in der ich kurz vor Drucklegung dieses Vorwort schreibe, der digitale Transformationsprozess im Stahlhandel am Beispiel von Klöckner die prominente und ausführliche Titelgeschichte der VDI-Nachrichten (Nr. 36, 9.9.2016) ist.

Ein Punkt erscheint mir vorneweg noch wichtig: Die Praxis hat auch in den jüngsten Monaten immer wieder bestätigt, dass es kein Privileg einzelner Gruppen gibt, wenn es um Digitalisierungserfolge geht. Junge Akademiker entwickeln nicht immer die konsequenteren und wirksameren Digitalisierungsstrategien, wenn wir sie mit den Aktivitäten von älteren Führungskräften und Inhabern mittelständischer Unternehmen vergleichen. Es gilt – wie im weiten Feld des Change Managements generell – auch beim digitalen Wandel das Prinzip, dass es unterschiedliche Treiber von Innovation und Veränderung gibt und dies keine reine Generationenfrage darstellt. Zudem hat sich bestätigt, dass sowohl harte Schnitte und revolutionäre Veränderungen notwendig und richtig sein können als auch kleine, stetige Verbesserungen und evolutionäre Optimierungen. In diesem Sinne bestätigt sich der diesem Buch zugrundeliegende Ansatz, dass „Management 4.0" als Führungs- und Strategieprozess im digitalen Wandel eine „digitale Weisheit" erfordert; ein Konzept, das im Folgenden an zahlreichen Beispielen erläutert wird.

Für die erfolgreiche Fertigstellung dieses Buchs geht ein großes Dankeschön an meine Ehefrau Beate Ritter, die mit der notwendigen kritischen Distanz und der Kompetenz der studierten Deutschlehrerin erneut ein sehr wertvolles Korrektiv war. Ebenfalls möchte ich dem Hanser-Verlag, insbesondere der Lektorin Lisa Hoffmann-Bäuml, für die gute Begleitung und Umsetzung des Buchprojekts danken.

Und nun zu Ihnen, liebe Leserin, lieber Leser: Wenn „Management 4.0“ Ihnen den einen oder anderen neuen Impuls im Rahmen des digitalen Veränderungsprozesses gibt und Sie zu konsequentem und wirksamen Handeln ermutigt oder Sie auch nur darin bestätigt, dass Sie bereits alles wissen und auf dem richtigen Weg sind, dann hat dieses Buch seinen Zweck erfüllt.

Ettenheimmünster, September 2016 *Thomas Breyer-Mayländer*

Inhalt

Persönliches Statement zur digitalen Kompetenz

Wann haben Sie zum ersten Mal mit digitalen und interaktiven Medien zu tun gehabt? Ich bin Jahrgang 1971 und somit nach Florian Illies mitten in der Generation Golf geboren. Eine Generation, die heute gemeinhin als die treibende Kraft der Digitalisierung in den Unternehmen eingesetzt wird, die aber ständig darunter leidet, dass sie nach wie vor noch nicht komplett das Label der „Digital Natives" tragen kann, also derjenigen, die von Anfang an mit digitalen Medien groß geworden sind. Auch ich bin daher nur ein angelernter Digitaler. Dabei habe ich ohnehin die Frühphase des Einzugs von Computern in unseren Alltag fast verpasst. Während meine Freunde bereits ihre ersten Computer hatten und mit Nintendo-Spielekonsolen vor dem TV-Gerät wie festgedübelt schienen, hatte ich all diese Segnungen der Digitaltechnik nicht zur Verfügung und konzentrierte mich bei Medien eher auf Bücher oder bereits als 14-Jähriger auf ausführlichere periodische Print-Medien, wie die Wochenzeitung „Die Zeit". Eine Entwicklung, die sich fortsetzte bei den Wahlfächern der Oberstufe. Mich interessierte Philosophie mehr als Informatik, eine Entscheidung, die ich nicht bereut habe, denn schließlich konnte ich mich mit Informatik auch noch im Studium ausgiebig befassen. Nachdem ich mit meinem Wirtschaftsingenieurstudium fertig war (ich hatte mir meinen Interessen folgend einen Schwerpunkt in Richtung Verlage ausgesucht), waren es die elektronischen Fachdatenbanken der achtziger und neunziger Jahre, die ungefähr andeuteten, was im Bereich digitaler Informationen eines Tages auf uns zukommen könnte.

In meinem zweiten Studium beschäftigte ich mich daher mit Informationswissenschaft, zu einer Zeit, als das Internet gerade erst im Begriff war, aus einem losen Verbund von Uni-Rechnern mit einer TCP/IP-Verbindung ein gängiges System zu werden, da es mit dem WWW erstmals von Tim Berners-Lee eine sinnvolle Oberfläche bekommen hatte. Mailboxsysteme, d. h. proprietäre Informationsanbieter wie America Online, galten als zukunftsfähig. Fixiert auf nutzwertige Informationen war ich davon überzeugt, dass diese neuen digitalen interaktiven Medien eine immense Bedeutung bekommen würden. Allerdings ging ich auch davon aus, dass es eher Marken wie die „FAZ" sein würden, die für derartige Dienste relevanten Content liefern könnten, als „Bild". Meine intensive Beschäftigung mit elektronischen Fachressourcen hatte mich hier offensichtlich deutlich „verbildet" und mit entsprechenden blinden Flecken ausgestattet.

Die Hinwendung zu eher unterhaltungsorientierten Themen im Online-Sektor erlebte ich Mitte der neunziger Jahre dann im praktischen Tun, als ich an meinem Studienort ein Produktionsbüro für Hubert Burda Media gründete, das Inhalte für den neu geschaffenen Dienst „Europe Online" produzierte. Aus heutiger Sicht erscheint es klar, dass ein Online-Verbund, der auf technischen Standards von einzelnen Unternehmen beruht, nicht mit dem „Open Innovation"-Prozess eines W3C-Konsortiums mithalten kann, an dem sich Tausende von Entwicklern beteiligen. Zur damaligen Zeit war diese Entwicklung noch nicht klar. Wenn man analysiert, wie Bertelsmann durch die Beteiligung und den anschließenden Verkauf an America Online (AOL) Geld verdiente und Time Warner durch die Fusion mit AOL sich heftig verschluckte, sieht man, dass dies nicht nur kurzfristige strategische Fehleinschätzungen der deutschen Verlagsszene waren, sondern international noch nicht feststand, nach welchen Spielregeln künftig gespielt werden sollte.

Für mich war dieses frühe Engagement in die digitale Produktion eine wichtige Erfahrung. Ich hatte ein Team von tollen Kollegen gefunden und erfahren, wie schwer und leicht zugleich es sein kann, wenn man in einem komplett unsicheren Umfeld nach vorne schauen und Teams anleiten möchte. Nach meinem Ausscheiden haben vier Teammitglieder das Geschäft übernommen und daraus später eine eigene Online-Agentur geformt, die heute noch sehr erfolgreich am Markt ist und Folgeprodukte erstellt, für die sich zwanzig Jahre später Axel Springer als Investor interessierte. Auch für sie war es kein linearer Prozess, aber ein Schritt zu persönlichem und unternehmerischem Erfolg. Mir wurde von den ehemaligen Teamkollegen mit 25 Jahren ein Buch gewidmet, das ich heute noch mit Stolz an einem Ehrenplatz in meinem Buchregal stehen habe. Es ist aber auch Zeugnis des Suchens nach den richtigen Produkten, Nischen und Geschäftsmodellen, das zu dieser Zeit das junge Startup beschäftigte.

Warum erzähle ich diese persönliche Episode zum Einstieg in ein Buch über Management 4.0? Ich will damit deutlich machen, wie entscheidend es ist, dass wir durch unsere unterschiedlichen Faktoren der Sozialisation in unserer medialen Orientierung, aber auch in unserem Kooperationsverhalten und damit in unserer Denk- und Arbeitsweise geprägt werden.

Meine nächste Station nach der Aufbauphase im Online-Sektor war das zu dieser Zeit noch stark hierarchisch geprägte Verbandsgeschäft. Ein kompletter Kulturwechsel, der mir deutlich machte, dass ich in diesem Sinne ein Wanderer zwischen den Kulturen war. Diese Sozialisationsprozesse prägen in Verbindung mit unserer individuellen Persönlichkeit die Art, wie wir denken, welche Chancen wir erkennen und wie wir mit anderen zusammenarbeiten wollen. Sie sind auch Basis für unsere persönliche Vorstellung von einem gelungenen Leben. Wie viel Raum darf hier der Beruf einnehmen? Möchte ich eine klare räumliche und zeitliche Trennung zwischen der Sphäre der Arbeit und der des Privatlebens? Wie stark wird dieses Privatleben durch digitale Medien geprägt und welche Folgen hat dies für meinen Lebensrhythmus? Ich werde auf diese Frage zurückkommen, wenn wir in Kapitel 4 der Frage nachgehen, welche Anforderungen die Generation Y der Digital Natives an die Führung im Rahmen von Management 4.0 stellten.

Zu einer Zeit, da unter dem Stichwort „Industrie 4.0" die digitale Transformation der Produktionsseite den Weg selbst auf die Agenda der Politik geschafft hat, sehen wir, dass diese Fragestellungen von zentraler Bedeutung sind: Was prägt unterschiedliche digitale Generationen von Mitarbeiterinnen und Mitarbeitern? Welche Folgen hat dies für Führung und Unternehmenskultur?

Welche digitalen Prägungen brauche ich als Talente in meinem Unternehmen, um die notwendigen Kompetenzen für die Zukunft an Bord zu haben?

Wenn es darum geht zu vergleichen, wie Unternehmen verschiedener Branchen und Generationen, beispielsweise der über hundert Jahre alte Traditionskonzern oder das zwei Jahre alte Internet-Startup, ihre Märkte entwickeln, ihr Personal akquirieren und sich für die Zukunft präparieren, wurde Ende der neunziger Jahre gerne der Vergleich von „Old Economy" und „New Economy" herangezogen (vgl. Breyer-Mayländer /Fuhrmann 2001). „Old Economy" war zu Beginn dieser Diskussion immer der Hinweis auf „Old School" und damit das altmodisch konventionelle Wirtschaften, „New Economy" waren die neuen Prinzipien des aggressiven wachstumsorientierten Kurses, der als einzig erfolgversprechender galt. Auch die Kapitalmärkte verhielten sich gegenüber jungen Firmen mit neuen unkonventionellen Geschäftsmodellen sehr euphorisch. In Deutschland wurde hierfür mit dem „Neuen Markt" ein eigenes Börsensegment ins Leben gerufen, das einen raschen Börsengang junger Unternehmen ermöglichen sollte. Man hatte zuvor festgestellt, dass es zu wenig Wagniskapital für die aufstrebende junge deutsche Startup-Szene gab. Damit das Exit-Szenario Börsengang für die Wagniskapitalfinanzierer leichter realisierbar wurde, etablierte man also einen Bereich an der Börse, in dem Unternehmen, die die Kriterien eines Börsengangs an der Deutschen Börse noch nicht erfüllten, dennoch den Weg in den Anlegermarkt beschreiten konnten.

Ich war damals bei einem Branchenverband der Medienbranche beschäftigt und da unsere Mitgliedsunternehmen mit ihren Aktivitäten sich auf dem Weg zur digitalen Transformation befanden, wurde häufig darüber diskutiert, wie das möglich sei, dass Unternehmen, von denen nicht viel mehr bekannt war als die Geschäftsidee, Geld von Anlegern einsammeln und dann mit prall gefüllten Kassen in die Schlacht ziehen konnten. Eine der Fragen, die hier diskutiert wurden, war die, wann man aufhören würde, allein über den Umsatz und das Umsatzwachstum zu diskutieren, und wann auch von diesen Unternehmen eine Gewinnperspektive erwartet werden würde.

Egal, ob Kabel New Media oder EM.TV, die Helden der damaligen Zeit wurden schnell zu den Buhmännern der Folge-Ära, als die Börsenperformance in Deutschland nicht dauerhaft auf dem Prinzip Hoffnung aufgebaut werden konnte. Der „Neue Markt" implodierte und am Ende kehrte eine regelrechte Katerstimmung bei Anlegern und Finanzwirtschaft ein.

Für mich als Schwabe hatte es etwas Beruhigendes, festzustellen, dass es keine unterschiedlichen Realitäten gibt, die man im Sinne einer „New Economy" betreiben kann, die völlig entgegen der Grundsätze der klassischen Unternehmenssteuerung gepolt ist. Jedes Unternehmen muss früher oder später in der Lage sein, wirtschaftlich zu arbeiten und damit auch Gewinne zu erzielen, sonst bleibt es für die Investoren ein fragwürdiges Geschäft.

Dennoch gibt es unterschiedliche Prinzipien, Märkte zu beurteilen, Chancen zu realisieren, notwendiges Wachstum für Markteintritte zu organisieren. Dies ist jedoch keine Frage der „New" oder „Old Economy", sondern eine Frage der Unternehmens- und Mitarbeiterführung, die ich in unterschiedlichen Facetten in diesem Buch analysieren möchte.

Einleitung

1 Warum wir „Management 4.0“ brauchen

Wer sich gelegentlich mit technologischen, wirtschaftlichen oder gesellschaftlichen Entwicklungen befasst, konnte seit der Jahrtausendwende an der Diskussion über die Folgen des digitalen Wandels nicht vorbeikommen. Selbst gesellschaftliche Gruppen wie die evangelische Kirche Baden, die nicht gerade im Verdacht stehen, zu sehr der Kommerzialisierung und den jüngsten Technologietrends zu huldigen, setzen sich im Jahr 2016 in ihren Diskussionen, Veranstaltungen und Seminarprogrammen mit dem digitalen Transformationsprozess auseinander (vgl. Meier/Trahasch/Schwach 2016). Es geht dabei für viele auch immer um die Frage, wie sich unsere Gesellschaft und unser Arbeitsleben generell verändern wird und ob wir in Deutschland nicht im Vergleich zum Silicon Valley bereits unsere Zukunft verpasst haben (vgl. Fasse 2015). Aber auch international setzt man sich mit diesem Thema derzeit noch intensiver auseinander als in den Jahren zuvor. 2016 war auch das Weltwirtschaftsforum (WEF) in Davos von der Diskussion über die Digitalisierung geprägt, war die „Vierte industrielle Revolution“ doch ein sehr konkretes Motto für diese bedeutende Tagung (vgl. Koch 2016).

Höhepunkt der typischen Selbstzweifel, ob wir in Deutschland überhaupt in der Lage sind, unsere Unternehmen, Institutionen und unsere Gesellschaft auf Drehzahl zu bringen, um den Anforderungen der Digitalisierung zu genügen, war das berühmte Neuland-Zitat von Bundeskanzlerin Angela Merkel. Nach mehr als 20 Jahren Internet mit komfortabler Hypertextoberfläche für den Massenmarkt, ist es schon bezeichnend, wenn man eben dieses Phänomen als „Neuland“ „für uns alle“ bezeichnet. Ein weiterer Höhepunkt der politisch geprägten Diskussionen über die notwendigen Entwicklungsschritte am Standort Deutschland ist die Diskussion über „Industrie 4.0“, die 2013 erstmals in größerem Stil aufkam und seit dieser Zeit als Beleg für höchst gegensätzliche politische Statements herhalten soll. Die einen sehen darin die Chance für Deutschland, im internationalen Wettbewerb durch die große Industrie- und Produktionserfahrung Boden gut zu machen, andere befürchten genau das Gegenteil und sehen darin auch in erster Linie eine drohende Rationalisierungswelle, die Tausende von Arbeitsplätzen vernichten wird.

Die Diskussion über die Digitalisierung und ihre Auswirkungen setzt „Organisationen unter einen doppelten Zugzwang“ (Süssenguth 2015, S. 94). Einerseits besteht für die Organisationen die Notwendigkeit, bereits heute die Chancen und Risiken der Digitalisierung zu identifizieren und andererseits müssen die Organisationen deutlich machen, dass sie selbst schon erfolgreich mitten im digitalen Wandel stecken.

Die vierte industrielle Revolution wird jedoch nur dann erfolgreich bei uns stattfinden, wenn die Voraussetzungen für wirksames, unternehmerisches Handeln geschaffen sind. Die digitale Transformation der Wirtschaft und Gesellschaft, wie sie in „Industrie 4.0“ für wichtige Branchen in Deutschland postuliert wird, setzt aufseiten der Unternehmensleitungen die Bereitschaft voraus, auch die Führungsarbeit entsprechend anzupassen. Manfred Wittenstein, Chef der Wittenstein AG, sieht zu Beginn des Jahres 2016 in den Führungskräften den Engpassfaktor für die erfolgreiche Umsetzung von Industrie 4.0. *„Klassische Führung über hierarchische Mechanismen funktioniert in Zeiten von Industrie 4.0 immer weniger“* (o. V. 2016).

Dieses Buch beschäftigt sich mit Unternehmens- und Mitarbeiterführung im digitalen Wandel, und damit mit „Management 4.0“. Die erfolgreiche Umsetzung der Erwartungen von Industrie 4.0 erfordert Management 4.0. Für alle, die für ein Unternehmen oder eine Einrichtung Verantwortung tragen und dabei mitwirken, ihre Organisation zukunftsfähig zu machen, ergeben sich durch den digitalen Transformationsprozess neue Anforderungen und Aufgaben.

Ein Themenfeld sind die neuen Generationen von Mitarbeiter/-innen und Kunden, die andere Erfahrungen gemacht haben als die vorherigen Generationen und daher andere Schwerpunkte setzen und auch andere Erwartungshaltungen äußern. Wer sich über introvertierte Nerds als Kolleginnen und Kollegen wundert oder über das selbstbewusste Auftreten der Angehörigen der Generation Y erstaunt ist, merkt sehr schnell, dass sich das Umfeld für Führungsarbeit deutlich verändert hat. Um als Führungskraft künftig (weiterhin) wirksame Beiträge erbringen zu können, benötigt man einen guten direkten Zugang zu jungen Nachwuchskräften. Neue Formen der Führung und Zusammenarbeit sind eine logische Konsequenz dieser Veränderungen, die zudem auch neue Anforderungen in Bezug auf Präzision und Geschwindigkeit des Führungshandelns stellen.

Neben den neuen Anforderungen an die Managementaufgabe der Mitarbeiterführung geht es im Rahmen von Management 4.0 zudem um die Aufgabe, die Unternehmensstrategie und die Geschäftsmodelle auf ihre Zukunftsfähigkeit hin zu untersuchen und robuste, zukunftssichere Perspektiven zu entwickeln. Dies erfordert in vielen Bereichen ein deutliches Umdenken und die Bereitschaft, neben dem Kerngeschäft neue Organisationsformen für deutlich schnellere Testprodukte und Testmärkte zu etablieren. Diese Testprodukte und Markttests tragen dazu bei, dass man am Ende des Tages relevante Erkenntnisse sammeln kann, die einen in die Lage versetzen, unter der Vielzahl an digitalen Optionen die erfolgversprechenden Varianten auszuwählen.

Um beim Management einer Organisation im Sinne von Management 4.0 erfolgreich zu sein, muss man in unsicheren Umgebungen in bewegten Zeiten erfolgreich die richtige Richtung finden. Der Managementexperte Fredmund Malik gebraucht daher für das Management von Transformationsprozessen den Begriff der Navigation (Malik 2015).

Navigation ist die Fähigkeit, mit sehr wenigen Informationen in Echtzeit die richtige Richtung zu bestimmen, auch dann, wenn die ursprünglichen Pläne, wie man sein Schiff, sein Flugzeug oder eben seine Organisation steuern wollte, nicht mehr aktuell sind. Genau diese Fähigkeit zur Navigation und damit die Fähigkeit zur Überprüfung automatischer Navigationsroutinen werden bei der digitalen Transformation entscheidend sein, um Unternehmen erfolgreich nach vorne zu bringen.

„Die höhere Kunst des Navigierens ist die Fähigkeit, sich im Unbekannten zurechtzufinden - dann, wenn die Standorte ungewiss, die Ziele beweglich und die Wege vielfältig sind." (Malik 2015, S. 9)

Es ist jedoch nicht so, dass die Erfahrungen und Kenntnisse des Managements, wie sie in Führungsgrundsätzen festgelegt sind und erst damit eine Führung nach dem Prinzip der Klarheit gestatten, keine Relevanz mehr haben. Auch der Rahmen der bisherigen Managementansätze, wie sie beispielsweise das St. Galler Management-Modell oder auch die aus dieser Tradition stammenden eigenen Systeme und Weiterentwicklungen (vgl. Malik 2003) beschreiben, bleibt von Bedeutung. Insbesondere die von Hans Ulrich geschaffene Basis der systemorientierten Managementlehre nach dem St. Galler Management-Modell liefert in den entsprechenden Weiterentwicklungen eine gute Basis für lernende Organisationen und Unternehmen, mit denen man auch in Umbruchsituationen wie dem digitalen Wandel erfolgreich arbeiten kann.

„Digitale Transformation hat (...) weniger mit Technologie und mehr mit Infrastruktur, mit Organisationsmodellen und mit Führungsqualität zu tun." (Cole 2015, S. 35)

Es geht beim Konzept Management 4.0 darum, die Unternehmenskompetenz um digitale Kompetenzen zu erweitern, die in Verbindung mit dem Erfahrungswissen eine digitale Lebensklugheit und damit eine Basis für digitale Weisheit schaffen können. Dabei umfasst der von mir gewählte Begriff mehr als die reinen digitalen Kompetenzen und auch mehr als die „Digital Dexterity" (vgl. Bonnet/Puram/Buvat/KVJ/Khadikar 2015), die von Capgemini Consulting als Teilfacette für die digitale Transformation in die Diskussion eingebracht wurde. Ins Deutsche übertragen wäre das die digitale „Geschicklichkeit" oder „Gewandtheit", die die Fähigkeit beschreibt, sich dem Wandel anzupassen, indem veränderte Technologien, Kundenerwartungen etc. berücksichtigt werden.

2 Was bedeutet „digitale Weisheit" im Kontext von „Management 4.0"?

Den sehr viel umfassenderen Begriff der „digitalen Weisheit" stelle ich bewusst der in manchen Ausprägungen schon fast apokalyptischen gesellschafts- und kulturpessimistischen Begrifflichkeit der „digitalen Demenz" (Spitzer 2012) entgegen. Die digitale Weisheit beschreibt ein differenziertes, optimistisches Szenario, wonach es möglich ist, sich selbst und seine Arbeitsumgebung zu entwickeln, ohne in einer Art Objekt-Rolle den technologischen und gesellschaftlichen Veränderungen der Digitalisierung ausgeliefert zu sein. Den Spagat zwischen Demenz und Weisheit kann man am deutlichsten in der Seelsorge älterer Menschen feststellen (vgl. Kumlehn/Klie/Kunz 2009). Hier bewegt sich vieles zwischen Lebensklugheit und dem Verlust der Fähigkeit, adäquat mit der aktuellen Umwelt umzugehen. Eine Situation, die für manches Unternehmen und auch einige Unternehmenslenker eine treffende Kennzeichnung ist. Demenz als der „geistige Abstieg" (Spitzer 2012, S. 52) ist damit das Sinnbild für den inhaltlich-strategischen Abstieg eines Unternehmens, den Verlust an Orientierung im bisher gewohnten Umfeld (vgl. Hille/Koehler 2013, S. 53). Viele ziehen an dieser Stelle vorschnell die Schlussfolgerung, dass daher das digitale Management in einer sich stark verändernden Umgebung eine Aufgabe der jungen Führungsgeneration sein sollte.

Gerade im Medienbereich konnte ich viele Fälle erleben, in denen man Mitarbeiterinnen und Mitarbeitern über 35 im Bereich digitaler Geschäftsfelder nicht mehr viel zugetraut hat. Man richtete stattdessen „organisatorische Spielwiesen" für dynamische Jungmanager/-innen ein, die damit das schlechte digitale Gewissen der Gesamtorganisation beruhigen sollten, ohne eine tatsächliche Änderung von Strategien, Strukturen und Prozessen zu bewirken.

Wenn man erfolgreiche Unternehmen analysiert, dann zeigen sich auch gelungene Kombinationen aus Erfahrungswissen und Entwicklungsdynamik. Eric Schmidt von Google ist Jahrgang 1955 und hatte schon zahlreiche Stationen in der IT-Branche hinter sich, ehe er im Google-Führungsteam landete. Dennoch wird man ihm nicht die Bereitschaft und die Fähigkeit zur Innovation absprechen, denn er war in der Kombination mit den beiden jungen Gründern und Ideengebern direkt an der Erfolgsgeschichte des Unternehmens beteiligt. Seine Aufgabe war es, von 2001 bis 2011 aus einem dynamischen Startup ein „funktionierendes Unternehmen" zu machen und damit der Kritik zu begegnen, dass sich Google „zunehmend in ein kaum noch zu steuerndes Irrenhaus verwandle" (Schulz 2015, S. 49 f.). Und all dies ohne die Einzigartigkeit des Unternehmens zu zerstören, damit die Kultur und die positive Dynamik erhalten bleiben. Es geht daher um die Kombination unterschiedlicher Erfahrungen und Blickwinkel. Das Postulat der digitalen Weisheit betont die Notwendigkeit des Erfahrungswissens (vgl. Rohrhirsch 2011, S. 42 f.). Hierzu gehört auch bei der Bewertung aktueller gesellschaftlicher und wirtschaftlicher Veränderungsprozesse ein souveräner Blick aus der Metaperspektive, der es beispielsweise gestattet, Umbrüche und Transformationsszenarien in den historischen Kontext einzuordnen (vgl. dazu Burda 2010a, S. 193 f.).

Der Begriff der Weisheit im Sinne von Lebensklugheit schließt auch eine gewisse Gelassenheit mit ein. Dies ist gerade im Bereich der digitalen Transformation von großer Bedeutung. Gegenwärtig kann man in der Praxis sehr häufig die Extrempositionen antreffen. Da gibt es die schlafmützige Verweigerungshaltung, bei der man die Auswirkungen des digitalen Wandels auf das eigene Geschäft auch dann noch negiert, wenn die eigenen Dienstleistungen von den meisten Menschen längst im Internet abgewickelt werden und nicht mehr über den eigenen Außendienst. Es gibt als Gegenpol dazu dann den aufgeregten Aktionismus mit Investitionen in halbgare digital und modern anmutende junge Unternehmen, deren Geschäftsmodell kein Mitglied des Führungsteams jemals hinterfragt, geschweige denn verstanden hat. Ein Transformationsprozess, wie er beim digitalen Wandel notwendig ist, hat die Bewältigung von Veränderungen zum Ziel. Dies setzt jedoch Glaubwürdigkeit und Vertrauen voraus (vgl. Kappe 2016, S. 5).

Wie so oft wäre es bei dieser Bandbreite zwischen Nichtstun nach dem Vogel-Strauß-Prinzip und der operativen Hektik, die im Zweifel auch ein gut geführtes Unternehmen in einen analogen Hühnerhaufen verwandelt, der sich vor dem digitalen Fuchs fürchtet, hilfreich, einen Weg in der Mitte zu suchen. Dabei ist kein Kompromiss als kleinster gemeinsamer Nenner gemeint; hier stimme ich mit dem bekannten Managementvordenker Peter Drucker überein. Man muss stets die Idealposition kennen und anstreben und nicht bereits mit der Kompromisslösung starten, da man sonst Gefahr läuft, nicht lebensfähige, aber konsensfähige Lösungen umzusetzen. Drucker verweist an dieser Stelle gerne auf das biblische Beispiel, wonach König Salomon bewusst bei den streitenden Frauen, die Mutterrechte beanspruchten, einen absurden Kompromiss ins Spiel brachte: das geteilte Baby. Wir erleben angesichts der digitalen Veränderungen häufig Kompromissvorschläge, die genauso wenig sinnvoll und lebensfähig sind wie das halbierte Kind.

Es geht um das systematische Analysieren der Unternehmenssituation und das Abwägen von Entscheidungsalternativen. Dabei ist im Sinne der digitalen Weisheit mit einer nüchternen Lageeinschätzung und der notwendigen Gelassenheit eine konstruktivere Position für wirksames Management im Sinne von Management 4.0 möglich. Im Begriff der Weisheit als originär philosophisch-theologisch geprägtes Schlagwort ist zudem auch die Tatsache hinterlegt, dass nichts, was wir tun, perfekt ist. Neben der ständigen Optimierungschance und dem dauerhaften Infragestellen des Erreichten (eines der Leitmotive des Managements 4.0) schließt das auch eine gewisse Demut mit ein. Das bedeutet, dass man sich der Begrenztheit der eigenen Lösungen und Arbeiten bewusst ist. Es geht also nicht darum, hier mit „Management 4.0“ gewissermaßen das Schweizer Offiziersmesser zu liefern, das als ein einziges Management-Tool alle Fragen der digitalen Transformation lösen kann. Stattdessen werden die Themenfelder beschrieben, die aus Managementperspektive im Rahmen des digitalen Wandels von besonderer Bedeutung sind und einer stärkeren Aufmerksamkeit bedürfen. Verknüpfungen mit praktischen Beispielen sollen dabei die Themen veranschaulichen. In diesem Sinne erhebt dieses Buch auch nicht den Anspruch vollständig zu sein, sondern es ist eine Näherung an die in der Praxis relevanten Aufgabenfelder.

Dieses Buch ist kein klassisches wissenschaftliches Buch, das beispielsweise primär die Ergebnisse einer eigenen Empirie präsentiert oder sich dem ausführlichen Abwägen von Theorien widmet. Einige Ergebnisse meiner eigenen empirischen Studien sind zwar enthalten, beispielsweise eine qualitative Marktforschung zum Thema „Multichannel-Marketing“. Im Rahmen dieser Studie habe ich kleinere und mittlere Unternehmen aus den Bereichen Handel, Handwerk und Dienstleistung zu ihrer Digitalisierungsstrategie befragt. Diese Ergebnisse bilden zwar den Erfahrungshintergrund dieses Buchs, sie sind jedoch nicht der zentrale Gegenstand der Darstellung.

Es stellt sich ohnehin die Frage, ob der Managementbereich im strengen Sinne der Wissenschaft zugeordnet werden kann. Der Managementexperte Henry Mintzberg hat zu diesem Thema sehr eindeutig Stellung bezogen und darauf hingewiesen, dass Management mit Sicherheit keine Wissenschaft sei, sondern lediglich Wissenschaft anwende (Mintzberg 2011, S. 23 f.). Aus seiner Sicht bewegt sich die Managementtätigkeit zwischen der Sphäre der Wissenschaft (analytisch-systematisches Vorgehen), der Kunst (visionäre, kreative Ideen) und des Handwerks (Erfahrung und Learning by Doing). In diesem Sinne der anwendungsorientierten Disziplin stellt Management 4.0 ein typisches transdisziplinäres Themenfeld dar (Ropohl 2005). Die Bezeichnung „4.0“ könnte man an dieser Stelle auch kritisieren. Der Internetexperte Tim Cole verweist beispielsweise darauf, dass in Deutschland offensichtlich die Uhren anders gehen müssen, da überall sonst in der Welt erst die dritte und nicht bereits die vierte industrielle Revolution im Rahmen der Digitalisierung beschworen würde (Cole 2015, S. 139). In Deutschland scheint, so die kritische Beobachtung, die Gewohnheit entstanden zu sein, „hinter mehr oder weniger beliebigen Begriffen die Bezeichnung ‚4.0‘ anzuhängen“ (Cole 2015, S. 25).

Dieses Buch verwendet dennoch den Begriff „Management 4.0“ und beschreibt für den deutschsprachigen Raum klar die Zuordnung des Managementhandelns zu Themenfeldern wie Industrie 4.0 oder auch die von Arbeitsministerin Andrea Nahles geprägten Themenwelten von „Arbeit 4.0“ (Rähm 2015). Inzwischen betreibt das Bundesministerium für Arbeit und Soziales sogar eine eigene Website zum Thema Arbeiten 4.0 (*http://www.arbeitenviernull.de*). Wir müssen Management 4.0 anwenden, wenn wir Entwicklungen wie Industrie 4.0 gut gestalten wollen und dabei unsere gesellschaftliche Verantwortung auch für Arbeiten 4.0 übernehmen. Dass auch international mehr und mehr der Begriff „4.0“ als Bezeichnung für die vierte industrielle Revolution Anerkennung findet, zeigt auch das World Economic Forum mit seiner Tagung im Jahr 2016 und der Begleitpublikation von Klaus Schwab (vgl. Schwab 2016, S. 3, 7).

Da es sich bei dieser Darstellung über Management 4.0 in einigen Bereichen auch um persönliche Eindrücke und Wertungen handelt, werde ich im Text an unterschiedlichen Stellen immer wieder Kommentare in der Ich-Form beisteuern.

Das Buch ist dort, wo es möglich ist, gegendert, das bedeutet, es wird die weibliche und männliche Bezeichnung aufgeführt. Wer sich daran stört, möge bitte seinen Lesefluss so optimieren, dass er (die negativen Rückmeldungen dazu habe ich bislang vor allem von Männern erhalten) es für sich ausblendet. Ich bitte bereits an dieser Stelle für den Verdruss um Entschuldigung, da ich der gendergerechten Sprache als dem formalen Symbol der Chancengleichheit von Frauen und Männern Vorrang einräumen möchte. Auch wird der Lesefluss aufgrund der anderen inhaltlichen Ausrichtung nicht mit Krimis mithalten können. Wegen der Komplexität handelt es sich auch nicht um „snackable Content“, das heißt miniaturisierte Geschichten und Informationsschnipsel der Social-Media-Welt, die Sie vielleicht von den Facebook-Posts der großen Medienmarken kennen.

Dieses Buch entstand durch zahlreiche Impulse, die ich in den letzten Jahren, Monaten und Wochen aufnehmen konnte, bei denen vermeintlich Wissende, offen Suchende und konsequent Handelnde mir ihren individuellen Weg zu einer digitalen Organisation zeigten. Es beruht daher nicht nur auf theoretischen Analysen, Experteninterviews und der Durchführung und Auswertung von Fokus-Gruppen zu Einzelthemen der digitalen Transformation, sondern auch auf der intensiven Zusammenarbeit mit Unternehmerinnen und Unternehmern, die sich der Herausforderung stellen, den digitalen Wandel in ihrer Branche und ihrem Unternehmen in Angriff zu nehmen.

An dieser Stelle möchte ich mich bei allen Gesprächspartnerinnen und Gesprächspartnern bedanken, die mir durch ihre Offenheit in der Diskussion den Einblick in ihre

Situation und ihre Strategien ermöglicht haben. Es ist ein erster Befund und im Sinne des notwendigen Meinungs- und Informationsaustauschs von „Management 4.0" ist es sehr erfreulich, dass die Bereitschaft zur Diskussion von Plänen und Ideen, die Fähigkeit zur Kooperationen innerhalb einer Branche und über Branchengrenzen hinweg in den letzten Jahren in Deutschland deutlich zugenommen haben. Das hat nicht nur mir die Recherchearbeit erleichtert, sondern diese Kooperationsbereitschaft und Diskussionskultur ist vor allem ein wichtiger Schritt hin zu einer Weiterentwicklung der Management- und Innovationskultur in Deutschland.

3 Literatur

Bonnet, Didier/Puram, Akshita Deora/Buvat, Jerome/KVJ,Subrahmanyam/Khadikar, Amol (2015): Organizing for Digital: Why Digital Dexterity Matters, Capgemini Consulting, *https://www.de.capgemini-consulting.com/digital-organizations* (Abruf: 08.02.2016)

Burda, Hubert (2010a): In Medias Res – Zehn Kapitel zum Iconic Turn, Petrarca Verlag München

Cole, Tim (2015): Digitale Transformation: Warum die deutsche Wirtschaft gerade die digitale Zukunft verschläft und was jetzt getan werden muss!, Vahlen München

Fasse, Simone (2015): Der Druck im Silicon Valley wächst, in: VDI-Nachrichten 51/52/53/2015, S. 32

Hille, Gerhard/Koehler, Antje (2013): Seelsorge und Predigt für Menschen mit Demenz – Arbeitsbuch zur Qualifizierung Haupt- und Ehrenamtlicher, Vandenhoeck & Ruprecht Göttingen

Kappe, Doris (2016): High Performance Leader – Dauerhaft erfolgreich auf der Top-Ebene, Springer Gabler Wiesbaden

Koch, Hannes (2016): Die Digitalisierung beschäftigt Davos, in: Stuttgarter Zeitung 20.01.2016, S. 2

Kumlehn, Martina/Klie, Thomas/Kunz, Ralph (2009) (Hrsg.): Praktische Theologie des Alterns, Walter de Gruyter Berlin

Malik, Fredmund (2003): Führen Leisten Leben: Wirksames Management für eine neue Zeit, Heyne München

Malik, Fredmund (2015): Navigieren in Zeiten des Umbruchs: Die Welt neu denken und gestalten, Campus Frankfurt

Meier, Gernot/Trahasch, Stephan/Schwach, Wolfgang (2016): 12 Köpfe, 12 kontroverse Positionen, eine Herausforderung: Die digitale Revolution, Seminarprogramm der Evangelischen Akademie Baden, Karlsruhe, Januar bis Februar 2016

Mintzberg, Henry (2011): Managen, 2. Auflage, Gabal Offenbach

o. V. (2016): Abschied vom Absolutismus, in: VDI-Nachrichten 1-2/2016, S. 1

Rähm, Jan (2015): Digitalisierung und die Auswirkung auf den Arbeitsmarkt, 28.12.2015, Deutschlandfunk, *http://www.deutschlandfunk.de/internet-der-dinge-digitalisierung-und-die-auswirkung-auf.769.de.html?dram:article_id=341008* (Abruf: 29.12.2015)

Rohrhirsch, Ferdinand (2011): Führen durch Persönlichkeit – Abschied von der Führungstechnik, 2. Auflage, Springer-Gabler Wiesbaden

Ropohl, Günter (2005): Allgemeine Systemtheorie als transdisziplinäre Integrationsmethode, in: Technologiefolgeabschätzung – Theorie und Praxis Nr. 2, Juni 2005, S. 24 – 31

Schulz, Thomas (2015): Was Google wirklich will: Wie der einflussreichste Konzern der Welt unsere Zukunft verändert, Deutsche Verlags-Anstalt München

Schwab, Klaus (2016): The Fourth Industrial Revolution, World Economic Forum, Cologny/Geneva

Spitzer, Manfred (2012): Digitale Demenz – Wie wir uns und unsere Kinder um den Verstand bringen, Droemer Knaur München

Süssenguth, Florian (2015): Die Organisation des digitalen Wandels – Zur Funktion von Digitalisierungssemantiken in Wirtschaft, Medien und Politik, in: Süssenguth, Florian (Hrsg.) (2015): Die Gesellschaft der Daten – Über die digitale Transformation der sozialen Ordnung, transcript Verlag Bielefeld, S. 93 – 121

1 Die Ära der digitalen Disruption

Dieses Buch befasst sich mit den neuen Anforderungen an ein erfolgreiches Management von Organisationen in digitalen Umgebungen. Um hier klare Antworten geben zu können, lohnt es sich zunächst einmal das Themenfeld der Digitalisierung in der gebotenen Kürze zu beschreiben und zu analysieren. An der Stelle werden Sie vielleicht einwenden, dass das ein allgemein gängiger und verständlicher Begriff ist, den auch nahezu jeder immer wieder verwendet. Die Erfahrung lehrt jedoch, dass gerade bei den scheinbar klaren alltäglichen Begriffen im Detail oft ein sehr unterschiedliches Verständnis vorliegt, was in der praktischen Konsequenz häufig zu Missverständnissen führt.

Was bedeutet Digitalisierung?

Bei der Digitalisierung handelt es sich um ein eher altes technologisches Phänomen, nämlich die Umsetzung von kontinuierlichen Signalen der analogen Welt in eine Codierung, wo wir mit dem Morsealphabet oder der Blindenschrift bereits im 19. Jahrhundert erste Erscheinungsformen der Codierung vorfinden, die dann mit dem Binärcode und der Umsetzung in die digitale Computerwelt in der zweiten Hälfte des vorausgehenden Jahrhunderts an Bedeutung gewonnen hatte.

Zu Beginn der Digitaltechnik hat dieser Wandel in vielen Anwendungsbereichen lediglich die Veränderung der Prozesstechnologie betroffen und sich damit nicht zwingend auf die Ebene der Produkte ausgewirkt. Eine gedruckte Zeitschrift, die erstmalig in einer volldigitalisierten Vorstufe hergestellt wurde, unterschied sich nicht von einem Print-Magazin, bei dem ausbelichtete Filme in konventioneller Bogenmontage zusammengefügt wurden, um daraus die Offsetdruckplatten herzustellen. Weder die Produktebene noch die Lebenswelt der Kunden war dadurch betroffen. Es würde somit auch keinen Grund geben, daraus eine tiefgreifende Veränderung von Wirtschaft und Gesellschaft abzuleiten, wenn sich aus dem Phänomen der Digitalisierung nicht inzwischen etwas sehr viel Komplexeres ergeben hätte.

> *„Aber Digitalisierung im Verständnis der letzten zehn Jahre ist mehr. Im Fokus des Digitalisierungshypes steht nicht etwa die Übertragung von analoger Information auf ein digitales Medium. Vielmehr geht es um die Übertragung des Menschen und seiner Lebens- sowie Arbeitswelten auf eine digitale Ebene. Menschen brechen aus der lokalen Offline-Welt aus und wollen omnipräsent, vernetzt und always-on sein. Sie verstehen*

sich selbst als Individuen in der immer gegenwärtigen Sphäre der Digital Community.“ (Hamidian/Kraijo 2013, S. 5)

Wen betrifft die Digitalisierung?

In der zweiten Hälfte der 1990er-Jahre waren es vor allem Verlage und andere Unternehmen der Medienindustrie, die sich mit der Digitalisierung befassten, da erstmals Produkte, Vertriebsstrukturen und damit komplette Märkte und Marktsegmente in Bewegung gerieten. Zahlreiche Branchenvertreter sahen sich in dieser Zeit und auch noch nach der Jahrtausendwende in einer Opferrolle; wurde man nach eigenem Empfinden von der unfairen Entwicklung der digitalen Medien voll erwischt. Mathias Döpfner, Vorstandsvorsitzender von Axel Springer hat diese Haltung kritisiert, als er darauf hinwies, dass nicht nur die Medienbranche von der Digitalisierung betroffen sei, sondern auch andere Branchen, wie beispielsweise die Autobranche wegen neuer Mobilitätskonzepte. Damit wandelt sich der Blickwinkel von der Rolle als Opfer der Digitalisierung zum Pionier einer neuen Entwicklung (Döpfner 2010, S. 180).

Inzwischen sind nicht nur die Menschen weltweit durch digitale und mobile Dienste und Endgeräte miteinander verbunden und damit sowohl in Freizeit- und Arbeitswelt gleichermaßen von der Digitalisierung beeinflusst, sondern auch Geräte und Gegenstände sind mit mehr oder weniger viel Intelligenz und Vernetzungsfähigkeit ausgestattet. Dies reicht vom RFID-Chip (RFID = Radio-Frequency Identifikation) in einem neu gekauften T-Shirt bis zum intelligenten Toaster, der sich automatisch abschaltet, wenn niemand mehr zu Hause ist und das Haus auf alarmgesichert geschaltet wird. Diese Möglichkeit der Vernetzung von Gegenständen und Maschinen ist als das „Internet der Dinge“ (Internet of Things, IoT) von entscheidender Bedeutung für die künftige Entwicklung von Wirtschaft und Gesellschaft, da es eine Grundlage für die weitere Vernetzung von Produktions-, Logistik- und Kommunikationssystemen darstellt (vgl. Bullinger 2006, S. 72).

„Sensoren ‚helfen‘ den Dingen, auszudrücken, in welchem Zustand sie sind und verbundene und andere Dinge finden daraufhin durch die vom Menschen zuvor implantierte Software die passenden Antworten.“ (Eggert 2014, S. 7)

Wenn man die Diskussionen über Industrie 4.0 und das Internet der Dinge verfolgt, könnte man zu dem Schluss kommen, dass das alles eine amerikanische Erfindung sei, die irgendwann nach 2010 auf uns zugekommen ist. Hans-Jörg Bullinger hat jedoch gemeinsam mit Michael ten Hompel bereits 2007 ein Buch herausgegeben, das auf 440 Seiten unterschiedliche Aspekte des Themas „Internet der Dinge“ untersucht (vgl. Bullinger/ten Hompel 2007). Im Rahmen der Entwicklungen rund um das Internet der Dinge gilt es auch, die gesellschaftlichen und rechtlichen Folgen im Blick zu behalten. Die Deutsche Telekom hat beispielsweise zu Beginn des Jahres 2016 eigene Datenschutzleitsätze vorgelegt, die dazu beitragen sollen, mehr Rechtssicherheit beim Internet der Dinge zu gewährleisten (vgl. Schulzki-Haddouti 2016). Insgesamt ist der Fokus der allgegenwärtigen Digitalisierung von Wirtschafts- und Lebensbereichen sehr breit zu wählen, denn sehr viele, wenn nicht gar alle gesellschaftlichen Bereiche sind von dieser Entwicklung betroffen oder werden künftig davon betroffen sein.

Dabei muss man berücksichtigen, dass dieses Phänomen globaler Natur ist. Eine kleine Begebenheit aus dem Jahr 2015 mag das illustrieren. Eine deutsche Schule hatte beschlossen, universell Tablets im Unterricht einzusetzen. Im Englischkurs fand beispielsweise eine Skype-Konferenz mit einer indischen Partnerschule statt, was den Schülerinnen und Schülern sehr viel Spaß bereitete und sie zu großen Anstrengungen im Bereich englischer Sprachpraxis motivierte. Schließlich konnten sie den indischen Schülerinnen und Schülern ihre Schule zeigen und im Gegenzug etwas über deren Arbeits- und Lebensumgebung in Indien erfahren. Dabei stellte sich heraus, dass die deutsche Schule aufgrund ihrer Ausnahmeausstattung mit Tablets zwar die bessere Hardware hatte, in der indischen Schule und dem kleinen Ort in Indien jedoch flächendeckendes WLAN selbstverständlich war, wohingegen die deutschen Schüler/-innen sich genau überlegen mussten, welchen Flur sie in ihrer Schule auswählten, um nicht die Verbindung zu gefährden.

Die unterschiedlichen Auswirkungen dieser neuen Alltags- und Querschnittstechnologie und die daraus zu ziehenden Schlussfolgerungen für Unternehmertum und Unternehmensführung stehen im Zentrum der gegenwärtigen Debatte. Gerade in Bezug auf die in Deutschland nach wie vor sehr prägenden Branchen der Industrie, insbesondere auch die Automobilindustrie, zeigen sich die unterschiedlichen Haltungen und Ansätze, die sich im internationalen Rahmen gegenüber den digitalen Veränderungen entwickelt haben. Wir haben auf der einen Seite die in den USA rund um das Silicon Valley entstandenen Managementmethoden der Lean-Startup-Bewegung, des Design Thinking und der Diskussion über neue Geschäftsmodelle. Parallel dazu gibt es in Deutschland die auf der deutschen Industrietradition beruhende Entwicklung, die ausgehend von den Modellen der „fraktalen Fabrik" (vgl. Warnecke 1992) über die Stationen der zunächst automatisierten und später dann vernetzten Fabrik zum Leitbild der smarten Fabrik mit dem Leitmotiv „Industrie 4.0" führte.

Der Begriff Industrie 4.0 wurde zunächst durch die „Promotorengruppe Kommunikation der Forschungsunion Wirtschaft – Wissenschaft der Bundesregierung" geprägt, die am 25. Januar 2011 in ihren Handlungsempfehlungen das Zukunftsprojekt „Industrie 4.0" vorgeschlagen hatte (vgl. Kagermann/Lukas/Wahlster 2011). Ziel der Aktion war es, in Wirtschaft, Wissenschaft und Politik die Weiterentwicklung der Industrie zu einer smarten, vernetzten Industrie in Gang zu setzen. Auf der Hannover Messe wurde diese Idee 2013 dann nochmals einer breiteren Öffentlichkeit vorgestellt. In der Übertragung gibt es einige sehr klare Deutungen dieser Entwicklung:

> *„Was immer man digitalisieren kann, wird man auch digitalisieren."* (Malik 2015, S. 63)

Einige sehen bereits in dieser Aussage eine nicht zu rechtfertigende Einschränkung. Als ich im Februar 2016 eine Veranstaltung zum digitalen Wandel in der Zeitungsbranche moderierte, brachte Thomas Bendig, Geschäftsführer des Fraunhofer-Verbunds IUK-Technologie, den Gegenentwurf auf den Punkt: *„Alles wird digitalisiert."* (vgl. Bendig 2016)

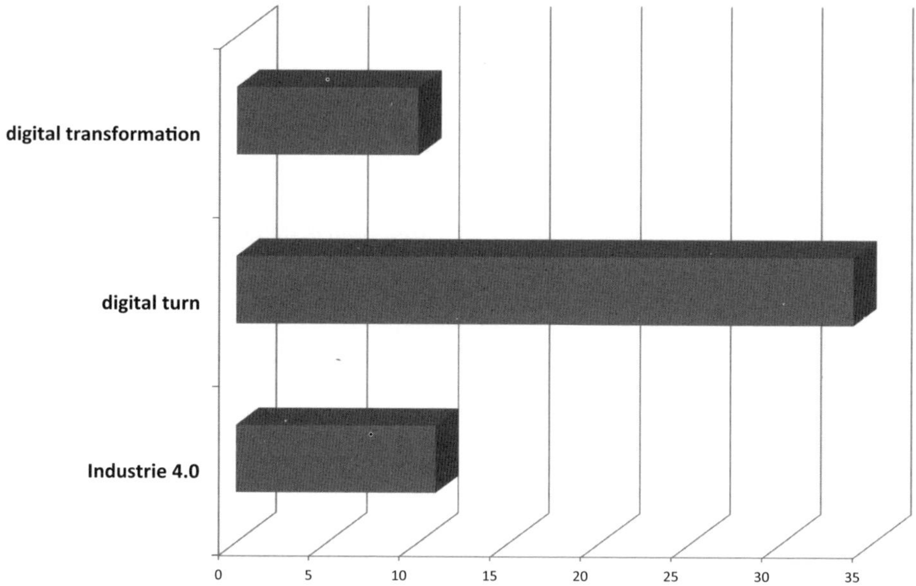

Bild 1.1 Die Verbreitung von Schlüsselbegriffen des digitalen Wandels (Quelle: Google-Trends, Stand: 25.11.2015)

Die unterschiedliche Verbreitung der Begrifflichkeiten, die für die digitale Veränderung stehen, lassen sich sehr gut mit „Google Trends" nachvollziehen (Bild 1.1). Dieses Tool gestattet eine Suchabfrage sortiert nach Suchbegriffen und liefert eine numerische oder grafische Auswertung über den Gebrauch einzelner Suchworte. Wir sehen, dass die digitale Wende (digital turn) schon vor 2005 ein Thema war, während die digitale Transformation (digital transformation) nach einem kurzen Aufflackern im Jahr 2007 erst ab 2009 ein Thema für Suchende bei Google darstellte. In der Folgezeit erreicht im Jahr 2015 die digitale Wende das gleiche Zahlenniveau an Suchanfragen, wie wir es bei der digitalen Transformation feststellen können. Der Begriff Industrie 4.0, der erst im Jahr 2013 mit der Hannover Messe als weltweit bedeutsame Industriemesse in die öffentliche Diskussion getragen wurde, hat ein fulminantes Wachstum hingelegt und übertrifft in der Häufigkeit der Suchanfragen die beiden anderen Begriffe. Grund genug, genau diesen Begriff und die damit verbundenen Inhalte und Konzepte näher unter die Lupe zu nehmen (Bild 1.2).

Nach der Veröffentlichung des Begriffs und der ersten Konzepte zu Industrie 4.0 ist in der Folgezeit eine wahre Welle der Diskussion über die Auswirkungen der Digitalisierung in der Fachöffentlichkeit sowie in der breiteren Öffentlichkeit entstanden. Warum führt der Wandel, den die Digitalisierung in vielen Branchen und Segmenten ausgelöst hat, derzeit auslöst und künftig mit sich bringen wird, zu diesen Aufgeregtheiten, die sich in der Fachwelt in den Segmenten Beratung, Wissenschaft und Praxis widerspiegeln? Veränderungen gab es immer und damit ist Wandel per se zunächst nichts Neues. Dennoch zeigen die Metaphern, die derzeit im Umlauf sind, dass es für viele Unternehmen und damit auch für die Führungskräfte und Mitarbeiter sehr schnell um deren

Existenz geht. Kreutzer und Land sprechen deshalb auch von „digitalem Darwinismus". Wer sich nicht anpasst, ist verloren, egal wie groß, stark und intelligent er auch sein mag (Kreutzer/Land 2015, S. 24 f., Kreutzer/Land 2013).

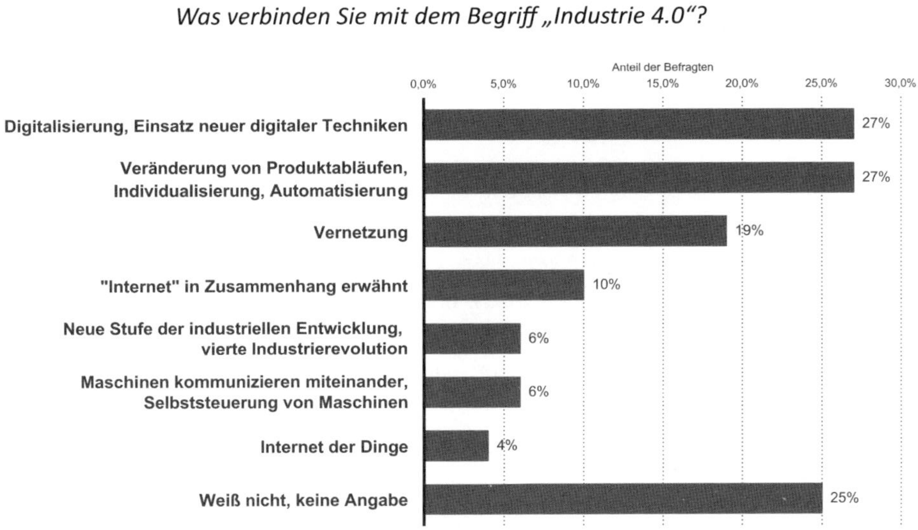

Bild 1.2 Begriffsbestimmung „Industrie 4.0" (Quelle: IfD Allensbach 2015; zitiert nach Statista)

Diese These würde nun die Schlussfolgerung nahelegen, dass wir uns sehr rasch bemühen müssen, uns und unsere Organisationen auf den digitalen Transformationsprozess einzustellen. Dies ist meiner Überzeugung nach auch richtig. Wenn wir uns jedoch die These von Henry Mintzberg vergegenwärtigen, dann müssen wir darauf achten, dass wir den Wandel in der Wirtschaft und Gesellschaft nicht überschätzen. Wir sehen typischerweise nicht die Dinge, die gleichbleiben (unsere Kleidung wird auch nach vielen Jahren mit technischen Innovationen immer noch durch Knöpfe und Reißverschlüsse geprägt), sondern unsere Aufmerksamkeit orientiert sich eher an den neuen, noch ungewohnten Dingen und meldet uns daher eine großflächige Veränderung, auch wenn unter Umständen gar nicht so viele Bereiche tatsächlich von Neuerungen betroffen sind (Mintzberg 2011, S. 28). Zudem gibt es auch die positive Seite innovativer Technologien und der damit verbundenen strategischen Wendepunkte für Unternehmen und Organisationen. Es gibt jedoch die „Zukunftschancen der Internetisierung" (Mićić 2010, S. 23), die für die Unternehmen entstehen, die auf Basis der Digitalisierung in der Lage sind, Nutzen für ihre Kunden zu stiften und die Probleme der Menschen zu lösen sowie Wünsche zu erfüllen.

Der beruhigenden Sichtweise von Mintzberg widerspricht die Geschichte vom „digitalen Frosch". Wenn ein Frosch mit heißem Wasser konfrontiert wird, nimmt er die Bedrohung wahr und versucht ihr zu entkommen. Wenn die Bedrohung jedoch stufenweise erfolgt und das Wasser, das den Frosch umgibt, Stück für Stück erhitzt wird, merkt er die Veränderung erst dann, wenn es zu spät ist. Ich habe keine Ahnung, ob diese Legende zutrifft oder nicht und ich habe auch nicht den Ehrgeiz, die der Parabel zugrunde liegende Geschichte zu erforschen. Die Botschaft ist jedoch klar und für unser Themenfeld hoch relevant.

Es sind gerade die kleinen Veränderungsschritte, die nicht immer mit spektakulären Veränderungen der eigenen Branche in Verbindung gebracht werden, die am Ende dafür sorgen, dass sich das komplette Umfeld gewandelt hat. Wir müssen diese Veränderungen durch eine systematische Analyse frühzeitig bemerken, damit wir rechtzeitig reagieren und – um im Bild des Froschs zu bleiben – uns in Sicherheit bringen und damit unsere Überlebensfähigkeit sichern können.

Digitaler Darwinismus

Nicht Größe oder Schnelligkeit entscheiden über die Überlebensfähigkeit, sondern allein die Fähigkeit, sich entsprechend anzupassen.

Schnelligkeit des digitalen Wandels?

Wir registrieren nicht die Dinge, die bleiben, sondern nur diejenigen, die sich verändern.

Gegenthese: „Der digitale Frosch" merkt den Wandel erst, wenn es zu spät ist.

Nachdem Politiker aller Couleur zu Beginn der Schlagwortdiskussion über den digitalen Wandel der Gesellschaft noch ihre Hoffnung und Begeisterung darüber zum Ausdruck gebracht hatten, dass Industrie 4.0 – was auch immer der einzelne Politiker darunter verstanden hatte – für Deutschland eine positive Dynamik auslösen würde, kamen mit den ersten Fachstudien, unter anderem vom Institut für Arbeitsmarkt und Berufsforschung (IAB), der offiziellen Bundesforschungsstelle für Arbeitsmarktfolgeabschätzungen, deutliche Zweifel auf. „Industrie 4.0: Digitalisierung bedroht 60 000 Arbeitsplätze" war eine Meldung von Spiegel Online am 22. 10. 2015, die auf einer ähnlich aufgebauten dpa-Nachricht beruhte (Bild 1.3).

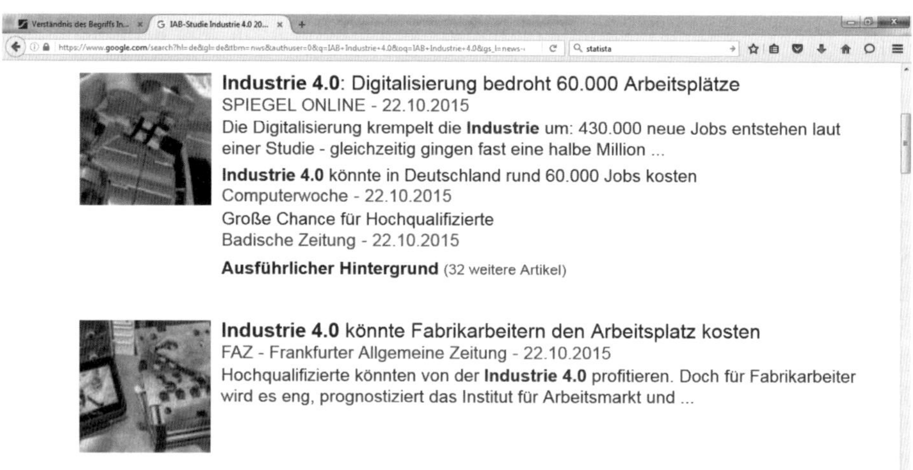

Bild 1.3 Schlagzeilen als Nachrichteninterpretation zu „Industrie 4.0" (Quelle: Suche in Google-News 2015)

Bemerkenswert ist an diesem Thema der Umstand, dass aus ein und derselben Agenturmeldung, die auf der IAB-Studie beruht, unterschiedliche Hauptschlussfolgerungen als Hauptschlagzeile generiert wurden. „Arbeit geht nicht aus" war beispielsweise die Schlussfolgerung, die der Online-Dienst der Zeitung „Der neue Tag" aus Weiden in der Oberpfalz gezogen hatte.

Ein weiterer Schritt der Wirtschaftsrevolution wird in der Sensor Economy gesehen (Kreutzer/Land 2015, S. 28). Darunter ist die Ausstattung unterschiedlicher Sachgüter mit Sensoren zu verstehen, die eine noch weitergehende Datenerfassung und Steuerung der physischen Gegenstände der realen Welt gestattet. Dadurch werden digitale und reale Wirtschaftsbereiche noch enger miteinander verwoben. Damit ist auch klar, dass nicht nur die in der ersten Welle veränderten Branchen von digitalen oder digitalisierbaren Produkten (Sach- und Dienstleistungen) betroffen sind. Es geht also nicht mehr nur um die Frage, wie beispielsweise künftig eine marktgerechte Leistung im Markt der Reisevermittlung aussehen kann, da viele Funktionen von Online-Plattformen und Bewertungs-Communities übernommen werden, sondern es geht auch um die Zukunft konventioneller „Hardware"-Branchen wie dem Maschinenbau.

Erfolgreich werden letztendlich nur die Unternehmen und Organisationen sein, die bereit sind, die Signale der Veränderung zu erfassen und darauf zu reagieren (vgl. Birker 2000, S. 51). Noch im November 2015 begegnete mir bei einer Podiumsdiskussion über die notwendige Regulierung des digitalen europäischen Binnenmarkts ein Vorstand einer Bausparkasse, der uns glauben machen wollte, dass ein 1:1-Direktvertrieb durch eigene Mitarbeiter ein Garant dafür sei, dass man sich über die grundlegenden Veränderungen digitaler Märkte und das Aufkommen neuer Plattformen und Marktplätze im Finanzsektor keine Sorgen machen müsse. Diese selbstzufriedene Position konnte an diesem Abend die Gäste kaum überzeugen, sie wird in den nächsten Wochen und Monaten einigen sehr harten Erfahrungen im Markt weichen müssen.

An dieser Stelle ist es notwendig zu klären, was nun im Rahmen von Management 4.0 unter Management zu verstehen ist und wie man das im Verhältnis zu anderen Führungsaufgaben im Unternehmen zu sehen hat. Es war Peter F. Drucker, der sich für eine Abgrenzung zwischen Management und Unternehmertum (Entrepreneurship) einsetzte (vgl. Drucker 2005, S. 196). Für ihn war Management vor allem die Optimierung des Bestehenden, das bedeutet im Wesentlichen die Steigerung der Effizienz eines Unternehmens, indem man beispielsweise Produktionsprozesse verbessert. Unternehmer sind dieser Trennung zufolge diejenigen, die neue Geschäftsfelder aufbauen und entwickeln. Eine Aufgabe, die sehr viel stärker die Effektivität einer Organisation im Blick hat; also beispielsweise die Frage, ob die bestehenden Produktbereiche weiterhin rentabel sein werden. Diese Unterscheidung spielt im Zusammenhang mit dem digitalen Wandel ebenfalls eine Rolle, wenn es darum geht, welche Führungsaufgaben (Management und/oder Entrepreneurship) man in etablierten bzw. jungen Unternehmen in welcher Form organisiert (vgl. Kapitel 2). Unternehmerisch zu handeln, bedeutet auch auf den erfolgsentscheidenden Spielfeldern aktiv zu sein:

- *„Bereitschaft der Geschäftsleitung und des Führungspersonals, sich auf Neues einzulassen,*
- *Möglichkeit, dass die Mitarbeiter in Innovationsprojekten jederzeit Ideen und Vorschläge einbringen können,*

- *überdurchschnittlich hohes Maß der Mitarbeiter an Engagement und Eigeninitiative,*
- *schnelle und kurze Entscheidungswege in Innovationsprojekten,*
- *Fehlertoleranz – Fehler in Innovationsprojekten werden als Lern-Chance verstanden,*
- *Zahl an Personen, die Innovationen aktiv fördern und vorantreiben."*

(Quelle: Bullinger 2007, S. 180)

In vielen Fällen erleben wir eine große Unsicherheit bei etablierten Unternehmen, wie innovative Geschäftsfelder und Aufgaben in die eigene Unternehmung integriert werden sollen. Man möchte auf der einen Seite den laufenden Geschäftsbetrieb nicht gefährden, sondern weiter optimieren, um die finanzielle Basis für weitere Innovationen zu haben. Auf der anderen Seite sollen neue Unternehmensbereiche, seien sie nun von außen akquiriert oder selbst entwickelt und ausgegründet, in ihrer dynamischen Entwicklung nicht behindert werden. Im Gegenteil, man wünscht sich meist, dass die hohe Entwicklungsdynamik der neuen Bereiche eine belebende, motivierende und mitreißende Wirkung auf die Teams und Mitarbeiter/-innen in den etablierten Bereichen hat.

Was umfasst nun der Managementbegriff, den wir für Management 4.0 zugrunde legen?

Es geht um Unternehmertum, Pioniertaten der typischen Entrepreneure, genauso wie um konsequente Führung im Sinne des Managements junger oder etablierter Organisationen (Unternehmungen oder Institutionen). Nach Henry Mintzberg lohnt sich an dieser Stelle eine tiefergehende Diskussion, wie man nun Management und Führung voneinander abgrenzen könne, eher weniger, wenn es um den praktischen Nutzen einer solchen Diskussion geht (vgl. Mintzberg 2011, S. 22 f.). Stattdessen befasst er sich intensiver mit der Abgrenzung des Managements als Handwerk, Wissenschaft und Kunst – eine Frage, die bei der Etablierung und Umsetzung von Industrie 4.0 eine besondere Rolle spielt (Bild 1.4).

In diesem Sinne geht es im Folgenden bei Management 4.0 um eine Disziplin, die sich eben nicht nur als verkopfte wissenschaftliche Thematik begreifen lässt, sondern sehr viel Praxisnähe erfordert und nur von denjenigen richtig wahrgenommen werden kann, die sich auch mithilfe der eigenen Erfahrungs- und Reifeprozesse auf das konkrete operative Handwerk der Führung von Menschen und Organisationen einlassen (Bild 1.5).

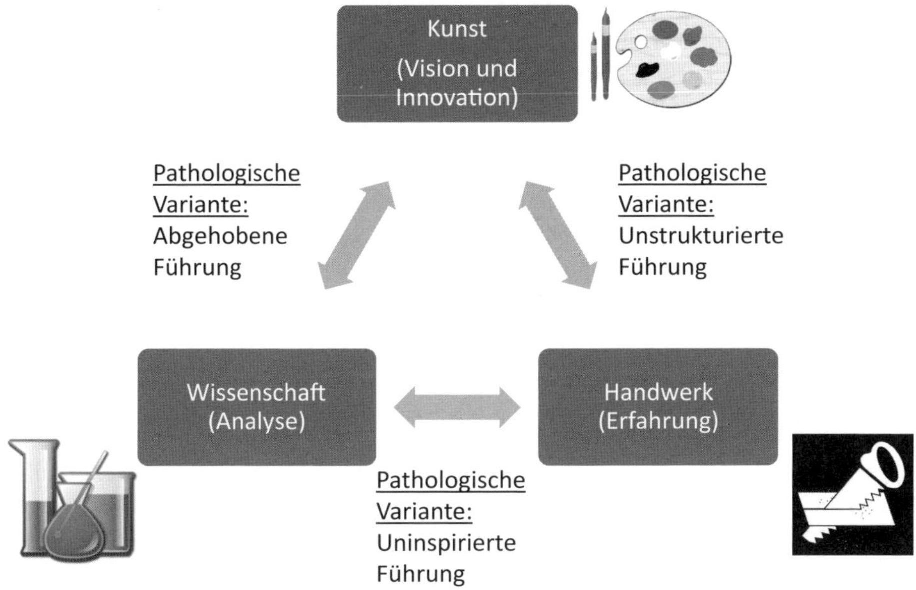

Bild 1.4 Management-Dreieck (Quelle: Mintzberg 2011, S. 167)

Bild 1.5 Führungsanforderungen im digitalen Zeitalter (Quelle: Crummenerl/Kemmer 2015, S. 5)

Bei allen Diskussionen über den digitalen Wandel und die sehr starken Auswirkungen auf die unterschiedlichen Branchen und Gesellschaftsbereiche hilft auch mitunter ein Blick auf die Abgeklärtheit, die die „elder statesmen“ des Managements in höherem Lebensalter aufwiesen. Nach Mintzberg haben wir es mit „Management in Zeiten überraschend geringen Wandels“ (2011, S. 27) zu tun. Schließlich würden wir uns – so Mintzberg – nicht fragen, was alles in den vergangenen Jahren gleichgeblieben sei, sondern lediglich den Wandel wahrnehmen. Dennoch muss man genau an dieser Stelle aufpassen, dass man nicht selbstzufrieden in die Rückenlage übergeht und buchstäblich darauf wartet, bis das alles „mit dem Internet“ und „den digitalen Sachen“ vorbeigeht, denn dieses Warten dürfte endlos werden. Es ist entscheidend, dass man sich die Fähigkeit bewahrt, die Zukunft, die bereits begonnen hat, zu entdecken und aus diesen Beobachtungen und Erkenntnissen die richtigen Schlussfolgerungen zu ziehen.

Von Weisheit als Lebensklugheit zur digitalen Weisheit

Nachdem der Fokus des digitalen Wandels bereits in Grundzügen dargestellt wurde, kann man sich die Frage stellen, was nun die von hier postulierte digitale Weisheit mit diesem Thema zu tun hat. Ist digitale Weisheit gleichbedeutend mit digitaler Kompetenz?

Hier lohnt sich zunächst ein Blick auf den Weisheitsbegriff. Gerade die Philosophie, die bereits vom Namen her für sich selbst in Anspruch nimmt, auf der Suche nach Weisheit zu sein und die Weisheit zu lieben, hat sich traditionell diesem Thema angenommen. Es geht in der Tradition der griechischen Philosophie dabei um einen politisch geprägten Begriff. Der Weise war ursprünglich ein Experte (Weisch 2011, S. 144), der jedoch nicht nur auf die reine Kunst im Sinne der „techne“ reduziert war. Es ging also um mehr als technisches Expertenwissen, sondern in der Weiterentwicklung des Begriffs um ein Streben nach Weisheit, wobei je nach Standpunkt die Meinung vorhanden war, dass die Weisheit den Göttern vorbehalten bleibe, wie es beispielsweise in der sokratischen Philosophie verankert ist. Jetzt klingt das alles recht abgehoben und sehr weit entfernt von unserem Gegenstand des digitalen Wandels und den Anforderungen an ein Management 4.0, das als Rahmenwerk die digitalen Transformationsprozesse ermöglichen und begünstigen soll. Es geht dabei jedoch auch um die Anwendung von theoretischem Wissen und praktischer Kompetenz. Denn am Ende – und hier schließt sich der Kreis zum digitalen Wandel – erfordert es nicht nur Wissen im Sinne von theoretischem Wissen und pragmatischer Kompetenz. Besonders im Kontext der Führung benötigen wir zudem auch eine sittliche Kompetenz (vgl. originäre Festlegung bei Aristoteles nach Weisch 2011, S. 150) sowie Lebenspraxis und daraus resultierende Lebensklugheit. Wir haben es dabei – je nach Sichtweise – auch mit einer intuitiven Fähigkeit zu tun (vgl. Schopenhauer nach Weisch 2011, S. 159), die Erfahrungen voraussetzt.

Im Kontext der Digitalisierung wird gerade diese Frage, ob es ein erfahrungsbasiertes Wissen gibt, das uns beim digitalen Wandel von Organisationen weiterhilft, in Theorie und Praxis sehr unterschiedlich beurteilt. Die Generation Y hat hier einen eigenen Blickwinkel (vgl. Kapitel 4), der das Erfahrungswissen weniger hoch einschätzt, und die Führungskräfte der vorausgehenden Generationen sind oft so verunsichert, dass sie nicht in der Lage sind, ihre Stärken und Schwächen im Blick zu behalten und sich entsprechend zu verhalten. Es geht jedoch um genau diesen unverstellten Blick, um die Verantwortung für das Ganze als Teil der Weisheit (vgl. Volgger 2013, S. 382). Sonst wird aus der dem Alter zugeschriebenen Weisheit im Sinne der Lebensklugheit (vgl. Kunz 2009, S. 156 ff.) sehr schnell die von vielen kritisierte Ansammlung von „Torheiten der vorangegangenen Lebensalter“ (Weisch 2011, S. 162). Es geht damit um die Frage, welche Erfahrungen im Sinne einer digitalen Weisheit Bestand haben und welche Erfahrungen und Theorien überholt sind, da ihnen die pragmatische, lebenspraktische Dimension abhandengekommen ist.

Wir erleben in Unternehmen in vielen Fällen große Unsicherheit. Es gibt Unternehmen, die die Veränderungen des digitalen Wandels stark unterschätzen, da sie alles bisherige Erfahrungswissen der Akteure (Manager/-innen) und der Institution (Unternehmen) als Regelwerk für die Zukunft betrachten und disruptive Veränderungen in diesem Weltbild nicht vorgesehen sind. Andere Unternehmen hingegen sehen die Notwendigkeit des Wandels, negieren jedoch die Nutzbarkeit bisheriger Erfahrungen, Konzepte und Ideen und bauen ihre Organisation komplett neu auf. In beiden Fällen fehlt es am konstruktiven Umgang mit digitaler Weisheit. Die Kooperation in generationenübergreifenden Tandems, wie Bosch oder Heraeus es derzeit in einigen Modellversuchen propagieren (vgl. Neumann 08-2016), hat nicht nur beim Wissenstransfer Vorteile, sondern kann auch als Prinzip für gemischte Teams im Rahmen des digitalen Wandels genutzt werden.

Es geht wie in der Seelsorge darum, die Weisheit im Sinne einer praktischen Lebensklugheit als Ressource nutzbar zu machen. Das kann im beratenden Sinne erfolgen, wie man es aus der Psychotherapie kennt (vgl. Pfeifer 2015, S. 32 ff.), das kann aber auch die Lebensklugheit der Führungsebene sein, die hier nochmals herausgearbeitet und geschärft wird. Manfred Spitzer hat in einer sehr kulturpessimistischen Darstellung vor einigen Jahren die „digitale Demenz“ beschworen und dabei auf die seiner Meinung nach eklatanten Fehlentwicklungen und Gefahrenpotenziale der Digitalisierung aufmerksam gemacht (vgl. Spitzer 2012). Wir haben es jedoch nicht nur in der Seelsorge (Kumlehn/Klie/Kunz 2009) mit Situationen zu tun, in denen Menschen sich zwischen Demenz und Weisheit bewegen. Auch im Rahmen der Digitalisierung von Organisationen und dem Aufbau organisationaler und individueller digitaler Kompetenzen geht es darum, eine digitale Weisheit im Sinne einer digitalen Lebenserfahrung und damit einer digitalen Lebensklugheit herauszuarbeiten.

Das geht im Unternehmen nur generationenübergreifend und erfordert unterschiedliche Erfahrungen und Blickwinkel. Und damit sind wir schon bei einer der Kernaussagen zu Management 4.0. Das Ganze geht nur als Teamleistung und nicht als Schachzug des heimlichen Genies, das im Hintergrund wirkt und die Geschicke der Organisation lenkt und bestimmt. Digitale Weisheit ist in diesem Sinne aber auch nicht die Sammlung aller Publikumsjoker im Sinne von „Wisdom of the crowd“. Es ist hilfreich, wenn man es im Rahmen von Management 4.0 versteht, die Schwarmintelligenz zu nutzen (vgl. Komus/Wauch S. 140 ff.), auch wenn man an der Wirksamkeit von Schwarmintelligenz im Sinne einer echten Weiterentwicklung zweifeln kann, da sehr große Dinge auch von Einzelpersonen erschaffen werden können (Spitzer 2012, S. 215). Als lernende Organisation ist es jedoch wichtig, die individuellen Kompetenzen, Erfahrungen und Reifungsprozesse der einzelnen Mitarbeitenden und Führungskräfte gemeinsam mit den institutionell-organisatorischen Kompetenzen, Erfahrungen und Reifeprozessen zu nutzen und damit die Voraussetzungen für digitale Weisheit zu schaffen. Dazu gehört neben vielen weiteren Themen auch die Integration von internen Social-Media-Prinzipien im Change-Prozess, sodass in Bezug auf die Kommunikation die meisten Organisationen doppelt vom digitalen Wandel betroffen sind (vgl. Kreutzer 2014, S. 9 ff.). Die oberste Steuerung eines Unternehmens muss daher so ausgestaltet sein, dass die Regel gilt:

> *„Manage ein System so, dass es sich selbst managen, sich selbst regulieren und sich selbst organisieren kann."* (Malik 2015, S. 105)

Wenn wir Veränderungsprozesse im Rahmen des Change Management betrachten, dann ist die „Weisheit" auch eines der Ergebnisse eines solchen Wandels von Personen und Organisationen (vgl. Salerno/Brock 2008, S. 146). In diesem Sinne kann also die digitale Weisheit auf persönlicher und organisatorischer Ebene sowohl als Mittel als auch als mögliches Ergebnis des digitalen Transformationsprozesses betrachtet werden.

Dies ist auch der Hintergrund, vor dem Samuel Pfeifer von „Sehnsucht nach Weisheit im digitalen Zeitalter" spricht (Pfeifer 2015, S. VIII). Das Streben nach Weisheit ist auch ein Anliegen, das gerade aus Sicht der Lebensweisheit von den Akteuren des digitalen Wandels, allen voran den Techies aus dem Silicon Valley verfolgt wird. Hier findet zwar in vielen Fällen eine etwas krude Begriffsmischung mit allen möglichen Themen statt, die etwas Metaphysisches oder Transzendentes an sich haben, dennoch sind auch diese Strömungen ein Hinweis auf das Bedürfnis nach Weisheit und sei es aus der Sehnsucht nach Entschleunigung.

1.1 Der Hintergrund: Ökonomische Besonderheiten in digitalen Märkten

Manche Diskussionen über Chancen und Risiken der Digitalisierung für Unternehmen und Gesellschaft kann man nur vor dem Hintergrund der dafür spezifischen Theorie als Teilgebiet der Wirtschaftswissenschaften nachvollziehen. Wenn man die theoretischen Elemente vor Augen hat, hilft dies in der Praxis, festzustellen, ob gegebenenfalls bei der einen oder anderen euphorischen Projektbeschreibung der Gültigkeitsbereich der ökonomischen Theorie im Rahmen der Argumentation für oder gegen die eine oder andere Entwicklung überstrapaziert wird.

Als ich in den 1990er-Jahren beim Bundesverband Deutsche Zeitungsverleger als Referent für den neuen Themenbereich „Multimedia" und damit für den digitalen Wandel zuständig war, hatte ich viele Gespräche mit den Vertretern der jungen digitalen Unternehmen, die damals die Kommerzialisierung des Internets für sich entdeckten. Der zu dieser Zeit erstmalig in Deutschland etablierte „Neue Markt" an der Frankfurter Börse stattete diese Unternehmen und Unternehmer mit ausreichend Kapital und noch mehr Selbstbewusstsein aus. Einwände gegen nicht tragfähige Geschäftsmodelle wurden stets mit der Begründung weggewischt, dass im Rahmen der digitalen Ökonomie gänzlich andere Gesetze wirksam wären und damit gegenüber den neuen Geschäftsfeldern kaum alte Maßstäbe angemessen seien. Dies stimmt grundsätzlich, jedoch kann man mit dieser Begründung digitale Geschäftsmodelle nicht gänzlich in den Naturschutzpark des Andersartigen verbannen, das nicht mit herkömmlichen Methoden beurteilt werden darf. Entscheider im Themenfeld der Organisationsentwicklung und des digitalen Managements müssen dazu aber die Grundprinzipien der digitalen Ökonomie durchschauen, denn schließlich gehört es zu einem kompetenten Management 4.0, genau diese Unterscheidung zwischen unterschiedlichen digitalen und traditionellen Geschäftsmodellen und deren Wirksamkeit präziser treffen zu können.

Wo wirken neue Gesetzmäßigkeiten und sind damit Märkte und Produkte neu zu beurteilen und wo gelten nach wie vor sehr traditionelle Prinzipien?

Gerade nach dem Platzen der ersten Internetblase mussten viele Investoren und Kooperationspartner der gescheiterten Unternehmen akzeptieren, dass am Ende des Tages auch für innovative Geschäftsmodelle die Regel gilt, dass es einen grundsätzlich gangbaren Weg geben muss, wie ein Unternehmen auf lange Sicht profitabel werden kann. In der damaligen Zeit hatten jedoch einige der selbsternannten Experten bereits Mühe, den Unterschied zwischen Umsatzerlösen und Gewinn zu verstehen; es fehlte damit auch an traditionellen Kompetenzen.

Theorie und Modelle sind für viele Praktiker abschreckende Begriffe. Dennoch lohnt sich immer dann ein Blick auf theoretische Modelle, wenn sie uns helfen, die Realität zu verstehen und zu analysieren. Gleichzeitig sei jedoch auch an dieser Stelle bereits der Hinweis gestattet, dass im Sinne der Erkenntnistheorie ein Modell immer nur eine Annäherung an die Realität sein kann und nicht die Wirklichkeit als solches beschreibt.

Früher hatten sich viele Unternehmen darauf verlassen, ihren angestammten Markt so abzusichern, dass es für einen Marktneuling sehr schwierig war, überhaupt Zugang zum Markt zu bekommen, geschweige denn eine gute oder gar führende Marktposition zu erringen. Grund genug also, einen Blick auf die Theorien der Marktzutrittsbarrieren zu werfen (vgl. Breyer-Mayländer/Seeger 2006, 22 f.). Die aktuelle Situation ist sehr stark von der Feststellung geprägt, dass es gerade nicht mehr so ist, dass es den etablierten Unternehmen gelingt, ihre Marktposition mithilfe von Marktzutrittsbarrieren abzusichern. Daher stellt sich die Frage, welche Marktzutrittsbarrieren im Zeitalter der Digitalisierung noch Relevanz haben.

Sunk costs

Die Angst, dass die Einstiegsinvestitionen im Falle eines missglückten Markteinstiegs als Verlust angesehen werden müssen, dämpft im Regelfall deutlich den Elan beim Markteintritt. Die früher klassischen Fälle im Bereich der Fertigungsindustrie waren spezielle Maschinen, die dann weitgehend nutzlos waren, wenn die gefertigten Produkte nicht mehr benötigt wurden, falls der Markteintritt beispielsweise mangels Nachfrage gescheitert war. Heute sind diese „versenkten Kosten“ während der Markteintrittsphase in vielen Fällen Marketingkosten. Wenn ich eine neue Online-Plattform als die Nummer 1 im jeweiligen Segment nach vorne bringen möchte, muss ich auch sehr hohe Aufwendungen im Bereich des Mediavolumens vorsehen. Zalando beispielsweise konnte nur durch TV-Spots nach vorne gepusht werden. Geht eine solche Aktion schief und der Markteintritt scheitert, sind diese Kosten unwiederbringlich verloren.

Um das Risiko im Bereich der Mediakosten (Kosten für TV-Spots, Anzeigen etc.) möglichst gering zu halten, suchen viele junge Startups einen Ausweg, wie sie, ohne rare Geldmittel ausgeben zu müssen, den Weg in die Öffentlichkeit finden können. Die Lösung liegt an dieser Stelle nicht allein in alternativen Kommunikationskanälen (virales Marketing, Guerilla-Marketing oder Social Media), sondern in einer Beteiligung der großen Medienvermarkter als Mitunternehmer. Der Weg „Media-for-Equity“ (vgl. Krohn 2015) wird beispielsweise von Sendergruppen wie ProSieben/Sat1-Media sehr gerne beschritten, da er für die TV-Leute auch eine Unabhängigkeit von den Schwankungen des Geschäfts mit Werbespots mit sich bringt.

Aus Sicht der etablierten Unternehmen ist die Angst der Newcomer vor den „sunk costs“ nach wie vor ein gutes Mittel zur Abschottung von Märkten und Marktpositionen.

Rechtliche Barrieren

Wir haben zwar in Deutschland grundsätzlich eine Marktwirtschaft, bei der das betriebliche Autonomieprinzip gilt, dennoch sind nicht alle Märkte für jeden Marktteilnehmer in der von ihm gewünschten Form zugänglich. Ein deutliches Beispiel dafür, dass diese Hürde bei neuen digitalen Geschäftsmodellen entscheidend sein kann, ist „Uber“. In Deutschland unterliegen Taxidienste umfangreichen gesetzlichen Vorgaben. Wer also als neuer selbstständiger Fahrer für Uber Dienste erbringen möchte, muss zumindest einen „Personenbeförderungsschein“ vorweisen. Der Ausbau des Dienstes in Europa, insbesondere in Deutschland, ist bei Uber wegen derartiger Hindernisse 2015 deutlich ins Stocken geraten (vgl. Maier/Rungg 3/2015). Denn auch noch so gut gefüllte Finanztöpfe reichen in solchen Fällen nicht aus, um ohne politischen Widerstand in fremde Märkte eindringen zu können (vgl. Solis 2015, S. 37).

Economies of Scale

Eine typische Hürde, die lange Zeit in vielen Märkten als Garant dafür galt, dass einem nicht so ohne Weiteres ein kleiner und flexibler Wettbewerber und Marktneuling in die Suppe spucken kann, sind die Betriebsgrößenvorteile (Economies of Scale). Wenn größere Anbieter gegenüber kleineren Wettbewerbern im Vorteil sind, führt dies dazu, dass kleinere Wettbewerber, die noch keine starke Stellung im betreffenden Markt erringen konnten, am Eintritt in den Markt gehindert werden können. Hier spielen Lernkurveneffekte etablierter größerer Unternehmen genauso eine Rolle wie die Möglichkeit eines großen und etablierten Unternehmens, von der Fixkostendegression zu profitieren. Dieser Fixkostendegressionseffekt tritt in vielen Märkten auf, in denen zunächst die Grundkosten für die Herstellung eines Produkts sehr hoch sind, da der Anteil der Fixkosten dominiert und ein marktfähiges Modell erst dadurch entstehen kann, dass mit geringen variablen Kostenanteilen eine sehr große Menge dieses Produkts erstellt werden kann.

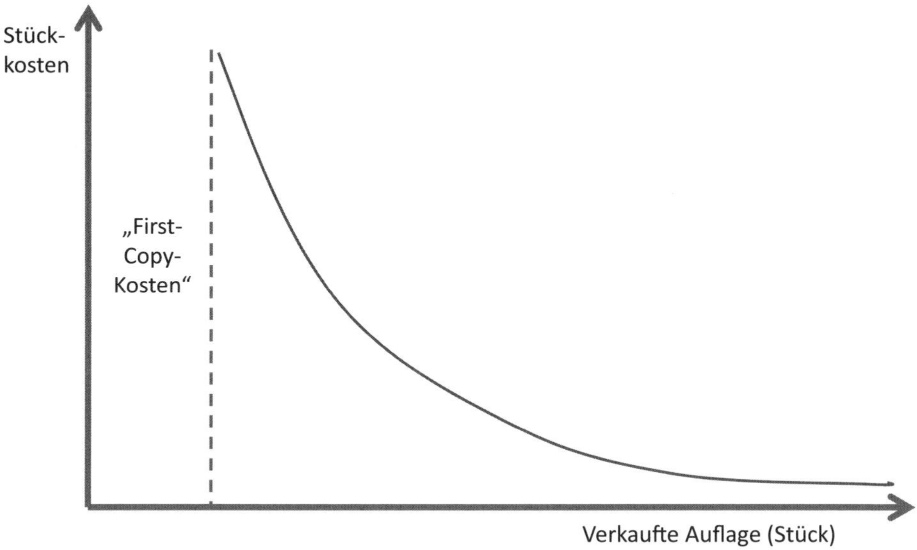

Bild 1.6 Stückkostendegression am Beispiel von Print-Produkten (Quelle: Breyer-Mayländer/Werner 2003, S. 230)

Man sieht dies sehr deutlich an dem in Bild 1.6 dargestellten Beispiel einer Zeitung oder Zeitschrift. Die Kosten für das erste produzierte Stück (First-Copy-Costs) sind wegen der Fixkosten sehr hoch und es ist für günstige Kostenstrukturen entscheidend, eine entsprechend hohe Ausbringungsmenge zu besitzen. In das erste Exemplar einer Zeitschrift fließen alle Kosten der Erstellung ein, wie z. B. Redaktion, Fotoagentur und Nachrichtenagentur, Layout. Daher sind Verlage in der Regel bestrebt, eine ausreichend hohe Reichweite zu erreichen, damit sich diese Kosten auf die komplette Auflage verteilen lassen. Je höher die Auflage, desto geringer die Stückkosten (Stückkostendegression), da sich dadurch die Kosten auf eine höhere Anzahl an Einheiten verteilen.

Dieser einfache Zusammenhang zeigt, dass in solchen Märkten große Anbieter zu günstigeren Kosten produzieren und damit ihre Produkte zu niedrigeren Preisen im Markt anbieten können. Damit werden Konzentrationstendenzen wie etwa horizontale Zusammenschlüsse von Medien¬unternehmen derselben Wirtschaftsstufe begünstigt.

Dieser Zusammenhang bezieht sich nicht nur auf Druckprodukte und spielt auch in der digitalen Welt eine Rolle. Man kann das Modell sehr einfach auf ein digitales Angebot übertragen. „Watson.ch“ ist ein rein digital verfügbarer Dienst, der sich über Werbeerlöse refinanziert. Auch hier sind die Kosten für die Redaktion zunächst gleich hoch, ob man am Ende einen Unique Visitor erreicht oder Tausende. Die Rentabilität entsteht hier auch erst über die Größe. Das Thema einer solchen Plattform muss also die Voraussetzung dafür liefern, dass das Modell skalierbar ist.

Economies of Scope

Verbundvorteile (Economies of Scope) entstehen dann, wenn ein etablierter Anbieter unterschiedliche Produkte und Geschäftsfelder so kombinieren kann, dass er gegenüber dem Marktneuling Vorteile besitzt. Wenn Sie beispielsweise als Journalist eines Zeitschriftenverlags mit Frauenzeitschriften beschließen, eine Beauty- und Fitnessplattform im Internet zu etablieren, können Sie auf Ihren bislang bereits erzeugten redaktionellen Content und die Erfahrung des Redaktionsteams zurückgreifen. Einem Marktneuling hingegen stehen für seinen Markteintritt diese Ressourcen nicht zur Verfügung.

Strategisches Marktverhalten

Neben den Marktzutrittsbarrieren, die in der Struktur des Markts liegen, kann man als etabliertes Unternehmen durch strategisches Marktverhalten zusätzliche Hürden für Marktneulinge aufbauen. Ein häufig anzutreffendes Beispiel ist die Preislimitstrategie, bei der die etablierten Anbieter ihre Preise auf das gerade noch vertretbare Niveau absenken. Damit werden Marktneulinge abgeschreckt, da solche Aktionen häufig in einen Preiskrieg münden und ein einträgliches Auskommen in Frage steht. Auch eine gezielte Fusions- und Konzentrationspolitik kann zu zusätzlichen Barrieren führen. Neben der horizontalen Integration, bei der Unternehmen derselben Markt- und Wirtschaftsstufe vereint werden (z. B. der Zusammenschluss mehrerer Automobilhersteller), ist häufig auch die vertikale Integration ein strategisches Ziel von Unternehmen, die den Zugang zu vorgelagerten Wertschöpfungsstufen oder im nachgelagerten Bereich Vertriebskanäle integrieren.

Long-Tail

Einer der Theoriebereiche, der am stärksten die Hoffnungen von kleinen Unternehmen schürt, dass in der digitalen Welt vieles möglich wird, was ihnen bislang an Erfolg verwehrt blieb, beruht auf dem „Long-Tail"-Effekt. Da über das Internet auch kleine Gruppen und deren Bedürfnisse wirtschaftlich sinnvoll angesprochen werden können, ist auch der Verkauf von Produkten, die nur geringe Absatzzahlen erzielen werden, noch möglich. Dieser Effekt, der entsprechend der Produktabsatzkurve gerne nach einer Darstellung des Wired-Chefs Chris Andersen als „long tail" bezeichnet wird, lässt sich auch als Voraussetzung für die Vermarktung von Nischenprodukten sehen.

Ein typisches Beispiel ist hier der Buchmarkt. Die Lösung vom Zwang, bei einem professionell gedruckten Buch eine Mindestauflage ins Visier zu nehmen, kommt durch die Chance, nicht länger von dem dargestellten Effekt der Fixkostendegression abhängig zu sein. Wenn Druckplatten etc. hohe Druckkosten erzeugen, muss man sich überlegen, ab welcher Auflage ein Buchprojekt rentabel sein kann. Durch die konsequente Nutzung der Printing-on-Demand-Technologie des Digitaldrucks kann seit einigen Jahren an dieser Stelle auch ein Projekt nach dem Prinzip des Publishing-on-Demand umgesetzt werden. Daher ist es im Rahmen der Etablierung digitaler Geschäftsmodelle wichtig zu entscheiden, wo die sogenannten Long-Tail-Effekte (geringe Nachfrage für viele spezifische Produktvarianten, die nur geringe fixe Kosten verursachen) genutzt werden können. Long-Tail entsteht dort, wo Nischenprodukte aufgrund der geringen Transaktionskosten marktfähig angeboten werden können. Durch diesen Effekt werden die riesigen Sortimentspaletten mit Millionen von Angeboten, wie sie auf amazon zu finden sind, überhaupt erst möglich (Bild 1.7).

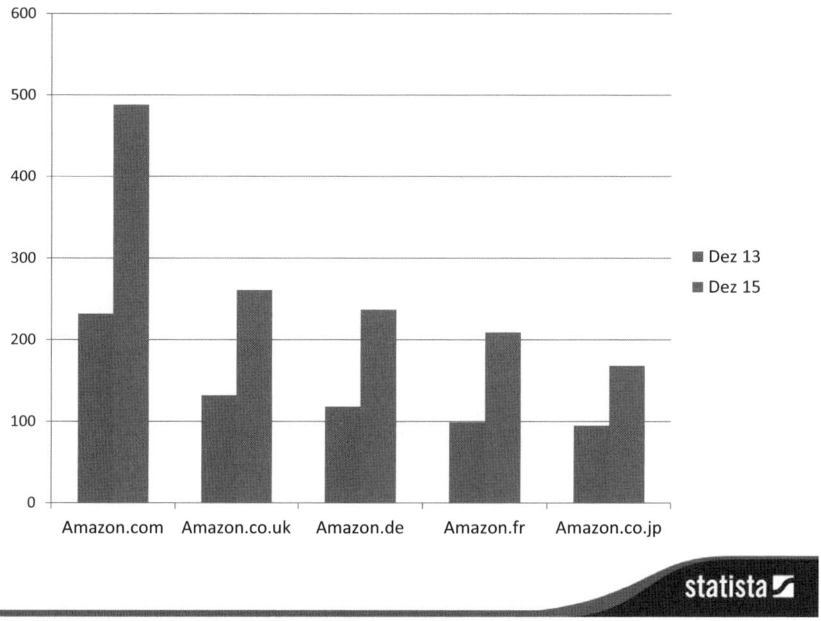

Bild 1.7 Schätzung der angebotenen Produkte bei Amazon (Quelle: ExportX 2016; zitiert nach Statista)

Wieder hilft uns hier ein Blick auf das Beispiel des Buchmarkts (Bild 1.8). Die Long-Tail-Produkte rechnen sich nicht innerhalb des für Bestseller typischen kurzen Zeitraums, sondern sie entwickeln ihre Rentabilität über die Gesamtlebenszeit des Produkts hinweg. Da im Buchmarkt über 80000 Erstauflagen pro Jahr auf dem deutschen Markt erscheinen, ist ein starker Verdrängungswettbewerb spürbar, bei dem kleine Anbieter oftmals nur auf den sogenannten Long-Tail-Effekt setzen können, d.h. den langfristigen Verkauf von Nischenprodukten mit geringen Transaktionskosten, z.B. über Online-Plattformen. Während dies bei der Vermarktung von Belletristik oder Musik sehr gut funktionieren kann, ist es beispielsweise für News-Produkte keine sinnvolle Alternative. Die Nischenprodukte ergeben bei geringem Umsatz pro Stück ein in der Summe mitunter beträchtliches Umsatzvolumen. Die Bücher werden nicht fertig gedruckt und gelagert, sondern nun auch noch „on-Demand“ erst dann fertig produziert, wenn ein Kauf ansteht. Daher kann man auf diesem Weg selbst kleinste Nischen mit Produkten versorgen.

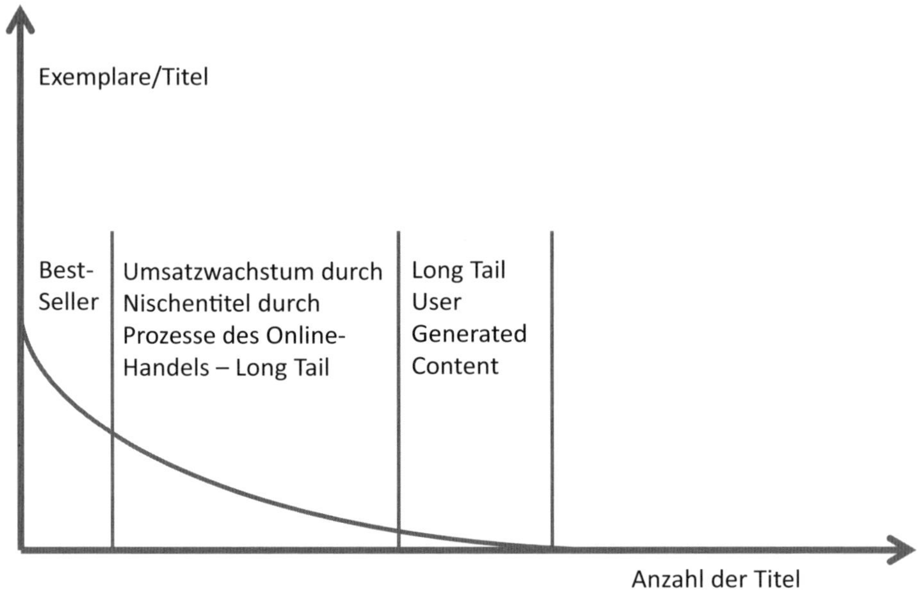

Bild 1.8 Long-Tail in der Buchbranche (Quelle: Künzel 2009)

Transaktionskosten

Die Möglichkeiten des Long-Tail sind wesentlich davon abhängig, dass der Aufwand für die Anbahnung bis zur Kontrolle von Verträgen stark reduziert werden kann. Coase (1960) und Williamson (1990) haben bereits die wesentlichen Teilaspekte einer Transaktion in ihren Transaktionskostentheorien hinterlegt (Bild 1.9).

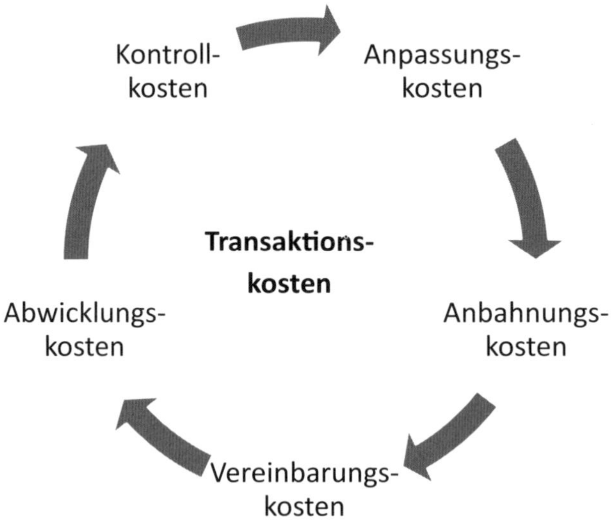

Bild 1.9 Transaktionskosten mit Teilschritten (Quelle: Steinbeis-Beratungszentrum „Leadership in Science and Education")

Die Digitalisierung und die damit verbundene Möglichkeit, digitale Marktplätze und Plattformen zu schaffen, haben dazu geführt, dass in vielen Märkten Transaktionen möglich werden, die man noch im Jahr 2000 vom Aufwand her als nicht rentabel eingestuft hätte (Bild 1.10). Ob der Aufwand für Teilbereiche der Transaktionskosten von Anbahnung bis zur Kontrolle tatsächlich durch digitale Marktplätze reduziert werden kann, hängt sehr stark von Randbedingungen wie Verhaltensannahmen und Umweltfaktoren ab.

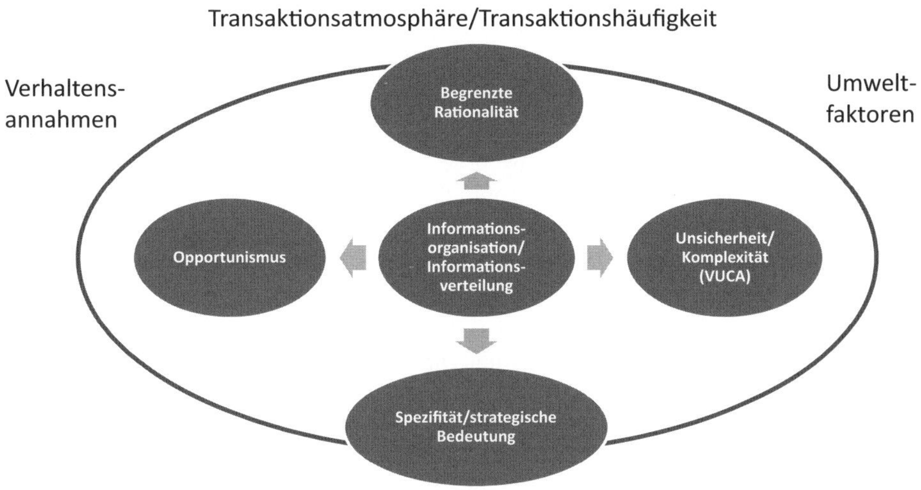

Bild 1.10 Bedingungen für Transaktionskosten (Quelle: Hentschel 2007, S. 64)

Damit wird deutlich, dass es auch im Digitalzeitalter Segmente gibt, in denen die Transaktionskosten eine Rolle spielen, wenn beispielsweise sehr komplexe Güter in einem instabilen und unsicheren Marktumfeld angeboten werden. Dennoch haben sich für viele Unternehmen die Transaktionskosten beim Bezug von Leistungen stark gesenkt und im Gegenzug sind auch die Transaktionskosten für die Vermarktung der eigenen Güter (Produkte und Dienstleistungen) weniger relevant als früher. Teilweise sind die Transaktionskosten noch vorhanden und prägen damit die Markteintrittsbarrieren. In anderen Märkten hingegen fehlen wesentliche Marktzutrittsbarrieren.

Zwischenfazit Marktzutrittsbarrieren

Die bis hier analysierten Besonderheiten in digitalen Märkten stehen alle in Verbindung mit Marktzutrittsbarrieren. Sie haben in vielen Märkten jahrelang dafür gesorgt, dass kleinere Unternehmen und insbesondere Marktneulinge Schwierigkeiten hatten, in den für sie neuen Märkten Fuß zu fassen. In vielen Fällen sind die typischen Barrieren nicht mehr in der ursprünglichen Form relevant, was im Rahmen der Digitalisierung zu einer zusätzlichen Bewegung in den Teilmärkten führt.

Weitere Besonderheiten digitaler Märkte – Schnelligkeit und „Window of Opportunity“

Es gibt immer wieder Trends, die aus anderen Wissensgebieten und Fachdisziplinen in die Wirtschafts- und Managementdiskussion schwappen und dann auch mit entsprechend markigen Bezeichnungen die Fachdiskussion prägen. „Neuromarketing“ als neue Disziplin, die die Analyse neuronaler Vorgänge bei entsprechenden Stimuli (beispielsweise Werbespots) mit marketingrelevanten Schlussfolgerungen verknüpft, wäre ein Beispiel für derartige thematische Innovationen. So ist auch der Begriff „Window of Opportunity“ ursprünglich kein Managementbegriff, sondern stammt aus der Persönlichkeitsentwicklung und Lerntheorie. Es gibt unterschiedliche Zeitpunkte in der Entwicklung eines Menschen, zu denen er von der neuronalen Disposition her in der Lage ist, bestimmte Lernschritte zu vollziehen (vgl. Sander/Igelbrink 2010, S. 128). So lernen wir beispielsweise Sprachen üblicherweise leichter, wenn wir jünger sind. Was hat das jetzt mit der Digitalisierung von Märkten und Unternehmen zu tun? Es ist ein Beispiel, wie Themen aus anderen Disziplinen Eingang in unsere Wirtschaftsdiskussion finden und dort mit einer Ehrfurcht behandelt werden, als handle es sich um unumstößliche Erkenntnisse.

„Window of Opportunity“ ist die günstige Gelegenheit, in einen Markt zu gehen. Mit diesem Begriff wird dann meist noch die Forderung verbunden, möglichst früh den Markt zu erobern, damit man als Erster der größte Player im Markt ist und in großem Umfang von den Netzeffekten digitaler Märkte profitieren kann. Hier zeigt sich direkt die begrenzte Gültigkeit solcher Theorien, da inzwischen viele Digitalexperten vor allzu schnellen Schlussfolgerungen warnen. Sie gehen davon aus, dass statt Schnelligkeit das „Window of Opportunity“ eher die passende Gelegenheit, den passenden Zeitrahmen charakterisiert.

Es gilt jedoch aus Sicht vieler Kommentatoren der digitalen Wirtschaft die nahezu unumstößliche Regel, dass das enge Zeitfenster für den Markterfolg eine große Rolle spielt. Daher dient das angeblich alles entscheidende, sehr kurze Zeitfenster als Begründung für die hohen Aufwendungen für rasche Entwicklung und eine fulminante Marketingkampagne, die den raschen Einstieg in den Markt sicherstellen sollen. Genau hier lohnt es sich jedoch, gedanklich einen Moment innezuhalten.

Ist das nun aber korrekt, dass man aufgrund des günstigen Zeitfensters in Verbindung mit den Netzeffekten möglichst früh dran sein muss, um erfolgreich zu sein? Als Folge dieser Ideologie haben zahlreiche Unternehmen den digitalen Wandel als einen Wettbewerb zur Massenmobilisierung verstanden. Flexibel und schnell muss die neue Organisation sein und statt der ausgeklügelten Idealvariante kann es zum Start auch mal eine 80-Prozent-Lösung sein, um dem Pareto-Optimum Genüge zu tun. Da ist viel Wahres dran, aber es liegt auch eine Täuschung vor, wenn man bei der Analyse erfolgreicher Digitalprojekte die Schlussfolgerung zieht, dass immer der Schnellste am Ende der Gewinner war. Christian Hoffmeister weist darauf hin, dass es nicht auf die Schnelligkeit und den First-Mover-Advantage allein ankommt, sondern auf das richtige Timing (Hoffmeister 2013, S. 36).

Netzeffekte

Für viele Probleme, die neue Unternehmen in digitalen Märkten erleben, werden die Beharrungskräfte der Märkte mit Netzeffekten verantwortlich gemacht. Was sind das für Netzeffekte, die dafür verantwortlich sein sollen, dass ich möglichst rasch starten muss, um nicht als Anbieter und Marktneuling in die Röhre zu schauen? Wir erleben nicht nur in digitalen Märkten, sondern auch in anderen Märkten mit gekoppelten Teilmärkten, wie beispielsweise dem Markt der klassischen Medien (z.B. Tageszeitungen), immer wieder, dass es einen Trend zu Monopolen oder Oligopolen gibt, da die Marktführer extreme Vorteile genießen, wenn beispielsweise die Kunden darauf achten müssen, dass sie bei einem der großen Anbieter unter Vertrag sind, um den vollen Nutzen eines Produkts zu realisieren (beispielsweise WhatsApp-Kunden, die darauf angewiesen sind, dass sie ihr Umfeld über WhatsApp erreichen).

Güter haben in den meisten Branchen die Eigenschaft, dass sich ihr Wert durch die zunehmende Nutzung verringert. Wir kennen das zum Beispiel bei Autos, deren Wert direkt vom Kilometerstand abhängt. Hier zeigen sich erste Besonderheiten von digitalen Märkten und Produkten. Teilweise verlieren vor allem Informations- und Medienprodukte nicht mit zunehmender Nutzung an Wert, sondern sie können mit steigender Verbreitung ihren Wert steigern. Wenn dieser Zusammenhang so stark ist, dass der Wert einer Ware oder Dienstleistung für den jeweiligen Nutzer davon abhängt, wie viele andere Nutzer die Ware oder Dienstleistung ebenfalls verwenden, spricht man von Netzeffekten (Shapiro/Varian 1999, S. 13 und S. 45).

Diese Wertetreiber als Netzeffekte gibt es dabei in unterschiedlichen Ausprägungen. *Direkte Netzeffekte* finden sich bei kommunikations- und interaktionsorientierten Diensten wie E-Mail oder Internet. Die ersten Studenten und Wissenschaftler, die bereits in den achtziger Jahren des vorausgehenden Jahrhunderts mit einer Art Maildienst kommuniziert hatten, konnten nur einen relativ kleinen Kreis von Menschen erreichen. Es war damals nicht vorstellbar, dass jemand einen Großteil seines sozialen Umfelds außerhalb des Jobs über diesen Dienst erreichen kann. Jedes zusätzliche Mitglied im Netzwerk und jedes zusätzlich verfügbare Gut, z.B. im Internet verfügbare Angebote, steigern dabei den Wert des Netzwerks. Eine Vielzahl von neuen Geschäftsmodellen, vor allem im Online-Sektor, beruht auf diesem Netzeffekt, wie dies beispielsweise bei der Online-Auktionsplattform eBay sichtbar war, da deren Erfolg hauptsächlich auf der persönlichen Empfehlung von Nutzern abhing. In den Geschäftsmodellen der Online-Communities im Rahmen von „Web 2.0“ stieg die Bedeutung dieses Aspekts stark an. Die studentische Community „StudiVZ“ war dem Georg-von-Holtzbrinck-Konzern einen hohen zweistelligen Millionenbetrag wert und schaffte durch die hohe Nutzungsintensität direkt den Sprung an die Spitze der Online-Angebote. Dieser Erfolg war aber nur von kurzfristiger Dauer, da Facebook aufgrund der weltweiten Vernetzungsmöglichkeit den VZ-Netzwerken rasch den Rang ablief. Hier zeigt sich, dass diese Märkte kaum stabile Marktpositionen zulassen und genau diese Volatilität ein Problem darstellen kann. Trotz des Lock-in-Effekts (wenn man bereits sein Profil in einen Dienst eingepflegt hat, möchte man es in der Regel nicht so schnell wieder aufgeben), kippte der Markt deutlich zugunsten von Facebook.

Indirekte Netzeffekte lassen sich sehr gut bei sogenannten Systemgütern erklären. Bekanntes Beispiel für indirekte Netzeffekte im Rahmen von Systemgütern ist der historische Erfolg des VHS-Videosystems. Damals konnte sich ein technisch schlechteres Produkt dadurch durchsetzen, dass eben mehr Endgeräte (Hardware) und ein größeres Filmangebot (Software) auf diesem Standard verfügbar waren. Das bedeutet, ein Filmproduzent, der sein Produkt möglichst breit vermarkten wollte, wählte den technischen Standard aus, der die größte Verbreitung hatte. Umgekehrt waren die Technikdienstleister auch eher bereit, für denjenigen technischen Standard zu produzieren, mit dem die meisten Filme abgespielt werden konnten. Diese Zusammenhänge sehen wir immer wieder im Umfeld der digitalen Medien, zum Beispiel beim Zusammenhang zwischen Apps, die als native App für ein bestimmtes Betriebssystem produziert werden, und dem Verbreitungsgrad des jeweiligen Betriebssystems.

Aber durch die besondere Bedeutung digitaler redaktioneller und sozialer Medien entsteht oftmals auch ein *sozialer Netzeffekt*. Medien sind in vielen Fällen Gegenstand von Identifikation und Kommunikation und haben daher einen engen Bezug zu einzelnen Gruppen, sodass sie selbst Gegenstand der Diskussion werden. Dieses wird – beispielsweise bei redaktionellen Medien – vor allem im Sendeformat der „Daily-Soaps“ und Serien besonders augenfällig, wenn sich Freundeskreise über den weiteren Fortgang der TV-Handlung austauschen und das „Bescheid-Wissen“ bereits zum relevanten Code einer Gruppe wird. Dieser soziale Netzeffekt ist zugleich auch ein wichtiger Faktor für die aktive Gestaltung von Communities.

Metcalfes Law

Es hat nicht an Versuchen gefehlt, den Netzeffekt mit quantitativen Elementen zu unterlegen. Metcalfes Law wird hier häufig angeführt, wonach bei Netzwerken der Wert des Netzwerks mit der Zahl der Nutzer im Quadrat zunehmen soll. Das Ganze geht auf Robert Metcalfe zurück, der diesen Zusammenhang in den 1980er-Jahren formulierte, aber nicht publizierte. Seit 1993 George Gilder „Metcalfe's Law and Legacy“ veröffentlichte, wird es als Gesetz formuliert, das jedoch auch von verschiedenen Seiten kritisiert wird. In Frage gestellt wird nicht der grundsätzliche Zusammenhang. Es gibt viele passende Beispiele für die Beobachtung, dass es eine positive Wirkung gibt, wenn weitere Netzwerkteilnehmer gewonnen werden. Kritisiert wird daher vor allem der exakte quantitative Zusammenhang. So wird darauf hingewiesen, dass vielleicht nicht alle theoretisch denkbaren Verbindungen eines Netzwerks in der Praxis denselben Wert haben. Die Kommunikationsverbindung zwischen zwei frisch verliebten Teenagern ist aus deren Sicht von einem höheren Wert als die in gleicher Weise im Netzwerk mögliche Verbindung zu ihrem Mathelehrer (vgl. Brisco/Odlyzko/Tilly 2006; Bild 1.11). Entsprechend ist auch nicht in allen Fällen sichergestellt, dass die in dem Modell angenommenen linearen Kosten in ihrer Entwicklung von den im Quadrat wachsenden Nutzenlinien eingeholt werden.

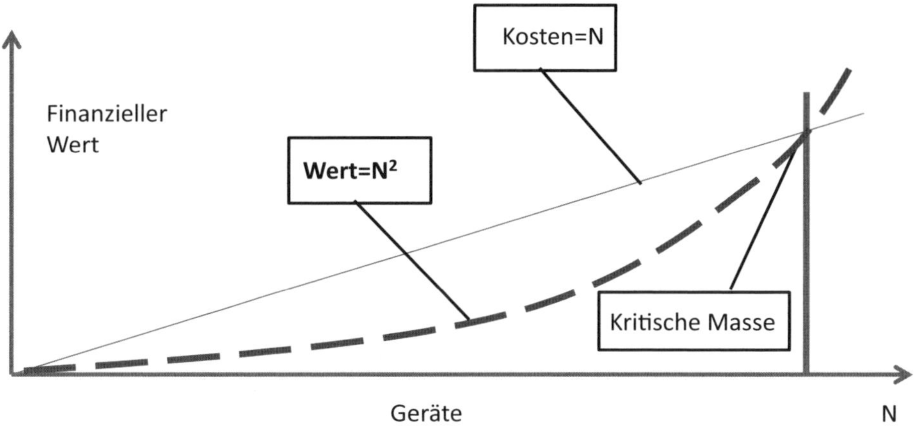

Bild 1.11 Der systemische Wert der Kommunikation als Quadratfunktion (Quelle: Brisco/Odlyzko/Tilly 2006, S. 37)

Trotz dieser Detailkritik wird immer wieder bei der Analyse von grundsätzlichen Zusammenhängen in digitalen Märkten die angebliche Gesetzmäßigkeit nach Metcalfe angeführt (vgl. Peters 2010, S. 40).

Wenn man sich all diese Gesetzmäßigkeiten, insbesondere die der Netzeffekte, vergegenwärtigt, stellt sich am Ende die Frage, welche Zusammenhänge es zwischen den unterschiedlichen Teilbereichen der theoretischen Modelle der Digitalwirtschaft gibt und wie diese zu interpretieren sind. Mithilfe des Drei-Ebenen-Modells der Internetökonomie wurde versucht, die bereits dargestellten unterschiedlichen Theorieebenen miteinander zu verbinden (vgl. Aufderheide/Lindner/Zimmerlich 2006, S. 145). Als Beispiel kann man sich hier den Markt der diversen Betriebssysteme (beispielsweise für mobile Endgeräte) vorstellen (Bild 1.12).

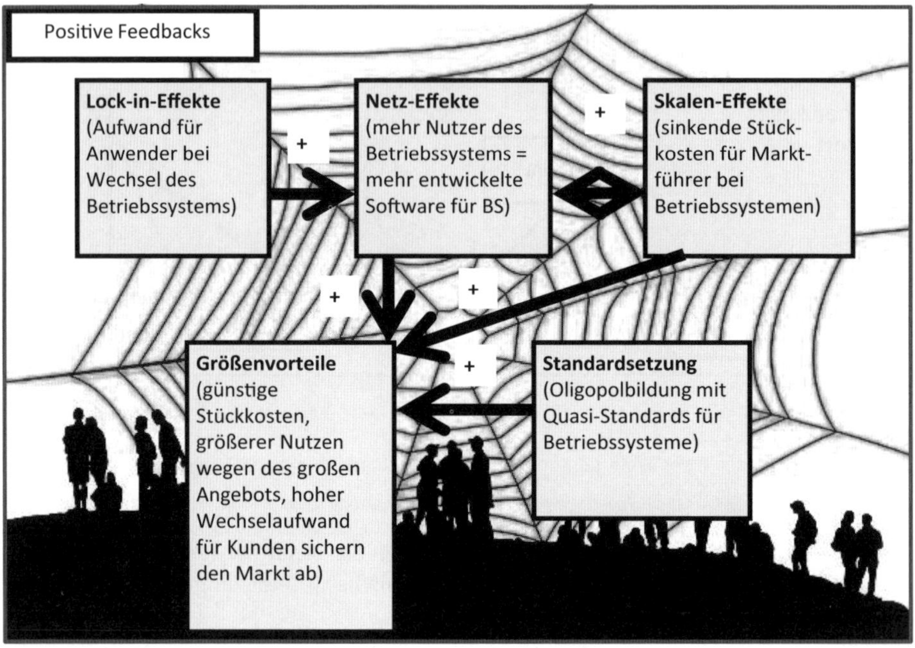

Bild 1.12 Beispielhaftes Zusammenspiel der digitalen Ökonomie im Smartphone-Markt (Quelle: Steinbeis-Beratungszentrum „Leadership in Science and Education", Quelle: Aufderheide/Lindner/Zimmerlich 2006, S. 145)

Wer sich für ein Smartphone entscheidet, wird dabei berücksichtigen, wie hoch die Marktanteile des Betriebssystems in diesem Markt sind (Bild 1.12 und Bild 1.13). Denn der führende Anbieter mit den höchsten Marktanteilen wird auch über ein großes und attraktives Angebot an Software (Apps) verfügen. Der Lock-in-Effekt nach der Entscheidung für ein Smartphone beschreibt den Aufwand, wenn man das Betriebssystem, bzw. die Hardware wechseln möchte. Dies sorgt für Stabilität der Marktanteile und der Netzeffekt zwischen Hardware, Betriebssystem und Softwareangebot begünstigt wiederum die in Führung liegenden Anbieter. Diese können sich den Umstand zunutze machen, dass sie ihre Fixkosten über eine größere Menge an Kunden refinanzieren können, und kommen somit in den Genuss der Skaleneffekte und Größenvorteile. Mit dieser Tendenz zur Monopolbildung (ein Anbieter dominiert) bzw. Oligopolbildung (wenige Anbieter teilen sich den Markt), entstehen faktische Branchenstandards, an denen die Wettbewerber zunächst nicht vorbeikommen.

Es gibt nun zwei unterschiedliche Strategien, um mit einer derart dominierenden Stellung im Markt umzugehen. Das Apple-Prinzip beruht auf der Idee, den Quasi-Standard zu nutzen und im Zweifel mit proprietären Lösungen den Verbund sicherzustellen. Das bedeutet, dass vom App-Store bis zum iPhone und iPad ein eigenes Ökosystem geschaffen wird, das nur dann dem Kunden den vollen Nutzen bringt, wenn er sich komplett auf die Apple-Welt einlässt. Für alle anderen Kunden gilt im Zweifel: „Wir müssen leider draußen bleiben!" Das Apple-Betriebssystem iOS ist dabei technisch hoch performant, die Services wie die Spracherkennung Siri sind von hoher Funktionalität, aber die Verbreitung des Betriebssystems ist limitiert.

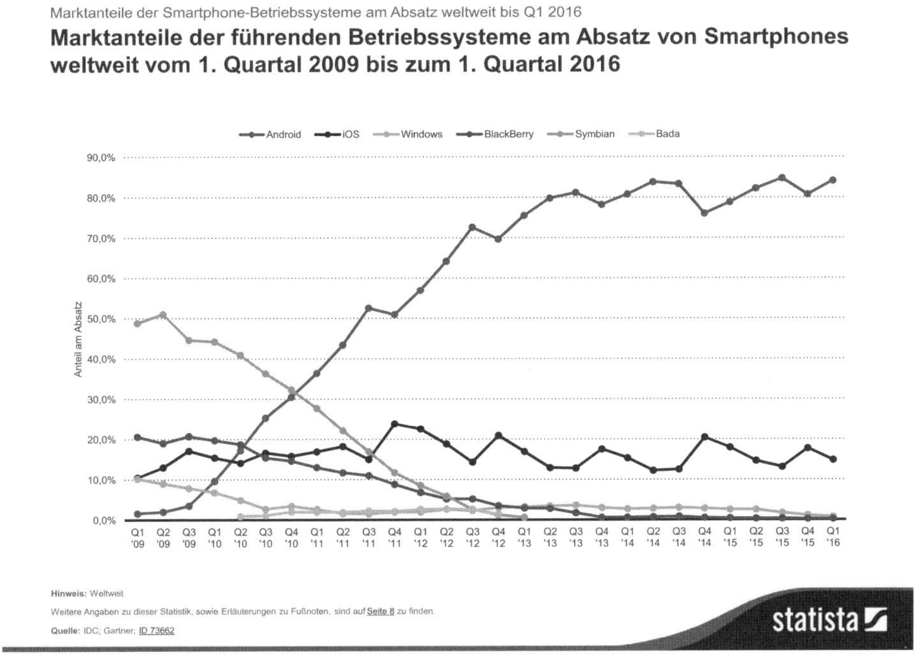

Bild 1.13 Marktanteile bei Smartphone-Betriebssystemen (Quelle: Gartner 2016; zitiert nach Statista)

Google hat hingegen sein Betriebssystem Android so konzipiert, dass eine Verbreitung auf fremder Hardware (Samsung, Huwai etc.) begünstigt wurde und damit eine rasche Marktdurchdringung möglich war. Die heute bereits erzielten Marktanteile führen zu einer Dominanz, die nun wiederum für andere konzerneigene Verbundprodukte genutzt wird. Wer die Funktionalität seines Android-Geräts ausschöpfen möchte, muss sich bei Google via Google-Konto zu erkennen geben. Damit wird die Voraussetzung dafür geschaffen, dass Google ein Nutzerprofil anlegt, das dann über die diversen Verwertungsstufen mithilfe der Datenanalyse (vgl. Big Data, Predictive Analytics etc.) einer Kommerzialisierung zugeführt wird.

Erstaunlich ist im Zusammenhang mit der aktuellen Marktaufteilung der Betriebssysteme von Smartphones, dass Microsoft es bislang nicht geschafft hat, Erfolge aus der Welt der PC-Betriebssysteme zu wiederholen. War es doch in der Entwicklung der Welt der autonomen Rechnersysteme eines der hervorstechenden Merkmale von Microsoft, durch eine geschickte Einkaufs- und Lizenzpolitik eine beeindruckende marktbeherrschende Stellung zu erzielen.

Moores Law

Der Intel-Mitbegründer Gordon Moore prognostizierte, dass sich die Rechenkapazität in jedem Jahr verdoppele, sodass am Ende eines Jahres doppelt so viel Rechenkapazität zur Verfügung stünde, am Ende des zweiten Jahres viermal so viel etc. Wir befinden uns somit bei der groben Beschreibung des kontinuierlichen Anstiegs der technischen Leistungsfähigkeit auf der digitalen Ebene. Das erinnert an die Wachstumsentwicklung, wie sie im Gleichnis mit dem Schachbrett formuliert wurde, in dem der bescheidene Diener als Lohn für seine Arbeit von seinem Herrscher lediglich auf einem Schachbrett stets für jedes Feld die verdoppelte Menge eines einzigen Weizenkorns wollte, mit dem diese Reihe auf dem ersten Feld des Schachbretts beginnen sollte. Wir befinden uns inzwischen bei der digitalen Entwicklung auf der zweiten Hälfte des Schachbretts, wie Andrew Mc Affee auf der Digital Life Design Konferenz in 2015 meinte und in den vergangenen fünf Jahren immer wieder publizierte (Schulz/Grolle 2014). Auch bei der konkreten Beschreibung der Leistungsfähigkeit (Taktfrequenz, Speicherfähigkeit etc.) von Hardwaresystemen lassen sich die Grundannahmen von Moores Law bestätigen (vgl. Lehner 2010, S. 526).

Konsumrivalität

Bei der Beurteilung der Vermarktbarkeit von Gütern spielen deren Detaileigenschaften eine entscheidende Rolle. Eine Eigenschaft, die bei den im Rahmen der Digitalisierung Informationsgütern sehr unterschiedlich ausgeprägt sein kann, ist die Konsumrivalität. Diese ist gerade im Informations- und Mediensektor oftmals sehr schwach ausgeprägt. Was hat es mit dieser Eigenschaft auf sich? Während ein Stück Schokolade nur von einer Person gegessen werden kann, also eine maximale Konsumrivalität besitzt, sind bei anderen, auch nichtöffentlichen Gütern wie Zeitschriften Mehrfachnutzungen von unterschiedlichen Konsumenten möglich. Wenn mehrere Personen gemeinsam fernsehen oder wenn Zeitschriften von unterschiedlichen Leserinnen und Lesern nacheinander gelesen werden, dann lässt sich dieses Produkt nur einmal an die komplette Personengruppe vermarkten. Wenn Sie ein Produkt verkaufen wollen, ist es wichtig, dass all diejenigen, die nicht für das Produkt bezahlen wollen, auch von der Nutzung dieses Produkts ausgeschlossen sind. Wenn der Ausschluss von Konsumenten nicht oder nur eingeschränkt möglich ist, kann der Charakter eines öffentlichen Guts entstehen. Informationen besitzen dabei Grundzüge eines öffentlichen Guts zum Nachteil der Vermarktbarkeit. Informationen verbrauchen sich nicht durch den Konsumvorgang. Auch die Nutzenbewertung durch den Konsumenten und damit die Frage des Marktpreises sind bei Informationen schwierig. Informationsbasierte Medien sind in vielen Fällen Vertrauensgut, d. h., der Wert der Information durch den Konsumenten kann erst nach dem Konsum des Medienguts beurteilt werden. Bevor Sie einen Artikel über den Nahostkonflikt gelesen haben, wissen Sie nicht, wie gut er aus Ihrer Sicht ist. Selbst danach können Sie ohne Zusatzinformationen (z. B. Kontakte zu Quellen des BND) vielleicht nicht unbedingt die darin enthaltenen Leistungen würdigen, sondern Sie vertrauen der Qualität aufgrund der Erfahrung mit dem Produkt und der Absendermarke. Dabei zeigt sich, dass der Wert einer Information oftmals kontextabhängig ist. Auch die im Rahmen der Medienproduktion miterzeugte „öffentliche Meinung“ als Output der Medienindustrie weist Züge eines öffentlichen Guts auf, da sie durch Nichtrivalität und fehlenden Ausschluss im Konsum gekennzeichnet ist. Manchmal findet man vereinfachte Darstellungen des Netzeffekts, wonach der Wert einer Information zunehme, je häufiger sie Anwendung und Verbreitung finde. Dies trifft auf Informationen im engeren Sinne in keiner Weise zu. Im Gegenteil: Ist die Information – beispielsweise eine Nachricht über ein großes politisches Ereignis – einmal im Umlauf, ist sie nicht mehr vermarktbar. Im Sinne von Paid-Content als klassisches digitales Erlösmodell stellt es somit kein Gut mehr dar, da es keinen Markt hierfür geben wird. Die Zahlungsbereitschaft für eine bereits bekannte Nachricht ist sehr gering und allenfalls in Verbindung mit einer besonderen Aufbereitung der Information mittel- und langfristig erfolgreich.

Weitere Güterklassifikationen

Bevor man en détail Geschäftsmodelle analysiert und auf ihre Zukunftsfähigkeit hin überprüfen kann, lohnt sich ein zusätzlicher Blick auf die Produkte und Dienstleistungen, die man als Güter über digitale Kanäle zur Verfügung stellt. Gerade die Eignung für digitale Plattformen ist in hohem Maße davon abhängig, um welche Güterkategorie es sich handelt.

Güter lassen sich danach gruppieren, wie deren Qualität vonseiten der Konsumenten beurteilt werden kann:

- *Inspektionsgüter*, die zum Beispiel am Point-of-Sale getestet werden können, ermöglichen dem Käufer einen Test des Produktnutzens vor dem Kauf. Die digitale Inspektionsvariante setzt in der Regel voraus, dass das Produkt oder Teile des Produkts digitalisiert werden können. Der Probeclip des Films, Kapitelausschnitte bei Büchern etc. sorgen für rudimentäre Inspektionsmöglichkeiten. Dies ist ein probates Mittel, um aus typischen Erfahrungsgütern, die viel schwieriger zu vermarkten sind, Inspektionsgüter zu machen.
- *Erfahrungsgüter* lassen sich nicht vor dem Kauf testen. Allerdings kann der Käufer nach dem Konsumvorgang beurteilen, ob der von dem Produkt gestiftete Nutzen seinen Erwartungen entsprochen hat oder nicht. Ein Artikel eines Online-Newsportals, der als Paid-Content nach dem Pay-per-Article-Prinzip abgerechnet wird, kann unter Umständen für einen Nutzer sehr enttäuschend sein. Er wird die Enttäuschung jedoch erst dann erleben, wenn er bereits bezahlt hat.
- *Vertrauensgüter* sind von ihrer Vermarktbarkeit noch schwieriger. Sie können in ihrer Qualität auch nach dem Konsum nicht vom Konsumenten abschließend beurteilt werden (Wie gut ist die Google-Suche nach einem Begriff, gemessen an den möglichen Treffern im Internet?). Als Ersatz für die Möglichkeit der Überprüfung findet an dieser Stelle das Konzept des Vertrauens Anwendung, sodass für die Anbieter derartiger Güter die Image- und die Markenstrategie besonders wichtig sind. Google kann es daher nicht egal sein, wenn wir in Europa über die Marktmacht der dominierenden Search-Plattform diskutieren und dabei auch immer wieder die fehlende Neutralität bei den „normalen" Suchergebnissen (Google-Produkte erreichen stets Top-Platzierungen) und die Verquickung im Bereich der gekauften Anzeigen (Search Engine Advertising – SEA) kritisch hinterfragen (vgl. Lewandowski 2013, S. 506). Wenn man diese Zusammenhänge auf Teilmärkte, wie beispielsweise das Mediengeschäft, überträgt, gelten unter Umständen weitere Gesetzmäßigkeiten als Grundprinzipien. Insa Sjurts weist bei der Diskussion über die Gütereigenschaft von Medienprodukten darauf hin, dass die Werbetreibenden gegenüber den Rezipienten eine höhere Qualitätstransparenz besitzen und die Güter in vielen Fällen in Form von Inspektionsgütern nutzen können (Sjurts 2004, S. 165).

Disintermediation

Disintermediation ist ein weiterer digitaler „Buzzword"-Klassiker. Er beschreibt den Ausschluss einzelner Zwischenglieder aus einer Wertschöpfungskette. Beispielhaft sind mehrstufige Handelssysteme mit unterschiedlichen Zwischenhandels- und Großhandelsformen, die durch eine digitale Handelsplattform oder gar einen direkten Kanal vom Hersteller zum Kunden ersetzt werden. Dies erfordert jedoch eine große Marketingstärke der verbleibenden restlichen Glieder der Wertschöpfungskette.

Diese etwas abstrakte Darstellung lässt sich am Beispiel des Buchhandels veranschaulichen (Bild 1.14). Wenn es um digitale Produkte wie E-Books geht, dann bietet es sich an, aus der Vielzahl der möglichen Vertriebskanäle eine Variante zu wählen, bei der ohne Medienbruch eine durchgängig digitale Vertriebskette zwischen Produzent (Verlag) und Endkunde möglich ist. Dies führt zu einer günstigen wirtschaftlichen Bewertung des Online-Buchhandels, da hier eine Zwischenstufe (Zwischenhandel über den Pressegroßhandel in den beiden etablierten Formen Barsortiment oder Presse-Grosso) wegfällt. Die komplette Ausschaltung von Handelsstufen (Disintermediation) durch zunehmende digitale Direktbestellungen wird aus Sicht des Endkunden als Käufer schnell unbequem. Er müsste in diesem Szenario einzeln mit vielen Herstellern direkte Kontakte pflegen. Eine zentrale Bündelung der Herstellerkontakte durch eine Handelsplattform schafft daher aus Kundensicht deutliche Vorteile, wenn es um die Markttransparenz geht. Das Ziel der meisten E-Book-Käufer dürfte daher weniger der direkte Kontakt zu unterschiedlichsten Verlagen sein, sondern die Bündelung auf einer Handelsplattform, die wiederum vom Netzeffekt profitieren kann (mehr Nachfrager und mehr Angebote der Verlage). Den Erfolg von amazon in diesem Bereich kann man mit diesen Elementen erklären.

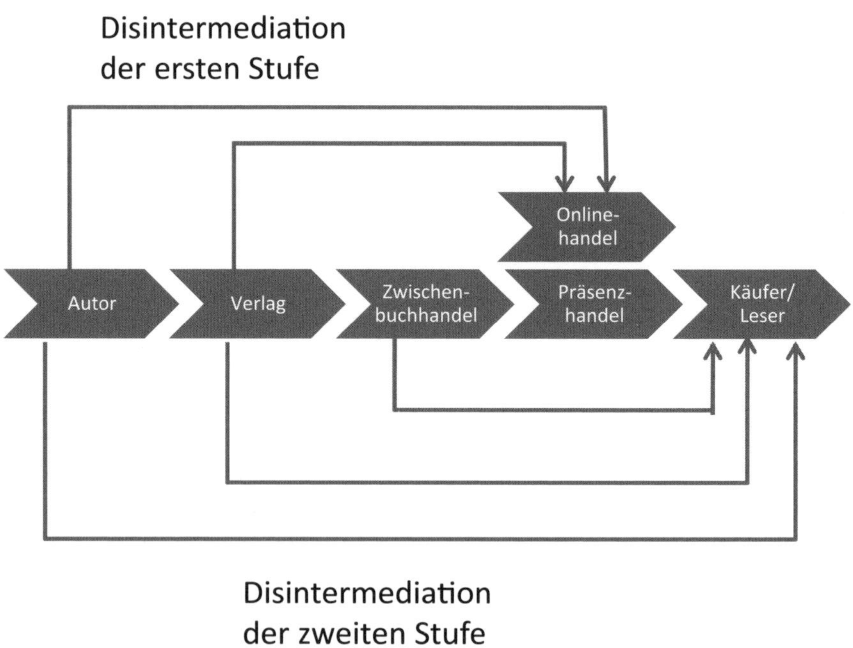

Bild 1.14 Disintermediation im Buchhandel (Quelle: Janello 2010, S. 83)

Wenn wir das Beispiel aus der Buchbranche weiter analysieren, sehen wir die differenzierten Rollen, die bei der Veränderung der Vertriebsstruktur auftreten (Bild 1.15). Die stärkste Form der Disintermediation ist Variante 1, die jedoch in der Praxis daran scheitert, dass der direkte Zugang vom Autor zum Käufer bei Themen aus dem Publikums- und Massenmarkt nicht existiert und damit die Nutzung von Internetplattformen und Prinzipien des Versandhandels notwendig werden. Gerade beim Selfpublishing durch den Autor haben daher die Plattformen der Dienstleister (z. B. bod.de) und die von den Dienstleistern angebotene Integration der Daten in die wichtigsten Branchenplattformen des Online-Buchhandels (z. B. Amazon) einen entscheidenden Anteil am Erfolg einzelner Titel. Selbst dann, wenn es einem Autor gelingen sollte, aufgrund einer überragenden Online-Kommunikationsstrategie (z. B. Nutzung einer bereits vorhandenen Bekanntheit oder Nutzung viraler Effekte) eine große Aufmerksamkeit und damit einen Nachfrageeffekt zu generieren (Pull-Effekt), werden viele potenzielle Leser nicht zuerst versuchen, beim Autor zu bestellen, sondern über die bekannten Online-Buchhandelsplattformen.

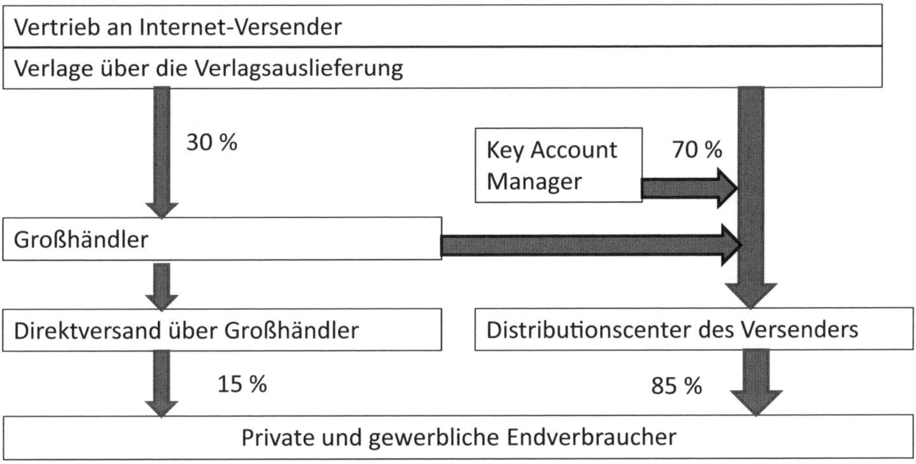

Bild 1.15 Verschiebungen in der Vertriebsstruktur durch digitale Disintermediation (Quelle: Bellmann 2009, S. 184)

Unbundling

Das Unbundling beschreibt die Auflösung eines „Leistungsbündels“ in seine Bestandteile, die damit als einzelne Teilprodukte vermarktet werden. Wie in der Musikindustrie die LP oder CD als durchkonzipiertes Gesamtwerk durch den Single-Track-Download abgelöst wurde, ist dieser Effekt der Entbündelung auch in anderen Segmenten sichtbar. Blendle beispielsweise ist ein Dienst, bei dem man News abonnieren kann, die aus unterschiedlichen Quellprodukten stammen. So können beim Interesse an bestimmten Themengebieten der Wirtschaftsnachrichten am Ende Beiträge unterschiedlichster Medienmarken (Handelsblatt, Süddeutsche Zeitung, FAZ, Wirtschaftswoche, Manager Magazin etc.) von einem Blendle-Kunden bezogen werden. Aus dem Gesamtprodukt wird somit ein fragmentiertes Produkt; ein Effekt, der aus Sicht des Produzenten zahlreiche Nachteile bzw. Risiken besitzt (vgl. Krebs/Lischka/Barro 2015).

Der Vorteil für die Hersteller liegt darin, auf diesem Weg möglicherweise Kunden zu erreichen, die statt des einzelnen Produktschnipsels sonst gar kein Produkt von ihnen gekauft hätten. Die Nachteile sind evident. Der Gesamtumsatz sinkt mit zunehmender Verbreitung der Kioskverkäufe unter der bisherigen Stammleserschaft, da nur noch Produktteile und nicht mehr das gesamte Bündel verkauft werden. Das Ziel müsste es aus Produzentensicht daher sein, neue Lesergruppen anzusprechen, um statt des typischen Kannibalisierungseffekts, der entsteht, wenn bisherige Kunden des vollen Leistungspakets nur noch Teile des Angebots nutzen, eine Ausdehnung der Zielgruppe zu erreichen. Die Produktkonzeption verliert beim Unbundling an Wert. Das Umfeld, in dem die eigenen Produktbestandteile genutzt werden, wird immer schwieriger steuerbar. Damit geht ein zentrales Element der Produktentwicklung und -konzeption verloren. Auch die Markenwirkung kann geschmälert werden. Der Produzent wird zum Zulieferer eines Aggregators oder Händlers und sitzt damit in Sachen Kundenbeziehung merkbar in der zweiten Reihe.

Grundregel

Veränderungen in den Marktstrukturen durch die Digitalisierung erzeugen Gewinner und Verlierer. Die neuen Anbieter (im Beispielfall die Aggregatoren und Händler) haben mangels traditionellem, altem Geschäft nichts zu verlieren und gehören somit zu den Gewinnern der Neu- und Umverteilung von Marktmacht und ökonomischer Bedeutung. ■

Sharing Economy

Ein Prinzip der Digitalwirtschaft, das sich sehr stark auf die Entwicklungsperspektiven vieler Branchen auswirkt und künftig auswirken wird, ist die sogenannte Sharing Economy (vgl. Schwab 2016, S. 157). Was früher auf einzelne Segmente wie beispielsweise das Buch- und Verlagswesen mit vielen öffentlichen Bibliotheken beschränkt war, wird zunehmend zu einem durchgängigen Wirtschaftsprinzip (Bild 1.16). Als Alternative zum eigenen Eigentum an einem Produkt gibt es die zeitlich befristete Nutzung. Man wird zwar kurzfristig Besitzer der geliehenen Ware, muss sich aber nicht mit den lästigen Aufgaben eines Eigentümers beschäftigen. Die einfachen Möglichkeiten, durch elektronische Plattformen derartige Leih- und Mietverhältnisse zu organisieren, haben dazu geführt, dass nicht nur professionelle Institutionen ihre Objekte zur Miete oder zum Leihen anbieten, sondern auch Privatpersonen in der Lage sind, die unproduktiven „Ruhe- und Standzeiten" ihres Eigentums zu reduzieren, indem die Objekte in diesen Zeiten vermarktet werden. Von Privatwohnungen (Airbnb) über Autos und Gartengeräte ist dieses Modell mit mehr oder weniger Aufwand und damit auch mit mehr oder weniger intensiver Bindung an Standort und Region durchführbar. Diese neuen Möglichkeiten haben in einigen Märkten entscheidende Auswirkungen auf das Kräfteverhältnis im Markt. Hardware verliert für den Hersteller zunehmend an Wert, da es für die Nutzer und Kunden keinen Wert an sich mehr darstellt, Eigentümer der Produkte zu sein. Es geht nicht um das Produkt im Sinne eines „sächlichen Guts", wie es in klassischen Disziplinen wie dem „Sachgütermarketing" beschrieben wird. Stattdessen geht es um den

Nutzen, den das Produkt beim Kunden stiften soll. Dieser Nutzen setzt aber kein Eigentum voraus, sondern kann auch durch zeitlich befristeten Besitz entstehen. Am einfachsten ist dies beim Carsharing in Ballungsräumen erkennbar, wo der Nutzen der Mobilität entsteht, ohne dass man sich als Kunde mit den Nachteilen wie dem teuren Anmieten von Parkraum, den hohen Fixkosten der Steuer und Versicherung etc. beschäftigen muss. Die Sharing Economy ist zwar ein Phänomen, das durch die Digitalisierung erst richtig wirksam wird, dennoch sind es die nicht zuletzt durch die Medienökonomie hinlänglich bekannten Effekte zweiseitiger Märkte (wie etwa der Wirkung von Anzeigen- und Lesermarkt bei Zeitungen), die hier wirksam sind (vgl. Kuchinke/Dittmann 2015). Wenn man die Sharing Economy in einen größeren Zusammenhang einordnen will, dann ist sie ein spezieller Fall der „collaborative economy", hinter der sich eine Abkehr von zentralisierten hierarchischen Institutionen und eine Hinwendung zu dezentralen Netzwerken und Gemeinschaften im Sinne von „Communities" verbirgt (vgl. Botsman 2015, S. 29).

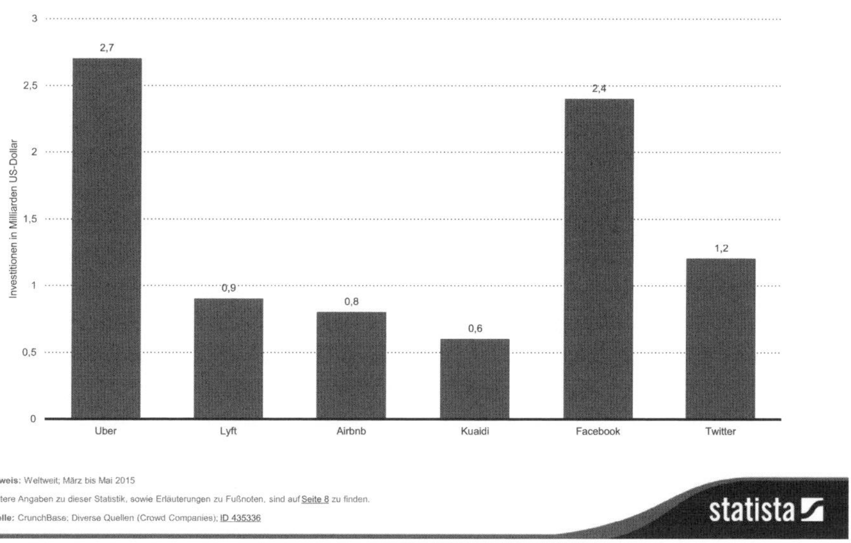

Bild 1.16 Sharing Economy als Investitionsfeld (Quelle: CrunchBase 2015; zitiert nach Statista)

Digitale Weisheit als Leitmotiv von Management 4.0 erfordert neben der theoretisch-philosophischen Weisheit auch eine pragmatische Dimension der praktischen Handlungsorientierung und somit neben der reinen Kunst im Sinne einer theoretischen Technik praktische Erfahrungen. Dann kann in Verbindung mit der Theorie eine praktische digitale Lebensklugheit entstehen (Bild 1.17).

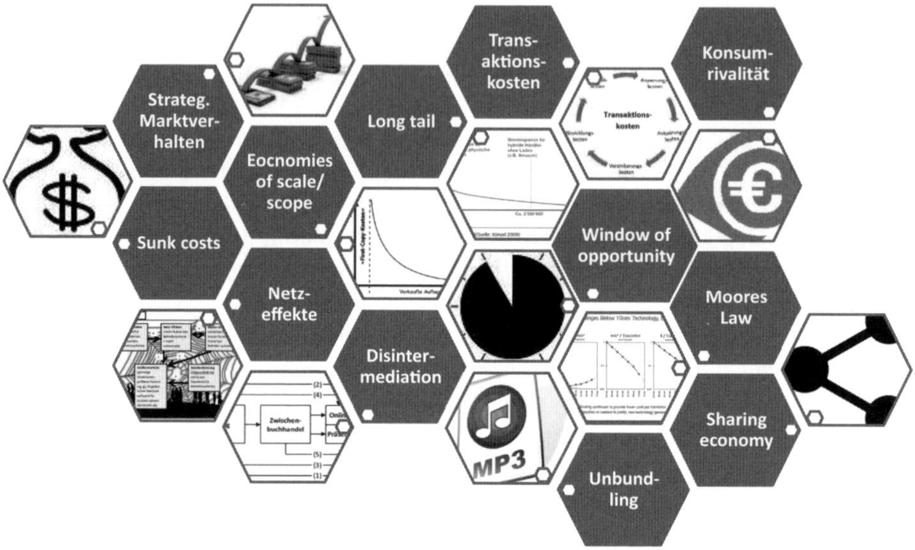

Bild 1.17 Ökonomisches Mosaik – Theorien und Prinzipien der digitalen Wirtschaft (Quelle: Steinbeis-Beratungszentrum „Leadership in Science and Education“)

Praxisbeispiel: Der Kampf um den Tablet-Markt

Wie sich selbst für etablierte Unternehmen durch die unterschiedlichen ökonomischen Besonderheiten digitaler Märkte sehr kritische Situationen ergeben können, zeigt die Diskussion über den Tablet-Markt im Jahr 2012. Der Netzeffekt zwischen Hardware, Betriebssystem und Apps führte zunächst zu einer stark dominierenden Stellung der Apple-Produkte. Allein mit dem iPhone machte Apple mehr Gewinn als Microsoft oder Google insgesamt (vgl. Maier 10/2012, S. 64). Dabei hatten die beiden Wettbewerber mit der Expertise im Bereich Betriebssysteme bzw. der Marktmacht zur Datenorganisation gute Voraussetzungen, um ebenfalls eine größere Rolle in diesem Markt zu spielen. Da die Kooperation von Microsoft mit den langjährigen Hardwarepartnern HP und Dell nicht zu konkurrenzfähigen Produkten im Markt der Tablets führte, war man bei Microsoft entschlossen, die bisherige Nische der Software, insbesondere der Betriebssysteme zu verlassen, da man erkannte, dass die Entscheidung für oder gegen ein Tablet sich aus dem Zusammenspiel von Hardware und Software ergibt und keine Entscheidung auf der Ebene des Betriebssystems allein sein kann. Damit erschien es für den Markterfolg von Microsoft in diesem Segment logisch, dass man sich nicht vom Erfolg Dritter abhängig machen wollte.

Gleichzeitig war in dieser Marktphase unklar, wer noch alles sein angestammtes Terrain verlassen und in den Hardware-Markt investieren würde. Google investierte in Hardware und startete in den Smartphone- und Tablet-Markt. Bei RIM, dem Hersteller von Blackberry, waren die Bremsspuren im Wachstum bereits sichtbar. Über den Markteintritt von Facebook wurde in diesem Stadium spekuliert, da es bereits zu dieser Zeit absehbar war, dass ein Großteil der Social-Media-Nutzung von mobilen Endgeräten erfolgt und künftig erfolgen wird. ■

■ 1.2 Die Ausgangslage: Disruption in unterschiedlichen Branchen und Industrien

Um die Auswirkungen der Digitalisierung auf unterschiedliche Branchen beurteilen und die Risiken für den eigenen Markt, die eigenen Produkte, das eigene Geschäftsmodell und damit das eigene Unternehmen abschätzen zu können, benötigt man Klarheit über die grundsätzlichen Veränderungen, die wir durch den digitalen Wandel in Technologie, Wirtschaft und Gesellschaft erleben. Die Digitalisierung ist mehr als nur die Einführung einer neuen Technologie, da sie erstmals dafür sorgt, dass durchgängig mit den neuen Technologien auch die Geschäftsmodelle angepasst werden müssen, da die alten Geschäftsmodelle mit dem Technologiewandel obsolet wurden (vgl. Nettessine 2015, S. 69).

Warum sind es die digitalen Innovationen, die für viele etablierte Unternehmen zum Problem werden?

Auch hier lohnt sich nochmals - wie in vielen Fällen - ein Blick auf das theoretische Gerüst. Clayton M. Christensen hat mit seinem Werk „The Innovators Dilemma" (1997) beschrieben, wie erfolgreiche Unternehmen im Rahmen ihrer Innovationspolitik darunter leiden, dass sie zwar in der Lage sind, ihr etabliertes Produktschema und Geschäftsmodell zu perfektionieren, dass es ihnen aber meist nicht möglich ist, disruptive Innovationen, die das eigene Geschäft komplett auf den Kopf stellen, selbst anzustoßen.

Einstige Modellfirmen, die noch in der Peters und Waterman-Studie (Peters/Waterman 1982) „In Search of Excellence" als gut gemanagte Modellfirmen in die Literatur und Beratung Eingang fanden, waren am Ende in vielen Fällen wirtschaftlich nicht überlebensfähig (vgl. Christensen 1997, S. 8). Das Problem der gut geführten Unternehmen ist laut Christensen die Tatsache, dass die Führung bislang damit erfolgreich war, das Beste aus dem Unternehmen im aktuellen Markt herauszuholen. Erfolgsprinzipien wie etwa die Kundenorientierung können in vielen Fällen dazu führen, dass man die aktuelle Wirtschaftsweise perpetuiert. Es geht dann am Ende um die Fortsetzung des bisherigen Geschäfts mit verfeinerten Mitteln und nicht um den Sprung in ein anderes Geschäftsumfeld. Kundenorientierung und konventionelle Marktforschung funktionieren nur dann, wenn man auch den Bedarf von Produkten ermittelt, die in ihrer Funktion oder ihrem Nutzen der Zielgruppe vertraut sind. Man kann auch hier auf einen überlieferten Spruch von Henry Ford zurückgreifen, der zur Innovation anmerkte: *„Wenn ich die Menschen gefragt hätte, was sie wollen, hätten sie gesagt schnellere Pferde."*

Bei disruptiven Veränderungen ist die neue Methode oftmals zu Beginn schlechter als das bisher etablierte Verfahren. Es ist aber beispielsweise kostengünstiger oder ermöglicht grundsätzlich neue Funktionalitäten und genügt am Ende der ersten Entwicklungsphase den Ansprüchen der Kunden mit einfachem Anspruchsniveau. Die erhaltenden Innovationen der etablierten Produkte führen hingegen meist zu einer weiteren Diversifikation in einem Segment, das oberhalb des Anspruchsniveaus des Markts liegt.

Ein konkretes Beispiel kann den abstrakt klingenden Zusammenhang verdeutlichen, und zwar die Frage, ob digitale Fotografie auch etwas für den professionellen Bereich sein kann. Die ersten Produkte in diesem Umfeld hatten noch nicht alle Elemente der besseren Technologie und die Anwendung in Verbindung mit Social Media wie Instagram, Facebook oder WhatsApp war zu dieser Zeit schon gar nicht vorstellbar (vgl. auch Boyny 2010, S. 91). Die Methode hat den Produkten neue Bedeutung gegeben, aber dennoch führte diese Entwicklung in Verbindung mit dem Aufkommen der Smartphones dazu, dass das Grundprodukt Fotoapparat im Publikumsgeschäft zu einer Teilfunktion eines multifunktionalen Smartphones degradiert wurde. Das Segment der professionellen Fotografie und der ambitionierten Hobbyfotografie ist im Volumen merkbar zurückgegangen.

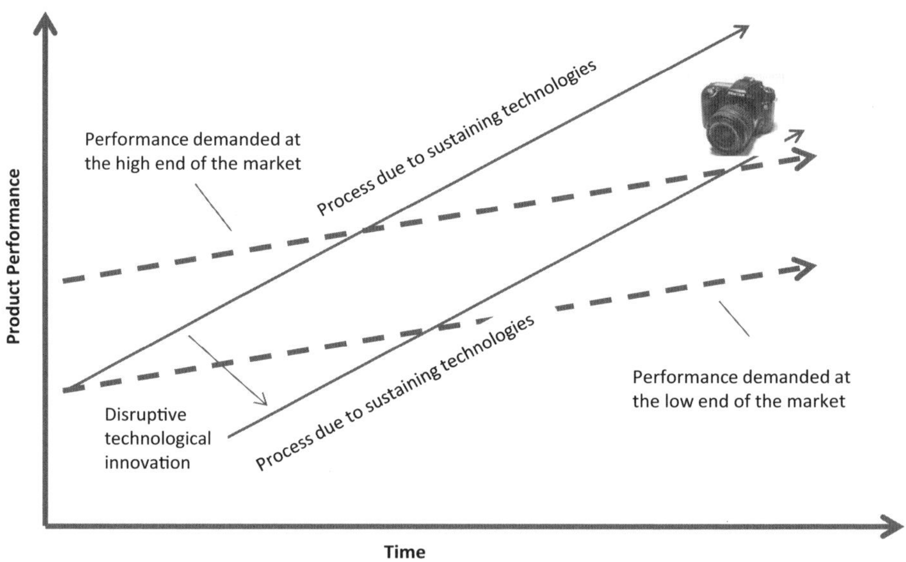

Bild 1.18 Disruptive Veränderungen und die Erwartungsniveaus unterschiedlicher Marktsegmente (Quelle: Christensen 1997, S. 12)

Die Schwierigkeit für die Akteure in den Unternehmen besteht darin, zu erkennen, wann eine disruptive Veränderung vorliegt und somit eine weitere lineare Verbesserung des Produkts im Sinne einer erhaltenden Innovation keine grundsätzlichen Veränderungen mehr mit sich bringt (Bild 1.18). Christensen geht in seinem Buch davon aus, dass es eben kein schlechtes Management ist, das Unternehmen an disruptiven Veränderungen scheitern lässt, sondern der Umstand, dass die Managementerfahrung eines guten Managements hier negativ zu Buche schlägt:

> *„The reason is that good management itself was the root cause. Managers played the game the way it was supposed to be played. The very decision-making and resource-allocation processes that are key to the success of established companies are the very processes that reject disruptive technologies …"* (Christensen 1997, S. 86)

Das „Innovators Dilemma", das durch viele Veränderungen (beispielsweise bei den beschriebenen Transaktionskosten) hervorgerufen wird, führt dazu, dass die betroffenen Unternehmen darauf achten müssen, dass sie Möglichkeiten schaffen, wie disruptive Innovationen rechtzeitig durch eigene (Tochter-)Unternehmenseinheiten vorangetrieben werden und die erhaltenden Innovationen (Optimierung der aktuellen Produkte und Geschäftsmodelle) im richtigen Rahmen weiterbetrieben werden.

Christensen (1997, S. 87 f.) geht von fünf Prinzipien aus, die notwendig sind, um mit disruptiven Veränderungen zurechtzukommen:

- *„Resource dependence: Customers effectively control the patterns of resource allocation in well-run companies.*
- *Small markets don't solve the growth needs of large companies.*
- *The ultimate uses or applications for disruptive technologies are unknowable in advance. Failure is an intrinsic step toward success.*
- *Organizations have capabilities that exist independently of the capabilities of the people who work within them. Organizations' capabilities reside in their processes and their values – and the very processes and values that constitute their core capabilities within the current business model also define their disabilities when confronted with disruption.*
- *Technology supply may not equal market demand. The attributes that make disruptive technologies unattractive in established markets often are the very ones that constitute their greatest value in emerging markets."*

Wenn wir diese Grundprinzipien ernst nehmen, dann müssen wir akzeptieren, dass disruptive Innovationen von den bisherigen Kundenbedürfnissen abweichen und wir damit zu Beginn wenig rentable Innovationen in Gang setzen werden. Dies legt auch die gezeigte Kurve (Bild 1.18) von Christensen nahe, bei der man deutlich erkennen kann, dass das neue Verfahren nicht von Anfang an Vorteile bringt. Diese Anforderung, Ressourcen des Unternehmens in scheinbar weniger rentable Bereiche zu stecken (Prinzip 1), ist in der Praxis eine hohe Hürde. Die Erwartungen, in einem neuen kleinen Markt als Innovator so erfolgreich zu sein, dass ich damit die Umsatz- und Erlösrückgänge meines großen etablierten Unternehmens kompensieren kann, wäre im Regelfall unrealistisch (siehe Prinzip 2). Für viele etablierte Unternehmen hat das zur Folge, dass man die (anfangs) kleinen Märkte nicht angehen kann und auch nicht auf der Agenda hat. Eine Lösung kann in kleinen unabhängigen Tochterunternehmen oder Teileinheiten bestehen, mit denen man solche Märkte zu testen und zu erschließen beginnt. Wirklich neue Verfahren und Produkte lassen sich nicht mit den Methoden der klassischen Marktforschung abprüfen. Wie soll jemand ein Produkt bewerten können, dessen Nutzen er so noch nie erfahren konnte?

Wir benötigen daher ein Unternehmen, das als Organisation in der Lage ist, mit „Trial and Error" zurechtzukommen (siehe Prinzip 3). Das vierte Prinzip von Christensen beschreibt die „Spurrillen“ von etablierten Unternehmen, bei denen neue Wege recht schnell wieder in traditionellen Bahnen landen. Der bisherige Erfolg mit den entsprechenden Erfolgsmethoden steht bei disruptiven Veränderungen dem künftigen Erfolg im Weg (vgl. Prinzip 4). Innovative Unternehmen, die ihr bestehendes Geschäftsmodell perfektionieren, übertreffen die Markterwartungen (Angebote, die die Nachfrageerwartung übersteigen). Beispielhaft sind hier Zusatzausstattungen konventioneller Autos, die ohne autonome Navigation mit Verbrennungsmotoren ausgestattet sind, aber im Bereich Kollisionswarnung etc. allerhand Zusatzfeatures anbieten. Die Merkmale, die neue disruptive Lösungen für den etablierten Markt unattraktiv machen (z. B. Prestigemangel kleiner autonom steuernder Fahrzeuge im Automobilbereich), können in einer neuen aufkommenden Marktumgebung ein Erfolgsfaktor sein (die Austauschbarkeit kleiner autonomer Autos prädestiniert sie möglicherweise für Lösungen im Teil der Sharing Economy als reines Transportmittel, das auf Abruf zur Verfügung steht und herstellerunabhängig vertraut wirkt).

An diesem Punkt stellt sich die Frage, welche Branchen durch die Digitalisierung besonders stark von disruptiven Veränderungen betroffen oder, aus Sicht der Betroffenen, bedroht sind (Bild 1.19). Im Rahmen einer Gemeinschaftsstudie zum Themenfeld „Digital Leadership“ haben die Personalberatung Heads! und das Beratungsunternehmen Deloitte unterschiedliche Branchen und deren Betroffenheit durch digitale Disruption klassifiziert. Dabei liegt der Ansatz zugrunde, dass grundsätzlich jede Branche in der einen oder anderen Form mit ihren Geschäftsmodellen und Wertschöpfungsketten von der digitalen Disruption betroffen ist und damit früher oder später überall „die Bombe losgeht“. Die Branchen unterscheiden sich nur in der Ausprägung der Explosion (die Länge der Zündschnur und die Lautstärke des Knalls, d. h. die Fragen: „Wann knallt es?“ und „Wie laut knallt es?“).

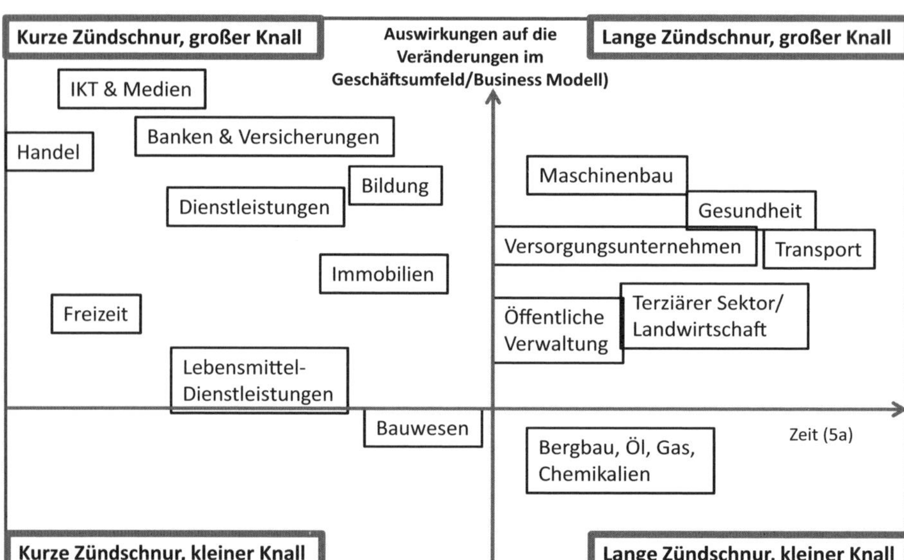

Bild 1.19 Auswirkung der digitalen Disruption auf unterschiedliche Branchen (Quelle: Heads!/ Deloitte 2015, S. 5)

Dieser Analyse zufolge ist beispielsweise in der Rohstoffindustrie erst in ein paar Jahren eine Veränderung zu erwarten, die zudem sehr moderat ausfallen wird. Andere Branchen, vorneweg der Handel und die Medien- und Informationsbranche, sind sehr viel unmittelbarer und sehr viel härter von der digitalen Disruption betroffen. Auch der Bereich des Finanzwesens (Banken und Versicherungen) muss von einer schnellen und sehr starken Betroffenheit ausgehen. Wer beobachtet, wie – zusätzlich verstärkt durch Auswirkungen des außergewöhnlich niedrigen Zinssatzes – die Geschäftsbanken, aber auch die regionalen Banken (Sparkassen und Genossenschaftsbanken) versuchen, durch eine Ausdünnung des Filialnetzes die Kostenstruktur den Marktmöglichkeiten anzupassen, merkt, dass sich hier bereits Auswirkungen des digitalen Wandels zeigen. Vielen Vertretern der Branche, wie etwa Allianz-Chef Oliver Bäte, ist das auch bewusst (Hesse/Mahler 2016).

Umso erstaunlicher ist der bereits erwähnte Bausparkassenmanagers, der meint, dass der digitale Wandel ihn mit seinem Unternehmen weniger berühre, da er einen guten Außendienst mit einer sehr guten Kundenbeziehung sowie eine sehr traditionsverbundene Kundschaft besitze. Eine riskante Einschätzung, denn es kann allein auf der Ebene der Zahlungssysteme darüber nachgedacht werden, ob man Banken in der gegenwärtigen Form künftig noch benötigen wird (vgl. Schulz/Zand 2016).

Wie sich Disruption in unterschiedlichen Branchen konkret auswirkt und in gewissem Sinne auch anfühlt, kann man am besten an zwei Beispielen erklären.

Disruptive Innovation am Beispiel der Musikindustrie

Das Beispiel der Musikindustrie ist eines der eindrücklichsten Beispiele für die Grenzen klassischer Marktprognosen und die fehlende Kraft einer Branche, selbst Treiber im Bereich disruptiver Innovationen zu sein. Wir sind es gewohnt, in unseren Planszenarien auf Basis unterschiedlicher Annahmen (Best-Case-, Worst-Case- und Normalszenario) Prognosen für die Zukunft abzugeben. Diese Prognosen müssen jedoch zwangsläufig scheitern, wenn sich im Bereich der Innovationen etwas Grundlegendes verändert.

Bild 1.20 zeigt eine schematische Darstellung möglicher Trendbrüche. Dies können äußere Ereignisse sein (vgl. Goldfuß 2010, S. 40) oder auch disruptive Technologien und Marktentwicklungen. Die früheren Innovationsschritte der Musikindustrie von der Vinylplatte zur CD, die erste „Mobilisierung" der Nutzung durch Sonys Walkman, all das beruhte noch auf demselben Grundprinzip, dem des Besitzes der Musik (und der Nutzungsrechte) auf Basis eines Tonträgers. Die erste Erweiterung kam mit der Miniaturisierung der Tonbänder durch das Aufkommen der Audiokassette. Aber es sorgte nicht für einen tiefgreifenden Wandel.

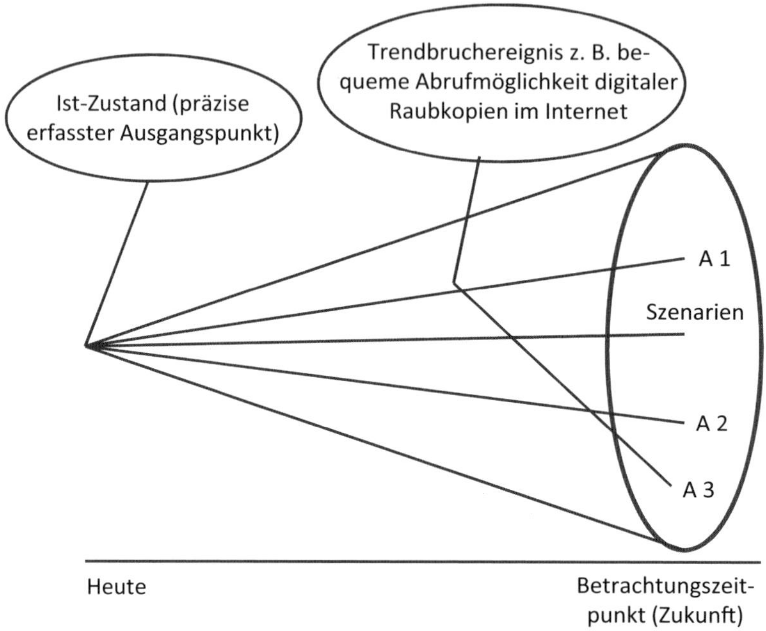

Bild 1.20 Rolle des Trendbruchs bei der Szenarienbildung am Beispiel der Musikindustrie (Branchenumsetzung des Modells von Geschka 1999, S. 522)

Das Aufkommen der mp3-Technologie (vgl. Miller 2015) wurde jedoch von der Branche selbst als Bedrohung erkannt. Spätestens mit dem spürbaren Aufkommen von Raubkopien wurde vom Bundesverband der Deutschen Musikindustrie die Gesellschaft für Konsumforschung beauftragt, diese Entwicklung in der sogenannten „Brennerstudie" zu dokumentieren (vgl. BVMI 2011). 2011 wurde dann aus der Brennerstudie die DCN (Digitale Content Nutzung). Der Namenswechsel war nicht nur einem anderen Studiendesign geschuldet, sondern er verkörpert auch einen anderen Blickwinkel der Branchenorganisation auf die vorherrschende Marktrealität (vgl. BVMI 2011). Man könnte auch sagen, der anklagende Impetus ist gegenüber einer marktorientierten offensiveren Haltung zurückgedrängt worden (Bild 1.21).

Einer der Vorwürfe gegenüber der Musikindustrie lautet: „Ihr habt es versäumt, legale Angebote zu schaffen, daher haben sich die Nutzer eben illegale Wege für den Download suchen müssen." Dieser Vorwurf greift jedoch zu kurz, da er einerseits als Rechtfertigung für illegale Downloads nicht trägt, da bereits zu Zeiten des CD-Brennens legale Angebote vorhanden waren und ab dem Jahr 2010, als es (vgl. Gorny 2011) bei der illegalen Verbreitung meist bereits um das Duplizieren kompletter Festplatten ging, mehr als 60 Angebote für legale Verbreitung bestanden (Bild 1.22).

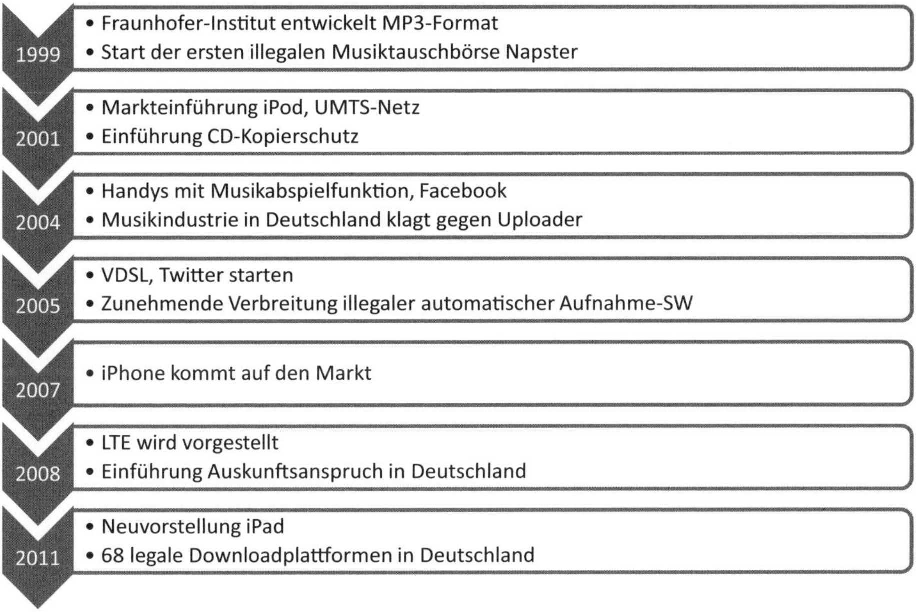

Bild 1.21 Zehn Jahre Disruption in der Musikindustrie (Quelle: BVMI 2011, S. 30)

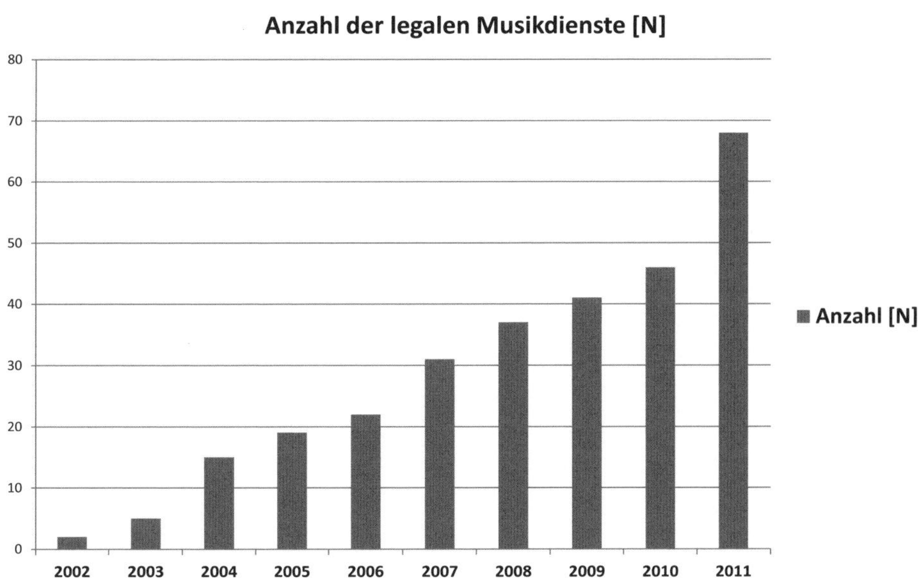

Bild 1.22 Wachstum der legalen Musikangebote (Quelle: BVMI 2011, S. 16)

Das Problem ist hier nicht die reine illegale Nutzung, sondern der Wandel der Marktstruktur (Bild 1.23). Der große Umsatzberg der CD-Alben, der jahrzehntelang die Erlössituation prägte, konnte kaum durch die kleinen Einnahmen im Bereich Musikvideo, Bezahldownloads, Streaming etc. kompensiert werden. Die Branche landete in der Summe auf einem komplett anderen Erlösniveau, weshalb Live-Events heute für Musiker wirtschaftlich sehr viel bedeutender sind, als das früher der Fall war.

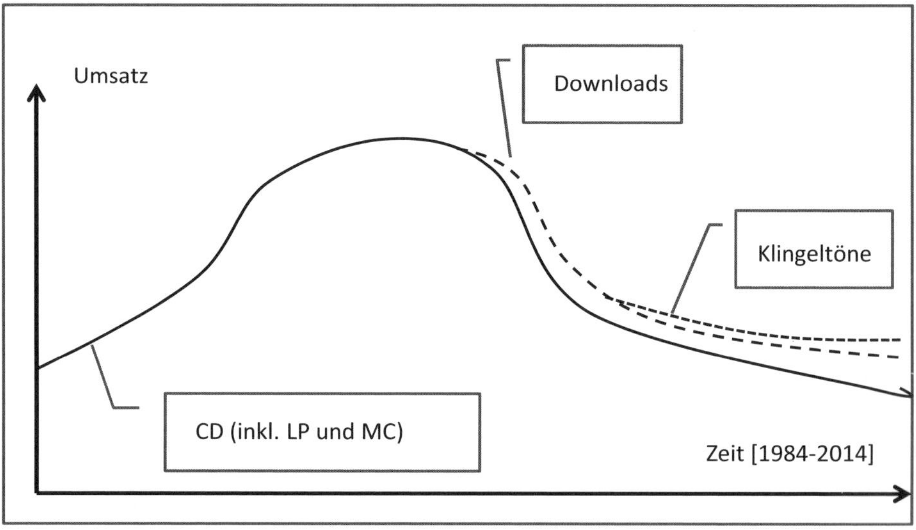

Bild 1.23 Disruption schrumpft komplette Branchen (Quelle: BVMI 2015, S. 6 – 7)

Die Disruption war absehbar, aber selbst als 2001 und 2002 bereits erhebliche Einbußen bei der CD-Vermarktung spürbar waren, dauerte es bis 2003, ehe Musicload in Deutschland an den Start ging und auch mit iTunes von Apple der Markt der legalen Downloadplattformen überhaupt erste Umsätze ermöglichte. Es war dann in diesem Fall typischerweise niemand, der sich über weitere Verluste im Kerngeschäft Gedanken machen musste, sondern jemand, der in diesem Markt noch nie Geld verdient hatte, der die disruptive Innovation forcierte. Apple hat nicht durch eigene Musikprodukte, sondern durch den Verkauf der Hardware (iPod, später iPhone) davon profitiert.

Wir sehen am Beispiel der Musikindustrie auch deutlich, dass es für eine Branche selbst in der Regel eine sehr unangenehme Erfahrung darstellt, massiv von disruptiven Veränderungen betroffen zu sein, unabhängig davon, ob nun illegale Nutzung der Produkte oder ein neuer sehr dynamischer und nach kurzer Zeit dominierender Wettbewerber für diese Entwicklung verantwortlich ist. Der Gesamtumsatz der Musikbranche ist ebenso in den Keller gegangen wie die Zahl der Beschäftigten.

Bei der Betrachtung des entscheidenden Zehnjahreszeitraums von 2001 bis 2010 hat sich der jährliche Umsatz der deutschen Musikindustrie von 2,4 Milliarden Euro auf 1,5 Milliarden Euro deutlich verringert. Die Zahl der Beschäftigten ist in diesem Zeitraum auch deutlich um rund 30 Prozent gesunken (BVMI 2011, S. 7).

Das macht es aus Sicht des etablierten Geschäfts unattraktiv, sich mit den Veränderungen zu beschäftigen. Wenn wir im führenden Unternehmen des Markts arbeiten, fehlt uns bei disruptiven Märkten die gewohnte Wachstumsperspektive. Denn nach der Disruption werden wir in dem etablierten und dann auch unternehmerisch vom Wettbewerb her gut besetzten Segment künftig einen sehr kleinen Kuchen übrig haben. Es wird dann eine schwierigere Situation für unser großes Unternehmen sein, da ein großer Anteil von einem geschrumpften Kuchen weniger Gesamtvolumen für unser Unternehmen bedeutet. Daher ist es Aufgabe der Unternehmensführung, im Kerngeschäft die sanfte Landung vorzubereiten, um nicht ein offensiv investiertes Crash-Szenario zu haben. Die skalierbare Alternative in neuen Geschäftsfeldern wird dabei nicht für alle Akteure möglich sein, sondern lediglich für das Unternehmen eine Option darstellen, das frei von den bisherigen Geschäftsmodellen als Erstes ein tragfähiges alternatives, disruptives Produkt auf den Markt bringt. Das bedeutet, die Mitarbeiter der Musikindustrie wurden nicht alle von Apple aufgenommen, aber Apple war eines der Unternehmen, die im Zuge dieses Marktwandels eigene Unternehmensbereiche auf- und ausbauen konnte.

Disruptive und konventionelle Innovation am Beispiel der Automobilbranche

Als im Oktober 2015 der VW-Skandal um falsche Abgaswerte (Stichwort „Dieselgate") gerade seinem publizistischen Höhepunkt zustrebte, fragte mich ein Journalist der „Wirtschaftswoche" nach den Hintergründen und Handlungsoptionen aus der Perspektive der Organisations- und Kommunikationswissenschaften. Neben der innerbetrieblichen Besonderheit (autoritäre Strukturen, Angst als Kreativitäts- und Innovationshemmnis, Patzer im Bereich Management und Kommunikation mit Behörden und Öffentlichkeit) war der Mangel an Innovationsfähigkeit und die fehlende Adaption des Unternehmens die eigentliche Ursache für diese für das Unternehmen dramatische Situation. Bei der Manipulation der Software für die Prüfsituation der Motoren war das erschreckende Element die Tatsache, dass dieser Betrug ethisch für die VW-Leute überhaupt eine Option war und sachlich überhaupt notwendig war. VW war offenbar nicht einmal in der Lage, die erhaltende Innovation (Perfektionierung des Bestehenden in Form sparsamer umweltschonender Diesel-Motoren und ressourceneffizienter Produktion) zu leisten, von den disruptiven Innovationen ganz zu schweigen. Die öffentliche Diskussion meines Interviews fokussierte sich dennoch eher auf den üblichen Pfaden der Personalien und Managementstrukturen (vgl. Schaal 2015a, 2015b).

Man kann bei diesen Themen also den Eindruck gewinnen, dass die grundsätzliche Dimension des Wandels der Autoindustrie auch in der begleitenden Analyse und öffentlichen Diskussion nicht immer präsent ist.

Welche großen Veränderungen sind aktuell in der Autoindustrie absehbar oder stehen unmittelbar bevor? Dass es aus physikalischer Sicht recht altmodisch wirkt, mit einem Verbrennungsmotor und dem damit verbundenen schlechten Wirkungsgrad von theoretisch maximal rund 50 % durch die Gegend zu fahren, ist nicht verwunderlich (Bild 1.24). Zu allem Überfluss handelt es sich dabei noch um individuelle Autos, die wir über die Straßen schicken, die die meiste Zeit über nur herumstehen und wenn sie für Fahrten genutzt werden, mit durchschnittlich knapp 1,5 Personen besetzt sind (FIS 2015).

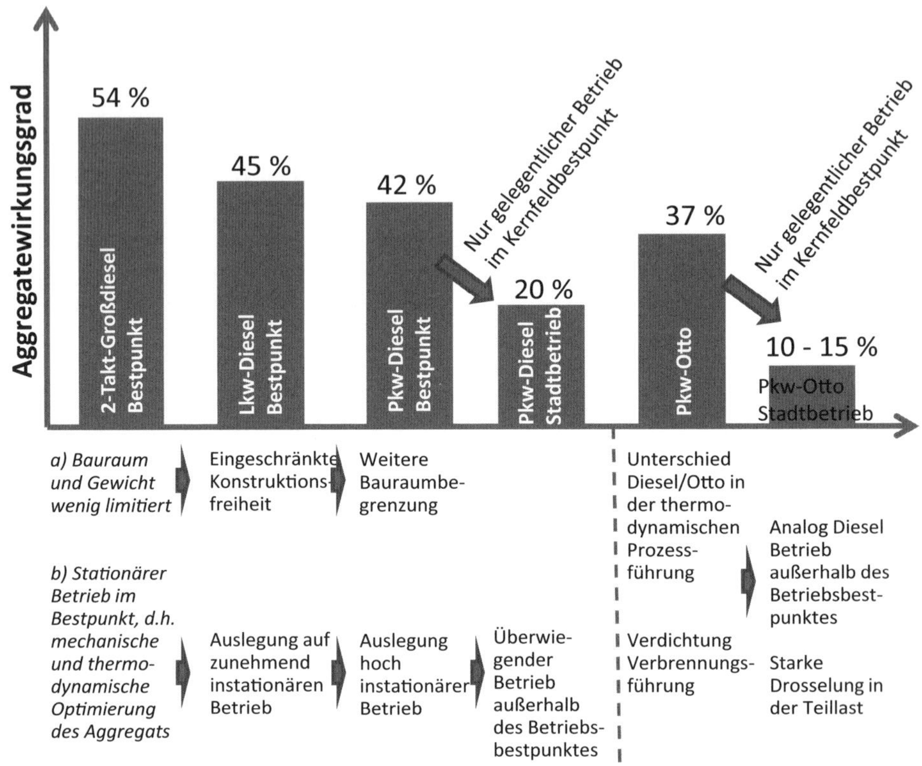

Bild 1.24 Wirkungsgrade von Autoverbrennungsmotoren (Quelle: Heikel/Becker 2012)

Wenn man beim Wirkungsgrad anfängt zu optimieren, dann liegt es nahe, statt des Verbrennungsmotors Motoren mit höheren Wirkungsgraden, wie beispielsweise Elektroantriebe, einzusetzen. Allein die begrenzte Verfügbarkeit der mobilen Energie in Form von Batterien macht der Branche derzeit das Leben schwer. Tesla hat durch das Prinzip des Bündelns von Akkus dieses Thema zwar serientauglich gelöst, dennoch ist es für die Breitenentwicklung der Elektromobilität noch ein Hindernis. Im Jahr 2014 war trotz zahlreicher politischer Initiativen zur Förderung der Elektromobilität die Bilanz in Deutschland maximal durchwachsen (Bild 1.25). Sowohl die Zulassungszahlen als auch das Netz an Ladestationen blieben in der Realität deutlich hinter den hohen politischen Erwartungen zurück.

Land	E-Fahrzeuge	Ladestationen
USA	223.600	15.200
Norwegen	25.700	1.300
Dänemark	2.500	4.000
Niederlande	38.200	3.700
Frankreich	37.100	8.000
China	29.100	8.100
Japan	88.500	5.000
Deutschland	24.000	4.800

Bild 1.25 Europaweites Roll-out der Elektromobilität (Quelle: NPE 2014, S. 8)

Trotz dieser eher schwierigen Situation blieb es bei den großen Visionen für die Zukunft. *„Deutschland hat sich ambitionierte Ziele bis 2020 gesetzt:*

- *Die Deutsche Industrie ist internationaler Leitanbieter.*
- *Deutschland ist internationaler Leitmarkt.*
- *Auf deutschen Straßen fahren eine Million Elektrofahrzeuge.“* (NPE 2014, S. 3)

Dem angesprochenen Nachteil, dass die Privatautos meist ungenutzt stehen und damit eine ineffiziente Nutzung gegeben ist, versuchen unterschiedliche Dienste der Share-Economy zu begegnen. Dabei geht es entweder um gemeinsam genutzte Autos (Carsharing) oder den Markt der Chauffeurdienste als Alternative zum etablierten Taxi-Service. Dabei verlieren vor allem bei den Diensten nach dem Prinzip des Carsharings die Autos die Funktion eines Prestigeobjekts. Dies hat eine komplett andere Vermarktung und Positionierung des Themas Auto zur Folge.

Es geht generell um die Schaffung individueller Mobilität, weshalb auch die deutsche Autoindustrie bereits seit dem Jahr 2000 mehr und mehr in neue Konzepte investierte. Daimler beispielsweise experimentierte mit dem Carsharing-Dienst „car2go“, der 2009 in Ulm startete. Allerdings waren nicht alle derartigen Investments von Erfolg gekrönt. So hat Daimler diesen Dienst 2014 wieder eingestellt (Bäßler 2014). Gleichzeitig hat parallel zur deutschen Version „myTaxi“ der Vermittlungsdienst für Privattaxen „Uber“ in den USA nicht nur eine großzügige Startup-Finanzierung, sondern mit 41 Milliarden Dollar (Maier/Rungg 03/2015) auch eine fantastische Börsenbewertung bekommen. Auch wenn es vielleicht nicht am Ende das Unternehmen „Uber“ mit der 20-prozentigen Vermittlungsmarge pro Fahrt sein wird, die in diesem Markt das Ziel des erfolgreichen und renditestarken Marktführers erreicht, so scheint man diesem Teil der Share-Economy als Teil des Mobilitätsmarkts ein großes Potenzial zuzutrauen.

Dass das Fahren eines Autos nicht immer nur Vergnügen ist, sondern in vielen Fällen nur dem Zweck dient, von A nach B zu kommen, ist die Grundlage für die vielen Versuche, mit autonom navigierenden Fahrzeugen die nächste Runde in der Weiterentwicklung der Autobranche einzuleiten (vgl. Zintz 2016). Weniger Verkehrsunfälle, längere Lenkzeiten für Lkws – es gibt unterschiedliche Erwartungen, die die Stakeholder des Autoverkehrs (seien es nun Gesundheitspolitiker oder Spediteure) an diesen nächsten Innovationsschritt haben, und auch rechtliche und ethische Fragen, die noch zu klären sind (vgl. Dworschak 2016).

Zurzeit forschen unterschiedliche Akteure in diesem Segment und liefern damit wieder den Beweis, dass analog zu Porters Theorie der Five-Forces die „Substitutionsprodukte" und die „potenziellen neuen Wettbewerber" für die Betrachtung disruptiver Märkte die wichtigsten Elemente sind. Dass die großen deutschen Automobilhersteller an diesem Thema forschen, dürfte nicht überraschend sein. Audi, BMW und Mercedes konnten sich 2015 vor diesem Hintergrund auch zum gemeinsamen Kauf des Nokia-Kartendienstes „Here" durchringen. Damit sollen einerseits die eigenen Bemühungen im Bereich autonomer Navigation unterstützt werden, andererseits versuchen die deutschen Autofirmen damit auch, dem Problem zu entgehen, dass sie künftig alle unter der mehr oder weniger identischen Google-Oberfläche Cockpit-Navigation anbieten und damit auch das „Look-and-Feel" für die Fahrer und Käufer austauschbar wird.

Neben den Automobilzulieferern wie Bosch sind es die Silicon-Valley-Akteure Google und Apple, die mehr oder weniger öffentlichkeitswirksam ihre Investments in autonome Fahrzeuge zelebrieren und denen man hier auch grundsätzlich Revolutionäres zutrauen kann, da sie über ausreichend Geld und Technologie verfügen und zudem den Vorteil haben, dass sie im alten Markt der klassischen Automobile nicht vertreten sind. Sie haben also buchstäblich bei der Disruption nichts zu verlieren. Vernetzte Autos können als Geschäftsmodell für Apple beispielsweise dadurch attraktiv werden, dass man zwar beim Auto selbst mit der Hardware nur unterdurchschnittliche Renditen erwirtschaftet, aber durch den Verkauf der apple-typischen Informations- und Kommunikationsprodukte verdient (Freitag 09/2015, S. 39). In diesem Szenario verlieren die Autos im Volumensegment ihre Bedeutung für den Kunden und werden zur austauschbaren „Commodity". Es ist am Ende ein Tool, das funktionieren muss, während im Premiumsegment der Prestigecharakter erhalten bleibt (Freitag 09/2015, S. 40). Bei BMW wurde dieser Wandel auch mit einem Vergleich abgerundet. Früher waren Pferde Transportmittel, heute haben Autos diese Funktion übernommen und aus der Pferdebranche wurde eine Luxusgüterindustrie (vgl. Freitag 08/2015, S. 24).

Wenn wir uns als einfache Analogie den Markt der Uhrenindustrie vergegenwärtigen, in dem es von der preisgünstigen Uhr für zehn Euro bis zu Luxusmodellen für vier- oder fünfstellige Eurobeträge eine ganze Palette von Uhren gibt, wird uns sehr schnell deutlich, dass der Funktionswandel eines Produkts eine klare Marktaufteilung in „Luxus" und „Commodity" bzw. „Standard" bringen kann. Die Akteure der Autoindustrie gehen derzeit davon aus, dass trotz Digitalisierung kein genereller Bedeutungsverlust in der Branche feststellbar ist (vgl. Hanser 11/2015). Es wird jedoch Verschiebungen im Markt geben, die heute bereits absehbar sind. Es geht dabei nicht nur um die furchtsame Betrachtung der möglichen Auswirkungen der Disruption auf die Entwicklung einzelner Märkte, sondern auch um die positiven Impulse, die Industrie 4.0 für unterschiedliche Branchenbereiche und Segmente haben kann (Bild 1.26).

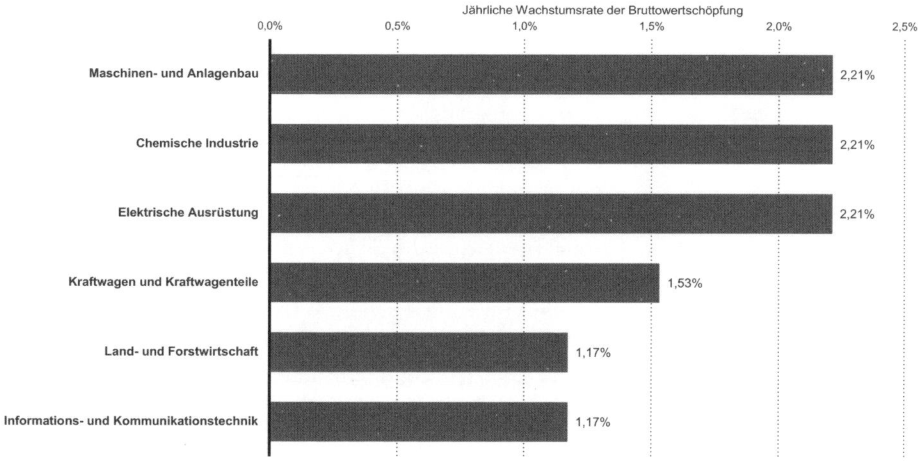

Bild 1.26 Wachstumspotenziale durch die Digitalisierung – Wachstum mit Industrie 4.0 (Quelle: Bitkom/Fraunhofer IAO 2014; zitiert nach Statista)

Wie schwierig allein auf Branchenebene die Einschätzung der Betroffenheit sein kann, zeigen die unterschiedlichen Analyseergebnisse der Studien von Deloitte und Bain & Company (Bild 1.27). Am Beispiel der von Bain & Company als nur gering betroffen eingeschätzten Branche der Energieversorger sieht man, dass der Begriff der digitalen Disruption teilweise sehr eng gefasst wird. Wenn man die Entwicklung mit Diensten auf Basis der Smart Grids (vgl. Gust 2016) und die Innovationen im Kontext Elektromobilität (Speicherfunktion, Aufladefunktion) und Smart Home sowie den Marktwandel (regenerative Energien und Speicheranforderungen) berücksichtigt, ist diese Einschätzung nicht haltbar. Allein eine Analyse der Wertschöpfungskette entlang der Stufen Erzeugung, Netze, Handel, Marketing/Vertrieb und Abrechnung zeigt Digitalisierungstrends, die die Energiewirtschaft zentral beeinflussen (vgl. o. V. 2015a). Das Investment von Google in diesem Bereich (Kauf der Firma Nest im Jahr 2014) zeigt, dass hier ein erhebliches digitales Innovationspotenzial vorhanden ist (vgl. o. V. 2015b).

Die Hochschule Offenburg baut im Jahr 2016 mit Unterstützung von EFRE-Mitteln der Europäischen Union ein Regionales Innovationszentrum im Energiesektor, wo es neben den Schwerpunkten der regnerativen Energien, der Energieproduktion und der Netzinfrastruktur auch um die Themen Big Data und Predictive Analytics gehen wird. Die Unternehmen und Forschenden dieses Bereichs befassen sich daher in großem Umfang mit den Chancen und Risiken der Digitalisierung. Auch Branchen, die von vielen als sehr robust gegenüber der Digitalisierung wahrgenommen werden, haben inzwischen in unterschiedlich starkem Ausmaß Alternativen für den digitalen Wandel geplant. Die Foodindustrie hat beispielsweise dabei nicht nur unterschiedliche Varianten des Lebensmitteleinzelhandels im Visier (vgl. Haas 11/2015).

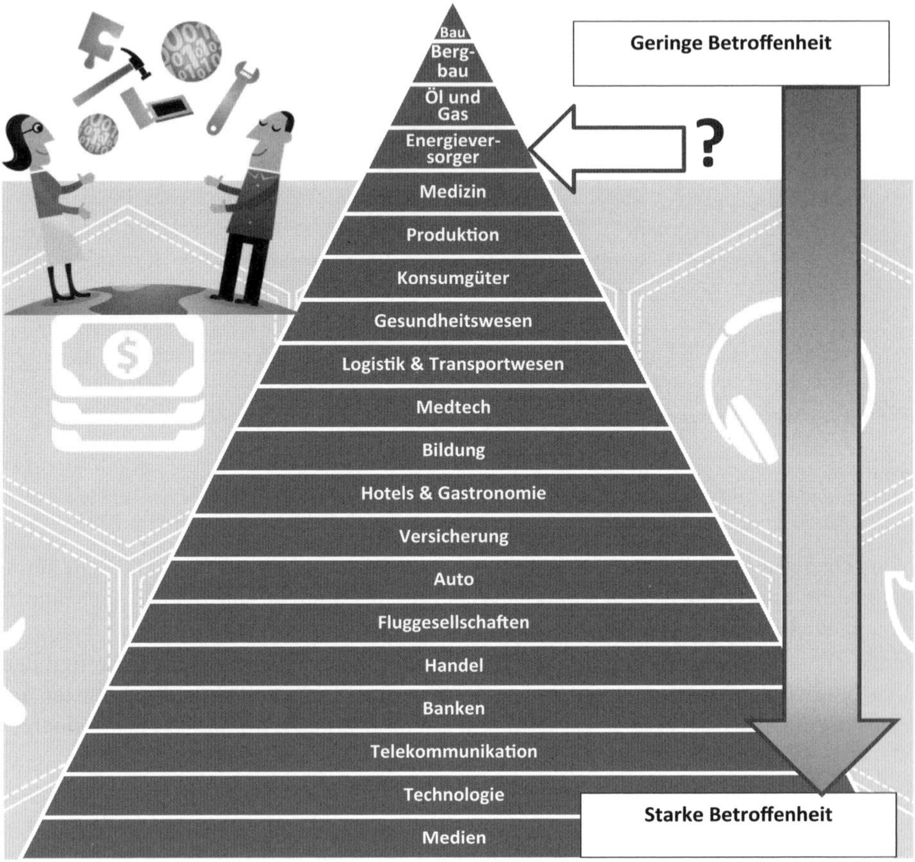

Bild 1.27 Disruption - Betroffenheit durch den digitalen Wandel (Bain & Company; Quelle: Steinbeis Beratungszentrum „Leadership in Science and Education", Hinterfragen der Daten von: Sinn 2015, S. 12)

Um die Folgen des digitalen Wandels realistisch einschätzen zu können, ist nicht nur die unterschiedlich intensive Betroffenheit der einzelnen Branchen von Interesse, sondern darüber hinaus auch die unterschiedlich starke Betroffenheit der unterschiedlichen Berufsgruppen. Denn neben den typischen Gliederungen der leicht automatisierbaren Hilfsberufe gibt es auch immer mehr Analysen, in denen man die Auswirkungen auf anspruchsvolle Berufe im Sinne der Druckerschen Wissensarbeiter untersucht (vgl. Schwab 2016, S. 39).

Praxisbeispiel: Autoindustrie in Deutschland – der Kulturwandel

Die Herausforderungen, die durch die Elemente Elektroantrieb, Sharing Economy, vernetzte Autos und damit durch die Digitalisierung der traditionell stark technologie- und hardwareorientierten Automobilbranche gerade im Bereich der Strategien und Konzepte auf die Autohersteller zu kommen, haben wir bereits beschrieben. Unser Praxisbeispiel ergänzt diese beispielhafte Branchenanalyse noch um die Frage: Wie wirken sich eine solche Veränderung und die Vergegenwärtigung der Disruption auf die Unternehmenskultur aus?

Die Tatsache, dass der damalige Audi-Entwicklungsvorstand Ulrich Hackenberg im Jahr 2014 mit 64 Jahren erstmals sein Unternehmen auf der Consumer Electronics Show in Las Vegas repräsentierte (Freitag 11/2014, S. 40), ist bereits eine deutliche Aussage über die späte Hinwendung der Autobranche zu Kernthemen der Digitalisierung. Denn diese Messe ist ein Spiegelbild der Digitalanwendungen für Endverbraucher, die zum Beispiel 2016 neben virtueller Realität auch sehr stark das „Internet of Anything", die Vernetzung von jeder Form von Consumer-Hardware (z. B. Zahnbürsten) beinhaltet (vgl. Ansorge 2016).

Die Automobilhersteller von Audi zeigten in dieser Zeit (2014) erstmals ein besonderes Interesse an engeren Kooperationen mit den Unternehmen der Software- und Computerindustrie. Es ging um die Frage, ob Apple oder Google die bevorzugten Kooperationspartner sein sollten. Es ging auch um die Frage, wie die Identität eines Fahrzeugs durch die Benutzeroberfläche geprägt wird, sowie die Fragen, wer die Schnittstellen designt, wer die Codes besitzt und wer die Oberhand bei der weiteren Produktentwicklung haben wird. Parallel dazu mussten auch bei den führenden Herstellern wie BMW noch Innovationsbaustellen, beispielsweise im Bereich Leichtbaumaterialien, bewältigt und die Veränderungsbereitschaft der Organisation selbst gestärkt werden (vgl. Freitag 7/2013).

Dabei zeigten sich auch Probleme im Selbstverständnis, die sich dadurch ergaben, dass sich Audi und BMW als die im Bereich des vernetzten Fahrens und der Elektromobilität aktiveren deutschen Hersteller erst auf eine eigene Linie festlegen mussten. Der im Bereich Elektroantriebe neue Branchenprimus Tesla wiederum sah sich von unterschiedlichen Playern im Markt bedrängt. Eine Analyse nach den Five-Forces von Porter würde hier bei der Analyse der Wettbewerber neue und alte Wettbewerber gleichermaßen ergeben, von Apple, Google, Facebook bis hin zu den originären Automobilzulieferern und -herstellern. Es geht in diesem Zusammenhang um die Vorherrschaft im Bereich der Auto-Betriebssysteme und der Nutzerschnittstellen. Der Markt für Connected Cars ist für die künftige Marktposition in einer der bisherigen Schlüsselindustrien der europäischen und vor allem der deutschen Wirtschaft von entscheidender Bedeutung (vgl. Langer 2015, Zetsche 2015, S. 71 ff., Bartl 2015, S. 34).

Wie schnell sich aber Rahmenbedingungen für Marktentwicklungen in disruptiven Märkten verändern können, lässt sich auch aus diesem Fall herauslesen. Wir haben in Kapitel 1.1 auf die rechtlichen Rahmenbedingungen als maßgeblichen Faktor für Marktzutrittsbarrieren hingewiesen.

Ende des Jahres 2014 ging man noch davon aus, dass die strengen Umweltauflagen der US-Behörden ein Gunstfaktor für die Transformation der deutschen Automobilindustrie sein könnten, da man den CO_2-Ausstoß nur dann unter die Grenzwerte bringen kann, wenn man im Bereich der Antriebe einen hybriden Mix der Methoden einsetzt. Der gesetzliche Zwang könnte sich damit als Innovationstreiber erweisen (vgl. Freitag 11/2014, S. 46f.). Seit dem Abgas-Skandal im Jahr 2015 weiß man, dass dieser einfache Zusammenhang zwischen gesetzlichen Auflagen und Innovation nicht bei jedem Autohersteller positiv genutzt wurde. Wobei das vielleicht auch nicht überraschend kommt, schließlich wurde bereits 2014 der damalige VW-Vorstandschef Winterkorn in Bezug auf die Abgasregulierung mit der Aussage zitiert: *„Brüssel ist auf dem besten Weg, die wichtigste Industrie Europas zu zerstören“* (Freitag 11/2014, S. 47). Ein Manager, der die disruptive Situation seines Markts erkannt hat und auf Kundennutzen und Innovation setzt, hätte anders klingen müssen. ■

1.3 Die Realität: Veränderungen durch innovative Geschäftsmodelle

Die abstrakten Begriffe der ökonomischen Theorie haben in den vergangenen Jahren zunehmend Eingang in die praktischen Alltagsdiskussionen gefunden.

Man diskutiert über Netzeffekte und Disruption und sucht nach den Spielregeln, die auch im Zeitalter der digitalen Wirtschaft noch Bestand haben (könnten). In diesem Setting darf einer der Star-Begriffe nicht fehlen. Es ist der Begriff, der die Medien- und Internetbranche seit der Mitte der 1990er-Jahre geprägt hat, auch wenn er in der wissenschaftlichen Diskussion erst seit der Jahrtausendwende in großem Stil Einzug gehalten hat: das „Geschäftsmodell“. Christian Hoffmeister beschreibt in einer sehr einfachen und klaren Definition Geschäftsmodelle als *„Grundprinzipien, wie Werte geschaffen, Kundensegmente vermittelt und wirtschaftlich erfasst werden können“* (Hoffmeister 2013, S. 3).

Bevor man in diese Diskussion im Detail einsteigt, lohnt sich ein Blick darauf, was der Begriff des „Geschäftsmodells“ alles beinhaltet (Bild 1.28).

Beliebt bei der Diskussion um künftige Gewinner und marktdominierende „game changer“ ist auch der Verweis auf neue und geplante Geschäftsmodelle. Dabei sind diese Diskussionen in der Praxis mitunter ein handfestes Indiz dafür, dass der eine oder andere Unternehmenslenker zwar gerne als großer Stratege von sich reden machen möchte, aber aufgrund der „Transformation der Geschäftsmodelle“ offenbar im Moment noch nicht einmal den Hauch einer Ahnung hat, wie er jetzt und in Zukunft Geld verdienen kann.

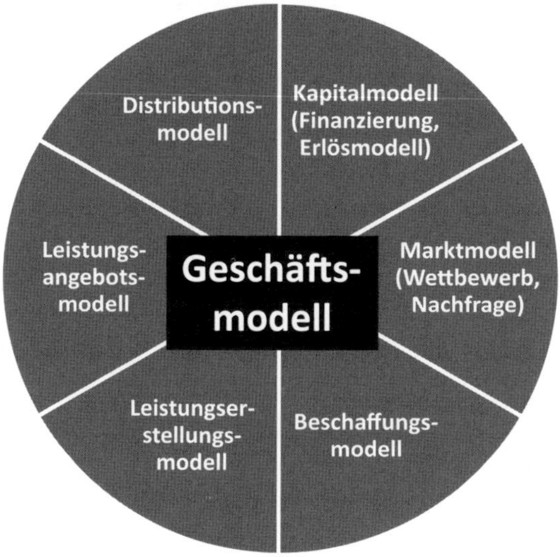

Bild 1.28 Teilsegmente von Geschäftsmodellen (Quelle: Wirtz 2001, S. 211)

Im Marktmodell beschreibt Wirtz unter anderem die Voraussetzung, dass für ein funktionsfähiges Geschäftsmodell ein Markt mit Nachfragern und Anbietern notwendig ist. Das klingt zunächst einmal banal. Ob in allen Marktsegmenten Nachfrager existieren, lässt sich aber nicht so einfach feststellen. Mitunter muss man Märkte in unterschiedliche Teilbereiche aufteilen und prüfen, welche Erwartungen die Zielgruppen der einzelnen Segmente haben.

Auch bei anderen Segmenten des Geschäftsmodells, wie etwa der Leistungserstellung, kommen viele innovative Projekte der digitalen Wirtschaft schon ins Schleudern, wenn beispielsweise die Prozesse unklar sind, mit denen Dienstleistungen und physische Produkte erstellt werden.

Nur dann, wenn das Leistungsangebot im Sinne einer Zielgruppenorientierung funktioniert, kann man bei der Analyse von Geschäftsmodellen auf die Ebene der Erlösmodelle kommen, die in diesem Modell in den abstrakteren Bereich des Kapitalmodells integriert sind. Hier kann zwischen direkten Erlösen (z. B. Nutzungsgebühren) und indirekten Erlösen (z. B. Werbung) unterschieden werden, die dann noch entweder direkt an Transaktionen gebunden sind oder als transaktionsunabhängige Erlöse funktionieren.

Als wäre das nicht schon komplex genug, haben Alexander Osterwalder und Yves Pigneur mit ihrem Erfolgstitel „Business Model Generation“ (Campus, Frankfurt 2011) dafür gesorgt, dass in zahlreichen Workshops Unternehmensangehörige ihre Geschäftsmodelle unter die Lupe nehmen und in das Business Model Canvas einordnen (Bild 1.29).

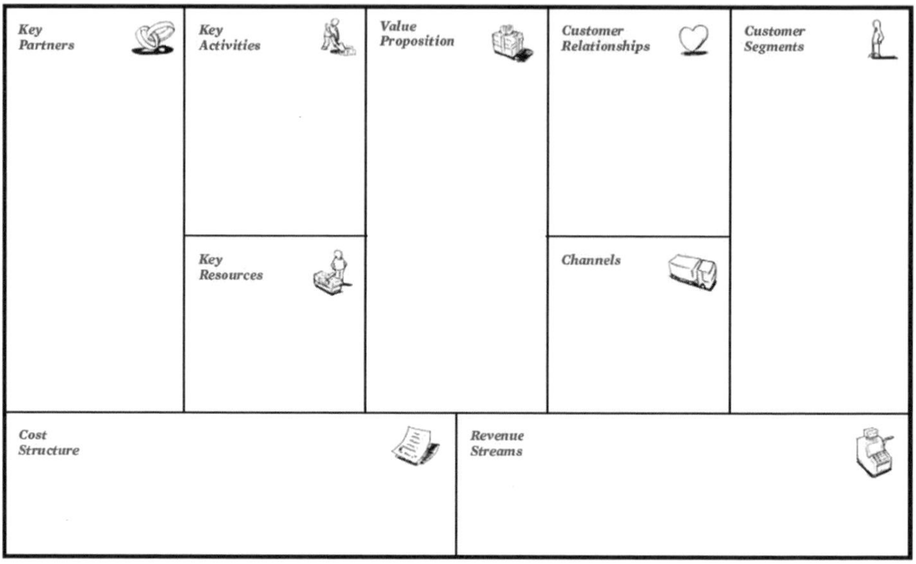

Bild 1.29 Business Model Canvas (Quelle: Osterwalder/Pigneur 2011, S. 44)

Diese Struktur wurde von vielen Autoren übernommen und findet sich auch in der Abwandlung von Ash Maurya, der in seinem Buch „Running Lean“ erstmalig 2010 im Selbstverlag die Adaption des Business Model Canvas auf die Situation von jungen Startups vorgestellt hat (Bild 1.30). Dieser Ansatz führt zu einer klareren Analyse, was insbesondere bei neuen Geschäftsmodellen für Startups und Unternehmen, die gegenwärtig noch in der Phase des Proof-of-Concept angesiedelt sind, präzisere Ergebnisse ermöglicht.

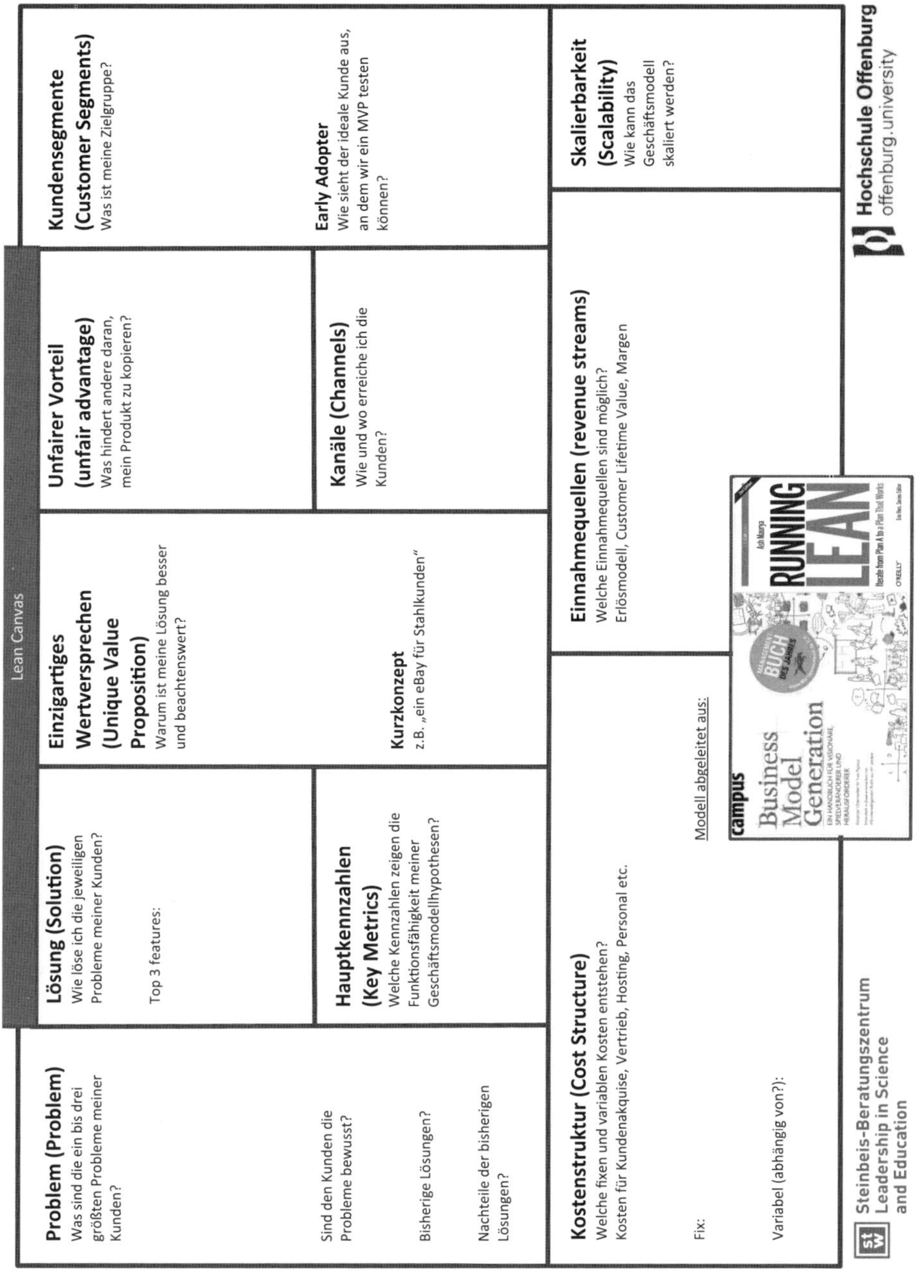

Bild 1.30 Lean Canvas als Business-Modell-Beschreibung für Lean Startups (Quelle: Steinbeis-Beratungszentrum „Leadership in Science and Education“ in Erweiterung des Modells von: Maurya 2012)

Ergänzt durch einige Anpassungen, wie etwa die gesonderte Betonung von Teilaspekten der Hauptrubriken (Bild 1.31) oder die Hervorhebung der Skalierbarkeit, existiert damit ein exemplarisches Analysemodell, das sich in der Praxis bewährt hat. Vor allem die Konzentration auf die Wettbewerbsvorteile in Abgrenzung zu anderen Wettbewerbern und Lösungen („unfair advantage") und die spezielle Erwähnung der Hauptmetriken führt zu mehr Klarheit bei der Analyse der Geschäftsmodelle. Gerade bei den Metriken ist auch die Verbindung zum „Lean-Startup-Modell" von Eric Ries erkennbar.

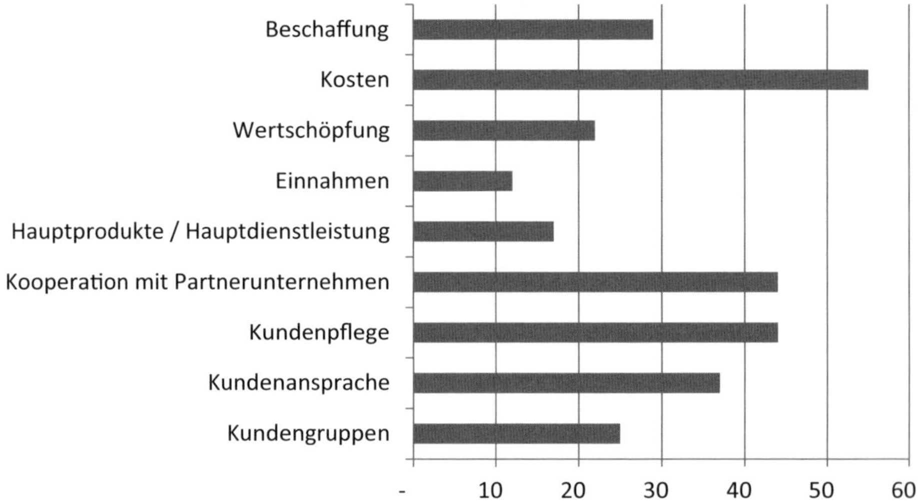

Bild 1.31 Einfluss der Digitalisierung auf Teilsegmente des Business Model Canvas (Quelle: IW Zukunftspanel 2011, S. 15; zitiert nach Statista)

Es geht darum, nicht nur Kennzahlen festzulegen, die den Erfolg oder Misserfolg eines Geschäftsmodells deutlich messbar und überprüfbar machen, sondern anhand der Metriken auch die Parameter zu ermitteln, die für den Erfolg maßgebend sein sollen.

Wenn ich in Seminaren und Trainings mit Gruppen von Studierenden oder Praktikern unterschiedliche Modelle für die Beschreibung von Geschäftsmodellen erprobe, führt gerade das für den Bereich der Lean Startups entwickelte Modell sehr schnell nicht nur zu Ergebnissen für die unterschiedlichen Themen und Produktideen, sondern es ergeben sich auch am Ende der Diskussion stets klare Prioritäten, welche Hypothesen den Geschäftsmodellen zugrunde liegen und wie sie im nächsten Schritt im Rahmen von Experimenten überprüft werden können (Bild 1.32).

Bild 1.32
Einsatz des Business Model Canvas in Seminaren und Trainings (Quelle: Steinbeis-Beratungszentrum „Leadership in Science and Education“)

Insbesondere bei der Analyse möglicher Geschäftsmodelle von neuen Produkten und Geschäftsfeldern von klassischen Medienunternehmen kann häufig festgestellt werden, dass die Kernfragen selbst in den Fällen ungeklärt waren, in denen die Unternehmensleitung sich schon für ein neues Produkt, mitunter sogar für ein Investment, entschieden hatte.

Die (unklaren) Hauptpunkte waren hier stets:

- Wer ist meine Zielgruppe?
- Welches Problem meiner Zielgruppe löse ich?
- Warum löse ich das Problem besser als andere?

Gerade die Idee für eine Problemlösung kann nur in speziellen Fällen mithilfe von Marktforschung wie Fokus-Gruppen-Diskussionen oder Befragungen auf ihre tatsächliche Eignung hin überprüft werden. In vielen Fällen, wenn es um echte Innovationen geht, hilft hier nur der Test mit einem minimal funktionsfähigen Produkt (MVP). Hier ist es dann in der Praxis notwendig, die Teams zu ermuntern, mit schnellen Methoden diese Produkte zu erstellen. Wenn man den herkömmlichen Entwicklungszyklus klassischer Medienunternehmen betrachtet, fällt auf, dass hier im Bereich des Zeithorizonts erhebliche Unterschiede zu Startups bestehen. Die Entwicklung eines App-Prototypen dauert im Rahmen der Entwicklung in der traditionellen Organisationsstruktur mehrere Monate und verschlingt große Ressourcen, während in der Startup-Welt mit automatischen Tools zur App-Entwicklung sehr viel schneller ein MVP hergestellt wird, um in das Testszenario zu kommen und von den Reaktionen zu lernen.

Diskutiert man die alternativen, schnelleren Vorgehensweisen mit den gestandenen Praktikern auf Abteilungsleiterebene, dann kann man in einigen Fällen feststellen, dass gegenüber Geschäftsmodellen noch großes Unverständnis besteht. Viele konzentrieren sich vorschnell auf die Monetarisierungsformen im Sinne eines Erlösmodells und wollen nicht einsehen, dass es hier immer wieder um ähnliche Konzepte (Transaktionsgebühren, erfolgsabhängige Bezahlung, Paket- und Abonnementmodelle etc.) geht, die erst in Verbindung mit den anderen Komponenten eines Geschäftsmodells wirksam werden und – wenn möglich – zu einer einzigartigen Geschäftsidee führen. Diese Einstellung spiegelt sich auch in einer Befragung von Ernst & Young wider, wo über ein Drittel der Befragten glauben, dass sich ihr Geschäftsmodell nicht verändern wird (Bild 1.33).

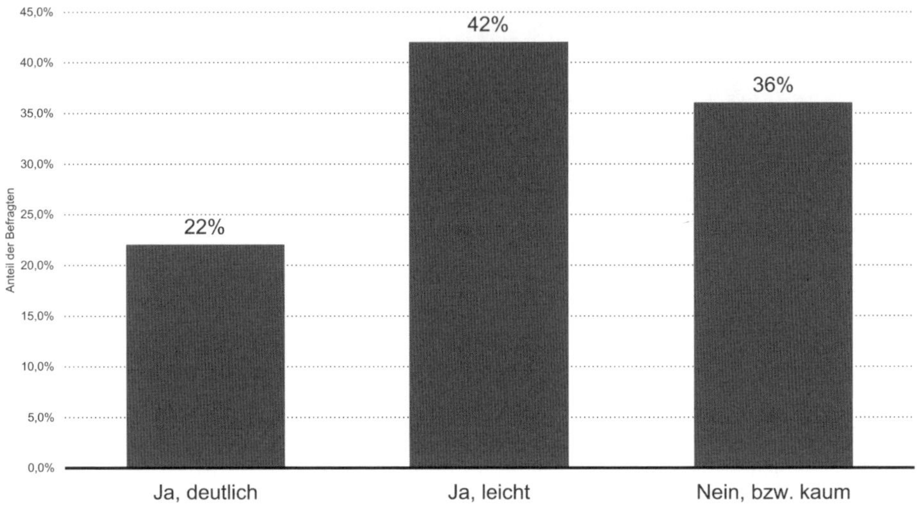

Bild 1.33 Veränderung von Geschäftsmodellen (Quelle: Ernst & Young 2015; zitiert nach Statista)

Andere wiederum scheinen die Entwicklung und Analyse von Geschäftsmodellen als typische Einkaufssituation wahrzunehmen. „Gibt es denn da nicht schon was Fertiges, was in Zukunft zündet?“ Diese Frage eines Konferenzteilnehmers bringt diese Konsumhaltung von Führungskräften am besten auf den Punkt. Wer sich weniger auf die Struktur des Canvas einlassen möchte, da ihm die dahinterstehenden Prinzipien eher aufwendig und befremdlich erscheinen, der sollte zumindest eine systematische und strukturierte Vorgehensweise anhand einer Checkliste anstreben (Bild 1.34).

- ✓ Welche Zielgruppe habe ich mit dem Produkt/dem Geschäftsmodell im Visier?
- ✓ Welche Teilzielgruppen existieren hier und in welcher zeitlichen Folge wollen wir diese adressieren?
- ✓ Gibt es eine aktive Zielgruppe von „early adoptern“, die ein Minimal Viable Product (MVP), ein minimal funktionsfähiges Produkt (MFP) testen können?
- ✓ Was sind die drei größten Probleme meiner Kunden?
- ✓ Sind diese Probleme den Kunden auch bewusst?
- ✓ Welche bisherigen Lösungen haben die Kunden für diese Probleme entwickelt?
- ✓ Welche Nachteile haben diese bisherigen Lösungen?
- ✓ Wie gravierend sind diese Nachteile für unterschiedliche Teilsegmente meiner Zielgruppe?
- ✓ Wie können die bisherigen Lösungen von den Kunden oder deren Partnern weiterentwickelt werden?
- ✓ Wie wollen wir die jeweiligen Probleme unserer Kunden lösen?
- ✓ Welche drei Haupt-Features haben die Produkte?
- ✓ Wie lässt sich die Funktionsfähigkeit meiner Lösungen bewerten (Worauf muss man in der Phase des Experiments mithilfe eines MVP achten)?
- ✓ Mit welchen Kennzahlen (KPI: Key Performance Indicator) kann man den Erfolg messen?
- ✓ Welches einzigartige Wertversprechen bieten meine Lösungen?
- ✓ Warum ist die neue Lösung besser als die bisherigen und warum verdient sie besondere Beachtung?
- ✓ Wie kann man das Konzept im Rahmen einer kurz gefassten Analogie beschreiben (z. B. ein Amazon für den Stahlhandel)?
- ✓ Welchen unfairen Vorteil besitzen wir als künftiger Anbieter im Markt?
- ✓ Was hindert andere daran, innerhalb kurzer Zeit das Produkt zu kopieren?
- ✓ Über welche Kanäle erreiche ich meine Kunden?
- ✓ Welche Kosten entstehen?
- ✓ Welche Fixkosten entstehen?
- ✓ Welche variablen Kosten entstehen und von welcher Größe sind die Kosten abhängig?
- ✓ Welche Erlösquellen sind realistisch?
- ✓ Wie sieht der ideale Kundenlebenszyklus (Customer Lifetime Value) aus?
- ✓ Welche Margen sind im Wettbewerb zu anderen Lösungen realistisch?
- ✓ Wie kann das Geschäftsmodell skaliert werden?
- ✓ Welche Voraussetzungen muss ich in meinem Unternehmen erfüllen und welche Vorbereitungen muss ich treffen, um das Modell skalieren zu können?

Bild 1.34 Checkliste der zentralen Fragen zur Überprüfung neuer Geschäftsmodelle (Quelle: Steinbeis-Beratungszentrum „Leadership in Science and Education“)

Praxisbeispiel: SAP-Wendepunkt

Es ist eines der Privilegien der Tech-Unternehmen der Soft- und Hardwareindustrie, dass sie mit dem Phänomen der strategischen Wendepunkte (vgl. Andy Grove in Abschnitt 1.4) und mit der Neudefinition der Geschäftsmodelle sehr viel intensiver konfrontiert werden als andere Branchen.

So hat der Softwarekonzern SAP mehrmals in seiner Geschichte das eigene Geschäftsmodell verändern müssen. Das Kernprodukt rund um Buchhaltung und Branchensoftware wurde in gewissem Maße ein internationaler Standard im Bereich ERP-(Enterprise-Resource-Planning-)Systeme. Dennoch waren die Integration der Möglichkeiten des Internets sowie die Erkenntnis, dass mehr und mehr Nutzung mobil stattfinden wird, entscheidende Wendepunkte, um nicht nur das eigene Produkt anzupassen, sondern auch das Geschäftsmodell neu abzustimmen.

Bereits 2012 wurde mit Hana eine neue Produktkategorie vorgestellt, die die Rolle von SAP bei allen Nutzern von mobilen Devices und damit auch bei neuen Kundenkreisen (z. B. im Bereich „Mobile Payment") neu positionieren sollte. Das war die aus Sicht des Unternehmens logische Weiterentwicklung, nachdem Herausforderungen wie der Verleih von Software statt des Verkaufs von Software (Software-as-a-Service, SaaS) und der gesamte Themenbereich Cloud-Computing in die eigenen Produkte integriert worden waren (vgl. Mc Dermott/Snabe 4/2012). Der Anspruch, mit Hana als Partner für Big Data in Echtzeit zur Verfügung zu stehen, bleibt laut SAP-Vorstand Bernd Leukert auch 2016 als Produktprofilierung bestehen (Leukert 2016).

Mit diesem radikalen Ändern der Geschäftsmodelle war auch eine Weiterentwicklung der Unternehmenskultur verbunden. Kleinere Entwicklerteams für den neuen Bereich der App-Entwicklung entstanden an unterschiedlichen internationalen Standorten und die Idee, mehr Freiräume für die Mitarbeiter/-innen zu definieren, um deren intrinsisch motiviertes Kreativitätspotenzial nutzen zu können, wurde von Wettbewerbern wie Google nach dem „TGIF" (Thank God, it's Friday)-Prinzip übernommen. An Freitagnachmittagen dürfen eigene Entwicklungsideen mit raschen Produkterfolgen im Sinne eines Minimal Viable Product in eigener Verantwortung vorangetrieben und umgesetzt werden (vgl. Hage/Maier 9/2012, S. 33).

1.4 Das Ziel: Kenntnis der eigenen Verwundbarkeit und Perspektiven

Um die Überlebensfähigkeit eines bestehenden Unternehmens zu sichern, muss ich über die möglichen Gefährdungsmomente meiner Branche sehr genau Bescheid wissen. Hier kann man zunächst im „Waffenarsenal" der klassischen Management-Analyseverfahren nachsehen und brauchbare Tools entdecken. Wenn es darum geht, in einem ersten Schritt festzustellen, welche potenziellen Wettbewerber für die eigene Zunft überhaupt am Horizont auftauchen könnten und wie grundsätzlich ein Substitutionsprodukt aussehen kann, das die Branche angreift, so können wir auf Methoden aus den achtziger Jahren des vorausgehenden Jahrhunderts zurückgreifen, wie etwa den „Five-Forces". Bei den Five-Forces von Michael E. Porter (Porter 1980) geht es darum, die Hauptkräfte eines Markts analysieren und interpretieren zu können. Das Modell basiert auf der Idee, dass die Attraktivität einer Branche durch die Ausprägung fünf wesentlicher Wettbewerbskräfte bestimmt wird. Je stärker die Bedrohung durch diese fünf Wettbewerbskräfte ist, desto unattraktiver ist die betrachtete Branche und desto schwieriger ist es, einen nachhaltigen Wettbewerbsvorteil zu erzielen. Unternehmen sollten daher versuchen, in einer Branche mit attraktiver Branchenstruktur tätig zu sein und eine verteidigungsfähige Position in ihrer Branche aufzubauen, also eine Position, in der die fünf Wettbewerbskräfte eine möglichst wenig bedrohliche Ausprägung aufweisen.

Unternehmen können zudem auf die fünf Kräfte mithilfe entsprechender strategischer Ausrichtung einwirken. Dies kann die Attraktivität einer Branche erhöhen. Wenn jedoch Unternehmen die Verteilung der Wettbewerbskräfte zum Vorteil der eigenen Wettbewerbsposition beeinflussen, ohne sich über die langfristigen Auswirkungen im Klaren zu sein, oder diese bewusst in Kauf nehmen, kann dies Struktur und Rentabilität einer Branche ebenso zerstören.

Die zu untersuchenden Bereiche sind:

- Brancheninterner Wettbewerb (competitive rivalry)
- Bedrohung durch neue Anbieter (threat of new entrants)
- Substitutionsprodukte (threat of substitute products)
- Verhandlungsmacht der Abnehmer (bargaining power of buyers)
- Verhandlungsstärke der Lieferanten (bargaining power of suppliers)

In den Five-Forces werden die fünf Marktkräfte unabhängig voneinander untersucht und ergeben damit ein Bild der aktuellen Situation, der Abhängigkeiten (von Lieferanten und Kunden) und der potenziellen Entwicklungen (Substitutionsprodukte und potenzielle Wettbewerber). Macht man hingegen eine komplette Branchenstrukturanalyse, ist der Blick immer auf die gesamte *Branche* gerichtet.

Wenn man beispielsweise den Buchmarkt anhand der Five-Forces von Michael E. Porter unter die Lupe nimmt, zeigt sich sehr schnell, dass der Markt in Bezug auf die Kräfteverhältnisse einer großen Dynamik unterliegt (Bild 1.35).

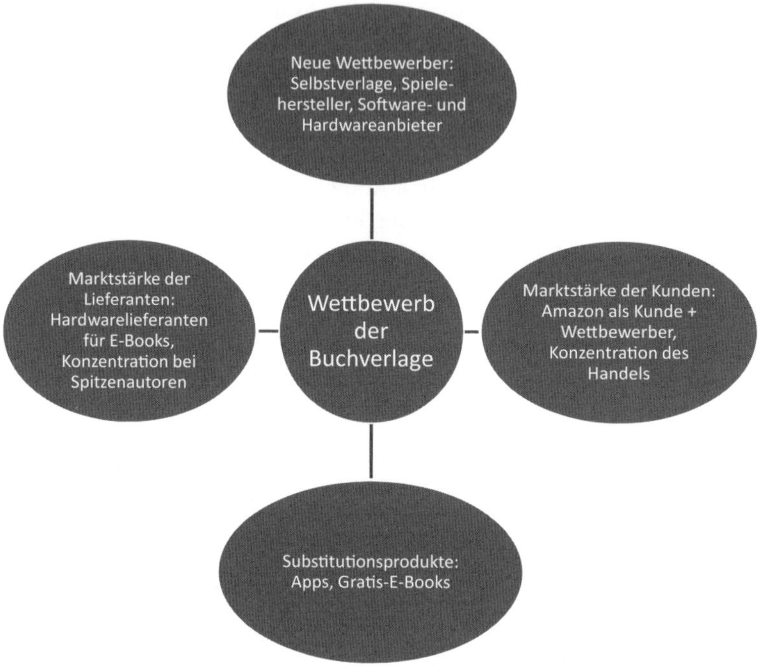

Bild 1.35 Five-Forces für Buchverlage (Quelle: Steinbeis-Beratungszentrum „Leadership in Science and Education")

Dieses etablierte Analyseverfahren hilft bei der Beschreibung von ersten (Fehl-)Entwicklungen. Gerade für kleinere Unternehmen dieser Branche ist es seit der Jahrtausendwende immer schwerer geworden, einen ausreichenden Zugang zum Vertriebssystem zu bekommen. Der mit anderen Verlagen kombinierte Außendienst schafft es in der Regel nicht, dass kleine Verlage in ausreichendem Maße bei den großen Vertriebs- und Handelsketten präsent sind. Die Bestellungen via Amazon schaffen hier eine neue Unabhängigkeit vom klassischen Sortimentsbuchhandel und eine neue Abhängigkeit vom Player Amazon, der die Spielregeln (z. B. bei E-Books) vorgibt. Um eine Branche zu verstehen, ist es sinnvoll, unterschiedliche Teile der Wertschöpfungskette zu untersuchen, wie beispielsweise Hersteller und Handel (Bild 1.36).

Bild 1.36 Five-Forces für den Sortimentsbuchhandel (Quelle: Emrich 2007, S. 31)

Die Five-Forces können helfen, eine Grobanalyse einer Branche vorzunehmen. Die Schwäche besteht jedoch darin, komplette Brüche innerhalb einer Branche, wie sie durch die Digitalisierung erst möglich wurden, zu interpretieren und zu prognostizieren. Die auf die Zukunft gerichteten Elemente sind „potenzielle Substitutionsprodukte" und „potenzielle Wettbewerber". Die Kunst besteht darin, wenn es sich um echte disruptive Effekte handelt, eine sinnvolle Interpretation hinzubekommen. Die Wettbewerbsanalyse für die digitale Wirtschaft konzentriert sich somit auf die neuen Wettbewerber (vgl. Kreutzer/Land 2015, S. 62). Viele Branchen sind sich aber nicht einmal im Klaren darüber, woraus ihr Leistungsbündel heute besteht und können somit auch nicht immer rechtzeitig entscheiden, welche Substitutionsprodukte sich am Horizont abzeichnen. Zeitungsverleger hatten beispielsweise ihr Leistungsbündel selten so detailliert analysiert, dass ihnen bewusst wurde, dass im Leistungsbündel gedruckte Zeitung in den Klein- und Rubrikanzeigen das Produkt „Herstellung eines 1 : 1-Kontakts zwischen Käufer und Verkäufer" beinhaltet war. Dass eBay damit auch für die Zeitungsbranche zum Gamechanger wurde, war vielen erst sehr spät bewusst. Auch der Einstieg von potenziellen Wettbewerbern wird erst dann den meisten klar, wenn man sie gezielt ermutigt, statt Kollegenbetrieben Unternehmen angrenzender Branchen oder bisherige Kooperationspartner ins Kalkül zu ziehen (Stichwort Coopetition als Mischung aus Competition und Cooperation). Gerade diese Unternehmen aus dem Umfeld sind es, die oftmals aus völlig unterschiedlichen Motiven Interesse am eigenen Marktgeschehen haben (z. B. um mithilfe von Zusatzservices die Bekanntheit für die eigenen Kernprodukte zu erhöhen).

Der neue Blickwinkel besteht nun darin, sich auf Basis des Business Model Canvas Gedanken zu machen, wie man aus der Perspektive eines Marktaußenseiters, der in diesem Markt kein Geld verdient, diesen Markt zum Abstürzen bringen kann. Denn wir haben schon beim Beispiel der Musikindustrie gesehen, dass im Regelfall nicht der etablierte Player aus den disruptiven Veränderungen ein neues Geschäftsmodell ableitet und den Markt aufrollt, sondern im Sinne der potenziellen Wettbewerber der Five-Forces meist ein Marktfremder auf den Plan tritt. Also frisch ans Werk, bringen wir unser Geschäftsmodell gedanklich zum Einstürzen und nehmen wir damit disruptive Veränderungen in unseren Planungen vorweg. „Kill the Company" ist ein Ansatz, mit dem systematisch geübt wird, was ein Wettbewerber tun muss, um das eigene Unternehmen zum Absturz zu bringen (vgl. Bodell 2013). Erst wenn ich diese Frage „Wie kann ein Wettbewerber mein Geschäftsmodell zum Absturz bringen?" ausführlich beantwortet habe, bin ich in der Lage, nicht nur die Gefährdung meines Unternehmens realistisch einzuschätzen, sondern dafür zu sorgen, dass die entscheidenden Schwächen beseitigt werden. Wenn es keine Möglichkeit gibt, das eigene aktuelle Geschäftsmodell zu retten und gegenüber potenziellen Angreifern (neue Wettbewerber und Substitutionsprodukte im Sinne der Five-Forces von Porter) zu verteidigen, dann muss man sich mit dem Gedanken befassen, ob diese Stellung mittelfristig noch haltbar ist oder zugunsten einer sicheren neuen Position aufgegeben werden muss. Die unterschiedliche Betroffenheit der Branchen haben wir bereits anhand der Analysen von Deloitte und Bain & Company dargestellt. Aber selbst dann, wenn es nicht die digitale Disruption ist, die greift, gibt es in vielen Fällen Anlass zu einer grundlegenden strategischen Neubestimmung auf Basis einer Bedrohungsanalyse.

Praxisbeispiel: Autowerkstatt

Im Rahmen einer qualitativen Studie zum Thema „Multichannel-Marketing" habe ich 2015 kleinere und mittlere Unternehmen der Bereiche Handel, Dienstleistung, Handwerk und Industrie zum digitalen Wandel und zu den aktuellen Veränderungen im jeweiligen Markt befragt, um die strategischen Weichenstellungen dieser Unternehmen nachvollziehen zu können. Dabei zeigte sich, dass auch in den Fällen, in denen die Digitalisierung und die damit verbundenen neuen Informations- und Kommunikationsmöglichkeiten nicht direkt den Markt bestimmten, disruptive Elemente im Markt sichtbar waren.

Besonders eindrücklich habe ich das bei einer kleineren Autowerkstatt mit zwei Niederlassungen im selben Stadtgebiet festgestellt. Hier waren neben den Veränderungen in der Automobilbranche generell und dem Handel durch die Autohandelsplattformen und Dienstleistungsportale im Internet eine Reihe von Veränderungen sichtbar, die aus Strukturveränderungen des Markts selbst abgeleitet werden konnten.

Eine zunehmend restriktive Politik der Hersteller im Bereich der digitalen Fahrzeugtechnologie zum Schutz der jeweiligen Vertragshändler mit deren Vertragswerkstätten ist die eine Veränderung, die den Markt prägt. Denn es gibt mehr und mehr Themenfelder, in denen freie Werkstätten nur unter erschwerten Bedingungen ihre Leistungen im Reparatur- und

Service-Sektor erbringen können. Darüber hinaus haben mehr und mehr Versicherer begonnen, eigene Tarife für Kunden anzubieten, die im Falle eines Unfalls nicht mehr direkt eine Werkstatt beauftragen, sondern die jeweilige vom Versicherer empfohlene Werkstatt ansteuern. Obwohl hier also nicht die Digitalisierung allein das prägende Element ist, ergibt sich für Unternehmen in diesem Segment eine disruptive Situation, da eine Reihe bisher erfolgreicher Geschäftsmodelle künftig so nicht mehr darstellbar sein können. ■

Mit den in Bild 1.37 dargestellten Punkte können Sie den Bedrohungsgrad Ihres Unternehmens aus eigener Sicht oder aus Sicht der mit Ihnen planenden und diskutierenden Teams und Berater analysieren. Dabei hilft grundsätzlich die Einstellung von Intel-Gründer Andy Grove („Only the paranoids survive"), der davon ausgeht, dass es notwendig ist, ständig das eigene Tun zu hinterfragen und die schwachen Signale auszuwerten, um in der Lage zu sein, schnell darauf zu reagieren, falls die Veränderungen einen strategischen Wendepunkt erahnen lassen, der im Rahmen der Unternehmensführung zu bewältigen sein wird (vgl. Brandenburger/Nalebuff 1996, Grove 1999, Cheyfitz 2003, S. 198 ff.). Markt- und Strategieexperten sprechen an dieser Stelle auch von einem gesunden Verfolgungswahn, der „healthy paranoia" (vgl. Esch et al. 2015).

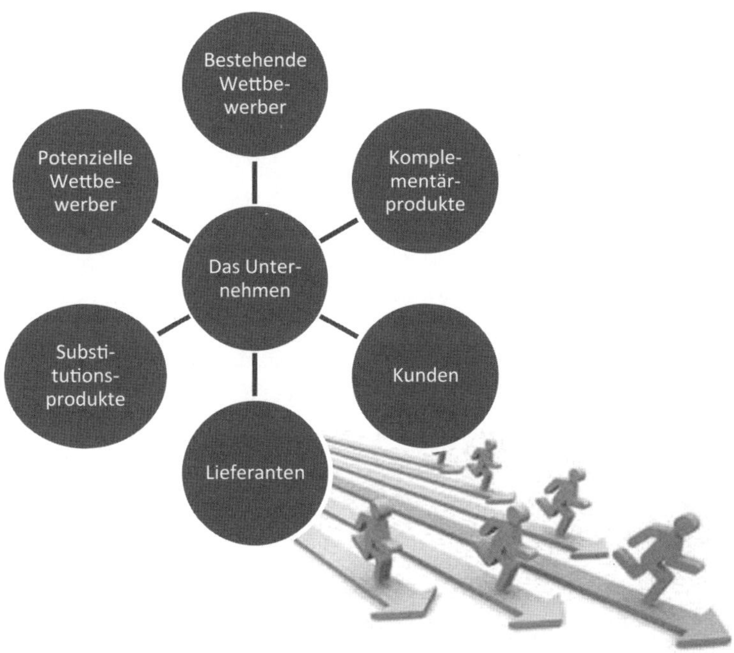

Bild 1.37 „Paranoide Analyse" als Erweiterung der Five-Forces von Porter (Quelle: Steinbeis-Beratungszentrum „Leadership in Science and Education", nach: Grove 1999, S. 41)

Anschließend lohnt sich noch ein Blick auf das Wettbewerbsumfeld, um weitere Klarheit über Risiken und Chancen des beschriebenen Geschäftsmodells zu erhalten (vgl. Kreutzer/Land 2015, S. 34 f.). Bodell gibt mit ihrem „Killer-Ansatz" dafür in der Regel eine passende Begleitung auf dem Weg durch den Transformationsdschungel (Bild 1.38).

Bild 1.38 Killer-Ansatz zum Schutz vor Angriffen (Quelle: Steinbeis-Beratungszentrum „Leadership in Science and Education", nach: Bodell 2013, S. 168)

Praxisbeispiel: Axel-Springer, der Verlag, der keiner mehr ist

Wer sich auf die Suche nach Beispielen begibt, wie das eigene Geschäftsmodell mit allen Bedrohungsszenarien von Unternehmen aktiv hinterfragt wird, wie die strategischen Wendepunkte nach Andy Grove bewusst früh definiert und die strategischen Schlussfolgerungen gezogen werden, der wird neben der IT-Industrie vor allem im Umfeld der Medienbranche fündig werden, die in besonderem Maße vom Transformationsprozess betroffen ist (vgl. Burda 2010, S. 89). Dabei gibt es zwei grundsätzliche Pfade: die restriktive Verteidigungsstrategie mit einer Fokussierung auf erhaltende Innovationen und die offensive disruptive Strategie.

Unter der Führung von Matthias Döpfner hat sich das Haus Axel Springer sehr klar für den disruptiven Weg entschieden. Bereits 2012 war dieser Weg deutlich sichtbar. Nicht nur der Umstand, dass Spitzenkräfte ins Silicon Valley entsandt wurden, um den Spirit der digitalen Revolution ins eigene Haus zu tragen. Auch die Akquisestrategie im Digitalbereich zeigte bereits früh, dass man den Kulturwandel ernster nahm als andere. Dabei waren die negativen Erfahrungen mit neuen Geschäftsfeldern, wie das nicht funktionsfähige Investment in den alternativen Postanbieter Pin, nicht der Anlass, komplett auf das gewohnte Terrain der Print-Medien zurückzuschwenken. Einige der restriktiven Aussagen der Konzernleitung hätte man 2012 noch als Begrenzung der Strategie verstehen können.

„Bei uns gibt es keinen E-Commerce, keine Social Communities, keine Geschäftsmodelle, die wir nicht beherrschen“ (Boldt 12/2012, S. 83). Dennoch waren diese Abgrenzungen gegenüber der Strategie konkurrierender Medienhäuser wie beispielsweise das Verlust-Investment von Holtzbrinck in die Social-Media-Plattformen der „VZ Gruppe“ (Schüler-VZ etc.) keine Grenzziehung, die bei der Gefährdungsanalyse von Axel Springer zum Korsett wurde. Als im Sommer 2013 das Regionalzeitungsgeschäft des Hamburger Traditionshauses inklusive der ursprünglichen Gründungtitel des Unternehmens verkauft wurde, wurde für alle im Markt deutlich, dass es sich hier um eine Entwicklung handelt, die unumkehrbar ist. Die Aufgeregtheiten der Fach- und Publikumsmedien rundeten diesen Eindruck ab. Ich kann mich noch gut an eine Interviewanfrage des ZDF erinnern, bei der ich gefragt wurde, wie es sein könne, dass nun nicht die „Großen“ im Zeitungsgeschäft die „Kleinen“ aufkaufen, wie das bisher jahrzehntelang der Fall war, sondern dass nun gerade die „Großen“ das Signal aussenden, dass sie nicht mehr an diesen Markt glauben. Diese klare Digitalisierungsstrategie wurde und wird von vielen Auszeichnungen und viel Anerkennung begleitet (beispielsweise „Gamechanger 2015“ der Kategorie „Focused Players“, verliehen von Manager Magazin und Bain & Company). Dennoch gibt es auch bei Axel Springer immer wieder Momente, wie der Reichweitenrückgang bei den verbliebenen Kernmarken „Bild“ und „Welt“ oder das Scheitern bei der Übernahme der „Financial Times“, die zeigen, dass dieser Prozess auch Risiken enthält und Rückschläge verkraftet werden müssen (vgl. Hage 10/2015).

Die Antwort liegt auf der Hand: Disruption beschreibt eben eine Veränderung in Märkten, die sich nicht aus der bisherigen Tradition ergeben. ■

Praxisbeispiel: Die Verlierer beim Disruptions-Spiel

Es gibt einige hochkarätige Firmen, die im Rahmen des disruptiven Wettbewerbs deutlich an Dynamik eingebüßt haben.

Yahoo:
bis zur Jahrtausendwende waren die Verzeichnisse von Yahoo der zentrale Anlaufpunkt für Suchende und Orientierungssuchende im Internet. Durch Google wurde die Marktstellung marginalisiert.

America Online (AOL):
Der führende Anbieter von Online-Zugängen hatte, ausgehend von der Mitte der 1990er-Jahre, eine sehr starke Marktstellung, die sich nicht zuletzt in der Fusion mit Time Warner niederschlug. Der Versuch, die Nutzer möglichst auf den eigenen Diensten zu halten, war jedoch zum Scheitern verurteilt.

Microsoft:
Der Primus der Betriebssysteme hatte seit den 1980er- Jahren bei den meisten PC-Installationen die Nase vorn und versuchte auch durch vorinstallierte Software, sehr früh diese - aufgrund der Netzeffekte - existierende Quasi-Monopolstellung auf andere Bereiche zu übertragen. Weder Microsoft Network (MSN) noch der eigene Browser und die damit verbundenen Content-Channels konnten sich jedoch in der geplanten Form am Markt durchsetzen. Auch im Bereich der Suchmaschinen war Bing zu spät dran, um erfolgreich zu sein, und im Bereich der Tablets und Smartphones war der Markteinstieg selbst in der eigentlichen Kernkompetenz der Betriebssysteme ebenso eher schwierig.

(Vgl. Maier/Rickens 10/2011, S. 40) ■

1.5 Literatur

Ansorge, Katrin (2016): Die bessere Welt, in: Horizont 2/2016, S. 14 - 15

Aufderheide, Detlef/Lindner, Malte/Zimmerlich, Antje (2006): Internetökonomie, Wettbewerb und Hybridität bei Essential Facilities, in: Grob, Heinz Lothar/Brocke, Jan vom (Hrsg.) (2006): Internetökonomie: Ein interdisziplinärer Beitrag zur Erklärung und Gestaltung hybrider Systeme, Vahlen Verlag München, S. 127 - 179

Bäßler, Rüdiger (2014): Car2go macht Ulm dicht, in: Stuttgarter-Zeitung.de, 30. Oktober 2014, 19:39 Uhr, *http://www.stuttgarter-zeitung.de/inhalt.carsharing-car2go-macht-in-ulm-dicht.ef68a416-0e44-4200-b99e-bebde2c736e8.html* (Abruf: 11.10.2015)

Bartl, Michael (2015): Was passiert mit unserem Auto?, in: Absatzwirtschaft 11/2015, S. 30 - 39

Bellmann, H.: Vertrieb und Auslieferung, in: Clement, M./Blömeke, E./Sambeth, F. (Hrsg.) (2009): Ökonomie der Buchindustrie - Herausforderungen in der Buchbranche erfolgreich managen. Wiesbaden: Gabler, S. 177 - 190

Bendig, Thomas (2016): Mediennutzung: Wie Kunden künftig konsumieren und interagieren, Vortrag auf dem 11. Forum Kundenmanagement der AVS, 24. Februar 2016, studio dumont, Köln

Birker, Klaus (2000): Basis eines krisenbewussten Managements, in: Birker, Klaus/ Pepels, Werner (Hrsg.) (2000): Handbuch Krisenbewusstes Management - Krisenvorbeugung und Unternehmenssanierung, Cornelsen Berlin, S. 51 - 62

Bodell, Lisa (2013): Kill the Company: 12 Killer tools für die Wiedergeburt Ihres Unternehmens, Campus Frankfurt

Boldt, Klaus (12/2012): Eine gute Story, in: manager magazin 12/2012, S. 78 - 84

Botsman, Rachel (2015): The Power of Sharing: How Collaborative Business Models are Shaping a New Economy, in: Capgemini Consulting (02-2015) (Hrsg.): Strategies for the Age of Digital Disruption, Digital Transformation Review Nr. 7, S. 28 - 34

Boyny, Jürgen (2010): Die Entwicklung des Informationsbedarfes bei technischen Konsumgütern am Beispiel der digitalen Konvergenz, in: Redwitz, Gunter (Hrsg.) (2010): Die digital-vernetzte Wissensgesellschaft: Aufbruch ins 21. Jahrhundert, Piper München/Zürich, S. 83 - 95

Brandenburger, Adam M./Nalebuff, Barry J. (1996): Intel Inside: Universal lessons every manager can learn from Andy Grove's Paranoia, in: Harvard Business Review November/Dezember 1996, S. 168 - 175

Breyer-Mayländer, Thomas (2004): Einführung in das Medienmanagement, Oldenbourg, München

Breyer-Mayländer, Thomas (2011): Mehr als nur ein „Communication Shift": Neue Formen des Mediamix im lokalen Markt, in: Marketing Review St. Gallen 5/2011. S. 22 - 27

Breyer-Mayländer, Thomas (2012): Vernetzung Schule - Hochschule - Wirtschaft, in: Breyer-Mayländer, Thomas/Ritter, Beate (Hrsg.) (2012): Schulen im Wettbewerb: Bildung zwischen Entwicklung und Marketing. Schneider-Verlag Hohengehren, S. 213 - 217

Breyer-Mayländer, Thomas (2013a): Kreative Industrie: Branchensegmente und Entwicklungstendenzen, in: Breyer-Mayländer, T. (Hrsg.) (201): Clustermanagement und Entwicklungsperspektiven der kreativen Industrie, Nomos Baden-Baden, S. 99 - 114

Breyer-Mayländer, Thomas (2013b): Sachleistungsmarketing, in: Pepels, Werner (Hrsg.): Marketing im Nebenfach, Berliner-Wissenschafts-Verlag, Berlin 2013, S. 195 - 213

Breyer-Mayländer, T. (Hrsg.) (2013): Clustermanagement und Entwicklungsperspektiven der kreativen Industrie, Nomos Baden-Baden

Breyer-Mayländer, Thomas u. a. (2014): Wirtschaftsunternehmen Verlag, 5. Auflage, Bramann-Verlag Frankfurt

Breyer-Mayländer, Thomas (2015a): Führung braucht Klarheit. Hanser München

Breyer-Mayländer, Thomas (2015b): Digitale Unternehmenskompetenzen in der Zeitungsbranche. in: Hochschule Offenburg/IAF (Hrsg.) (2015): Forschung im Fokus 2015, S. 58 - 60

Breyer-Mayländer, Thomas (2015c): Vorwort des Herausgebers, in: Breyer-Mayländer, Thomas (Hrsg.) (2015): Vom Zeitungsverlag zum Medienhaus: Geschäftsmodelle in Zeiten der Medienkonvergenz, Springer-Gabler Wiesbaden, S. V - VI

Breyer-Mayländer, Thomas (2015d): Vom Zeitungsverlag zum Medienhaus: 50 Jahre Markt- und Organisationsentwicklung im lokalen und regionalen Zeitungsmarkt, in: Breyer-Mayländer, Thomas (Hrsg.) (2015): Vom Zeitungsverlag zum Medienhaus: Geschäftsmodelle in Zeiten der Medienkonvergenz, Springer-Gabler Wiesbaden, S. 15 - 27

Breyer-Mayländer, Thomas (Hrsg.) (2015): Vom Zeitungsverlag zum Medienhaus: Geschäftsmodelle in Zeiten der Medienkonvergenz, Springer-Gabler Wiesbaden

Breyer-Mayländer, Thomas (2016): All business is local, in: Markenartikel 3/2016, S. 100 – 102

Breyer-Mayländer, Thomas (01-2016): Digitale Unternehmenskompetenz im Zeitungsverlag: Vom Kundenmanagement zum „Local Commerce“, Whitepaper 01-2016, Hochschule Offenburg

Breyer-Mayländer, Thomas (02-2016): Multichannel-Marketing in der Region: Transformationsprozesse in Handel, Dienstleistung und Handwerk, Whitepaper 01-2016, Hochschule Offenburg

Breyer-Mayländer, Thomas/Fuhrmann, Hans-Joachim (2001): Erfolg im neuen Markt – Online-Strategien für Zeitungsverlage, ZV Service Berlin

Breyer-Mayländer, Thomas/Werner, Andreas (2003): Handbuch der Medienbetriebslehre, Oldenbourg München

Breyer-Mayländer, Thomas/Ritter, Beate (Hrsg.) (2012): Schulen im Wettbewerb: Bildung zwischen Entwicklung und Marketing. Schneider-Verlag Hohengehren

Breyer-Mayländer, T./Flad, H./Jasper, L. T. (2013): Journalist. in: Deutsches Steuerberaterinstitut e. V. (Hrsg.) (2013): Steuerberater Branchenhandbuch Erg.-Lfg. November 2013

Brisco, Bob/Odlyzko, Andrew/Tilly, Benjamin (2006): Metcalfe's Law is wrong, in: IEE Spectrum NA, Juli 2006, S. 34 – 39

Bullinger, Hans-Jörg (2006): Vernetzte Intelligenz im Fokus der Innovationen, in: Klumpp, D./Kubecek, H./Roßnagel, A./Schulz, W. (Hrsg.) (2006): Medien, Ordnung und Innovation, Springer Berlin, S. 69 – 72

Bullinger, Hans-Jörg (2007): Innovation und Entrepreneurship, in: Loos, Peter/Krcmar, Helmut (Hrsg.) (2007): Architekturen und Prozesse: Strukturen und Dynamik in Forschung und Unternehmen, Springer Heidelberg/Berlin, S. 177 – 192

Bullinger, Hans-Jörg/ten Hompel, Michael (Hrsg.) (2007): Internet der Dinge, Springer Berlin/Heidelberg

Burda, Hubert (2010): Was die traditionelle Wirtschaft von einem Internet-Entrepreneur lernen kann, in: Burda, Hubert/Döpfner, Matthias/Hombach, Bodo/Rüttgers, Jürgen (Hrsg.) (2010): 2020 Gedanken zur Zukunft des Internets, Klartext Medienwerkstatt Essen, S. 87 – 89

BVMI (Bundesverband Musikindustrie) (Hrsg.) (2011): Musik im digitalen Wandel – Eine Bilanz aus zehn Jahren Brennerstudie, Hamburg 2011 (*http://www.musikindustrie.de/fileadmin/news/publikationen/Kompendium_Musik_im_digitalen_Wandel_FINAL.pdf*) (Abruf: 10. 10. 2015)

BVMI (Bundesverband Musikindustrie) (Hrsg.) (2015): Musikindustrie in Zahlen 2014, Hamburg, *http://www.musikindustrie.de/fileadmin/piclib/publikationen/BVMI-2014-Jahrbuch-ePaper.pdf* (Abruf: 10. 10. 2015)

Cheyfitz, Kirk (2003): Schluss mit dem Irrsinn – Die 12 ultimativen Gesetze für erfolgreiche Unternehmen, Linde Wien

CrunchBase (2015): Deloitte Juli 2015, zitiert nach: Statista *http://de.statista.com/statistik/daten/studie/435336/umfrage/investitionen-in-sharing-economy-startups-nach-unternehmen* (Abruf: 08.02.3016)

Christensen, Clayton M. (1997): The Innovator's Dilemma – When new technologies cause great firms to fail. Harvard Business School Press, Boston/Massachusetts

Coase, R.H. (1960): The Problem of Social Cost. In: Coase R.H. (1988): The Firm, the Market, and the Law. Chicago: University of Chicago Press, pp. 95 – 156

Crummenerl, Claudia/Kemmer, Kilian (2015): Digital Leadership – Führungskräfteentwicklung im digitalen Zeitalter, Capgemini Consulting, S. 5, *https://www.de.capgemini-consulting.com/resource-file-access/resource/pdf/digital_leadership_fuhrungskrafte entwicklung_im_digitalen_zeitalter_26.1_0.pdf* (Abruf: 08.02.2016)

Döpfner, Mathias (2010): Die Verlage sind im digitalen Zeitalter stärker, als sie selber denken, in: Burda, Hubert/Döpfner, Matthias/Hombach, Bodo/Rüttgers, Jürgen (Hrsg.) (2010): 2020 Gedanken zur Zukunft des Internets, Klartext Medienwerkstatt Essen, S. 177 – 182

Drucker, Peter F. (2005): Was ist Management? – Das Beste aus 50 Jahren, Econ-Ullstein Berlin

Dworschak, Manfred (2016): Lotterie des Sterbens, in: Der Spiegel 4/2016, S. 104 – 106

Eggert, Ulrich (2014): 4.0 – Die digitale Revolution, Kurz-Studie, Köln Mai 2014

Emrich, K.: Zum Strukturwandel im Buchhandel der Gegenwart – eine Markt- und Strategieanalyse der deutschen Filialunternehmen. ALLES BUCH, Studien der Erlanger Buchwissenschaft. XX. Universität Erlangen 2007

Ernst & Young,Valid Research (2015): Digitalisierung: Wer investiert und profitiert – wer verliert? 2015, Seite 9, zitiert nach: Statista *http://de.statista.com/statistik/daten/studie/455780/umfrage/umfrage-zur-zukuenftigen-veraenderung-von-geschaeftsmodellen-in-unternehmen-weltweit* (Abruf: 08.02.2016)

Esch, Franz-Rudolf/Brendel, Dominik/ Klaus, Andrea/Adler, Natalie/Thunig, Christian (2015): Warum eine Healthy Paranoia wichtig ist, in: Absatzwirtschaft 12/2015, S. 68 – 71

ExportX (2016): Amazon, zitiert nach Statista: *https://de.statista.com/infografik/4358/anzahl-der-bei-amazon-angebotenen-produkte/* (Abruf: 17.06.2016)

Freitag, Michael (07/2013): Carbon Guy, in: Manager Magazin 07/2013, S. 50 – 56

Freitag, Michael (11/2014): Car Wars, in: Manager Magazin 11/2014, S. 40 – 47

Freitag, Michael (09/2015): Bytes, die neuen PS, in: Manager Magazin 09/2015, S. 36 – 43

Gartner (2016): TechCrunch. n.d. Marktanteile der führenden Betriebssysteme am Absatz von Smartphones weltweit vom 1. Quartal 2009 bis zum 2. Quartal 2016. Statista. Zugriff am 25. September 2016. Verfügbar unter https://de.statista.com/statistik/daten/studie/73662/umfrage/marktanteil-der-smartphone-betriebssysteme-nach-quartalen/

Geschka, H. (1999): Die Szenariotechnik in der strategischen Unternehmensplanung; in: Hahn, Dietger; Taylor, Bernhard (1999): Strategische Unternehmensplanung – Strategische Unternehmensführung; Physica, Heidelberg (8. Auflage), S. 518 – 545

Google-News (2015): *https://news.google.com/news/story?ncl=dBMzX4NqxcBB5DMDeL4gCt4H2ThM&q=IAB-Studie+industrie+4.0&lr=German&hl=de&sa=X&ved=0CCMQqgIwAGoVChMI-5L-7-zXyAIVSV0aCh3AlQBZ* (Abruf: 23.10.2015 um 7:24 Uhr)

Gorny, Dieter (2011): Spielverderber der digitalen Revolution, in: BVMI (Bundesverband Musikindustrie) (Hrsg.): Musik im digitalen Wandel – Eine Bilanz aus zehn Jahren Brennerstudie, Hamburg 2011 (*http://www.musikindustrie.de/fileadmin/news/publikationen/Kompendium_Musik_im_digitalen_Wandel_FINAL.pdf*) (Abruf: 10.10.2015), S. 9 – 10

Grove, Andrew S. (1999): Nur die Paranoiden überleben: Strategische Wendepunkte vorzeitig erkennen, Wilhelm Heyne Verlag, München

Gust, Stephanie (2016): Fünf Schaufenster für intelligente Energie, in: ZfK Januar 2016, S. 19

Haas, Mathias (11/2015): Die Zukunft liegt im Essen!, in: Absatzwirtschaft 11/2015, S. 42 – 45

Hachmann, Mark (2015): Intel: Moore's Law will continue through 7nm chips, in: PC World, Feb 22, 2015 12:00 PM, *http://www.pcworld.com/article/2887275/intel-moores-law-will-continue-through-7nm-chips.html* (Abruf: 07.12.2015)

Hage, Simon (10/2015): Einfach mal sexy sein, in: Manager Magazin 10/2015, S. 54 – 58

Hage, Simon/Maier, Astrid (9/2012): Hassos neue Architektur, in: Manager Magazin 9/2012, S. 28 – 36

Hamidian, Kiumaris/Kraijo, Christian (2013): DigITalisierung – Status quo, in: Keuper, Frank et al. (Hrsg.): Digitalisierung und Innovation – Planung, Entstehung, Entwicklungsperspektiven, Springer-Gabler, Wiesbaden, S. 3 – 23

Hanser, Peter (11/2015): „Den Bedeutungsverlust des Autos wird es nicht geben“ (Interview mit Jens Thiemer), in: Absatzwirtschaft 11/2015, S. 20 – 24

Heads!/Deloitte (Hrsg.): Survival through Digital Leadership, Deloitte Digital GmbH and Heads! Executive Consultancy, Issued 03/2015 *http://www2.deloitte.com/content/dam/Deloitte/de/Documents/technology/Survival%20through%20Digital%20Leadership_safe.pdf* (Abruf: 25.11.2015)

Heikel, Christian/Becker, Udo (2012): Pkw-Antriebe im Überblick – Vergangenheit, Gegenwart und Zukunft, in: Motorentechnik – Springer Professional 06.12.2012, *http://www.springerprofessional.de/pkw-antriebe-im-ueberblick–vergangenheit-gegenwart-und-zukunft/3678428.html* (Abruf: 11.10.2015)

Hentschel, Mark (2007): Patentmanagement, Technologieverwertung und Akquise externer Technologien: Eine empirische Analyse, DUV/Gabler, Wiesbaden

Hesse, Martin/Mahler, Armin (2016): „Wir brauchen Waffengleichheit“, Interview mit Allianz-Vorstandschef Oliver Bäte, Der Spiegel 3/2016, S. 74 – 76

Hoffmeister, Christian (2013): Digitale Geschäftsmodelle richtig einschätzen, Hanser München

IfD (Institut für Demoskopie) Allensbach (2015) (Hrsg.): Centrum für Strategie und Höhere Führung: Sicherheitsreport 2015, S. 15, zitiert nach: Statista, *http://de.statista.com/statistik/daten/studie/449530/umfrage/verbreitung-des-begriffs-industrie-40-in-deutschland* (Abruf: 08.02.2016)

Janello, C. (2010): Wertschöpfung im digitalisierten Buchmarkt. (Dissertation Univiersät München) Reihe Markt- und Unternehmensentwicklung/Markets and Organizations, Herausgegeben von Picot, A./ Reichwald, R./Franck, E./Möslein, K., Wiesbaden Gabler

Kagermann, H./Lukas, W./Wahlster, W. (2011): Industrie 4.0: Mit dem Internet der Dinge auf dem Weg zur 4. Industriellen Revolution. (Technischer Bericht, VDI Nachrichten), April 2011. *http://www.vdi-nachrichten.com/artikel/ Industrie-4-0-Mit-dem-Internet-der-Dinge-auf-dem-Weg-zur-4-industriellen-Revolution/52570/1* (Abruf: 09.11.2015)

Komus, Ayelt/Wauch, Franziska (2008): Wikimanagement – Was Unternehmen von Social Software und Web 2.0 lernen können, Oldenbourg München

Krebs, Isabelle/Lischka, Juliane A./Barro, Pascal (2015): Online-Kioske und ihr Einfluss auf Printmarken, in: Medienwirtschaft 3/2015, S. 20 – 24

Kreutzer, Ralf T. (2014): Notwendigkeit eines Change-Managements im Online-Zeitalter: Grundprinzipien zur erfolgreichen digitalen Transformation, Springer Fachmedien Wiesbaden

Kreutzer, Ralf T./Land, Karl-Heinz (2013): Digital Darwinism – Brading and Business Models in Jeopardy, Copernicus Books, Springer Fachmedien Wiesbaden

Kreutzer, Ralf/Land, Karl-Heinz (2015): Dematerialisierung: Die Neuverteilung der Welt in Zeiten des digitalen Darwinismus. Future Vision Press. Köln.

Krohn, Tobias (2015): Media for Equity, in: MedienWirtschaft 2/2015, S. 48 – 55

Kuchinke, Björn A./Dittmann, Heidi (2015): Sharing Economy – Paradigmenwechsel oder doch neuer Wein in alten Schläuchen?, in: Medienwirtschaft 4/2015, S. 12 – 22

Kumlehn, Martina/Klie, Thomas/Kunz, Ralph (2009) (Hrsg.): Praktische Theologie des Alterns, Walter de Gruyter Berlin

Kunz, Ralph (2009): Weisheit: Konzepte der Lebensklugheit, in: Kumlehn, Martina/Klie, Thomas/Kunz, Ralph (2009) (Hrsg.): Praktische Theologie des Alterns, Walter de Gruyter Berlin, S. 155 – 205

Künzel, F.: Neue Möglichkeiten für Bibliotheken durch Print on Demand. Präsentation dbv 2./3. März 2009

Langer, Ulrike (2015): Digitaler Antrieb, in: Horizont 38/2015, S. 59

Lehner, Wolfgang (2010): Datenflut – Informationsbedarf – Wissensgenerierung, in: Redwitz, Gunter (Hrsg.) (2010): Die digital-vernetzte Wissensgesellschaft: Aufbruch ins 21. Jahrhundert, Piper München/Zürich, S. 521 – 535

Leukert, Bernd (2016): Hassos Traum, Interview durch Eva Müller, in: Manager Magazin 1/2016, S. 22

Lewandowski, Dirk (2013): Suchmaschinen, in: Kuhlen, Rainer/Semar, Wolfgang/Strauch, Dietmar (Hrsg.) (2013): Grundlagen der praktischen Information und Dokumentation – Handbuch zur Einführung in die Informationswissenschaft und -praxis, 6. Ausgabe, De Gruyter Berlin, S. 495 – 508

Maier, Astrid (10/2012): Harte Zeiten, in: Manager Magazin 10/2012, S. 62 – 66

Maier, Astrid/Rickens, Christian (10/2011): Revolution, in: Manager Magazin 10/2011, S. 32 – 40

Maier, Astrid/Rungg, Andrea (03/2015): Nichts als Appsagen, in: Manager Magazin 03/2015, S. 24

Malik, Fredmund (2015): Navigieren in Zeiten des Umbruchs: Die Welt neu denken und gestalten, Campus Frankfurt

Maurya, A. (2012): Why Lean Canvas vs. Business Model Canvas? in: *http://leanstack.com/why-lean-canvas/* (Abruf: 09.11.2015)

Mc Dermott, Bill/Snabe, Jim (4/2012): „Einfach wie Apple, schnell wie Google“, in: Manager Magazin 4/2012, S. 51 – 53 (Interview durch Astrid Maier und Martin Noé)

Mićić, Pero (2010): Wie Menschen Zukünfte denken und gestalten, in: Burda, Hubert/Döpfner, Matthias/Hombach, Bodo/Rüttgers, Jürgen (Hrsg.) (2010): 2020 Gedanken zur Zukunft des Internets, Klartext Medienwerkstatt Essen, S. 19 – 24

Miller, Franz (2015): Die mp3-Story, Hanser Literaturverlag München

Mintzberg, Henry (2011): Managen, 2. Auflage, Gabal Offenbach

Netessine, Serguei (2015): Designing Transformational Business Models, in: Capgemini Consulting (02-2015) (Hrsg.): Strategies for the Age of Digital Disruption, Digital Transformation Review Nr. 7, S. 68 – 77

Neumann, Annette (08-2016): Generationen-Tandems sichern Wissenstransfer, in: VDI-Nachrichten 08-2016, S. 28 – 29

NPE (Nationale Plattform Elektromobilität) (Hrsg.) (2014): Fortschrittsbericht 2014 – Bilanz der Marktvorbereitung, Berlin, Dezember 2014 (*http://www.bmwi.de/BMWi/Redaktion/PDF/F/fortschrittsbericht-2014-bilanz-der-marktvorbereitung,property=pdf,bereich=bmwi2012,sprache=de,rwb=true.pdf*) (Abruf: 11.10.2015)

o. V. (2015a): Digitalisierung gibt Impulse für Energiewende, VDI-Nachrichten 46/2015, S. 22

o. V. (2015b): Tücken des Smart Home Wenn Apple und Google Hausverbot erteilen, manager magazin 01.12.2015 *http://www.manager-magazin.de/unternehmen/it/vernetztes-zuhause-von-apple-und-google-kein-hausverbot-erteilen-lassen-a-1065294.html* (Abruf: 22.12.2015)

Osterwalder, A./Pigneur, Y. (2011): Business Model Generation: Ein Handbuch für Visionäre, Spielveränderer und Herausforderer, Campus Verlag, Frankfurt

Peters, Ralf (2010): Internet-Ökonomie. Springer-Verlag, Heidelberg

Peters, Thomas J./Watermann, Robert H. (1982): Auf der Suche nach Spitzenleistungen: Was man von den bestgeführten US-Unternehmen lernen kann. mvg; München

Pfeifer, Samuel (2015): Weisheit als Ressource in der Psychotherapie – Ein Überblick, Springer Fachmedien Wiesbaden

Porter, M.E. (1999): Wettbewerbsstrategie: Methoden zur Analyse von Branchen und Konkurrenten. Frankfurt/New York: Campus

Salerno, Ann/Brock, Lillie (2008): Change-Cycle – Wie Sie berufliche und private Veränderungen meistern, Gabal Offenbach

Sander, Wolfgang/Igelbrink, Christian (2010): Selbstbestimmt urteilen lernen: Schüler emotional stärken durch Metakognition und Urteilsbildung – Das Modellprojekt „Das ist gut für mich", Lit-Verlag Münster

Schaal, Sebastian (2015a): Volkswagen-Abgas-Skandal „Pötsch ist die schwächste Personalie bei VW", in: Wirtschaftswoche-Online, 06.10.2015 (*http://www.wiwo.de/unternehmen/auto/volkswagen-abgas-skandal-poetsch-ist-die-schwaechste-personalie-bei-vw/12414044.html*) (Abruf: 10.10.2015)

Schaal, Sebastian (2015b): Volkswagen-Abgas-Skandal: Wie Müller Volkswagen aus der Krise führen kann, in: Wirtschaftswoche-Online, 07.10.2015 (*http://www.wiwo.de/unternehmen/auto/vw-abgas-skandal-wie-mueller-volkswagen-aus-der-krise-fuehren-kann/12417400.html*) (Abruf: 10.10.2015)

Schulz, Thomas/Grolle, Johann (2014): Eine Welt ohne Plackerei, in: Der Spiegel 35/2014, S. 68 – 70

Schulz, Thomas/Zand, Bernhard (2016): Eine Welt ohne Bargeld, in: Der Spiegel 4/2016, S. 64 – 70

Schulzki-Haddouti, Chr. (2016): Datenschutz per Selbstverpflichtung, in: VDI-Nachrichten 3-4/2016, S. 9

Schwab, Klaus (2016): The Fourth Industrial Revolution, World Economic Forum, Cologny/Geneva

Shapiro, C./Varian, H.R. (1999): Information Rules: A Strategic Guide to the Network Economy. Harvard Business School Press. Boston

Sinn, Walter (2015): Digital-physische Transformation: Wie Unternehmen „digicale" Strategien erfolgreich umsetzen, in: OrganisationsEntwicklung 3/2015, S. 11 – 13

Sjurts, Insa (2004): Der Markt wird's schon richten!? In: Altmeppen, K.-D./Karmasin, M. (Hrsg.): Medien und Ökonomie, Band 2: Problemfelder der Medienökonomie, Westdeutscher Verlag, Wiesbaden, S. 159 – 181

Solis, Brian (2015): 15 Companies to Watch in 2015: A Personal View from the Valley, in: Capgemini Consulting (02-2015) (Hrsg.): Strategies for the Age of Digital Disruption, Digital Transformation Review Nr. 7, S. 36 – 43

Spitzer, Manfred (2012): Digitale Demenz – Wie wir uns und unsere Kinder um den Verstand bringen, Droemer Knaur München

Volgger, David (2013). Bildung und Erziehung in spr 3, 1 – 20, in: Egger-Wenzel, Renate/Schöpflin, Karin/Diehl, Johannes (2013) (Hrsg.): Weisheit als Lebensgrundlage, Deuterocanonical and Cognate Literature Studies, Edited by Friedrich V. Reiterer, Beate Ego, Tobias Nicklas, Festschrift für Friedrich V. Reiterer zum 65. Geburtstag, Volume 15, Walter De Gruyter Berlin, S. 359 – 384

Warnecke, Hans-Jürgen (1992): Fraktale Fabrik: Revolution der Unternehmenskultur, Springer Heidelberg

Welsch, Wolfgang (2011): Immer nur Mensch: Entwürfe zu einer anderen Anthropologie, Akademie-Verlag Berlin

Williamson, O.E. (1990): Die ökonomischen Institutionen des Kapitalismus: Unternehmen, Märkte, Kooperationen. Tübingen: Mohr; deutsche Übersetzung von: The Economic Institutions of Capitalism, New York, 1985

Wirtz, B.W. (2001): Electronic Business, 2. Auflage, Wiesbaden 2001

Zetsche, Dieter (2015): Auf der digitalen Autobahn in die Zukunft, in: Becker, Thomas/ Knop, Carsten (Hrsg.) (2015): Digitales Neuland – Warum Deutschlands Manager jetzt Revolutionäre werden, Springer Fachmedien Wiesbaden, S. 63 – 74

Zintz, Klaus (2016): Der lange Weg zum selbstfahrenden Auto, in: Stuttgarter Zeitung 20.01.2016, S. 16

2 Wie funktioniert disruptives Management?

Die hohe Entwicklungsdynamik, die die disruptiven Veränderungen aufgrund der Digitalisierung in den meisten Märkten hervorgerufen haben und in absehbarer Zeit noch hervorrufen werden, erfordert von den Unternehmen und Akteuren unabhängig von der bisherigen Lebensdauer ihrer Organisation eine rasche Handlungsfähigkeit.

Entsprechend müssen die Managementmethoden so ausgestaltet werden, dass die Analyse- und Handlungsfähigkeit der Organisation gegeben ist. Gleichzeitig müssen die Verantwortlichkeiten in der Führung so geregelt werden, dass aufstrebende Ideen für neue revolutionäre Geschäftsideen, die das Geschäftsmodell der etablierten Produktbereiche ablösen und somit gefährden könnten, nicht am Beharrungsvermögen der Organisation scheitern.

2.1 Was wir von Lean Manufacturing und Lean Management lernen können

Wahrscheinlich fragen Sie sich jetzt, was wir aus den Problemen der japanischen Automobilindustrie nach dem Zweiten Weltkrieg lernen können, was uns nun im digitalen Wandel im 21. Jahrhundert entscheidend weiterhilft. Schließlich sind die Bedingungen, unter denen wir heute arbeiten, nicht mit der Situation zur damaligen Zeit vergleichbar. Es ist jedoch gerade ein besonderes Merkmal des Managementwerks von Peter Drucker, dass er darauf hingewiesen hat, dass es zwischen der Geschichtswissenschaft und den Managementwissenschaften einige Querverbindungen gibt, da wir bei der Analyse des Erfolgs unterschiedlicher Entscheidungen und Maßnahmen der Vergangenheit Schlussfolgerungen und Regeln für künftige Planungen und Entscheidungen ableiten können (vgl. Arnold 2010).

Die japanische Industrie hatte nach dem Zweiten Weltkrieg erkannt, dass sie nur dann international würde bestehen können, wenn sie sich als Maßstab an den Standards der internationalen Wirtschaft orientiert. Im Unterschied zum vielfach proklamierten Wirtschaften „auf Weltniveau“, wie es später in der DDR üblich war, um die Leistungsfähigkeit der eigenen Planwirtschaft zu beschönigen, waren die japanischen Unternehmer, insbesondere Eiji Toyoda von Toyota, an einer echten Verbesserung der Wettbewerbsfähigkeit interessiert. Um das eigenen Produktivitätsdefizit zu beheben, ging er an den damaligen Automobilstandort Nummer 1, nach Detroit, um sich detailliert über die Arbeitsweise in den USA zu informieren.

Er kam wieder und hatte nicht nur viele neue positive Erfahrungen gesammelt, sondern auch gleich eine klare Vorstellung mitgebracht, was er mit seinem System (TPS, Toyota-Produktionssystem) im Vergleich zu den Amerikanern besser machen wollte (vgl. Syska 2006, S. 68). Er wollte mit dem TPS ein Problem lösen, das seiner Erkenntnis nach die amerikanischen Automobilhersteller nicht oder nicht gut im Griff hatten: die Verschwendung, insbesondere die Verschwendung von Material und Zeit (Bild 2.1). Mit Lean Manufacturing und der Detailmethode Kanban sagte er der Verschwendung den Kampf an.

> „*Kanban ist nur vordergründig ein Instrument zur Steuerung der Fertigung, sondern als Element der Schlanken Produktion ein hervorragendes Werkzeug, um Verschwendung aufzudecken.*" (Syska 2006, S. 70).

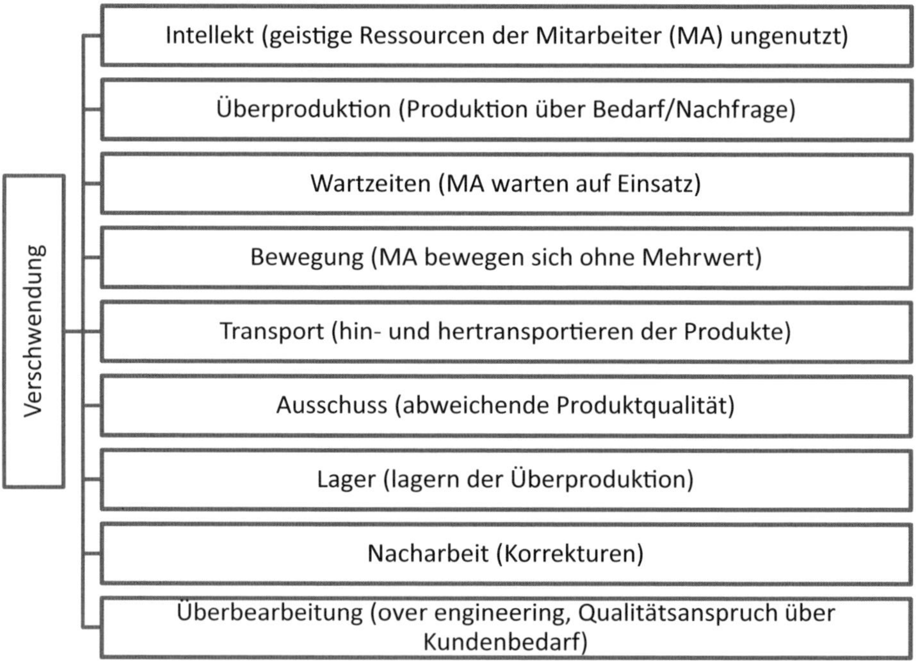

Bild 2.1 Verschwendungsformen als Anlass für Lean Management (Quelle: Dahm/Haindl 2015, S. 71)

Das Toyota-Produktionssystem lieferte mit seinen Kernelementen (Bild 2.2) die Blaupause für einen Trend, den die Amerikaner dann wieder auf ihre Erfolgsaussichten hin analysierten, um ihn unter dem Begriff „Lean Manufacturing" im eigenen Land einzuführen. Aus der historischen Perspektive heraus lässt sich feststellen, wie Innovationsschritte des Managements dadurch möglich wurden, dass Führungskräfte aus Japan und den USA in den Austausch traten und versuchten, das jeweils Beste des anderen Landes zu übernehmen und die übrigen Themen im eigenen Land zu prüfen und zu ergänzen. Das war gewissermaßen der Beginn des Benchmarkings. Auch heute kann man im Rahmen von Management 4.0 nur dazu raten, strategisches Benchmarking im Sinne eines offensiven Prozess-Benchmarkings durchzuführen. Setzen Sie dabei nicht darauf, dass die in Ihrem Unternehmen etablierten Strukturen und Prozesse künftig im Markt von Bedeutung sind, sondern gehen Sie mit einer kritischen Hypothese davon aus, dass Ihr Unternehmen über keine marktrelevanten Kompetenzen verfügt (vgl. Schmidt 2000, S. 197) und diese sich von anderen abschauen muss.

Die bekanntesten Elemente des TPS/Lean Manufacturing sind Kaizen und Kanban. Kaizen wird bei uns meist unter „Kontinuierlicher Verbesserungsprozess" (KVP) zusammengefasst und beschreibt die dauerhafte Verbesserung in kleinen Schritten. Das heißt, es geht um eine kontinuierliche Verbesserungsarbeit in kleinen Schritten, in die nach Möglichkeit alle Hierarchieebenen einbezogen werden, sodass die Selbstverantwortung des Einzelnen nicht auf seine operative Tätigkeit beschränkt bleibt, sondern auch die Metaebene umfasst, wenn es gilt, sich Gedanken zu machen, wie die eigene Arbeitsleistung noch wirksamer eingesetzt werden könnte (vgl. auch Teufel 2009).

Kanban ist der japanische Ausdruck für „Karte" oder „Schild" (vgl. Syska 2006, S. 68) und beschreibt damit die Grundidee, einen Informationsträger zu schaffen, der dem jeweiligen Produkt mitgegeben wird. Gerade im Zeitalter von Industrie 4.0 ist das nicht mehr unbedingt ein Pappschild als Informationsträger (oder die Plastikhülle mit Zetteln), sondern ein Datensatz, der das physische Objekt im Rahmen der vernetzten Produktion begleitet. Dennoch wird auch heute in Betrieben mit Kanban-Systemen mit Karten und Steckkarten gearbeitet, da es sich um eine sehr gute Visualisierungsform handelt, die eine intuitive Gestaltung von Prozessen begünstigt und damit auch die Kooperations- und Diskussionskultur bereichert.

Das Prinzip, mit Karten zu visualisieren, ist im Design Thinking genauso angelegt wie im Umgang mit den Business-Model-Canvas-Schemata, wie Alexander Osterwalder sie entwickelt und etabliert hat. Hier ist es eine der gängigen Arbeitstechniken des agilen Managements, mit Post-Its so lange die Geschäftsmodelle zu gestalten und zu variieren, bis der (vorläufige) Endzustand erreicht ist, mit dem der Markteintritt gestartet wird.

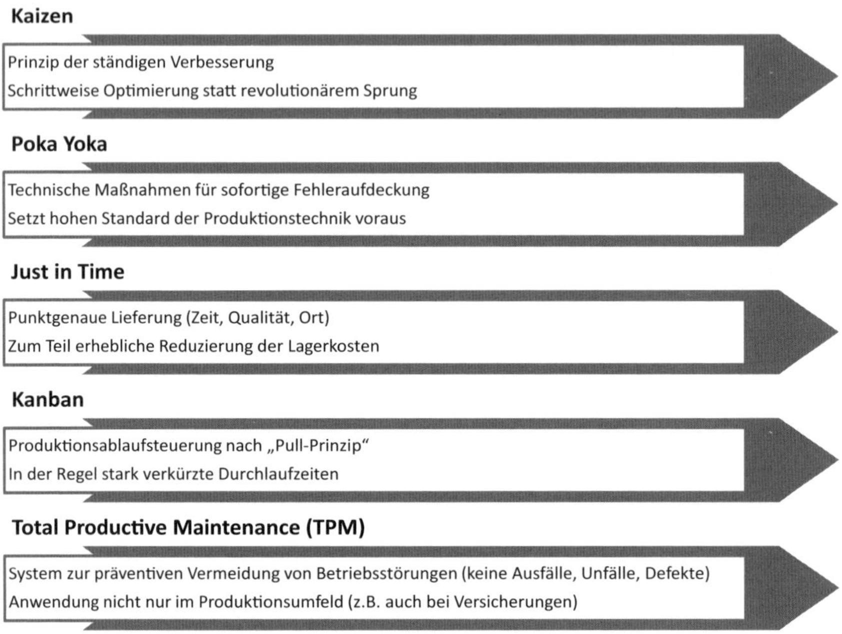

Bild 2.2 Kerninhalte des TPS/Lean Manufacturing (Quelle: Dahm/Haindl 2015, S. 74)

Das entscheidende Element waren jedoch nicht die auf den Bereich Manufacturing konzentrierten produktionsbasierten Prozessabläufe, sondern der besondere Stellenwert, der den Mitarbeiterinnen und Mitarbeitern zukam. Entsprechend ging es bei der Weiterentwicklung von Lean Manufacturing zu Lean Management nicht nur um die Abflachung der Hierarchie, indem hierarchische Zwischenstufen des mittleren Managements ausgedünnt und damit flachere Hierarchien mit direkteren Kommunikationsprozessen etabliert wurden. Dieser Schritt setzt voraus, dass man die einzelnen Mitarbeiter/-innen auch dazu befähigt, ihren jeweiligen Arbeitsplatz wesentlich autonomer auszufüllen. Dies wiederum setzt ein anderes Führungsverhalten voraus (Bild 2.3). Das Beispiel des Werkzeugherstellers Hilti illustriert, wie man auf Basis eines innovativen Gruppenarbeitskonzepts von den Möglichkeiten des Lean Managements profitieren kann. Die Rolle der Mitarbeiterführung ist im Zusammenhang mit Lean Management eine anspruchsvolle Schnittstelle zwischen Effizienz und Effektivität und bedarf neben einer Wahrnehmung durch alle Führungsebenen auch einer Rollenklärung (vgl. Reiß 1993). Sonst besteht die Gefahr, dass Führung zum Randthema der Personalarbeit und inhaltlich zum Erfüllungsgehilfen von reinen Rationalisierungsmaßnahmen wird.

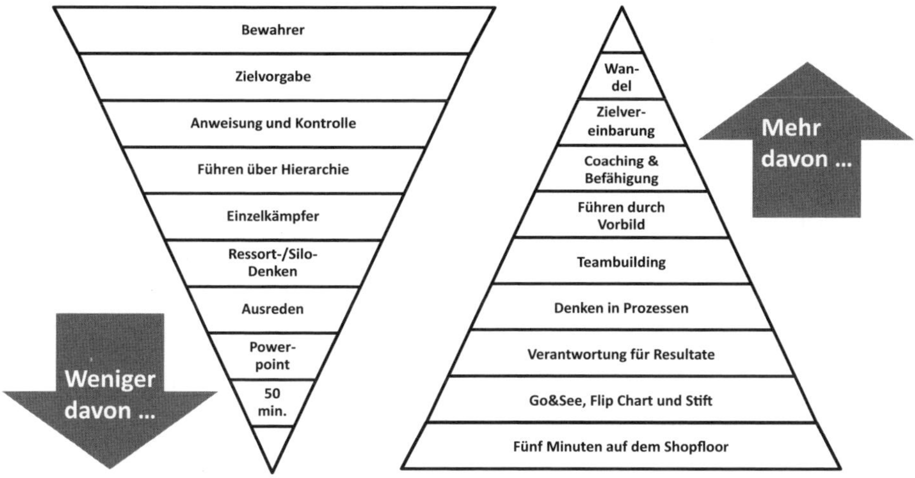

Bild 2.3 Verändertes Führungsverhalten durch „Lean“ (Quelle: Steckenleiter 2016, S. 127)

Spätestens bei dieser Gegenüberstellung wird deutlich, dass wir auf Basis des Lean-Gedankens viele etablierte Verhaltensmuster und operative Managementtechniken hinterfragen können, um uns und unsere Organisation dazu zu befähigen, mit einer ausreichend hohen Schlagzahl die notwendigen Themen angehen zu können (Bild 2.4). Wer erlebt hat, wie ergiebig eine fünf- bis zehnminütige Besprechung nach dem Shopfloor-Prinzip, also nicht mit Kaffee und Keksen im weit entfernten, gemütlichen Sitzungsraum, sondern vor Ort, am Ort des Geschehens, sein kann, ist sich des fundamentalen Unterschieds bewusst, den auch die neuen Managementpraktiken mit sich bringen.

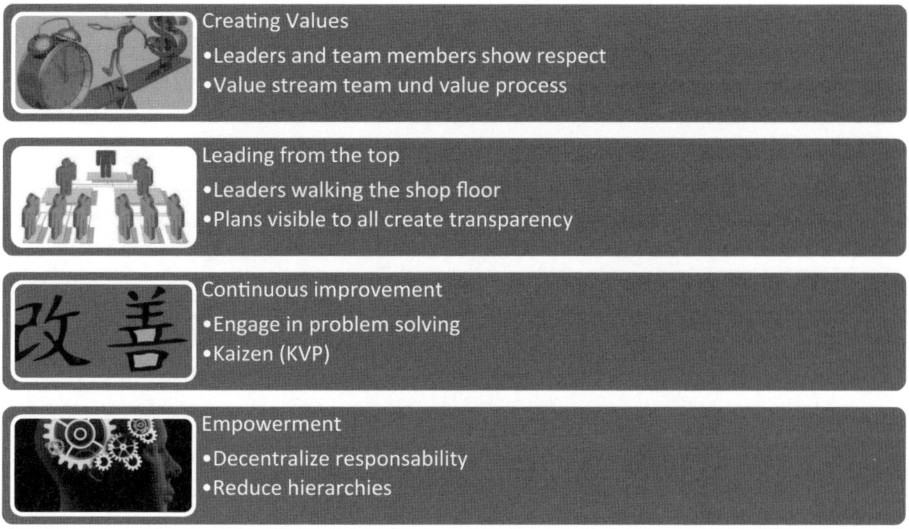

Bild 2.4 Lean Culture (Quelle: Steinbeis-Beratungszentrum „Leadership in Science and Education“)

Praxisbeispiel: Google – eine Firma erfindet sich (laufend) neu

Google hat sich im Jahr 2015 unter dem neuen Namen Alphabet nochmals „neu erfunden“. Dass das Unternehmen bei diesen Phasen der eigenen Erneuerung bereits das Stadium des etablierten Players erreicht hat, der sich selbst nochmals neu in Frage stellen und überdenken muss, zeigt eine Fallbeschreibung aus dem Jahr 2011.

Google hatte sich bereits aus dem revolutionären Startup des Silicon Valley in ein 29 000-Mitarbeiter-Unternehmen verwandelt, das an Innovationskraft verloren hatte. Dilbert-Comics an den Bürowänden waren das deutlichste Symbol, dass hier Konzerntristesse Einzug hielt, eine Grundhaltung, bei der stets die anderen, d. h. die da oben, die Verantwortung tragen, dass gerade zu wenig oder nichts vorwärtsgeht. Die Abwanderung zahlreicher Leistungsträger zu anderen Unternehmen signalisierten in dieser Zeit ebenfalls, dass das Unternehmen Google nicht auf dem richtigen Kurs war (vgl. auch Schulz 2015, S. 61 f.).

Es ist aus der Perspektive von klassischen Organisationen, wie auch von staatlichen Einrichtungen oder traditionsreichen Maschinenbauunternehmen nicht einfach zu akzeptieren, dass diese Phänomene auch jüngeren Unternehmen passieren können und diese dann genauso konsequent mit den entsprechenden Mitteln des Lean Managements reagieren müssen.

Neben der Rückkehr von Google-Mitbegründer Larry Page gab es im Rahmen des Neustrukturierungsprogramms eine Reihe von Veränderungen, unter anderem eine Straffung der oberen Führungsebenen, die nun direkt an Page berichteten. Hier kann man das Lean-Managementprinzip mit den flacheren Hierarchien und dem direkteren Berichtswesen direkt erkennen. Die weiteren Reform- und Kommunikationsmaßnahmen waren ebenfalls dazu geeignet, der Erstarrung der Kultur und damit dem Problem des „Innovators Dilemma“ entgegenzuwirken.

Zu Jahresbeginn 2016 konnte Alphabet Apple als wertvollstes Unternehmen der Welt ablösen. Dies zeigt, das *„im Zeitalter der Digitalisierung (...) Informationen der wichtigste Rohstoff der Wirtschaft“* (Schulz 06/2016) sind und das Unternehmen im Rahmen der Neustrukturierung einen funktionierenden Reformprozess einleiten konnte.

(Vgl. Maier/Rickens 10/2011)

2.2 Startups: Von den Exoten zur Leitmetapher

Was versteht man landläufig unter einem Startup?

Zu den typischen Merkmalen eines Startups gehören (vgl. in ähnlicher Form Kühnapfel 2015, S. 1 ff.):

- Das Startup weist in den Feldern des Marketingmixes (Produkt-, Kontrahierungs-, Distributions- und Kommunikationspolitik) mindestens eine wesentliche Neuerung auf und besitzt einen hohen Innovationsgrad.
- Das Marktumfeld ist volatil und das richtige Timing sowie Größe und Schnelligkeit des Markteintritts gehören zu den entscheidenden Erfolgsfaktoren.
- Die Geschäftsidee erfordert in der Regel mehr als eine normale Finanzierung über Fremdkapital, weshalb Eigenkapitalgeber (z. B. Venture Capital-Fonds) für zusätzlichen Erwartungsdruck sorgen.

Damit sind Startups von ihren Voraussetzungen her eine ideale Spielwiese, um mit agilen Managementpraktiken zu arbeiten (vgl. Philipps 2015, S. 83). Von Eric Ries, dem Motor der „Lean Startup"-Bewegung, stammt die einprägsame Definition:

> *„Ein Startup ist eine menschliche Institution, die ein neues Produkt oder eine neue Dienstleistung in einem Umfeld extremer Ungewissheit entwickelt."* (Ries 2013, S. 32).

Das Arbeiten mit Startups ist ein typischer Beispielfall für die Arbeit in einer Konstellation mit großen Unsicherheiten bei den Grundannahmen und gleichzeitig hohem internen und externen Erwartungs- und Erfolgsdruck. Es beginnt damit, dass für ein Startup viele Voraussetzungen fehlen, mit denen ein etabliertes Unternehmen im angestammten Geschäftsfeld auf der Managementebene arbeiten kann. Es gibt keine gesicherten Erkenntnisse über die Marktentwicklung und damit auch wenig Grundlagen für seriöse Prognosen. Die seit Igor Ansoff immer wieder gefragte Analyse „schwacher Signale" (vgl. Ansoff 1976) ist daher in vielen Fällen ein Stochern im Nebel. Die Umweltdynamik stellt jedoch die Anforderung, dass man eine schnell handlungsfähige Organisation aufbaut, die in der Lage ist, sehr schnell zu lernen sowie Fehlannahmen schnell und sicher zu identifizieren und zu eliminieren.

Eric Ries hat mit seinem Buch „Lean Startup" (Ries 2013) eine eigene Bewegung kreiert, die sich zum Ziel gemacht hat, die Managementprinzipien von Startups so herauszuarbeiten, dass damit eine empirisch solide Arbeitsweise möglich wird, die es gestattet, neue Geschäftsfelder in unsicheren Umfeldern zu erproben und die dabei zugrunde liegenden Hypothesen rasch an der Realität auf ihre Gültigkeit zu überprüfen. Statt – wie häufig im Marketing – mit Fokusgruppen und Vorabbefragungen zu arbeiten, empfiehlt Ries den Test unter realistischen Bedingungen, mit dem man schnell messen kann, ob das Produkt vom Prinzip her so im Markt funktionieren kann, wie man sich das vorgestellt hat. Hauptziel ist die Entwicklung von Produkten, die marktrelevante Eigenschaften aufweisen.

Das Schlimmste, was einem Unternehmen passieren kann, ist die aufwendige Entwicklung von Produktbestandteilen, die am Ende von der Kundenzielgruppe nicht benötigt oder gar abgelehnt werden. Da man bei umfragebasierten Marktforschungsmethoden nicht sicher sein kann, ob das, was die Befragten von sich geben, auch mit den Marktrealitäten übereinstimmt, stellt sich immer wieder die Frage, ob ein Prototypentest nicht die bessere Variante der Marktforschung darstellt. Auch im Umfeld der industriellen Entwicklungsprozesse sind Prototypen, insbesondere virtuelle Prototypen, von großer Bedeutung für die Unternehmen (vgl. Bertsche/Bullinger 2007, S. 329 ff.). Das Ergebnis reiner Funktionstests auf der Ebene der Prototypen kann jedoch in vielen Fällen getrost bezweifelt werden, sodass das Experiment mit realen Produkten ergiebiger ist. Bei neuen Produkten ist ohnehin davon auszugehen, dass potenzielle Kunden sich nicht sinnvoll dazu äußern können, da der Nutzen eines Produkts, und auf diesen kommt es letzten Endes an, nicht ohne Weiteres darstellbar ist.

Minimal Viable Product (MVP)

Das traditionelle Vorgehen zur Entwicklung neuer Produkte mündet bei komplexen Produkten in vielen Fällen in langwierige Prozesse der Erstellung von Pflichtenheften und detaillierten Anforderungskatalogen. Ries sieht in der Technisierung des Managements im Rahmen der industriellen Revolution die Ursache für das Scheitern beim Management junger und innovativer Startups (vgl. Ries 2012-02). Wie sieht nun die Silicon-Valley-Methode zur Neupositionierung von Produkten und Geschäftsmodellen aus? Ein Kennzeichen der Digitalisierung, wie sie durch das Silicon Valley vertreten wird, ist die unbedingte Geschwindigkeit, die uns dann aber im Zweifel lahmlegt (vgl. Karle 2015, S. 39 ff.).

Pivoting und Minimal Viable Product

Die Lösung hierfür ist das Pivoting, d. h. eine Richtungsänderung, bei der man von den bisher gemachten vor allem auch negativen Erfahrungen profitiert und die Lerneffekte als Ausgangsbasis für Neuentwicklungen nimmt. In Verbindung mit dem Ansatz, das Kernprodukt mit den Mindestanforderungen als „Minimal Viable Product" (MVP) zunächst zu erstellen und zuerst die Kernfunktion und den Kernnutzen des Produkts zu testen, bevor die nächste Entwicklungsstufe relevant wird, kann eine stärkere Innovationsdynamik erzeugt werden. Es geht um das aktuelle Kundenverhalten im Umgang mit dem Produkt, das die minimale Basisversion darstellt.

Ries hat diesen Zyklus als Kernstück der Arbeit eines Lean-Startups definiert (Bild 2.5; Ries 2013, S. 73). Es geht um den zügigen Aufbau eines minimal funktionsfähigen Produkts (MVP/MFP), um anschließend zu testen, ob dieses Produkt im Markt funktionieren kann. Analog zu dem in Kapitel 1 beschriebenen Business Model Canvas geht es gerade beim Test des MVP darum, mit der Zielgruppe der Early-Adopter zu experimentieren. Diese Zielgruppe derjenigen, die sich selbst über die Nutzung und den Besitz von neuen Produkten definieren, ist aufgrund dieser Aufgeschlossenheit gegenüber Innovationen und ihrer Zahlungsbereitschaft ideal, um die Funktionsfähigkeit von neuen Produkten im Markt zu erproben. Wenn ein Produkt nicht einmal in dieser Vorreiterzielgruppe funktioniert, dann sind die Chancen auf einen späteren Erfolg im

Markt nicht sehr ausgeprägt. Das Ergebnis der Tests und Experimente im Markt muss dann so ausgewertet werden, dass die Messungen nicht dazu führen, dass man sich über Mängel im grundsätzlichen Geschäftsmodell bzw. über Mängel im Produkt hinwegtäuscht.

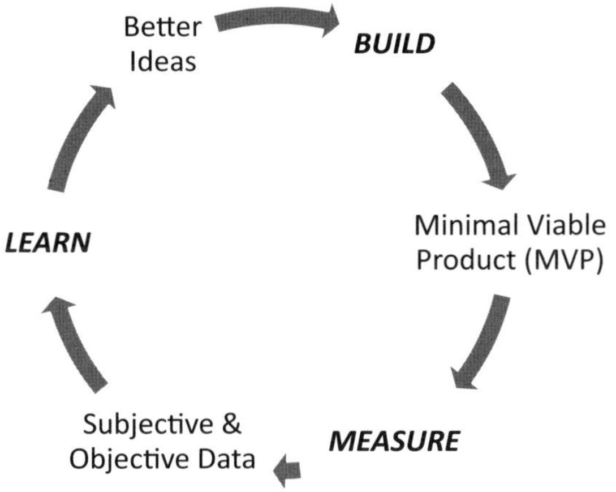

Bild 2.5 Testzyklus nach Eric Ries (Quelle: Ries nach: Anderson 2015)

Ries warnt immer wieder vor der von ihm so benannten „Fassaden-Metrik“, mit der viele Unternehmen sich über die realistische Situation der Produkte hinwegtäuschen (Ries 2013, S. 119 ff.). So können Zahlen wie Bruttonutzer oder Bruttoumsatz mitunter zu beeindruckenden Kurven nach dem Prinzip des Hockey-Sticks führen, die jedoch am Ende kaum aussagekräftig sind. Es komme – so Ries – darauf an, die richtigen Parameter zu finden, die in der Lage sind, die tatsächliche Lage des Unternehmens zu beschreiben. Die Prinzipien der agilen Softwareentwicklung mit Sprints als Umsetzung von Produktfeatures in kurzen Entwicklungszyklen und entsprechenden „User Storys“ sorgen dafür, dass der einzige, für den Erfolg maßgebliche Maßstab, nämlich die Akzeptanz durch die Kunden in der realen Situation des Markts, Gültigkeit besitzt. Um die Anforderungen zu definieren, gibt es die Möglichkeit, die Anforderungen der Nutzer mithilfe der „User Storys“ zu beschreiben. Dies sind knapp formulierte Beschreibungen, die auch die wesentlichen Motivationselemente beinhalten und auf den Punkt bringen (vgl. Schmikat/Friedrich 2015, S. 75). Dabei kann nach einzelnen typischen Anwendern in Form sogenannter „Persona“ differenziert werden. Dabei muss bei allen Planungen der MVPs klar sein: Das Einzige, was am Ende für den Erfolg eines Unternehmens von Bedeutung ist, ist die Sichtweise der Kunden (Bild 2.6).

Das Kundenverhalten wird – ähnlich wie bei Kampagnentests im Dialogmarketing – in A-/B-Tests untergliedert. Diese Splittests sehen die Erprobung unterschiedlicher Produktvarianten vor, damit man die Bedeutung bestimmter Produktfeatures auf Basis ihrer Wirksamkeit im Markt testen kann. Dieser Hypothesentest berücksichtigt auch das Verhalten von Kohorten, indem man analysiert, wie sich die jeweilige Kundengruppe verhält. Bei den Tests muss man das Verhalten der ersten, zweiten, dritten, x-ten Kundengeneration im Blick behalten und darf sich nicht darüber hinwegtrösten, wenn die unzufriedenen Kunden der ersten Generation durch Neukunden der Folgegenerationen kompensiert werden.

Nach der Auswertung der Ergebnisse muss aufseiten des Unternehmens der Lernprozess in Gang gesetzt werden. Als Unternehmer/-in bzw. Entrepreneur/-in muss man dazu bereit sein, im Sinne des Pivoting die getroffenen Annahmen infrage zu stellen und die notwendigen Kurskorrekturen durchzuführen.

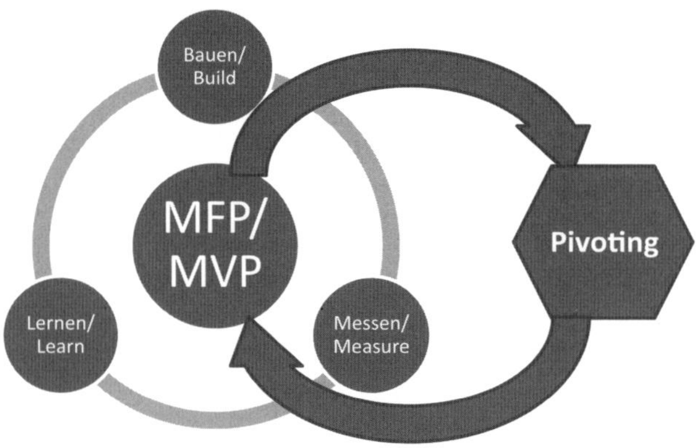

Bild 2.6 Startup-Management-Vermächtnis (Quelle: Steinbeis-Beratungszentrum „Leadership in Science and Education")

Praxisbeispiel: Zalando – eine Firma aus dem Nichts

Die Unterschiede zwischen etablierten Firmen und jungen Unternehmen kann man sehr gut am Wachstum junger Unternehmen erkennen. Zalando, der Versandhändler aus dem Reich der Rocket Internet AG, ist die bekannteste Beteiligung der Samwer-Brüder.

Durch das große Wachstum der Firma im Jahr 2012 musste jedoch auf die übliche Startup-Folklore verzichtet werden, sondern es mussten stets neue Mitarbeiter/-innen in die Gesamtorganisation integriert werden. Im Bereich der Unternehmensorganisation waren sogar Helpdesk-Dienste für neue Mitarbeiter/-innen notwendig, um im Rahmen des rasanten Wachstums möglichst schnell neue Mitarbeiter in das Unternehmen zu integrieren und in die Lage zu versetzen, produktiv tätig zu werden.

Die strategischen Weichenstellungen zu dieser Zeit waren entscheidend. Die hohe Retourenquote, resultierend aus der Positionierung *„Schrei vor Glück – oder schick's zurück!"*, drückte auf die Ergebnisse und der Ausbau der Zielgruppen und Sortimente war entscheidend, um über das Stadium eines Anbieters unter vielen hinauszuwachsen.

Es ging darum, sehr schnell die unterschiedlichen Unternehmensbereiche (Schuhe, Kleidung etc.) zu testen und dabei auch zu erproben, wie groß die Wertschöpfungstiefe sein sollte. Selbst produzierte Schuhe erfüllten beispielsweise die Qualitätsanforderungen nicht und die internationale Expansion barg auch entsprechende Risiken. Zudem entsteht in solchen Situationen für ein junges Unternehmen die Problematik, dass diese sehr expansiven Ansätze nur mithilfe einer entsprechend groß dimensionierten Finanzierung geleistet werden können.

Bei Zalando kam gegenüber anderen Startups noch eine weitere Besonderheit dazu. Da das Unternehmen längere Zeit von den Samwer-Brüdern und ihrer Rocket Internet AG gehalten wurde, stellte sich stets die Frage, wie die Stellung der Zalando-Geschäftsführung zu bewerten sei. In den meisten Unternehmen, in die Oliver Samwer investiert hatte, galt die Geschäftsführung eher als bessere Projektleitung.

Auch bei Zalando galt die Muttergesellschaft Rocket Internet mit den Samwer-Brüdern als Impulsgeberin. Hier stellt sich dann auch, bezogen auf die typische Organisation von digitalen Startups, die weitere Frage, wer die Rolle des Entrepreneurs bzw. Intrapreneurs in diesem Fall ausfüllt.

(Vgl. Jensen/Katzensteiner/Maier 12/2012, S. 42)

2.3 Agile Managementpraktiken

Unter agilem Management versteht man die Abkehr von Managementpraktiken, die eine determinierte, nahezu mechanistische Vorgehensweise beinhalten und für perfekte Ergebnisse in statischen Umfeldern sorgen. Gerade im Projektmanagement bei digitalen Projekten, sei es nun Softwareentwicklung oder der Aufbau von Online-Plattformen, hat man sich inzwischen vom klassischen Wasserfallmodell verabschiedet, bei dem alle Rahmenbedingungen des Projekts in ein Pflichtenheft gepackt werden, bevor man überhaupt zum ersten Mal testet, ob die Grundannahmen richtig waren.

Stattdessen geht es beim digitalen Management im Sinne von Management 4.0 um Managementpraktiken, mit denen man in der Lage ist, sehr schnell erste Produkttests durchzuführen und somit auf Basis relevanter Zwischenergebnisse dafür sorgen kann, dass man in der richtigen Richtung unterwegs ist. Gerade für die innovative Arbeit im Sinne eines Entrepreneurs ist es maßgebend, dass die Effektivität des Managements sichergestellt ist. Das größte Problem sind hier nicht ineffiziente Prozesse, die der Optimierung bedürfen, sondern irrelevante Ergebnisse, die das Projekt bzw. Produkt nicht verbessern. Dies setzt auch eine ausreichende Entscheidungsfähigkeit voraus. Gerade die wissensintensiven Unternehmungen, die vom digitalen Wandel besonders stark betroffen sind, müssen sich so aufstellen, dass auf allen Hierarchieebenen eine ausreichende Entscheidungsfähigkeit vorhanden ist. Dabei müssen wir davon ausgehen, dass durch den Wandel zur Wissensgesellschaft nahezu alle Lebens- und Arbeitsbereiche in Deutschland wissensintensiv sind (vgl. Schächter 2010).

„Das Richtige zu beschließen, ist eine Fähigkeit, die auf jeder Unternehmensebene von Bedeutung ist. Und gerade in wissensbasierten Branchen müssen Firmen diese Fähigkeit gezielt entwickeln und fördern." (Drucker 2010, S. 11)

Der Begriff des agilen Managements geht auf das „agile manifesto" zurück (vgl. Agiles Manifest, *http://agilemanifesto.org/iso/de/*), mit dem die Prinzipien des agilen Arbeitens in der Softwareentwicklung beschrieben wurden. Diese Prinzipien lassen sich auch auf andere Bereiche des Managements übertragen. Der erste Transfer fand im Aufgabenfeld des Projektmanagements statt.

Wie muss man sich nun im Bereich der Managementpraktiken aufstellen, um den zahlreichen, auch widersprüchlichen Anforderungen gerecht zu werden? Wie kann ich das Erreichte wertschätzen, gleichzeitig alles in Frage stellen und dann gründlich, aber innerhalb sehr kurzer Zeit meine Organisation neu aufstellen?

Es geht in diesem Kapitel nicht darum, die geltenden Managementregeln des strategischen Managements oder der Unternehmensführung generell infrage zu stellen, sondern es geht um die Ergänzungen der etablierten Strategiemodelle, um die neuen, agilen Managementpraktiken.

Die Methoden des Führungswissens und die dahinterstehenden Managementprinzipien, ob nach den Arbeiten von Peter F. Drucker, Henry Mintzberg oder Fredmund Malik, haben nach wie vor Gültigkeit. Das St. Galler Management-Modell ist ebenfalls ein immer noch gut nutzbarer Rahmen für die Integration unterschiedlicher Managementkonzepte. Wir werden auf diese Ansätze auch in Kapitel 5, bei der Entwicklung der Digitalstrategien, zurückgreifen.

Die Tools des klassischen Managements, vor allem des strategischen Managements von Igor Ansoff oder Michael E. Porter, sind die Basis, auf der die nachfolgenden Dinge aufsetzen, die weniger durch große Modelle als durch operative Methoden gekennzeichnet sind, die dazu beitragen sollen, dass Verantwortliche in Unternehmen den sehr unterschiedlichen Anforderungen gerecht werden können.

Obwohl wir uns in diesem Kapitel ausschließlich den Managementpraktiken zuwenden, muss man sich, um die Praxis des agilen Managements sinnvoll im Unternehmen etablieren zu können, dennoch auch mit der Ebene der Werte befassen (Canditt/Braun 2015, S. 42 ff.). Es sind zunächst die Werte und Grundhaltungen, die wir auf der kollektiven Ebene des Unternehmens verankert haben und die die Unternehmenskultur mit ihren Artefakten (z. B. Jobtitel, Gebäude) prägen. Die kollektiven und individuellen Einstellungen und Prinzipien beruhen auf diesen Werten und sind gleichsam die Basis für die Managementpraktiken, von denen dieser Abschnitt handelt. Die nächste Ebene ist das tatsächliche Verhalten, das sich als Konsequenz aus diesen Praktiken ergibt. Wenn wir also in einem traditionell geprägten Unternehmen etwas verändern möchten, dann fängt das in vielen Fällen bei den Werten an und führt über den Kulturwandel zu den Praktiken, die wiederum das Alltags- und Arbeitsverhalten der Mitarbeitenden und Führungskräfte prägen. Nur ein paar moderne bzw. modische, agile Praktiken in einen fixen und etablierten Kontext geben und einfach dabeistehen, um zu schauen, ob sich dadurch die Kultur positiv verändert, ist mit Sicherheit keine gelungene Strategie. Aber die bewusste Gestaltung von Äußerlichkeiten als Symbol für den Unternehmenswandel gehört mit zur digitalen Transformation und wird inzwischen von vielen Unternehmenslenkern von Daimler-Chef Dieter Zetsche bis zu Springer-Lenker Mathias Döpfner auch in Bezug auf die eigene Person und ihr Äußeres eingesetzt. Innovationsgeist wird durch modernes Digital-Outfit symbolisiert (vgl. Student 06/2016).

Aspekte	Fixe Haltung	Agile Haltung
Fähigkeiten ...	sind fix (Ressourcenvorgabe)	können wachsen, sich entwickeln
Hauptziel ist es ...	mich gut zu inszenieren	zu lernen
Herausforderungen ...	sind zu vermeiden	sind willkommen
Fehler ...	prägen meine Identität	liefern Informationen für meine Entwicklung (Lernen)
Anstrengen müssen sich ...	die Untalentierten	alle auf dem Weg zu Exzellenz
Reaktion auf Herausforderungen	Hilflosigkeit	Ausdauer

Bild 2.7 Fixe Haltung versus agile Haltung (Quelle: Steinbeis-Beratungszentrum „Leadership in Science and Education“, in Erweiterung von: Heider 2015, S. 117)

Insbesondere das Thema Anstrengung soll an dieser Stelle nicht unerwähnt bleiben. Malcom Gladwell hat festgestellt, wie überaus erfolgreiche Menschen zu ihren Erfolgen kommen, und hat dabei nachgewiesen, dass Spitzenleistungen neben Talent in erster Linie erfordern, dass man das Talent immer und immer wieder trainiert (Gladwell 2009). Dies gilt im Übrigen auch für die Arbeit des kreativen Querdenkens. Man kann kreative Einfälle zwar nicht spontan erzwingen, aber es geht dem Erfolg stets eine lange Strecke an Arbeit voraus (vgl. Meyer-Grashorn 2009, S. 66). In diesem Sinne gilt auch beim agilen Management, das gerade mit den offenen und unkonventionellen Managementpraktiken so scheinbar leicht und locker daher kommt, dass hervorragende Ergebnisse und Exzellenz nur über Anstrengung und das echte tägliche Doing entstehen können. Damit ist auch klar, dass bei der Führung von Teams im agilen, digitalen Umfeld traditionelle Sekundärtugenden wie Ausdauer und Fleiß nicht irrelevant sind (Bild 2.7). Wie wir in Kapitel 4 noch klären werden, geht es daher nicht darum, alles Bisherige in Frage zu stellen, sondern die Führung an den Erfahrungshintergrund der Teammitglieder anzupassen.

Bevor wir uns den Detailpraktiken des agilen Managements zuwenden, lohnt sich noch ein weiterer Blick auf die Verbindung von Lean Management und agilen Methoden.

Vom Kanban zum Business Model Canvas

Das in Kapitel 1 beschriebene Business Model Canvas wäre ohne Lean Management und die Kanban-Methode nicht möglich. Das Prinzip, mithilfe von Karten den Materialfluss auf Werkstattebene in Fertigungsbetrieben zu steuern, hat vor allem als Erfahrungsbaustein für Industrie 4.0 eine besondere Bedeutung, da es in Produktionsbetrieben für erfolgreiche IT-gestützte Produktionsprozesse eingesetzt werden kann (vgl. Mack 2015). Darüber hinaus ist Kanban jedoch auch das Bindeglied zwischen „agility“ (dem agilen Unternehmen) und „leanness“ (dem nach Lean-Managementprinzipien schlanken Unternehmen) (Al-Baik/Miller 2015). Es geht somit bei den Managementpraktiken nicht nur um die Inhalte, sondern auch um die Form, wie die Inhalte diskutiert, erarbeitet und visualisiert werden. Die kollegiale, hierarchiefreie Diskussion eines agilen Teams, das sich selbst unter einen hohen Zeit- und Leistungsdruck setzt, erfordert eine klare Visualisierung an Whiteboards oder Canvas-Postern. Die Bereitschaft, rasche Lösungsvorschläge einzubringen, diese aber auch genauso schnell wieder zu verwerfen oder durch eine bessere Lösung zu ersetzen, ist ebenfalls ein Arbeitsprinzip, das aus den Anforderungen des agilen Arbeitens stammt. Hier sind die farbigen Klebezettel mit vorläufigen Lösungen zu den drängenden Fragen das Symbol für ein Akzeptieren der Vorläufigkeit. Beim Ausfüllen eines Canvas kann stets nur der gegenwärtige Stand der Diskussion dokumentiert werden. Es ist mit Sicherheit keine endgültige Wahrheit.

Agile Grundprinzipien

Wenn wir uns die Prinzipien des „Agilen Manifests“ anschauen, dann sieht man sehr schnell, welche Unterschiede die dort beschriebenen Praktiken zu vielen herkömmlichen Managementtraditionen beinhalten:

Agiles Manifest

„Wir folgen diesen Prinzipien:

Unsere höchste Priorität ist es, den Kunden durch frühe und kontinuierliche Auslieferung wertvoller Software zufrieden zu stellen.

Heiße Anforderungsänderungen sind selbst spät in der Entwicklung willkommen.

Agile Prozesse nutzen Veränderungen zum Wettbewerbsvorteil des Kunden.

Liefere funktionierende Software regelmäßig innerhalb weniger Wochen oder Monate und bevorzuge dabei die kürzere Zeitspanne.

Fachexperten und Entwickler müssen während des Projektes täglich zusammenarbeiten.

Errichte Projekte rund um motivierte Individuen.

Gib ihnen das Umfeld und die Unterstützung, die sie benötigen, und vertraue darauf, dass sie die Aufgabe erledigen.

Die effizienteste und effektivste Methode, Informationen an und innerhalb eines Entwicklungsteams zu übermitteln, ist im Gespräch von Angesicht zu Angesicht.

Funktionierende Software ist das wichtigste Fortschrittsmaß.

Agile Prozesse fördern nachhaltige Entwicklung.

Die Auftraggeber, Entwickler und Benutzer sollten ein gleichmäßiges Tempo auf unbegrenzte Zeit halten können.

Ständiges Augenmerk auf technische Exzellenz und gutes Design fördert Agilität.

Einfachheit – die Kunst, die Menge nicht getaner Arbeit zu maximieren – ist essenziell.

Die besten Architekturen, Anforderungen und Entwürfe entstehen durch selbstorganisierte Teams.

In regelmäßigen Abständen reflektiert das Team, wie es effektiver werden kann, und passt sein Verhalten entsprechend an."

(Quelle: Agiles Manifest (Hrsg.): Prinzipien hinter dem Agilen Manifest; *http://agilemanifesto.org/iso/de/principles.html*)

Die Herkunft des „Agilen Manifests" könnte nun den Schluss nahelegen, dass es sich dabei nur um ein Modell für die Softwareentwicklung handelt. Hinter dem Methodenwechsel bei den agilen Managementpraktiken im Sinne von Management 4.0 steckt jedoch mehr. Es handelt sich bei der Frage, ob man im (Projekt-)Management agile Methoden einsetzen möchte, auch um die Frage, ob man von einem deterministisch-mechanistischen Weltbild geleitet wird oder nicht. Es geht um die Frage, ob man davon ausgeht, dass in einer unsicheren Unternehmensumgebung Managementmethoden erforderlich sind, die Teams dabei unterstützen, auch in unsicheren Phasen verwertbare Ergebnisse zu erzielen und Erfahrungen zu sammeln, die die Möglichkeit bieten, viel über den Markt und die Akzeptanz der gefundenen Lösungen und damit entwickelten Produkte zu lernen. Im Rahmen des agilen Managements kommt daher auch der Retrospektive eine besondere Bedeutung zu. Um zu lernen, muss man zunächst die gemeinsame Erfahrung aufbereiten und die dabei sichtbaren Probleme benennen und einer Lösung zuführen (vgl. Heider 2015, S. 110 ff.).

Es geht dabei auch um die Frage: *„Wie gehen wir mit Komplexität und Kontingenz um?"* (Vieweg 2015, S. 42). Es geht also nicht nur um Softwareentwicklung, sondern es geht um die Bewertung, welche Managementpraktiken den Umgang mit unsicheren Umgebungen erleichtern.

Für eine wirksame Etablierung agiler Methoden ist vor allem eine nachhaltige Änderung der Geisteshaltung notwendig, da sonst außer einem Strohfeuer der Begrifflichkeiten nur wenig faktische Änderung erreicht wird (vgl. Häusling/Kahl 2015). Dabei gehen wir von einem Teambegriff aus, der die positiven Aspekte der gemeinsamen Arbeit in den Vordergrund rückt. Teams funktionieren dann besonders gut, wenn sie gut aufeinander eingespielt sind, wenn sie ohne oder nur mit einer geringen hierarchischen Struktur innerhalb des Teams auskommen und trotz der jeweiligen Spezialisierungen stets das gemeinsame Ziel im Blick haben (vgl. Spieß/Rosenstiel 2010, S. 155).

Scrum als eine Variante agilen Managements

Der Name Scrum geht auf die Freistoßsituation im Rugby-Spiel zurück. Er beschreibt eine Methode, die im Umfeld des „Agilen Manifests" entstanden ist und auf der Annahme beruht, dass kleine Teams, die alle Kompetenzen und Funktionalitäten auf sich vereinen, sehr viel schlagkräftiger arbeiten können als große Teams (Gloger 2010, S. 195). Scrum ist ein Framework für agiles Projektmanagement, das aus dem Umfeld der Softwareentwicklung stammt (vgl. Roock 2016). Dabei wurde als Ausgangspunkt der Definition neuer Verfahrensabläufe festgestellt, dass die Perfektionierung des klassischen Projektmanagements in immer detaillierteren Regelungen und Festlegungen zu einer überbordenden Bürokratie führen kann. Komplexe Softwareprodukte wurden in umfassenden Pflichtenheften beschrieben, die jedoch bereits nach Fertigstellung des Anforderungskatalogs veraltet waren. Hier setzt Scrum andere Schwerpunkte. Es gibt Daily Scrums, das sind sehr kurze Meetings, in denen in 15 bis 20 Minuten das Wesentliche besprochen wird, um jedes Teammitglied auf den aktuellen Stand zu bringen und deutlich zu machen, wer sich im Anschluss ggf. noch gemeinsam abstimmen sollte, um bestimmte Problemlösungen zu forcieren. Dabei gibt es im Rahmen der Meetings ein exklusives Rederecht und der Moderator (Scrum Master) sorgt für einen konsequenten und zügigen Ablauf. Die weiteren Rollen sind unter anderem Product Owner und Entwicklungsteam.

Parallel zu anderen Methoden der Softwareentwicklung und Programmierung, wie z. B. eXtreme Programming (XP) (vgl. Hanser 2010), entstand mit Scrum eine weltweite Bewegung, die durch Ken Schwabe mit Einführung des „Certified Scrum Master“ geprägt wurde, der es bewerkstelligte, dass Scrum als Managementrahmenmethode etabliert wurde.

Kleine selbststeuernde, in der Regel funktionsübergreifende Teams, eine strikte Anwendung des PDCA-Cycle (P: Plan, D: Do, C: Check, A: Act) und das Prinzip des „One-Piece-Flow“ prägen diesen Ansatz.

Innerhalb des Teams gibt es unterschiedliche Rollen, die hier im Zeitraffer kurz charakterisiert werden sollen (vgl. Gloger 2010, S. 197):

- ScrumMaster, Product Owner und das Team sowie als Nebenrollen Manager, Customer und User.

a) Der ScrumMaster ist die Führungskraft in diesem Prozess. Er grenzt das Scrum-Team gegenüber anderen Bereichen ab und kümmert sich um den Scrum-Prozess sowie den Kontakt zum Management. Der Scrum Master trägt die Verantwortung für die Termintreue des selbstorganisierten Teams.

b) Der Product Owner kümmert sich um das Produkt, erstellt die inhaltliche Produktvision und das priorisierte und geschätzte Product Backlog, die Liste der Funktionalitäten, die zu erarbeiten sind und das deterministisch-mechanistische Pflichtenheft ersetzen. Product Owner sind Visionäre und Entwickler.

c) Das selbstorganisierte Team ist verantwortlich für die Lieferung des Produkts, die technische Umsetzung, die Qualität des Gelieferten und die Einschätzung, was tatsächlich geliefert werden kann.

Neben diesen drei Hauptrollen kennt Scrum noch für die Umwelt des Scrum-Teams drei Nebenrollen:

a) Manager: Setzt die organisatorischen Rahmenbedingungen.

b) Customer: Die für den Entwicklungsprozess unerlässliche Rolle des Kunden, der als Auftraggeber des Projekts fungiert.

c) User: Nutzer des Produkts

Basierend auf den Erkenntnissen des Lean Managements des Toyota-Produktionssystems (TPS) wird nach dem Pull-Prinzip die Arbeit in einem Stück organisiert. Dies ermöglicht, dass sich unterschiedliche zeitliche Ebenen abwechseln und am Ende ein permanenter Austausch im Vordergrund steht. Damit ist sichergestellt, dass am Ende einer jeden Sprint-Phase ein benutzbares Ergebnis mit spezifischen Funktionalitäten (im Sinne eins Minimal Viable Product) existiert, auf dessen Markteignung und Erfahrung man die nächsten Entwicklungsschritte abstimmen kann (Bild 2.8).

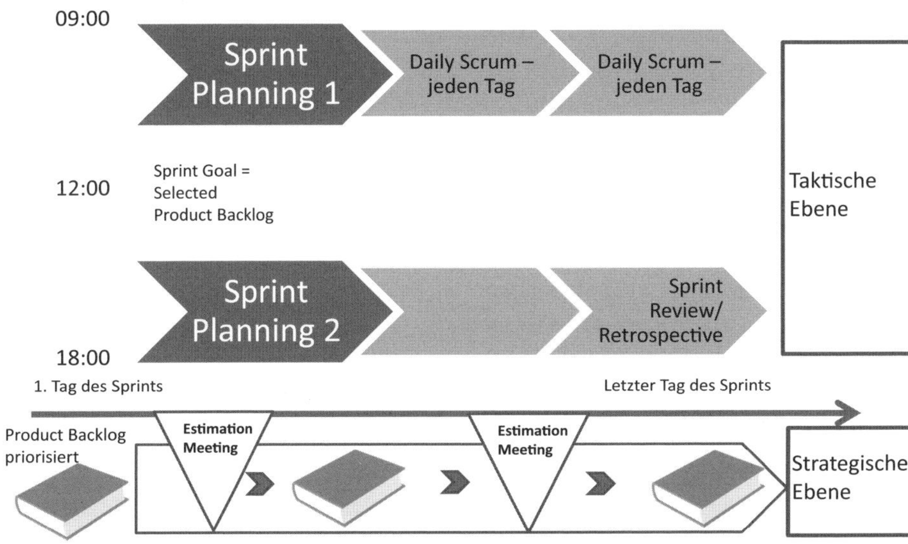

Bild 2.8 Scrum-Flow auf strategischer und taktischer Ebene (Quelle: Gloger 2010, S. 198)

Als Managementprinzip ist bei Scrum auch – anlog zur Lean-Startup-Methode das Konzept der OODA-Schleife hinterlegt. Dies steht für die Phasen Observe/Beobachten, Orient/Orientieren, Decide/Entscheiden, Act/Handeln, die in einer Prozessschleife ein effektives Handeln sicherstellen sollen (vgl. Sutherland 2015, S. 170 ff.).

Nicht jedes Entwicklungsproblem ist für Scrum in Reinkultur geeignet, sodass nach wie vor eine Managementaufgabe darin besteht, festzulegen, welche Methoden am besten angewandt werden sollen. Anhand Bild 2.9 sieht man auch erneut den Zusammenhang zwischen Methoden des agilen Managements und den Erfahrungen der Fertigungsindustrie aus dem Segment Lean Management und Kanban.

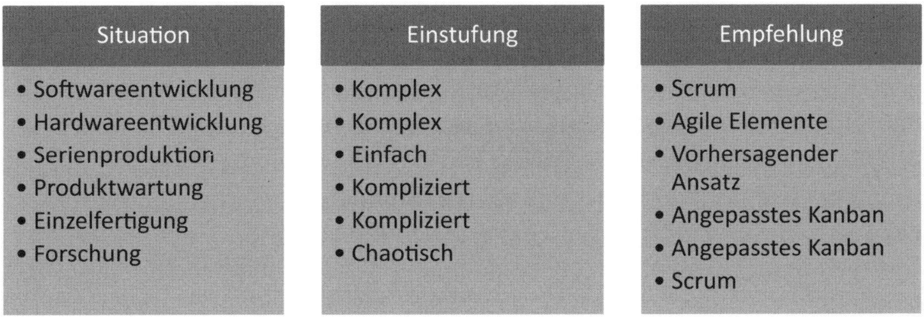

Bild 2.9 Eignung für Scrum (Quelle: Maximini 2013, S. 19)

Design Thinking

Der Ansatz, ein kundenorientiertes Prototyping zu betreiben, hat zu neuen Managementansätzen geführt, die für jüngere Fach- und Führungskräfte intuitiv richtig erscheinen und das Potenzial haben, in unsicheren Umgebungen (vgl. VUCA: Volatilty, Uncertainty, Complexity, Ambiguity) richtige Managemententscheidungen treffen zu können. *„Design Thinking holt das Management ins 21. Jahrhundert. Dabei bringt es Unternehmen und Organisationen auf mindestens fünf Ebenen voran:*

- *Es ermöglicht, Verbesserungspotenziale zu erkennen, und liefert Ansätze, diese direkt zu erschließen.*
- *Es beschleunigt die klassischen Innovationsprozesse (Patente, geistiges Eigentum, innovative Produktentwicklung et cetera).*
- *Es bietet einen Zugang, Unternehmensstrategien und Geschäftsmodelle zu erfinden oder grundlegend zu verändern.*
- *Es hat die Kraft, das Managementmodell zu erneuern, mit dem das Unternehmen betrieben wird, und dabei das Selbstverständnis von Management auf eine neue Stufe zu heben.*
- *Im besten Fall findet ein Unternehmen mit Design Thinking ein neues „Meaning" - einen Sinn und Zweck."*

(Erbeldinger/Ramge 2015, S. 15 f.)

Der Ablauf des Design Thinkings ist durch eine Abfolge von Iterationsschleifen gekennzeichnet (Bild 2.10; vgl. Grots/Pratschke 2009, S. 20). Dabei ist es von zentraler Bedeutung, dass nach dem Entwickeln von Prototypen auch ein eigenes Testing erfolgt. Denn der Wert von Prototypen oder im Sinne der Lean-Startup-Methode von minimal funktionsfähigen Produkten (Minimal Viable Products) kann nur durch Tests festgestellt werden (vgl. Wellnitz 2016).

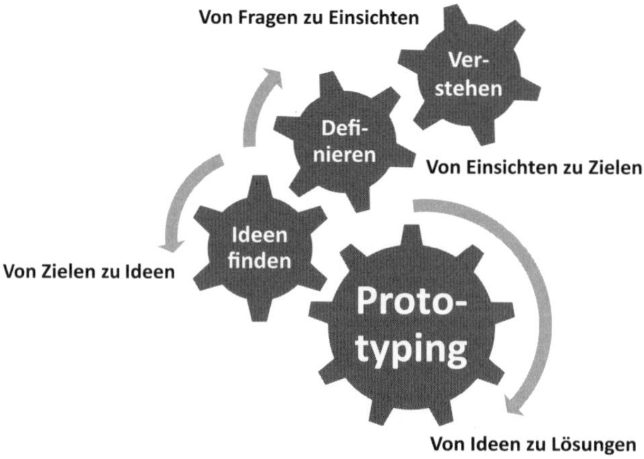

Bild 2.10 Arbeitsschritte des Design Thinking (Quelle: RKW 2014, S. 3)

Ziel des Verfahrens ist mehr Kundennähe und Kundenintegration bei der Entwicklung von Produkten als Lösungen für Kundenbedürfnisse. Die Kunden werden dabei in den Entwicklungsprozess einbezogen, liefern aber im Gegensatz zu Ansätzen wie Co-Creation keine eigenen Problemlösungen und damit Produktideen, sondern geben - ähnlich wie bei unterschiedlichen Marktforschungsmethoden zur Produktentwicklung - ihren Input im Hinblick auf die Bedürfnisse. Das bedeutet, wir nehmen die Expertise der Kunden bei der Erkennung ihrer Bedürfnisse und der Unzufriedenheit mit bisherigen Lösungen und versuchen nicht, sie zu Experten für eigene Problemlösungswege in Anspruch zu nehmen, da in vielen Themenfeldern diese Expertise auf Kundenseite auch nur begrenzt vorhanden sein wird.

Gerade bei widersprüchlichen Interessen unterschiedlicher Nutzergruppen lässt sich ein besseres Ergebnis erzielen, wenn die Zielgruppe selbst auf der Ebene der Beschreibung der Bedürfnisse bleibt. Kurze Kundenbefragungen können zu einer Binnensicht vonseiten der Kunden (customer insights) führen, die dazu beitragen, die bisherigen Lösungsansätze zu überdenken und neue Pfade einzuschlagen.

Anschließend wird in einem iterativen Prozess versucht, Schritt-für-Schritt-Lösungen für die Kundenbedürfnisse zu entwickeln. Dabei ist die Lösungsoffenheit von entscheidender Bedeutung, denn nur dann, wenn man die Lösungen nicht aufgrund interner Festlegungen (Vorgaben aus der Zentrale, der Produktion, des Marketings etc.) bereits vorwegnimmt, ist ein sinnvoller Entwicklungsprozess möglich. Dabei geht es vielen Firmen bei der Einführung von Design Thinking nicht um das einzelne Entwicklungsprojekt, sondern *„um einen grundsätzlichen Kulturwandel. Es ist vor allem die Fast-Forward-Taste der Digitalisierung, die die Deutschland AG zum Umdenken zwingt“* (Alvares de Souza Soares 2/2016, S. 75).

Bild 2.11 zeigt die drei agilen Methoden im Überblick.

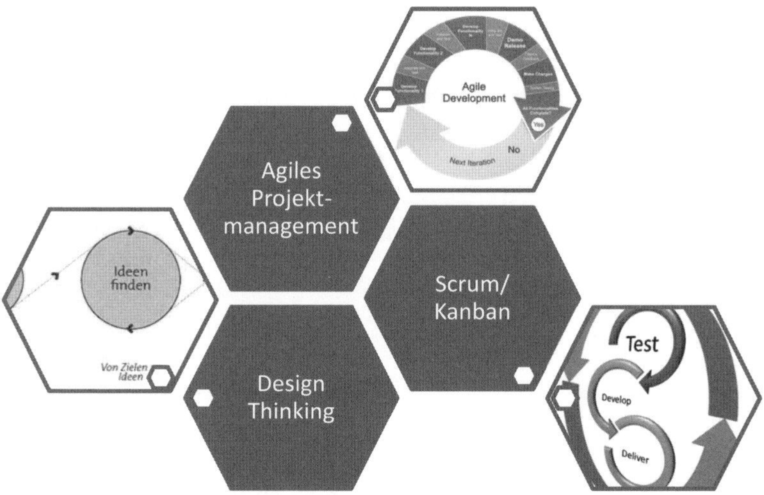

Bild 2.11 Agiles Methodenmosaik (Quelle: Steinbeis-Beratungszentrum „Leadership in Science and Education“)

Praxisbeispiel: Amazon – Startup forever

Im Rahmen der agilen Managementpraktiken hat Amazon-Chef Jeff Bezos noch eine eigene Disziplin kreiert, die die bisher geschilderten Vorgehensweisen abrundet. „Working Backwards“ oder auf Deutsch „Rückwärtsgang“ ist dabei eine Methode, bei der vor der eigentlichen Produktentwicklung der Kundennutzen im Sinne der Neuheit des Projekts auf den Prüfstand gestellt wird. Bevor eine Zeile Code programmiert wird, werden die Pressemeldungen erstellt und die Fragerunden mit fiktiven Journalisten durchgeführt. Damit wird überprüft, ob die Argumente für das neue Produkt tatsächlich überzeugend klingen.

Im Grunde werden damit die Kernpunkte des Business Model Canvas, die Zielgruppe, der Kundennutzen und der unfaire Wettbewerbsvorteil direkt abgeprüft. Denn schließlich muss die Story des Produkts am Ende nicht nur die Fachjournalisten und Kunden, sondern auch die Kapitalgeber und Märkte überzeugen. Mit dieser Methode sind selbst die strategischen Wendepunkte, wie der Einstieg in das Geschäft mit eigener Hardware durch das „Kindle Fire“, geglückt.

Dabei muss in den Kerngeschäftsfeldern, in denen Amazon aktiv ist, stets nachjustiert werden. Online-Händler, Marktplatz für Dritte, Vermieter von Rechenleistung und Speicherplatz, Bank und Finanzdienstleistungen sind die Hauptgeschäftsfelder. So vielfältig wie die nach und nach entwickelten Produkte, so vielfältig ist auch der Wettbewerb mit den anderen Riesen der Digitalbranche. Mit Google, Facebook, Apple und Microsoft steht Amazon gleichermaßen im Wettbewerb. Als Grundprinzip aus der Startup-Phase ist die hohe Relevanz von Kundenfeedback nach wie vor innerhalb der Prozessorganisation verankert. Selbst die oberste Führungsebene wird aufgefordert, mindestens 45 Minuten am Tag mit der Analyse von Kundenfeedback zu verbringen, um Probleme frühzeitig zu lokalisieren und beheben zu können.

(Vgl. Maier 2/2013)

2.4 Wie organisieren wir das jetzt? Entrepreneurship oder Management

Peter Drucker, einer der Managementvordenker des 20. Jahrhunderts, hat stets sehr genau zwischen Management und Entrepreneurship differenziert. Er verstand unter Management die Aufgabe, ein bestehendes Unternehmen zu optimieren. Hier war zwar auch nicht nur die Effizienz maßgeblich, d. h. die Frage, wie man Prozesse optimiert, indem man die Dinge richtig macht, sondern die Führungskräfte sind nach seiner Überzeugung als Wissensarbeiter auch dafür verantwortlich, ihre Arbeit möglichst effektiv zu verrichten. Das bedeutet, sich zu vergewissern, dass sie die richtigen Dinge tun. Dennoch sah Peter Drucker den Versuch sehr kritisch, das Management mit dem Aufbau neuer Geschäftsbereiche zu betrauen. Hierfür seien andere Fähigkeiten notwendig. Ein Manager, der mit der Leitung eines bestehenden Unternehmens betraut sei, müsse dieses zwangsläufig vernachlässigen, wenn er gleichzeitig die Verantwortung für den Aufbau eines komplett neuen Bereichs trage. Er sei im Sinne der Entrepreneur-Definition eben Manager und kein Unternehmer. Wenn man das Management dazu anhalte, gleichzeitig als Unternehmer zu fungieren, laufe man bei einem effektiven Management Gefahr, dass der junge, wirtschaftlich noch nicht so bedeutsame Bereich stets zu kurz komme, da das Hauptaugenmerk des Managements dem laufenden Betrieb gelte, ja sogar gelten müsse. Zu den entscheidenden Maßnahmen zählte er eine organisatorische Trennung.

> *„Das bedeutet zunächst, dass die unternehmerischen (das heißt die neuen) Aktivitäten von den traditionellen getrennt werden müssen. Alle bisherigen Versuche, unternehmerische Projekte in bestehenden Einheiten zu realisieren, sind gescheitert.“* (Drucker 2005, S. 169)

Mit dieser Charakterisierung hat Peter Drucker das Dilemma beschrieben, in dem sich viele Unternehmen in der Phase des digitalen Wandels befinden. Wer soll den Hut aufhaben, wenn es um die Forcierung neuer Geschäftsfelder geht? Wie gehen wir damit um, wenn dadurch unsere ertragsstarken, etablierten Geschäftsfelder angegriffen werden? In dem mir am besten vertrauten Markt, bei den lokalen und regionalen Zeitungsverlagen in Deutschland konnte und kann man diesen Zwiespalt sehr gut beobachten. Der Wunsch, die eigenen Geschäftsfelder zu schonen, hatte während der letzten 50 Jahre in vielen Fällen immer wieder dazu geführt, dass man offensive Schritte der Marktbearbeitung vermieden hat. Weder bei Anzeigen- und Offertenblättern noch bei Online-Rubrikenmärkten wurde das volle Potenzial der Unternehmen ausgeschöpft.

Ist damit bereits aus der Managementwissenschaft vorgegeben, dass wir organisatorisch zwischen neuen und alten Geschäftsfeldern so trennen müssen, dass das etablierte Management das sinkende Schiff weiterkommandiert und salutierend mit diesem untergeht?

Parallel dazu würden wir, diesem Szenario folgend, digitale Schnellboote ins Wasser setzen, die von jungen unerfahrenen Draufgängern kommandiert werden und von denen wir wissen, dass nur ein überschaubarer Prozentsatz nicht kentert. Diese digitalen Schnellboote müssten uns dann aber in Gefilde bringen, in denen wir unglaubliche digitale Reichtümer entdecken könnten.

Bevor wir versuchen, eine allgemeingültige Regel abzuleiten, die dem Problem des Interessen- und Kulturkonflikts zwischen traditionellem Geschäft und neuem Digitalgeschäft Rechnung trägt, empfiehlt sich noch ein weiterer Blick in die Erkenntnisse der Managementwissenschaft. Henry Mintzberg hat dem Management als Institution (also in der Praxis den Managerinnen und Managern) bewusst die zusätzliche Rolle zugewiesen, „Unternehmer“ im Sinne eines „Entrepreneurs“ zu sein. Ohne näher auf Mintzbergs weitere Differenzierungen zwischen Management und Leadership einzugehen, wollen wir diesen Punkt Entrepreneurship versus Management nochmals für das Szenario des digitalen Wandels klären.

Eric Ries hat weniger Bedenken, dass Manager/-innen in größeren Unternehmen nicht in der Lage sind, innovativ zu wirken. Für ihn, der sich gewissermaßen als Hüter der Startup-Idee sieht, sind Entrepreneure diejenigen, die sich um Innovationen im Sinne von Clayton M. Christensens „Innovators Dilemma" kümmern. Dabei ist es seiner Einschätzung nach nicht wichtig, ob sich der Gründer einer Garagenfirma mit wenigen Mitstreitern und ohne belastende Firmenhistorie um disruptive Veränderungen bemüht oder ob es sich um einen Entrepreneur handelt, der sich in einer etablierten Organisation um eine Wende im Geschäftsmodell kümmert (Ries 2013, S. 31).

Widerstreit der Talente und Erfahrungen

Wenn wir uns die Eigenschaften und Talente von Führungskräften anschauen (vgl. Kapitel 4.1), dann gibt es eine Reihe von Fähigkeiten, die wir in beiden Einsatzfeldern, dem Management bestehender Unternehmen und dem Aufbau neuer Unternehmen benötigen, wie zum Beispiel Leistungsorientierung, Strategie, Analyse, Arrangeur, Wettbewerbsorientierung und Kommunikationsfähigkeit.

Es gibt jedoch auch eine Reihe von Eigenschaften, die beim Aufbau neuer Geschäftsfelder, wie bei der Führung eines Startups, von besonderer Bedeutung sind. Dies sind beispielsweise die Talente Ideensammler, Zukunftsorientierung, Vorstellungskraft, Wissbegier und Tatkraft. Beim Aufbau komplett neuer Geschäftsfelder, Organisationseinheiten und Produkte ist es hilfreich, wenn Führungskräfte eine Talentestruktur mitbringen, die es ihnen gestattet, als Ideensammler neue Ideen zu entwickeln und Impulse aus anderen Bereichen aufzunehmen und auf das eigene Geschäftsfeld zu übertragen.

Um zu erkennen, welche Innovationen und Veränderungen die Zukunft prägen werden, eigene Ideen und Visionen zu entwickeln und andere davon zu überzeugen, sind die Talente Zukunftsorientierung und Vorstellungskraft eine günstige persönliche Voraussetzung. Wer neue Unternehmenseinheiten „zur Welt bringen" und „groß ziehen" möchte, der muss in der Lage sein, sich selbst, die Organisation und die Kolleginnen und Kollegen zu entwickeln. Hier sind Menschen mit dem Talent Wissbegier eindeutig im Vorteil, da sie diesen Teil der Aufgabe eher als Lust denn als Last empfinden. Zu guter Letzt ist es wichtig, dass all die guten Ideen und Impulse am Ende des Tages auch umgesetzt werden. Hier können sich Menschen mit einer hohen Ausprägung im Talent Tatkraft besonders gut einbringen.

Intrapreneur oder Entrepreneur?

Für die Umsetzung von Innovationen stellt sich die Frage, ob der klassische Unternehmertyp im Sinne des Entrepreneurs immer von außen kommen oder klassisch Eigentümer/-in und dadurch Chef/-in im eigenen Unternehmen sein muss. Beim Konzept des Intrapreneurs geht man von der Vorstellung von Peter Drucker aus, dass eine interne organisatorische Abgrenzung (vgl. Drucker 2005, S. 169) und die notwendigen Freiheiten auch den im Unternehmen verankerten Personen die Chance bieten können, im eigentlichen Sinne unternehmerisch tätig zu sein. Dabei müssen eine ausreichende Unterstützung durch die Leitungsebene und auch eine Kultur der Fehlertoleranz vorhanden sein (vgl. Daft 2000, S. 188f.). Bild 2.12 zeigt die vier Dimensionen von Intrapreneurship.

Hier schließt sich wieder der Kreis mit den Themen der planvollen Kompetenzentwicklung auf Ebene der Gesamtorganisation (gesamtes Unternehmen) sowie auf der individuellen Ebene der Mitarbeitenden (Bild 2.13).

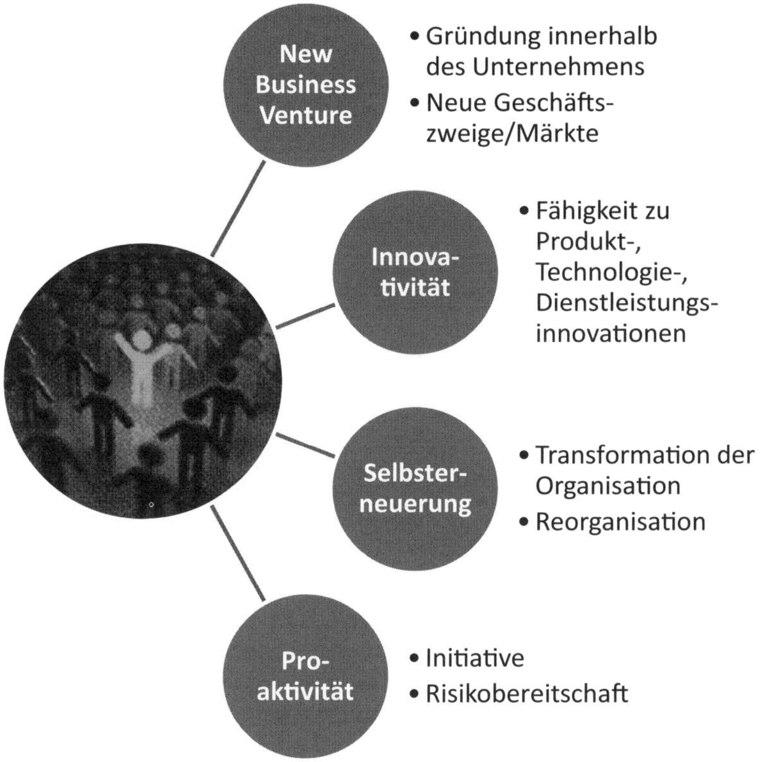

Bild 2.12 Vier Dimensionen von Intrapreneurship (Quelle: Kaudela-Baum/Holzer/Kocher 2014, S. 83)

Es geht um Entrepreneurship bzw. innerhalb der bestehenden Organisation um Intrapreneurship. Dabei stellt sich die Frage im Sinne von Peter Drucker, welche Managementmethoden mit dazu beitragen können, dass im Rahmen von Management 4.0 alle Mitarbeitenden, ob mit oder ohne Führungsverantwortung, bereit sind, unternehmerisch zu denken und zu handeln.

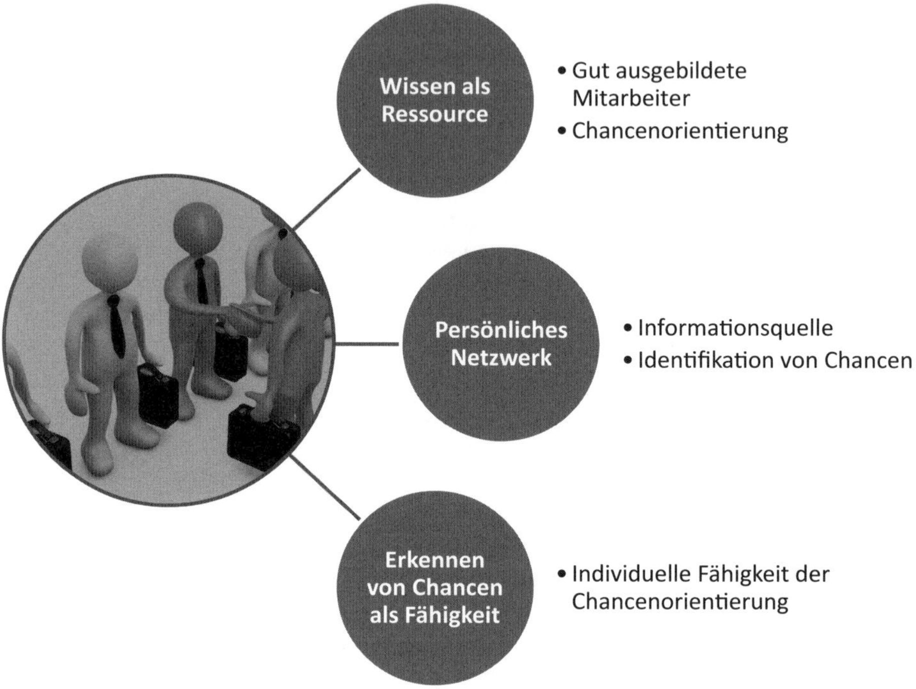

Bild 2.13 Einflussfaktoren auf die unternehmerische Einstellung von Mitarbeitenden (Quelle: Kaudela-Baum/Holzer/Kocher 2014, S. 84)

Widerstreit der Prioritäten

Ein weiteres Problemfeld ist die Frage der Prioritätensetzung. Hat das etablierte Geschäftsfeld Vorfahrt, da es schließlich „die Kuh ist, die gemolken wird", um „den ganzen Laden" am Leben zu erhalten? Oder muss man, um Disruption im eigenen Haus etablieren zu können, Rücksichtnahme zu den Akten legen?

Diese Aufgabenstellung des Abwägens zwischen bestehenden und neuen Geschäftsfeldern ist im Grunde nichts Neues. Sie wird durch die Digitalisierung lediglich verschärft. Üblicherweise achten wir bei der Bewertung der einzelnen Geschäftsfelder auf deren Position im gesamten Produkt-Portfolio des Unternehmens. Ein einfaches und weit verbreitetes Verfahren ist die recht simple Portfolioanalyse auf Basis eines Marktwachstums-Marktanteils-Portfolios, wie es von der Boston Consulting Group (BCG) etabliert wurde (Bild 2.14).

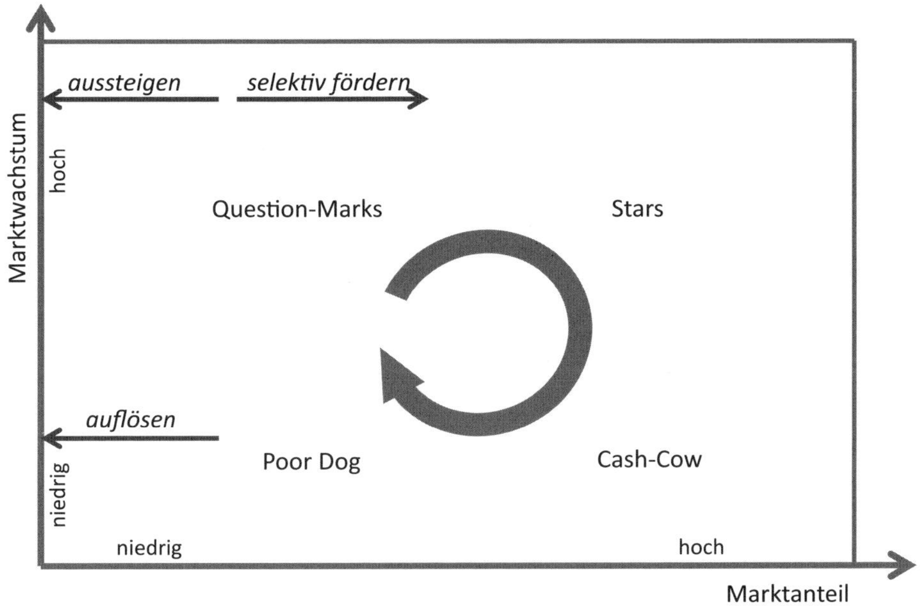

Bild 2.14 Marktwachstums-Marktanteils-Portfolio (Quelle: Breyer-Mayländer/Werner 2003, S. 28)

Wir müssen die einzelnen strategischen Geschäftseinheiten (SGEs), die wir im Rahmen einer solchen Matrix einsortieren, im Blick behalten, wenn es um die Zukunftsfähigkeit des gesamten Unternehmens geht. Welche Position eine SGE entsprechend der üblichen Lebenszyklen von Produkten (Bild 2.15) einnimmt und welche Strategie sich daraus ableiten lässt, können wir den Lehrbuch-Standardstrategien entnehmen.

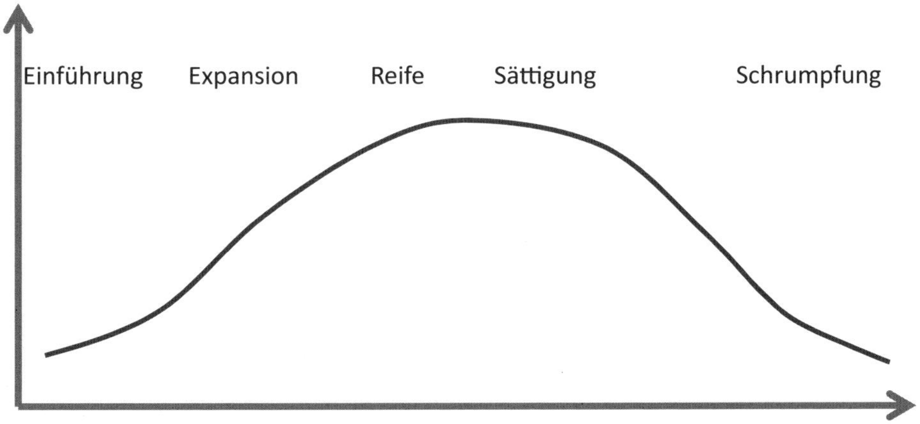

Bild 2.15 Schematisierte Standard-Lebenszykluskurve eines Produkts (Quelle: Breyer-Mayländer/Werner 2003, S. 27)

Positionen im BCG-Portfolio

- *Question-Marks* (Fragezeichen): SGE in einem Wachstumsmarkt mit einem geringen relativen Marktanteil, klassische Position nach dem Einstieg in den Markt, erfordert Zuführung von Geldmitteln (Cash); ständige Überprüfung auf Erfolgsaussichten (Selektion)
- *Star*: Marktführer im Wachstumsmarkt, Cashflow noch nicht notwendigerweise positiv, meist mit Gewinn, auf dem Weg zur Cash-Cow (Investition)
- *Cash-Cow*: Wachstumsrate des Markts sinkt unter zehn Prozent, Marktanteil bleibt weiterhin hoch, Größenvorteil und Stückkostenvorteil ermöglichen Alimentierung der restlichen Positionen (Abschöpfungsstrategie)
- *Poor Dog*: geringer, relativer Marktanteil in langsam wachsenden oder stagnierenden Märkten. Neupositionierung, Desinvestition oder Eliminierung

Standardstrategien im BCG-Portfolio

- *Ausbauen*: Marktanteil der SGE soll vergrößert werden, trotz kurzfristigem Gewinnverzicht (z. B. Fragezeichen zu Star ausbauen)
- *Erhalten*: SGE soll Niveau beibehalten, z. B. bei Cash-Cows Verlängerung des Lebenszyklus durch Neupositionierung, wie beispielsweise Relaunches von Zeitschriften oder Online-Angeboten
- *Ernten*: Abzug liquider Mittel, d. h. mittel- oder langfristiger Rückzug aus dem Geschäftsfeld; Einstellung der F + E-Aufwendungen, keine Neuinvestitionen in Produktionsanlagen oder Vertriebsstruktur (Anwendung bei schwachen Cash-Cows, Question-Marks, Poor Dogs)
- *Abstoßen*: Ressourcen können anderswo nutzbringender eingesetzt werden (häufig bei Dogs und Fragezeichen). Rechtzeitiges Abstoßen z. B. von Cash-Cows ermöglicht guten Preis, bevor diese durch eine Ernte-Strategie „herabgewirtschaftet“ werden.

Diese Analyseform macht deutlich, dass schon immer eine zentrale Aufgabe des Managements darin bestand, darauf zu achten, dass die Zukunftsfähigkeit der Produkte gewährleistet ist. Viele Lost-Brands der Vergangenheit können wir auch damit erklären, dass es der Unternehmensführung nicht gelungen ist, rechtzeitig neue Produkte in den Markt zu bringen oder die bestehenden Produkte mit erhaltenden Innovationen im Sinne eines Relaunchs wieder aufzupeppen, und somit der Niedergang von Produkt, Marktsegment und unter Umständen sogar des Unternehmens eine absehbare und unausweichliche Konsequenz war.

Die weite Verbreitung des BCG-Portfolios ergibt sich durch die einfache Handhabung des Instruments. Als sehr simples Tool sind die Einstiegshürden im Umgang mit dem Marktanteils-Marktwachstums-Portfolio denkbar gering. Dieser Vorteil gerät jedoch auch in vielen Fällen zum Nachteil. Das Instrument ist zwar einfach, aber es vereinfacht mit lediglich vier Feldern die Unternehmens- und Marktrealität sehr stark, sodass durch die Beschränkung auf die beiden Kriterien keine differenzierten Aussagen möglich sind. Ohnehin ist es in der Praxis nicht einfach, Grenzwerte für die beiden Dimensionen festzulegen. Neben der am häufigsten zitierten BCG-Portfoliomethode gibt es daher weitere Portfoliomethoden, die teilweise etwas komplexer sind und ebenfalls in der Praxis Anwendung finden.

Internationale Unternehmensberatungen haben versucht, mit diesen unterschiedlichen Methoden neue Beratungsansätze zu unterstützen. So ist eine weitere bekannte Abwandlung des Portfoliogedankens für die Marktanalyse das Marktattraktivitäts-Wettbewerbsvorteilsportfolio von McKinsey. Darüber hinaus gibt es das Multifaktorenportfolio von General Electric, das in ähnlichen Umfeldern Verwendung findet.

Die Portfoliomethoden werden üblicherweise dazu eingesetzt, das Wachstum und das notwendige Neugeschäft der Unternehmen zu planen. Intensives Wachstum wird dabei durch die Faktoren Marktdurchdringung, Marktentwicklung und Produktentwicklung beschrieben, während unter der Rubrik „Integratives Wachstum“ die Vorwärts-, Rückwärts- und horizontale Integration im Markt angestrebt wird.

Neu ist im Rahmen von Management 4.0 daher nicht der Umstand, dass sich das etablierte Management der bestehenden Unternehmung mit dem Niedergang einzelner Produktbereiche befassen muss. Es sind die Geschwindigkeit und die Radikalität, die beim digitalen Wandel deutlich anders beschaffen sind. Es liegt in der Natur der Sache, dass es der Wunsch der Unternehmensführung sein wird, mithilfe von erhaltenden Investitionen selbst sterbende Produkte möglichst lang am Leben zu erhalten. Es ist daher notwendig, dass eine klare Abgrenzung der konträren Zielsetzungen zwischen etabliertem Geschäft und disruptivem Neugeschäft erfolgt.

Nur dann, wenn eine offensive Strategie der neuen Produkte und Unternehmenseinheiten vollzogen wird, besteht eine Chance, dass man den digitalen Wandel als etabliertes Unternehmen bewältigen kann. Sonst besteht allein bereits innerhalb der jeweiligen Unternehmensbereiche die Gefahr, dass die echten Innovatoren unter den Kolleginnen und Kollegen buchstäblich als „Spielverderber“ ausgebremst werden (vgl. Straub/Kuhnecke/Kirchmann 2013, S. 213). Einige Großunternehmen haben diesen Schritt erfolgreich bewältigt. Axel Springer wurde 2015 als „Regelbrecher“ ausgezeichnet, da der etablierte Medienkonzern nicht nur sein Portfolio an etablierten Geschäftsfeldern bereinigt hatte, sondern es auch geschafft hatte, ausreichend in neue Geschäftsfelder zu investieren und dieses Neugeschäft behutsam in den Gesamtkonzern zu integrieren.

Die komplette Integration von jungen Unternehmen in einen traditionellen Konzern führt im Regelfall nicht zu einer Kurskorrektur des etablierten Unternehmens, sondern eher zum Erlahmen der jungen, agilen Organisationen. Das ist zum einen eine Lähmung durch einen bürokratischen Überbau, der dazu führt, dass beispielsweise pro genutztem Rechner im Unternehmen nicht nur die direkten Rechnerkosten aus der Abschreibung, sondern nahezu in derselben Höhe zusätzliche kalkulatorische Kosten für den zentralen IT-Support berechnet werden. Dazu kommt der Umstand, dass generell bei Zusammenschlüssen von Unternehmen die Integrationsprobleme auf der Ebene der kulturellen Auseinandersetzungen unterschätzt werden und in vielen Fällen nur die Symptome wie Machtkämpfe oder Abwanderung von Schlüsselmitarbeitern wahrgenommen werden (vgl. Spieß/Rosenstiel 2010, S. 167 f). Enge Regelungen und hohe Kosten sorgen bei einer unsensiblen Integration von Startups für ein nicht sehr hilfreiches Korsett. Das größte Problem ist jedoch der innere Interessenkonflikt. Wenn es darum geht, dass die jungen Unternehmen oder Unternehmensteile im Sinne disruptiven Wandels das Kerngeschäft des Mutterunternehmens in Frage stellen oder gefährden, dann setzen aufseiten des etablierten Unternehmensteils im Regelfall die Abwehrmechanismen ein, die dazu führen, dass man das junge Unternehmen, das bislang auch noch nichts zum Erfolg des großen Ganzen beigetragen hat, ausbremsen wird.

Ein typischer Beispielfall ist die Firma Kodak. In den 1970er-Jahren hat der Kodak-Ingenieur Steve Sasson die erste digitale Kamera entwickelt (Jarvis 2008). Kodak hatte in dieser Zeit jedoch keinerlei Interesse an einer solchen Innovation, verdiente man doch prächtig mit konventionellen Produkten. Damit hatte Kodak die Chance zum disruptiven Wandel im Sinne von Management 4.0 verpasst. Heute ist die digitale Fotografie etabliert und Kodak ist Geschichte.

Wie organisieren wir die Innovationen jetzt?

Ein Beispiel, wie ein traditioneller Konzern versucht, sich vor dem Hintergrund des digitalen Wandels komplett neu zu erfinden, ist Siemens. Nach Jahren der Affären (in der Industriesparte wurde beim Vertrieb allzu oft mit Bestechung gearbeitet) und Krisen (im Telekommunikations- und Mobil-Geschäft stellte sich das Unternehmen ab und an selbst ein Bein) wurde Ende 2015 wieder einmal positiv über das Unternehmen berichtet (Deckstein/Hammerstein 2015). Unter dem Vorstandschef Joe Kaeser hat der Konzern erkannt, dass es sich um eine Grundsatzfrage handelt, wie man mit innovativen Themen und jungen Unternehmen in einem Konzernverbund umgeht. Da man der eigenen Konzernstruktur nicht die Wandlungsfähigkeit per se zutraut, werden Beteiligungen an jungen Unternehmen dezentral geführt. Die Kooperation zwischen etablierten Konzerngeschäftsfeldern und jungen Unternehmen, an denen sich Siemens beteiligt hat, findet in einem wohldosierten Maße und in einem solchen Rahmen statt, dass die Vertreter des traditionellen Bereichs keine Möglichkeit haben, die Entwicklungsdynamik der jungen Startups zu blockieren. Gleichzeitig ist der etablierte Konzern stark unter Druck der Kapitalmärkte, da ihm das Schicksal drohen könnte, aufgekauft und filetiert zu werden, um dann mit einem erheblich höheren Gesamtwert der Teilbereiche und Teilfirmen zum lohnenden Investment zu werden. Hier liegt parallel zum digitalen Wandel für viele Konzerne aus traditionellen Branchen und Bereichen eine existenzielle Bedrohung. Auch bei einem Konzern wie Siemens, der über ausreichende Finanzressourcen für einen gezielten Kulturwandel verfügt, zeigt sich, dass die Entwicklung von Unternehmenskultur Zeit benötigt und der Anfang mit zu den schwierigsten Dingen gehört (Kaeser 2016).

Entscheidend ist es, die Erfahrung, die Marktkontakte und die finanziellen Ressourcen der etablierten Unternehmen als Umfeldvorteil den neuen Geschäftsfeldern und Unternehmenseinheiten zugänglich zu machen. Gleichzeitig muss man akzeptieren, dass die Größe und Tradition des Konzerns für manche Angehörige der Generation Y (vgl. Kapitel 4) eher abschreckend wirkt. Siemens hat mit dem Investment in bestehende Startups und dem Aufbau eines eigenen Inkubators die richtigen Zeichen gesetzt (Deckstein/Hammerstein 2015), dennoch können sich viele junge kreative Techies ein Leben im Konzern selbst nicht ohne Weiteres vorstellen. Da es sich hier um aktive, dynamische, zielorientierte Talente handelt, wäre es ein Verlust für Siemens – wie auch für andere etablierte (Groß-)Unternehmen – wenn dieser Teil des Arbeitsmarkts an Personal mit den entsprechenden Kompetenzen, Qualifikationen und Motivationen nicht erreicht werden könnte.

Grundsätzlich werden digitale Kompetenzen von den klassischen Unternehmen im Markt meist durch eigene Entwicklung, Investment oder Kooperation umgesetzt.

Dabei ist die Fähigkeit zur Digitalisierung und zur Anpassung im Sinne von „Digital Dexterity" (digitaler Geschicklichkeit) eine wesentliche Voraussetzung, um erfolgreich im Markt zu agieren und den digitalen Wandel als Unternehmen positiv zu gestalten (Bild 2.16).

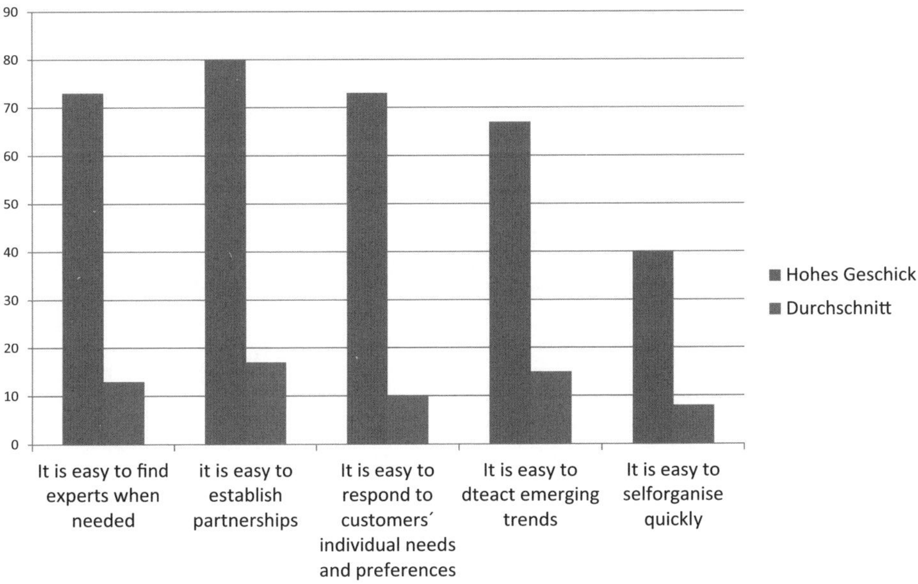

Bild 2.16 *„Advanced Level of Digital Dexterity is a Key Advantage over Competition"* (Quelle: Bonnet/Puram/Buvat/KVJ/Khadikar 2015, S. 6)

Im Ergebnis werden die Entwicklungen für den digitalen Wandel im Sinne von Management 4.0 (Bild 2.17) in drei unterschiedliche Entwicklungsrichtungen aufgeteilt:

- Aus dem traditionellen Kerngeschäft heraus werden die erhaltenden Innovationen geschaffen, indem die Prozesse und Produkte des traditionellen Geschäfts weiterentwickelt werden. Dies verhindert im Regelfall nicht den Absturz des Unternehmens, sorgt jedoch im Sinne des skizzierten Portfoliomanagements für eine möglichst lange Lebenszykluskurve und damit für mittel- bis langfristigen Erfolg.
- Wenn es gelingt, innerhalb der Teams des traditionellen Unternehmens disruptive Innovationen zu starten, ist es notwendig, diesen Innovationen ausreichend Raum zu geben, damit der direkte Wettbewerb zum Kerngeschäft nicht dazu führt, dass man ihnen die Chance nimmt, sich dynamisch zu entwickeln. Daher werden diese Geschäftsfelder im Idealfall so ausgegliedert, dass sie als komplettes Neugeschäft autark sind und keine Rücksicht auf das Stammgeschäft nehmen müssen. Damit werden dieselben Startup-Prinzipien innerhalb dieser Einheiten benutzt, um radikal neue Produkte und Geschäftsmodelle ohne Rechtfertigungs- und Verteidigungsstrategie der Funktionsträger der Mutterunternehmung durchführen zu können. Es entsteht ein „Corporate Startup" (vgl. Bestmann/Bartel 2015, S. 55).

- Als Ergänzung hierzu gibt es im Rahmen der Diversifikationsstrategie des Managements 4.0 die Beteiligung an disruptiven Startups zur strategischen Weiterentwicklung (vgl. Stephan 2015). Diese Unternehmen sind ebenfalls als Entrepreneur-Organisationen außerhalb der Mutterfirmen angesiedelt. Es besteht sonst die Gefahr, dass es nicht gelingt, die notwendigen Talente an Bord zu holen oder an Bord zu halten.

  „Das eigentliche Dilemma der Etablierten aber ist, dass die Querdenker, Innovatoren und Entrepreneure von Bord gehen, je größer und erfolgreicher ein Unternehmen wird.“ (Förster/Kreuz 2010, S. 106)

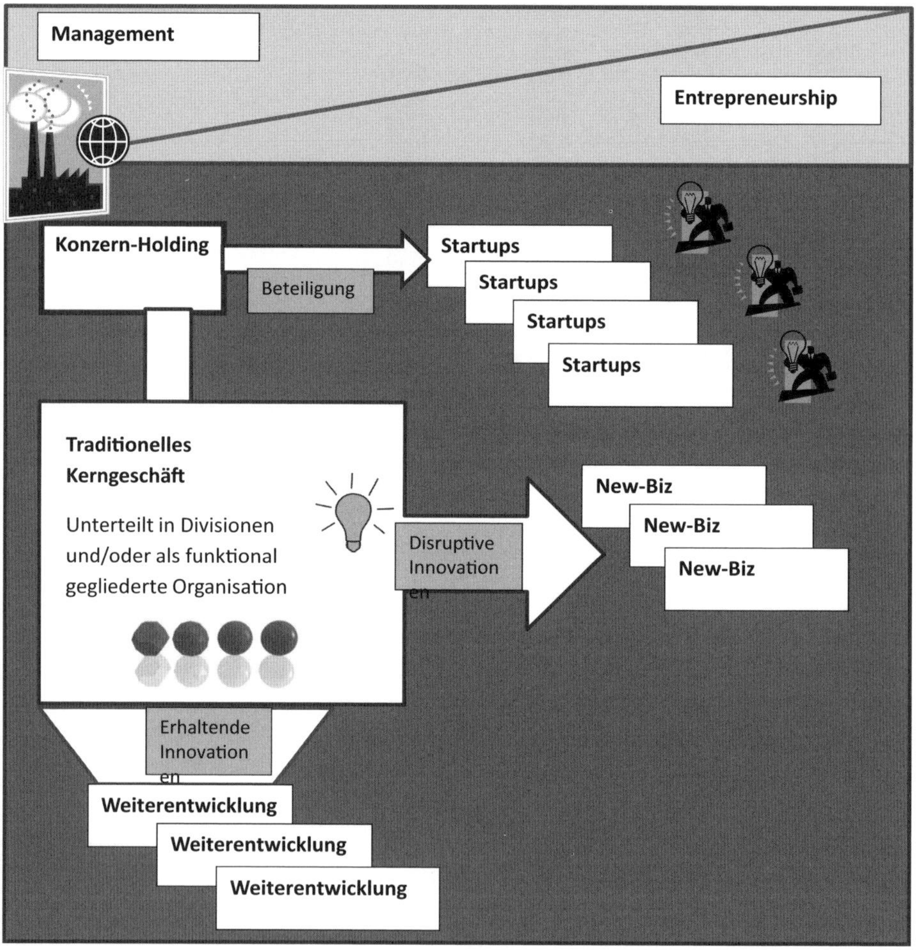

Bild 2.17 Grundprinzipien des entrepreneurmäßigen Managements (Quelle: Steinbeis-Beratungszentrum „Leadership in Science and Education“)

Praxisbeispiel: Heraeus

Wie schwierig es für ein traditionelles Unternehmen ist, sich auf eine disruptive Situation einzustellen und im Sinne des dargestellten Modells innerhalb des Unternehmens an Fahrt zu gewinnen, zeigt der Fall des Hanauer Edelmetall- und Technikkonzerns Heraeus. Denn ein etabliertes Unternehmen muss das traditionelle Kerngeschäft aktivieren und gleichzeitig in den entsprechenden neuen Geschäftsfeldern kleine, schlanke Unternehmen aufbauen. Der Markt ist dadurch geprägt, dass in vielen Segmenten die hochwertigen Materialien ersetzt oder reduziert werden. Ob Halbleiterindustrie oder Solarzellen, in allen neuen Geschäftsfeldern wird die Luft dünner und im klassischen Edelmetallhandel sind bereits seit Jahren nur noch marginale Renditen möglich.

Heraeus hat unter dem neuen Chef, dem Schwiegersohn des Unternehmers, begonnen, seine Struktur anzupassen. Differenzierte Sparten sollen Markt- und Kundennähe verbessern und auch die interne Kommunikation und Unternehmenskultur sollen modernisiert werden. Alle zwei Wochen trifft sich der Vorstandschef mit einem Dutzend Mitarbeiter/-innen aus allen Hierarchiestufen, die nach dem Nachnamen per Zufall ausgewählt werden, zum Mittagessen, um die interne Kommunikations- und Kooperationskultur zu verbessern. Das allein bringt zwar noch keinen kompletten Umschwung, ist jedoch ein wichtiges Signal für den eigenen Entwicklungs- und Reformanspruch (Werres 8/2015).

2.5 Literatur

Al-Baik, Osama/Miller, James (2015): The kanban approach, between agility and leanness: a systematic review, in: Empirical Software Engineering 20/2015, S. 1861 - 1897

Alvares de Souza Soares, Philipp (2/2016): Demo or die!, in: Manager Magazin 02/2016, S. 72 - 77

Anderson, Brian (2015): Plan to learn faster – See your product's big picture and streamline experimentation with user story mapping, June 12, 2015, *http://radar.oreilly.com/2015/06/plan-to-learn-faster.html* (Abruf: 04.12.2015)

Ansoff, H.I. (1976): Managing Surprise and Discontinuity – Strategic Response to Weak Signals, in: zfbf, 1976, S. 129 - 152

Bertsche, Bernd/Bullinger, Hans-Jörg (Hrsg.) (2007): Entwicklung und Erprobung innovativer Produkte – Rapid Prototyping: Grundlagen, Rahmenbedingungen und Realisierung, Springer/VDI Berlin/Heidelberg

Bestmann, Benjamin/Bartel/Daniel (2015): Lean Startup, in: Lang, Michael/Scherber, Stefan (Hrsg.) (2015): Agiles Management: Innovative Methoden und Best Practices, Symposion Düsseldorf, S. 53 – 72

Bonnet, Didier/Puram, Akshita Deora/Buvat, Jerome/KVJ, Subrahmanyam/Khadikar, Amol (2015): Organizing for Digital: Why Digital Dexterity Matters, Capgemini Consulting, *https://www.de.capgemini-consulting.com/digital-organizations* (Abruf: 08.02.2016)

Breyer-Mayländer, Thomas/Werner, Andreas (2003): Handbuch der Medienbetriebslehre, Oldenbourg München

Canditt, Sabine/Braun, Peter (2015): Mit Beyond Budgeting zu einem flexiblen Unternehmen, in: Lang, Michael/Scherber, Stefan (Hrsg.) (2015): Agiles Management: Innovative Methoden und Best Practices, Symposion Düsseldorf, S. 29 – 51

Daft, Richard L. (2000): Management, 5th edition, The Dryden Press, Harcourt College Publishers, Orlando

Dahm, Markus H./Haindl, Christoph (2015): Lean Management und Six Sigma: Qualität und Wirtschaftlichkeit in der Wettbewerbsstrategie, 3. Auflage, Erich-Schmidt-Verlag Berlin

Deckstein, Dinah/Hammerstein, Konstantin von (2015): Unter Geiern, in: Der Spiegel 49/2015, S. 86 – 91

Drucker, Peter F. (2005): Was ist Management? – Das Beste aus 50 Jahren, Econ-Ullstein Berlin

Drucker, Peter F. (2010): Das Geheimnis effizienter Führung, in: Harvard Business Manager, Edition I/2010, S. 7 – 13

Erbeldinger, J./Ramge, T. (2015): Durch die Decke denken: Design Thinking in der Praxis, Redline Verlag. München, 3. Auflage

Förster, Anja/Kreuz, Peter (2010): Nur Tote bleiben liegen – Entfesseln Sie das lebendige Potenzial in Ihrem Unternehmen, Campus Frankfurt

Gladwell, Malcolm (2009): Überflieger: Warum manche Menschen erfolgreicher sind – und andere nicht, Campus Frankfurt

Gloger, Boris (2010): Scrup: Der Paradigmenwechsel im Projekt- und Produktmanagement – Eine Einführung, in: Informatik-Spektrum 33-2-2010, S. 195 – 200

Grots, A./Pratschke, M. (2009): Design Thinking: Kreativität als Methode, in: Marketing-Review St. Gallen 2-2009, S. 18 – 23

Hanser, Eckhart (2010): Agile Prozesse: Von XP über Scrum bis MAP, Springer Heidelberg

Häusling, André/Kahl, Martin (2015): Agilität ohne Jojo-Effekt, in: Human Resources Manager Dezember 2015/Januar 2016, S. 18 – 19

Heider, Martin (2015): Retrospektiven – ein Weg zur agilen Organisation, in: Lang, Michael/Scherber, Stefan (Hrsg.) (2015): Agiles Management: Innovative Methoden und Best Practices, Symposion Düsseldorf, S. 109 – 132

Jarvis, Audley (2008): How Kodak invented the digital camera in 1975, May 09, 2008, in: Techradar, *http://www.techradar.com/news/cameras/photography-video-capture/how-kodak-invented-the-digital-camera-in-1975-364822* (Abruf: 04.12.2015)

Jensen, Sören/Katzensteiner, Thomas/Maier, Astrid (12/2012): Heiße Sohle, in: Manager Magazin 12/2012, S. 34 - 42

Kaeser, Joe (2016): „Die erste Million ist die schwerste", interviewt durch Steffen Klunsmann und Angela Maier, Manager Magazin 1/2016, S. 40 - 44

Karle, Roland (2015): Voll auf Speed, in: Absatzwirtschaft 10/2015, S. 38 - 43

Kaudela-Baum, Stephanie/Holzer, Jacqueline/Kocher, Pierre-Yves (2014): Innovation Leadership: Führung zwischen Freiheit und Norm. Springer Gabler. Wiesbaden

Kühnapfel, Jörg, B. (2015): Prognosen für Startup-Unternehmen, Springer-Gabler, Wiesbaden

Mack, Georg (2015): EDV-Unterstützung moderner Produktionsabläufe am Beispiel von Kanban unter Betrachtung konsistenter Daten, in: Dickmann, Philipp (Hrsg.) (2015): Schlanker Materialfluss: mit Lean Production, Kanban und Innovationen, Springer Berlin/Heidelberg, 3. Auflage, S. 541 - 545

Maier, Astrid (2/2013): Die Welt ist nicht genug, in: Manager Magazin 2/2013, S. 54 - 60

Maier, Astrid/Rickens, Christian (10/2011): Revolution, in: Manager Magazin 10/2011, S. 32 - 40

Maximini, Dominik (2013): Scrum – Einführung in der Unternehmenspraxis: Von starren Strukturen zu agilen Kulturen, Springer Gabler Wiesbaden

Meyer-Grashorn, Anke (2009): Spinnen ist Pflicht – Querdenken und Neues schaffen, Allitera München

Philipps, Christiane (2015): Agilität in Internet-Startups, in: Wolf, Henning (Hrsg.) (2015): Agile Projekte mit Scrum, XP und Kanban – Erfahrungsberichte aus der Praxis, dPunkt Heidelberg, S. 77-98

Reiß. Michael (1993): Die Rolle der Personalführung im Lean Management, in: ZfP 2/1993, S. 171-1

Ries, Eric (2012-02): The Lean Startup. Public Lecture, LSE, London 12.01.2012 *http://www.lse.ac.uk/assets/richmedia/channels/publicLecturesAndEvents/slides/20120112_1830_theLeanStartup_sl.pdf* (Abruf: 22.10.2015)

Ries, Eric (2013): Lean Startup: Schnell, risikolos und erfolgreich Unternehmen gründen, Redline Verlag München, 2. Auflage

RKW (Hrsg.) (2014): Design Thinking – außergewöhnliche Lösungen kundenorientiert entwickeln, RKW Kompetenzzentrum, Düsseldorf, September 2014

Roock, Stefan (2016): Scrum – auf dem Bierdeckel erklärt; Begriffe, Konzepte, Grundverständnis, dPunkt Verlag Heidelberg (OpenBook); *http://dpunkt.de/material/Scrum/ScrumPrimer.pdf* (Abruf: 04.02.2016)

Schächter, Markus (2010): Digitale Plattformen und Angebote für die Wissensgesellschaft, in: Redwitz, Gunter (Hrsg.) (2010): Die digital-vernetzte Wissensgesellschaft: Aufbruch ins 21. Jahrhundert, Piper München/Zürich, S. 366 - 372

Schmidt, Frank (2000): Strategisches Benchmarking, Josef Eul Verlag Köln/Lohmar

Schmikat, Ralf/Friedrich, Michael (2015): Agiles Requirements Engineerig mit User Stories und Story Maps, in: Lang, Micheal/Scherber, Stefan (Hrsg.) (2015): Agiles Management: Innovative Methoden und Best Practices, Symposion Düsseldorf, S. 72 - 88

Schulz, Thomas (2015): Was Google wirklich will: Wie der einflussreichste Konzern der Welt unsere Zukunft verändert, Deutsche Verlags-Anstalt München

Spieß, Erika/Rosenstiel, Lutz von (2010): Organisationspsychologie – Basiswissen, Konzepte und Anwendungsfelder, Oldenbourg München

Steckenleiter, Ernestine (2016): Gruppenarbeit 2.0 Gruppenarbeit in Zeiten von Lean und Flexibilität, in: Jöns, I. (Hrsg.): Erfolgreiche Gruppenarbeit, Springer Fachmedien Wiesbaden, S. 123 – 132

Stephan, Susanne (2015): Frische Ideen für große Konzerne, in: Wachstumschampions 2016, Focus Spezial 2015/2016, S. 30 – 31

Straub, Dietmar/Kuhnecke, Frank/Kirchmann, Torsten (2013): Change Management: Das Zugvogel-Prinzip – Notwendige Veränderungen erkennen und gemeinsam umsetzen, Hanser München

Student, Dietmar (06/2016): Wir können auch anders, in: Manager Magazin 06/2016, S. 80 – 86

Sutherland, Jeff (2015): Die Scrumrevolution – Management mit der bahnbrechenden Methode der erfolgreichsten Unternehmen, Campus Frankfurt

Syska, Andreas (2006): Produktionsmanagement – Das A – Z wichtiger Methoden und Konzepte für die Produktion von heute, Springer-Gabler, Wiesbaden

Teufel, P. (2009): Der Prozess der ständigen Verbesserung (Kaizen) und dessen Einführung, in: Bullinger, Hans-Jörg/Spath, Dieter/Warnecke, Hans-Jürgen/Westkämper/Engelbert (Hrsg.) (2009): Handbuch Unternehmensorganisation: Strategien, Planung, Umsetzung, Springer-Verlag Berlin/Heidelberg, 3. Auflage, S. 676 – 695

Vieweg, Wolfgang (2015): Management in Komplexität und Unsicherheit: Für agile Manager, Springer Fachmedien, Wiesbaden

Wellnitz, Jeanne (2016): Die Arbeitskultur innovieren, in: Human Resources Manager, Dezember 2015/Januar 2016, S. 36 – 37

Werres, Thomas (8/2015): Der Verlust des Goldstandards, in: Manager Magazin 8/2015, S. 52 – 55

3 Digitale Transformation als Überlebensaufgabe

Wie in den ersten beiden Kapiteln verdeutlich wurde, sind disruptive Veränderungen für die Überlebensfähigkeit und Entwicklungschance von Unternehmen aller Branchen entscheidend. Alle Märkte sind von der Digitalisierung betroffen. Es ist nur die Frage des Zeitpunkts und der Intensität, die unterschiedlich ausgeprägt ist. Kern des Managements 4.0 ist die Bewältigung des digitalen Wandels als klassischen betrieblichen Transformationsprozess (vgl. Schwenker/Hanßen 2009, S. 639). In der Hauptsache geht es um die Frage, wie die Strategie und Unternehmenskompetenz nach der Digitalisierung aussieht. Welche Überlebenschancen hat unser Unternehmen und was ist die dafür passende Struktur? In diesem Kapitel werden die Perspektiven und Herausforderungen des digitalen Wandels für unterschiedliche Branchensegmente dargestellt. Dies mag technisch bei der Charakterisierung etwas oberflächlich erscheinen, es geht jedoch in diesem Zusammenhang um die grundsätzlichen Marktstrukturen und Entwicklungslinien und damit um das relevante Entscheiderwissen für die notwendige Trend- und Technologieorientierung für ein wirksames Management 4.0.

3.1 Basis der Transformation: Internet of Things und Industrie 4.0

Ein großer Umbruch findet derzeit im industriellen Umfeld statt. Dabei hatten die meisten Vertreter der klassischen Industriebereiche zu Beginn des Internet- und Digitalzeitalters angenommen, dass vor allem Branchen mit digitalisierbaren Gütern wie die Medien- und Dienstleistungsbranche von den Veränderungen betroffen sind.

Die Individualisierung als Markt- und Gesellschaftstrend führt dazu, dass sich auch der Markt der meisten Endprodukte industrieller Fertigungsprozesse wandelt und damit die Anforderungen an die Produktionswirtschaft verändert. Megatrends, wie neue Mobilitätskonzepte (z. B. das Prinzip der Sharing Economy auf der einen oder Innovationen der Elektromobilität auf der anderen Seite) führen in der Summe zu einer noch größeren Variantenvielfalt. *„Gleichzeitig geht die Stückzahl pro Modell und Variante massiv nach unten“* (Bauernhansel 2014, S. 14), was sich entsprechend der dargestellten

Fixkostendegression negativ auf die Kostenstruktur auswirkt. Die gestiegene Komplexität erfordert Unternehmen, die mit flexiblen und agilen Strukturen in der Lage sind, sich dem Bedarf anzupassen.

Wenn wir die neuen Entwicklungen von Industrie 4.0 in den historischen Gesamtkontext der Bedingungen für die Fertigung von Produkten einordnen (Bild 3.1), zeigt sich, dass wir von der Einzelfertigung herkommen, anschließend die komplexe Massenproduktion erschlossen haben und damit erst manche Produkte wie das Auto massenfähig gemacht haben und nun wieder auf dem Weg zur vernetzten Einzelfertigung sind und hochspezialisierte und individualisierte Güter erzeugen können. Der Unterschied zu früher liegt in der Komplexität der Güter, die durch die Entwicklungsschritte stark gestiegen sind.

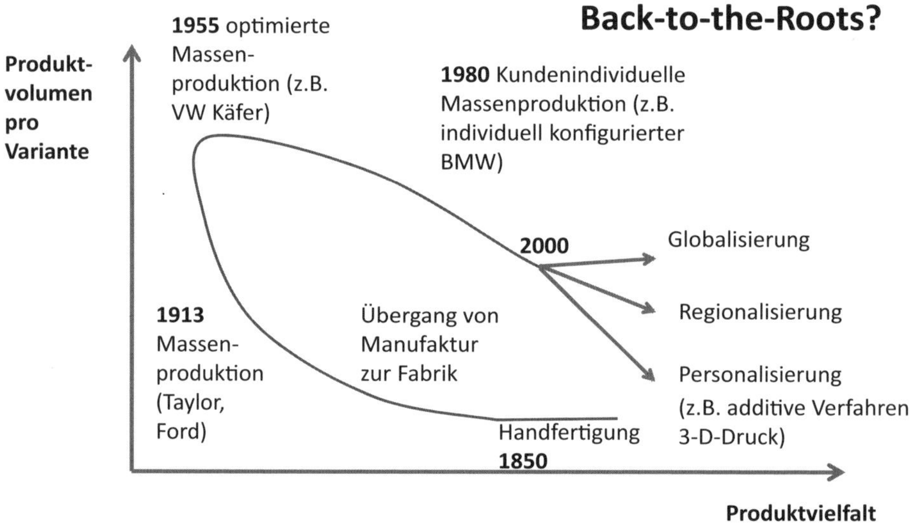

Bild 3.1 Individualisierung als Rahmen für Industrie 4.0 (Quelle: Bauernhansel 2014, S. 13)

Ein Großteil der Diskussion über den digitalen Transformationsprozess der deutschen Wirtschaft wird seit 2011 unter dem Schlagwort „Industrie 4.0" geführt. Es lohnt sich aber auch hier, die inhaltlichen Konzepte hinter dem Schlagwort anzusehen und die zugrunde liegenden Konzepte anzuschauen. Anfang der 1990er Jahre wurde die „fraktale Fabrik" vom Fraunhofer-Institut für Produktionstechnik und Automatisierung unter Hans-Jürgen Warnecke zum Thema gemacht (vgl. Warnecke 1992). Schon in diesen ersten Überlegungen zur smarten Fabrik waren Grundideen für die heutige Diskussion über Industrie 4.0 mit angelegt, die durch die vielen Projekte zur Vernetzung von Maschinen mit Maschinen (M2M) ergänzt wurden (vgl. Paetsch 2010, S. 40ff.). Die Tatsache, dass die heutige Technologie eine nahezu unbegrenzte Ausstattung von Geräten mit „Intelligenz" und eine mehrfach redundante Vernetzung zulässt, ermöglichte die Weiterentwicklung dieses historischen Ansatzes zur smarten Fabrik. Hier kommt vor allem die dezentrale vernetzte Produktion (vgl. Bauernhansl 2014, S. 17) als neues Element hinzu (vgl. Müller 1/2012).

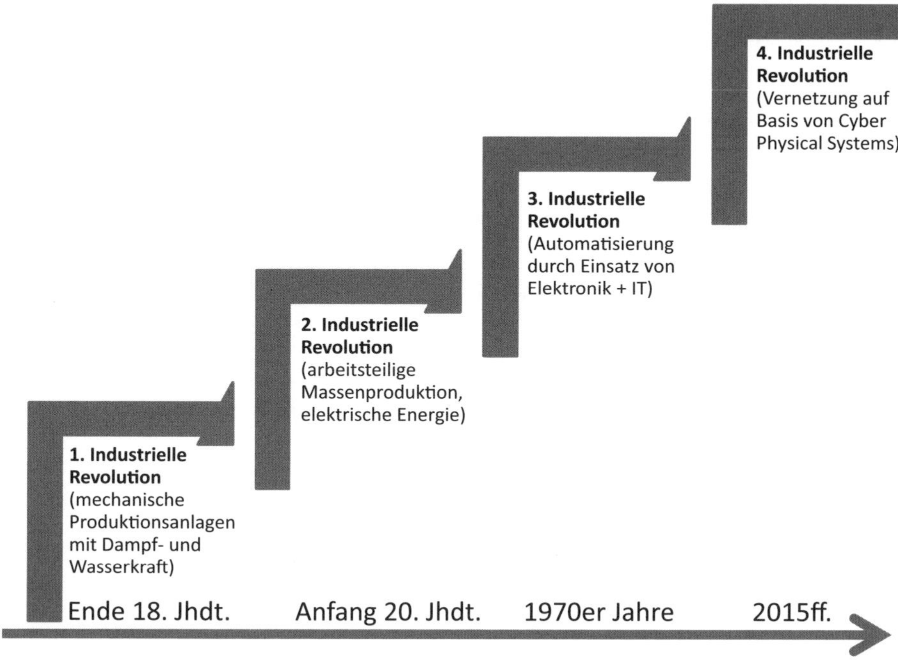

Bild 3.2 Die vier Stufen der industriellen Revolution bis zu Industrie 4.0 (Quelle: BMWi 2015, S. 8)

Die sogenannte vierte industrielle Revolution (Bild 3.2) wurde im Nachgang zu offiziellen Forschungsprojekten im Bereich cyberphysischer Systeme geprägt und repräsentiert das Ziel und den Anspruch der deutschen Industrie, in Verbindung mit Politik und Wissenschaft für eine zukunftsfähige industrielle Entwicklung in Deutschland zu sorgen.

> *„Unter dem Stichwort „Industrie 4.0“ werden die Möglichkeiten und Implikationen einer immer stärkeren Verschmelzung von physischer und virtueller Welt für industrielle Wertschöpfungsprozesse diskutiert. Technologische Trends wie Maschine-zu-Maschine-Kommunikation und das Internet der Dinge bedeuten eine erhebliche Effizienzsteigerung in Produktion und Service. Sie ermöglichen eine stärkere Individualisierung in Richtung maßgeschneiderter Kundenlösungen. Gleichzeitig setzen diese Trends aber auch die Geschäftsmodelle, die heute Wettbewerbsfähigkeit und Wohlstand für Deutschland garantieren, unter den Druck disruptiver Veränderungen.“* (BMWi 2015, S. 6)

Man sieht bereits an dieser kurzen Definition des Begriffs Industrie 4.0, dass es hier nicht nur um die Abgrenzung der Bereiche CPS (Cyber Physical Systems), Embedded Systems und Internet of Things (Internet der Dinge) geht, sondern auch eine starke politische Programmatik hinter dem Begriff steckt, die bereits in der Anfangsphase der Diskussion sichtbar wurde, als eine eigene Initiative „Industrie 4.0“ ins Leben gerufen wurde, die 2011 in die Öffentlichkeit ging:

Initiative Industrie 4.0

„Auf dem Gebiet der softwareintensiven eingebetteten Systeme hat sich Deutschland bereits eine führende Stellung insbesondere im Automobil- und Maschinenbau erarbeitet. Nun gilt es, den nächsten Schritt zum Internet der Dinge im industriellen Umfeld zu machen, damit Deutschland bis 2020 Leitanbieter auf diesem neuen Markt wird.

Durch die digitale Veredelung von Produktionsanlagen und industriellen Erzeugnissen bis hin zu Alltagsprodukten mit integrierten Speicher- und Kommunikationsfähigkeiten, Funksensoren, eingebetteten Aktuatoren und intelligenten Softwaresystemen entsteht hier eine Brücke zwischen virtueller („cyber space“) und dinglicher Welt bis hin zur wechselseitigen feingranularen Synchronisation zwischen digitalem Modell und der physischen Realität.

Bei der Entwicklung dieser Cyber-Physischen Systeme wird in Deutschland bereits auf die Ergebnisse mehrerer erfolgreicher Forschungsprojekte zurückgegriffen (Digitales Produktgedächtnis), deren Zielsetzung die Erforschung und Nutzung des Technologietrends für innovative Produkte und Lösungen ist.

In diesem Transformationsprozess tritt jetzt zusätzlich zur noch stärkeren Automatisierung in der Industrie (3. industrielle Revolution) die Entwicklung intelligenterer Überwachungs- und autonomer Entscheidungsprozesse neu hinzu, um Unternehmen und Wertschöpfungsnetzwerke in nahezu Echtzeit steuern und optimieren zu können.

In der Industrie führt dieser Ansatz zu einem Paradigmenwechsel, bei dem das entstehende Produkt erstmals eine aktive Rolle übernimmt: Nicht eine zentrale Steuerung, sondern quasi der Rohling für ein Produkt „sagt“, wie er in den einzelnen Fertigungsschritten bearbeitet werden muss.

Das entstehende Produkt steuert somit den Produktionsprozess selbst, überwacht über die eingebettete Sensorik die relevanten Umgebungsparameter und löst bei Störungen entsprechende Gegenmaßnahmen aus – es wird gleichzeitig zum Beobachter und zum Akteur.

Die vertikale Vernetzung eingebetteter Systeme bietet mit betriebswirtschaftlicher Anwendungssoftware neben völlig neuartigen Geschäftsmodellen erhebliche Optimierungspotentiale in Logistik und Produktion. Durch die lokale Autonomie aktiver digitaler Produktgedächtnisse, die direkt am Ort des Geschehens in der Produktions- und Logistikkette installiert sind, ergeben sich kürzeste Reaktionszeiten bei Störungen und eine optimale Ressourcennutzung in allen Prozessphasen.

Die Produkte selbst erhalten so unmittelbaren Zugang zu allen übergeordneten Prozessdaten und können detailgenau „entscheiden“ – und dies unter Vermeidung des Informationsverlusts, der häufig bei zentral organisierten Systemen aufgrund der (notwendigen) Verdichtung von Information *erfolgt. Damit ist es beispielsweise möglich, nicht nur den ökonomischen, sondern auch den besonderen ökologischen Anforderungen einer „grünen Produktion“ für eine CO_2-neutrale, energieeffiziente Stadt besser gerecht zu werden.*

Die Geschäftspotenziale der 4. industriellen Revolution liegen jedoch nicht nur in der betrieblichen Prozessoptimierung, sondern auch in ihren Dienstleistungen für vielfältige Anwendungsbereiche. Komplementiert wird das Internet der Dinge daher durch das sogenannte „Internet der Dienste“, denn Smart Products bieten ihre Fähigkeiten als intelligente Dienste an. Diese neue Generation von Produkten kann über das Internet durch Maschine-zu-Maschine-Kommunikation (M2M) eigenständig Informationen austauschen, Aktionen auslösen und sich wechselseitig steuern.

Erst durch semantische Technologien wird die Interoperabilität aller Dienste, die auf den neuartigen Cyber-Physischen Systemen aufsetzen, auch in offenen Regelkreisen sichergestellt.

Für den Zugriff auf die aktiven Produktgedächtnisse werde neue multimodale Interaktionsparadigmen notwendig, um den Anwendern die Mehrwerte des Internet der Dinge und der Dienste möglichst einfach zu erschließen.

Die dritte industrielle Revolution, die durch neue Materialen, Robotereinsatz und zentrale Steuerungssysteme geprägt war, wird in der nächsten Dekade mit dem Internet der Dinge auf der Basis Cyber-Physischer Systeme abgelöst: Deutschland sollte hierbei die erste Geige spielen.

Daher hat die Promotorengruppe Kommunikation der Forschungsunion Wirtschaft – Wissenschaft der Bundesregierung am 25. Januar 2011 in ihren Handlungsempfehlungen das Zukunftsprojekt Industrie 4.0 vorgeschlagen. Das Zukunftsprojekt wurde mittlerweile verabschiedet, mit der Umsetzung haben Wirtschaft, Wissenschaft und Politik bereits begonnen.“

(Kagermann/Lukas/Wahlster 2011)

Industrie 4.0 ist ein Szenario, bei dem es um eine zunehmende Kopplung und Verschmelzung der realen mit der virtuellen Welt geht (Bild 3.3). Was in den 1990er-Jahren des vorausgehenden Jahrhunderts noch die typische Spielerei der Gestalter und Architekten war, wurde zunehmend in reale Modelle und Simulationen überführt (Bild 3.4). Virtuelle Simulationen fanden gerade im Bereich Architektur schon früh Anwendungsfelder, die über das rein Spielerische hinausgingen (vgl. Bullinger/Bauer/Wenzel 2008). Das ist kein Zufall, sondern eine Entwicklung, die absehbar war. Bereits Mitte der 1990er-Jahre gab es bei Simulationen der Gesellschaft für Mathematik und Datenverarbeitung (GMD) in St. Augustin Modelle, die die heutige Diskussion über vernetzte Produktion und technische Simulationen bereits vorwegnahmen. Auch die Gestensteuerung ist ein Prinzip, das heute in vielen industriellen Kontexten von Bedeutung ist und in früheren Phasen vor allem im Umfeld der Spieleentwicklung relevant war.

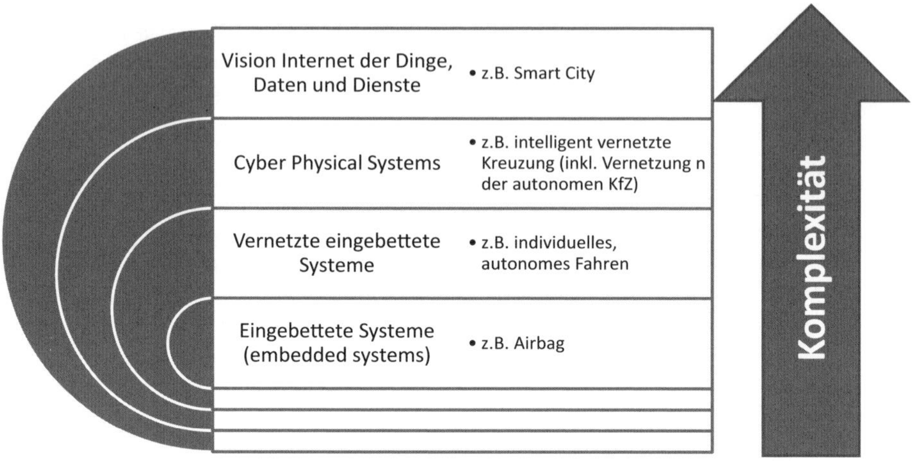

Bild 3.3 Evolution von eingebetteten Systemen zum Internet der Dinge, Daten und Dienste (Quelle: Geisberger/Broy 2012, S. 21)

Eng mit dem Begriff der Industrie 4.0 ist auch die Diskussion über das Internet der Dinge verbunden. Dabei wurde der Begriff zunächst im Kontext von Logistiklösungen verwendet, die bei Produkten mit RFID-Chips eine neue Form der Abstimmung und Kommunikation von Dingen (Waren) mit intelligenten Systemen ermöglichten. Der Bezeichnung liegen dabei unterschiedliche Deutungen zugrunde (vgl. Schlick/Stephan/Loskyll/Lappe 2014, S. 58 ff.).

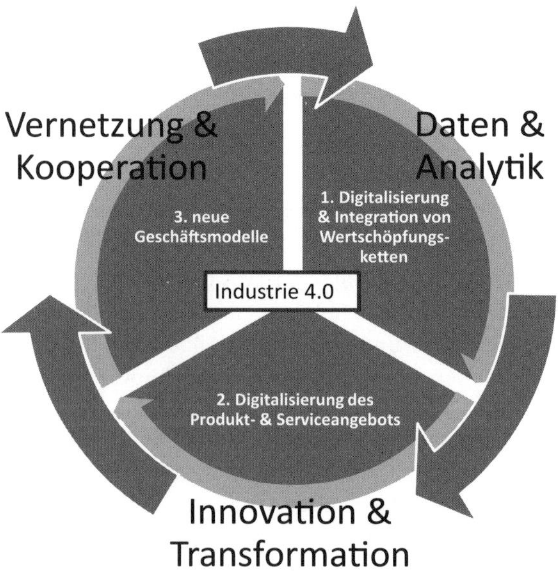

Bild 3.4 Framework für Industrie 4.0 (Quelle: Koch/Kuge/Geissbauer/Schrauf 2014, S. 11)

In Verbindung mit weiteren Detailtechnologien wie dem 3D-Druck sind bereits jetzt Anwendungsbereiche vorstellbar, die weit über den Kernbereich von Industrie 4.0 als Veränderung der Fertigungsindustrie hinausgehen (vgl. Cole 2015, S. 43 ff., S. 115). Allgemein gesprochen geht es beim Sammelbegriff 3D-Druck um ein additives Fertigungsverfahren, bei dem im Gegensatz zur subtraktiven Fertigung nicht etwa von einem Ausgangsstück so lange Material abgetragen wird, bis das gewünschte Produkt entsteht, sondern so lange Material aufgebaut wird (vgl. Hertling 2015).

Der 3D-Druck greift dabei im Bereich von Industrie 4.0 auf die Erfahrungen und Grundideen des Rapid Prototyping (vgl. Westkämper/Warnecke 2010, S. 262) zurück, ermöglicht jedoch nicht nur die Entwicklung von Prototypen, sondern in Verbindung mit digitalen Vertriebs- und Kommunikationstechniken auch die Herstellung und Vermarktung von Produkten mit sehr kleinen Losgrößen, die unter Umständen auf Kundenwunsch auch in individuelle und individualisierte Produkte einfließen können.

Es ist eine Technologie, deren volle Marktreife und -bedeutung für das Jahr 2025 prognostiziert wird (vgl. Schwab 2016, S. 161). Dies kann bis zum komplett individuellen Produkt führen und es können unterschiedliche Materialien bis hin zu Keramikformen über 3D-Druck erstellt werden (vgl. Asche 2016).

Das additive Verfahrensprinzip ist grundsätzlich materialsparend und bietet somit in Verbindung mit der Möglichkeit, Distanzen zu überwinden, eine Reihe von Einsatzmöglichkeiten (Bild 3.5). Die populärste Anwendung des 3D-Drucks jenseits der Fertigung von Kunststoffteilen ist der Bereich der Süßwaren. Der Hersteller Katjes hat die individualisierte Süßigkeitenproduktion als „Magic Candy Factory" in den Markt gebracht (vgl. Asche 42/2015). Für die Medizin sind Implantate und Bohrschablonen im Test (vgl. Asche 49/50/2015) und selbst komplette Häuser können 2015 durch 3D-Druck hergestellt werden (Schürmann 49/50/2015).

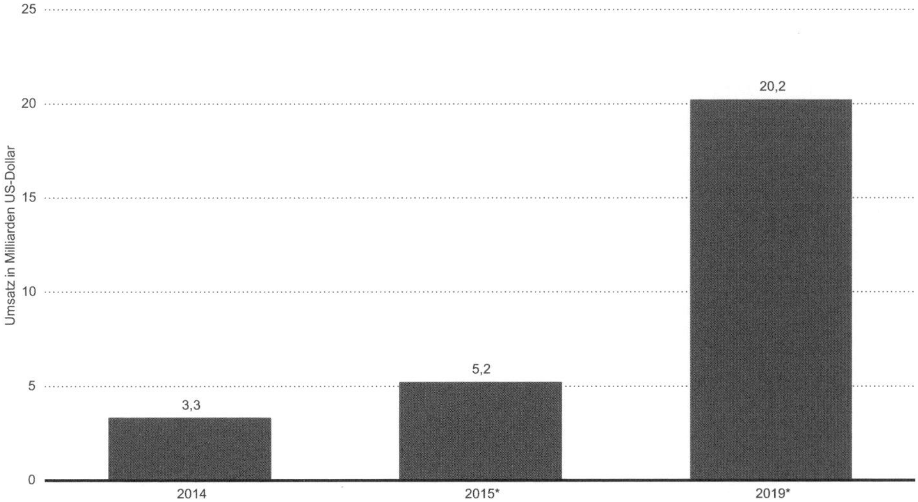

Bild 3.5 3D-Druck als 20-Milliarden-Dollar-Business (Quelle: Canalys 2015; zitiert nach Statista)

Der Handelsexperte Ulrich Eggert sieht in einer Zwischenphase Chancen für den Handel, sich als stationäre Ausgabestation digitaler individueller Kundenwünsche zu etablieren (vgl. Eggert 2015). Der Kunde sucht sich sein Wunschobjekt am Computer aus, gestaltet es noch individuell (z. B. mit eigenen Abbildungen oder Texten) und lässt es dann beim Händler seines Vertrauens vor Ort anfertigen. Anschließend kann er das fertig ausgedruckte Endprodukt nach dem „Click & Collect"-Prinzip beim Händler abholen.

Wir haben hier wieder den typischen Long-Tail-Effekt und eine zunehmende Individualisierung des Konsums, der erstmals in großer Stückzahl darstellbar wird. In der nächsten Entwicklungsstufe muss man jedoch davon ausgehen, dass für viele Standardentwicklungsbereiche der stationäre Handel als „Ausdruckstation" überflüssig wird, da die Privathaushalte dann in der Lage sind, sich Endprodukte in einer bestimmten, eher einfacheren Qualität selbst auszudrucken.

Der Weg von der Setzerei/Druckerei, zum Desktoppublishing und Auftragsdruck, bis hin zur Abwicklung der meisten Drucksachen in Eigenregie kann hier als Beispiel dienen, wie ein derartiger Prozess die Wertschöpfungsstrukturen im Lauf der Zeit verändern kann. Im Bereich Textil/Mode und Sportswear haben wir Stand 2016 bereits erste Projekte, die eine individualisierte Fertigung im Shop vor Ort vorsehen und damit auch dem stationären Handel eine neue Bedeutung geben.

Damit Industrie 4.0 in vollem Umfang funktioniert, müssen auch die technischen Standards definiert werden, wie im Rahmen des Internets der Dinge nun genau diese „Dinge" miteinander kommunizieren. Der Standard der deutschen Plattform Industrie 4.0 (RAMI 4.0) setzt hier sehr stark auf den Bereich Industrie mit Lebenszyklusmodellen über die Wertschöpfungsketten hinweg, im Gegensatz zum Referenzmodell des Industrial Internet Consortium (IIC), das sich stärker auf das Internet of Things konzentriert (vgl. Ciupek 2016). Ziel ist eine eindeutige datenmäßige Repräsentation eines Produkts, um es in die vernetzte Welt zu integrieren, was aus einem einfachen Produkt ein cyberphysisches System macht. Die Entwicklung von Industrie 4.0 wird dadurch begünstigt, dass industrielle Prozesse bereits aufgrund der organisatorischen Gliederung informations- und IT-orientierte Abläufe und Strukturen darstellen (vgl. Kirsche 2010, S. 541). Bild 3.6 zeigt Industrie 4.0 als digitales Transformationsfeld.

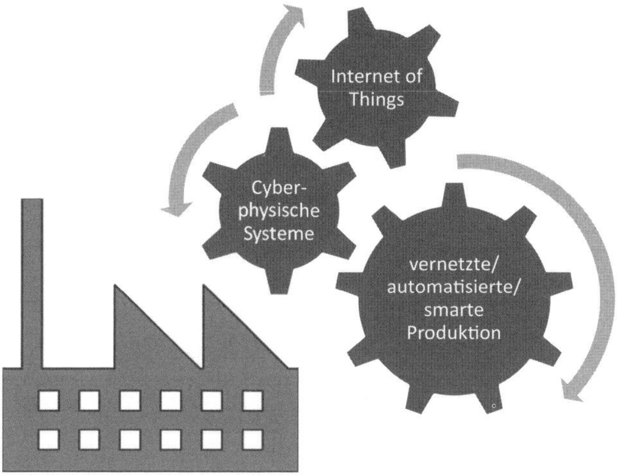

Bild 3.6 Industrie 4.0 als digitales Transformationsfeld (Quelle: Steinbeis-Beratungszentrum „Leadership in Science and Education")

Praxisbeispiel: Industrie 4.0 ist Chefsache – gerade beim Mittelstand

Dass das Schlagwort von Industrie 4.0 sehr stark politisch geprägt ist und damit auch immer wieder in der Öffentlichkeit stattfindet, ist bei den Definitionen bereits deutlich geworden. Damit ist zwar sichergestellt, dass für jeden, der am öffentlichen Geschehen teilnimmt, der Begriff mit bestimmten Bedeutungen belegt ist, aber welche Konsequenz man daraus zieht, bleibt offen. Die Tatsache, dass alle Mitglieder der Chefetagen des deutschen Mittelstands sich selbst eine Vorstellung davon machen, was Industrie 4.0 allgemein bedeutet und ob es sie selbst betrifft, sichert noch nicht die Handlungsfähigkeit der deutschen Wirtschaft.

„Klar ist, das Thema Industrie 4.0 muss der Revolutionsführer, vulgo: CEO, treiben" (Maier/Student 12/2014, S. 95). Beispiele von Chefs, die kurzfristig gebrieft von ihrem jeweiligen Projektleiter versuchen den Gremien völlig neue Geschäftsmodelle zu vermitteln und damit nach wenigen Rückfragen scheitern, gibt es zahlreich. Sie zeigen, dass eine gründliche Auseinandersetzung und eine echte Identifikation notwendig sind, um im Sinne von Industrie 4.0 die strategischen Wendepunkte zu erkennen und einzuleiten. Als Führungskraft, die auf den Top-Ebenen agile Führungskräfte leitet, ist es von besonderer Bedeutung, den Wandel zu unterstützen und den eigenen Führungskräften zu vertrauen, damit sie gerade in Phasen des Umbruchs ihre Arbeit mit dem notwendigen Rückhalt „von oben" durchführen können (vgl. Röpstorff 2015, S. 132 f.)

Ein Paradebeispiel hierfür ist Klöckner & Co., die das Konzept des Stahlhandels hinterfragt haben (vgl. Keese 2014, S. 165 ff.). Im Stahlsektor haben wir es mit einem Markt zu tun, der schon früh aus der Perspektive der Theorie daraufhin untersucht wurde, ob er sich als Objekt für digitale Plattformen eignen würde (vgl. Abrams 2000 und Abrams 2002, S. 154 ff.). Es geht darum, aus einem sehr traditionellen Geschäft, bei dem die Deals via Telefon und Fax abgewickelt werden, ein disruptiv neues Modell zu entwickeln. Bei Klöckner herrscht die Überzeugung, dass jede Industrie und Branche von der Digitalisierung betroffen ist (vgl. Schmidt 2016). Die eigene Branche als Teil eines Disruptionsprozesses zu sehen, ist notwendig, um gerade im Mittelstand bei den traditionellen deutschen Industrien, wie dem Fertigungsbereich, eine ausreichende Weiterentwicklung im Sinne von Industrie 4.0 zu erzielen. Benötigt wird damit die Qualifikation von Management 4.0 zur Einführung von Industrie 4.0. Im Rahmen dieser „digitalen Weisheit" auf der Ebene der Chefetage ist es notwendig, auch an die Einführung neuer Strategien und Arbeitsprinzipien und damit an die Managementprozesse der Veränderung zu denken. Auch hier ist im Sinne der Lebensklugheit eine realistische Einschätzung notwendig. *„Das Beharrungsvermögen im Mittelstand wird traditionell unterschätzt. Die Leute ab Reihe zwei entfalten beim Blockieren eine Dynamik, die nach vorn gerichtet, der Digitalisierung erst den rechten Schub verleihen würde"* (Maier/Student 12/2014, S. 96). Es bleibt damit eine umfassende Führungsaufgabe, Management 4.0 umzusetzen. Joe Kaeser sieht drei Erfolgsfaktoren für Deutschland zur Gestaltung des digitalen Wandels aus Sicht der Industrie (Kaeser 2015, S. 33):

„1. Wir brauchen eine moderne Infrastruktur.

2. Wir brauchen exzellent ausgebildete Menschen.

3. Wir brauchen einen Kulturwandel." ■

Praxisbeispiel: Wie gut sind die deutschen Maschinenbauer auf Industrie 4.0 vorbereitet?

Der VDMA hat im Oktober 2015 eine Studie vorgestellt, die analysiert, wie gut die deutsche Maschinenbaubranche für die Herausforderungen von Industrie 4.0 gewappnet ist (Lichtblau et al. 2015). Dabei wurde der Stand des Know-hows und der Aktivitäten in den Bereichen „Smart Factory", „Smart Operations", „Smart Products" und „Data-driven Services" erhoben (vgl. Lichtblau et al. 2015, S. 12).

Die daraus resultierenden Dimensionen und Themenfelder von Industrie 4.0 zeigt Bild 3.7 (Lichtblau et al. 2015, S. 22). Als Ergebnis erkennt man deutliche Unterschiede in der Fähigkeit der Unternehmen, mit den Neuerungen und Herausforderungen von Industrie 4.0 umzugehen. Die schwierigste Situation scheint nach wie vor im Bereich Data-driven Services zu existieren, da hier viele Unternehmen mehr oder weniger Fehlanzeige meldeten, als es um die eigene Vorbereitung auf dieses Themen- und Geschäftsfeld ging.

Bild 3.8 zeigt, dass es beim Thema Data-driven Services derzeit nur wenig Exzellenz zu geben scheint.

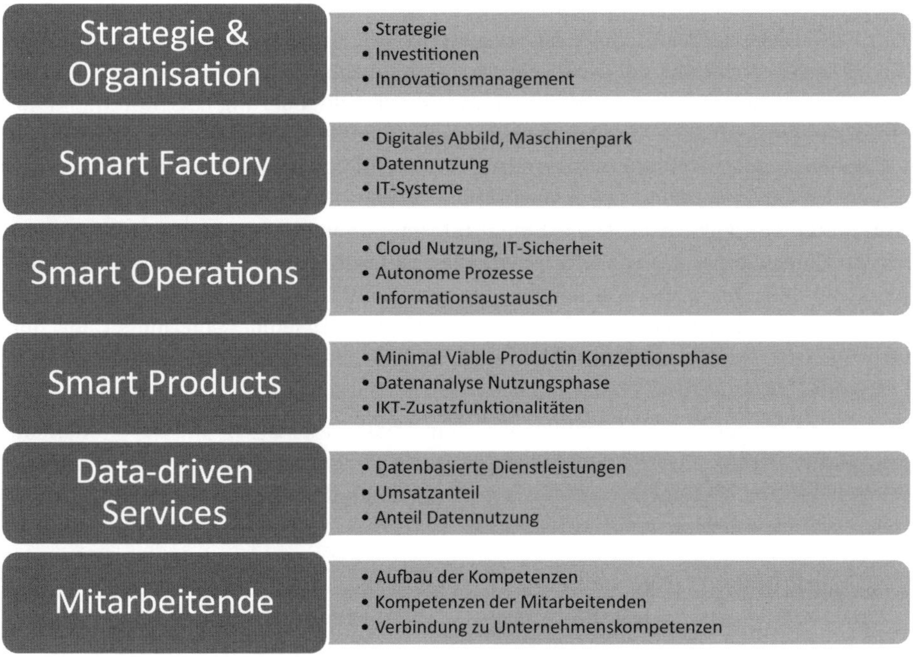

Bild 3.7 Dimensionen des VDMA-Readiness-Modells zu Industrie 4.0 (Quelle: Lichtblau et al. 2015, S. 22)

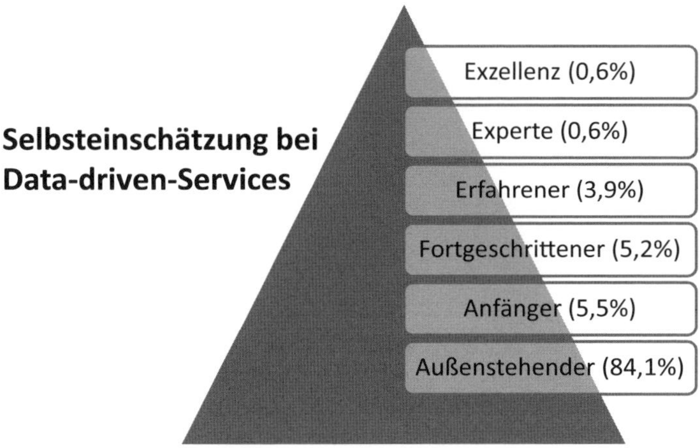

Bild 3.8 Stufen der Exzellenz für Data-driven Services (Quelle: Lichtblau et al. 2015, S. 49)

3.2 Motor der Transformation: Smart Data und vernetzte Produktion

Ein Buzzword, das unabhängig von der jeweiligen Branchenzugehörigkeit inzwischen für alle Belange der künftigen Geschäftsentwicklung benutzt wird, ist „Big Data". Der Begriff beschreibt dabei zunächst nur die Datenmengen. Längst ist es jedoch ein Analyseprinzip geworden, das unter anderem die Echtzeitsteuerung von Unternehmensprozessen gestatten soll. Mit den diversen Vs (Volume, Velocity, Variety, Veracity, Value, Variability, Vagueness) (vgl. Vossen 2015, S. 35) haben die Daten in vielen Fällen eine Dimension angenommen, die zu Beginn des Jahres 2016 die üblichen Verarbeitungskapazitäten von Firmen noch übersteigt. Information ist die Vorstufe von Wissen und um ein Unternehmen als Wissensorganisation zu positionieren, ist daher eine Informationsselektion und -reduktion geboten (vgl. Aunkofer 2010, S. 157). Die Kernaufgabe umfasst dabei die Analyse und Filterung der riesigen Datenmengen, um sie für sinnvolle Dienstleistungen oder unternehmerische Entscheidungsprozesse einschätzen zu können (vgl. Kao 2010, S. 29 ff.).

Die vier gängigsten Vs für Datenmenge, Datenvielfalt, Datengeschwindigkeit, Datenanalyse zeigen bereits das Handlungsfeld auf, das mit Big Data verbunden ist (Bild 3.9). Dabei liefert die Technologie auf Basis der exponentiellen Technologieentwicklung die Grundlage für das Management der Daten.

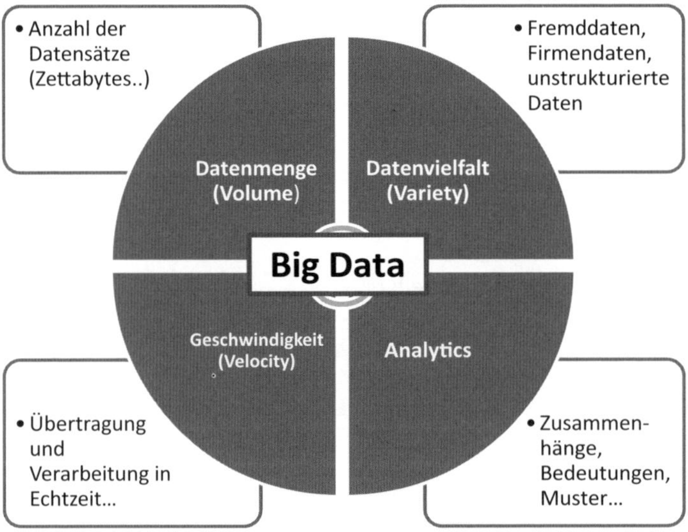

Bild 3.9 Vier Grunddimensionen von Big Data (Quelle: BITKOM 2013)

Wenn eine geeignete Infrastruktur besteht, kann wiederum das Datengerüst dazu verwendet werden, auf Basis der Zusammenhänge neue Funktionalitäten zu etablieren, die weit über das hinausgehen, was bislang im Rahmen der Business Intelligence möglich war (Bild 3.10). Traditionelle Managementinformationssysteme waren beispielsweise darauf ausgerichtet, Rohdaten zu speichern, zu verarbeiten und in möglichst einfach interpretierbaren Varianten Zusammenhänge aufzuzeigen und Analysen zu unterstützen. Mithilfe von Big Data werden komplexere Zusammenhänge analysierbar und es können auch im Rahmen von „predictive analytics" Prognosen und komplexe Simulationen durchgeführt werden.

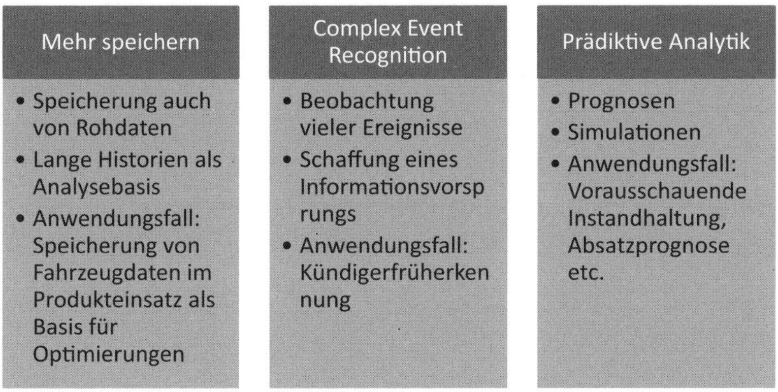

Bild 3.10 Fachliches Innovationspotenzial von Big Data (Quelle: Wrobel 2012, S. 27)

Dass Big Data jedoch nicht nur eine Analyseform ist, die im Bereich Handel oder Dienstleistungen von Relevanz ist, zeigt Bild 3.11. Informationssysteme, Embedded Systems und cyberphysische Systeme bilden am Ende ein eigenes Datenökosystem.

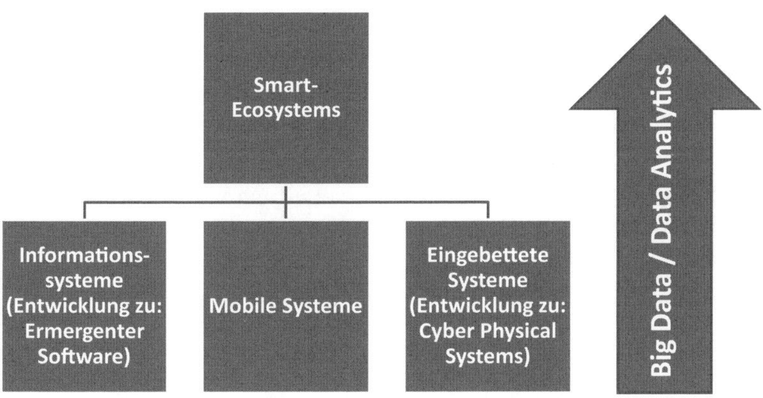

Bild 3.11 Big Data als Querschnittsthema des digitalen Wandels (Quelle: Liggesmeyer/Dörr/Heidrich 2014, S. 107)

Um den vollen Nutzen der intelligenten vernetzten Systeme im Rahmen von Industrie 4.0 nutzbar zu machen, muss man in der Lage sein, mit seinen Personalressourcen auch tatsächlich die Systeme zur Analyse der vielen gewonnenen Daten einzusetzen. Seit Predictive Analytics und Big Data als Buzzwords im Umlauf sind, haben die meisten Unternehmen zwar im Bereich der Investitionen in Systeme nachgezogen. In der praktischen Umsetzung fehlt es somit nicht an den Möglichkeiten der Datenanalyse in technischer Hinsicht, oftmals aber sowohl im Hinblick auf die Zeitressourcen als auch auf die Mitarbeiterqualifikation an den Möglichkeiten in personeller Hinsicht.

Praxisbeispiel: „Big Data" für Industrie 4.0

Nutzung der Maschinendaten zur Sicherstellung der störungsfreien Produktion durch vorhersagende Wartung (predictive maintenance)

Die Vielzahl von Daten über Last, Auslastung, Maschinenzustände, Umgebungsbedingungen usw. in Verbindung mit entsprechender Sensorik können für detaillierte Prognosen über das Ausfallverhalten kritischer Komponenten genutzt werden.

Echtzeitreaktion auf Produktionsdaten auf der Geschäftsebene

Aktuelle Daten aus der Produktion (Fertigungsmengen etc.) können zeitnah den betrieblichen IT-Systemen (ERP) verfügbar gemacht werden, sodass darauf aus betrieblicher Ebene reagiert werden kann (z. B. mit Umplanung, Veränderungen in den aktuellen Logistikvorgängen). Dies ermöglicht ein Managementhandeln in Echtzeit.

Steuerung der Produktion nach Geschäftsbedürfnis

Das volle Potenzial des Internets der Dinge wird, wie beim oberen Punkt dargestellt wurde, im Rahmen von Industrie 4.0 nutzbar, wenn auch die Kommunikation vom Menschen zur Maschine mit einbezogen wird (Veränderungen der Abfolge von Produktionsschritten bei veränderten Anforderungen oder Störungen).

Steuerung der Produktion durch Kommunikation von Maschinen untereinander

Maschinen müssen oft für das zu bearbeitende Material speziell und individuell konfiguriert werden.

Durch Technologiedatenaustausch ist zwischen vernetzten Maschinen ggf. eine automatische Anpassung der Daten möglich (vgl. Kagermann/Wahlster/Helbig 2013).

Beidseitige Interaktion von Geschäfts- und Produktionsebene

Durch den Einsatz von Sensoren im Produktionsprozess ist es möglich, Qualitätsprobleme vorgeplanter Produktionsabläufe zu erkennen. Über eine Kopplung an das Prozessmanagementsystem findet eine intelligente Neuberechnung der Produktionspläne in Echtzeit statt, die auch die aktuell anstehenden Aufträge und ähnliche betriebliche Parameter mit einbezieht, also eine Kombination der Daten aus betrieblicher und externer Produktionswelt erfordert. Die Sicherheit und Präzision der Vorgänge erhöhen sich. Voraussetzung hierfür ist die komplette Datenintegration.

Produktdatenintegration

Die Kopplung zwischen den Daten aus der Produktion und den Daten auf betrieblicher Ebene wird unter dem Begriff der Produktdatenintegration zusammengefasst.

Umfassende Produktdatenintegration wird mit einigen Herausforderungen konfrontiert:

- Die Heterogenität hinsichtlich Alter und Herkunft des Maschinenparks
- Entwicklungs- und Innovationszeiträume in IT und Maschinenbau divergieren (Monate versus Jahre).
- Die Sicherheitsanforderungen an die IT-Systeme nehmen noch mehr zu.
- Daten werden auch in diesem Bereich zu einem Handelsgut.

(Quelle: Steinbeis-Beratungszentrum „Leadership in Science and Education" in Erweiterung von: Schöning 2015, S. 545 - 548) ■

Dass im Bereich Marketing und dort insbesondere im Online-Marketing und digitalen Marketing eine große Spielwiese für Tests und Anwendungen von Big Data existiert (vgl. Kreutzer 2015, S. 7 ff.), ist sehr vielen Menschen bewusst. Wer seine Daten auf Kundenkarten im Stile von Payback zu Markte trägt, ist sich mehr oder weniger darüber im Klaren, dass die dort verzeichnete Einkaufshistorie (Was habe ich wann, wo, zu welchem Preis gekauft?) bereits Schlussfolgerungen über das eigene Mobilitäts-, Freizeit- und Konsumverhalten zulässt. Wenn man dazu noch die Daten nimmt, die jede Website einfach dadurch generiert, dass sie mittels „Cookies" die Nutzer mit identifizierbaren Nummern versieht, erhält man schon ein nahezu umfassendes Interessenspektrum, das die Social-Media-Plattformen wie Facebook oder der Suchmaschinen- und Mail-Dienstleister Google noch um zahlreiche zusätzliche Bewegungsdaten im virtuellen Raum ergänzen können. Von Google ist beispielsweise bekannt, dass anhand der Mailinhalte auf Google-Mail eigene Profile generiert werden.

Die nächste Stufe der Datenanalyse erhält man bei komplexen Systemen, die in der Lage sind, Daten in Echtzeit zu analysieren und zu interpretieren. Unter Begriffen wie „Streaming Analytics" werden diese Entwicklungen zusammengefasst (Bild 3.12).

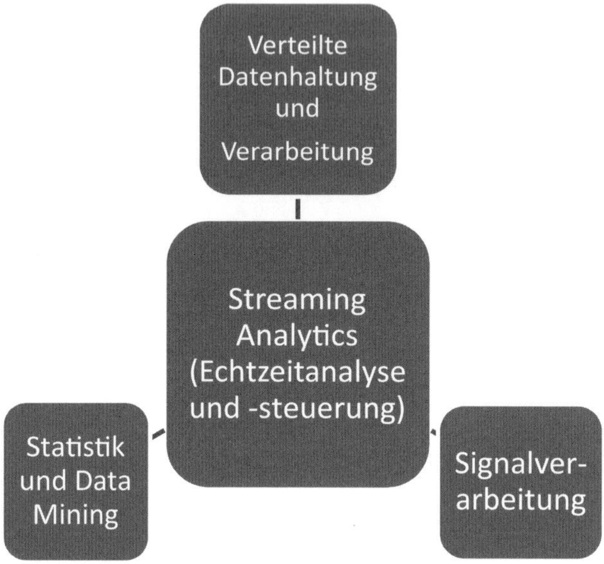

Bild 3.12 Streaming Analytics (Quelle: Steinbeis-Beratungszentrum „Leadership in Science and Education“, abgeleitet aus: Ortega 2015, S. 57)

Ausgehend von den naheliegenden Anwendungen im Bereich des Marketings, die nicht zuletzt durch die öffentliche Diskussion um Datenschutz und den Umgang mit Kundendaten stärker im Bewusstsein vieler Menschen verankert sind (vgl. Meik 2012, S. 54 ff.), gibt es zahlreiche Anwendungen in anderen Bereichen. Dass es auch im Bereich der Endkunden künftig um mehr geht als nur um Datenaggregation, zeigt ein häufig kritisch kommentiertes Zitat des Google-Chefs Eric Schmidt:

> *„Ich glaube, die Leute wollen nicht, dass Google ihre Fragen beantwortet. Sie wollen, dass Google ihnen sagt, was sie als Nächstes tun sollen.“* (Vgl. Kurz/Rieger 2011, S. 95)

Insbesondere klassische B2B-Anwendungen, die nicht den Endverbraucher, sondern andere Unternehmen und Institutionen als Vertragspartner haben, sind schwieriger zu analysieren. Ein Beispiel hierfür ist Predictive Analytics in der Fertigungsindustrie, ein wesentlicher Bestandteil der öffentlichen Diskussion um Chancen und Risiken von Industrie 4.0. Dabei muss man zunächst grundsätzlich die industrielle Produktion als Teil eines Erneuerungsprozesses betrachten. Auf unterschiedlichen Konkretisierungsebenen und mit abweichenden Zeithorizonten geht es zunächst um strategische und strukturelle Belange. Bereits auf der Ebene der Strukturen sind die meisten Produktionsprozesse außerordentlich komplex, da neben den Systemelementen, die dem eigenen Unternehmen unterliegen, auch bereits eine Reihe von Systembestandteilen einbezogen werden müssen, die bei Kooperationspartnern oder bei Kunden oder Dienstleistern angesiedelt sind. Bild 3.13 gibt einen Überblick über die Gestaltungs- und Simulationsebenen.

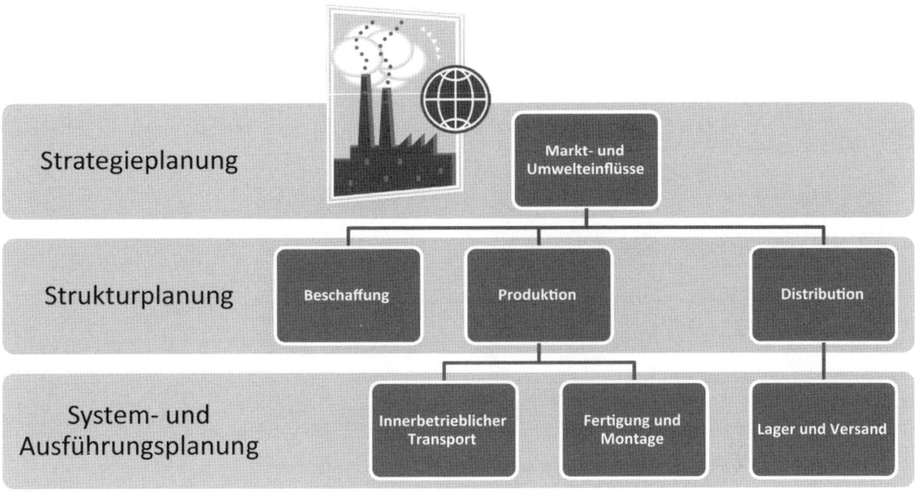

Bild 3.13 Gestaltungs- und Simulationsebenen (Quelle: Pawellek 2014, S. 379)

Im Rahmen von Industrie 4.0 ist die notwendige Datenanalyse eine interdisziplinäre Aufgabenstellung. Ziel ist die „Beherrschung von komplexen Systemen und Anpassung der Arbeitsorganisation“ (Wieland/Pfitzner 2014, S. 82) als Teil des Transformationsprozesses für Industrie 4.0. Data Mining ist hier eine Disziplin im Rahmen der Big-Data-Diskussion, die helfen soll, die möglichen Erklärungsmuster zu analysieren.

Smart Data

In vielen Darstellungen von Industrie 4.0 wird direkt und ausschließlich die vernetzte Produktion oder die intelligente oder smarte Produktion thematisiert. Dies liegt daran, dass es sich dabei um ein typisches Element der vierten industriellen Revolution handelt, das zudem noch in einer der Kernbranchen und Kernfunktionen der deutschen Wirtschaft stattfindet. Wenn das Internet der Dinge (Internet of Things, IoT) dadurch gekennzeichnet ist, dass es sich bei den Dingen um Fertigungsprodukte und Maschinen handelt, die innerhalb einer Fabrikproduktion angesiedelt sind, erwacht der deutsche Innovationsgeist. Schließlich handelt es sich um ureigene Schlüsselbranchen, die zentral sind für die volkswirtschaftliche Entwicklung und aufgrund der Tausenden von Arbeitsplätzen, die davon abhängen oder abhingen, sind viele Branchen indirekt ebenfalls von diesen Entwicklungen betroffen. Es geht somit um den Kern einer gesellschaftlichen Weichenstellung, die die Zukunft des Standorts Deutschland deutlich beeinflussen wird. Bereits zahlreiche Vorläufer wie die vernetzte und fraktale Fabrik (vgl. Warnecke 1992) haben die zu der jeweiligen Zeit möglichen Szenarien beschrieben, die mit Computer Aided Manufacturing (CAM) und Computer Aided Design (CAD) erste Teilkomponenten auf sich vereinigten (vgl. Kleinemeier 2014, S. 575).

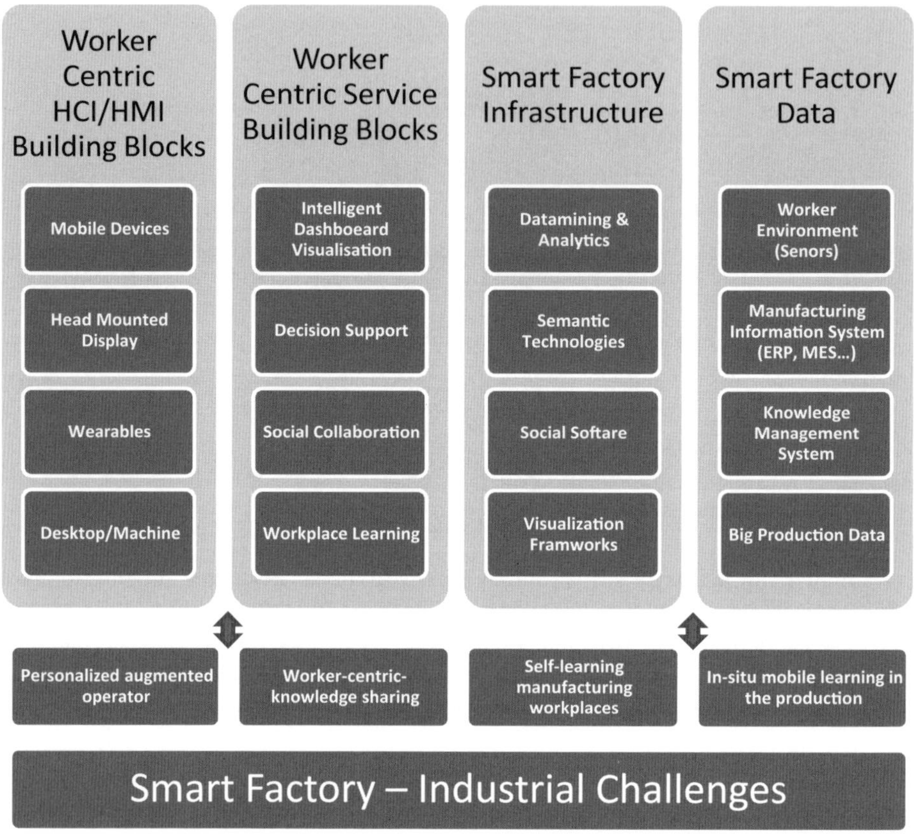

Bild 3.14 Struktur der „Smart Factory" (Quelle: Stocker/Brandl/Michalczuk/Rosenberger 2014, S. 208)

Die hierarchische Struktur, wie sie in den Modellen der Automatisierungstechnik seit den 1990er-Jahren vorherrschend war, wird im Rahmen von Industrie 4.0 durch eine hierarchielose Kommunikation abgelöst, die dazu dienen soll, den Ansprüchen einer hochdynamischen Wertschöpfungskette zu genügen, die inzwischen ein sehr komplexes System darstellt, das nur dezentral im Rahmen von Netzwerken und Unternehmensteilnetzwerken gesteuert werden kann (Bild 3.14; Kleinemeier 2014, S. 571). Damit Industrie 4.0 über das im Rahmen der fraktalen Fabrik bekannte Szenario hinausgeht, muss die intelligente Produktion (vgl. Westkämper/Niemann 2009, S. 518) etabliert werden. Die Intelligenz, die mittels Chips (RFID, iBeacon etc.) in jedes Produkt gelegt werden kann, kann dabei mit den technischen Einrichtungen der Produktion verbunden und zu einer vernetzten Produktion zusammengefasst werden.

Die Denk- und Sichtweise der Automatisierung und Automatisierungstechnik hat bei derartigen Szenarien vorausgesetzt, dass bei den Anwendern in erster Linie ein prozedurales Wissen vorliegt, das den Produktionsvorgang mit allen Varianten in der Planung vorwegdenken muss (vgl. Niggemann/Jasperneite/Vodencarevic 2014, S. 174 ff.). Dies ist jedoch bei der heutigen komplexen Situation der Produktionsumgebung kaum realistisch. Heraus kämen hoch automatisierte, aber auch hoch unflexible Systeme, die nicht in der erforderlichen Geschwindigkeit zur Adaption befähigt waren. Es ist ein wenig wie früher beim Aufkommen der ersten Computer, als zunächst jeder noch selbst programmieren können musste, um einen Computer bedienen zu können. Aktuell ist für die meisten Computeranwender nicht mehr die Frage wichtig, wie die Software funktioniert, die sie benutzen, sondern was sie an Aufgabenstellungen in ihrem Leben mit Hilfe des Programms lösen können.

Wer nun fürchtet, dass nur noch technische „Dünnbrettbohrer" die Unternehmen bevölkern und High-Tech-Qualifikationen nur noch für die Universitäten und Hochschulen taugen, kann sich beruhigen. Auch heute, im Zeitalter der anwendungsorientierten Softwarenutzung, benötigen wir Programmierer und Experten mehr denn je. Sie sind jedoch nicht immer die idealen Personen für den Einsatz der Produkte in der Praxis.

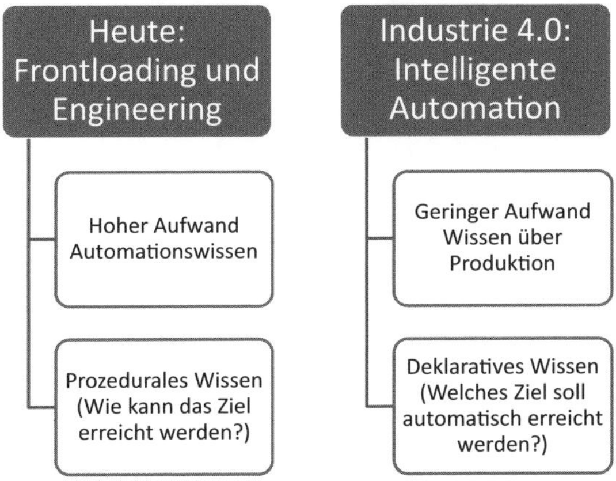

Bild 3.15 Intelligente Automation durch deskriptives Vorgehen
(Quelle: Niggemann/Jasperneite/Vodencarevic 2014, S. 174)

Die in Bild 3.15 aufgeführte Idee von Industrie 4.0 in Fertigungssystemen zeichnet sich durch eine höhere Intelligenz im Rahmen der Automation aus. Nicht mehr die detaillierte Vorausplanung ist das Kennzeichen, sondern ein intelligentes Assistenzsystem, bei dem formalisiertes Wissen über die Anlage und formalisiertes Problemlösungswissen ineinandergreifen. Erste Testanlagen wie etwa die Lemgoer Modellfabrik zeigen im Sinne eines sehr elaborierten Proof-of-Concepts, dass die Verknüpfung etablierter Technologien hier einen Innovationssprung ermöglicht. Die dabei anvisierte Flexibilität wird unter dem Schlagwort „Plug & Produce" (vgl. Niggemann/Jasperneite/Vodencarevic 2014, S. 187) analog zu dem von Apple stark verbreiteten Prinzips des „Plug & Play" im Consumer-Sektor klar zum Ausdruck gebracht.

Die etablierten Produktionssysteme selbst unterliegen analog zum klassischen Produktlebenszyklus der Innovations- und Marketingforschung einem Lebenszyklus (Bild 3.16). Durch die flexibleren Vernetzungsmöglichkeiten kann man diese Zyklen positiv verändern. Damit wird ein typisches Problem der Planung von Anlagen und Investitionen entschärft. Künftig geht es nicht mehr um die reine Kalkulation der erstmaligen Produktionsanlagen, sondern um die damit verbundenen Perspektiven und die mögliche Vielfalt der Produktion.

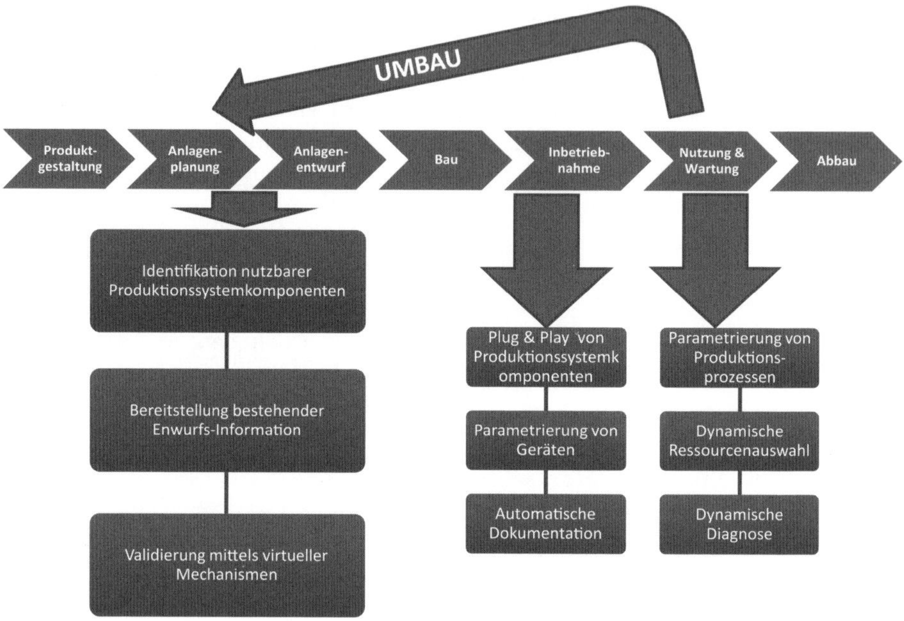

Bild 3.16 Lebenszyklus von Produktionssystemen (Quelle: Lüder 2014, S. 497)

Dabei kommt es auch auf eine ausreichende Integration der Menschen an, die gerade in dem beängstigend vernetzten Ausgangsszenario eine besondere Rolle spielen. Die neuen Herausforderungen auf der Ebene von Führung und Zusammenarbeit im Rahmen von Management 4.0 kommen daher nicht nur auf der Ebene des Generationenwandels aufseiten der Mitarbeitenden und Führungskräfte zustande, sondern die Arbeitsumgebung und Arbeitsorganisation selbst schaffen zusätzliche Aufgaben, die im Rahmen des Managements und des Transformationsprozesses zu lösen sind.

Günther Schuh von der RWTH Aachen benennt mit seinem Team zwei Hauptherausforderungen (Schuh/Potente/Thomas/Hauptvogel 2014, S. 281):

„1. Wie kann die Identifikation der Mitarbeiter mit ihrer Arbeit erhöht werden?

2. Wie können die komplexen Arbeitsinhalte durch die Mitarbeiter beherrscht werden?“

Die stärkere Integration von Arbeitsinhalten und Informationsflüssen stellt dabei einerseits einen Teil der Lösung dar, sie ist jedoch gleichzeitig auch Teil des Problems, da damit die Anforderungen an die Kompetenzen der Mitarbeiter/-innen extrem steigen. Sie müssen über das Fachwissen und die Erfahrung verfügen und benötigen zudem die Selbstkompetenz, um sich hier erfolgreich autonom weiterzuentwickeln.

Die Ebene der Mitarbeitenden ist dabei ein wesentlicher Baustein zur Konkretisierung der Planungen. Dabei muss man bei den technisch orientierten Planern aufpassen, dass ihre Sichtweise nicht darin mündet, dass aus ihrer Sicht die Mitarbeiterin, der Mitarbeiter im Mittelpunkt und damit ständig im Wege steht. Hier haben aber zahlreiche Unternehmen, auch aus dem Mittelstand der Metall- und Elektroindustrie, bereits ihre Hausaufgaben gemacht und eine neue Kooperationskultur untereinander und mit den Gewerkschaften angestoßen (vgl. Burazerovic 2016).

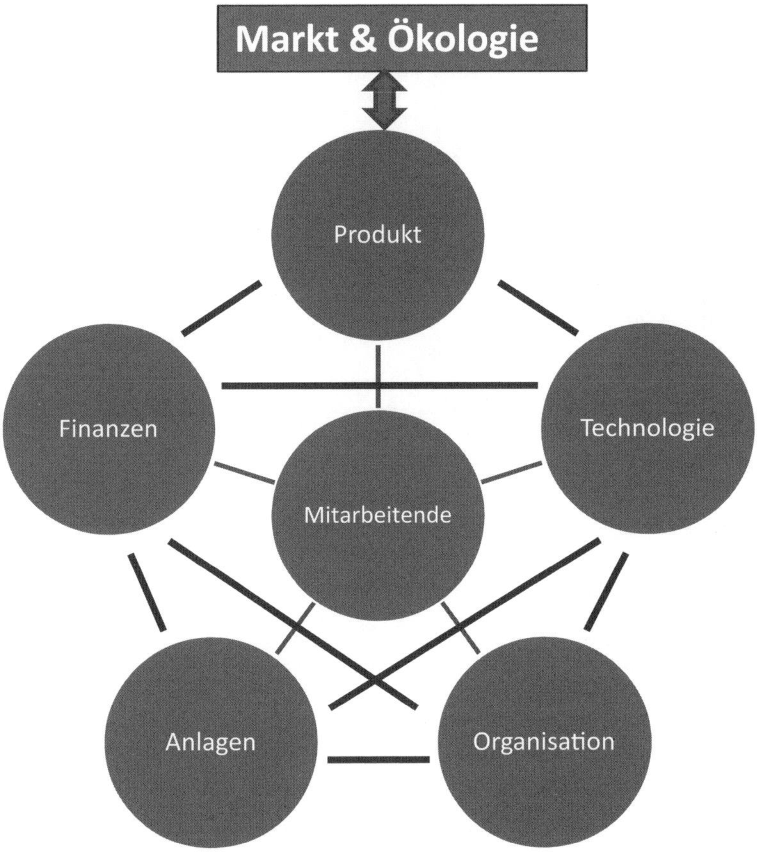

Bild 3.17 Zusammenhang zwischen Struktur der vernetzten Produktion und Unternehmensumfeld (Quelle: Pawellek 2014, S. 19)

Wie in Bild 3.17 deutlich wird, geht es um die Abstimmung der übrigen Umfeldelemente mit den Bedürfnissen der Mitarbeiter/-innen. Wer nun denkt, dass der Mittelstand im eigenen Selbstverständnis in Sachen Digitalisierung nachhinkt, kann anhand der Ergebnisse von Studien feststellen, dass im Bereich Digitalisierung keine typischen Unterschiede in den digitalen Entwicklungsphasen anhand der Unternehmensgröße festgemacht werden können (Bild 3.18).

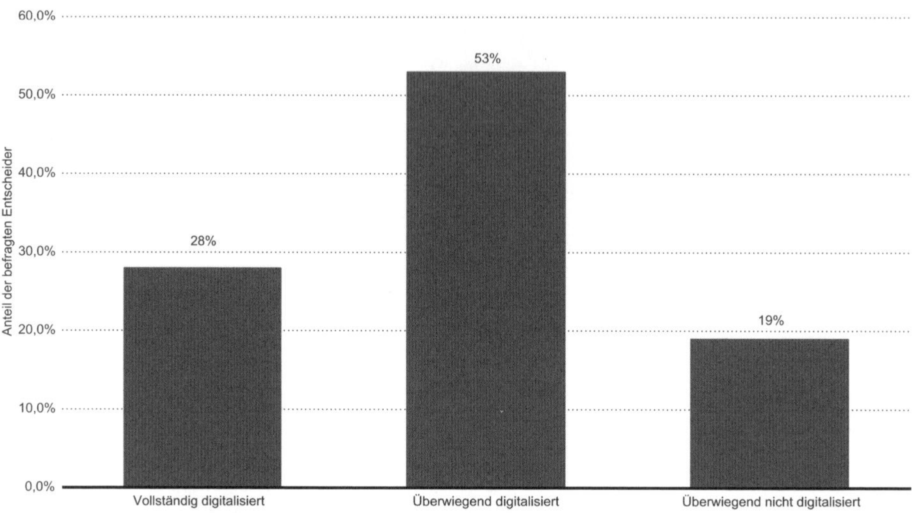

Bild 3.18 Digitalisierung im deutschen Mittelstand (Quelle: InterSearch 2015; zitiert nach Statista)

Cyberphysical Systems (CPS)

In der einfachsten Variante verstehen Ingenieure unter cyberphysischen Systemen eine Maschine, einen Roboter oder ein ganzes Produktionssystem, *„die durch die Verlagerung der Steuerung in die Cloud einfach mit anderen Maschinen interagieren und ohne Hardwareschnittstellen mit ihnen Informationen über Services austauschen können"* (vgl. Verl/ Lechler 2014, S. 239). Wenn man dieses Prinzip weiter ausbaut, erhält man innerhalb moderner Produktionstechnologien „lokale Ökosysteme von cyber-physischen Systemen" (Hoppe 2014, S. 251), die sehr anspruchsvoll sind und eine umfassende Sichtweise auf das Thema erfordern.

Die Kunst des Managements im Rahmen von Management 4.0 besteht unter anderem darin, die technischen Anforderungen aus den CPS-Umgebungen mit den Erwartungen einer jungen Generation von Mitarbeiterinnen und Mitarbeitern (vgl. Generation Y in Kapitel 4) so abzustimmen, dass ein zukunftsfähiges und attraktives Arbeitsfeld entsteht. Den Daten kommt bei der Ausgestaltung eine zentrale Bedeutung zu (Bild 3.19).

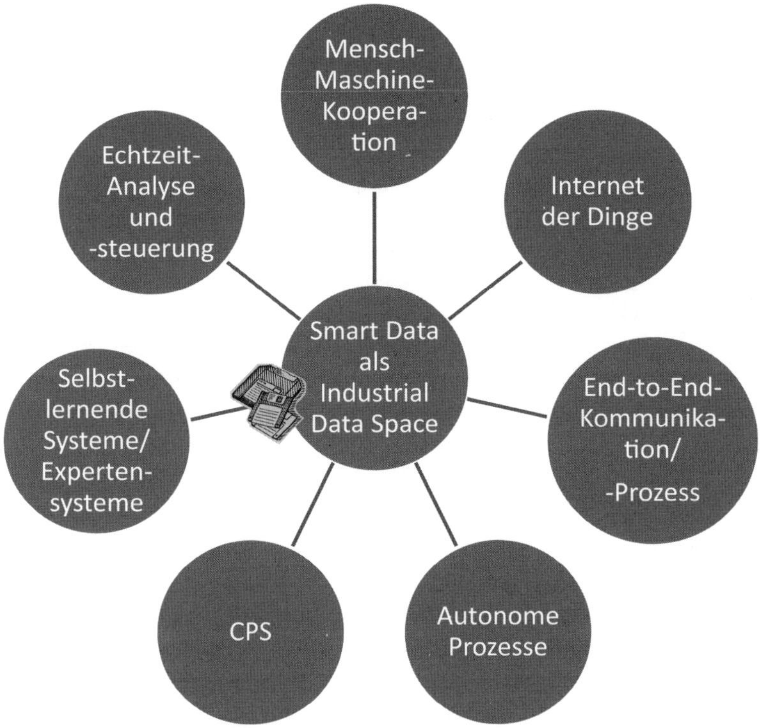

Bild 3.19 Smart Data als Motor neuer Geschäftsfelder (Quelle: Steinbeis-Beratungszentrum „Leadership in Science and Education")

Praxisbeispiel: Autoindustrie – Bytes als neue PS?

Mit dem Kauf des Nokia-Kartendienstes „Here" durch das Autokonsortium von Audi, BWM und Daimler am 3. August 2015 wurde erneut deutlich, was künftig das bestimmende Moment in der Autobranche sein wird: der Zugang zu Daten und damit die neue Kernkompetenz des digitalen Geschäfts. Dass es nicht um Peanuts geht, zeigt der Kaufpreis von 2,8 Milliarden Euro. Der Wettbewerb zu Apple und Google im Bereich der Karten- und Navigationsdienste war von so zentraler Bedeutung, dass die sonst erbitterten Wettbewerber der Autobranche sich gegen die neuen Feinde aus dem Silicon Valley verbündeten. Unabhängig davon, ob diese strategische Entscheidung richtig oder falsch war, zeigt es die Bedeutung von Daten in den meisten Branchen, nicht nur auf der Ebene der smarten Produktion, sondern auch auf der Ebene der smarten Produkte.

Google verlangt von den Autoherstellern, die mit dem Betriebssystem Android arbeiten, kein Geld, sondern die Überlassung von Daten, die von der Tankfüllung bis zu den Angaben über das Fahrtempo und die gewählten Radiosender eine einzige Big-Data-Wolke ergeben. Die Ansätze der künftigen Verkehrssteuerung können aus Navigationsdaten (Fahrziele), Verkehrssituation (aktuelle Koordinaten) und intelligenter Prognose (Tageszeit, Wochentag, Saison etc.) bereits heute beschrieben werden. In Verbindung mit den Entwicklungen zum autonomen Fahren wird deutlich, dass die Autoindustrie künftig vor allem eine Datenindustrie sein wird. Dies erfordert neue Individualkompetenzen in den Unternehmen, neue Unternehmenskompetenzen und eine Führungsebene, die dem Management 4.0 inhärenten Ziel nach einer gewissen „digitalen Weisheit" schon sehr nahekommt. Dies ergibt gerade für die Zuliefererindustrie, die in Deutschland eine sehr große Rolle spielt und auch die mittelständische Wirtschaft insgesamt prägt, eine große Rolle. Die Konzerne wie Bosch haben nicht nur in der Vernetzung von Verkehrsteilnehmern ihre Chance erkannt, sondern sorgen für die Vernetzung von intelligenter Hardware jeglicher Art, sei es auf der Straße oder in Krankenhäusern, Wohnungen oder in der Küche, wo eine Reihe von Geräten in hoffentlich sinnvoller Art und Weise miteinander agieren.

(Vgl. Freitag 9/2015)

3.3 Objekt der Transformation: Dienstleistung und E-Commerce

Branchen mit digitalisierbaren Produkten: Dienstleistung und E-Commerce

Als Mitte der 1990er-Jahre das Internet mit dem Hypertextdienst www startete und damit erstmalig das Potenzial zur massenhaften Verbreitung hatte, setzte sehr schnell die Diskussion ein, wofür sich das neue Medium eignen könnte. Es ging bei dieser Diskussion sehr schnell um die Frage, wo der neue Informationskanal als Transaktionskanal eingesetzt wird. Was kann man am besten über das Internet verkaufen? Hier bestanden bereits zahlreiche Vorerfahrungen aus dem Versand- und Distanzhandel, sodass es nicht verwundert, dass beispielsweise der Investmentbanker Jeff Bezos auf die Idee kam, mit der Etablierung von Amazon einen Handel mit Büchern zu starten. Hier gab es Vorerfahrungen im Markt und das standardisierte, gut beschreibbare und unverderbliche Produkt schien eine gute Basis für den Einstieg in den Markt zu sein.

Noch besser sind Dienstleistungen für den Handel als digitales Gut geeignet. Sie können komplett ohne Medienbruch als digitales Produkt gehandelt werden. Auch im Rahmen des Szenarios von Industrie 4.0 zeigen sich zusätzliche Perspektiven zum Wachstum digitaler Dienstleistungen. Aus dem Internet der Dinge (Internet of Things, IOT) wird das Internet der Dienstleistungen. Nicht die Hardware ist das Entscheidende, sondern der Nutzen, den die Hardware beim Kunden stiften kann. Es geht um Problemlösungen (Bild 3.20).

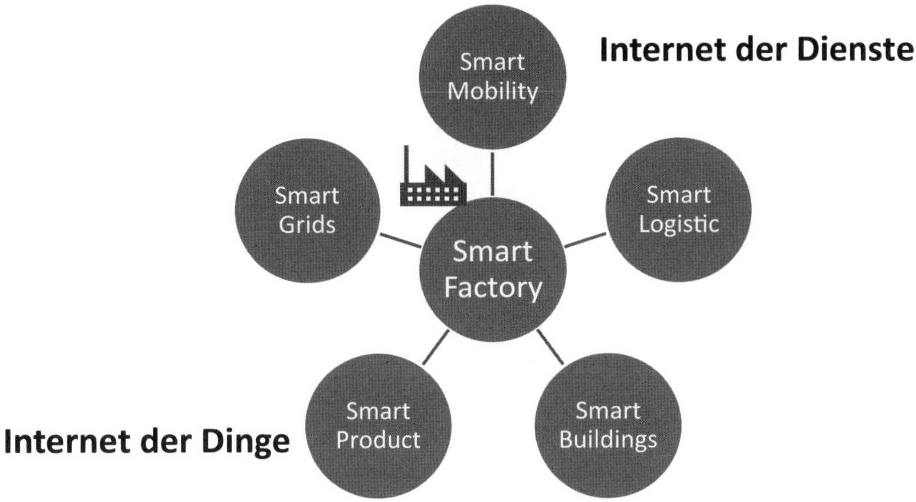

Bild 3.20 Internet der Dienste auf Basis der vernetzten Fabrik (Quelle: Kagermann 2014, S. 606)

Wieder hilft ein einfaches Beispiel, um den Unterschied zu verdeutlichen: Statt ein Auto in reiner Hardwareform anzubieten, wurde bereits vor Jahren der Service bei vielen Anbietern, selbst im Volumensegment, auf Mobilität ausgeweitet (die ersten Schritte waren hier die sogenannten Mobilitätsgarantien, die vor allem dafür sorgen sollten, dass die Marken durch eigene Assistenznetzwerke im Pannenfall nicht in den offiziellen Pannenstatistiken des Markts auftauchen). Diese Entwicklung wird – wie bereits in der Diskussion über disruptive Veränderungen deutlich wurde – zu kompletten Mobilitätsangeboten mit Carsharing-Diensten und autonomen Fahrzeugen ausgeweitet. Ökonomisch gesehen waren Güter schon immer Produkte und Dienstleistungen, nur dass sich im Rahmen der Industrialisierung die Diskussion häufig auf die physischen Produkte fokussierte. Die Dienstleistungen wurden im Rahmen des konventionellen Marketingmix (vgl. Meffert/Burmann/Kirchgeorg 2015, S. 357 ff.) oftmals eher als Ergänzung des physischen Produkts gesehen. Im Internet der Dienste werden über Plattformen Dienstleistungen vermittelt, wobei die Plattform selbst bereits ein Teil des Service ist.

Bei der Positionierung und Vermarktung von Dienstleistungen in der digitalen Welt kommt der Interaktion mit den Nutzern und Kunden eine entscheidende Bedeutung zu (Bild 3.21). Waren es früher eher abgekoppelte Systeme, die allenfalls im Markt der Business-to-Business (B2B)-Dienstleistungen die Einbeziehung von Lieferanten und Kunden in den Entwicklungs- und Umsetzungsprozess von Dienstleistungen beinhaltete, können mithilfe von digitalen Plattformen auch im Dienstleistungssektor die Endkunden im Business-to-Consumer (B2C)-Markt in die „Erstellung" der Dienstleistung mit einbezogen werden. Da es sich bei einer Dienstleistung immer um ein zeitkritisches Gut handelt, das unmittelbar verbraucht wird und nicht gelagert werden kann, sind die rasche Verfügbarkeit und die Aussteuerung der Distributionskanäle wesentliche Merkmale für den Erfolg.

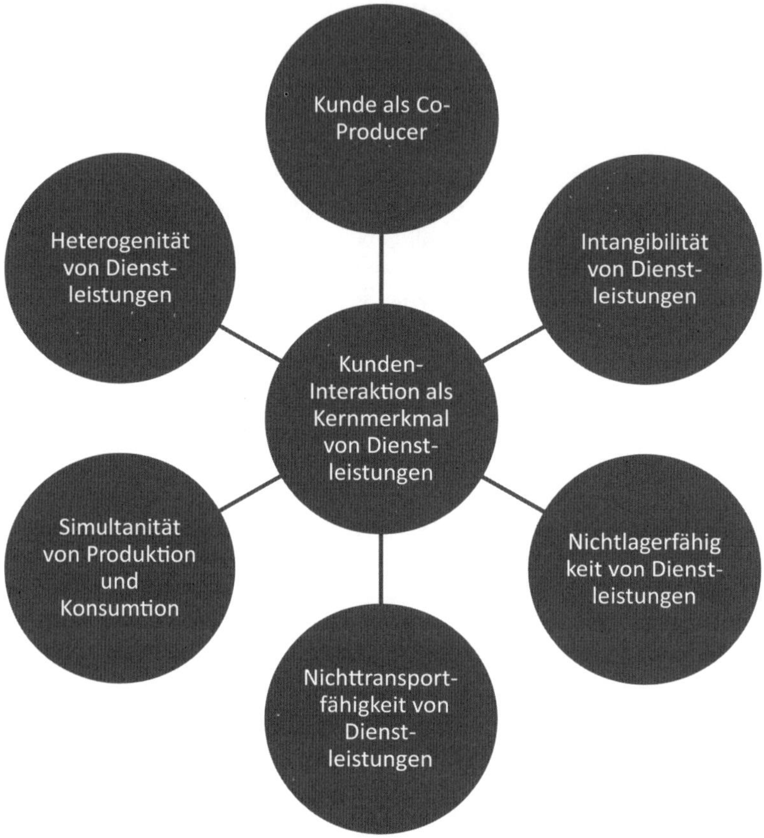

Bild 3.21 Kundeninteraktion als Kernmerkmal von Dienstleistungen (Quelle: Bruhn/Hadwich 2015, S. 11)

Bei der öffentlichen Diskussion über „Industrie 4.0" gerät in vielen Fällen das Handwerk aus dem Fokus der Betrachtung. Handwerksunternehmen sind im Rahmen ihrer Zukunftsstrategien sehr oft mit ähnlichen Herausforderungen konfrontiert wie die Kolleginnen und Kollegen der Industrie. In vielen Fällen sind jedoch die Individualität der Leistung und die Dienstleistungskomponente größer, als dies in den typischen Industriesparten der Fall ist. Wie sich eine Digitalisierungsstrategie im Handwerk auch direkt auf die angebotenen Produkte auswirken kann, zeigt der Fall des Unternehmens „Kienzler Stadtmobiliar". Die Schlosserei aus dem Kinzigtal begann mit dem Bau von Fahrradboxen, die jedoch eine erhebliche digitale Komponente haben. Sie sind als Mobilitätszentralen über Internet/Smartphone buchbar und liefern auch direkt die Abrechnung (vgl. Werner 2015). Damit wandeln sich selbst bei einem kleineren Handwerksunternehmen nicht nur das Produkt, sondern auch die Unternehmensausrichtung und die Anforderungen an die Unternehmens- und Individualkompetenzen.

Dass auch das, was wir gewöhnlich unter „Handel" verstehen, nämlich die Vermittlung von Gütern jedwelcher Art, im Kern eine Dienstleistung darstellt, sieht man in digitalen

Märkten besonders deutlich. Gerade dort, wo der klassische stationäre Handel und der digitale E-Commerce gleichermaßen nur teilweise in der Lage sind, Kundenbedürfnisse abzudecken, ergibt sich der Spielraum für neue Dienstleistungen, bei denen die Dienstleistungskomponenten und die Handelsfunktion verschmelzen. Ein Beispiel ist der Verkauf von gebrauchten Autos. Was früher vorwiegend über Klein- und Rubrikanzeigen der Zeitungen, Anzeigen- und Offertenblätter abgewickelt wurde, ist seit knapp 20 Jahren mehr und mehr Gegenstand unterschiedlichster Online-Portale, die aus diesem Thema eigene E-Commerce-Lösungen entwickelt haben. Das Ziel eines Verkäufers, sein gebrauchtes Auto ohne allzu großen Stress zu verkaufen, und das Ziel des Käufers, ein gebrauchtes Auto aus einer verlässlichen Quelle zu kaufen, werden jedoch von den Plattformen allein nur unvollständig erreicht. Hier kommen nun Dienstleistungen als Teil der Handelsfunktion ins Spiel. Plattformen wie „wirkaufendeinauto.de“ haben diese Lücke erkannt und kaufen Gebrauchtwagen zu einem Festpreis an, der nicht den Höchstpreis repräsentiert, dem Verkäufer jedoch lange Verhandlungen mit unterschiedlichsten Interessenten, unzählige Besichtigungstermine etc. erspart. Statt der direkten Verbindung zwischen Verkäufer und Käufer ist somit eine neue Zwischenhandelsfunktion entstanden, die sich jedoch vor allem durch die Dienstleistungskomponente auszeichnet.

Veränderungen im Handel

Grundsätzlich hat die Digitalisierung von Märkten in den meisten Themenfeldern zum gegenteiligen Effekt geführt. Handels- und Zwischenhandelsstufen sind weggefallen, da Käufer und Verkäufer direkt miteinander verhandeln konnten. Diese zunehmende Disintermediation hat zu einer Konzentration auf wenige zentrale Anbieter und Marktplätze geführt und damit die Preistransparenz und somit den Preisdruck auf die Anbieter- bzw. Herstellerseite deutlich erhöht. Dies hat tiefgreifende Auswirkungen auf Handelsstrukturen im B2B- und B2C-Sektor, wo etablierte Handelsunternehmen des stationären Handels, aber auch des Versand- und Distanzhandels, zunehmend im Wettbewerb zu digitalen Plattformen gerieten und daher auch einige Handelsformen im deutschen Markt sehr stark dezimiert wurden. Der Niedergang von Karstadt-Quelle, für den es neben innerbetrieblichen Faktoren vor allem Gründe aus dem Bereich des Wettbewerbs und der Marktstruktur gibt, ist ein typisches Beispiel für die Veränderungen im deutschen Markt. Aus gesellschaftlicher Sicht sind vor allem die Auswirkungen für den lokalen Handel und damit für die Innenstädte von besonderer Bedeutung (vgl. Steinkircher 2013).

Daher nehmen wir die Veränderungen in lokalen Märkten als Beispiel für Verschiebungen, wie sie im Business-to-Consumer-Geschäft typisch sind: Lokale Märkte galten jahrzehntelang als Inbegriff für Stabilität und Planbarkeit. Dies betraf nicht nur den Markt der lokalen Händler, Handwerker und Dienstleister, sondern war beispielsweise im Zeitungssektor sichtbar. Zeitungsverlage in lokalen Märkten hatten bei begrenzter Innovationsdynamik ein mehr als gesichertes Einkommen. Im Jahr 2016 zeigen sich jedoch nicht nur im Handel, sondern auch bei den neuen Mobilitätskonzepten der Sharing Economy sehr deutlich die Folgen einer Reihe von Megatrends, die zu tiefgreifenden Veränderungen in der Funktionsfähigkeit lokaler Märkte geführt haben, deren mittel- und langfristige Auswirkungen in einigen Bereichen noch nicht vollständig sichtbar sind. Städte werden dichter und digitaler in ihrer Gesamtstruktur. Die Prognosen für Ballungsräume mit neu organisierter digitaler Mobilität mit einer Hinwendung zur Sharing Economy, bei der viele Alltagstools nicht mehr im eigenen Besitz sein müssen, sondern lediglich als Option zur Verfügung stehen, sind bekannt. In dieser Zukunftsvision hat beispielsweise das autonom fahrende Auto eines Carsharing-Pools das heute noch dominierende Privatauto nebst dem dazugehörigen Kampf um Parkraum abgelöst. Hier zeigt sich, dass wir bei der Veränderung lokaler Lebensräume und Märkte die Themen im Blick haben müssen und zudem nicht jede Entwicklung aus den bisherigen Entwicklungen abgeleitet werden kann.

Wie wirken sich nun die Veränderungen in den lokalen Märkten auf unser Kapitelthema Handel und Dienstleistungen aus? Die in vielen Fällen inhabergeführten kleineren und mittelständischen Betriebe stehen in einem besonderen Wettbewerbsverhältnis zu anderen Distributionskanälen, sodass ein grundlegender Umbruch in den meisten Branchensegmenten prognostiziert wird. Dabei müssen die Neuerungen auf Anbieter- und Kundenseite kritisch überprüft werden, ob es sich dabei um echte Innovationen handelt. Viele lokale und regionale Akteure stehen vor der Aufgabe, sich mit Disruptionen in ihrem Geschäftsfeld auseinanderzusetzen. Weder im Handel noch im Dienstleistungssektor kann für ein mittelständisches Unternehmen ohne Skalierungsmöglichkeit – wie es bei Großunternehmen möglich ist – eine Niedrigpreisstrategie dauerhaft von Erfolg gekrönt sein. Und wie bereits im Rahmen der Lean-Startup-Idee deutlich wurde, funktionieren klassische Kundenorientierung und konventionelle Marktforschung nur dann, wenn man auch den Bedarf von Produkten ermittelt, die in ihrer Funktion oder ihrem Nutzen der Zielgruppe vertraut sind.

Die lokalen Teilmärkte beinhalten in diesem Sinne teilweise disruptive Veränderungen:

- Lebensmitteleinzelhandel im Wettbewerb zu Lieferdiensten
- Textil- und Schuhhandel im Wettbewerb zum Online-Handel
- Stationärer Sortimentsbuchhandel im Wettbewerb zum Online-Handel, insbesondere in Verbindung mit E-Books
- Fachhandel im Segment Deko und Haushaltwaren im Wettbewerb zum Online-Handel und zu Nebensortimenten großer Möbelhäuser
- Autohandel im Wettbewerb zu Re-Importen und Online-Handel
- Arztpraxen und medizinische Dienstleistungen im Wettbewerb zu MVZs (Medizinische Versorgungszentren)
- Handwerksdienstleistungen im Preiswettbewerb (z. B. my-hammer.de)
- Urbanisierung und Landflucht verschieben Bedeutungen von Regionen und Zentren

Dies hat bereits jetzt Auswirkungen, die deutlich über den engeren Markt des Dienstleistungs- und E-Commerce-Sektors hinausgehen. Auswirkungen auf Dienstleister sieht man beispielsweise im Zeitungsmarkt, denn aus Sicht der lokalen Mediensituation ist die Veränderung augenfällig:

- Rückgang der Reichweiten bei Zeitungsabonnements,
- lokale digitale redaktionelle Angebote bzw. lokale E-Commerce-Plattformen,

- lokale Selektions- und Targeting-Möglichkeiten für digitale Dienste (Facebook etc.),
- intensiver Wettbewerb im Werbemarkt (Google-AdWords, lokal steuerbare Kampagnen etc.).

Wir sehen hier eine Verlagerung des Wettbewerbs im Bereich Content, Commerce und Service in einen nationalen, teilweise internationalen Kontext, der bei der typischen lokalen oder regionalen Marktstruktur früher kein Thema war. Lebenspraktisch zeigen sich die Auswirkungen dieser Trends beim Besuch vieler Innenstädte schon sehr deutlich. Statt einer Vielfalt von unterschiedlichen inhabergeführten Ladengeschäften in Kombination mit Filialen der großen Handelsketten und einer regen Gastronomie- und Dienstleistungsszene begegnen uns in immer mehr Innenstädten wenige reduzierte Discount-Anbieter in den Segmenten Mode/Textil und Accessoires, dazu noch Ein-Euro-Läden und ein Express-Backshop. Wie kommt das im Detail zustande?

Handel: Vom Multi- zum Omnichannel-Marketing

Am Beispiel des stationären Handels sieht man die Veränderungen in lokalen Handelsmärkten deutlich. Was am Beispiel der Elektronik-Discounter gerne unter dem dort von Saturn geprägten Slogan „Geiz ist geil" zusammengefasst wird, ist der Trend der Konsumenten zum preisbewussten Einkauf. Diese starke Preisfixierung der Verbraucher hat große Läden hervorgebracht, die nach dem Discount-Prinzip auf der „grünen Wiese" errichtet wurden. Die Außenlagen treten in Konkurrenz zu den Stadtzentren, der Discount tritt in Aktion gegenüber dem Fachhandel und die Filialisten bilden den Kontrast zum inhabergeführten Geschäft.

Bei den Endkunden haben wir es zunehmend mit den sogenannten „hybriden Konsumenten" zu tun, die oftmals auch als „smart shopper" bezeichnet werden, da sie einerseits sehr preisbewusst einkaufen und in diesen Situationen auch Discounter bevorzugen und andererseits in anderen Segmenten auch teure und exklusive Angebote nutzen (vgl. Werle 1/2005). Beim Versorgungsbedarf wird eisern gespart, gleichzeitig werden aber auch hohe Qualitätsanforderungen gestellt (z. B. was die Belastung der Lebensmittel durch Umweltgifte anbelangt), beim Verwöhnungsbedarf werden dagegen höhere Preise akzeptiert und der Luxusfaktor kann als positives Element im Marketing eingesetzt werden. Dies entspricht dem gesellschaftlichen Trend zur Multioptionalität, d. h., die Menschen wollen sich immer weniger binden und festlegen.

Nicht nur die lokalen Verlage bemerken diese Situation bei der Werbung um Abonnenten, auch Vereine spüren im Lokalen oftmals, wie mühsam es ist, gerade auch jüngere Menschen von einer festen Bindung an eine Gruppe und damit auch von der Übernahme von Verantwortung für eine Gemeinschaft zu überzeugen. Gerade im Zeitalter der modernen Kundenbindungssysteme gerät die Bindungsfähigkeit in der Kunden-Lieferanten-Beziehung immer mehr in den Fokus.

Wir können insgesamt eine zunehmende Verschärfung des Wettbewerbs feststellen. Der Fachhandel kam typischerweise durch das Aufkommen von Fach-Discountern unter Druck, wie dies beispielsweise beim Elektronik-Fachhandel im Wettbewerb zu Unternehmen wie z. B. Media Markt der Fall war. Die zunehmende Preistransparenz durch das Internet führte dazu, dass mittlerweile auch der Fach-Discounter unter Preisdruck geriet, da die Kunden, die früher die Beratung im Fachgeschäft, den Kauf aber beim Discounter durchgeführt haben, nun den Kauf nicht beim Discounter, sondern beim preiswertesten (oder billigsten) Internetanbieter vornehmen. Einige Händler haben inzwischen mit mehr oder weniger großem Erfolg Beratungsgebühren eingeführt, um dem Beratungsklau entgegenzuwirken. Denn es ist für den Betreiber einer Boutique nicht erfreulich, wenn die Kleider im Laden anprobiert und dann noch vom Ladengeschäft aus per Smartphone online beim Wettbewerber geordert werden (vgl. Clauß 2015).

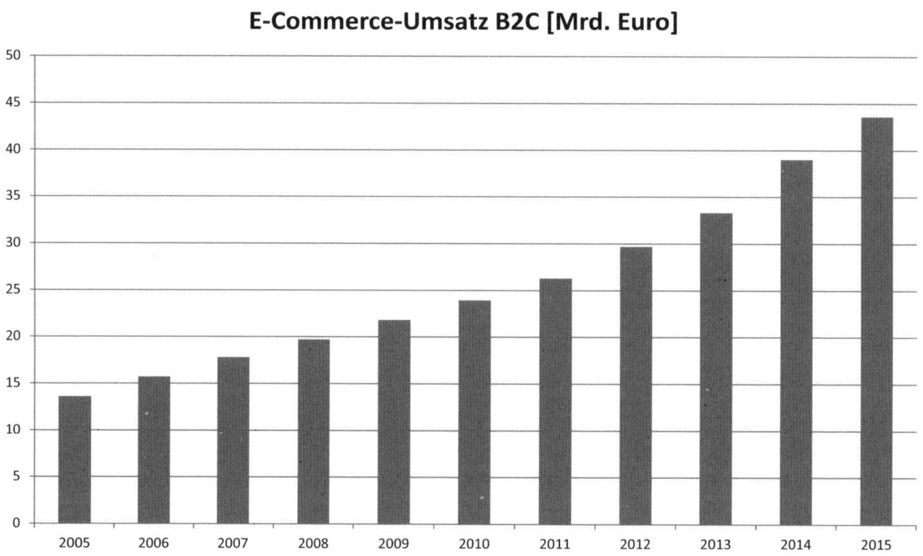

Bild 3.22 Wachstumsrate des Online-Handels (Quelle: HDE 2015)

Als Ergebnis der Digitalisierung lokaler Märkte und des Ausbaus des Online-Handels (Bild 3.22) erleben wir eine Marktkonzentration und einige zusätzliche Problemstellungen im Handel:

- Filialisierung des Handels,
- steigender Kostendruck,
- Standortschließungen ohne lokale Verbundenheit,
- Discounter und Großflächen expandieren in Randlagen,
- Zunahme des E-Commerce,
- Rückzug von Anbietern aus der Fläche (z. B. Post-Agenturen),
- Schwäche des Fachhandels (zum Teil Bündelung in Fachmärkten),
- Kaufkraftschwäche kleinerer Standorte.

Der digitale Handel gewinnt dabei zunehmend an Bedeutung. Wir haben auf der einen Seite den klassischen Konflikt der Vertriebskanäle, bei dem der Online-Handel klar zu Lasten des Einzelhandels geht, und andererseits jedoch auch den sogenannten ROPO-

Effekt, bei dem ein „Web-to-Store"-Effekt entsteht, da eine digitale Informationsphase („Research Online") dem Kauf im stationären Handel („Purchase Offline") vorausgeht (Bild 3.23). Neben Effekten wie der Disintermediation ist es die Reduktion der Disruptoren auf den Dienstleistungspart auf reine Vermittlungsservices, wie bei Uber und Airbnb. Die nächste Stufe ist dann das Uncoupling, bei dem auch bisher eng verbundene Produkte und Dienstleistungen wie Orthopädie und die Herstellung von Schuheinlagen aufgelöst werden (vgl. Puscher 2015, S. 34).

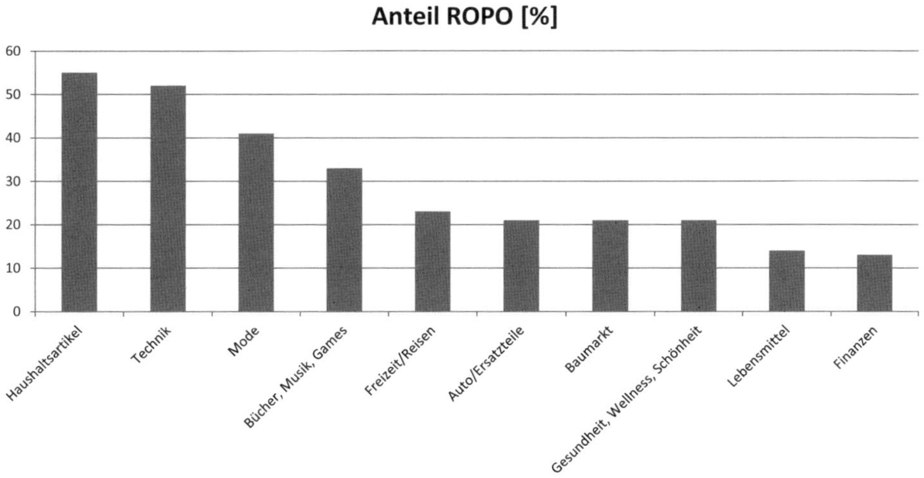

Bild 3.23 ROPO-Anteile im Einzelhandel (Quelle: Heinemann 2013, S. 8)

Eine im lokalen Bereich bereits sehr früh von der Digitalisierung betroffene Handelsbranche gibt derzeit aus Sicht des stationären Handels Entwarnung. Im deutschen Buchhandel verzeichnete der Online-Buchhandel ein stetes Wachstum. Mit der zunehmenden Etablierung von E-Books, die konsequenterweise per Download verkauft werden und damit den lokalen Markt komplett umgehen, erwartete man eine zusätzliche Verstärkung dieses überdurchschnittlichen Umsatzwachstums des digitalen Buchhandels. Aber trotz steigender Anteile von E-Books waren die lokalen Buchhändler 2014 nicht von einem weiteren Anstieg des reinen E-Commerce in diesem Segment betroffen, da der Online-Handel (ohne die Online-Aktivitäten des stationären Buchhandels) in Deutschland mit seinem Wachstum in den Sättigungsbereich gekommen war und die Umsätze erstmalig stagnierten.

Digitaler Handel ist jedoch, anders als das Kürzel ROPO nahelegt, inzwischen nicht mehr als stationäres Online-Marketing zu betrachten, sondern Teil des mobilen Marketings. Damit gewinnen Verfahren, mit denen Handelsaktivitäten im Rahmen von Location Based Services (LBS) gestärkt werden, zusätzlich an Bedeutung. Diese Formen der lokal gesteuerten mobilen Werbung, das sogenannte Location Based Advertising, finden sowohl nach dem Push- (vom Händler definierte Ausstrahlungsradien, sogenannte Geofences) als auch nach dem Pull-Prinzip (standortbezogene Angebote, z. B. in Form einer Listenauswahl) Anwendung (vgl. Spam/Molitor 2015, S. 41 f.).

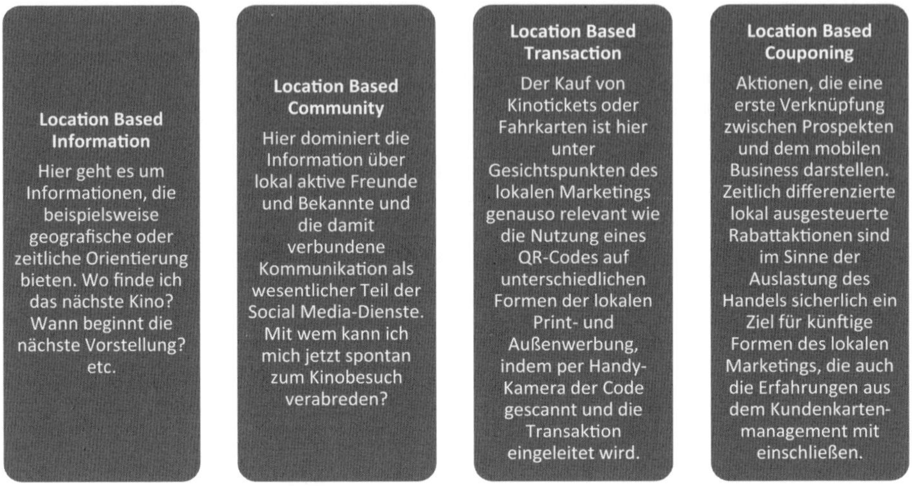

Bild 3.24 Systematik der Location Based Services (LBS) (Quelle: Abwandlung der Modellierung der Deutschen Telekom AG, vgl. Schwaiger 2008)

Neben den in Bild 3.24 dargestellten Prinzipien der Location Based Services gibt es durch die Weiterentwicklungen im Bereich RFID-Technik und iBeacons zahlreiche weitere Möglichkeiten für lokale Unternehmen, die eigenen Marketing- und Kommunikationsziele mit LBS-Methoden zu unterstützen. Dabei muss man im Blick behalten, dass selbst für Internetriesen wie Google diese Geschäftsfelder attraktiv, aber nicht einfach abzusichern sind (vgl. Jarvis 2010, S. 158). Rabattaktionen und komplette Kundennavigationssysteme als Teil des Instore-Marketing-Konzepts ermöglichen eine sehr unmittelbare Kommunikations- und Abverkaufswirkung. Nicht nur im Content-Bereich gewinnen daher die Zugriffe über Smartphones an Bedeutung, sondern auch im Rahmen des Shoppings ist M-Commerce auf dem Vormarsch und bildet damit auch den Erfahrungsrahmen für die Kombination aus M-Commerce und stationärem Handel (Bild 3.25 und 3.26).

Das komplexe Zusammenspiel zwischen digitaler Information und Offline-Kauf bzw. der Kombination von digitalen Marketing- und Kommunikationskanälen mit Shop-Bezug im Rahmen von Location Based Services hat die Marketingwelt des stationären Einzelhandels komplexer gemacht, bietet jedoch auch zahlreiche Perspektiven.

Aus dem Ansatz, stationäre Handelsgeschäfte weiterzuentwickeln, indem sie im Rahmen eines Multichannel-Marketings auf unterschiedlichen Marketingkanälen aktiv sind (beispielsweise stationäres Geschäft und Online-Shop), hat sich die Philosophie des „hybriden Handels“ entwickelt, der beide Welten abdeckt und bedient. Die Weiterentwicklung mit unterschiedlichen Methoden des „mobile Marketings“ und die Verbindung zwischen stationärem Handel und mobilen Aktionen führen zum Ansatz des Omnichannel-Marketings (vgl. Cole 2015, S. 97) bzw. des No-Line-Handels, der alle möglichen Kanäle nutzt und verknüpft. Dabei geht es stets um die Verbindung der Kommunikationsebene (alle nutzbaren und sinnvollen Kanäle) mit der Transaktionsebene, auf der dann der Kauf stattfindet, wie das beim Phänomen ROPO bereits erkennbar ist. Auch große Handelsunternehmen wie IKEA mit einem sehr positiven dynamischen Geschäftsverlauf setzen auf die Parallelität der Verkaufskanäle, damit der Kunde auswählen kann (vgl. Hanser 12/2015).

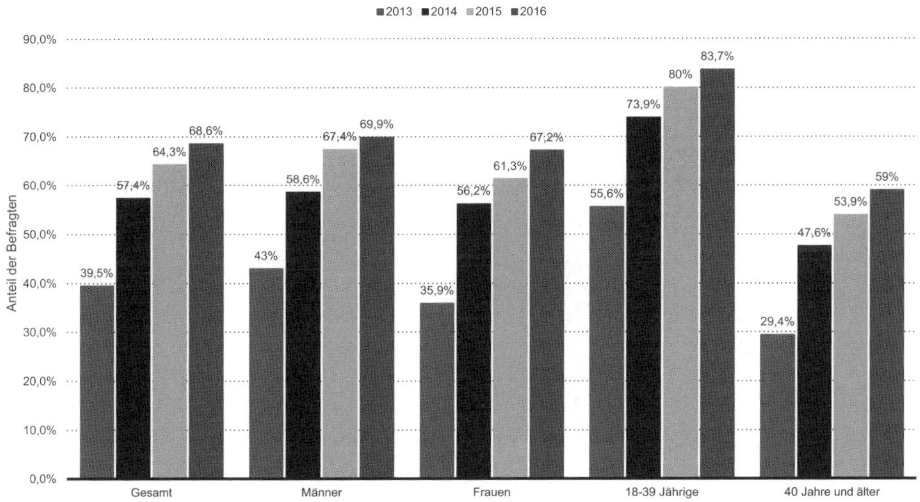

Bild 3.25 Künftiger Anteil des Mobile Commerce (Quelle: Heinemann/Gaiser 2015, S. 3; auf Basis der EMOTA – European Multichannel and Online Trade Association – 2013)

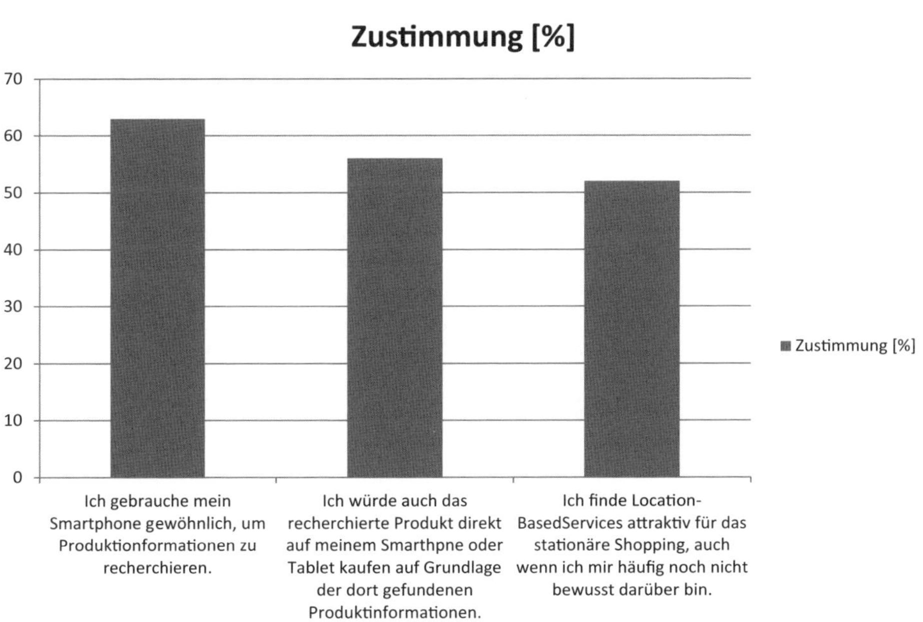

Bild 3.26 Smartphone als Hilfsmittel für den Einkauf (Quelle: Heinemann/Gaiser 2015, S. 6)

Gerade im lokalen Markt bedeutet dies, dass die Anforderungen an Handels- und Dienstleistungsfirmen sehr stark steigen (Bild 3.27); gleichzeitig hat sich die Marktsituation bei den meisten bereits merkbar verschlechtert, sodass der finanzielle Handlungsspielraum schwindet. Dies ist eine klassische Strategiekrise auf Basis einer strukturellen Krise, die bestenfalls in einigen Bereichen durch gute Konjunkturentwicklungen überlagert wird. Es herrscht also ein Handlungsdruck, wenn die Strukturveränderungen im lokalen Bereich und damit auch der Wandel der Innenstädte abgewendet oder wenigstens verlangsamt werden sollen. Die meisten kleineren Firmen im Bereich Handel und Dienstleistung werden nicht allein die Kraft haben, sich diesem Thema entgegenzustemmen und eigene Plattformen aufzubauen.

Bild 3.27 Marktplätze im System der Offsite-Interaktionen (Quelle: Steinbeis-Beratungszentrum „Leadership in Science and Education" in Erweiterung des Modells von Heinemann 2015, S. 118)

Digitale lokale und regionale Plattformen aus Sicht unterschiedlicher Stakeholder

Kleinere und mittlere Handelsunternehmen haben in der Regel nicht die Ressourcen, um den Anforderungen des Multi- oder Omnichannel-Marketings gerecht zu werden. Folgerichtig gibt es inzwischen eine Reihe von Einkaufsplattformen, auf denen unterschiedliche Handels- und Dienstleistungsunternehmen mit ihren Angeboten eingebunden werden. Einer der dynamischsten Anbieter, der 2014 in den Markt einstieg, ist „Simply Local“ (vgl. Hell 2015). Bild 3.28 zeigt, wie sich Multichannel aus Sicht der Kunden darstellt.

Bild 3.28 Multichannel aus Sicht der Kunden (Quelle: Heinemann 2015, S. 149)

Unter den unterschiedlichen Akteuren im Markt des lokalen E-Commerce haben sich eine Reihe von Modellen mit unterschiedlichen Funktionalitäten herausgebildet. Im Rahmen einer Masterthesis an der Leipzig School of Media hat Janine Pottbrock den Funktionsumfang der Plattformen analysiert. Dabei wird deutlich, dass erhebliche Unterschiede im Funktionsumfang derjenigen Plattformen bestehen, die sich für Local Commerce eignen.

Es reicht jedoch nicht nur aus, den Funktionsumfang der Plattformen zu analysieren. Ein wesentlicher Aspekt bei der Einschätzung von Local-Commerce-Angeboten liegt in der Interessenlage der unterschiedlichen Stakeholder. Hier zeigt sich das Problem, dass bei vielen Plattformen unterschiedliche Interessen aufeinanderprallen. Online City Wuppertal der Agentur Atalanda repräsentiert den Zusammenschluss der Kleinen (lokaler Handel) gegen die Großen (eBay, Amazon, Zalando & Co.). Eine andere Situation haben wir bei „Simply Local“: Hier steht der Handelsriese Metro als Großgesellschafter hinter der Plattform.

Da viele der Plattformen nicht in der Lage sind, eine eigene Vermarktung unter den B2B-Kunden des Handels selbst zu organisieren, gelten Zeitungsverlage und lokale Medienhäuser gewissermaßen als naturgegebene Partner der Plattformen, da sie nach wie vor in der Lage sind, schnell Reichweiten in diesem Markt aufzubauen. Für lokale Medienhäuser stellt sich jedoch an dieser Stelle die Frage, ob es strategisch sinnvoll sein kann, die eigenen Kundenkontakte einer Plattform zu übergeben, die eigene Ziele verfolgt. So haben sich einige Verlagsgruppen an „Simply Local“ beteiligt. Wenn Verlage nur initial ihre Kundenkontakte und Kundendaten einbringen, sind sie mittel- und langfristig als Partner für eine solche Plattform wahrscheinlich nicht von Nutzen. Andere Kooperationsformen sind beispielsweise in Mönchengladbach erkennbar. In einer Kooperation zwischen eBay und der Wirtschaftsförderung Mönchengladbach unter Beteiligung der ortsansässigen Hochschule Niederrhein wurde eine eigene Plattform entwickelt. Hier werden unterschiedliche Interessen (Stärkung des lokalen Handels versus Ausdehnung des Kundenkreises von eBay) kombiniert (vgl. Wodzak 2015, o. V. 2015). Bild 3.29 zeigt eine Analyse lokaler Einkaufsplattformen.

					Social		Local			Mobil				
	Kaufabschluss	Online-Verfügbarkeitsabfrage	Online-Reservierung	Lieferfunktion	Onsite	Offsite	Lokales Sortiment	LBS (Ortung/Angebote)	lokale Suche	mobil optimiert	App	click-to-call Nummern	suggested search	Gestensteuerung
eBay-Marktplatz	x	(x)	(x)	x	x	x	x	x	x	x	x	x	x	x
Locafox		x	x	(x)		x	x			x	x	x	x	(x)
Simply Local		x				x						x	x	(x)
Online City Wuppertal	x	x		x		x	x			x		x		(x)

Bild 3.29 Analyse aktueller lokaler Einkaufsplattformen (Quelle: Pottbrock 2015)

Ein Engagement auf einer derartigen Plattform wird nur dann erfolgreich sein, wenn die Plattform insgesamt nutzenstiftend ist. Nur dann, wenn die Grundanforderungen einer zielgruppenorientierten Konzeption (vgl. Schubert 2000, S. 187 f.) erfüllt sind, kann die Plattform auch wirtschaftlich funktionieren. Hier empfiehlt sich vor einem finanziellen Engagement in diesem Feld die Überprüfung der möglichen Geschäftsmodelle. Basierend auf dem Business-Modell-Canvas von Alexander Osterwalder und Yves Pigneur (2011) gibt es inzwischen eine Reihe von Tools, die im Unternehmensalltag eingesetzt werden können, wie beispielsweise der Lean Canvas von Ash Maurya (2012).

Bei der Bewertung der Plattformen für den lokalen Handel merkt man sehr schnell, dass es nur dann funktionsfähige Plattformen sein können, wenn sie für die zwei Zielgruppen (lokaler Handel und lokale Endkonsumenten) nutzbringend sind. Hier fehlt jedoch bei den meisten Plattformen bereits eine plausible Analyse der „Probleme" dieser Zielgruppen. Die Probleme des Handels haben wir bereits skizziert. Die Arbeitshypothese wäre hier die Annahme, dass hier an der einen oder anderen Stelle der Leidensdruck der Akteure so hoch ist, dass das Problem wahrgenommen wird und auch tatsächlich eine Kooperationsbereitschaft aufseiten des Handels besteht.

Die Konzentration auf die Wettbewerbsvorteile in Abgrenzung zu anderen Wettbewerbern und Lösungen („unfair advantage") und die spezielle Erwähnung der Hauptmetriken führen zu mehr Klarheit bei der Analyse der Geschäftsmodelle. In der Praxis zeigt sich, dass bei vielen Händlern, lokalen Werbegemeinschaften und lokalen Wirtschaftsförderern, die sich mit diesen Plattformen befassen, die Kernfragen in vielen Fällen ungeklärt waren:

- Welches dringliche Problem haben die zwei Zielgruppen Einzelhandel und Endkunden?
- Welches dieser Probleme kann meine Plattform lösen?
- Was ist das leicht zu kommunizierende Alleinstellungsmerkmal der Plattform?
- Wie kann man sicherstellen, dass die Plattform bei einem Erfolg nicht direkt kopiert wird?
- Was ist nun der Nutzen eines lokalen Marktplatzes für den Endverbraucher?

Bei dem Modell der lokalen Marktplätze wird in der Analyse gerne das Argument ins Feld geführt, dass das Problem der Zielgruppe Endverbraucher darin bestehe, dass er gerne lokale oder regionale Produkte kaufen wolle. Diese Hypothese versuchen Verlage und Werbegemeinschaften durch Kampagnen zu unterstützen. Nur überprüft ist sie damit noch nicht. Die Lösung, die viele hier anstreben, ist eine Überprüfung der Hypothese durch Marktforschung. Das ist zwar der korrekte Weg, nur lässt sich das nicht durch den Weg der Befragung (ob Umfrage oder Fokus-Gruppe) lösen. Auf die Frage, ob man sich der Verantwortung für lokale und regionale Anbieter bewusst sei und daher deren Produkte und auf Ebene des Handels deren Sortimente bevorzuge, bekommt man typischerweise eine Reihe sozial erwünschter Antworten („Ja, natürlich"). Diese haben jedoch nicht unbedingt sehr viel mit der Marktrealität zu tun. Um die Erfolgschancen einer Plattform zu überprüfen, hilft – wenn es um echte Innovationen geht – nur der Test, beispielsweise mit einem minimal funktionsfähigen Produkt (MVP) (vgl. Ries 2013, S. 74). Hier ist es dann in der Praxis notwendig, die Teams zu ermuntern, mit schnellen Methoden diese Produkte zu erstellen. In diesem Fall stehen sowohl die Problemhypothese als auch die Lösungshypothese auf dem Prüfstand.

Eine weitere Nutzenhypothese für lokale Marktplätze ist die Liefergeschwindigkeit. Diese muss man dann im Verhältnis zum meist gegebenen Preisnachteil einem Test unterziehen. Die lokalen Marktplätze können nicht national und international skalieren, daher sind die Angebote in der Regel nicht die günstigsten auf dem Markt. Erst dann ist eine sinnvolle Aussage möglich. Und nur dann, wenn der Nutzen für den Endverbraucher groß genug ist, um seine gewohnten Bahnen des Einkaufs zu verlassen, besteht die Chance, dass eine Plattform auch einen ausreichend attraktiven Nutzen für den Handelskunden bietet. Eine vor allem im deutschen Markt vonseiten der Kunden gut akzeptierte Variante ist der Einkauf nach dem „Click & Collect"-Prinzip, bei dem die Waren online bestellt und dann vom Kunden meist auf dem Heimweg von der Arbeit im stationären Ladengeschäft abgeholt werden.

Diskutiert man die alternativen schnelleren Vorgehensweisen mit Praktikern, dann kann man mitunter feststellen, dass gegenüber dem Prinzip der Geschäftsmodelle noch großes Unverständnis besteht. Viele konzentrieren sich in der Diskussion vorschnell auf die Monetarisierungsformen im Sinne eines Erlösmodells. Beim Erlösmodell geht es jedoch immer wieder um ähnliche Konzepte (Transaktionsgebühren, erfolgsabhängige Bezahlung, Paket- und Abonnementmodelle etc.). Für sich allein genommen sind die Erlösmodelle aber keine Innovation. Erst in Verbindung mit den anderen Komponenten eines Geschäftsmodells, d. h. der eigentlichen Problemlösung, können Erlösmodelle wirksam werden und – wenn möglich – zu einer einzigartigen Geschäftsidee führen, die nicht direkt vom nächsten Wettbewerber kopiert werden kann.

Digitale Stimulation des realen Handels

Local-Commerce-Plattformen sind nur eine Variante, um lokale Handelspartner in die Welt des digitalen Handels einzubinden. Neben der reinen Funktionalität als digitale Handelsplattform für den E-Commerce (online oder mobil) geht es für den lokalen Handel jedoch auch um die Verzahnung des digitalen Handels mit Location-based Services (LBS), die den stationären Handel mit mobilen Diensten verbinden. Hier fehlt es den typischen Online-Plattformen an Möglichkeiten, den Umsatz in der realen Welt zu stimulieren. Die Bedürfnisse des Handels, echte Innovationen im stationären Handel umzusetzen, kann man auch daran erkennen, dass im Jahr 2015 neben Lidl auch einzelne Kaufleute aus dem Edeka-Verbund dabei waren, mobile Payment-Methoden zu testen. Es geht um die digitale Unterstützung des realen Handels am Point-of-Sale; um die echte Entwicklung des Geschäfts, das nicht von nationalen und internationalen Konzernen genauso übernommen werden kann. Es sind inzwischen auch die Discounter Aldi und Lidl, die neue Zahlungsformen auf Smartphone-Basis in ihren Filialen erproben und damit für unterschiedliche Handelsbereiche als Signalgeber fungieren.

Während alle Online-Handelsformen im lokalen Sektor den Nachteil haben, dass sie gegenüber den nationalen und internationalen Anbietern wie Zalando und Amazon ihr Geschäftsmodell nicht skalieren können, setzen die digitalen Marketingtools für den realen Handel auf die Geschäfte vor Ort und befinden sich daher nicht in dieser Wettbewerbssituation. Man verbindet bei diesen Produkten die Möglichkeit zur Stärkung von Impulskäufen mit den vom Kunden wahrgenommenen Vorteilen des unmittelbaren realen Einkaufs.

Viele Handelsunternehmen mit Konzern- oder Franchisestruktur lösen diese Probleme durch eigene Kundenbindungssysteme. Andere wiederum schließen sich – ähnlich wie die skizzierten lokalen und regionalen Online-Plattformen – zu entsprechenden lokalen Kundendatenkooperationen zusammen, die von den Werbegemeinschaften und Handelsverbänden organisiert und koordiniert werden. In diesem Kontext wird von einigen Firmen auch der Kundenmanagement-Service der regionalen Zeitungsverlage zum

Kern einer digitalen Local-Commerce-Plattform ausgebaut. Bei der „Landeszeitung Lüneburg" oder dem „Nordbayerischer Kurier" sind diese Kundenbindungssysteme als Service-App im Einsatz (Bild 3.30).

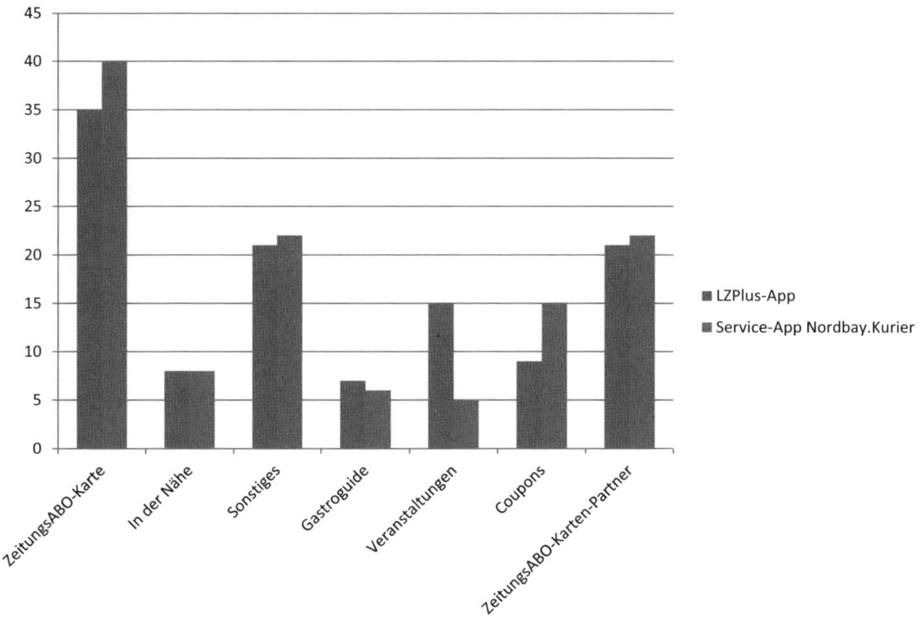

Bild 3.30 Genutzte Funktionalitäten einer Service-App (Quelle: o. V. 2014)

Wie erfolgreich diese unterschiedlichen Programme sind, hängt von der Konsequenz ab, mit der auch detaillierte Marktkenntnisse in echten Kundennutzen umgesetzt werden können. Die von Grund auf vorteilhaften und skalierbaren digitalen Modelle von Rabatt- und Co-Shopping-Plattformen wie Groupon und anderen Couponingdiensten haben nach ihrem starken Start bei der Marktentwicklung in vielen Fällen eher Ladehemmung, da das Geschäftsmodell (die Lösung der Probleme von zwei Kundengruppen, nämlich Handel und Endverbraucher) auf der Ebene der Kooperationspartner (Handel, Gastronomie etc.) nicht aufging.

Dennoch bleiben digitale Rabattsysteme ein Thema für den stationären Handel. Hier muss man nicht über Zukunftsvisionen sprechen, denn die Prinzipien sind bereits umgesetzt. Die Funktionen, die beispielsweise beim Nordbayerischen Kurier intensiv durch die Nutzer nachgefragt werden, weisen das Thema Coupons und Vorteilsprogramme bereits an zweiter Stelle der Nutzungshierarchie aus (vgl. o. V. 2014). Beispielhaft für eine pragmatische, aber effektive Umsetzung ist eine Kampagne von Diesel, bei der Käufer sich Rabatte erarbeiten konnten, wenn sie möglichst viele ihrer Facebook-Freunde über die aktuellen Angebote informieren und davon überzeugen konnten, die Aktion zu „liken".

Die Möglichkeit von kleineren und mittleren Handelsunternehmen, Erfahrungen mit orts- und situationsbezogenen Marketingdiensten zu sammeln, steht beim Ausbau der

„Local Commerce“-Dienste, die auf Location-based Services (LBS) setzen, im Vordergrund. Intelligente Kundenmanagementsysteme, die eine Profilierung zulassen (Interessengebiete, Kaufhistorie etc.), können mit diesem Kundendatenmanagement-Prinzip zu einer lokalen Plattform weiterentwickelt werden. Entsprechend der Logik Local-Social-Mobil kommt auch bei der Entwicklung von E-Commerce-Plattformen der Social-Media-Komponente eine besondere Bedeutung zu. Gerade bei Produktempfehlungen im E-Commerce geht von Social Plugins eine relevante Einflussnahme aus (vgl. Wiedemann/Botzenhardt/Ferdinand 2015).

Bild 3.31 Instore-Marketing mithilfe von iBeacons (Quelle: Klotz 2014)

Allein die Kombination einer solchen lokalen Plattformkundenkarte mit einer App, die das Prinzip der Location-based Services (LBS) beinhaltet und mit der iBeacon-Technologie kombiniert (Bild 3.31), bietet zahlreiche Marketingfunktionalitäten, die die digitale Aktivierung des stationären Handels auch für kleinere und mittlere Handelskunden ermöglichen.

Ausgewählte Funktionalitäten des Local-Commerce:

- Verfügbarkeitsabfrage im Shop,
- Reservierung,
- Kauf/Transaktion,
- Lieferfunktion im lokalen Raum,
- lokale Sortimentsbesonderheiten (auch bei Filialisten).

Ausgewählte Funktionalitäten des mobilen Local-Commerce:

- Check-in-Funktionen (auch in Verbindung mit Infos an Social-Media-„Freunde“),
- Aktionsimpulse am Point-of-Sale durch iBeacon-gesteuerte Werbeinfos,
- Instore-Navigation auf Basis shopbezogener Daten,
- Payment,
- Check-out-Funktion.

Im Sinne des Managementansatzes der Lean-Startup-Theorie von Eric Ries kann man den Akteuren nur empfehlen, mithilfe von Partnern sehr schnell die Grundfunktion der geplanten Lösungen für den stationären Handel in Form von Apps, Terminals etc. aufzubauen und damit die Akzeptanz und den Nutzen zu testen. Ein solches Minimal Viable Product (MVP) liefert klarere Aussagen als Kundenbefragungen, die bei echten Innovationen im Regelfall keine verlässlichen Ergebnisse liefern. Durch den Aufbau eigener technologischer Netzwerke wie beispielsweise iBeacon-Netze (z. B. als geografisch abgegrenzte Geofences) oder AboCard-Terminals am PoS können Infrastrukturen getestet werden. Derartige Infrastrukturen können für die Marketing-Apps genutzt werden. Sie gestatten jedoch auch eine Nutzung durch Dritte. Damit können – falls das im Sinne des Lean-Canvas-Geschäftsmodelltests erfolgversprechende Produktlösungen zulässt – eigene Kundenkartensysteme auch für kleinere Handelsunternehmen entwickelt und angeboten werden. Für diese Produkte gibt es auch bereits die ersten Tests im Beispielmarkt des Pressehandels. Eine Service-App mit iBeacon-Technologie des Kundendaten-Management-Systemanbieters AVS hat beispielsweise 2014 vom Verband Deutscher Zeitschriftenverleger (VDZ) den Innovationspreis für Vertrieb verliehen bekommen, da sie genau diese Schnittstelle der Stimulation des realen Handels mit digitalen Technologien bedient.

Wie unterscheiden sich die Herausforderungen der Digitalisierung für die noch nicht vollständig „digitalisierten“ Marktteilnehmer, wenn wir nicht wie im dargestellten Beispiel den lokalen Markt mit den konventionellen Akteuren des stationären Handels, sondern den B2B-Markt untersuchen? Im B2B-Markt treten Unternehmen mit anderen Unternehmen in Austausch bzw. allgemeiner formuliert Institutionen mit Institutionen, denn es könnte sich auch um den Austausch von Verbänden, Kirchen, Krankenhäusern etc. mit anderen Organisationen handeln.

Wenn es um institutionelle Kauf- und Verkaufsvorgänge geht, dann fällt zunächst auf, dass diese Prozesse ohnehin schon stark strukturiert, normiert und mit IT-Technologie hinterlegt sind. Entsprechend sind E-Procurement, das bedeutet, die elektronische Beschaffung (vgl. Tripp 2002, S. 146) und automatisierte Auktionssysteme, grundsätzlich bereits etabliert. Der Internetexperte Tim Cole geht davon aus, dass bei den elektronischen Plattformen das Thema des Einkaufs nicht nur im Rahmen des E-Procurements an Bedeutung gewinnen wird, sondern dass sich daraus sogar eine strategische Funktion im Rahmen des digitalen Wandels ableiten lässt. Unter dem Stichwort des „strategic sourcing“ kann die konsequente Nutzung bestehender Einkaufsbeziehungen und Optimierung des Einkaufs dazu führen, dass mit reduzierten Transaktionskosten gerade im Industriebereich beim Einkauf erhebliche Kosteneinsparungen möglich werden (vgl. Cole 2015, S. 119 ff.).

Die Integration der IT von Lieferanten und Kunden in die für die jeweilige Branche dominierende Plattform lässt auch eine Veränderung der unterschiedlichen Rollen zu, indem beispielsweise von einer größeren Angebotsvielfalt profitiert werden kann, da Long Tail im Business-Kontext in größerem Maße möglich wird. Dadurch kann es breitere Sortimente mit Nischenprodukten geben, die für das kaufende Unternehmen den Vorteil haben, dass sich das Käuferunternehmen gegenüber seinen Kunden (z. B. Endverbrauchern) als kompetenter Spezialist mit individuellen Lösungen (Produkt aus dem breiten Sortiment der Handelsplattform und die dazugehörige Beratung und Service) etablieren kann.

Im B2B-Markt sind viele Standardeinkaufssituationen durch die dabei eingesetzten Volumina von großer finanzieller Bedeutung. Dies erleichtert auch den notwendigen Ansporn, auf beiden Seiten zu rationalisieren und hochintegrierte Systeme als Handelsplattform aufzubauen. Dennoch ist digitaler Handel auf dieser Ebene, trotz der hohen Erwartungen an die neuen Plattformen, kein Selbstläufer. Im B2B-Geschäft sind allein auf Käuferseite die Entscheidungswege schon hinreichend kompliziert. Wir kennen das auch aus dem Geschäft mit Endverbrauchern (B2C), wenn die Wertigkeit des Produkts hoch genug ist und jeder sich eine Meinung dazu bilden kann. So ist beim Kauf eines Familienautos der Blickwinkel des Mannes oft auf die typischen Männerkomponenten wie Motorleistung und Fahrdynamik orientiert, während Frauen in vielen Fällen stärker auf die Gestaltung (Design, Farbe) und die Funktionalität achten. Die Kinder wiederum haben einen sehr speziellen Blickwinkel, etwa auf vorhandene Becherhalter und die Möglichkeit, Displays für die Videonutzung zu installieren. Für den Verkäufer stellen sich am Ende dann die Fragen: Wer wird nun die Entscheidung dominieren und prägen? Auf welche Argumente gehen wir hier besonders intensiv ein?

Bei Firmenkunden spricht man in diesem Zusammenhang vom Buying-Center. Die erste Hürde in der Vermarktungspraxis ist, die Kundenorganisation in ihrer Struktur und ihren Anforderungen zu verstehen. So gibt es einen grundsätzlichen Unterschied zwischen Unternehmen als Kunden und staatlichen Organisationen. Beim staatlichen Beschaffungswesen ist ein Maximum an Transparenz über die Gründe der Kaufentscheidung das wichtigste Gebot, daher bestehen hier komplexe rechtliche Vorgaben über das Ausschreibungs- und Vergabeverfahren. Entsprechend müssen die Voraussetzungen für die Eignung der Abwicklung über digitale Plattformen hier gesondert geprüft werden (vgl. Herwig 2001, S. 59, Kosilek/Uhr 2002, S. 81). Ähnlich verhalten sich auch Organisationen ohne betriebliche Struktur, wie beispielsweise Verbände oder Nichtregierungsorganisationen (NGOs). Man möchte durch diese Vorgaben Korruption und Verschwendung von Ressourcen verhindern. Diese Regularien haben im Zuge der Korruptionsvorbeugung im Rahmen der diversen Compliance-Regelungen in der Industrie ebenfalls Einfluss auf die Regularien in der Privatwirtschaft. Wenn also eine Integration der Anbieter und Kunden in eine Handelsplattform stattfinden soll, um eine weitere Digitalisierung der Märkte zu erreichen, dann muss dieser Transaktionsprozess auch diesen Anforderungen entsprechen.

Mitunter sind auch die Experten für den Verkaufsprozess nicht in der Lage, die tatsächlichen Inhouse-Rollen der Ansprechpartner der Kundenunternehmen richtig zu deuten. Bei der Vermarktung von Werbemöglichkeiten hatten beispielsweise die Außendienstorganisationen stark voneinander abweichende Informationen darüber, wer aufseiten der Werbungtreibenden in den einzelnen Firmen über die Mediabudgets entscheidet. Ein Abgleich unter Kollegen zeigte, wie schwierig es war, verlässliche Informationen über interne Entscheidungsstrukturen zu bekommen, aufzubereiten und aktuell zu halten.

Welche Rollen gibt es im Rahmen des institutionellen Beschaffungswesens, die man für die Einbindung der Ansprechpartner in reale oder digitale Verkaufsprozesse berücksichtigen sollte (vgl. hierzu auch: Godefroid/Pförtsch 2008, S. 55)?

- *Einkäufer:* Er ist der richtige Ansprechpartner für Routinebeschaffungen, die eine identische oder modifizierte Wiederbeschaffung darstellen.

- *Informationsbeschaffer:* Meist eine Stabsstelle (z. B. Assistent/in der Geschäftsleitung), die mit der Vorbereitung der Kaufentscheidung befasst ist, die Entscheidung aber nicht selbst trifft. Sie hat eine wichtige Gatekeeper-Rolle.
- *Beeinflusser:* Die Beeinflusser oder Influencer nehmen Einfluss auf die Entscheidung (in der Regel über einen Expertenstatus), ohne die Entscheidung selbst zu treffen oder zu verantworten.
- *Benutzer:* Wenn man davon ausgeht, dass die Endnutzer auch am Entscheidungsprozess beteiligt sind, dann verkennt man die Komplexität von organisationalen Beschaffungsprozessen. In einigen Fällen sind die Benutzer nicht oder nur schwach im Beschaffungsvorgang involviert. Es kann für den Kunden wiederum relevant sein, die Benutzer einzubinden, um die Akzeptanz der Beschaffung zu erhöhen (z. B. bei Werkzeugen, Software etc.).
- *Entscheider:* die formale Instanz, die befugt ist, in Abstimmung mit den genannten Gruppen die Kaufentscheidung zu fällen und den Vertrag zu unterzeichnen.

Automatisierung und Disintermediation im B2B-Geschäft

Eine Entwicklung, die derzeit erst in einigen B2B-Branchen in Grundzügen sichtbar wird, ist die Verbindung von Service und Daten als neue Einheit, die insbesondere beim Handel mit digitalen Verfügungsrechten über Güter einen hohen Grad an Automatisierung und Intelligenz ermöglicht. Zu sehen ist das aktuell im Jahr 2015 im Bereich der Mediavermarktung, d. h. dem Verkauf von Werbemöglichkeiten auf unterschiedlichen Werbeträgern. Dieses typische B2B-Geschäft ist bislang dadurch geprägt, dass es in Form der fachlich hoch spezialisierten Mediaagenturen eine Mittlerebene gibt. Genau diese Mittlerebene scheint jedoch nun unter die Räder zu kommen. Die Leistung eines Werbeträgers (Wie viele relevante Werbekontakte konnten von der vorab definierten relevanten Zielgruppe des Kundenunternehmens erreicht werden?) wird in vielen Medien (z. B. bei Online- oder Mobile-Advertising) gemessen. Die Zielgruppen werden nach vorgegebenen Kriterien ausgewählt (Targeting) und die Kosten der Buchung können im Vorfeld als Kostenrahmen angegeben werden. Beispielsweise wählen Kunden des Suchwortmarketings von Google-Adwords nicht nur die Worte und Wortkombinationen aus, sondern sie geben auch eine akzeptierte Preisspanne für den erwarteten Kontakt an. Die Werbeplätze werden dann je nach Angebotslage in einem elektronischen Auktionsprozess an die Werbekunden verteilt. Kombiniert man all diese Prinzipien miteinander, erhält man das, was in der Mediabranche „Programmatic Buying" genannt wird, d. h. ein automatischer Einkauf, indem intelligente Systeme die Buchungen miteinander aushandeln und auch die Umsetzung und Platzierung der Werbung vornehmen (vgl. Wadhawan 2015, Paperlein/Pimpl 2016, Kiock 2015).

Dass solche automatischen Handelssysteme Risiken beinhalten, konnten wir bei den Finanzkrisen des neuen Jahrtausends feststellen. So war der 6. Mai ein besonders „schwarzer" Börsentag des Jahres 2010, bei dem der amerikanische Leitindex Dow Jones blitzartig in einem „Flash Crash" um fast 1000 Punkte gefallen ist und eine Geldsumme von 800 Milliarden Dollar binnen Minuten vernichtet wurde (vgl. Lochmaier 2010), das Ergebnis einer unglücklichen Verknüpfung der automatischen Trading-Systeme, ein algorithmischer Crash der Sonderklasse.

Auch im Mediageschäft hat diese Form der Automatisierung mitunter ihre Tücken. So gibt es ein bekanntes Beispiel, in dem der Buchhändler Thalia auf einer redaktionellen Website eines großen Medienhauses für seine Kochbücher wirbt. Peinlich war nur der Umstand, dass die Überschrift auf dem Artikel „Bewährungsstrafen im Ekelfleisch-Prozess" lautete und der Artikel sich mit der Aufarbeitung eines Gammelfleisch-Skandals befasste. Wie kann so etwas passieren? Durch ein kontextaffines Targeting, wenn beispielsweise festgelegt wird, dass die Werbung vorzugsweise bei Umfeldern erscheinen soll, die sich mit dem Thema Essen beschäftigen. Wer jetzt hier reflexhaft den Nachteil der digitalen Welt erkennt und sich damit zufriedengeben mag, dass so etwas eben nur den digitalen Systemen passieren kann, da sie nicht intelligent sind und mitdenken, den muss ich an dieser Stelle enttäuschen. Das Regelwerk der Expertensysteme in diesem Bereich wird ständig erweitert und damit die darin enthaltene Form der Künstlichen Intelligenz (KI) verbessert. Gleichzeitig ist der menschlich koordinierte Referenzprozess nicht vor solchen Totalpleiten gefeit.

Ein besonders drastisches Beispiel lieferten die „Lübecker Nachrichten". Als am Freitag, 13. November 2015 Terroristen des sogenannten Islamischen Staats Anschläge in Paris verübten, reagiert die westliche Medienwelt unisono mit großer Betroffenheit. „Die Welt trauert mit Paris" titelte konsequenterweise die Sonntagsausgabe der in Lübeck erscheinenden Zeitung. Schwierig war nur die Tatsache, dass der Titel nicht richtig lesbar war, da ein Werbeaufkleber auf dem Wort „Welt" und dem ersten „t" von „trauert" klebte. Das war also bereits trotz menschlicher Steuerung nicht gelungen. Richtig schlimm war dann jedoch der Inhalt des Werbeaufklebers. „Schadenfroh mit Itzehoer" war der Claim der Versicherungskampagne, die bei den Lesern der Marzipanhochburg einen bleibenden Eindruck hinterlassen hat. Dieses Beispiel zeigt, dass der Vergleich der digitalisierten Prozesse mit den Prozessen, bei denen Menschen noch involviert sind, nicht immer eine einfache Antwort darauf geben kann, wo mehr Sicherheit besteht.

Bild 3.32 zeigt das Zusammenspiel zwischen Digital Service und Commerce im Überblick.

Praxisbeispiel: Rocket Internet – E-Commerce-Plattformen nach dem Klon-Prinzip

Mit dem Kopieren von Geschäftsmodellen und der raschen Übertragung von meist im US-Markt erstmalig etablierten Modellen in andere (am Anfang vor allem europäische) Märkte sind die Gebrüder Marc, Oliver und Alexander Samwer groß geworden und sie haben sich dadurch im Silicon Valley zwar Respekt, aber keine Freunde erworben.

Dass hinter diesem „Prinzip" schnell kopieren, Prototypen einführen, mit Wagniskapital aufpumpen und dann abstoßen jedoch nicht nur eine kurzfristige Gewinnstrategie steht, zeigen die Bemühungen der von den Samwer-Brüdern geführten Rocket Internet AG, durch unterschiedliche Tochterfirmen und Marken zur Nummer 1 des weltweiten Online-Handels aufzusteigen. Mit einer seit 2010 feststellbaren Hinwendung zu E-Commerce-Plattformen, die auf unterschiedliche geografische Einzugsbereiche und Sortimente spezialisiert sind, sollen etablierte Handelsstrukturen, aber auch bestehende E-Commerce-Anbieter aus dem Markt gedrängt werden. Auch wenn der geplante Börsengang von „Hellofresh“ erste einmal auf Druck der Großinvestorin Christina Stenbeck (Kinnevik) Anfang 2016 auf Eis gelegt wurde, bleibt das Geschäftsfeld des E-Commerce in allen Varianten dennoch im Visier der Rocket Internet AG (vgl. Rungg 1/2016; Katzensteiner/Maier 5/2013).

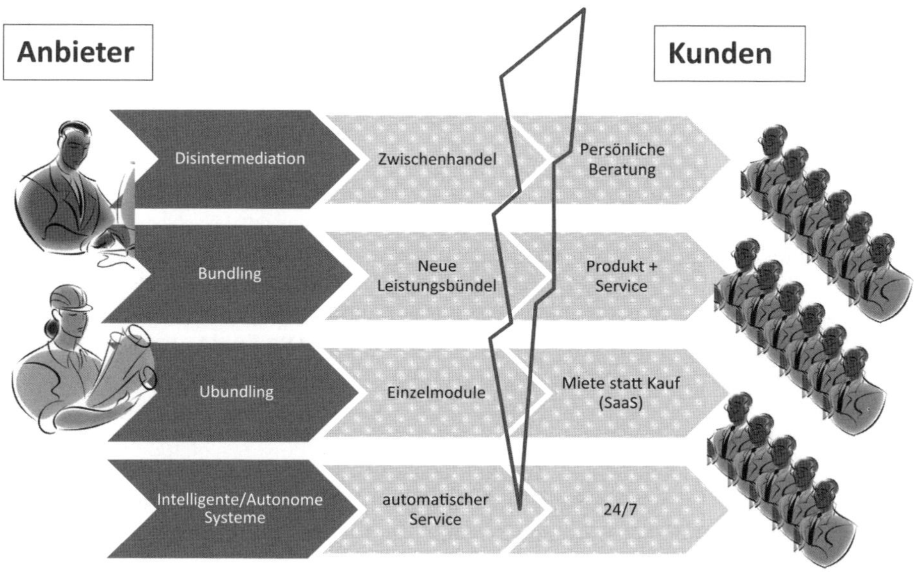

Bild 3.32 Digital Service und Commerce (Quelle: Steinbeis-Beratungszentrum „Leadership in Science and Education“)

3.4 Schlachtfeld der Transformation: Digitale Plattformen

Nicht umsonst weist Christoph Keese in seinem Buch „Silicon Valley“ gegen Ende des analytischen Teils darauf hin, dass Plattformen künftig die Spielregeln in den meisten Märkten bestimmen. Es geht um den Aufbau von Marktplätzen, die nicht nur als verbindendes, unternehmensübergreifendes Element die eigentliche Neuerung im Rahmen von Industrie 4.0 ausmachen, sondern gleichzeitig die Wertschöpfungsströme und damit die Geschäftsmodelle der meisten Branchen nachhaltig verändern oder verändern werden (Bild 3.33).

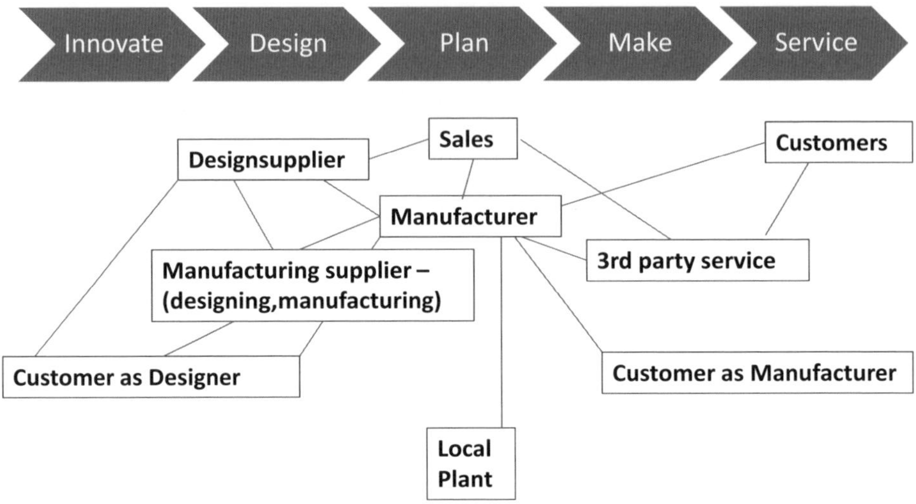

Bild 3.33 Plattform als Marktplatz zur Verbindung von Mensch, Fabrik und Maschine (Quelle: Kleinemeier 2014, S. 577)

Wer sich mit der Plattformökonomie intensiver beschäftigt, stellt zunächst fest, dass der Begriff in Deutschland sehr stark durch das Phänomen der Produktplattformen geprägt ist. Die hierzulande starke, fast dominierende Automobilindustrie hat ihn intensiv verwendet und bekannt gemacht. Er beschreibt Produktplattformen und Branchenplattformen, die jeweils für die Wiederverwendbarkeit und Übertragbarkeit von Produktelementen und Komponenten bzw. für eine Standardisierung der Schnittstellen stehen (vgl. Buxmann/Diefenbach/Hess 2015). Ein Konzept, das gerade jetzt in Zeiten der Digitalisierung auch auf die Softwareindustrie und die Dienstleistungsbranche übertragen wurde (vgl. Stauss 2003).

Diese Plattformpolitik liefert bereits erste Eindrücke, was eine Plattform im Sinne einer digitalen Handels- und Serviceplattform zu leisten vermag. Die digitalen Plattformen bauen auf den Skalen- und Netzeffekten auf und führen zu einer Reihe von Marktbesonderheiten, die man im Blick haben muss, wenn man das Wesen der Plattformökonomie verstehen möchte (vgl. Kollmann/Stöckmann 2011, S. 39).

Das Problem einer Angebots-Nachfrage-Spirale in einem zweiseitigen Markt mit Netzeffekten (vgl. Kapitel 1) besteht darin, dass man sich fragen kann, was zuerst da sein muss, ausreichend viele Angebote oder Nachfrager. Eine Immobilienplattform ohne Immobilien wird weder von Nachfragern noch von Anbietern mit Angeboten versorgt. Dieser Umstand ist auch als Ei-Henne-Problem bekannt. Denn es lässt sich trefflich darüber streiten, mit welchem Marktsegment man beginnen sollte. Man muss jedoch vor allem dafür sorgen, dass zunächst die Angebote klar sind und dann anschließend auch die Nachfrage entsprechend stimuliert wird. Dabei muss für einen gut funktionierenden Markt eine Balance zwischen Angebot und Nachfrage bestehen und beide Pools müssen die notwendige kritische Masse aufweisen.

Wenn die Voraussetzungen stimmen, dann ergeben sich Diffusionskurven, die einen exponentiellen Anstieg beinhalten können – ein Wachstum, das für junge Startups auch hohe Investitionen von Wagniskapitalgebern ermöglicht. Es ist jedoch nicht einfach, den Erfolg einer Plattform zu prognostizieren. Entscheidend ist zunächst das Erreichen der kritischen Masse (siehe auch die Frage nach dem ausreichenden Potenzial in den jeweiligen Teilmärkten), um die Hockeystick-Kurve hinzubekommen und die voneinander abhängigen zweiseitigen Märkte in Gang zu bringen. Dabei ist jedoch die Interpretation der tatsächlichen Marktdaten nicht trivial.

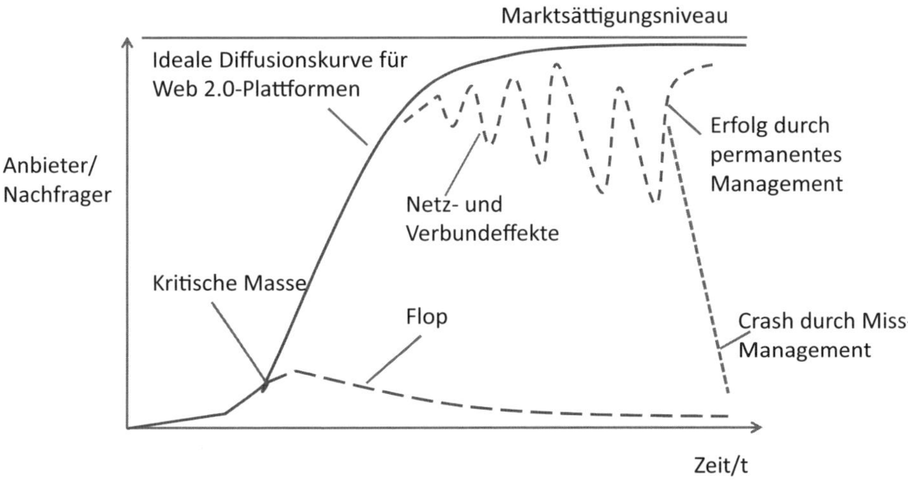

Bild 3.34 Diffusionsverlauf von Web 2.0-Plattformen (Quelle: Kollmann/Stäckmann 2011, S. 43)

Selbst dann, wenn der „Kritische Masse-Punkt“ (Bild 3.34) erfolgreich erreicht wurde, ist der Erfolg jedoch nicht gesichert. Denkbar sind sehr viele Varianten einer Produktdiffusionskurve (siehe auch den Abschnitt zur Portfoliotechnik). Es gibt Situationen, in denen nach einem fulminanten Start und einem guten Anstieg der Erlöse am Ende ein recht jäher Abbruch kommt, wenn das Produkt/die Plattform nicht mehr angesagt ist.

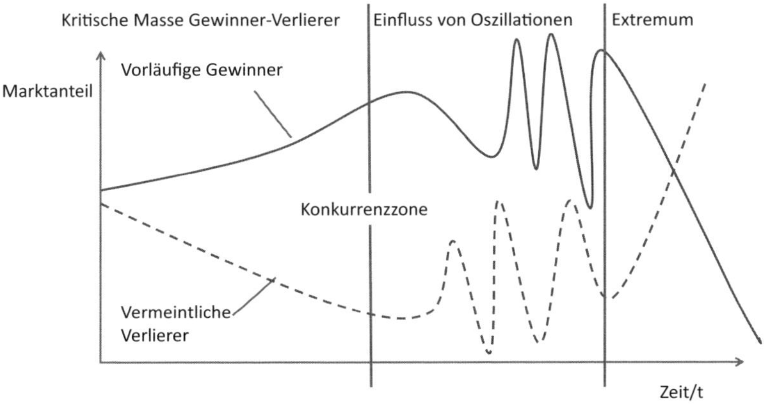

Bild 3.35 Konkurrenzverhältnisse im oszillierenden Spannungsfeld (Quelle: Kollmann/Stäckmann 2011, S. 44)

Die teilweise stark oszillierenden Entwicklungen im Rahmen einer immerhin erfolgreichen Diffusion einer Plattform führen in vielen Fällen zu großen Irritationen auf Entscheiderseite. Je nach Standpunkt sieht man darin Vorboten des Niedergangs und versucht mehr oder weniger zeitnah gegenzusteuern oder man ist insgesamt vom Erfolg des eigenen Produkts überzeugt und wartet ab, bis sich die Pendelausschläge wieder beruhigt haben. Es bleibt jedoch in der Summe in vielen Fällen gerade dann, wenn eine kleine Zahl von Plattformen miteinander in direktem Wettbewerb steht, eine große Unsicherheit. Man muss damit rechnen, dass am Ende die oszillierenden Schwankungen in einen unerwarteten Erfolg (siehe Kurve mit durchgezogener Linie in Bild 3.35) oder in den stets befürchteten Misserfolg (gestrichelte Kurve in Bild 3.35) münden.

Bild 3.36 gibt einen Überblick über Plattformen und die entsprechenden Branchen.

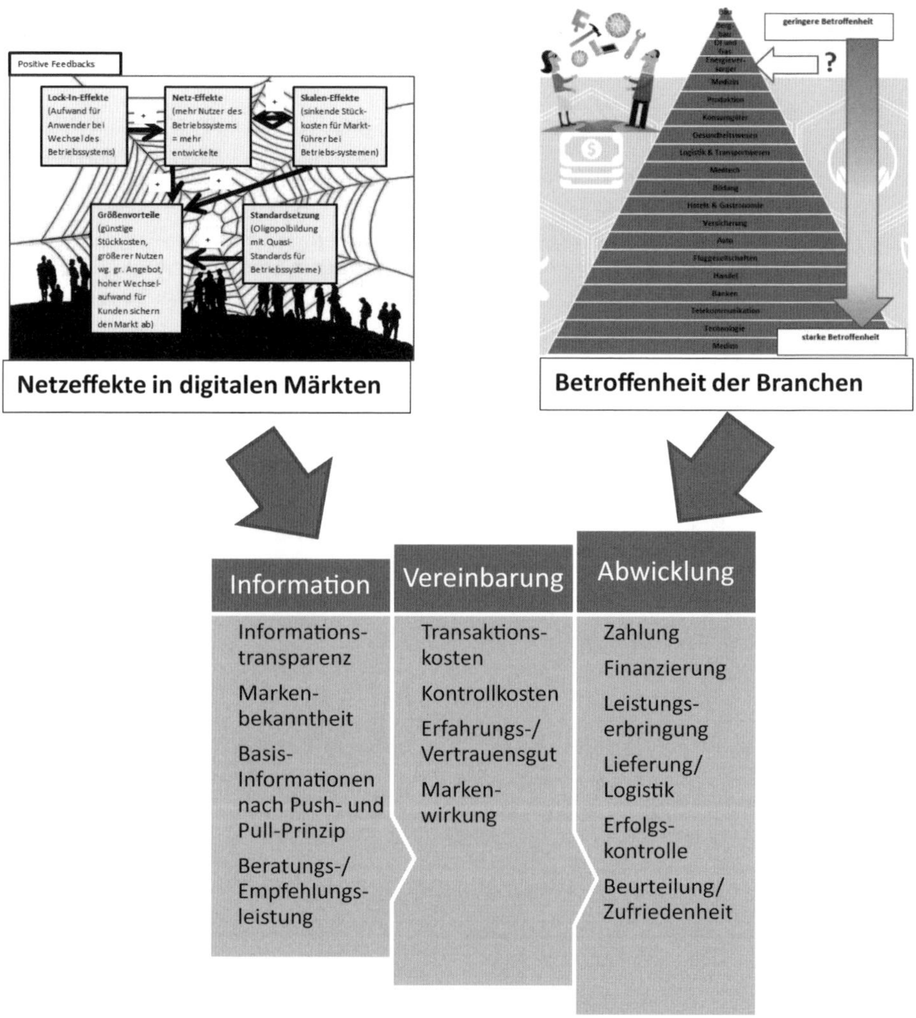

Bild 3.36 Plattformen und Branchen (Quelle: Steinbeis-Beratungszentrum „Leadership in Science and Education"; vgl. dazu Zimmermann/Kuhn 1995, S. 37)

Praxisbeispiel: Uber – die kapitalstärkste Plattform für Mobilität

Uber ist nicht die erste Plattform, die Mobilitätsdienstleistungen vermarktet, und sie ist damit auch kein Innovator im engeren Sinne. Was Uber jedoch als Anbieter gegenüber anderen Anbietern kennzeichnet, ist die Konsequenz, mit der ihr Gründer Travis Kalanick das Prinzip umsetzt, dass mithilfe einer digitalen Plattform ein Dienstleister für den Transport geordert wird und damit das herkömmliche Taxiwesen sowie weitere Transportdienstleistungen wie Kurierfahrten abgelöst werden können.

Mit einer Kapitalisierung von mehr als einer Milliarde US-Dollar war der Markteintritt mit wesentlich mehr Power ausgestattet als das bei konkurrierenden Unternehmen wie „Mytaxi" der Fall war. Das Geschäftsmodell ist recht einfach. Von allen über die Plattform vermittelten Fahrten beansprucht Uber 20% Provision. Die Fahrer haften als Selbstständige für ihre Autos. Verschleiß, Unfallschäden etc. belasten damit nicht die Marge von Uber. Die in sehr vielen Ländern geltenden Einschränkungen im Bereich der Personenbeförderung, die beispielsweise in Deutschland sehr klar über Personenbeförderungsscheine und Taxiregulierungen festgelegt sind, scheinen Uber beim Markteintritt zunächst nicht zu interessieren, sodass erst nach dem Einschreiten der Behörden in einigen Fällen der Dialog gesucht wurde. Alles in allem ist Uber damit bislang eine weltweite Expansion gelungen, die den notwendigen Bekanntheitsgrad der Marke garantiert. Denn auch die Berichterstattung über Prozesse und Proteste stärkt am Ende die Marke.

Dahinter steht das bei einigen aggressiven digitalen Unternehmen vorherrschende Prinzip, die gesetzlichen und politischen Rahmenbedingungen zunächst einmal zu ignorieren, um dann bei der Regulierungsdiskussion ein Hase-und-Igel-Spiel zu beginnen, bei dem die Politik, beispielsweise die EU, am Ende Dinge reguliert, die durch die nächste Produktgeneration bereits obsolet werden.

(Maier 9/2014)

3.5 Literatur

Abrams, Jürgen (2000): Modelle vertikaler Business-to-Business-Marktplätze – Case-Study „Stahl-Industrie", in: Engelien, Martin/Neumann, Detlef (Hrsg.) (2000): Virtuelle Organisation und Neue Medien 2000 – Workshop GenNeMe2000, TU Dresden 5.+6. Oktober 2000, Josef Eul Verlag Köln/Lohmar, S. 133 – 148

Abrams, Jürgen (2002): Vertikale elektronische Marktplätze – Empirische Untersuchung und Gestaltungsanforderungen, Josef Eul Verlag Köln/Lohmar

Asche, Stefan (42/2015): Schmeckt wie gedruckt, in: VDI Nachrichten 42/2015, S. 23

Asche, Stefan (49/50/2015): „In einzigartige Rolle hineingewachsen“, in: VDI Nachrichten 49/50/2015, S. 14

Asche, Stefan (2016): Keramik aus dem Drucker, in: VDI-Nachrichten 3-4/2015, S. 23

Aunkofer, Rudolf (2010): Digital vernetzte Wissensgesellschaft, in: Redwitz, Gunter (Hrsg.) (2010): Die digital-vernetzte Wissensgesellschaft: Aufbruch ins 21. Jahrhundert, Piper München/Zürich, S. 155 – 173

Bauernhansl, Thomas (2014): Die Vierte Industrielle Revolution: Der Weg in ein wertschaffendes Produktionsparadigma, in: Bauernhansl, Thomas/ten Hompel, Michael/ Vogel-Heuser, Birgit (Hrsg.) (2014): Industrie 4.0 in Produktion, Automatisierung und Logistik – Anwendung, Technologien, Migration, Springer Vieweg, Wiesbaden, S. 3 – 35

BITKOM (Hrsg.) (2013): Bring Your Own Device, Berlin, *https://www.bitkom.org/Publikationen/2013/Leitfaden/BYOD/130304-LF-BYOD.pdf* (Abruf: 01.01.2016)

BMWi (2015): Industrie 4.0 und Digitale Wirtschaft: Impulse für Wachstum, Beschäftigung und Innovation, Berlin, April 2015, *http://www.plattform-i40.de/I40/Redaktion/DE/Downloads/Publikation/industrie-4-0-und-digitale-wirtschaft.pdf?__blob=publicationFile&v=4* (Abruf: 09.11.2015)

Breyer-Mayländer, Thomas (2011): Mehr als nur ein „Communication Shift“: Neue Formen des Mediamix im lokalen Markt, in: Marketing Review St. Gallen 5/2011. S. 22 – 27

Bruhn, M./Hadwich, K. (Hrsg.) (2015): Interaktive Wertschöpfung durch Dienstleistungen: Strategische Ausrichtung von Kundeninteraktionen, Geschäftsmodellen und sozialen Netzwerken, Forum Dienstleistungsmanagement, Springer Gabler, Wiesbaden

Bullinger, Hans-Jörg/Bauer, Wilhelm/Wenzel, Günter (2008): Virtual Architecture – Immersive Technologien für das Bauen der Zukunft am Beispiel des Fraunhofer Zentrum für Virtuelles Engineering, in: Marxt, Christian/Hacklin, Fredrik (Hrsg.) (2008): Business Excellence in technologieorientierten Unternehmen, Springer Berlin/Heidelberg, S. 107 – 118

Burazerovic, Manfred (2016): Im Sauerland setzen die Firmen auf Kooperation, in: VDI-Nachrichten 3-4/2016, S. 10

Buxmann, Peter/Diefenbach, Heiner/Hess, Thomas (2015): Die Softwareindustrie: Ökonomische Prinzipien, Strategien, Perspektiven, 3. Auflage Springer, Berlin

Canalys (2015) canalys.com, April 2015, zitiert nach Statista *http://de.statista.com/statistik/daten/studie/388698/umfrage/umsatz-der-3d-druckindustrie-weltweit* (Abruf: 08.02.3016)

Ciupek, Martin (2016): Referenz für digitalen Wandel, in: VDI-Nachrichten 1-2/2016, S. 16

Clauß, Anna (2015): Fragen kostet, in: Der Spiegel 52/2015. S. 54

Cole, Tim (2015): Digitale Transformation: Warum die deutsche Wirtschaft gerade die digitale Zukunft verschläft und was jetzt getan werden muss!, Vahlen München

Eggert, Ulrich (2015): 3-D-Druck – die nächste Revolution für Industrie, Handel und Logistik?, Kurz-Studie, Köln November 2015

Freitag, Michael (09/2015): Bytes, die neuen PS, in: Manager Magazin 09/2015, S. 36 – 43

Geisberger, Eva/ Broy, Manfred (Hrsg.) (2012): Integrierte Forschungsagenda Cyber-Physical Systems, acatech STUDIE, April 2012, *http://www.acatech.de/fileadmin/user_upload/Baumstruktur_nach_Website/Acatech/root/de/Material_fuer_Sonderseiten/Cyber-Physical-Systems/acatech_STUDIE_agendaCPS_Web_20120312_superfinal.pdf* (Abruf: 09. 11. 2015)

Godefroid, P./Pförtsch, W. (2008): Business to Business Marketing, Kiel Ludwigshafen

Hanser, Peter (12/2015): „Omnichannel ist keine Funktion, sondern eine Einstellung", Interview mit Heiko Klauer, in: Absatzwirtschaft 12/2015, S. 18 – 22

HDE, April 2015 *http://www.einzelhandel.de/index.php/presse/zahlenfaktengrafiken/item/110185-e-commerce-umsaetze* (Abruf: 03. 11. 2015)

Heinemann, G. (2013): No-Line-Handel: Höchste Evolutionsstufe im Multi-Channelling, Springer Gabler. Wiesbaden

Heinemann, G. (2015): Der neue Online-Handel: Geschäftsmodell und Kanalexzellenz im Digital Commerce, Springer Gabler. Wiesbaden, 6., vollständig überarbeitete Auflage

Heinemann, G./Gaiser, C. G. (2015): SoLoMo – Always-on im Handel: Die soziale, lokale und mobile Zukunft des Shopping, Springer Gabler, Wiesbaden, 2. Auflage

Hell, M. (2015): Wird Simply-Local der Gamechanger bei den Einkaufsplattformen? am 27. Januar 2015 in Local Heroes, Location Insider, *http://locationinsider.de/wird-simply-local-der-gamechanger-bei-den-einkaufsplattformen/* (Abruf: 06. 11. 2015)

Hertling, Frank (2015): 3-D-Druck: Wettbewerbsvorsprung sichern, in: IHK Wirtschafts-Forum (IHK Frankfurt am Main), 10/2015, S. 50 – 51

Herwig, Volker (2001): E-Government – Distribution von Leistungen öffentlicher Institutionen über das Internet, Josef Eul Verlag Köln/Lohmar

Hoppe, Gerd (2014): High-Performance Automation verbindet IT und Produktion, in: Bauernhansl, Thomas/ten Hompel, Michael/Vogel-Heuser, Birgit (Hrsg.) (2014): Industrie 4.0 in Produktion, Automatisierung und Logistik – Anwendung, Technologien, Migration, Springer Vieweg, Wiesbaden, S. 249 – 275

InterSearch (Executive Consultants) 2015, Oktober 2015, zitiert nach: Statista, de.statista.com/statistik/daten/studie/496930/umfrage/umfrage-zum-grad-der-digitalisierung-in-unternehmen-des-mittelstands-in-deutschland (Abruf: 08. 02. 2016)

Jarvis, Jeff (2010): Google im Jahr 2020, in: Burda, Hubert/Döpfner, Matthias/Hombach, Bodo/Rüttgers, Jürgen (Hrsg.) (2010): 2020 Gedanken zur Zukunft des Internets, Klartext Medienwerkstatt Essen, S. 157 – 163

Kaeser, Joe (2015): From Data to Business: Neue Geschäftsmodelle deutscher Industrieunternehmen, in: Becker, Thomas/Knop, Carsten (Hrsg.) (2015): Digitales Neuland – Warum Deutschlands Manager jetzt Revolutionäre werden, Springer Fachmedien Wiesbaden, S. 23 – 35

Kagermann, H. (2014): Chancen von Industrie 4.0 nutzen, in: Bauernhansl, Thomas/ten Hompel, Michael/Vogel-Heuser, Birgit (Hrsg.) (2014): Industrie 4.0 in Produktion, Automatisierung und Logistik – Anwendung, Technologien, Migration, Springer Vieweg, Wiesbaden, S. 601 – 614

Kagermann, H./Wahlster, W./Helbig, J. (2013): Umsetzungsempfehlungen für das Zukunftsprojekt Industrie 4.0 – Abschlussbericht des Arbeitskreises Industrie 4.0. Frankfurt/Main

Kagermann, H./Lukas, W./Wahlster, W. (2011): Industrie 4.0: Mit dem Internet der Dinge auf dem Weg zur 4. Industriellen Revolution. (Technischer Bericht, VDI Nachrichten), April 2011. *http://www.vdi-nachrichten.com/artikel/ Industrie-4-0-Mit-dem-Internet-der-Dinge-auf-dem-Weg-zur-4-industriellen-Revolution/52570/1* (Abruf: 09.11.2015)

Kao, Odej (2010): Clouds als Antrieb des neuen Internets, in: Burda, Hubert/Döpfner, Matthias/Hombach, Bodo/Rüttgers, Jürgen (Hrsg.) (2010): 2020 Gedanken zur Zukunft des Internets, Klartext Medienwerkstatt Essen, S. 25 – 30

Katzensteiner, Thomas/Maier, Astrid (5/2013): Ansichten eines Klons, in: Manager Magazin 5/2013, S. 52 – 60

Keese, Christoph (2014): Silicon Valley – Was aus dem mächtigsten Tal der Welt auf uns zukommt, Knaus München

Kiock, Alexander (2015): Gekommen um zu bleiben, in: Markenartikel 11/2015, S. 40 – 42

Kirsche, Thomas (2010): Industrialisierung des Stammdatenmanagements für Produkte, in: Redwitz, Gunter (Hrsg.) (2010): Die digital-vernetzte Wissensgesellschaft: Aufbruch ins 21. Jahrhundert, Piper München/Zürich, S. 536 – 563

Kleinemeier, M. (2014): Von der Automatisierungspyramide zu Unternehmenssteuerungsnetzwerken, in: Bauernhansl, Thomas/ten Hompel, Michael/Vogel-Heuser, Birgit (Hrsg.) (2014): Industrie 4.0 in Produktion, Automatisierung und Logistik – Anwendung, Technologien, Migration, Springer Vieweg, Wiesbaden, S. 571 – 579

Klotz, M. (2014): iBeacon: Smarte Technologie birgt Potenzial für das stationäre Shopping, in: tn3 02.06.2014, *http://t3n.de/magazin/ibeacon-stationaerer-handel-235162/* (Abruf: 07.11.2015)

Koch, Volkmar/Kuge, Simon/Geissbauer, Reinhard/Schrauf, Stefan (2014): Industrie 4.0: Chancen und Herausforderungen der vierten industriellen Revolution, Strategy&/PwC, *http://www.strategyand.pwc.com/media/file/Industrie-4-0.pdf* (Abruf: 08.02.2016)

Kollmann, Tobias/Stöckmann, Christoph (2011): Diffusion von Web 2.0-Plattformen, in: Walsh, Gianfranco/Hass, Berthold H./Kilian, Thomas (Hrsg.): Web 2.0: Neue Perspektiven für Marketing und Medien, 2. vollständig überarbeitete Auflage, Springer Heidelberg, S. 33 – 47

Kosilek, Ernest/Uhr, Wolfgang (2002): Public Electronic Procurement – Eine empirische Untersuchung, Josef Eul Verlag Köln/Lohmar

Kreutzer, Ralf T. (2015): Digitale Revolution: Auswirkungen auf das Marketing, Springer Fachmedien Wiesbaden

Kurz, Constanze/Rieger, Frank (2011): Die Datenfresser – Wie Internetfirmen und Staat sich unsere persönlichen Daten einverleiben und wie wir die Kontrolle darüber zurückerlangen, S. Fischer Frankfurt

Lichtblau, Karl/Stich, Volker/Bertenrath, Roman/Blum, Matthias/Bleider, Martin/Millack, Agnes/Schmitt, Katharina/Schmitz, Edgar/Schröter, Moritz (2015): INDUSTRIE 4.0-READINESS, Forschung wurde gefördert von der IMPULS-Stiftung des VDMA, Aachen, Köln, Oktober 2015

Liggesmeyer, P./Dörr, J./Heidrich, J. (2014): Big Data in Smart Ecosystems, Informatik_Spektrum_37_2_2014, S. 105 – 111

Lochmaier, Lothar (2010): Algotrading: Wie selbst zerstörerisch ist der automatisierte Computerhandel?, in: telepolis 18. 10. 2010, *http://www.heise.de/tp/artikel/33/33441/1.html* (Abruf: 20. 11. 2015)

Lüder, Arndt (2014): Integration des Menschen in Szenarien der Industrie 4.0, in: Bauernhansl, Thomas/ten Hompel, Michael/Vogel-Heuser, Birgit (Hrsg.) (2014): Industrie 4.0 in Produktion, Automatisierung und Logistik – Anwendung, Technologien, Migration, Springer Vieweg, Wiesbaden, S. 493 – 507

Maier, Astrid (9/2014): Der Uber-Fall, in: Manager Magazin 9/2014, S. 38 – 41

Maier, Astrid/Student, Dietmar (12/2014): Made in Germany, in: Manager Magazin 12/2014, S. 92 – 98

Maurya, A. (2012): Why Lean Canvas vs. Business Model Canvas? in: *http://leanstack.com/why-lean-canvas/* (Abruf: 09. 11. 2015)

Meffert, Herbert/Burmann, Christoph/ Kirchgeorg, Manfred (2015): Marketing – Grundlagen marktorientierter Unternehmensführung Konzepte – Instrumente – Praxisbeispiele, 12., überarbeitete und aktualisierte Auflage, Springer-Gabler Wiesbaden

Meik, Frank (2012): Wir klicken uns um Freiheit und Verstand – Warum die neuen Medien unsere Demokratie bedrohen, Murmann Verlag Hamburg

Müller, Eva (1/2012): Magie der Maschinen, in: Manager Magazin 1/2012, S. 80 – 86

Niggemann, Oliver/Jasperneite, Jürgen/Vodencarevic/Asmir (2014): Konzepte und Anwendungsfälle für die intelligente Fabrik, in: Bauernhansl, Thomas/ten Hompel, Michael/Vogel-Heuser, Birgit (Hrsg.) (2014): Industrie 4.0 in Produktion, Automatisierung und Logistik – Anwendung, Technologien, Migration, Springer Vieweg, Wiesbaden, S. 173 – 190

o. V. (2014): Nebengeschäfte: SÄCHSISCHE ZEITUNG startet Service-App, dnv 03. 06. 2014 *http://www.dnv-online.net/services/detail.php?rubric=Logistik+%26+Technik&nr=90177* (Abruf: 07. 11. 2015)

o. V. (2015): Einzelhändler verbünden sich mit Ebay, in: Absatzwirtschaft 11/2015, S. 8

o. V., Einzelhändler verbünden sich mit Ebay 2015

Ortega, I. (2015): Streaming Analytics: Management in Echtzeit, in: Schwarz, T. (Hrsg.) (2015) Big Data in Marketing, Haufe Freiburg, S. 55 – 65

Osterwalder, A./Pigneur, Y. (2011): Business Model Generation: Ein Handbuch für Visionäre, Spielveränderer und Herausforderer, Campus Verlag, Frankfurt

Paetsch, Michael (2010): Über die globale Vernetzung von Maschinen mit Maschinen, in: Burda, Hubert/Döpfner, Matthias/Hombach, Bodo/Rüttgers, Jürgen (Hrsg.) (2010): 2020 Gedanken zur Zukunft des Internets, Klartext Medienwerkstatt Essen, S. 37 – 44

Paperlein, Juliane/Pimpl, Roland (2016): Automatisierung, marsch, marsch!, in: Horizont 3/2016, S. 17

Pawellek, G. (2014): Ganzheitliche Fabrikplanung: Grundlagen, Vorgehensweise, EDV-Unterstützung, Springer Berlin/Heidelberg, 2. Auflage

Pottbrock, J. (2015): Zukunftssicherung für den lokalen Einzelhandel in Innenstadtlagen: Location-based-Services und lokale Marktplätze als Teil der Multi-Channel-Strategie, Masterthesis Leipzig School of Media 2015

Puscher, Frank (2015): Angst vor der Zerreissprobe?, in: Absatzwirtschaft Sonderausgabe dmexco 2015, S. 34 – 36

Ries, Eric (2013): Lean Startup: Schnell, risikolos und erfolgreich Unternehmen gründen, Redline Verlag München, 2. Auflage

Röpstorff, Sven (2015): Agiles Management – Die Rolle der Führungskraft beim Aufbau einer agilen Organisationseinheit, in: Wolf, Henning (Hrsg.) (2015): Agile Projekte mit Scrum, XP und Kanban – Erfahrungsberichte aus der Praxis, dPunkt Heidelberg, S. 121 – 138

Rungg, Andrea (1/2016): Ende einer Geschwisterliebe, in: Manager Magazin 1/2016, S. 18

Schmidt, Holger (2016): „Keine Industrie ist vor digitaler Disruption gefeit“, in: Linked in-Post, 21. Jan. 2016, Pushmeldung über Linked in Pulse *https://www.linkedin.com/pulse/keine-industrie-ist-vor-digitaler-disruption-gefeit-holger-schmidt?trk=prof-post* (Abruf: 22.01.2016)

Schöning, H. (2015): Data Mining und Analyse, in: Bauernhansl, Thomas/ten Hompel, Michael/Vogel-Heuser, Birgit (Hrsg.) (2014): Industrie 4.0 in Produktion, Automatisierung und Logistik – Anwendung, Technologien, Migration, Springer Vieweg, Wiesbaden, S. 543 – 554

Schubert, Petra (2000): Virtuelle Transaktionsgemeinschaften im Electronic Commerce – Management, Marketing und Soziale Umwelt, 2. Auflag, Josef Eul Verlag Köln/Lohmar

Schuh, Günther/Potente, Till/Thomas, Christina/Hauptvogel, Annika (2014): Steigerung der Kollaborationsproduktivität durch cyber-physische Systeme, in: Bauernhansl, Thomas/ten Hompel, Michael/Vogel-Heuser, Birgit (Hrsg.) (2014): Industrie 4.0 in Produktion, Automatisierung und Logistik – Anwendung, Technologien, Migration, Springer Vieweg, Wiesbaden, S. 277 – 295

Schürmann, Hans (49/50/2015): 3-D-Drucker verändern den Bau von Häusern, in: VDI Nachrichten 49/50/2015, S. 15

Schwab, Klaus (2016): The Fourth Industrial Revolution, World Economic Forum, Cologny/Geneva

Schwaiger, R. (2008): Mobile Services @t-Labs, Fachtagung von BDZV und ZV zum Thema „Mobile Dienste“, 8. Mai 2008, Berlin

Schwenker, B./Hanßen, D. (2009): Vorgehensplan zum Transformationsprozess, in: Bullinger, Hans-Jörg/Spath, Dieter/Warnecke, Hans-Jürgen/Westkämper/Engelbert (Hrsg.) (2009): Handbuch Unternehmensorganisation: Strategien, Planung, Umsetzung, Springer-Verlag Berlin/Heidelberg, 3. Auflage, S. 637 - 648

Spam, Martin/Molitor, Dominik (2015): Location-Based Advertising, in: Medienwirtschaft 4/2015, S. 40 - 43

Stauss, Bernd (2003): Plattformstrategie im Dienstleistungsbereich, in: Bullinger, Hans-Jörg/Scheer, August-Wilhelm (2003): Service Engineering: Entwicklung und Gestaltung innovativer Dienstleistungen, Springer-Verlag Berlin/Heidelberg, S. 329 - 350

Steinkircher, Peter (2013): Der große Laden-Schluss, in: Wirtschaftswoche 11/2013, S. 44 - 58

Stocker, A./Brandl, P./Michalczuk, R./Rosenberger, M. (2014): Mensch-zentrierte IKT-Lösungen einer Smart Factory, in: Elektrotechnik & Informationstechnik Oktober 2014, 131. Jahrgang, Heft 7.2014, S. 207 - 211

Tripp, Horst (2002): Electronic Procurement Services, Josef Eul Verlag Köln/Lohmar

Verl, Alexander/Lechler, Armin (2014): Steuerung aus der Cloud, in: Bauernhansl, Thomas/ten Hompel, Michael/Vogel-Heuser, Birgit (Hrsg.) (2014): Industrie 4.0 in Produktion, Automatisierung und Logistik - Anwendung, Technologien, Migration, Springer Vieweg, Wiesbaden, S. 235 - 247S

Vossen, G. (2015): Big Data: Daten sammeln, aggregieren, analysieren, nutzen, in: Schwarz, T. (2015): Big Data im Marketing, Haufe Verlag, Freiburg, S. 35 - 54

Wadhawan, Julia (2015): Schnell, schneller, automatisch, in: Absatzwirtschaft 12/2005, S. 36 - 38

Warnecke, Hans-Jürgen (1992): Fraktale Fabrik: Revolution der Unternehmenskultur, Springer Heidelberg

Werle, Klaus (1/2005): Aldi trifft Gucci, in: Manager Magazin 1/2005, 02.02.2005, *http://www.manager-magazin.de/magazin/artikel/a-332818.html* (Abruf: 07.11.2015)

Werner, Dirk (2015): Wandel gemeistert, in: ECONO 34/2015, S. 12

Westkämper, E./Niemann, J. (2009): Digitale Produktion - Herausforderung und Nutzen, in: Bullinger, Hans-Jörg/Spath, Dieter/Warnecke, Hans-Jürgen/Westkämper/Engelbert (Hrsg.) (2009): Handbuch Unternehmensorganisation: Strategien, Planung, Umsetzung, Springer-Verlag Berlin/Heidelberg, 3. Auflage, S. 515 - 529

Westkämper, Engelbert/Warnecke, Hans-Jürgen (2010): Einführung in die Fertigungstechnik, 10. Auflage, Vieweg + Teubner, Springer Fachmedien Wiesbaden

Wiedemann, Katja/Botzenhardt, Florian/Ferdinand, Hans-Michael (2015): Besser Einkaufen durch Social Media - Der Einfluss von Social Plugins auf die Qualität von Produktempfehlungen im E-Commerce, in: Markenbrand 04/2015, S. 20 - 28

Wieland, U./Pfitzner, M. (2014): Interdisziplinäre Datenanalyse für Industrie 4.0, in: Controlling & Management Review Sonderheft 1/2014, S. 80 - 85

Wodzak, Yvonne (2015): Handel testet neue Online-Wege, in: Public Marketing 11/2015, S. 24 - 26

Wrobel, Stefan (2012): Big Data - Vorsprung durch Wissen: Chancen erkennen und nutzen, Präsentation Fraunhofer IAIS, 10.12.2012

Zimmermann, Hans-Dieter/Kuhn, Christoph (1995): Kapitel II: Grundlegende Konzepte einer Electronic Mall, in: Schmid, Beat et al. (Hrsg.) (1995): Electronic Mall: Banking und Shopping in globalen Netzen, B.G. Teubner Stuttgart, S. 33 - 94

4 Nerds und Normalos – warum wir beide brauchen

Wenn wir mit Management 4.0 wirksame Führungsarbeit im Unternehmen anstreben, dann ist es eine wesentliche Aufgabe, sich mit den Fähigkeiten und Kompetenzen zu befassen, die wir als Qualifikationen und Motivation im Unternehmen benötigen. Erfolgreiche Führung bedeutet, dass wir dafür sorgen, dass unsere Mitarbeiterinnen und Mitarbeiter im Sinne des gemeinsamen Ziels erfolgreich in unserer Organisation arbeiten können.

Wenn man die Diskussionen in den Publikumsmedien über die Leistungsfähigkeit und Leistungsbereitschaft jüngerer Mitarbeiterinnen und Mitarbeiter verfolgt, dann bekommt man den Eindruck, dass hier an der einen oder anderen Stelle Schwierigkeiten vorhanden sind, erfolgreich zusammenzuarbeiten. Stellvertretend möchte ich hier einen Artikel von Christian Heinrich erwähnen, in dem unter der Überschrift „Ich operier dann morgen weiter“ (Heinrich 2015) berichtet wurde, wie in der Hochschulmedizin traditionelles Karrieredenken auf die Vorstellungen der „Generation Y“ trifft.

Im Rahmen einer wirksamen Führung muss diese generelle Skepsis gegenüber einer Generation und ihrer Leistungsbereitschaft einer realistischen Einschätzung der Stärken und Schwächen weichen. Man kann nicht erfolgreich führen, wenn man dem eigenen Team zu wenig oder im Zweifel gar nichts zutraut. In der „angewandten Führungsliteratur“ wird dieses Phänomen in einer fiktiven Fallstudie sehr eindrücklich beschrieben:

> *„Die sind alle so dumm und ich bin ihr Chef!“* Goscinny/Uderzo 1961, S. 22).

Dieser Ausruf des unglücklichen römischen Generals Strategus gehört zu einem der am meisten gesuchten Zitate aus der Asterix-Sammlung. Dieser Spruch wirkt deshalb so komisch und zählt damit zu einem der beliebtesten Asterix-Zitaten, weil er den Widerspruch zwischen dem eigenen Anspruch und dem Versagen, an dem bitteschön nur die Mitarbeiter/-innen schuld sein sollen, so schön auf den Punkt bringt.

Darüber hinaus müssen wir unsere Organisationen, im Grunde fast schon unsere gesamte Gesellschaft hinterfragen, ob sie den typischen Techies, das heißt den IT-orientierten Technikern, mit der notwendigen Offenheit und Anerkennung begegnet oder ob bei uns die Nerds, die die Motoren des digitalen Wandels sind, eher ein Schattendasein fristen. Wir benötigen eine Kultur im Unternehmen, die auch mit den teilweise speziellen Verhaltensweisen und Erwartungen dieser Zielgruppe umgehen kann. Uns fehlt sonst die Möglichkeit, Leistungsträger aus anderen „inhaltlich-fachlichen Kulturkreisen“ in unser Unternehmen aufzunehmen. *„Wir brauchen ein artgerechtes Management für Techies“* fordert IBM-Experte Gunter Dueck und bringt damit die besonderen Anforderungen für die Mitarbeiterführung im Rahmen von Management 4.0 auf den Punkt (Dueck 2005).

4.1 Menschen: Arbeiten mit Generation Y, Digital Natives, Nerds und Normalos

Als Professor hat man hervorragende Möglichkeiten, unterschiedliche Generationen und ihre spezifischen Verhaltensformen und Verhaltensnormen kennenzulernen. Da gibt es zum Beispiel den Technikprofessor mit Tastaturallergie. Wehe dem, der bei einer Mail an den geschätzten Kollegen vergisst, dessen Sekretär/-in und/oder Assistent/-in mit ins „cc“ zu nehmen. Auf die Beantwortung dieser Direktmail an den Kollegen wird man vermutlich so lange warten, bis die Pensionierung einen von dieser Wartepflicht entbindet.

Obwohl dieses etwas überzeichnete Szenario bereits etwas mit der Haltung gegenüber Technik- und Organisationsfragen zu tun hat, entspricht es noch nicht der Fragestellung, die uns für die Zukunft der Führung und Zusammenarbeit in Unternehmen im Rahmen von Management 4.0 beschäftigt. Für diese Aufgabe müssen wir uns die nachfolgende Generation junger bzw. künftiger Mitarbeiter/-innen und Führungskräfte näher anschauen. Bei den Studierenden im Jahr 2016 gibt es je nach Hochschulart und Fachrichtung eine breite Vielfalt, die schon voller Spannung erwarten lässt, was wir künftig in der Wirtschaftspraxis erleben können: junge Menschen, die fröhlich in Lehrveranstaltungen sitzen, die sich vorbereiten und alle Dateien aus den E-Learning-Systemen abrufen, die teilweise elektronisch ihre Notizen bei den digitalen Unterlagen hinterlegen, die aber überwiegend praktischerweise auf eigene Notizen und Kommentare verzichten. Schließlich gibt es immer noch die Möglichkeit, diese Themen abzurufen. Um hier auch in einem ausreichenden Training zu sein, werden, während man Lehrveranstaltungen besucht, idealerweise drei, mindestens aber zwei elektronische Geräte wie Laptops, Tablets oder Smartphones benutzt. Ob damit dann ausschließlich Informationen parallel zum Fachgebiet recherchiert werden, das bleibt dahingestellt.

Zur Einordnung der aktuellen Ereignisse oder auch schlichtweg des aktuellen Lernstoffs in das Weltwissen wird je nach Recherchefreudigkeit Wikipedia, Facebook oder der erste verfügbare Google-Treffer zurate gezogen. In dieser Reihenfolge wird dann anschließend auch zitiert. Wenn der organisatorische Rahmen des Studiums anfängt, unbequeme Grenzen zu setzen, macht man sich gerne auch mal auf den Weg, um eine individuelle Lösung anzuregen. Prüfungstermine, die nicht kommod erscheinen, werden gerne hinterfragt und als einer von über 100 Prüfungsteilnehmern kann man auch mal kreative Gegenvorschläge unterbreiten, die den unglaublich überzeugenden Vorteil haben, besser zu den eigenen Urlaubsplänen zu passen.

Das war jetzt eine bunte Collage unterschiedlicher Erfahrungen, die wir selten so in einer Person vereinigt sehen. Aber ist das dann die vielbeschworene „Generation Y" oder sind das einfach die „digital Natives"?

Sie dürfte inzwischen eine der meist beschriebenen Generationen sein, die Generation Y. Wir erleben einen mehr oder weniger subtilen Wertewandel, der sich in vielen Veränderungen unserer Gesellschaft niederschlägt. Die Definitionen der Generation Y unterscheiden sich mitunter deutlich in Bezug auf die zeitliche Einordnung oder deren tatsächliche oder angebliche Wertepräferenz. Meist konzentriert man sich jedoch bei der Beschreibung der Generation Y auf die Jahrgänge zwischen 1977 und 1999, weshalb sich auch der Name Millenials als Alternative etabliert hat, da diese Menschen die Jahrtausendwende erlebt haben.

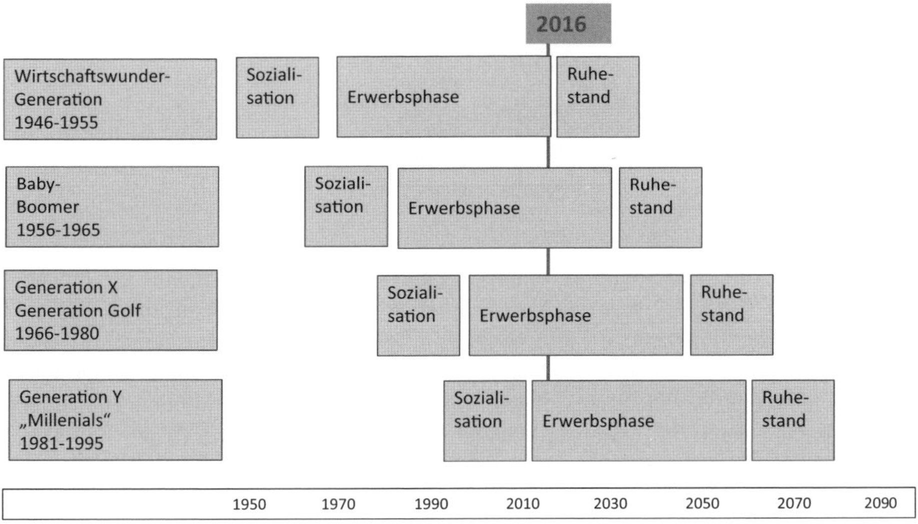

Bild 4.1 Clash of Cultures oder Treffen der Generationen? (Quelle: Wohlrab 2014, ähnlich auch: Bruch/Kunze/Böhm 2010, S. 97)

Wir sehen bei genauerer Analyse, dass wir unterschiedliche generationenbedingte Erfahrungen in unseren Unternehmen parallel an Bord haben (Bild 4.1). Wenn wir uns mit der Frage beschäftigen, wie wir uns mit unserem Unternehmen oder mit unserer Organisation auf den digitalen Wandel einstellen, das heißt, wer als Leistungsträger bei der Implementierung von Management 4.0 maßgeblich ist, geht es auch um die Frage, welche Generation bei diesem grundsätzlichen Thema das Steuerrad in Händen hält und wie das Verhältnis von Steuerrad und Maschinenraum ausgestaltet werden soll.

Um wirksame Führungsarbeit leisten zu können, ist es gerade bei altersgemischten Teams wichtig, auf welcher Ebene Gemeinsamkeiten hergestellt werden können, die auch im Konfliktfall – beispielsweise bei der unterschiedlichen Beurteilung der Zukunftsfähigkeit unterschiedlicher Produktbereiche – auch tragfähig sind (Bild 4.2). Es gehört zum Konzept der digitalen Weisheit im Rahmen von Management 4.0, dass wir die Stärken der einzelnen Generationen mit ihren jeweiligen Erfahrungen verbinden. Im Sinne des „Harvard Negotiation Project“ aus dem die Grundsätze der Mediation hervorgingen, geht es um die Notwendigkeit, die Gegenseite zu akzeptieren (Fisher/Brown 1989, S. 175 ff.).

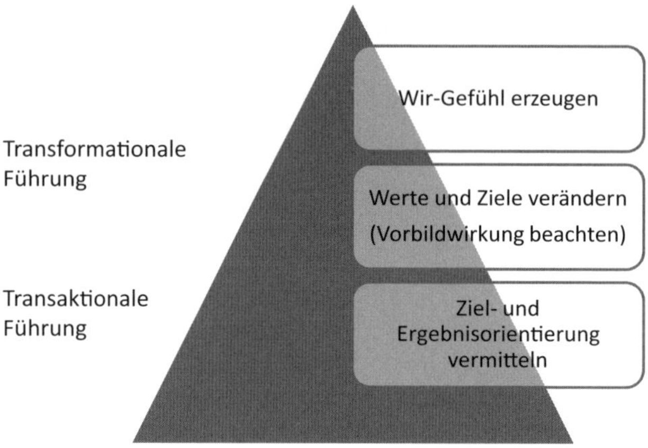

Bild 4.2 Gemeinsamkeiten als Führungsbasis in altersgemischten Teams (Quelle: Bruch/Kunze/Böhm 2010, S. 163)

Wer klären möchte, wo die Konfliktlinien liegen, wenn es darum geht, eine gemeinsame Wertebasis zu erzeugen, kann sich zum Einstieg nochmals im Detail die Werte und Erfahrungen der Generationen anschauen, die wir im Unternehmen an Bord haben (Bild 4.3). Dabei ist es für Führungskräfte wichtig, dass sie im Sinne eines erfolgreichen Managements stets im Blick haben, dass sich nicht nur die Generationenerfahrungen unterscheiden, sondern zudem unterschiedliche fachliche Sozialisationen und Blickwinkel und darüber hinaus noch unterschiedliche Persönlichkeiten miteinander in Austausch treten. Ein Prozess, der echte Führungsarbeit im Sinne von Management 4.0 erfordert.

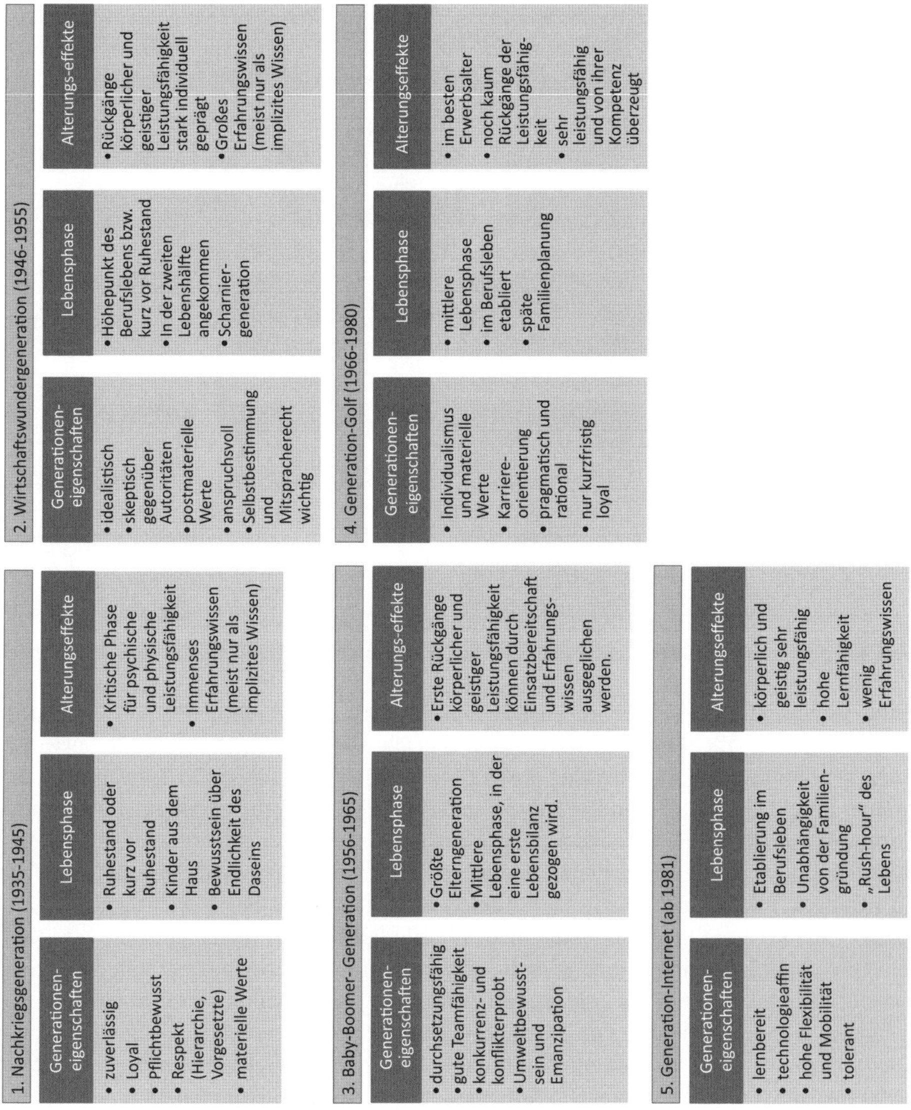

Bild 4.3 Überblick über die Generationenwerte (Quelle: Bruch/Kunze/Böhm 2010, S. 110)

Wenn es darum geht, mit diesem Cocktail unterschiedlicher Erfahrungen, Interessen und Blickwinkel gemeinsam in eine Richtung zu arbeiten, hat sich das Instrumentarium der transformationalen Führung bewährt, wo wir sehr stark die Möglichkeit haben, durch grundlegende Werte, motivierende Visionen bis hin zur Wertschätzung individueller Blickwinkel und Erfahrungen unsere Teams bei der Bewältigung der anstehenden Aufgaben zu unterstützen und zu stärken (Bild 4.4).

Bild 4.4 Dimensionen transformationaler Führung (Quelle: Bruch/Kunze/Böhm 2010, S. 170)

Dabei ist es wichtig zu bedenken, dass klassische Karrierevorstellungen, bei denen eine erfolgreiche berufliche Sozialisation und der erfolgreiche Karrierepfad typischerweise über den hierarchischen Aufstieg im Rahmen einer Führungsrolle erfolgten, nicht immer der erfolgversprechende Pfad sein müssen. Bei der Berücksichtigung der Anforderungen von Work-Life-Balance in unterschiedlichen Lebenslagen ergeben sich bereits deutliche Abweichungen der heute möglichen und erforderlichen Modelle im Vergleich zu früheren, eher starren Haltungen. Gleichzeitig muss man berücksichtigen, dass in vielen Fällen eine Führungsaufgabe nicht für alle Fachexperten das Ziel sein wird und auch aus Sicht des Unternehmens nicht sein kann (Bild 4.5). Es besteht daher die Notwendigkeit, durch die noch intensivere Förderung von Fachkarrieren auch die Entwicklung fachlicher Spezialisten zu stärken. Deren Bedürfnisse nach Veränderung und Flexibilisierung der Arbeitsorganisation lässt sich in vielen Feldern der digitalen Wissensarbeit recht gut umsetzen. Die Aufgaben und Persönlichkeiten haben in vielen Fällen das Potenzial für echte Telearbeitsanteile.

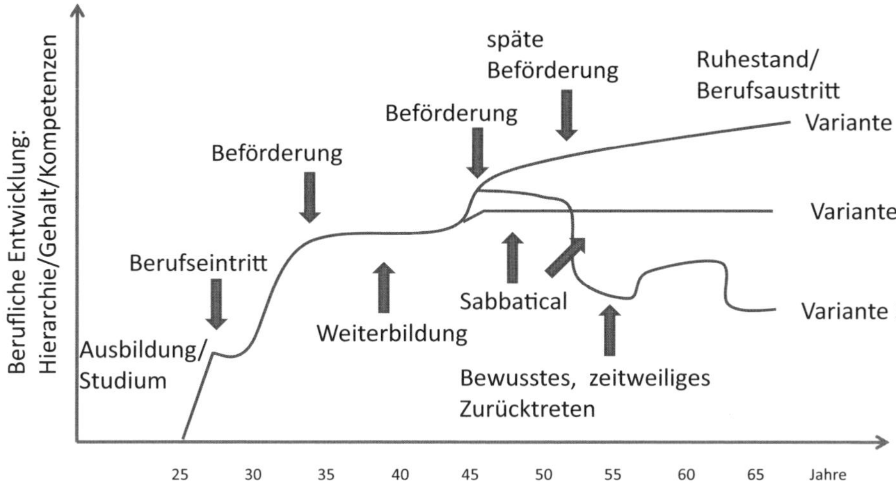

Bild 4.5 Aufteilung und Gestaltung der Lebensarbeitszeit (Quelle: Bruch/Kunze/Böhm 2010, S. 221)

Wenn wir die Generation Y näher unter die Lupe nehmen, können wir feststellen, dass dieser Generation die unterschiedlichsten Namen zugeordnet werden.

> *„Der Begriff Generation Y wurde erstmals im Jahre 1993 in der Fachzeitschrift Ad Age verwendet (Ad Age 1993, S. 16 [1]). Zu dieser Zeit umfasste die Definition junge Menschen, die nach 1981 geboren sind. Genau wie für frühere Generationen, gibt es für die Generation Y keine allgemeingültige zeitliche Einordnung. So schlägt z. B. Sacks (2006 [40]) die Jahrgänge 1978 bis 2000 vor. Je nach Quelle werden die Vertreter der Y-Generation auch als Millennials (zu Deutsch etwa: die Jahrtausender) bezeichnet (vgl. Forrester 2006 [10]). Sie sind damit die Nachfolgegeneration der Baby-Boomer und der Generation X und in den 1980er Jahren des letzten Jahrhunderts aufgewachsen.“* (Klaffke/Parment 2011, S. 5).

Der Versuch, Generationen mit ihren jeweiligen Eigenschaften und Bedingungen zu beschreiben, hat immer etwas Unpräzises, Generalisierendes und führt somit zu einer holzschnittartigen Darstellung. Dennoch lohnt es sich, auf einige Gemeinsamkeiten zu achten.

4.1.1 Generation Y

Was sagt der Name „Generation Y“?

Der Name „Y“ wird lautmalerisch vom englischen „Why?“ abgeleitet, also aus der Frage nach dem „Warum?“. Wer jetzt daraus ablesen möchte, dass es sich bei dieser fundamentalen philosophischen und erkenntnistheoretischen Fragestellung um eine Alterskohorte handeln muss, die durchweg im sokratischen Sinne als Philosophen künftig die Führung der Gesellschaft übernehmen, könnte jedoch einem Trugschluss unterliegen.

Das „Why?“ ist weniger ein Ausdruck einer gesellschaftskritischen Grundhaltung, sondern es kommt eher zum Ausdruck, dass man bestehende Organisationsformen und Strukturen im eigenen Interesse hinterfragt. Die Frage, was den Vorgesetzten dazu befähigt, seinen Job auszuüben, wäre vor fünfzig Jahren noch Ausdruck einer revolutionären Gesinnung gewesen und ist heute eher der Ausdruck des eigenen Karrierewillens. Denn schließlich haben viele Angehörige dieser Generation den Eindruck, dass sie zu Höherem berufen sind. Die Marktsituation, in der sich die Arbeitgeber zunehmend um ihren Nachwuchs bemühen müssen, bestärkt eine Generation, die bereits mehrheitlich der Meinung ist, dass sie später einmal eine Führungsrolle übernehmen wollen. Es gibt also einen Trend hin zu mehr Häuptlingen als Indianern und es wird spannend, wie mit einer solchen Erwartungshaltung künftig der Indianerstamm organisiert werden kann.

Was prägt die Generation Y?

Die Generation Y ist einerseits mit einem Maximum an persönlichen Freiheiten aufgewachsen, sofern die ökonomischen Freiheiten des familiären Hintergrunds das zuließen. Gleichzeitig ist die Generation Y auch in einer Situation groß geworden, in der klassische Maßgaben an Sicherheit keine Gültigkeit mehr hatten. Waren es bei den vorausgehenden Generationen der Ost-West-Konflikt, der dem internationalen Gefüge eine Stabilität gab, die zwar belastend und bizarr war, deren Gesetzmäßigkeiten man jedoch meinte abschätzen zu können, fehlt diese vermeintliche Konstante im Heranwachsen der Generation Y. In der Zeit nach dem 11. September 2001 war das politische und wirtschaftliche System durch mangelnde Stabilität gekennzeichnet. Als Gegenreaktion gibt es - je nach persönlicher Situation - eine Reihe von jungen Menschen, die auf die Unsicherheit mit höherer persönlicher Flexibilität antworten oder aber auch Gegentrends von jungen Mitgliedern der Generation Y, die ein erhöhtes Sicherheitsbedürfnis für sich reklamieren (vgl. Parment 2009, S. 62).

Als deutscher Sonderfall ist auch noch der Fall der Mauer zu berücksichtigen. Für viele Angehörige der Generation Y ist das ein Thema aus früher Jugend oder Kindheit und hat sich auf die Heranwachsenden ausgewirkt. Insbesondere auf all diejenigen, die in der DDR geboren wurden und denen damit im Laufe ihrer Entwicklung ihr Staats- und Gesellschaftssystem abhandenkam. Politisch wuchsen diejenigen, die in der alten Bundesrepublik sozialisiert wurden, mit einer gefühlten zeitlich unbegrenzten Kanzlerschaft von Helmut Kohl auf, die im positiven Fall den persönlichen Sinn für Kontinuität geprägt hatte. Damit haben wir unter dem vereinheitlichenden Begriff der Generation Y unterschiedliche Erfahrungen vereint, die sich auch auf die Haltung gegenüber Strukturen und politischen Institutionen auswirken. Diese Erfahrungen bilden auch den Hintergrund, vor dem man das Streben nach Sicherheit nachvollziehen kann. Die vielen befristeten Verträge und die Unsicherheit bei der Arbeit als selbstständige Clickworker, die im Rahmen der On-Demand-Economy ihre Dienste anbieten, können diesem Bedürfnis nicht entsprechen (Bild 4.6).

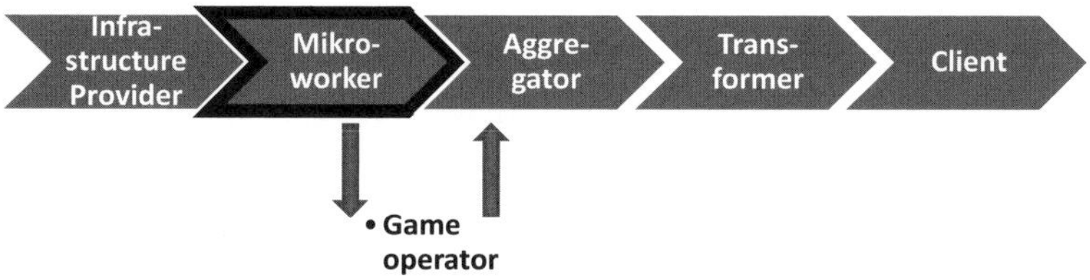

Bild 4.6 Clickworker als „Mikroworker" in der digitalen Wertschöpfungskette (Quelle: Lehdonvirta/Ernkvist 2011; zitiert nach Statista)

Welche weiteren Erfahrungen prägen die Generation Y noch in Bezug auf das Arbeitsleben? Wie die kurzen Impressionen aus dem Hochschulalltag mit der Generation Y bereits nahelegten, ist sie aber auch eine Generation, die in eine Phase des Medienwandels geraten ist. Wir könnten das als punktuelles Thema abtun, das allenfalls dann über den Bereich Mediennutzung und Informationsverhalten hinausgeht, wenn wir uns mit der Tatsache auseinandersetzen, dass man inzwischen gemeinsame Restaurantbesuche auch schweigend vor dem jeweiligen Smartphone verbringen kann. Aber das wäre bei weitem zu kurz gesprungen, merken wir bereits jetzt die Auswirkungen des digitalen Wandels in sehr vielen Bereichen der Gesellschaft und Wirtschaft, sodass die Frage, wie man künftig mit den Veränderungen umgehen wird, zu einer Schlüsselfrage der gesellschaftlichen, aber auch persönlichen und unternehmerischen Entwicklung geworden ist.

4.1.2 Digital Natives

Was sind die „Digital Natives"?

In vielen Publikationen (Hanisch 2013, S. 37) wird darauf hingewiesen, dass die Generation Y und die Digital Natives sehr eng mit einander verbunden seien und so ungefähr dieselbe Gruppierung repräsentierten. Dabei geht es bei genauerem Hinschauen hier schon um deutlich unterschiedliche Schwerpunkte. Digital Natives beschreiben das Phänomen der Mediensozialisation. Digital Natives sind von Anfang an mit primär digitalen Medien aufgewachsen. Neben Spielekonsolen waren das sehr früh unterschiedlichste Formen von Computer-anwendungen, unter denen der Zugang zu Online-Medien eine der ersten einschneidenden Veränderungen brachte. Dabei ist es gar nicht so einfach, wenn man versucht, eine wissenschaftlich saubere Definition für die Digital Natives zu finden.

> *„Junge Menschen, geboren ab den 1980er Jahren und mit digitalen Medien aufgewachsen, unterscheiden sich fundamental in ihrem Denken, Lernen, Handeln und Arbeiten von älteren Jahrgängen"* (Jandura/Karnowski 2015, S. 64).

Der Begriff der „Digital Natives" wird von einigen Praktikern und Wissenschaftlern (Spitzer 2012, S. 204 f.) auch sehr kritisch gesehen, insbesondere verwahren sich viele gegen die allzu positive Darstellung der angeblichen Medienkompetenz und Multitasking-Fähigkeit der jüngeren Generation. In der Praxis kann man sehr einfach die

Trennung zwischen Digital Natives und Digital Immigrants (das sind die „angelernten" Digitalen, die aus der prähistorischen Phase konventioneller Massenmedien stammen und damit eine Form von Medien-Dinos darstellen) vornehmen. Die Immigrants tippen mit dem Zeigefinger in waghalsigen Manövern auf ihren Smartphones und erreichen dabei eine Fehlerquote von mindestens 30 %, die durch die Worterkennungsalgorithmen um einige kuriose und mitunter peinliche Beiträge ergänzt wird. Die Natives scheinen dagegen mit dem Smartphone verwachsen zu sein. Ihre Daumen sind feinmotorisch besser entwickelt und in der Lage, in Windeseile sinnvolle Nachrichten zu tippen. Wer aber annimmt, dass das auch auf klassischen PC-Tastaturen mit Tippenden der Generation Y funktioniert, sieht sich mit der „Entdeckung der Langsamkeit" konfrontiert.

Spätestens bei dieser Beschreibung des persönlichen Tippvermögens kommt üblicherweise der Einwand, dass das nicht vom Alter abhängig sei, sondern stattdessen andere Faktoren (Wie lange schon quäle ich mit meinen Fingern ein Smartphone? Was habe ich für einen beruflichen Schwerpunkt? etc.) eine Rolle spielen. Dies ist richtig und auch der Grund für weitergehende Differenzierungen, wie wir sie im nächsten Abschnitt vornehmen. Das betrifft jedoch die Zuordnung zur Gruppe der Digital Natives und nicht deren Struktur oder Verhaltensweise. Grund genug, sich die Merkmale von Digital Natives detailliert anzuschauen.

Einen weiteren Schub in der Mediensozialisation haben die sozialen Netzwerke (Facebook, XING und Co.) gebracht, die dazu geführt haben, dass sich soziale Kontakte und Alltagsleben in einem Maße auf digitalen Plattformen abspielen, wie es in der Frühphase des Internets kaum vorstellbar war. Dadurch entsteht eine Parallelität der Realitäten. In der ersten Realität erleben wir gerade etwas und in der zweiten Realität teilen wir es anderen mit. Entweder wird in kleinerem Rahmen (z. B. eine WhatsApp-Gruppe für Freunde oder die Familie) oder im Rahmen einer größeren Öffentlichkeit (z. B. auf Facebook oder Instagramm) ein mehr oder weniger öffentlicher Prozess in Gang gesetzt. Egal, ob Open-Air-Konzert oder die Wahl eines neuen Papstes. Wir blicken bei vielen Großereignissen auf ein Meer von Smartphones oder gar Tablets, mit denen die Geschehnisse dokumentiert und direkt an alle Interessenten (oder die, die man dafür hält) weitergeleitet werden. Die Mediennutzung ist mobil, sozial und in vielen Fällen auch ortsbasiert (lokal).

Alle im Arbeitsleben aktiven Menschen nutzen eine Vielzahl dieser Medien und Möglichkeiten und sind dennoch keine Digital Natives, da sie ihre erste Mediensozialisation bereits erlebt haben, bevor es digitale Medien auf der ganzen Breite der aktuellen oder künftigen Einsatzmöglichkeiten gab.

Ein entscheidender Punkt ist in vielen Fällen die Nativität, mit der digitale Medien zum Einsatz kommen. Dabei geht es zum Beispiel um die Selbsteinschätzung der Digital Natives, dass Nachrichten und Informationen, wenn sie wichtig sind, irgendwie schon den Adressaten erreichen. Die in den unterschiedlichen Diensten hinterlegten Präferenzen und Filtermechanismen führen zu einer Abschottung der eigenen Person, die nur noch nach den eigenen Präferenzen bei den unterschiedlichen Diensten mit Informationen versorgt wird (Bild 4.7).

Bild 4.7 Filter Bubble (Quelle: Kreutzer/Land 2015, S. 40)

Die meisten kennen die Empfehlungsfunktionen, wie sie von vielen Plattformen auf Basis der bekannten Themen- und Produktpräferenzen umgesetzt werden. Dabei führen die Algorithmen dazu, dass die vorgeschlagenen neuen Themen sich an den bekannten Themen orientieren. Ein Serendipity-Effekt, das zufällige Finden von Informationen, nach denen man nicht aktiv suchen würde, kann damit nicht mehr zustande kommen und die Wahrnehmung wird zunehmend verengt. Dies wird im Modell des Algorithmic Funnel beschrieben (Bild 4.8). Den typischen Vertretern der Generation Y ist diese Bedrohung, dass das eigene Gesichtsfeld zunehmend verengt wird, meist nicht bewusst. Sie halten die digitalen Medien für Garanten präziser zeitnaher Informationen, die dafür sorgen, dass sie alles erfahren, was wichtig ist.

Es geht bei der Naivität im Umgang mit digitalen Medien, die manche Digital Natives zu Digital Naives macht, nicht nur um all jene Menschen, die ihr Privatleben komplett ins Schaufenster des Internets verlagern und sich anschließend wundern, dass das Netz keine Geheimnisse zulässt und auch nicht vergisst. Es geht auch um die Naivität, mit der digitale Medien im beruflichen Alltag genutzt werden.

Nehmen wir ein einfaches Beispiel, den Einsatz von Mails als Instrument der Kommunikation und Absicherung. Um möglichst viele Menschen an der persönlichen Erfolgsbilanz teilhaben zu lassen, werden alle irgendwie entfernt am Prozess oder Problem beteiligten Kolleginnen/Kollegen und Vorgesetzte bei den entscheidenden Mails zumindest in cc genommen. Schließlich geht es darum, die eigene Leistung möglichst klar zu präsentieren.

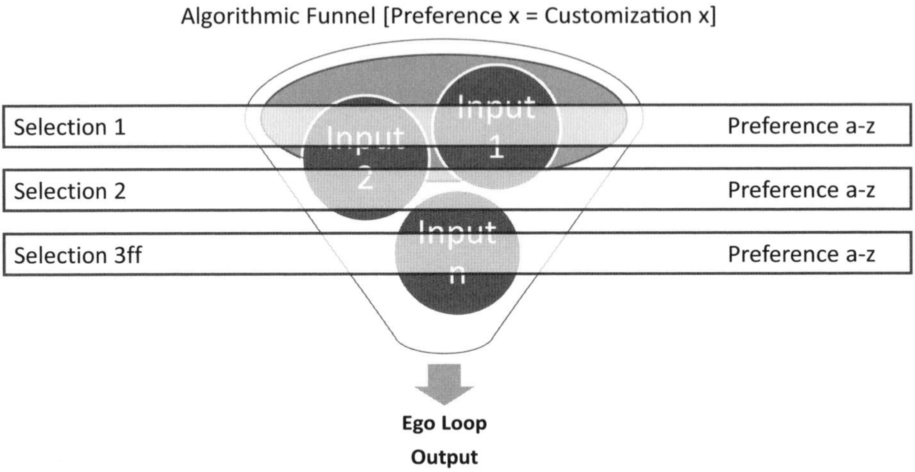

Bild 4.8 Algorithmic-Funnel (Quelle: Meckel 2012, S. 36)

Einen Fehler der Digital Immigrants vermeidet der Digital Native: Das sinnlose „reply-all" bei der Beantwortung einer „1:n"-Direktanfrage. Beispielsweise eine Mail an 50 Leute, wer nach der Bereichsbesprechung noch Zeit für einen Kollegenabend habe, möge sich beim Büro des Bereichsleiters melden. Digital Immigrants haben hier teilweise die Angewohnheit, nicht nur dem organisierenden Sekretariat, sondern allen ihre aktuellen Terminbefindlichkeiten mitzuteilen. Dies führt bei allen Beteiligten zu einem jähen Anstieg sinnloser Mails, die man noch dadurch erhöhen kann, dass man auch wiederum an die ganze Liste schreibt, um sich darüber zu beschweren.

Dies passiert dem Digital Native nicht. Aber er leitet genauso wie der Immigrant mitunter Mails ohne Prüfung der früher diskutierten Inhalte weiter und löst damit „lustige" Effekte aus, wenn z. B. der Kunde lesen kann, dass in früheren Mails intern diskutiert wurde, wie man den inkompetenten Geizkragen (ja, gemeint ist der Kunde) mit vorgetäuschter Arbeit ruhig stellen könne.

Ebenso unbekümmert werden Themen, die man im besten Fall im direkten Gespräch klärt, per Mail, SMS oder WhatsApp diskutiert. Zahlreiche Kartellverfahren der vergangenen Jahre wurden durch E-Mail und SMS erheblich beschleunigt, da die Beteiligten durch unbekümmerte Kommunikation (zum Beispiel im Sinne rechtswidriger Preisabsprachen) ganz hervorragende Dokumentationsarbeit geleistet haben. Wer das übertrieben findet, sollte sich nochmals vergegenwärtigen, dass die Diskussion voll im Gange ist, welche Teile der SMS/WhatsApp-Kommunikation der Kanzlerin künftig im Bundesarchiv aufbewahrt werden sollen. An dieser Stelle geht es um dokumentierte politische Vorgänge. Man nimmt dann eine redundante Datenhaltung in Kauf, da man auch nicht permanent im Nachhinein bei der NSA nachfragen möchte, was die Kanzlerin geschrieben und gepostet hat.

Typisch für den Digital Native ist jedoch der grenzenlose Optimismus, dass die digitale Technik allein schon helfen wird. Erinnern Sie sich noch an die Piraten-Partei? Die Gruppierung, die alles besser machen wollte als die ihrer Meinung nach inkompetenten etablierten Parteien. Die von vielen gerühmte Truppe, die als die „neuen Grünen“ des digitalen Zeitalters den neuen gesellschaftlichen und politischen Megatrend der Digitalisierung besetzt hatte und auf dieser Welle zunächst erstaunliche Erfolge vor allem bei Landtagswahlen erzielen konnte. Inzwischen sind sie auf den meisten politischen Spielfeldern zu einer originellen Randgröße geworden, die zur politischen Agenda und Debattenkultur den einen oder anderen eher folkloristischen Beitrag leisten.

Wie kam es dazu? Wie schafft man es innerhalb kürzester Zeit von der neuen gesellschaftlichen Kraft zum parteipolitischen Auslaufmodell? Wofür andere Parteien Jahrzehnte benötigen (die FDP brauchte mehrere Anläufe für ihren Exit aus dem Bundestag), das hatte die Partei der selbsternannten Digitalprofis in kürzester Zeit hinbekommen. Die Ursache liegt in einem unreflektierten Optimismus beim Einsatz digitaler Medien. Die mangelnde Transparenz der politischen Abstimmungen und die fehlenden Mitbestimmungsmöglichkeiten waren zentrale Kritikpunkte an den etablierten Parteien. Politik ist immer die Organisation von Mehrheiten. Dieses Geschäft, das die eine oder andere Vorabklärung benötigt, sollte nachvollziehbar für alle stattfinden. Direktes Feedback auf Themen und Vorschläge war dazu gedacht, die Debattenkultur zu beleben und bei politischen Vorabstimmungen mithilfe der Weisheit der Massen (wisdom of the crowd) die Qualität der Entscheidungsprozesse zu verbessern. Soweit die durch eine idealistische Sichtweise digitaler Medien geprägte Theorie.

In der Praxis zeigte sich, dass die technische Form der Kommunikation, ob es jetzt eine Software wie Liquid Feedback oder eine andere offene Plattform ist, die sozialen und ethischen Regeln der Kommunikation nicht ersetzen kann. Wenn Transparenz und Partizipation dazu führen, dass Menschen, ohne eigene Verantwortung zu übernehmen, ihren Frust öffentlich abbauen können, wenn Beschimpfungen und Häme am Ende die interne Diskussionskultur prägen, dann wird es sehr schwierig, auf einer solchen Grundlage die strategische Ausrichtung einer Partei vorzunehmen.

Merkmale des Digital Native

Was prägt uns - egal ob Alt-68er oder Generation X, Y, Z - in unserem Alltag? Jahrelang war es ein ungeschriebenes Gesetz, dass man mithilfe der Generationenzuordnung, der Ausbildung, dem Einkommen und dem Familienstand die wichtigsten Merkmale eines Menschen beschreiben kann. Der Vergleich ist jedoch nicht einfach. Wer Anfang vierzig ist und zwei Kinder hat, kann sich beispielsweise in der Situation befinden, dass seine Kinder kurz davor sind, unabhängig ins Erwachsenenalter durchzustarten, oder aber seine erste feste Beziehung eingehen und die Phase der Familiengründung starten. Soziodemografische Merkmale beschreiben diese Unterschiede, die wir in der reinen Generationenzuordnung nicht verankert haben.

Für alle Anhänger dieser konsequenten Ordnung von Menschen als Konsumenten oder Mitarbeitende auf Basis der soziodemografischen Angaben (Alter, Geschlecht, Einkommen etc.) gibt es ein plakatives Beispiel, warum dieser Ansatz nur einen kleinen Ausschnitt der Realität beschreibt.

Prinz Charles und Ozzy Osbourne sind ungefähr gleich alt, haben beide ein überdurchschnittliches Einkommen, ungefähr gleich viele Kinder (zumindest nach dem, was man so weiß) und dürften sich dennoch in vielen Bereichen der persönlichen Lebensführung oder des Verhaltens in Teams und in Organisationen deutlich unterscheiden. Allein die äußere Erscheinung der beiden verrät die unterschiedlichen Welten, in denen sie leben. Die Soziodemografie würde uns diese Info jedoch nicht liefern. Wir merken an dieser Stelle, dass es sehr gefährlich sein kann, Menschen anhand weniger Kriterien in ein Raster einzuordnen. Entsprechend vorsichtig sollte man daher auch bei der Einordnung einer kompletten Generation in das Raster Generation X, Y, Z sein. Die Chance, damit vielen Menschen nicht gerecht zu werden, ist groß.

Eine gute Möglichkeit, hier etwas mehr über unterschiedlichen Gruppen zu erfahren bzw. aussagen zu können, bieten die Verfahren der Soziometrie bzw. Semiometrie.

Die Gliederung nach Milieus von Sinus Sociovision® mit ihrer „Kartoffelgrafik" ist eines der bekanntesten Verfahren. Statt die Menschen nach Alter und Gehalt einzusortieren, wird dort mit der Kombination aus „sozialer Lage" und „Grundorientierung" eine Einteilung in Gruppen vorgenommen. Die soziodemografischen und sozioökonomischen Elemente fließen zwar in die Milieutypisierungen bei der Verortung der Schichten mit ein, sind jedoch nicht die allein ausschlaggebenden Faktoren. Zudem werden sie durch die Analyse der Werte als weitere Dimension differenzierter betrachtet. Genauso wie unsere Gesellschaft mit den unterschiedlichen Schichtungen und Gruppierungen permanent in Bewegung ist, müssen auch die Modelle ständig angepasst werden. Zudem sei auch an dieser Stelle nochmals der Hinweis gestattet, dass Modelle immer nur gedankliche Hilfsmittel sind, um die Wirklichkeit zu beschreiben und erlebbar zu machen. Sie geben nicht die Realität in einer 1 : 1-Beziehung exakt wieder.

Generell lässt sich die Generation Y nicht einer Schicht exakt zuordnen. Das Problem, dass ein Modell wie das der Sinus-Milieus, vielleicht nicht in allen Facetten ein Generationenphänomen beschreibt, sehen wir an dieser Stelle sehr deutlich, wo viele Aussagen über die Generation Y in erster Linie für die mittlere bis obere Mittelschicht passend erscheinen. Das Lebensgefühl lässt sich durch „Machen & Sein", d. h. Multioptionalität, Beschleunigung, Pragmatismus, sehr gut beschreiben.

Neben diesen generationentypischen Tendenzen gibt es eine Reihe von individuellen Faktoren, die für Führung und Zusammenarbeit entscheidend sind. Wer dynamische Persönlichkeiten mit hoher Leistungsbereitschaft und Eigenverantwortung mit passiven und eher schwer motivierbaren Kolleginnen und Kollegen vergleicht, erkennt sehr schnell, dass es dabei weniger auf die Zugehörigkeit zu einer Generation als um eine Typfrage geht.

Die Fachliteratur zum Themenfeld Führung/Leadership/Management weist eine Fülle von unterschiedlichen Typologien zur Beschreibung von Persönlichkeiten und Persönlichkeitsmerkmalen nach. Allein Jung (2009) listet rund 20 unterschiedliche Typologien mit eigenen Definitionen auf. Da die empirische Überprüfung auf die Validität und Reliabilität die Wahrscheinlichkeit deutlich erhöht, mit einem vernünftigen, begründbaren und damit auch funktionsfähigen Werkzeug zu arbeiten, stellen wir exemplarisch die Persönlichkeitstypologie von Buckingham und Clifton vor (vgl. Buckingham/Clifton 2007). Grundsätzlich sollten Sie sich auf ein möglichst nachvollziehbares und empirisch validiertes Modell konzentrieren, da der Markt der Analytiker und Berater im Bereich

Persönlichkeit und Sinnsuche auch Akteure beinhaltet, deren fachliche Fundierung nicht ohne Weiteres nachvollziehbar ist.

Die empirische Basis des Modells von Buckingham und Clifton (Gallup) ist beeindruckend. Das Gallup-Institut, ein amerikanischer Marktforschungsriese, hat weltweit mehr als 80 000 Manager und über eine Million Arbeitnehmer befragt und daraus eine Persönlichkeitstypologie abgeleitet, die 34 Talente umfasst. Mithilfe eines eigenen Testverfahrens können diese Talente in eine Rangfolge gebracht werden, sodass bei einer vollständigen Auswertung in Rahmen von Seminaren oder Coachings ein deutlicher Erkenntnisgewinn über die eigenen Stärken (Talente, die im Ranking weiter vorne platziert sind) und Schwächen (Talente, die auf den hinteren Plätzen rangieren) möglich wird. Unter Talent wird dabei *„jedes nachhaltige Denk-, Gefühls- und Verhaltensmuster zusammengefasst, das produktiv eingesetzt werden kann“* (Buckingham/Clifton 2007, S. 53). Dabei ist bei näherer Überlegung klar, dass stark ausgeprägte Talente im Alltag Stärke und Schwäche zugleich sein können. Wer in seinem persönlichen Ranking der Talente Harmoniestreben sehr weit vorne platziert hat, wird keine Schwierigkeiten haben, als Führungskraft auf einen Ausgleich hinzuarbeiten. Für diese Führungskraft kann es jedoch eine enorme Kraftanstrengung bedeuten, wenn die Aufgabe lautet, unangenehme Wahrheiten kundzutun und harte Einschnitte durchzusetzen.

Zur Darstellung des Persönlichkeitsmodells werden die 34 Talente kurz skizziert:

- Maximizer/Höchstleistung
  Menschen mit einem stark entwickelten Streben nach Höchstleistung konzentrieren sich auf Stärken, um sowohl auf persönlicher Ebene als auch in der Gruppe möglichst perfekte Ergebnisse zu erreichen. Ihr Bestreben ist es, ausgeprägte Stärken maximal auszubauen.
- Futuristic/Zukunftsorientierung
  Menschen mit einer stark ausgeprägten Zukunftsorientierung lassen sich von den kommenden Dingen inspirieren. Ihre Vorstellungen von der Zukunft wirken auf andere anregend.
- Ideation/Vorstellungskraft
  Menschen mit einer starken Vorstellungskraft lassen sich von Ideen faszinieren. Sie sind in der Lage, zwischen anscheinend zusammenhanglosen Phänomenen Verbindungen zu sehen.
- Strategic/Strategie
  Menschen mit einem stark ausgeprägten Talent für strategisches Denken halten ständig Alternativen bereit. In jeder beliebigen Situation haben sie einen Blick für die relevanten Muster.
- Learner/Wissbegier
  Menschen mit einer stark ausgeprägten Wissbegier lernen für ihr Leben gerne. Sie interessieren sich mehr für den Lernprozess an sich als für das Lernergebnis.
- Focus/Fokus
  Menschen mit einem stark ausgeprägten Fokus setzen sich Ziele und verfolgen diese, während sie eventuell erforderliche Korrekturen vornehmen. Sie legen zunächst Prioritäten fest und handeln dann in Übereinstimmung mit diesen.

- Activator/Tatkraft
  Menschen mit einer stark ausgeprägten Tatkraft setzen Gedanken in die Realität um. Geduld ist oft nicht ihre Stärke.
- Connectedness/Verbundenheit
  Menschen mit einem starken Gefühl der Verbundenheit sind davon überzeugt, dass alle Dinge miteinander verbunden sind. Sie glauben nicht an den Zufall und gehen davon aus, dass fast alles, was geschieht, irgendeinen Sinn hat.
- Self-Assurance/Selbstbewusstsein
  Menschen mit einem stark ausgeprägten Selbstbewusstsein sind davon überzeugt, dass sie ihr Leben meistern werden. Sie verfügen über eine Art inneren Kompass, aus dem sie die Zuversicht beziehen, dass ihre Entscheidungen richtig sind.
- Relator/Bindungsfähigkeit
  Menschen mit einer stark entwickelten Bindungsfähigkeit streben enge Beziehungen mit anderen an. Sie erleben eine tiefe Befriedigung, wenn sie mit Freunden zusammen hart für ein gemeinsames Ziel arbeiten.
- Positivity/Positive Einstellung
  Menschen mit einer stark ausgeprägten positiven Einstellung sind in der Lage, mit ihrer eigenen Begeisterung andere anzustecken. Mit ihrem Optimismus reißen sie andere mit.
- Empathy/Einfühlungsvermögen
  Menschen mit einem stark ausgeprägten Einfühlungsvermögen können die Gefühle von anderen nachvollziehen und sich in das Leben bzw. in die Lage von ihren Mitmenschen hineinversetzen.
- Competition/Wettbewerbsorientierung
  Menschen mit einer stark entwickelten Wettbewerbsorientierung vergleichen ihre eigene Leistung mit der anderer. Sie lieben Wettkämpfe und streben in jedem Fall den Sieg an.
- Belief/Überzeugung
  Menschen mit einer starken inneren Überzeugung verfügen über ein stabiles Wertesystem, aus dem sie ihren Lebenssinn beziehen.
- Achiever/Leistungsorientierung
  Menschen mit einer stark ausgeprägten Leistungsorientierung verfügen über Durchhaltevermögen und sind in der Lage, ausdauernd zu arbeiten. Produktives Tätigsein verschafft ihnen eine tiefe Befriedigung.
- Responsibility/Verantwortungsgefühl
  Menschen mit einem stark entwickelten Verantwortungsgefühl fühlen sich den Zusagen, die sie einmal gemacht haben, verpflichtet. Für sie zählen Werte wie Ehrlichkeit und Loyalität.
- Arranger/Arrangeur
  Menschen mit einem stark ausgeprägten Talent zum Arrangieren verfügen zudem über Flexibilität, durch die diese Fähigkeit ergänzt wird. Sie machen sich gerne Gedanken darüber, wie alle zur Verfügung stehenden Mittel für eine maximale Produktivität organisiert werden können.

- Intellection/Intellekt
  Menschen mit einem stark entwickelten Intellekt sind geistig aktiv, beobachten sich selber gerne und schätzen Diskussionen mit intellektuellem Anspruch.
- Developer/Entwicklung
  Menschen mit einem starken Talent für Entwicklung erkennen und kultivieren Potenzial in anderen Menschen. Sie haben einen sicheren Blick für noch so kleine Verbesserungen und ziehen hieraus ihre Befriedigung.
- Individualization/Einzelwahrnehmung
  Menschen mit einer stark differenzierten Wahrnehmung sind fasziniert von den einzigartigen Eigenschaften jedes einzelnen Menschen. Sie haben einen Blick dafür, wie einzelne Personen ihr Verschiedensein in eine konstruktive Zusammenarbeit einbringen können.
- Significance/Bedeutsamkeit
  Menschen, für die Bedeutsamkeit eine wichtige Rolle spielt, möchten in den Augen anderer gerne als wichtig erscheinen. Sie zeichnen sich durch ein starkes Unabhängigkeitsgefühl aus und streben nach Anerkennung.
- Adaptability/Anpassungsfähigkeit
  Menschen mit einer stark ausgeprägten Anpassungsfähigkeit schwimmen gerne mit dem Strom. Sie leben in der Regel im Heute und nehmen die Dinge, wie sie kommen, jeden Tag aufs Neue.
- Command/Autorität
  Menschen mit einer stark entwickelten Autorität verfügen über Präsenz. Sie sind immer Herr der Lage und haben keine Schwierigkeiten, Entscheidungen zu treffen.
- Input/Ideensammler
  Menschen, die gerne Ideen sammeln, möchten gerne mehr erfahren. Leidenschaftlich gerne sammeln und archivieren sie Informationen aller Art.
- Discipline/Disziplin
  Menschen mit einer stark ausgeprägten Disziplin haben ihre Freude an Routine und Struktur. Ihre Welt lässt sich am besten durch die von ihnen erschaffene Ordnung beschreiben.
- Deliberative/Behutsamkeit
  Menschen mit einer stark entwickelten behutsamen Vorgehensweise kann man an der Ernsthaftigkeit identifizieren, mit der sie Entscheidungen treffen. Schwierigkeiten erkennen sie bereits im Voraus.
- Harmony/Harmoniestreben
  Menschen mit einem stark ausgeprägten Harmoniestreben sind immer auf der Suche nach Übereinstimmung. An Konflikten haben sie keine Freude und sie bemühen sich daher um gegenseitiges Verständnis.
- Restorative/Wiederherstellung
  Menschen mit einem stark entwickelten Talent zur Wiederherstellung gehen geschickt mit Schwierigkeiten aller Art um. Schnell finden sie heraus, was schiefläuft, und beheben das Problem im Handumdrehen.

- Woo/Kontaktfreudigkeit
  Menschen mit einer stark ausgeprägten Kontaktfreudigkeit haben Freude daran, auf Unbekannte zuzugehen und diese für sich zu gewinnen. Es macht ihnen Spaß, das Eis zu brechen und Kontakt zu einem fremden Menschen herzustellen.
- Analytical/Analytisch
  Menschen mit einem stark ausgeprägten Talent für analytisches Denken sind ständig auf der Suche nach Gründen und Ursachen. Sie machen sich ein genaues Bild sämtlicher Faktoren, die eine bestimmte Situation beeinflussen könnten.
- Context/Kontext
  Menschen mit einem stark entwickelten Sinn für den Kontext machen sich gerne Gedanken über die Vergangenheit. Sie verstehen die Gegenwart, indem sie die Vergangenheit untersuchen.
- Consistency/Gerechtigkeit
  Menschen mit einem stark entwickelten Sinn für Gerechtigkeit achten streng darauf, andere gerecht zu behandeln. Sie streben danach, jedem einzelnen Menschen Gerechtigkeit widerfahren zu lassen, und stellen klare Regeln auf, an die sie sich auch selbst halten.
- Includer/Integrationsbestreben
  Menschen mit einem stark ausgeprägten Integrationsbestreben nehmen andere an. Sie haben einen Blick für Menschen, die sich ausgeschlossen fühlen, und integrieren diese in ihre Gruppe.
- Communication/Kommunikationsfähigkeit
  Menschen mit einer stark ausgeprägten Kommunikationsfähigkeit fällt es leicht, ihre Gedanken in Worte zu fassen. Sie sind gute Gesprächspartner und Moderatoren.

Wenn Ihnen diese Definitionen der einzelnen Talente zu abstrakt erscheinen, dann können Sie sich deren Bedeutung dadurch vergegenwärtigen, dass Sie sich ins Gedächtnis rufen, wie kleine Kinder mit eigenen Talenten umgehen. Anforderungen, denen Kinder gewachsen sind, werden als „babyleicht" oder „einfach" charakterisiert. Diese Einschätzung wird selbst dann beibehalten, wenn andere (z. B. auch Altersgenossen) hier wesentlich mehr Aufwand leisten müssen, um zum selben Ergebnis zu gelangen. Daher sind uns auch im Erwachsenenalter die eigenen Stärken in vielen Fällen nicht bewusst.

Neigen Erwachsene dazu, diese Wahrnehmungslücke mehr oder minder kreativ aufzufüllen, sind entwicklungsbedingt Jugendliche und junge Erwachsene oft in der Situation, dass sie hier mit einem ausgesprochen defizitorientierten Blickwinkel herangehen. In dieser Zielgruppe der jungen Menschen in ausgesprochenen Entwicklungs- und Transformationsphasen bekommt man im Beratungsprozess ab und an die Rückmeldung, dass der junge Erwachsene nach eigenem Empfinden keine Stärken und Talente habe. Es fehlt auch hier im engeren Sinne an Selbstbewusstsein. Das heißt: Über die eigenen Stärken herrscht keine Klarheit, da die Betroffenen die eigenen Talente als „normal" empfinden.

Wer sich die dargestellten Talente und deren Definition und Inhalt genauer ansieht, kann sehr schnell feststellen, dass es sich dabei um substanzielle Parameter handelt. Wer beispielsweise Tatkraft als besondere Stärke weit vorne in seiner Talenteliste platziert findet, besitzt die Fähigkeit, seine Gedanken und Pläne zügig und zielstrebig umzusetzen. Jedoch besteht bei diesem Talent gleichzeitig die Gefahr, zu schnell zu entscheiden und zu handeln. Diese Menschen kostet es Überwindung, ihren Tatendrang zurückzuhalten, wenn es darum geht, abzuwarten.

Gerade die Überlagerung von Generationenprägungen mit persönlichen Eigenschaften führt zu weiteren Kategorien. Die in der generationenübergreifenden Erfahrung der Generation Y spürbare Skepsis gegenüber Hierarchien kann dann bei einer Persönlichkeit mit Tatkraft und Leistungsorientierung dazu führen, dass schnell nicht nur die bestehende Organisationsstruktur im Unternehmen, sondern auch die entsprechenden Vorgesetztenstellen als Funktionsposten und deren aktuelle personelle Besetzung in Frage gestellt werden. Das ist keine Revolution im Sinne einer Abkehr von Autoritäten, sondern der direkte Schritt zu mehr Autonomie im Arbeitsleben. Früher wurde dieses Unabhängigkeitsstreben und Vorwärtsdrängen erst ab einer bestimmten Phase, nach Zugehörigkeit zum Unternehmen, goutiert und positiv gewürdigt, heute fragen junge Fach- und Führungskräfte sehr viel schneller nach den Rahmenbedingungen für ein nach ihrer Meinung sinnvolles Zusammenarbeiten.

Man muss sich ernsthaft und kritisch die Frage stellen, ob im Hinblick auf die vielen Schlussfolgerungen tatsächlich bei Generation Y und Digital Natives von Generationen gesprochen werden kann. Jandura und Karnowski (2015, S. 67) weisen darauf hin, dass es ein paar Voraussetzungen gibt, bis der Generationenbegriff angebracht erscheint. Basierend auf Karl Mannheim (1928) kommt man auf folgende Punkte:

Kennzeichen für eine Generation

- Gemeinsame Erlebnisse in Kindheit und Jugend,
- Sozialisationserfahrungen, die sich tiefgreifend von vorhergehenden Generationen unterscheiden,
- In der Regel durch zeitlich begrenzte klar definierbare prägende Ereignisse (z. B. Kriege).

Wir verwenden die Generationenbegriffe im Vergleich zu dieser eher strengen Definition sehr häufig, fast schon inflationär. Modetrends werden dadurch begründet, dass eine neue Generation von Zwanzigjährigen angesprochen werden soll, selbst wenn noch gar nicht klar ist, wodurch sich nun diese Generation von anderen unterscheiden soll. Wenn man aber über die Berechtigung des Generationenbegriffs nachdenkt, dann wird auch klar, warum – angesichts der eher schwachen Abgrenzung – zahlreiche Menschen sich kulturell in Generationen, die nachfolgen oder vorausgehen, wiederfinden. Arianna Huffington, die Gründerin der Plattform „Huffington Post", vereint in ihren Aktivitäten und in ihren Gedanken viele Kernpunkte der Generation Y und der Digital Natives und gehört doch bei einer reinen Generationenzuordnung zu deren Elterngeneration.

Eine weitere Kategorie, die alle Generationen beeinflusst, sind die innerhalb der Generation verorteten Lifestyle-Kriterien und die aktuellen spürbaren gesellschaftlichen Trends und Gegenentwicklungen. Dabei wird es heute immer schwieriger, diese Felder abzugrenzen. Waren früher grundsätzliche wertorientierte Entscheidungen, wie etwa vegetarische oder gar vegane Ernährung, in erster Linie inhaltlich motivierte Absagen an aktuelle gesellschaftliche Standards, sind dies heute im Sinne von „vegan for youth" Lifestyle-Trends mit dem Schwerpunkt Ernährung, die sehr unterschiedliche Motive vereinen können. Die Gruppen sind offen (man kann sich im Sinne der Flexitarier entscheiden, wann man welche Ernährungsweisen miteinander kombiniert) und es geht nicht immer um die missionarische Arbeit zur Überzeugung anderer. Manch einer denkt an die Welternährung und das Weltklima bei diesen Entscheidungen, andere wiederum wollen etwas für ihre eigene Gesundheit und die ihrer Kinder tun. Damit sind viele Trends und Gegentrends spürbar, ohne bei der weiteren Betrachtung der Werte junger Mitarbeiter/-innen und Konsumenten zu einem starken ideologischen Gegensatz zu führen.

Wenn wir bei unserer Betrachtung nicht nur Beratungs- und High-Tech-Dienstleister ins Visier nehmen, dann müssen wir sehr genau darauf achten, dass einige Themen des Managements in der digitalen Wirtschaft nicht nur für die Ebene der hochqualifizierten Arbeitsplätze ausgerichtet sind. Wolfgang Goebel (2011, S. 119) kritisiert: *„Nicht nur für McDonald's erscheint es also äußerst sinnvoll, die nach 1980 Geborenen als Generation mit unterschiedlichen Bildungshintergründen zu verstehen. Die Beschränkung in Werbung und Förderung auf jene mit Hochschulabschluss ist aus Unternehmersicht nicht Erfolg versprechend. Die wissenschaftliche Definition der jungen Generation sollte weiter gefasst werden, als es aktuell der Fall ist."* (Goebel 2011, S. 119).

Damit bekommt auch die Talenteorientierung, wie es Gallup nahelegt, als durchgängiges Prinzip das notwendige Gewicht.

> *„Die existierende wissenschaftliche Definition der Generation Y lässt eine große Gruppe außer Acht: Die Millennials ohne Hochschulabschluss. Von ihnen ist in der Forschung bislang nur in einer mit ausschließlich negativen Attributen belegten Kategorie, der ‚Generation Chips' von Edmund Fröhlich, als Gegenpart zur Generation Y, die Rede. Sie wird beschrieben als eine Generation zumeist übergewichtiger Kinder aus bildungsfernen Schichten, die häufig als Verlierer der Generation Y degradiert wird. Der Bildungsstand ist zentrale Definitionsgrundlage dieser beiden Theorien – bemerkenswert ist jedoch, dass sich mit dem Anteil der Generation ohne Hochschulabschluss kaum jemand weiter befasst. Der Teil der jungen Generation, der kein ‚high potential' aufweist, also all diejenigen mit mittleren bis unteren Bildungsabschlüssen, bildet für viele Unternehmen aber auch weiterhin das Rückgrat der Wertschöpfung. Es gibt keinen Grund, diesen Anteil zu negieren. Im Gegenteil: Die Gesellschaft und Unternehmen wie McDonald's können es sich nicht leisten, die Potenziale, die in diesem Teil der Generation schlummern, ungenutzt zu lassen. Hinzu kommt, dass auch diese Gruppe wiederum unterschiedliche Ansprachen bedarf. Die Bertelsmann-Stiftung spricht in ihrer aktuellen Studie ‚Erwerbstätigkeit im Lebenszyklus' von etwa 350 000 jungen Menschen ohne Ausbildungsplatz im Jahre 2009, viele von ihnen mit geringer Qualifikation. Sie werden laut den Autoren Werner Eichhorst und Eric Thode in Lehrgängen weiter auf den Beruf vorbereitet (Eichhorst & Thode 2011 [104]). Der Übergangsbereich von Schule zu Arbeitswelt bietet demnach ausbaufähige Möglichkeiten zur Ansprache Jugendlicher. Viele Bewerber scheitern heutzutage an der Vorauswahl von Unternehmen, die auf gute Schulabschlussnoten*

einen zu hohen Wert legen. Sie scheitern also, bevor sie die erste Hürde des Bewerbungsgesprächs überhaupt nehmen können. McDonald's hat sich entschieden, anders zu handeln. Die Erfahrungen im Unternehmen haben bereits gezeigt: Etliche junge Mitarbeiter haben Erfolg und kommen voran, weil ihnen die Chance gegeben wurde, sich einzusetzen und sich zu beweisen. McDonald's trägt dem Rechnung. Möglichst viele Potenziale sollen erschlossen werden, unter anderem und insbesondere auch bei leistungsschwächeren Jugendlichen und Migranten." (Goebel 2011, S. 128)

Damit wird ein weiteres zentrales Problem der Generationenzuordnung angesprochen. Es gibt nicht nur bei der Frage, ob eine komplette Alterskohorte als intrinsisch motivierte Generation Y unterwegs sein kann, den Hinweis, dass hier in hohem Maße eine Abhängigkeit von der soziologischen Schicht besteht. Nicht jeder hat die typischen Voraussetzungen:

„Wir wurden lediglich zu einer Zeit geboren, in der es unseren Eltern aufgrund des weltweiten wirtschaftlichen Aufschwungs richtig gut ging. Wir besuchten gute Schulen, haben die Möglichkeit zu studieren und verbrachten zum größten Teil eine sehr unbeschwerte Kindheit, die frei von Kriegsnöten, Hunger und finanziellen Sorgen war. Diese Sorglosigkeit war es, die unsere Eltern dazu brachte, in ihren Kindern etwas Besonderes zu sehen und es uns wissen zu lassen, dass wir, wenn wir wollen, alles erreichen können" (Buchenau/Fürtauer 2015, S. 8).

Bereits bei der simplen Mediensozialisation muss man mit der Einschränkung leben, dass trotz der flächendeckenden Verbreitung von Smartphones unter Jugendlichen die Digital Natives eher ein Phänomen der „oberen Mittelschicht bzw. Oberschicht" darstellen (vgl. Jandura/Karnowski 2015, S. 69).

Wer sich im Rahmen von Management 4.0 intensiver mit dem Management von Einrichtungen – das können Unternehmen, Kliniken, Nonprofit-Organisationen wie Schulen oder Hochschulen sein – befasst, wird an einer Einschränkung der Zielgruppenbetrachtung der Generation Y nicht vorbeikommen. Im Sinne der Definition des Management-Papstes Peter Drucker geht es um Wissensarbeiter (knowledge worker), d. h. qualifizierte und selbstständig motivierte Mitarbeiter/-innen. Drucker hat mithilfe von sechs Thesen die Zusammenarbeit mit knowledge workern beschrieben, die Christoph Niewerth einem Realitätscheck unterzogen hat (Niewerth 2014):

Realitätscheck der Wissensarbeiter

These 1: Wissensarbeiter agieren autonom und managen sich selbst, sie definieren ihre Aufgaben, sind keine Arbeitskräfte, sondern das Kapital der Firma.

Hier sieht Niewerth noch wenig davon in der Realität, da die Fachleute (Data Scientists etc.) nicht über die notwendigen Entscheidungsbefugnisse verfügen und die Führungsebene zu wenig über die fachlichen Details Bescheid weiß.

These 2: Wissensarbeiter sind verantwortlich für ihre Produktivität und innovativ.

Hier sieht Niewerth vor allem bei jungen Unternehmen und Organisationen der Internet- und Startup-Szene sehr viel mehr von dieser These umgesetzt als in traditionellen Unternehmen mit eher starren Strukturen.

These 3: Wissensarbeiter lernen kontinuierlich und geben ihr Wissen weiter.

Nach Niewerth sehen 90 Prozent der Wissensarbeiter ihr Aufgabengebiet so, dass sie ihr Wissen über Bereichs- und Abteilungsgrenzen hinweg zur Verfügung stellen.

These 4: Wissensarbeiter müssen sich fragen, wo ihre Stärken liegen.

Hier sieht Niewerth die Notwendigkeit, nicht nur das eigene Fachwissen über Foren etc. aktuell zu halten, sondern auch übergreifende Kompetenzen (z. B. im Managementsektor) weiterzuentwickeln.

These 5: Wissensarbeiter besitzen ihre eigenen Produktionsmittel (Wissen) und sind mobil.

Diese These wird von Niewerth komplett bestätigt. Er bescheinigt den Wissensarbeitern, dass diese These von Peter Drucker voll umgesetzt wurde. Nicht zuletzt durch elektronische Plattformen wird dieser Aspekt der Wissensarbeit immer wieder plastisch wirksam.

These 6: Führungskräfte müssen Zeit in ihre vielversprechenden Fachkräfte investieren, zu ihrem Mentor werden, ihnen zuhören, sie herausfordern und ermutigen.

Hier sieht Niewerth noch Defizite. Aus seiner Sicht ist die These von Peter Drucker eine notwendige Zielsetzung, die jedoch noch nicht gelebt wird. Dass sich in der Zusammenarbeit mit Wissensarbeitern auch die Führungsrolle für Manager ändern muss, ist nur 43 Prozent der in Niewerths Studie befragten Führungskräfte klar. ■

Der Check macht deutlich, dass der Umgang mit Wissensarbeitern einen entscheidenden Punkt aktueller und künftiger Führungsarbeit darstellt. Hier ist insbesondere beim Bewusstsein der Führungskräfte für die besonderen Anforderungen ihrer Klientel an die Führungsarbeit noch „Luft nach oben“.

4.1.3 Nerd

Beim Begriff Nerd muss man etwas weiter ausholen, wenn man sich ernsthaft damit befasst. Vordergründig und im Alltagsgebrauch geht es um den typischen Computerfreak mit seltsamer Brille und noch seltsameren Ansichten, der fließend fünf verschiedene Computersprachen spricht, nachts in Codes denkt, aber im Zweifel Probleme hat, eine Freundin zu finden. So ein bisschen klingt das nach dem ewigen Streber, aber genau hier muss man sich den Begriff nochmals genauer ansehen.

Der Begriff Nerd kommt aus dem US-Amerikanischen und dort gibt es beispielsweise für das deutsche Schimpfwort „Streber“ keine einfache Entsprechung. Woran liegt das?

Im Mutterland der Nerds werden überdurchschnittliche Leistungen von Schülerinnen/Schülern und Studierenden eher als positiv konnotiert. Die Peer-Group hat im Allgemeinen kein Interesse daran, jemanden aufgrund guter Leistungen in Mathematik herabzusetzen (vgl. Pelkner/Boehnke 2003).

Auch umfasst der Begriff der Nerds mehr als nur den Informatiker und schließt den Ingenieur mit ein. Angesichts der rückläufigen Schülerzahlen an technischen Gymnasien muss man von eher mäßigen Erfolgen zur Förderung des MINT(Mathematik, Informatik, Naturwissenschaften, Technik)-Sektors in Deutschland ausgehen. Hier liegt der Schluss nahe, dass es vielleicht gerade auch der Umgang der Gesellschaft mit diesen Themen und den sehr erfolgreichen Vertretern der Fachdisziplin ist, der etwas mit dem Ansehen des Fächerspektrums bei jungen Menschen zu tun hat. *„Die Wertschätzung, die Computerfachleuten im Silicon Valley entgegengebracht wird, entspricht eher der, die hierzulande nur einem Arzt oder einem Rechtsanwalt widerfährt“*, fasst die Informatik-Professorin Kirstin Kohler ihre Eindrücke aus dem Forschungssemester an der Stanford University zusammen (Kohler 2015).

Den Blickwinkel mit dem leicht ironischen Ansatz bei der Frage, wie man aus lauter begeisterten Nerds ein schlagkräftiges Unternehmen formen soll, verkörpert der Ansatz von Michael Lopp (Lopp 2012). Er fragt sich nicht nur, wie man Nerds managen kann, sondern beleuchtet auch im wahrsten Sinne des Wortes die Höhlen, in die sich Nerds gerne zurückziehen, um ihre Arbeit zu verrichten.

Es gibt inzwischen eine deutsche Tech-Kultur, die in Grundzügen das Potenzial zur Entwicklung einer neuen mittelständischen Industrie aufweist. Was sich bei den Startups der deutschen Tech-Szene im Unterschied zur USA abzeichnet, ist eine wesentlich größere Technologieaffinität im Hinblick auf die B2B-Märkte, die als innovative Partner für Industrie 4.0 geeignet sind (vgl. Müller 3/2016).

Ein wenig mehr Geist des Silicon Valley im deutschen Wirtschaftsleben wird von vielen als hilfreich angesehen und das erklärt- neben dem exzellenten Schreibstil - auch den Erfolg von Christoph Keeses 2014 erschienenem Buch „Silicon Valley“ über die amerikanische Version des Tals der Könige. Er schafft es mit der kritischen Distanz des Beobachters und Gastes, den Spirit zu beschreiben und für den Leser erlebbar zu machen. Gerade zum Thema Nerds hat er auch eine der schönsten Definitionen zu Papier gebracht (Keese 2014, S. 97):

> *„Wohin schaut ein introvertierter Nerd beim Reden? Auf seine Schuhe.*
>
> *Wohin schaut ein extrovertierter Nerd? Auf deine Schuhe.“*

An der Stelle lohnen sich jedoch ein paar allgemeine Gedanken über das Silicon Valley, den dort spürbaren Gründergeist und die bekannten Firmen auf ihrer (teilweise angeblichen) Erfolgsspur. Wenn wir über die amerikanischen Gründungserfolge des Silicon Valley sprechen, dann ist uns in der Regel bewusst, dass sich hier eine weltweit einzigartige Infrastruktur von Wagniskapitalfinanzierern entwickelt hat, die in der Lage ist, neuen Ideen, die skalierbare Geschäftsmodelle vorsehen, in kurzer Zeit die notwendige Kapitalausstattung zu verschaffen. Dies setzt wesentlich mehr Dynamik frei als die bescheidene Venture-Capital-Struktur in Deutschland, die dann durch den staatlichen Hightech-Gründerfond aufgestockt wird. Hinter den großen Entwicklungen verbergen sich jedoch nicht immer nur die wagemutigen Entrepreneure in Cowboy-Manier. Teilweise sind sie auch Ergebnisse staatlich subventionierter Forschung (beispielsweise die Batterieforschung der National Science Foundation als Basis für die Entwicklungen beim Batteriefahrzeughersteller Tesla). Dies ist ein Befund, der uns weniger präsent ist, den wir jedoch auch zur Abrundung des Bilds berücksichtigen sollten (Maier 10/2015).

Auch die penetrante Selbstdarstellung einzelner Gründer wirft aus deutscher Sicht immer wieder Fragen auf, wie nachhaltig die einzelnen Unternehmenserfolge zu bewerten sind. Beispielhaft für die Hybris Einzelner ist Uber-Chef Travis Kalanick, der es mit einer grandiosen Selbstüberschätzung zwar im Frühjahr 2015 zu exorbitanten Börsenbewertungen gebracht hat, dessen Geschäft jedoch in der internationalen Expansion schnell ins Stocken geriet (vgl. Freitag/Maier/Palan 04/2015). Dass diese eher positive Grundstimmung aber nicht die einzige Haltung in Deutschland gegenüber den Trends der Digitalisierung darstellt, ist angesichts der inzwischen international bereits berühmten „German Angst" nicht verwunderlich. Ausgehend aus der geistigen Strömung der Romantik, die im 19. Jahrhundert in Deutschland ihren Höhepunkt hatte, gibt es hierzulande starke Strömungen, die bei technologischem Fortschritt sehr rasch die negativen Punkte der Entwicklung und die damit verbundenen Risiken in den Vordergrund rücken. Die Angst vor den Gefahren des autonomen Fahrens sei hier nur als ein Beispiel benannt, das dann im Zweifel in sehr bürokratische gesetzliche Rahmenbedingungen für die Entwicklungsphase mündet (vgl. Müller 9/2015-2, S. 63 f.).

Da zudem einige deutsche Industriekonzerne im direkten Wettbewerb Mühe haben, den Erwartungen der Kapitalmärkte zu entsprechen, wird die Furcht deutscher Unternehmen im internationalen Kontext noch deutlicher spürbar. Anlässlich drohender Aufspaltungen sind die Konzernstrategen nicht immer optimistisch, was die Ausrichtung des Gesamtkonzerns an den großen Trendlinien anbelangt (vgl. Maier 11/2015).

4.1.4 Alles Generation Y oder was?

In den folgenden Beispielen zeigt sich, dass nicht alle Angehörigen der Generation Y typische Vertreter ihrer Generation sind. Dennoch lohnt sich ein detaillierter Blick auf die Verhaltensmuster und Erwartungen.

> *„Der oft in den Massenmedien und auch in der Fachliteratur gezogene Umkehrschluss, dass alle mit dem Web aufgewachsenen Menschen unter 30 Jahren ebenfalls diese Eigenschaften vereinen, ist unserer Beobachtung nach aber schlichtweg falsch - egal ob man sie nun Millennials, Digital Natives oder Generation Y nennt. Die Freigeister auf dem Palomar5 Camp repräsentieren, subjektiv geschätzt, vielleicht fünf Prozent der Generation in Deutschland zwischen 18 und 30 Jahren. Die übrigen 95 Prozent twittern weder tagsüber ihre Gedanken, noch brüten sie nachts über der nächsten Projektidee, die sie anschließend auf dem eigenen Blog mental erregt skizzieren. Vielmehr freuen sie sich auf oder schon über ihre Sicherheit in der Festanstellung, ihr Fixgehalt und ihre klaren Zuständigkeitsbereiche im Job. Aber heißt das wiederum: es bleibt doch alles beim Alten und man kann die fünf Prozent der ‚digitalen Freigeister' getrost ignorieren? Diese Vermutung wäre aus unserer Sicht aufgrund von drei Aspekten töricht, denn:*

- *Sie werden im Lauf der nächsten Jahre prozentual zunehmend mehr.*
- *Sie sind meinungsbildende Lead User und*
- *bauen sich ihre kommunikativen Bühnen - online wie offline.*

Sie entwickeln, um es mit den Worten von Gunter Dueck, Chief Technology Officer bei ‚46 1000-Stunden Innovationscamp Palomar5: Millennials bauen ihre Arbeitswelt von morgen IBM Deutschland', zu beschreiben ein ‚neues Betriebssystem für die nächste Gesellschaft'. Damit sind sie als Innovationsmotoren in und für Unternehmen unerlässlich."

(Wind/Imme 2011, S. 45 f.).

Werte, Erfahrungen und Orientierungsmuster

Wer sich auf die Suche nach neuen Spielregeln für ein erfolgreiches Miteinander in der Arbeitswelt begibt, muss sich mit veränderten Werten und Leitgedanken auseinandersetzen. Auch wenn wir - wie im vorausgehenden Abschnitt gezeigt wurde - nicht stur nach Generationen vorgehen sollten, da es „den Mitarbeiter" und „die Kollegin" heute nicht gibt, so gibt es doch einige Veränderungen, die man im Blick haben sollte.

Bei der stereotypen Betrachtung der jungen Mitarbeitergenerationen wird häufig über deren Grundwerte und den damit verbundenen Wertewandel berichtet. Bei vielen gesellschaftlichen Einflüssen der Generation Y haben wir jedoch keine Ideologisierung.

Gesellschaftliche Entwicklungen waren schon immer von Trends und Gegentrends geprägt. Nur waren es in der Regel unterschiedliche Menschen und Gruppen, die der einen oder anderen Strömung huldigten. Wenn man es platt und klar veranschaulichen will: Man war entweder Popper oder Punker, aber nicht beides zugleich. Das wäre nicht nur eine inhaltliche, sondern auch eine äußerliche Überforderung gewesen. Aber dennoch, die inhaltliche Grundhaltung war meist klar auf die eine oder andere Position festgelegt. Genau hier zeigt sich bei vielen jungen Kolleginnen und Kollegen inzwischen eine größere Bandbreite der eigenen Grundhaltungen und auch eine gewisse Werteambivalenz.

In einer Umgebung, in der das Erfolgsrezept von heute morgen schon veraltet und geradezu schädlich sein kann, hat sich das „sowohl als auch" jedoch als ambivalente Haltung etabliert. Man möchte permanent online und mobil verbunden sein, aber auch das Recht haben, sein Smartphone zu ignorieren.

Autoritäten und etablierte Strukturen der Macht werden in vielen Fällen nicht automatisch anerkannt. Globalisierungsgegnerschaft und Karriereorientierung wären in früheren Zeiten unvereinbar gewesen. Hier hat sich vieles deutlich verändert. Es bleibt in vielen Fällen eine Suche nach Sinn, der nicht mit den reinen Karrierezielen oder gesellschaftlichen Zielen allein zusammenhängt. Parallel zu diesen Zielsetzungen gibt es in einer Art Sinnsuche 4.0 das Bestreben, private und persönliche Ziele zu erreichen.

Der in vorausgehenden Jahrgängen spürbare Rückzug in rein private Aktivitäten ist einer Bereitschaft zu einem gemeinschaftlichen Engagement gewichen. Junge Menschen engagieren sich wieder stärker für gesellschaftliche Zwecke, aber nicht in der Art und Weise, wie es sich die Altvorderen wünschen. Auch in Bundesländern mit einem Wahlalter von 16 Jahren bei der Kommunalwahl konnte nach 2010 keine besondere

Begeisterung für Politik in klassischer Form geweckt werden. Die Anziehungskraft etablierter Gremien und Parteien ist nicht gestiegen. Junge Menschen sind stattdessen davon überzeugt, selbst in eigenen Organisationsformen und unter Nutzung der digitalen sozialen Medien etwas Positives in der Gesellschaft bewegen zu können. Das themen- und projektbezogene Engagement passt nicht immer zu den tradierten, etablierten Strukturen, in denen das Engagement eigentlich stattfinden sollte. So gehen bei Hochschulwahlen mitunter weniger als 10 % der Wahlberechtigten zur Wahl. Die in Baden-Württemberg neu eingeführte Studierendenschaft fristet an vielen Hochschulen ein kärgliches Dasein und für das Studierendenparlament gibt es nur wenige Kandidatinnen/Kandidaten. Dies ist nur ein Beispiel dafür, wie Strukturen geschaffen werden, die von der jeweiligen Generation als nur begrenzt hilfreich empfunden werden.

Der Schlüssel für erfolgreiches Management in der digitalen Zukunft liegt darin, die aktuellen und künftigen Generationen zu verstehen, die neu auf den Arbeitsmarkt streben – oder eben gerade nicht streben. Es geht nicht um ein bequemes Jammern, dass früher alles besser gewesen wäre oder dass „die Jugend von heute" angeblich keine Manieren mehr habe und zudem kaum lesen und rechnen könne. Es geht um ein Verständnis für Werte und Grundhaltungen, da dieses Verständnis elementar ist, um junge Kolleginnen und Kollegen in das eigene Unternehmen zu integrieren und sie zu motivieren. Hier müssen wir bereits die erste Einschränkung machen. Auch in der digitalen Wirtschaft wird man sich zunächst auf die Menschen konzentrieren, die in ihrer Persönlichkeit das Potenzial haben, zielorientiert zu arbeiten. Es geht um Frauen und Männer, die eine qualifizierte Ausbildung (entweder als duale Berufsausbildung oder über eine Fachschule oder ein Hochschulstudium) anstreben oder abgeschlossen haben. Gesellschaftlich wird zwar der Umgang mit bildungsfernen Kandidatinnen und Kandidaten irgendwann eine entscheidende Rolle spielen, dies ist jedoch ein Thema, das aus Sicht des Managements einer Unternehmung nicht an erster Stelle steht.

Der Umstand, dass die Werte und Normen einer nachfolgenden Generation nicht 1:1 zum Wertegerüst der eigenen Kohorte passen, ist wenig überraschend und normal. Die opferbereiten Kriegsveteranen unterschieden sich von den Babyboomern mit ihrer starken Arbeitsorientierung und die Generation X oder die Generation Golf mit ihrer individualistischen Haltung sind mit einer anderen Haltung ins Erwachsenenleben gestartet. Umso erstaunlicher ist es in der Praxis, dass nach eigenem Verständnis reflektierte Führungsprofis hier in pauschaler Weise die nachfolgende Generation unter Generalverdacht stellen. Unter dem Titel „Wollen die auch arbeiten?" analysierte ein Journalistenteam der Wochenzeitung „Die Zeit" das Arbeitsverhalten der Generation Y (Bund/Heuser/Kunze 2013). Dabei kam diese Haltung bei keiner der zitieren Führungskräfte zum Tragen, sie spiegelt jedoch die Reaktion wider, die in der Praxis anzutreffen ist.

Wer Firmen berät und Führungskräfte begleitet, kann die Erfahrung machen, dass andere Verhaltensmuster oft mit Unverständnis quittiert werden. „Haben wir denn früher alles verkehrt gemacht?" ist dabei noch eine der milderen Reaktionen. Markiewicz (2008) charakterisiert die Generation Y als (Thomas 2011, S. 170):

- Achieving – hard workers (leistungsorientiert)
- Pressured – great expectations (mit hohen Erwartungen)
- Team players – rely on social networks (gruppenorientiert)

- Conventional – support social norms (soziale Normen achtend)
- Confident – the last winners (zuversichtlich)
- Sheltered – close to parents, naïve (behütet)
- Special – given a sense of destiny (mit Glaube an die eigene Bestimmung)

Die Deutsche Gesellschaft für Personalführung (DGFP) hat 2011 einen Bericht veröffentlicht, in dem sie versucht, sich dem Phänomen Generation Y zu nähern, ohne zu stigmatisieren (Bild 4.9).

Die Generation Y

- tritt sehr selbstbewusst auf
- zeigt sich orientierungslos und sprunghaft
- sucht nach Sicherheit und Stabilität
- strebt nach Leistung, Sinn und Spaß im (Arbeits-) Leben
- wünscht sich Flexibilität in Raum und Zeit
- fordert stetige Entwicklung und klare Kommunikation
- ist geübt im Umgang mit Technologien und Netzwerken

Bild 4.9 Merkmale der Generation Y (DGFP 2011, S. 11)

Wenn wir diese holzschnittartige Charakterisierung als Basis nehmen, dann zeigt sich hier schon die Widersprüchlichkeit:

- *Selbstbewusstsein oder Arroganz?*

  Kritiker sehen in der Generation Y eine dauergepamperte Generation, die zunächst von eifrigen und besorgten Helikoptereltern behütet, begleitet und beschützt wurde und nun beim Arbeitgeber eine ähnliche zuvorkommende Behandlung sucht und diese auch aktiv einfordert. Die selbstbewusste Grundhaltung ist jedoch auch dadurch bedingt, dass junge Menschen mehr und mehr vermittelt bekommen, dass sie demografiebedingt eine knappe und wertvolle Ressource darstellen. Im Sinne eines Bewusstseins ihrer selbst sind sie sich dann ihres Marktwerts bewusst. Dies ist jedoch noch kein echtes Selbstbewusstsein und wird von anderen auch mitunter als Arroganz wahrgenommen. In Verbindung mit der geringen Wertschätzung gegenüber Erfahrung und damit gegenüber älteren Kolleginnen und Kollegen ist der Konflikt fast schon vorgeprägt. Bevor das jedoch als Erziehungs- und Generationenproblem abgetan wird, muss man sich noch vergegenwärtigen, warum Erfahrungswissen an Reputation und Relevanz eingebüßt hat. Erfahrung hat dann den höchsten Wert, wenn sich Systeme organisch weiterentwickeln und das Erfahrungswissen damit die beste Voraussetzung ist, die Zukunft zu verstehen. Gerade in der Wirtschaft seit 1990 hat sich das jedoch als trügerisch erwiesen, da man nicht mit einer linearen Weiterentwicklung von Produkten, Märkten und Geschäftsmodellen arbeiten kann. Es ist daher Aufgabe der digitalen Weisheit im Sinne von Management 4.0, hier die richtige Balance zwischen Wertschätzung gegenüber Erfahrung und der Offenheit gegenüber den notwendigen Veränderungen herzustellen.

- *Orientierungslos, sprunghaft oder konsequent chancenorientiert?*

  Der rasche Wandel des eigenen Lebensumfelds ist für junge Menschen zur Chance ihres Lebens geworden, er ist aber Fluch und Segen zugleich. Die Vielfalt der Optionen (siehe Multioptionsgesellschaft unten) überfordert viele Nachwuchskräfte. Entsprechend wirken sie auf Außenstehende sehr sprunghaft, da sie nicht wie frühere Generationen in einer Art Nibelungentreue bei ihrem Arbeitgeber verharren und darauf hoffen oder vertrauen, dass alles eines Tages besser werden wird. Stattdessen haben sie keinen Stress damit, den aus ihrer Sicht falschen Arbeitgeber nach einer begrenzten Bewährungszeit gegen den nächsten einzutauschen und damit die nächste Option zu nutzen. Die Loyalität gilt in der Regel dem Projekt und eingeschränkt dem Team, aber nicht unbedingt der Firma und der Führungskraft.

- *Flexibel und Suche nach Sicherheit und Stabilität?*

  Dies scheint zunächst ein Widerspruch zur Sprunghaftigkeit zu sein. Die Generation Y hat die Erfahrung gemacht, dass Sicherheit und Stabilität in vielen Situationen nur für eine begrenzte Zeit möglich sind. Entsprechend reagiert sie durch hohe Anpassungsfähigkeit und Flexibilität. Zugleich zeigen jedoch Untersuchungen im beruflichen wie auch privaten Bereich den Wunsch nach Stabilität. Dies wird von Kritikern mitunter als neue Form der Spießigkeit ausgelegt.

- *Leistungsbereitschaft, Spaß und Sinn im Arbeitsleben oder Karriereorientierung?*

  Angestrebt wird – im Sinne der Motivationstheorie von Maslow – eine persönliche Selbstverwirklichung im Privat- und Berufsleben. Die Arbeit soll gerade durch den Sinn, den man selbst in der Tätigkeit und dem gemeinsamen Unternehmensziel sieht, Spaß machen. Diese hohe Affinität zu intrinsisch motiviertem Arbeitsverhalten passt jedoch nicht zur Erwartungshaltung vieler Arbeitgeber in Bezug auf die Karriereorientierung. Früher galten karriereorientierte Mitarbeiterinnen und Mitarbeiter als pflegeleicht, da sie stets dem Berufsleben den Vorrang vor dem Privatleben einräumten. Bei der Generation Y ist das jedoch grundlegend anders, denn der Wunsch nach beruflicher Selbstverwirklichung wird nicht unter Ausschluss des Privatlebens realisiert. Neben traditionellen Karrierepfaden (z. B. Führungslaufbahn) werden Fach- und Projektkarrieren als gleichwertige Alternative empfunden. Das bedeutet, dass aus Sicht der Mitarbeitenden auch eine Beförderung abgelehnt werden sollte, wenn sie bei der Erfüllung eigener Lebensziele eher im Wege stehen würde. Eine Ablehnung traditioneller Karrierewege darf daher nicht vereinfachend mit mangelnder Leistungsbereitschaft gleichgesetzt werden.

- *Flexibilität von Arbeitszeit und Arbeitsort oder klassische Work-Life-Balance?*

  Die Leistungsbereitschaft schließt nicht die Bereitschaft ein, das komplette Leben einem vorgegebenen Schema von Anwesenheitszeiten unterzuordnen. So wie Privates (Social-Media-Nutzung) während der Arbeitszeit stattfindet, hat Berufliches auch in der Sphäre der Freizeit Platz. Dies führt zu einer zunehmenden Vermischung der Sphären Arbeit und Freizeit. Dabei geht es aber nicht um einen traditionellen Blickwinkel auf die Work-Life-Balance, wie die Einführung der 34-Stunden-Woche (wie aktuell bei den Werkern der Firma Porsche realisiert), sondern um eine Aufhebung der starren Abgrenzung. Der Zeitdruck, der für viele Menschen zur Belastung im Alltag wird, ergibt sich nicht aus dem Wesen der Zeit selbst, sondern daraus, dass wir sie „bewirtschaften" (vgl. Safranski 2015, S. 107). Auch die Arbeit wird als Teil des Lebens empfunden und sollte daher genau eben nicht haarscharf abgegrenzt werden. Der intensive Umgang mit digitalen Medien verschärft dieses Problem zusätzlich, da sie sich in vielen Situationen als wahre Zeitdiebe erweisen (vgl. Katzer 2016, S. 50 ff.), sodass am Ende nur eine echte konsequente Prioritätensetzung erfolgreich sein kann (vgl. Hirsmüller 2014, S. 133).

- *Die „Generation Portfolio" oder die persönlicher Weiterentwicklung?*

  Hier entsprechen viele dem Typus des „Learners", für den ein großer Nutzen des Arbeitslebens in der Möglichkeit der persönlichen Weiterentwicklung besteht. Andere zeigen dieselben Grundeigenschaften, jedoch weniger aus dem persönlichen Entwicklungsbedürfnis heraus als vielmehr aus dem extern vermittelten Bild, dass man ohne eine Vielzahl an unterschiedlichen Qualifikationsnachweisen künftig kaum auf dem Arbeitsmarkt bestehen kann. Es ist eine Generation, die positiv ausgedrückt, ein ausgeprägtes Portfoliobewusstsein hat. Bereits in der Schule werden die unterschiedlichen Kenntnisse und Kompetenzen durch ein Leistungsportfolio dokumentiert. Dies schafft auf der einen Seite ein Bewusstsein für die Achtsamkeit bei der Entwicklung der eigenen Talente, es besteht jedoch auf der anderen Seite auch die Gefahr, dass daraus eine mehr oder minder egozentrierte Leistungsschau entsteht. An Hochschulen werden Abendveranstaltungen und zusätzliche Workshops von vielen Studierenden nicht (nur) besucht, weil die Themen von Interesse sind. Die Veranstaltungen werden von einer Reihe von Teilnehmerinnen und Teilnehmern besucht, weil es dafür ein eigenes Zertifikat gibt. Auslandsaufenthalte dienen bei vielen Studierenden dem kulturellen oder sprachlichen Interesse, in fast allen Fällen jedoch auch der Optimierung des eigenen Profils. Dabei vermitteln einige Vertreter der „Generation Portfolio" den Eindruck, dass sie wie ein panisches Eichhörnchen vor einem strengen Winter wahllos Ressourcen horten. In Verbindung mit dem Talent des „Learners" nach dem oben bereits dargestellten Gallup-Modell von Buckingham/Clifton können hier auch die Profile der „Weiterbildungsjunkies" entstehen, wie sie von Vertretern der Weiterbildungs-/Fortbildungsbranche beschrieben werden. Bei diesen Vertretern einer speziellen Weiterbildungsfixierung entsteht eine Sammlung von Qualifikationen, die dann am Ende mehr oder weniger gut zusammenpassen und helfen sollen, die unsichere Zukunft zu überstehen.

- *Social-Media-Profis oder Online-Lemminge?*

  Bei den Gleichsetzungen einer „Generation" mit einer Technologiekompetenz kann nur ein falsches Bild entstehen. Die selbstverständliche Nutzung von Internet- und Social-Media-Anwendungen ist kein Ausweis einer besonderen Medienkompetenz. Geschicktes Rechercheverhalten auf der einen und mangelndes Quellenbewusstsein auf der anderen Seite sind das typische Beispiel dafür, was einem auffallen kann, wenn man sich um ein differenziertes Bild bemüht. Die Mediennutzung hat sich gewandelt und ist innerhalb der Alterskohorten vergleichsweise homogen, was die

Mediengattungen betrifft. Bezogen auf die genutzten Inhalte zeigt sich jedoch auch bei der Generation Y eine große Vielfalt, die den unterschiedlichen Lebenssituationen und Themeninteressen entspricht. Man muss dieser Generation in der Regel nicht dabei helfen, Social-Media-Dienste auf dem Smartphone zu nutzen. Dass die Summe der Facebook-Posts jedoch noch kein systematisches Bild der Nachrichtenlage eines Tages darstellt, ist hingegen nicht allen bewusst.

Nach der ausführlichen Darstellung der Werte der Generation Y könnte man auf den Gedanken kommen, dass damit alles Relevante für die Rahmenbedingungen des künftigen Managements gesagt wurde. Aber man muss sich darüber im Klaren sein, dass dies nur der mentale Verarbeitungsschritt traditioneller Führungskräfte ist, um sich mit den längst im Arbeitsprozess befindlichen Nachwuchskräften auseinanderzusetzen.

Zu einer Zeit, in der mit „Management Y“ (Brandes et al. 2014) gerade die Folgen der Generation Y auf die Führungsarbeit im Zentrum vieler Diskussionen stehen, stellt sich die Frage: „Was kommt an neuen Generationenmerkmalen künftig auf uns zu?“ Die „Generation Z“ (vgl. Scholz 2015) drängt auf den Markt. Auch wenn man Werteverschiebungen nicht am Geburtsjahr festnageln kann, gibt es – auch als Gegenbewegung zu vorherrschenden Strömungen – neue Wertemuster, die bei nachfolgenden Generationen von Bewerberinnen und Bewerbern verstärkt sichtbar werden.

Die Generation Y ist bei den jüngeren Jahrgängen auf dem Rückzug und die Generation Z nimmt an Bedeutung zu. Sie strebt beispielsweise eine Abkehr der Vermischung von Arbeit und Freizeit an und wünscht sich hier mehr Hilfestellung. In Verbindung mit einer für viele irritierenden Anspruchshaltung ist schnell von der „Generation Ponyhof“ die Rede, die noch nicht wirklich im richtigen Leben angekommen ist, sodass die Abstimmung der Personalarbeit auf die Generationen noch komplexer wird (Bild 4.10; vgl. Latz 2016).

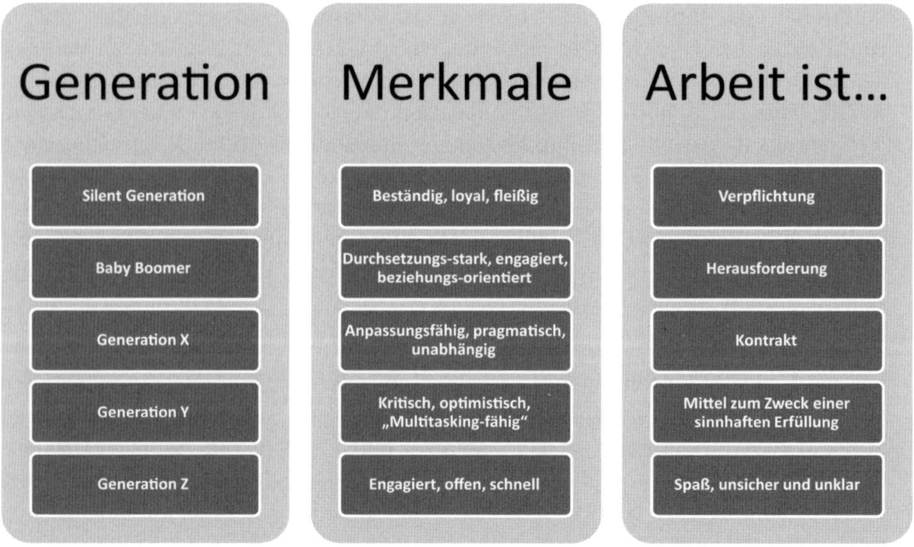

Bild 4.10 Einstellung der Generation gegenüber dem Arbeitsleben (Quelle: Schutz 2016, S. 305)

Trends und Lernpräferenzen

„Allein aus der medialen Sozialisation der Gen Y lassen sich Trends bzw. Lernvorlieben ableiten, die insbesondere Schofield und Honore (2009/2010 [114]) auf Basis einer empirischen Untersuchung dezidierter beschreiben:

- *Handeln und Ergebnisse sind wichtiger als Wissen. Letzteres kann im Moment des Bedarfes abgerufen werden.*
- *Geschwindigkeit, d. h. sofortige Information, ist wichtiger als Genauigkeit.*
- *Versuch und Irrtum ist ein präferierter Lösungsweg, d. h. es gibt ein höheres Interesse an Problem-basiertem Lernen.*
- *Kürzere Lernsequenzen werden bevorzugt.*
- *Gen Y: Implikationen für die Personalentwicklung*
- *Millennials sind es gewohnt, mehrere Aktivitäten gleichzeitig laufen zu lassen: ‚A generation that likes to parallel process and multitask as a way of life' (Forrester 2006, S. 5).*
- *Die Gen Y bevorzugt visuelles Lernen und ‚short bites of information' anstatt einen Text zu lesen (Forrester 2006, S. 5).*
- *Gemeinsames Lernen – Interaktion, Diskussion und Networking sind für die Generation präferierte Wege.*
- *Die Gen Y sieht Wissen als einen aktiven Entstehungsprozess, wobei Wissen in der Community weitergegeben bzw. konsumiert wird (konstruktivistischer Ansatz).*

Bedenkt man das Heranwachsen in einer Netz- und Computer-dominierten Umgebung, so ist dieser Trend der Lernpräferenzen naheliegend und gibt wichtige Hinweise auf mögliche Lernmethoden."

(Kleiminger 2011, S. 137 f.)

4.1.5 Hacker-Generation

Ronald Hanisch (2013, S. 47) spricht auf Basis der Typologien des Trendforschers Matthias Horx (Trendreport 2013) neben den typischen Generationengliederungen auch von der Hacker-Generation. Da sich diese Charakterisierung auf ein Themenphänomen (Hacking) konzentriert, widerspricht das der sonst mit mehr oder weniger Erfolg angewandten Gliederung nach Alterskohorten. Das verbindende Element ist das Hacking, wobei man hinterfragen darf, ob die Gründergeneration des Hackings in Deutschland mit der aktuellen Szene überhaupt noch im Gleichklang zu sehen ist.

Als prägendes Erlebnis beschreibt Horx die Erfahrung, gemeinsam über die Vernetzung Stärke zu entwickeln. Eine Kultur der Kollaboration, die es ermöglicht, die Stärke zu entfalten und Dinge weiterzuentwickeln, weshalb man sich mit einem permanenten Beta-Stadium abfinden muss.

Wie schwierig der Umgang mit den Segnungen und Möglichkeiten der ständigen Kommunikation und Erreichbarkeit sein kann, beschreibt Arianna Huffington in ihrem Buch

„Die Neuerfindung des Erfolgs" (2014). Sie ist gleichzeitig ein Beweis dafür, dass es auf Lebensstil, Profession und Grundeinstellung ankommt und nicht auf das Geburtsdatum. Sie ist 1950 geboren und steht damit nicht im Verdacht, der Generation Y oder gar Z anzugehören. Dennoch hat sie die Leistungsziele der vorausgehenden Generationen mit dem Prozess der Entgrenzung von Arbeit und Leben als typisches Element der Yer verbunden und damit auch den Arbeits- und Lebensstil des Silicon Valley in die klassische Welt der Medienproduktion getragen. Sie thematisiert, dass es hilfreich ist, sieben bis acht Stunden zu schlafen, anstatt mit einem permanenten Schlafdefizit immer erreichbar zu sein (vgl. Huffington 2014, S. 165), zeigt auch schon das Problem einer solchen leistungsorientierten Entgrenzung. Das Buch und die dahinterstehende Lebensführung sind auch der Beweis dafür, dass man zu der Generation gehört, zu der man sich zugehörig fühlt.

Als Folge der Entgrenzung von Arbeits- und Privatleben haben wir am Ende einen Lebensstil des Multitasking (vgl. Hombach 2010, S. 245) mit allen Vor- und Nachteilen. Dabei muss man sich an dieser Stelle auch vergegenwärtigen, dass sich das menschliche Gehirn der Generation Y nicht durch den schulenden Parallelgebrauch von Smartphones und anderen mobile Devices in allen denkbaren Lebenslagen innerhalb einer Generation in ein multitaskingfähiges Universalwunder verwandelt (vgl. Spitzer 2012, S. 207 f.). Der Kampf um Aufmerksamkeit für unterschiedliche Sphären und Themen bleibt also grundsätzlich bestehen (vgl. Katzer 2016, S. 56 ff.).

Es sind dieselben Firmen des Silicon Valley, die mit ihren Produkten und ihrem Arbeitsstil zur Entgrenzung zwischen Arbeits- und Privatleben beitragen, die nun über „Entstressungs-Apps" versuchen, die Folgen der permanenten Erreichbarkeit per App zu lindern (vgl. Schulz 02/2016).

4.1.6 Digitale Multioptionsgesellschaft, digitale Konsumenten und Wutbürger

Stellen Sie sich vor, Sie haben vor zwei Jahren einen Mitarbeiter an Bord geholt, der direkt nach dem Studium bei Ihnen im Marketingsektor begonnen hat. Ein junger Mann voller Tatendrang, aber mit wenig Erfahrung. Ihre Marketingleiterin hatte zu Beginn Mühe, ihm zu vermitteln, dass nicht jede gute Idee aus dem Studium auch direkt eine gute Idee für Ihr Unternehmen in der aktuellen Situation darstellt. Nach ein paar Schwierigkeiten läuft es aber richtig gut und Ihr neuer Mitarbeiter findet zunehmend seinen Tritt und im Zuge dessen auch Anerkennung bei den Kolleginnen und Kollegen. Der neue Mitarbeiter äußert sich in den Personalgesprächen verunsichert in Bezug auf seine persönlichen Entwicklungsmöglichkeiten, sodass seine direkte Vorgesetzte mit ihm ein Personalentwicklungskonzept vereinbart, aus dem die künftigen Entwicklungsschritte ableitbar sind. Das scheint dem Mann die erhoffte Sicherheit und damit einen neuen Motivationsschub zu geben. Aus Ihrer Perspektive scheint also alles gut zu sein. Umso mehr sind Sie überrascht, als Ihre Marketingleiterin dann von der Kündigung des neuen Kollegen berichtet. Sie sprechen ihn kurze Zeit darauf an und bekommen von dem Mitarbeiter zu hören, dass er sich bewusst sei, dass ihm das Unternehmen zwar im

Marketingbereich gute Aufstiegschancen biete, sein künftiger Arbeitgeber jedoch eine Vielzahl unterschiedlicher Entwicklungsmöglichkeiten nach einem Jahr Einarbeitung angeboten habe.

Wer die aktuellen und künftigen Verhaltensmuster von Menschen als Mitarbeiter/-innen und Kunden verstehen möchte, muss sich mit dem Phänomen der Multioptionsgesellschaft auseinandersetzen. Die völlige Freiheit, alles machen zu können, die als Ergebnis der Aufklärung („Ausgang des Menschen aus seiner selbstverschuldeten Unmündigkeit", Kant) zu sehen ist, überfordert viele Menschen und führt zu einer Verunsicherung. Die konsequente Reaktion hierauf besteht darin, Wahlmöglichkeiten zwischen konkreten Handlungsalternativen anzubieten und dabei die Zahl der Möglichkeiten zu begrenzen. Dies schafft Sicherheit und gibt den Menschen gleichzeitig das Gefühl, Herr über das komplette Verfahren zu sein. So werden im Konsumbereich Überforderungen der Käufer vermieden, wenn beispielsweise in einem Discounter nur noch vier Buttervarianten statt den 24 eines Vollsortimenters angeboten werden. Denn bei vielen Menschen macht sich als Mitarbeitende, Kunden oder Führungskräfte mehr und mehr eine Unlust und mitunter auch Unfähigkeit zur zeitnahen Entscheidung bemerkbar. Es sind einfach zu viele Optionen, die in Frage kommen.

Der gesellschaftliche Hintergrund, vor dem diese Entscheidungsunlust gesehen werden kann, ist die vom schweizerischen Soziologen Peter Gross festgestellte Entwicklung hin zu einer „Multioptionsgesellschaft" (Gross 1994). Dahinter verbirgt sich der Befund, dass das Überangebot an Wahlmöglichkeiten in den meisten Lebensbereichen den Wandel von einer Multiobligationsgesellschaft mit zahlreichen Verpflichtungen zu einer Multioptionsgesellschaft geführt habe, bei der die Wahlmöglichkeiten im Vordergrund stehen und bereits als Wert an sich empfunden werden. Wenn im Sommer 2015 17 137 unterschiedliche Studiengänge in Deutschland angeboten werden, verdeutlicht dies, dass diese multiplen Optionen nicht nur ein Thema der Konsumgüterindustrie darstellen, sondern nahezu alle Lebensbereiche als Option ausgelebt werden (vgl. Buß 2012, S. 316).

Gerade aus dem Blickwinkel der Motivationstheorie und des Marketings wird immer wieder die Forderung erhoben, mehr Varianten und Möglichkeiten anzubieten, um bei einer maximalen Individualisierung die Zufriedenheit zu steigern. Dabei macht eine große Anzahl an Alternativen und Wahlmöglichkeiten Menschen nicht generell glücklicher (vgl. Schwartz 2012). Es ist nicht nur die hohe Kunst der Sortimentsgestaltung im Handel oder in der Benutzerführung bei Software und Apps, die Wahlmöglichkeiten auf ein verständliches Maß zu begrenzen, sondern auch eine Aufgabe der Unternehmens- und Mitarbeiterführung, mit handhabbaren Entscheidungsräumen zu arbeiten.

In diesem Zusammenhang kommt ein weiteres gesellschaftliches Phänomen zum Tragen, das aus unterschiedlichen Blickwinkeln immer wieder untersucht wurde: die Bindungsangst. Besonders deutlich wird dies beispielsweise an der stark veränderten gesellschaftlichen Einstellung zum Thema Ehe und Partnerschaft. War es in der Nachkriegszeit geradezu verpflichtend zu heiraten (schließlich galt bis 1974 noch der Kuppeleiparagraph, der das Zusammenleben in nichtehelichen Gemeinschaften unter Strafe stellte), sank in den vergangenen Jahrzehnten der Stellenwert der Eheschließung kontinuierlich, was an einem steigenden Alter der Heiratenden deutlich wird. In der Zeit nach 2010 konnte man in der öffentlichen Diskussion geradezu den Eindruck gewinnen, dass Eheschließung für heterosexuelle Paare mehr und mehr „out" ist und vorrangig gleichgeschlechtliche Paare sich hier interessiert zeigen, da es für sie noch um eine echte neue Errungenschaft geht, einer Beziehung eine feste Basis mit offiziellem Charakter zu geben. Bindungsangst ist auch in anderen gesellschaftlichen Bereichen sichtbar. Abonnements werden beispielsweise ungern abgeschlossen, da sie zu sehr binden und die ständige Überprüfung auf neue Möglichkeiten im Sinne der Optionsgesellschaft erschweren. Statt einem Engagement im Sportverein, das eine gewisse Verbindlichkeit mit sich bringt, wird im Zusammenhang mit Bindungsängsten und Bindungsfeindlichkeit der Besuch des Fitnessstudios bevorzugt. Selbst die Knebelverträge vieler Studios, die dann auch eine Bindung darstellen, werden dafür in Kauf genommen.

Was ist jetzt im Hinblick auf die digitale Wirtschaft neu an Multioptionsgesellschaft, Entscheidungsaversionen und Bindungsängsten? Zunächst einmal nichts, sie bilden lediglich den Hintergrund, vor dem die unterschiedlichen gesellschaftlichen Entwicklungen beobachtet und analysiert werden können. Darüber hinaus gibt die Digitalisierung den Entwicklungen jedoch zusätzlichen Schub, denn wir haben es jetzt mit einer „digitalen Multioptionalität" zu tun. Kaum eine Technologie hat besser zu einer gesellschaftlichen Entwicklung gepasst als die Digitalisierung zur Multioptionsgesellschaft.

Vor der Öffnung des Internets als massentaugliches World Wide Web war es in vielen Fällen kaum möglich, die Idee der Multioptionsgesellschaft voll auszuleben. Denn wer möglichst viele Optionen nutzen möchte, benötigt auch einen Überblick über diese Möglichkeiten. Genau dieser Überblick war im vordigitalen Zeitalter nur schwer zu gewinnen und ist nun – zumindest vordergründig – mithilfe der unterschiedlichen digitalen Medien und Plattformen sehr viel leichter verfügbar.

Der faktischen Entscheidungsaversion vieler Menschen kann man manchmal durch Vergleichsportale und Suchmaschinen gezielt entgegenwirken. Bei anderen hingegen wird ein genau gegenteiliger Effekt ausgelöst. Die Vielzahl an Optionen wird den Leuten erst bewusst und verunsichert noch mehr. Faktisch ist in der digitalen Optionsgesellschaft die Technologie einerseits eine Unterstützung für die Entscheidung. Gleichzeitig haben viele Menschen inzwischen auch den Anspruch, aus allen Optionen stets die beste Möglichkeit auszuwählen, was die Entscheidungsfindung wieder erschwert.

Ambivalenz und Entscheidungen

Insgesamt ist es eine ambivalente Grundhaltung, die hier sichtbar wird. Der Wunsch nach möglichst vielen Optionen, zwischen denen wir uns frei entscheiden können. Gleichzeitig das Bedürfnis bei dieser Entscheidung durch digitale Technologien entlastet zu werden.

Die persönliche Entscheidungsfähigkeit und damit verbunden auch die Bereitschaft, Entscheidungen zu treffen, sind wesentliche Faktoren für die Funktionsfähigkeit von Organisationen und Wirtschaftsunternehmen. Hier zeigen sich die Auswirkungen der Multioptionsgesellschaft; die Abneigung gegenüber Entscheidungen ist jedoch kein Problem, das allein auf Basis der Organisation oder Technologie in Unternehmen gelöst werden kann.

Für viele ist die Multioptionsgesellschaft lediglich eine Reaktion der Menschen auf einen immer hektischeren Alltag, der in seinem Verlauf auch zahlreiche Entscheidungen abfordert, die es vor zehn oder zwanzig Jahren – mangels alternativer Möglichkeiten – in dieser Form nicht gab. Wenn man diesen gesellschaftlich-privaten Hintergrund akzeptiert hat, kann man sich auch ohne Probleme vorstellen, dass sich viele Menschen auch nach einer Gegenbewegung, der Reduktion von Komplexität, sehnen. Was für die privaten Bereiche Metaplattformen und eine flächendeckende Analyse von Aggregatoren und abgespeicherte Suchprofile in Google-Alert darstellten, ist in der Analyse der Business-Daten durch Controlling-Dashboards und andere Management-Informationssysteme die Entsprechung im geschäftlichen Umfeld. Insgesamt ist ein Bedürfnis der Generation Y nach Struktur spür- und ermittelbar (vgl. Ziems 2015). Unterschiedliche Technologien werden hier als mögliche „strukturgebende Hilfestellungen" angesehen, wobei die Strukturen im Regelfall nicht (nur) durch Technik bestimmt sein müssen, um wirksam zu sein,

Feedback im Web 2.0

Was waren das für goldene Zeiten für die Verkünder von Wahrheiten, als es noch wenige und durchweg komplizierte Rückkanäle gab. Journalisten waren beispielsweise die geborenen Welterklärer, die nicht nur die großen Zusammenhänge darstellten, sondern an der einen oder anderen Stelle den Lesern und Zuschauern auch mit auf den Weg gaben, welche Themen für ihn relevant waren. Nur wenige störten sich an diesen autoritären Kommunikationsstrukturen, hatte man doch jahrelang in der Schule Frontalunterricht vom Feinsten genießen können und war es somit gewohnt, Wissen und Informationen aus solchen zentralen Strukturen aufzunehmen. Der Lehrer hat sich nun inzwischen in vielen Fällen heute vom „Instruktor" in einen „Lernbegleiter" verwandelt und Studierende und Nachwuchskräfte sind auch anderes gewohnt als lehrerzentrierte Lehrveranstaltungen und Top-down-Anweisungen entlang der Hierarchien.

Das Internet als massentauglicher Kommunikationskanal, der eben nicht nur eine 1 : n-Kommunikation ermöglicht, hat zusätzlich noch die technische Basis für eine ausgeprägte Mitmachkultur geliefert. Statt aus der persönlichen Sicht der Nutzer unsinnige Angebote auf unterschiedlichen Ebenen zu ertragen, beispielsweise irrelevante Inhalte auf Online-Plattformen, besteht in der digitalen Multioptionsgesellschaft der Wunsch nach eigenen Beiträgen durch die Nutzer. Ob Web 2.0, Social Web oder Social Media – egal, welches Schlagwort man nimmt – es beschreibt das Phänomen, dass man in der Lage ist, Dinge und Themen selbst so mitzugestalten, dass sich die Zahl der Optionen nochmals erhöht.

Prosumenten

Es war schon immer ein Wunsch der Menschen, in der durch Massenware geprägten Industriegesellschaft individuell zu sein und diese Individualität auch durch den Lifestyle zur Schau zu stellen. Und dieser Wunsch wurde oftmals mit sehr widersprüchlichen Mitteln ausgelebt. Frühere Generationen demonstrierten diese Individualität in jungen Jahren durch das gemeinsame Tragen unansehnlicher Parkas. Damit war sie dann schon wieder dahin, die Demonstration der Einzigartigkeit; eine gemeinsame Uniform des individualistischen Konsumverzichts – besser konnte man die mangelnde Logik nicht demonstrieren.

Aber gerade im Zusammenhang mit dem Bedürfnis zwischen sehr unterschiedlichen Menschen nach Individualität und der Möglichkeit, mit digitalen Produktionsmitteln Produkte individuell zu gestalten, haben sich in der digitalen Multioptionsgesellschaft neue Möglichkeiten ergeben. Verstärkt wird hier die Rolle des Konsumenten heroisiert, der nun nicht mehr nur der passiv konsumierende, sondern der aktiv gestaltende Partner ist, der als „Prosument" Produktion und Konsum vereint und damit neue Möglichkeiten bekommt, mithilfe selbst gestalteter T-Shirts oder selbst gemixter Müslikombinationen entweder komplett individuelle oder stark individualisierte Produkte zu kaufen. Es gibt also ein „Mehr" an Optionen, die sofort ihre Kunden in gesättigten Märkten finden.

Wutbürger – gehört werden und erhört werden

Die Jahre seit 2010 sind in der deutschen Öffentlichkeit immer stärker durch eine neue Form der Protestkultur geprägt worden, die sich von früheren Ansätzen unterscheidet. Waren es in der Vergangenheit meist einzelne Gruppen, die sich gegenüber dem Rest der Gesellschaft abgrenzten, die gegen die öffentlich bekannten Großprojekte demonstrierten, so sind es heute Schichten des Mittelstands und Rentner, also Gruppen, die sich durch „Normalität" auszeichnen, die für sich eine Protestkultur in Anspruch nehmen. Das stärkste Signal in dieser Richtung entstand 2010, als mit dem Protest gegen den Bau des Großbahnhofs „Stuttgart 21" selbst der – nicht gerade als radikal geltende – schwäbische Mittelstand begann, Baustellen zu blockieren. Ein breiter Widerstand im Land der Häuslebauer gegen ein Bauprojekt. Das mag zunächst überraschen, lässt sich jedoch mit einer kurzen Analyse der Vorgänge erklären. Die Politik hatte vor mehr als zehn Jahren das Großprojekt diskutiert und beschlossen. Der durchschnittliche Bürger ist jedoch an Politik – und dazu gehört auch die scheinbar viel lebensnähere Kommunalpolitik – nur begrenzt interessiert und so wurden die Beschlüsse und die damals schon erkennbaren Folgen ignoriert und mehr oder weniger schweigend zur Kenntnis genommen (oder eben auch nicht).

Politik ist damit selbst für die Generation 35-Plus in vielen Bereichen ein Phänomen, das erst dann wahrgenommen wird, wenn es einen zeitnah betrifft. Als die Bagger anrollten, um den Schlossgarten umzupflügen, wurden die Bürger hellhörig und schalteten auf wütenden Protest. Damit wurden die „Wutbürger" von Stuttgart zur Blaupause für viele Wutbürger-Bewegungen, die in der Regel damit argumentieren, dass sie im Kern aus der Mitte der Gesellschaft kommen und damit als politischer Faktor relevant sind. Ähnliches lässt sich später bei der Diskussion über den Flughafenausbau in Frankfurt verfolgen. Gleichzeitig verschiebt sich hier auch die früher stabile politische Farbenlehre der Parteien, da der Protest meist gegen eine geplante Maßnahme organisiert wird (das kann vom Atommüllendlager über Stromtrassen bis zum Biomassekraftwerk gehen) und die eigentlichen inhaltlichen Festlegungen der Parteien vor dem individuellen Privatinteresse zurückstehen müssen.

Wer nun, wie die Grünen von der Parteihistorie her der Tradition der Bürgerbeteiligung verpflichtet ist, kommt nun – wenn er Regierungsverantwortung trägt – gehörig ins Schwitzen. Wer jeden Protest berücksichtigt, kann nichts entscheiden und wird am Ende auch nichts bewegen. Wer sich jedoch im Zeitalter der digitalen Shitstorms und einer über Social Media organisierten bürgerlichen Mittelschicht dem Dialog entzieht, wird nicht nur dann Schiffbruch erleiden, wenn er – wie eben im Fall der Grünen – eine sehr starke partizipative Tradition mitbringt. Die Kunst besteht vor diesem Szenario also darin, Bürger zu beteiligen und dennoch regierungsfähig zu sein. Winfried Kretschmann, der erste und bisher einzige Ministerpräsident der Grünen, stellte sich dem Dilemma und entwickelte eine einprägsame Formel. Er startete in sein Amt und erläuterte den Unterschied zu seinem Vorgänger darin, dass ihm „eine Politik des Gehörtwerdens" wichtig sei. Als dann die ersten grün-roten Projekte auf Widerstand einer eher konservativen Protestklientel stießen, beispielsweise Waldbauern und Konservative in einem Nationalpark Schwarzwald den Untergang einer Region befürchteten, war es Zeit für eine Ergänzung des Grundsatzes. Kretschmann stellte klar, dass gehört werden nicht automatisch erhört werden bedeute, und machte damit deutlich, dass man sich zwar mit den Argumenten der Gegner von Regierungsprojekten befasse, sich aber nicht immer deren Argumente zu eigen machen könne. Auch das ist eine Facette des gesellschaftlichen Wandels, in dem sich geändertes Bewusstsein und neue Kommunikationsmöglichkeiten ergänzen (vgl. dazu auch Brettschneider 2011, 2012, 2013).

Bei der Führungsarbeit für die digitalen Nachwuchskräfte geht es neben den Elementen klassischer Führungsarbeit darum, die Mitarbeiterinnen und Mitarbeiter mit ihren Erwartungen dort abzuholen, wo sie von ihren Erwartungen her stehen. Das zentrale Element auf dem Weg zur digitalen Weisheit im Sinne von Management 4.0 ist das Feedback, mit dem die Verbindung zwischen klassischer Führungskultur, spezifischen Erwartungen und den Anforderungen an die Führung hergestellt wird (Bild 4.11).

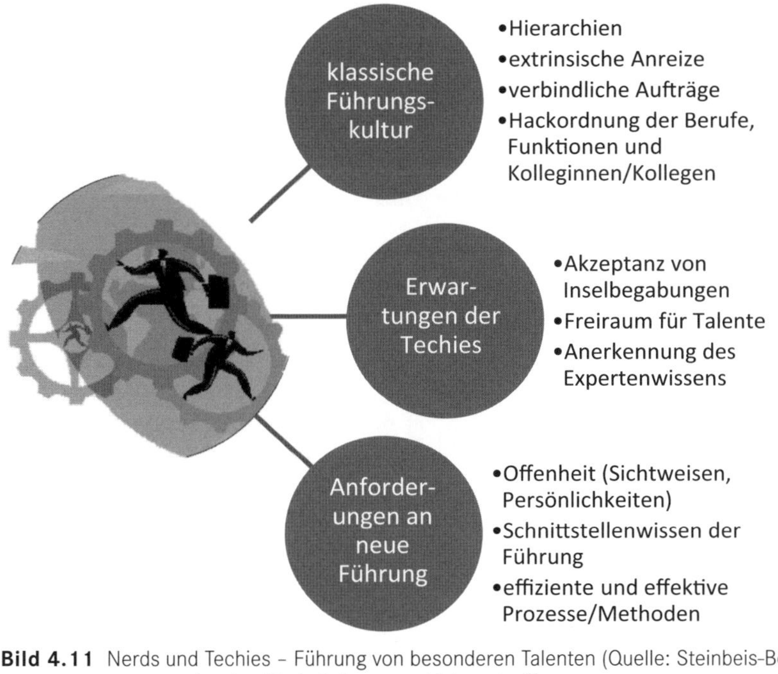

Bild 4.11 Nerds und Techies – Führung von besonderen Talenten (Quelle: Steinbeis-Beratungszentrum „Leadership in Science and Education")

Praxisbeispiel: Ja wo arbeiten sie denn? – Bei welchen Arbeitgebern man die Generation Y findet

Noch lange, bevor die Debatte in Deutschland unter dem Schlagwort „Industrie 4.0“ und der Diskussion über den Wettbewerb zwischen etablierten deutschen Industrien und den Großunternehmen des Silicon Valley das Themenfeld Startup und Existenzgründung wiederbelebt hat, hatten zahlreiche junge Talente auch nach der Jahrtausendwende ihren Blick nach wie vor in das Tal der Innovationen gerichtet. Bereits erfolgreiche Gründer oder gar Gründerlegenden wie Andreas von Bechtolsheim sind hier genauso präsent wie die jüngeren Gründer; beispielsweise Brian Chesky vom Bettenportal Airbnb. Das Leitbild, das auch in Deutschland für Startups prägend ist, sind die unkonventionellen Arbeitsbedingungen und die Möglichkeit, an etwas ganz Großem mitzumachen. Inkubatoren, Gründungsförderung und eine neue Offenheit gegenüber Startups sollen dies begünstigen. Für viele ist es aber auch nach wie vor die Perspektive, sagenhaft reich zu werden, die den Drang zum selbst Gründen verstärkt. Seit einiger Zeit wird bei einigen Startups jedoch auch die Sinnfrage zum Thema, beispielsweise der Wunsch, ein Tech-Unternehmen zu gründen, „das die Welt verändert, ohne dass nur die Reichen dabei reicher werden“ (Maier 12/2011, S. 134).

Für etablierte deutsche Unternehmen bedeutet diese Konkurrenz der Startups, dass sie sich mehr Gedanken machen müssen, wie sie für junge Mitarbeiter/-innen attraktiv sein können. Hier finden nicht nur neue Wege des Recruitings (beispielsweise über Social Media) Anwendung. Es geht auch hier im Sinne des Marketingmix nicht nur um die Kommunikationspolitik, das heißt die Frage, wie ich durch unterschiedliche Kommunikationskanäle meine Zielgruppe erreiche, sondern es geht auch um die Frage, ob die angebotenen Arbeitsbedingungen den Erwartungen der Generation Y entgegenkommen oder nicht.

(Werle 5/2012, Müller 5/2012, Maier 12/2011)

4.2 Beziehungen: Nerds als Kollegen und Mitarbeiter

4.2.1 Generation Y als Personalressource und Konsumenten

Stellen Sie sich vor, Sie arbeiten in einem Unternehmen der Freizeitbranche und ein Mitarbeiter kommt mit der bahnbrechenden Erfindung eines Freizeittools für „die Jugend von heute“, ein Produkt, das für alle zwischen 14 und 25 Jahren interessant sei.

Spätestens hier werden Sie anfangen zu zweifeln, ob Sie wirklich den richtigen Mitarbeiter an dieser Stelle haben. Denn dass es nicht „die Jugend von heute" gibt, dürfte klar sein. Daher werden Sie sich überlegen, ob es nun um ein Basistool wie etwa ein Smartphone geht, oder ob tatsächlich das Produkt so beschaffen ist, dass es gezielt eine bestimmte Altersgruppe anspricht. Genau hier liegt das Problem einer Beschreibung von Generationen nach Geburtsdatum. Wir haben innerhalb ein und derselben Altersgruppe im Regelfall eine Vielzahl von Orientierungen und Lebensstilen, die nicht immer nahtlos zueinander passen.

So wenig wie es „die Jugend von heute" gibt, gibt es eine homogene Generation Y. Es geht immer um Lebenssituationen und Lebensstile in Verbindung mit Werten und Grundorientierungen, die das Verhalten von Menschen prägen. Der Schlüssel zu einer Persönlichkeit wird genau in dieser Summe der Lebensstilmerkmale liegen (vgl. Ruthe 1993, S. 73). Der Managementexperte und Hirnforscher Peter Kruse hat in einer Studie nachgewiesen (vgl. Kruse 2014), dass keine homogene Gruppe „Generation X, Y, Z" existiert, die besondere Anforderungen an die Führungsarbeit und Arbeitsumgebung stellt. Die Analyse der Generation Y hilft dabei, typische Verhaltensmuster zu verstehen, und liefert damit eine Basis für den richtigen Umgang mit den Kolleginnen und Kollegen. Es geht um Sozialisationsprozesse, die die Einstellung der Kolleginnen und Kollegen prägen. Dabei spielt die Erziehungsideologie der westlichen Mittelschicht mit dem Primat der psychologischen Autonomie eine entscheidende Rolle, die neben einigen Vorteilen auch Nachteile mit sich bringt, wenn beispielsweise Defizite im Bereich Handlungskompetenz und Respekt (bitte nicht mit Höflichkeit verwechseln) anerzogen werden (vgl. Keller 2015). Dennoch bleibt die Tatsache, dass wir über die Jahre hinweg Veränderungen in genau diesen Werten und Einstellungen gegenüber der Arbeitswelt feststellen können. Einen Teil der Wertveränderung haben wir bereits beschrieben. Die Schlussfolgerungen, die diese Veränderungen auf die Aufbauorganisation und die Unternehmensprozesse haben können, werden der Schwerpunkt in Abschnitt 4.4 sein. Hier geht es uns zunächst um die Reaktion der Anbieter und zwar der Anbieter sowohl von Arbeitsplätzen als auch von Konsumwaren. Wie stellen sich Unternehmen auf diese Generation ein?

Die Generation Y als knappes Gut – Reaktionen im Personalmarketing

Wer nicht gerade in den bundespolitischen Statistiken und Äußerungen der 1980er-Jahre hängen geblieben ist („Die Rente ist sicher ..."), wird inzwischen erkannt haben, dass wir in Deutschland demografische Verschiebungen erleben. Wenn wir die Reproduktionsrate der Bevölkerung mit deutscher Staatsangehörigkeit zugrunde legen und die steigende Lebenserwartung mit ins Kalkül ziehen, dann haben wir es in Deutschland mit einer zunehmend überalterten Gesellschaft zu tun. Dazu kann man sehr unterschiedliche Standpunkte lesen – je nachdem, ob man ein Nachrichtenmagazin wie „Der Spiegel" oder das Mitgliedermagazin der CDU-Senioren liest – dennoch hat sich hier durchweg ein Problembewusstsein entwickelt.

Für Unternehmen hat dieses Thema insofern eine Brisanz, als es einerseits zunehmend darum geht, Arbeitsbedingungen zu schaffen, die einem höheren Rentenalter gerecht werden, und andererseits – und hier liegt der Schwerpunkt der Überlegungen in der

Verbindung mit der Generation Y – ausreichend junge Arbeitskräfte für die eigenen Fach- und Führungsaufgaben zu finden. Es gibt daher eine „neue Macht der Bewerber" (vgl. Cole 2015, S. 171 ff.). Wir haben in den letzten Jahren immer häufiger Ungleichgewichte im Arbeitsmarkt, die für Politiker manchmal unverständlich zu sein scheinen, die sich jedoch gut erklären lassen. Es gibt Arbeits- und vor allem Ausbildungsplätze, die nicht besetzt werden können, da der Nachwuchs fehlt, und es gibt gleichzeitig Jugendliche und junge Erwachsene ohne Arbeit und ohne Ausbildungsplatz. Kurz gesagt gibt es drei Hauptkriterien für dieses Missverhältnis: Qualifikationsabweichungen (Abweichungen zwischen Erwartungen der Arbeitgeber und dem Angebot der Arbeitnehmer), regionale Differenzen zwischen Standort von Arbeitgeber und Arbeitnehmer sowie Differenzen in der Erwartungshaltung der Arbeitnehmer und dem Angebot der Arbeitgeber.

Abweichungen in der Qualifikation

Es gibt immer weniger Jobs, in denen die Voraussetzungen, die angehende Auszubildende oder Arbeitnehmer in fachlicher und vor allem persönlicher Hinsicht mitbringen sollten, nachrangig sind. Die typischen Hilfsjobs sind kaum mehr vorhanden und so ist die passende Qualifikation vonseiten der Mitarbeiter/-innen die Eintrittskarte in die Welt der Jobsuche. Hier gibt es vor allem im Bereich wenig motivierter und strukturierter Schulabgänger zum Teil deutliche Abweichungen, die dazu führen, dass diese Jugendlichen häufig noch nicht ohne weitere Maßnahmen der Qualifizierung und Begleitung für die noch offenen Stellen geeignet sind. Die Qualifikationsabweichung kann jedoch auch fachlicher Natur sein. Ein hochqualifizierter Master-Absolvent der Komparatistik kann eben nicht ohne Weiteres die freie Stelle eines Ingenieurs der Nachrichtentechnik übernehmen. Auch hier wird im Zweifel der potenzielle Arbeitnehmer ohne Job und die Arbeitsstelle unbesetzt bleiben.

Für die Digitalisierung ist es maßgebend, dass der Markt der „Techies" in den Bereichen des „I" und „T" der sogenannten MINT-Fächer, das heißt im Bereich der Informatik und Technik, in eine sinnvolle Balance gebracht wird, wobei gerade im Bereich der mittelständischen IT-Unternehmen ein akuter Nachwuchsmangel in Deutschland feststellbar ist (vgl. Bullinger 2013, S. 30).

Regionale Differenzen

Nicht immer ist dort, wo die Arbeitsplätze angeboten und die Arbeitskräfte gesucht werden, der Ort, wo die potenziellen Arbeitnehmer/-innen leben wollen. Das kann unterschiedliche Gründe haben. Wer eine ordentliche Jobmöglichkeit in der Region hat, in der bereits sein komplettes soziales Umfeld voll funktionsfähig etabliert ist, der wird – vernünftigerweise – nicht wegen eines geringfügig besseren Angebots alles auf null setzen und wechseln. Der neue Job müsste dann in der Lage sein, all das aufzuwiegen, was an Lebensqualität verloren gehen würde. Das kann für den Antritt einer neuen Stelle eine hohe Messlatte sein, die nicht funktioniert.

Gerade für Unternehmen aus dem Technologiesektor, die ihre Produkte nicht an den Endverbraucher liefern, sondern als Zulieferer im Business-to-Business-Geschäft (B2B) tätig sind, ist es vor diesem Hintergrund in vielen Fällen schwierig, sich bundesweit als Arbeitgeber zu positionieren. Wer möchte als Ingenieur aus München ins hintere Kinzigtal im Schwarzwald ziehen? Eine Gegend, in der es eine hohe Lebensqualität gibt, die aber im Zweifel nicht zu den Erwartungshaltungen einer Nachwuchskraft aus einer Großstadt passt.

Dieser Effekt der Abhängigkeit des Employer Branding ist bei den Rankings der beliebtesten Arbeitgeber im Hochschulsektor messbar, wo bekannte Marken im Vordergrund stehen. So lesen sich die TOP-5-Wunsch-Arbeitgeber deutscher Absolventinnen und Absolventen der Ingenieurwissenschaften im Jahr 2015 wie ein Katalog der beliebtesten Automarken (vgl. Staufenbiel Institut GmbH 2015). Großunternehmen aus dem B2B-Markt wie Siemens oder Bosch können durch ihre Markenstärke hier noch sehr gut mithalten, zumal auch sie Sparten betreiben oder betrieben haben, die eine breite Markenbekanntheit bei den Verbrauchern erreichen. Aber selbst diese bekannten Marken aus der Konsumwelt – wie beispielweise Miele – reichen nicht aus, um einen Standort wie Gütersloh bundesweit problemlos attraktiv zu halten.

Die Unternehmen müssen dann trotz Markenbekanntheit auf regionale Akquise und Kooperationen setzen. Die KMUs (Kleinere und Mittlere Unternehmen) aus dem B2B-Geschäft, die als „Hidden Champions" unter den TOP 3 im Weltmarkt in ihrem Segment zu den erfolgreichsten Firmen gehören (vgl. Simon 2006), sind ohnehin in den meisten Fällen auf Nachwuchs angewiesen, der bereits eine Bindung an die jeweilige Region aufweist. Dies trifft insbesondere Firmen, die außerhalb der Ballungsräume angesiedelt sind. Da die Mitarbeiter/-innen im Vergleich zu größeren Unternehmen auch sehr viel unmittelbarer im Kundenkontakt stehen (Simon 2006, S. 53 f.), ist auch ein späteres Abwerben von Personal nicht ohne Risiko.

Unattraktive Arbeitsstellen

Wenn man mit Arbeitgebern in konkreten Workshops das Problem der Personalakquise aufarbeitet, kommt man schnell an den Punkt, an dem deutlich wird, dass es eine Reihe von Jobs gibt, die aufgrund der Arbeitsbedingungen, wie die Arbeit stattfindet, was man dabei verdient und welche Bezahlung dafür vorgesehen ist, nur begrenzt attraktiv sind. Hier gewinnt die Wertschätzung, die einer solchen Berufsgruppe vonseiten der Gesellschaft und den Unternehmen/Arbeitgebern entgegengebracht wird, immer mehr an Bedeutung. Aber auch das kann am Ende nicht alles kompensieren. Der Personalmangel in Pflegeberufen oder in öffentlichen technischen Berufen ist damit auch ein Problem der Jobattraktivität.

Die Jagd nach der Generation Y

Überall dort, wo nun die Erkenntnis Einzug gehalten hat, dass das eigene Angebot insbesondere beim Fach- und Führungsnachwuchs nicht unbedingt zur vorhandenen Erwartungshaltung passt, gibt es angestrengte Überlegungen, wie man die Generation Y akquirieren und vor allem auch an das Unternehmen binden kann. Schließlich ist es eine Generation, die gelernt hat, dass man vom Arbeitgeber auch keine Nibelungentreue erwarten kann, sondern Arbeitsverhältnisse immer etwas Endliches in sich tragen. Es geht daher um neue Formen der Zielgruppenansprache, da auch die Selbstständigkeit als Alternative einen anderen Stellenwert besitzt als dies für frühere Generationen der Fall war (Buchhorn/Werle 11/2011). Es geht um Konzepte der Einbindung und Mitarbeitersozialisation und auch um die Frage, ob das Angebot, das wir jungen Menschen unterbreiten, aus deren Sicht ein attraktives Angebot sein kann (Bild 4.12).

Welche Freiheitsgrade bei den inhaltlichen Ausgestaltungen habe ich bei der Arbeit? Sehe ich im Aufgabengebiet einen Sinn für das gesamte Unternehmen? Kann ich meine persönlichen Stärken in diesem Job einsetzen und zur Geltung bringen? Sind die Führungskräfte so gestrickt, dass sie für mich eine glaub- und vertrauenswürdige Führungskultur repräsentieren?

„Unter einem guten Führungsstil verstehe ich, dass meine Führungskraft ..."

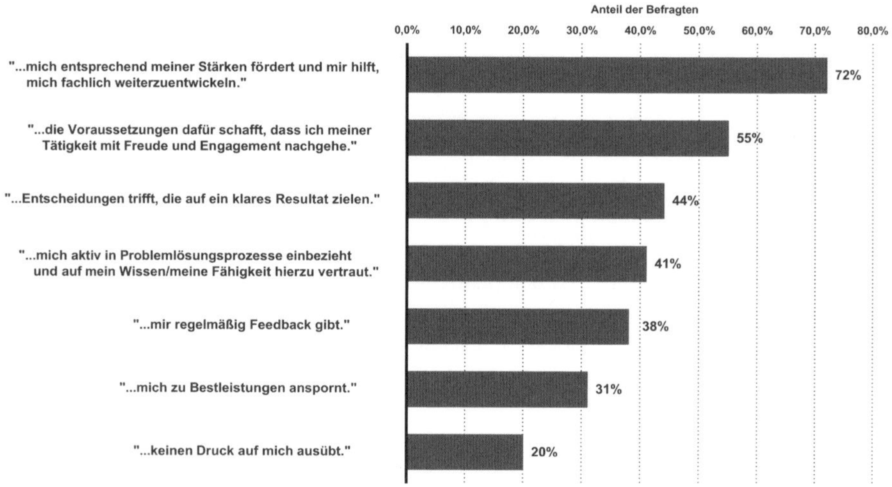

Bild 4.12 Erwartungshaltungen der Generation Y gegenüber ihren Vorgesetzten (Quelle: Facit/Horizon Consulting 2014; zitiert nach Statista)

Es ist daher im Personalmarketing auch wie in anderen Segmenten des Marketings entscheidend, dass man nicht den Fehler macht und sich darauf verlässt, dass ein Aufdrehen der Kommunikationspolitik („Lasst uns einfach mehr Werbung und/oder PR machen!") ausreicht. Es geht nicht nur darum, die Generation Y gut anzusprechen, wie es die Axel Springer SE unter dem Motto „Da geht noch mehr" mit einer recht kreativen Kampagne für den Fach- und Führungsnachwuchs macht (vgl. Retz 2014). Es muss gleichzeitig auch sichergestellt sein, dass zuvor die Hausaufgaben auf der Ebene der Produktpolitik („Was biete ich für eine Arbeitsstelle an?") und auch der Kontrahierungspolitik („Welche vertraglichen und finanziellen Rahmenbedingungen sind Teil unseres Angebots?") gemacht worden sind (Bild 4.13).

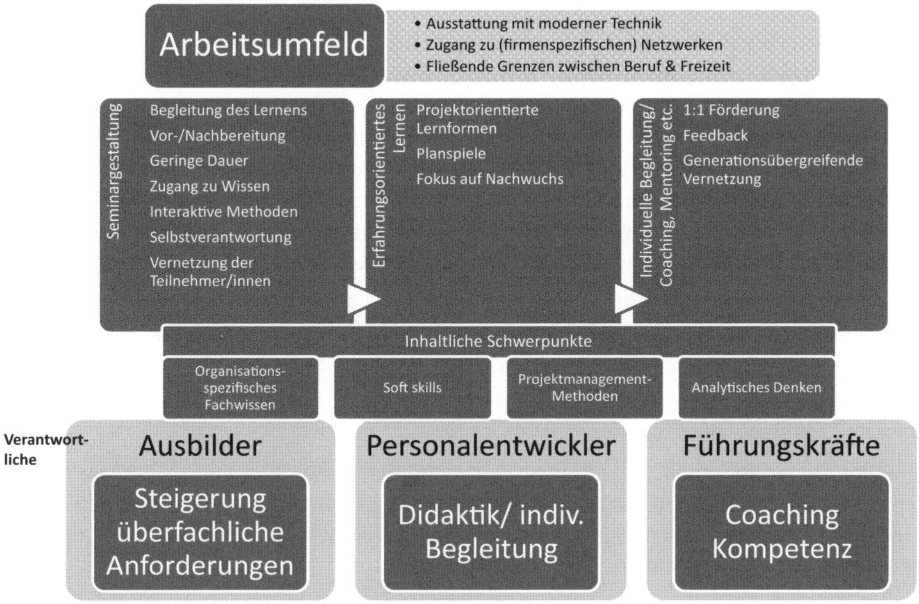

Bild 4.13 Personalentwicklung als Argument für die Arbeitgeberauswahl (Quelle: Kleiminger 2011, S. 139)

Konsumenten nach der Zalandoisierung

Nicht nur die Arbeitgeber mühen sich, im Rahmen des Personalmarketings die Bedürfnisse und Wünsche der Generation Y richtig zu erkennen und zu berücksichtigen. Handel und Hersteller sind genauso gefordert, ihre bisherigen Konzepte auf die unterschiedlichen Konsumgewohnheiten und Erwartungen der Generation Y abzustimmen.

Die Generation „Multioption" erwartet auf alle Fälle Auswahlmöglichkeiten und eine scheinbar kontrollierbare Transparenz (z. B. über Vergleichsportale oder Social-Media-Bewertungen im Stile von Holidaycheck).

Zur Multioptionalität gehört auch die Unverbindlichkeit. Am deutlichsten wurde dies bei der Markteintrittsstrategie von Zalando deutlich. Das Prinzip, im Zweifel alles zu bestellen, was in Frage kommen könnte, und es anschließend bei Nichtgefallen kostenlos zurückzusenden, warf nicht nur umgehend Fragen nach Logistik, Umweltverträglichkeit und Rentabilität auf, es war auch ein Paradigmenwechsel, bei dem die Kunden endgültig nicht mehr eine verbindliche Kaufentscheidung treffen, sondern lediglich ein gesteigertes Interesse bei Vertragsabschluss zugrunde legen. Alan Trefler beschreibt vor diesem Hintergrund die im Bereich der Konsumentscheidungen aktuell sehr aktiven Mitglieder der „Generation C", die sich aktiv beispielsweise mithilfe sozialer Medien über ihre Zufriedenheit oder Unzufriedenheit mit Unternehmen auslässt. Die weitere Entwicklung sieht er in der „Generation D", die mit ihren klaren Ansagen das Potenzial habe, Unternehmen und Marken zu vernichten (vgl. Trefler 2015, S. 30 ff.).

Wenn wir kurz die Veränderungen im Marketingmix für die Generation Y Revue passieren lassen, dann sind das Veränderungen der Produkte durch mehr Varianten im Sinne eines Long-Tail-Ansatzes. Beim sogenannten Long-Tail-Effekt geht es um Produkte, die mit einer geringen Nachfrage mit vielen spezifische Produktvarianten (die Multioptionsgesellschaft lässt grüßen) dennoch wirtschaftlich im Markt etabliert werden können, da die Varianten nur geringe fixe Kosten verursachen. Longtail entsteht somit dort, wo Nischenprodukte aufgrund der geringen Transaktionskosten marktfähig angeboten werden können. Diese Produkte rechnen sich zwar nicht innerhalb des für Bestseller typischen kurzen Zeitraums, aber sie entwickeln ihre Rentabilität über die Gesamtlebenszeit des Produkts hinweg. Es geht in vielen Fällen um den langfristigen Verkauf von Nischenprodukten mit geringen Transaktionskosten, z. B. über Online-Plattformen.

Es geht auch um die Veränderung der Distributionspolitik im Sinne eines Multi- oder gar Omnichannel-Ansatzes, bei dem klar ist, dass der Kunde bestimmt, auf welchem Weg er ein bestimmtes Produkt kaufen möchte. Nicht der Hersteller oder Händler ist hier im „Driver-Seat", sondern der Kunde legt die Spielregeln (stationärer Handel, mobile Commerce etc.) fest.

Auf der Ebene der Kommunikation ist es entscheidend, die Generation Y dort medial zu erreichen, wo sie sich aufhält und ansprechbar ist. Es geht damit auch um eine Abkehr des Push-Ansatzes der Kommunikation zu einem Pull-Ansatz der Kommunikation und damit um Permission-Marketing im besten Sinne.

Bei der Kontrahierungspolitik muss auch der Multioptionsansatz berücksichtigt werden. Es geht um individuelle Clusterung der Kunden und hier sehen viele Anbieter die Chance, den Kunden durch einen Variantenreichtum an Tarifen und Produktoptionen entgegenzukommen und gleichzeitig dem Preiskampf durch eine hohe Markttransparenz zu entgehen. Die Grenze liegt hier jedoch in der Aufnahmefähigkeit der Konsumenten. Generation Y hin oder her, zu viele Angebote bewirken am Ende eine kognitive Überforderung und das kann dann zu Kaufverweigerung oder einem Misstrauen gegenüber dem Anbieter führen. Wer versucht hat, die Angebotsvielfalt im Markt der Smartphone-Tarife als Momentaufnahme und mittelfristige Zukunftsprojektion zu verstehen und das Ergebnis auf seine persönliche Situation abgeglichen hat, weiß, wovon hier die Rede ist.

Konzepte auf Augenhöhe?

Unabhängig davon, ob es um die Ansprache der Generation Y im Rahmen des Personalmarketings oder des allgemeinen Konsumgütermarketings geht, entscheidend ist eine Haltung, die einen Austausch auf Augenhöhe ermöglicht. Grundhaltungen wie gegen Ende der Ära Schlecker, als der Leiter der Unternehmenskommunikation den ziemlich missglückten Slogan „For you – vor Ort" damit begründete, dass der Spruch zur Zielgruppe passe, die ja lediglich einen niedrigen oder mittleren Bildungsabschluss vorzuweisen habe (vgl. Kirchner/Breyer-Mayländer 2014, S. 20f.), sind generell tödlich. Bei den von uns ins Visier genommenen qualifizierten Vertretern der Generation Y wird sehr genau registriert, wo man ihnen in Planung und Kommunikation auf Augenhöhe begegnet und wo nicht. Dieser Ansatz ist eine Frage der inneren Haltung auf Unternehmensebene und nicht nur eine Idee, um den Möglichkeiten der Online-Kommentare in Foren zu begegnen.

Beim Personalmarketing ist es notwendig, dass die Personalakquise in der Lage ist, junge Menschen zu erreichen. Hier geht es um den gemeinsamen Abgleich von Interessen, Voraussetzungen und Erwartungen. Damit ein Unternehmen im digitalen Wettbewerb handlungsfähig ist, kommt der Personalauswahl eine zentrale Bedeutung zu. In erster Linie geht es dabei um die Person, die sich bewirbt. Kognitive Grundvoraussetzungen, Grundkenntnisse des Aufgabengebiets und der Branche sind im Regelfall die Eintrittskarte in den Personalauswahlprozess – sei es nun im Vorstellungsgespräch oder im Assessment Center. Auswahlentscheidend sind jedoch die persönlichen Voraussetzungen für die Mitarbeit als selbstständiges Teammitglied. Motivationsfähigkeit, Leistungsbereitschaft, Team- und Kommunikationsfähigkeit sind nur ein paar der zentralen, aber nur mit Aufwand ermittelbaren Kompetenzen. Den „Jungspund" mit übergroßem Ego wird man hier aufgrund seiner Aussagen im Bewerbungsgespräch genauso wenig auswählen, wie den selbsternannten Querdenker, der sich in seinen bisherigen Lebensstationen lediglich als Quertreiber profilieren konnte (Bild 4.14).

„Vor dem Hintergrund der vom Corporate Leadership Council identifizierten Bestimmungsfaktoren von rationalem und emotionalem Commitment lassen sich im Hinblick auf die Generation Y zehn klare Leitplanken für das Retention Management formulieren (CLC 2004b, CLC 2005):

1. Engagement braucht einen Sinn: Unternehmen müssen diesen Sinn vermitteln können. Ein gutes Beispiel hierfür sind Firmen mit starken ‚Werten' bzw. einer starken Unternehmenskultur, wie beispielsweise Starbucks (mit der Broschüre ‚The Green Apron' als Kern der Servicekultur) oder Ferrero (mit der Philosophie ‚Produto Impressa' d. h. jedes Produkt, wie ein eigenes Unternehmen zu führen).

2. Engagement ist Teil einer ‚Leistungskultur' mit klaren ökonomischen Implikationen für Unternehmen und Mitarbeiter, in der Mitarbeiterzufriedenheit keinen Selbstzweck darstellt. Verkürzt ausgedrückt: man bekommt etwas vom Unternehmen zurück (nicht nur monetär), wenn man engagiert ist.

3. Emotionales Commitment hat einen direkten Einfluss auf die Anstrengung (‚willing to go the extra mile'). Die Wirkung emotionaler Commitment-Faktoren ist viermal höher als die von rationalen Faktoren. Einfach gesagt: Anstrengung kann man nicht kaufen, sondern man muss sie sich als Unternehmen verdienen.

4. Rationales Commitment steuert die Bindung an ein Unternehmen. Mitarbeitende verlassen Unternehmen, wenn die Transaktionsbeziehung (meist mit dem Vorgesetzten) nicht mehr stimmt. Personalinstrumente wie Leistungsmanagement, Feedback, Entwicklungsdialoge und -pläne sowie Karrieregespräche geben Aufschluss über die wahrgenommene Qualität der Transaktionsbeziehung und dienen zugleich als erste Maßnahmen zur Commitment-Steigerung.

5. Unternehmen müssen einen einheitlichen Ansatz finden, der alle Arbeitnehmer in ihrem Engagement anspricht. Wahrgenommene Ungleichheiten, ‚Fast Lanes' für Goldfische oder ‚Bel Etage'-Lösungen sind langfristig kontraproduktiv und vernichten gerade in den Augen der Millennials Wert.

6. Die direkte Führungskraft ist der stärkste Hebel zum Engagement. Auswahl, Bindung und Beförderung von geeigneten Führungskräften sind damit zentral, um Führungskräfte als Vehikel für die Verbreitung der Unternehmenswerte zu nutzen. Der Erfolg z. B.

des General Electric-Modells basiert nicht auf Jack Welsh oder Jeff Immelt, sondern auf der Tatsache, dass General Electric konsequent jene Führungskräfte gefördert und in Schlüsselpositionen gebracht hat, die hohe Performance zeigten und die Unternehmenswerte lebten. General Electric trennte sich konsequent von Führungskräften, die nicht bereit waren, die Werte zu leben.

7. Die Top-Führung muss ein wahrnehmbares Commitment zur Entwicklung von Mitarbeitern zeigen. Bestimmung und Entwicklung von strategisch wichtigen Fähigkeiten und von Mitarbeitern darf nicht allein in die Hände von Personalentwicklern gelegt werden, sondern muss, gerade im Dienstleistungssektor, Teil der vom CEO sichtbar umgesetzten Strategie sein.

8. Höchstleistung lässt sich nicht kaufen. Vergütung ist wichtig bei der Gewinnung und auch bei der Bindung, solange marktgerechte Gehälter gezahlt werden. Sie wird aber nicht dazu führen, dass Mitarbeiter die ‚Extra Meile' gehen. Hier ist ein transparentes Performance Management, das wahrgenommene Leistung, den individuellen Beitrag zu den Unternehmenszielen und Belohnung in einen klaren Zusammenhang bringt, viel mächtiger.

9. Entwicklung und Training müssen auf die individuellen Bedürfnisse zugeschnitten werden. Anstrengung wird durch regelmäßiges Feedback, einen personalisierten Entwicklungsplan und Trainings von hoher Qualität gefördert, da dies ein klares Signal eines glaubwürdigen Commitments der Organisation zum einzelnen Mitarbeiter ist.

10. Lebe die Werte. Insbesondere fünf Elemente einer Unternehmenskultur sind vom Corporate Leadership Council betont worden, da diese den stärksten Einfluss auf Leistung und Anstrengung haben: Kommunikation, Integrität, Innovation, Flexibilität und Kundenorientierung. Unternehmen, die hier investieren, haben einen hohen ROI ihrer Anstrengungen in Engagement, Leistung und Bindung."

(Thomas 2011, S. 172 f.)

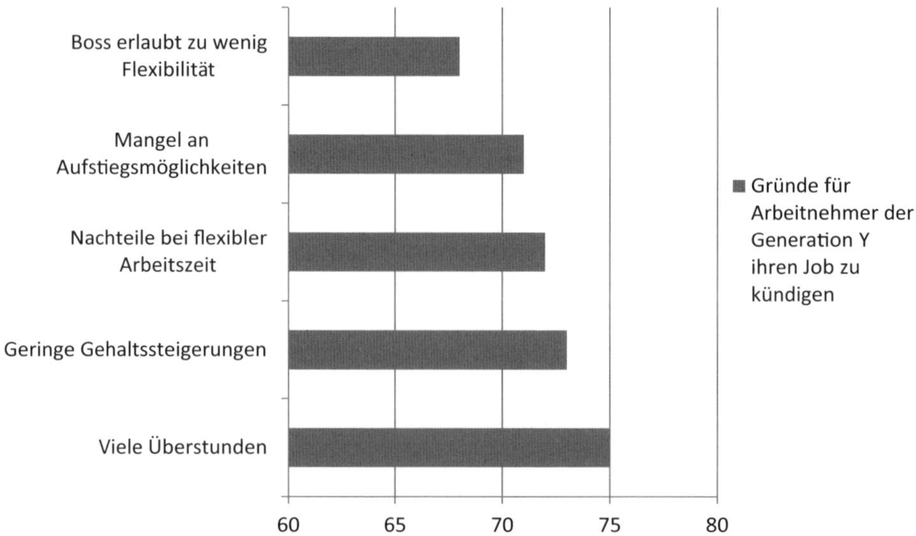

Bild 4.14 Einstellung der Generation Y gegenüber der Sphäre der Arbeit (Quelle: Ernst & Young 2015; zitiert nach Statista)

Aus der Analyse der unterschiedlichen Erfahrungen, Herangehensweisen und Vorstellungen der Generationen kann man bereits entnehmen, dass erfolgreiche Transformationsprozesse im Unternehmen unterschiedliche Sozialisationen berücksichtigen und die Heterogenität als Chance begreifen müssen. Es ist ein wesentlicher Teil des Postulats der „digitalen Weisheit“, dass man die Tools des betrieblichen Demografie-Managements (vgl. Köchling/Volkholz 2009) nutzt, um die richtige Balance zu finden und digitale Dynamik mit Lebens-, Betriebs-, Branchen- sowie Führungserfahrung zu kombinieren (Bild 4.15).

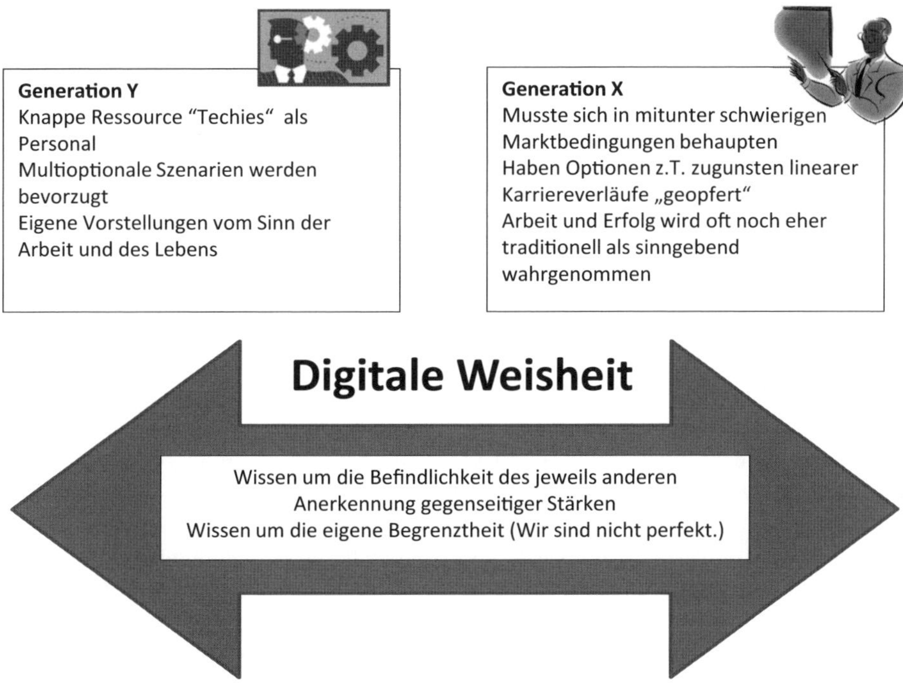

Bild 4.15 Digitale Weisheit erfordert Respekt der Generationen (Quelle: Steinbeis-Beratungszentrum „Leadership in Science and Education“)

Praxisbeispiel: Arbeitgeber aus Sicht der Generation Y

Die veränderten Wertepräferenzen der Generation Y haben sich auch in der Bewertung unterschiedlicher beruflicher Alternativen niedergeschlagen. Eine Studie aus dem Jahr 2012 zeigte bereits: *„Leistungsbereit sind die Jungmanager und -ingenieure, aber fordernder als ihre Vorgänger, vor allem was berufliche Entwicklung und das Wahren der Work-Life-Balance angeht“* (Gatermann 5/2012, S. 119).

Gerade Konzerne wie Siemens oder auch BMW arbeiten bereits bei der Rekrutierung gegen das Vorurteil der Bürokratisierung an und versuchen durch On-Boarding-Programme in der Einarbeitungs- und Sozialisationsphase bei Unzufriedenheit direkt gegenzusteuern. Um die Zufriedenheit im Bereich Work-Life-Balance sicherzustellen, werden selbst im Bereich der Unternehmensberatungen Teilzeitmodelle auch für Führungskräfte erprobt. Die Aussage eines Consultants der Boston Consulting Group, dass er gerne auf 25 Prozent des Gehalts verzichten würde, wenn er dafür während der Woche auch etwas vom Leben haben könne, zeigen hier die Befindlichkeiten der Generation Y. Studien aus dem Medienbereich zeigen, dass etablierte Unternehmen nicht generell in Sachen Arbeitgeberattraktivität hinter Startups zurückbleiben, sondern eine differenzierte Wahrnehmung durch die potenziellen Nachwuchskräfte stattfindet, diese jedoch zugleich auch sehr anspruchsvoll sind (vgl. Laugemann/Buschow/Schneider 2015). ■

4.2.2 Generationenmix und die Annäherung an die digitale Weisheit

Auf den ersten Blick könnte man nach einer Analyse der Wertvorstellungen und Normen der Generation Y zu der Schlussfolgerung kommen, dass es ausreiche, dieser Generation die Verantwortung für den digitalen Wandel zu übertragen, und die alte Garde hält die Hand darüber und wacht im klassisch-unternehmerischen Verständnis (im Zweifel mithilfe des Controllings und entsprechend kreativer Kennzahlen) über das Treiben der „jungen Wilden“. Weisheit ist jedoch etwas, das erst mit dem Alter und der Erfahrung entstehen kann. Alter und Erfahrung sind zwar kein Garant, aber ohne zeitliche Entwicklung ist Weisheit nicht zu erwarten. Was bedeutet das nun? Ist damit die Struktur, die wir aus vielen Konzerngremien kennen, die jahrzehntelang durch weißhaarige Männer (heute quotenkompatibel durch nicht ganz so weißhaarige Frauen ergänzt) geprägt waren, eine gute Voraussetzung für die individuelle und damit am Ende die kollektive digitale Weisheit?

Wer sich etwas intensiver mit der Führungsschicht deutscher Unternehmen befasst (vgl. Klusmann 2006) und sich mit dem Verhalten der Alphatiere der deutschen Wirtschaft auseinandersetzt (vgl. Student/Werres 6/2015), der wird an dieser These, dass das Dienst- oder Lebensalter allein bereits ein Garant für Weisheit sei, sehr schnell zweifeln. Der Vorteil der Erfahrung liegt darin, dass daraus Weisheit erwachsen kann. Die Weisheit erfordert jedoch auch eine gewisse Demut, die dazu führt, dass man die Grenzen der eigenen Erfahrung und vor allem auch die engen Grenzen der vermeintlichen oder tatsächlichen eigenen Weisheit erkennt und respektiert. Wenn man das Beharrungsvermögen der Gremienexperten in Deutschland kritisch hinterfragt und mit dem Alphatier-Gen abgleicht, merkt man, dass es hier in einigen Fällen eher die Sturheit als die Weisheit ist, die zum Tragen kommt (vgl. Machatschke 12/2015).

Die Voraussetzungen für eine kollektive Form der Weisheit wären auch dann etwas günstiger, wenn die alten Eliten der bisherigen Führungsebene und der Aufsichtsorgane weniger homogen besetzt wären (vgl. Buß 2007). Die eher gleichförmige Prägung der Eliten scheint sich auch auf der Ebene der neuen Generation von Führungskräften bei den Gründern der Startups zu wiederholen (Alvares des Souza Soares 8/2015-2). Diese gleichförmige Prägung kann sich deshalb als nachteilig erweisen, weil gleichförmige persönliche Hintergründe die Zahl der unterschiedlichen Ideen und Blickwinkel eher limitieren. Ein unvoreingenommener Blick auf interne und externe Entwicklungen sowie Schlussfolgerungen und Interpretationen auf Basis der Fakten sind wichtige Voraussetzungen für erfolgreiches Management 4.0.

4.3 Kulturen: Kulturwandel während der digitalen Transformation

4.3.1 Vision und Delegation – Führungsstile und Motivationsstrukturen

Nach dem St. Galler Management-Modell ist auf der normativen Ebene das Leitbild des Unternehmens eine der wesentlichen Festlegungen der Unternehmenskultur, in der die Vision, die Mission und die Kernwerte des Unternehmens festgeschrieben sind (vgl. Bleicher 2004).

> *„Ein gutes Leitbild weist folgende Eigenschaften auf: Es ist vital, konkret und realistisch und zudem zukunftsorientiert. Die wichtigste Aufgabe des Leitbildes ist es aber, die eher abstrakte Philosophie des Unternehmens in eine greifbare Zielsetzung zu übersetzen. Das Leitbild dient dem Unternehmen als lebendiges und bildhaftes Kommunikationsmittel seiner Werte und Ziele.“* (Seeger/Breyer-Mayländer 2013, S. 158)

Delegation

Wer selbstständiges Arbeiten fördern möchte, muss von der Möglichkeit der Delegation Gebrauch machen. In der Bundesrepublik der Nachkriegszeit wurde das Delegationsprinzip durch das Harzburger Modell bekannt, das erstmalig die Festlegung von Zuständigkeitsbereichen vorsah. Es war die Zeit, in der man langsam erkannt hatte, dass im Zivilleben Befehl und Gehorsam und damit stark hierarchische Führungsprinzipien Nachteile haben. Die Idee ist zunächst einmal vordergründig sehr einfach. Damit Führungskräfte nicht permanent überlastet sind und die Mitarbeitenden auch ausreichend motiviert sind, sollen Aufgabenbereiche definiert werden, die die Mitarbeitenden selbstständig ausfüllen können. Damit die nächste Arbeitsebene die Aufgaben erledigen kann, muss auch die Verantwortung auf dieser Ebene angesiedelt werden. Wer dies nach dem klassischen Delegationsprinzip umsetzt, der muss zuerst die Zuständigkeiten in Stellenbeschreibungen definieren.

Hier beginnt dann bereits der erste deutliche Unterschied zwischen innovativen Unternehmen und Organisationen und starren klassischen Unternehmen. In traditionellen Unternehmensumgebungen kann es passieren, dass bereits die Stellenbeschreibung dazu benutzt wird, die Dynamik des Unternehmens einzubremsen. Um die Detailinhalte wird unter Zuhilfenahme aller Prinzipien der Mitbestimmung lange gerungen. Wenn dann das Ergebnis feststeht, bemühen sich in negativ gepolten starren Organisationen die Mitarbeiterinnen und Mitarbeiter bei allen neuen Themen darum, festzustellen, dass sie ausgerechnet für dieses oder jenes Problem nicht zuständig seien.

Wer stattdessen gemeinsam mit den Teams Aufgabenbereiche definiert und die Detailaufteilung den Teammitgliedern überlässt, der kommt stärker in die Moderatorenrolle und die Teams haben die Chance, den Bereich der Aufgabenverteilung als Teil des intrinsisch motivierenden Aspekts ihrer Arbeit zu empfinden. Das Managementkonzept zu diesem Themenfeld ist Management by Delegation.

Wird die Verantwortung der Chefetage für die Alltagsfälle generell an die Mitarbeiterebene delegiert und führt der Vorgesetzte nur in Ausnahmefällen, handelt es sich um das Managementprinzip Management by Exception.

Führungsstile

Wie stark es einem Unternehmen gelingt, dem Mitgestaltungsanspruch der Digitial Natives der Generation Y zu entsprechen, hängt vom Führungsstil ab, der beim Unternehmen insgesamt vorherrscht. In vielen Fällen haben Führungskräfte den Anspruch, bei Entscheidungen eine führende Rolle einzunehmen. Gleichzeitig sollte jedoch das Team miteinbezogen werden. Es geht darum, das Know-how und die Erfahrung der Mitarbeitenden zu nutzen und damit zu einer besseren Entscheidungsqualität zu kommen und zeitgleich möglichst viele Mitarbeitenden für die Abteilungs- und Unternehmensziele zu motivieren. Motivation setzt aber ein Mindestmaß an Partizipation voraus. Dabei ist es wiederum vom Mitarbeitertyp abhängig, wie viel Einbindung in die Führungsarbeit erwartet wird, um die gemeinsamen Ziele als eigene Ziele zu verinnerlichen. Die klassischen Führungsstile unterscheiden sich im Grad der Zusammenarbeit zwischen Führungskraft und Mitarbeitenden (Bild 4.16).

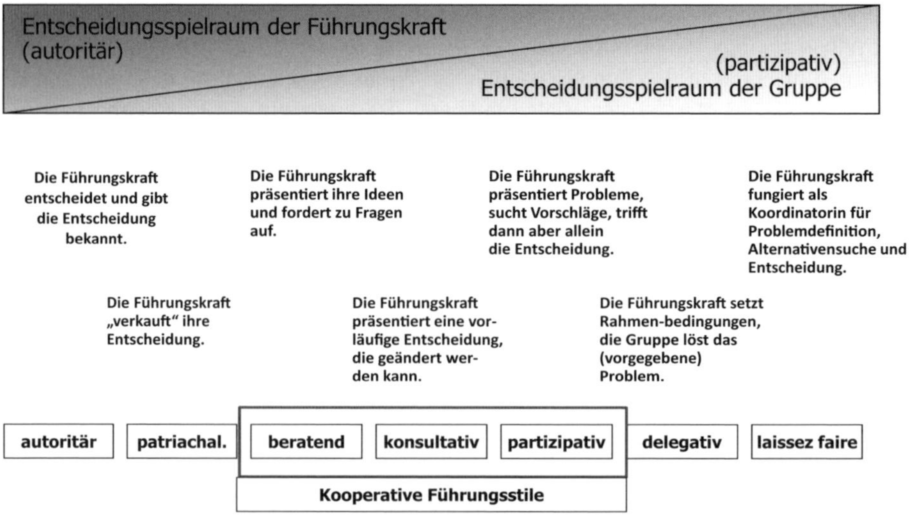

Bild 4.16 Überblick über Führungsstile nach Tannenbaum/Schmidt 1958 (Quelle: Wunderer 2011, S. 209)

Im Regelfall wird ein Großteil der Führungsarbeit im kooperativen Spektrum ablaufen (zwischen beratend und delegativ). Diese Führungsstile setzen ein hohes Maß an Austausch und Kooperation zwischen Führungskraft und Mitarbeiterinnen und Mitarbeitern voraus. Eine zentrale Voraussetzung für kooperative Führung ist die Zielorientierung, die realistische und nachvollziehbare Ziele voraussetzt, damit man am Ende der Diskussionen nicht immer wieder bei einer Problemorientierung landet (vgl. Frenzel 2008, S. 73). Bei der Strukturierung der Elemente kooperativer Führung können Sie nach zwei Hauptdimensionen unterscheiden:

- *Partizipative Dimension (Teilhabe)*
  - Informationsrechte/-pflichten
  - Begründungsrechte/-pflichten
  - Konsultationsrechte/-pflichten
  - Vorschlagsrecht
  - Mitentscheidung
  - Kollegiale Entscheidung
  - Vetorecht
- *Prosoziale Dimension (Teilnahme)*
  - Kommunikation
  - Vertrauen und Verständnis
  - Helfendes, solidarisches Verhalten
  - Konstruktive Konfliktregelung
  - Kompromiss- und Konsensbereitschaft

Für hochspezialisierte Teams, die beispielsweise ihren eigenen Weg im Rahmen von Projektteams einschlagen sollen, kann aus Sicht der klassischen hierarchischen Führung ein Laissez-faire-Führungsstil herangezogen werden. Die Gruppen arbeiten eigenverantwortlich und haben klare Zielsetzungen, die sie mit eigenen Methoden und Prozessen erreichen. Dies kann ein guter Rahmen für die agilen Managementpraktiken im Rahmen von Management 4.0 sein.

Ein situativer Führungsstil ist eine Erweiterung des kooperativen Führungsstils. Situative Führungsstile berücksichtigen die Gesamtsituation der Führung, wie z. B. die individuelle Haltung der Mitarbeiterin/des Mitarbeiters oder die Gesamtsituation der Aufgabenstellung oder des Unternehmens. Dadurch wird deutlich, dass es keinen für alle Vorgesetzten und Situationen passenden Führungsstil geben kann. Es gibt eine Reihe von Faktoren, die maßgeblich dafür sind, welche Führungssituation wir vorfinden (vgl. Hofbauer/Kauer 2011, S. 12). Der situative Führungsstil versucht, genau diese Differenzierung vorzunehmen:

A) Die Situation

Nicht umsonst kommt den Rahmenbedingungen, in denen die Führungsarbeit stattfindet, eine zentrale Bedeutung zu. Dabei leuchtet uns das vor allem in Sondersituationen ein. Selbst in Führungsumgebungen, die eindeutig sehr hohe Entscheidungsspielräume bei den Teams pflegen, wird die Führungssituation verändert und damit auch der Führungsstil angepasst, wenn das Unternehmen in eine Krisensituation kommt bzw. zeitliche Faktoren schnelle Entscheidungen bedingen. Je schneller Entscheidungen getroffen werden müssen, umso autoritärer wird der Führungsstil.

Ort und Zeit der Führung spielen somit eine wesentliche Rolle für die Ausprägung des Führungsstils. *„In Krisensituationen, während einer Umstrukturierung oder in einer Pionierphase sind straffe Zügel und die Eingrenzung des Handlungsspielraums hilfreich und sinnvoll, wenn der autoritäre Stil nicht als Ausdruck einer grundsätzlichen Werthaltung verstanden wird.“* (Kohlmann-Scheerer 2009, S. 35). Alternativ könnte man auch unter hohem Zeitdruck auf die Eigenverantwortlichkeit der Mitarbeiterinnen und Mitarbeiter setzen und bei autonomen und kompetenten Teams die Entscheidung dezentral organisieren. Dies wäre beispielweise auch der Lösungsansatz, wie er im Rahmen von Management 4.0 umgesetzt wird, wenn wir die Aufgabe haben, wie in Kapitel 1 beschrieben wurde, disruptive Geschäftsfelder in die Gesamtorganisation zu integrieren. Hier sind dezentrale autonome Einheiten gefragt, die sich in der Struktur eines Lean-Startups sehr viel schneller anpassen können und damit in der Lage sind, über die Stufen des Testens, Messens und Lernens eine vollständige Feedbackschleife zu durchlaufen.

B) Die Person der Mitarbeiterin und des Mitarbeiters

Bei der Wahl des Führungsstils muss die Führungskraft nicht nur die eigene Perspektive vor Augen haben, sondern auch den Reifegrad der Mitarbeiterinnen und Mitarbeiter berücksichtigen. Es geht dabei um einen sozialen und fachlichen Reifegrad, der nicht einfach zu bestimmen ist und von mehreren Faktoren abhängt. So spielt dabei die eigene Sozialisation genauso eine Rolle wie die Führungskultur und -tradition des Unternehmens. Falsch ist auf alle Fälle eine verkürzte Gleichsetzung von formalen Bildungsgraden und dem jeweiligen Reifegrad der Mitarbeiterinnen und Mitarbeiter.

Ein junger Mann, der in seinem Heimatland als Akademiker einer klar privilegierten Berufsgruppe zugeordnet war, kommt als politischer Flüchtling nach Deutschland und arbeitet nach dem Prozess der formalen Erteilung einer Arbeitserlaubnis nicht in seinem Beruf, sondern mangels anderer Arbeitsmöglichkeiten und Angebote als Hilfsarbeiter in der Automobilproduktion. Ein klassischer Fall eines formal Ungelernten, der nun möglicherweise aufgrund einer aktiven und motivierten Persönlichkeitsstruktur mehr einfordern wird, indem er die Bereitschaft signalisiert, dass er bereit ist, mehr Verantwortung zu übernehmen und damit auch bei anderen steigenden Ansprüchen im Rahmen von Industrie 4.0 der passende Kandidat wäre. Ähnliches ist häufig bei Mitarbeiterinnen und Mitarbeitern zu erleben, die eine eher praktische Auffassungsgabe haben und möglicherweise aufgrund ihrer schulischen Karriere weniger gute Voraussetzungen für eigenständiges Arbeiten mitbringen, im praktischen Tun jedoch verantwortungsvoll gute oder sehr gute Leistung erbringen können. Es gibt jedoch auch den Fall der Kandidaten, die, wenn ihre Laufbahn und die erhofften festen Privilegien und akademischen Perspektiven im ersten Schritt nicht realisiert werden können, nicht genügend Eigenmotivation mitbringen, um ihren aktuellen beruflichen Status selbst Stück für Stück zu verändern. Hier spielen im Rahmen von Management 4.0 die typischen Prägungen und Erwartungshaltungen der Generation Y eine grundsätzliche Rolle.

C) Die Aufgabe

Auch einzelne Tätigkeitsgebiete hängen stark mit dem Reifegrad der Mitarbeiterinnen und Mitarbeiter zusammen. Es ist nachvollziehbar, dass der Objektleiter einer Reinigungsfirma, die zum Beispiel einen Gebäudereinigungsauftrag hat, einen stark aufgabenbezogenen Führungsstil mit geringer Mitarbeiterbezogenheit haben dürfte. Die Führungsaufgabe liegt in einem solchen Fall vorwiegend im Bereich der Unterweisung und Kontrolle der Reinigungskräfte bei ihren Aufgaben. Dagegen wird die Leiterin eines Teams von Entwicklern eines Hochtechnologieunternehmens eher die Verantwortung für einzelne Aufgaben delegieren können, da die Mitarbeiterinnen und Mitarbeiter selbstständig arbeiten. Dennoch wäre es falsch, davon auszugehen, dass eine Identität von Aufgabe und Reifegrad besteht. Die Quote der im Reifegrad weniger weit entwickelten Ingenieure dürfte zwar im Idealfall beherrschbar sein, aber im Team der Reinigungsfirma sind vielleicht auch Mitarbeiterinnen und Mitarbeiter beschäftigt, die das Potenzial für mehr haben.

Gerade in großen Unternehmen ist es nicht einfach, die Potenziale zu entdecken. Das richtige Einschätzen und Nutzen der Potenziale ist jedoch ein entscheidender Teil der Führungsarbeit im Rahmen von Management 4.0. Bei der für viele konventionelle Geschäftsfelder üblichen Mischung zwischen unterschiedlichen Persönlichkeiten und Qualifikationsniveaus ist damit auch eine einheitliche Führung kaum möglich.

D) Die Verbindung zwischen Aufgabe und Reifegrad: Persönlichkeitsstruktur und Erwartungshaltung der Mitarbeiterinnen und Mitarbeiter

Welche Anforderungen die Mitarbeiterinnen und Mitarbeiter an Ihren Führungsstil stellen, das heißt, welche Erwartungen sie daran haben, dass ihnen im Rahmen der Führung Freiheitsgrade eingeräumt werden, um sich fachlich und emotional während der Arbeit und durch die Arbeit selbst zu verwirklichen, hängt sehr stark von der Persönlichkeitsstruktur ab. Nach dem amerikanischen Psychologen Mihaly Csikszentmihalyi ist es für die Zufriedenheit eines Menschen mit seiner Arbeit entscheidend, dass sein persönliches Erwartungsniveau an Herausforderungen im Alltag erfüllt wird. Erscheint die Arbeit zu schwer, führt dies zu Stress, erscheint die Arbeit zu leicht, führt diese Unterforderung zu Unzufriedenheit. Das Ziel der Führungskraft ist es, das Erwartungsniveau der Kolleginnen und Kollegen richtig einzuschätzen, um sie auch im Rahmen des gewählten Führungsstils in ausreichendem Maße zu fördern und zu fordern, um damit ein Flow-Erlebnis zu ermöglichen.

Diese Theorie haben wir bereits dargestellt, da sie als gedankliche Stütze im Managementalltag von Nutzen sein kann. Als Führungskraft müssen Sie sich darum bemühen, herauszufinden, wo im Bereich der subjektiven Einschätzung der Herausforderungen die Messlatte für die einzelne Mitarbeiterin und den einzelnen Mitarbeiter anzulegen ist. Dem Gespräch zwischen Führungskraft und Mitarbeiterin bzw. Mitarbeiter kommt hier eine entscheidende Funktion zu. Dies ist einerseits das informelle spontane Gespräch, mit dem auch die Beziehungsebene zu den Mitarbeiterinnen und Mitarbeitern gestärkt werden kann. Andererseits sind es aber auch gezielte Fragebereiche im institutionalisierten Mitarbeitergespräch, das in Absprache mit der Personalabteilung und den zentralen Empfehlungen oder Vorgaben mindestens einmal jährlich durchgeführt werden soll. Nur dann, wenn gezielt auch Erwartungshaltungen erfragt und abgeglichen werden, ist eine gezielte Unterstützung des Flow-Erlebens der Mitarbeiterinnen und Mitarbeiter möglich. Dies ist eine Beziehungsarbeit, die im Rahmen der Führungsarbeit dazugehört. Daher setzt Führungsfähigkeit auch das echte Interesse an Menschen voraus.

E) Führungstradition und Arbeitsstrukturen

Ob der von Ihnen gewählte Führungsstil jedoch am Ende tatsächlich zum Erfolg führt, hängt auch von der Unternehmens- und Führungskultur ab. Als Information für Externe liegt oft nur die offizielle Rollenbeschreibung vor. Diese ist in Leitbildern, Mission-Statements, Stellenausschreibungen und Stellenbeschreibungen fixiert. Dabei sind jedoch auch Bestandteile der Unternehmenskultur relevant, die nicht an der Oberfläche sichtbar sind. Gerade bei der Anpassung von Führungsprinzipien zwischen Mutterfirmen und akquiriertem oder ausgegründetem Startup finden daher zahlreiche Konflikte statt, die sich genau aus diesen Unterschieden in der Führungskultur ergeben.

Tipps für die Führungskraft

Halten Sie bewusst die Augen im Betrieb offen und sammeln Sie Informationen darüber, was jetzt und in Zukunft die Erfolgsfaktoren sind. Gerade als Führungskraft ist es wichtig, dass Sie sich intensiv mit der bisherigen Führungskultur auseinandersetzen und dabei versuchen, den Reifegrad Ihrer Mitarbeiterinnen und Mitarbeiter einzuschätzen.

Wenn Sie ein Team übernehmen, welches bislang gewohnt war, dass jemand „vordenkt" und die Arbeit zuweist, können Sie nicht davon ausgehen, dass diese Mitarbeiterinnen und Mitarbeiter sofort mit einem kooperativen Führungsstil umzugehen wissen.

Ein wesentlicher Faktor für die Frage, welcher Führungsstil der „passende" ist, bildet Ihre eigene Haltung als Führungskraft. Geprägt durch die Persönlichkeit und die persönlichen Vorbilder in Führungsrollen, sind Führungskräfte in der Regel in der Lage, ein begrenztes Spektrum an Führungsstilen authentisch zu verkörpern. Klarheit im Führungsstil und in der Führungskultur erfordert auch hier zunächst Selbsterkenntnis und Selbstbewusstsein in Bezug auf die eigene Haltung gegenüber unterschiedlichen Führungsstilen. Gehen Sie offen mit dem Anspruch der Mitarbeitenden um, dass deren digitaler Expertenstatus – so es ihn gibt – anerkannt wird.

Signalisieren Sie Ihre Bereitschaft und Fähigkeit, innerhalb der Organisation die Dynamik und Entwicklung zu unterstützen.

Es ist eine der zentralen Aufgaben bei der Entwicklung und Weiterentwicklung der Führungsfähigkeit, die sozialen und fachlichen Kompetenzen auf die Erwartungshaltung und Anforderungen des Führungsalltags abzustimmen. ■

Wir haben es inzwischen geschafft, uns als Zivilisation mit so vielen Kommunikationsmöglichkeiten auszustatten, dass einige daran inzwischen schon buchstäblich zugrunde gehen. Wenn Forschungsprojekte zum Ziel haben, den Menschen beizubringen, dass man als Fußgänger im Straßenverkehr nicht permanent auf sein Smartphone starren soll, um am Ende des Tages nicht plattgefahren zu werden, dann sagt das schon etwas über die Entwicklung unserer Zivilisation aus (Marwan 2015). Abgesehen von der Tatsache, dass bei vielen Autounfällen das Smartphone mit Internet, WhatsApp und SMS eine tragende Rolle bekommt, denn rund 300 000 der 2,4 Millionen Unfälle jährlich sollen nach Schätzungen des Verkehrsforschers Michael Schreckenberg von der Universität Duisburg-Essen auf das Konto internetfähiger Handys gehen (Richarz 2015).

Online-Medien und mobile Kommunikation haben schon vor der vollständigen Etablierung der Smartphones dazu geführt, dass Marktforscher das Lebensgefühl der jungen aktiven Generation der 16- bis 45-Jährigen mit Begriffen wie „always on" beschrieben hatten (Latz 2016, S. 90). Jederzeit informiert, jederzeit erreichbar, permanente Kommunikation, oder wie es auch dann in einem späteren Stadium beschrieben wurde, die permanente Präsenz einer zweiten Realität.

Was ist hier mit zweiter Realität gemeint? Es geht um die zusätzliche Ebene des Gegenwarterlebens. Das ist nichts grundsätzlich Neues. Bereits ohne technische Hilfsmittel der Kommunikation kann es Situationen geben, in denen jemand etwas erlebt, aber permanent während des Erlebens daran denkt, wie er was davon später seinen Freunden oder seiner Familie berichten kann. Bereits in den 1970er- und 1980er-Jahren waren zu dieser gedanklichen zweiten Realität auch mediale Realitäten im Alltag erkennbar, die dazu führten, dass das gegenwärtige Ereignis nicht mit seinem Live-Charakter im Vordergrund stand, sondern die zeitversetzte Berichterstattung darüber. Beispielhaft waren die Europatouren japanischer Touristen, die ihre dreitägigen Europareisen nur durch die Linse ihrer Foto- und Filmkameras wahrnahmen. Die Aufzeichnung der Erinnerungen und die damit verbundene Showmöglichkeit für die Daheimgebliebenen dominierten das Erleben.

Im Unterschied dazu ist das Erleben einer Gegenwart in unterschiedlichen Realitäten heute nicht mehr zeitversetzt, sondern läuft parallel ab. Man freut sich nicht mehr nur über den Besuch eines Open-Air-Konzerts, sondern man berichtet seinen Freunden darüber, postet auf WhatsApp, Facebook, Instagramm und hat somit während des Erlebens nicht nur die Überlegung im Kopf, wie das eigene Erleben bei anderen am besten ankommt oder was man mitteilen möchte, sondern man hat heute auch unmittelbar die Reaktion des eigenen Kommunikationspublikums dabei. Damit greifen auch die nicht präsenten Kommunikationspartner in das Geschehen und Erleben mit ein.

Was wie ein reiner gesellschaftlicher Freizeittrend daherkommt, hat – jenseits der Smartphone-Regelungen in Schulen, Firmen und Organisationen – Auswirkungen auf die Haltung und Erwartungshaltung in Bezug auf Arbeitsorganisation und -prozesse.

4.3.2 Telearbeit und Homeoffice

Wie die meisten Trends in Unternehmen sind auch Telearbeit und die Etablierung von Homeoffices keine Entwicklung, die erst in den letzten Jahren aufkam. Unter dem biederen Namen „Heimarbeit" wurden während der Vollbeschäftigung in den 1970er-Jahren in der alten Bundesrepublik die Arbeitsreserven von Müttern gerne auf diesem Wege in die betriebliche Wertschöpfung integriert. Man arbeitete in diesem Fall aber zu Hause und war im Zweifel nicht in die Arbeitsprozesse im Unternehmen eingebunden.

In vielen Bereichen haben sich heute die Arbeitsstrukturen so verändert, dass es nicht für alle Mitarbeiter notwendig ist, innerhalb fest vorgegebener Zeiten an einem vorgeschriebenen Ort zu sein. Dies ist aber nach wie vor die Kerndefinition der rechtlichen Rahmenbedingungen für abhängig Beschäftigte. Wem vorgeschrieben wird, wann er wo zu arbeiten hat, der kann im Regelfall nicht überzeugend darlegen, dass er als Selbstständiger arbeitet. Vielleicht ist das auch mit ein Grund dafür, dass konservative Vorgesetzte mit einem traditionellen Hierarchie- und Kontrollverständnis Schwierigkeiten mit der Vorstellung haben, die Chefrolle innezuhaben und nicht schauen zu können, was die eigenen Leute gerade tun. Dabei muss man sagen, dass die reine physische Anwesenheit ohnehin noch nie die Gewähr dafür war, dass die Mitarbeiter/-innen gerade die richtigen Dinge in Angriff nehmen (Bild 4.17).

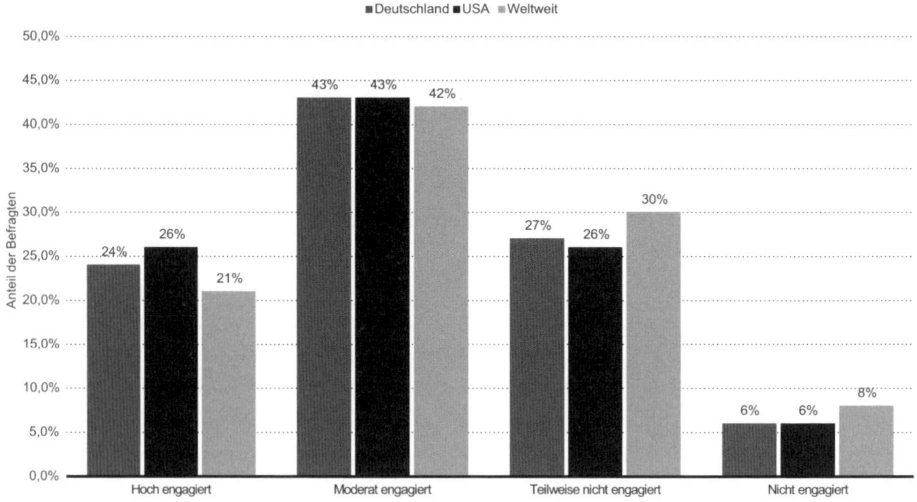

Bild 4.17 Motivation und Engagement bei der Arbeit (Quelle: Towers Watson 2010; zitiert nach Statista)

Die veränderten Arbeitsprozesse und die digitale Kommunikation, bei der nicht mehr der Vorgang von Büro zu Büro getragen, sondern per Mail versandt wird, führten zu neuen Möglichkeiten. Arbeitsprozesse sind nicht mehr nur innerhalb einer Niederlassung, sondern weltweit koordinier- und steuerbar. Damit ist in vielen Fällen keine Notwendigkeit mehr gegeben, permanent anwesend zu sein. Wer jetzt jedoch eine Welt der Telearbeit erwartet, übersieht die Hindernisse, die einer Ausweitung der Homeoffice-Regelungen und Telearbeitsplätze entgegenstehen. Man kann nur dann Telearbeit und

Homeoffice anregen, wenn die Person der Mitarbeiterin/des Mitarbeiters erwarten lässt, dass sie/er damit auch zurechtkommt. Intrinsische Motivation, die Fähigkeit zur Selbstorganisation und persönliche Integrität sind Voraussetzungen, die unabhängig von der thematischen Ausrichtung des Arbeitsplatzes bei der-/demjenigen vorhanden sein müssen. Sonst kann Telearbeit die Mitarbeiter überfordern und für sehr viel schlechtere Ergebnisse sorgen. Ein weiterer Stolperstein auf dem Weg zur Telearbeit liegt in der Person der/des Vorgesetzten. Wer so führt, dass die persönliche Präsenz und die persönliche, permanente Kontrolle die Kooperation mit den Mitarbeiterinnen/Mitarbeitern prägen, wird sich nur schwer an den Gedanken gewöhnen können, dass nicht der komplette Arbeitsprozess permanent kontrolliert werden kann.

Die Sorgen der anderen

Ein weiteres Hindernis für die gute Etablierung von Telearbeit sind die Reaktionen der Kolleginnen und Kollegen. Wer erwartet, dass die Aufgeschlossenheit der jüngeren Mitarbeiter/-innen gegenüber neuen Online-Kommunikationsformen dazu führt, dass sie generell Telearbeit befürworten und auch ihren Kolleginnen und Kollegen gönnen, täuscht sich. Von der Grundhaltung „Wer nicht hier ist, macht Urlaub“, bis hin zum Neid gegenüber den Telearbeitenden sind viele Schattierungen denkbar.

Wer eine traditionelle hierarchische Arbeitsorganisation betreibt und viele Elemente autoritärer Führung in seinem Unternehmensalltag präsent hat, wird sich hier besonders schwertun, eine ausreichende Akzeptanz bei Kolleginnen und Kollegen und Vorgesetzten für Telearbeit zu finden. Aber nicht nur die in Deutschland allgegenwärtige Neidkultur spielt hier eine Rolle. Es geht auch um den Schutz der Kolleginnen und Kollegen vor vermeintlich neuen Formen der Ausbeutung.

Ich habe schon Situationen erlebt, in denen ausgiebig aus Sicht der Mitarbeitervertretung über die notwendigen Grenzen von Telearbeit diskutiert wurde. Gefordert wurde ein Regelwerk, das die betroffenen Kolleginnen und Kollegen schützen soll. Auffallend war nur, dass keine der Kolleginnen und Kollegen, die selbst Telearbeit machten, dieses Schutzbedürfnis hatte. Auch unterschieden sich die Blickwinkel und Lebenswelten der Diskussionsteilnehmer. Wenn Arbeitnehmer/-innen zwischen 20 und 22 Uhr noch für das Unternehmen arbeiten, dann sahen die Verfechter der Ausbeuterthese darin den Beweis, dass ein solches Verhalten nur dadurch möglich wäre, dass die Chefs von den Telearbeitenden zu hohen Einsatz forderten. Die davon betroffenen Mitarbeiter/-innen hingegen erklärten ihren staunenden Kolleginnen und Kollegen, dass das einfach zu erklären sei. Sie würden gerne ihre Arbeit gut erledigen und hätten das so angepasst, dass sie dann, wenn die Kinder im Bett seien, nochmals zwei Stunden arbeiten wollten.

Die grundsätzliche Sorge vor einer „Selbst-Ausbeutung“ und negativen Auswirkungen der Flexibilisierung von Arbeitszeit und Arbeitsort ist nicht unberechtigt. Es gilt jedoch nicht mit Regelwerken zu antworten, sondern alle Beteiligten zu einem sinnvollen Umgang zu ermutigen und zu befähigen. Eine gemeinsame Kultur des Umgangs mit Telearbeit, und wo nötig auch die Begleitung von Einzelnen durch Seminare und Coachings, kann diesen Prozess unterstützen.

Persönliche Abgrenzung

Die persönliche Abgrenzung zwischen den Sphären der Arbeit und des Privatlebens mit unterschiedlichen Phasen wie Familienpflichten und Freizeit ist einer der kritischen Erfolgsfaktoren bei der Einführung von Telearbeit. Die permanente Erreichbarkeit kann dazu führen, dass Teammitglieder nie das Gefühl haben, ungestört zu sein und um die eigenen Belange kümmern zu können. Führungskräfte mit Homeoffice-Tagen berichten, dass sie an den Arbeitstagen, an denen sie zuhause arbeiten, zwar mehr langfristige Themen gestemmt bekommen, aber sie dennoch permanent ein schlechtes Gewissen plagt.

In erster Linie geht es um die persönliche Haltung zur Telearbeit und im zweiten Schritt um die Haltung der Organisation gegenüber diesem Themenfeld und damit um die Frage, wie Akteure und die Unternehmenskultur zu diesen Anforderungen passen. Statt vordergründig konsequenter Regelungen im Sinne von „an Wochenenden werden keine Dienstmails vom Server zugestellt", wie sie beispielsweise von VW in Wolfsburg in Bezug auf Blackberry-Nachrichten beschlossen wurde (Cole 2015, S. 176), die jedoch aktuellen Studien zufolge von den Mitarbeitenden kaum als positiv wahrgenommen werden (vgl. Gillies 6/2016, S. 29), geht es um die Einstellungen und die gelebte Führungspraxis. Dies ist schwieriger steuerbar und damit auch eher ein mittel- bis langfristiger Prozess.

Bei den Digital Natives stellt sich im Arbeitsalltag – und dort vor allem im Büroalltag – immer wieder die Frage, ob man das nun vor Ort zur angegebenen Zeit machen muss oder ob es hierzu nicht bessere Alternativen gäbe.

Ist das eigentlich neu?

Wenn Kritiker von der Entgrenzung der Arbeitswelt gegenüber dem zu schützenden Privatleben sprechen, dann verweisen sie oft darauf, dass neue Formen der Arbeit lediglich eine Folge der technischen Möglichkeiten der Digitalisierung seien und nur einen Kniefall vor dem Rationalisierungs- und Sparziel der Arbeitgeber symbolisieren würden. Was dabei oft vergessen wird, ist die begrenzte Zeitspanne, in der Arbeits- und Privatleben voneinander abgegrenzt sind. Jahrhundertelang war das Leben eine eher ganzheitliche Angelegenheit (vgl. Spieß/Rosenstiel 2010, S. 183). Die Menschen arbeiteten in der Landwirtschaft oder im Handwerk und wer sich eine Familie leisten konnte und durfte, der hatte seine Angehörigen während der Arbeit um sich. Selbst die ersten Schritte einer Berufsausbildung kamen dadurch zustande, dass Kinder zunächst einmal Einblick erhielten in die Aufgabenbereiche und Tätigkeiten ihrer Eltern von klein an die Arbeitsschritte beobachten und imitieren konnten. Das soll an dieser Stelle keine blauäugige Schönfärberei vergangener Zeiten sein, wo von den Abhängigkeiten der Ständegesellschaft bis zu den schwierigen Verhältnissen in den Zünften bei weitem nicht alles so ruhig, friedlich und menschenwürdig ablief, wie wir uns das heute wünschen würden. Die historische Überlegung zeigt jedoch, dass es kein „neumodischer Trend" ist, der auf einem technologieinduzierten Digitalisierungshype beruht. Stattdessen bieten diese Entwicklungen auch die Chance, das eine oder andere zu hinterfragen, was bei nüchterner Betrachtung erst im Zeitalter der Industrialisierung in unserer Gesellschaft etabliert wurde.

Erwartungen an die Arbeitswelt und Erwartungen der Arbeitswelt

Die Multioptionsgesellschaft soll nach den Vorstellungen vieler junger Fach- und Führungskräfte nicht am Werkstor enden und dort in eine monothematisch-fremdbestimmte Entwicklung der eigenen Arbeitsfelder und Aufgabenstellungen münden. Entscheidungsfreiheit bei der Ausgestaltung der eigenen Arbeitsprozesse, eine Diskussion auf Augenhöhe (schließlich haben viele selbst in der Rolle der Verbraucher ihre Mitwirkung als Prosument schon beansprucht) sind das inhaltliche und organisatorische Umfeld für die Erwartung an die Arbeitgeber, mithilfe der Telearbeit mehr Flexibilität in die Arbeits- und Lebensgestaltung einzubringen. In Richtung Generation Y bedeutet das auch, den Hinweis zu geben, dass die Flexibilisierung der Arbeit in Bezug auf Ort und Zeit hohe Anforderungen an das Selbstmanagement einer Person stellt.

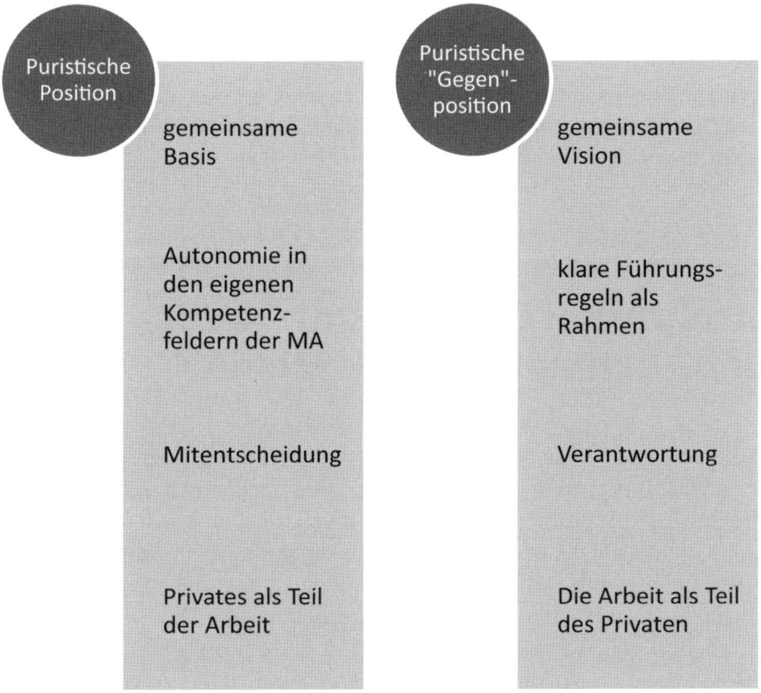

Bild 4.18 Digitale duale Führungskultur als Teil der digitalen Weisheit (Quelle: Steinbeis-Beratungszentrum „Leadership in Science and Education“)

> **Praxisbeispiel: Neue Führungs- und Unternehmenskultur bei Microsoft**
>
> Microsoft war einst die gefeierte Softwareschmiede, dann der gefürchtete Softwaregigant und am Ende der Pitbull der Computerbranche, der kaum noch mit eigenen Ideen aufwarten konnte. Unter dem neuen Vorstandschef Satya Nadella scheint das Unternehmen wieder an Fahrt zu gewin-

nen und das nicht nur auf der Ebene der Produkte, sondern gerade auch auf der Ebene der Unternehmenskultur (Bild 4.18). Zur Stärkung der Innovationskraft wurden echte Silicon-Valley-Methoden eingeführt. Ideen dürfen mit hauseigenen Ressourcen ausprobiert werden, unabhängig von der Stellung des Ideenfinders. Die große Präsentationsshow wurde durch einen Hackathon abgelöst und die bereichsübergreifende Zusammenarbeit soll gefördert werden.

Das alles könnte nun auch ein Kulturwandel im Sinne eines allzu soften unternehmerischen Streichelzoos sein, aber dieser Eindruck wäre falsch. Nadella hat zahlreiche Projekte komplett eingestellt, die nicht die Erwartungen erfüllt hatten. Er hat hierbei auch 25 000 Mitarbeiter/-innen entlassen und einige früher identitätsbestimmende Unternehmensbereiche ausgegliedert oder verkauft. Auch auf der Führungsebene wurden Umbesetzungen vorgenommen, da der neue Vorstandschef sich mit den loyalen Kolleginnen und Kollegen aus früheren Tagen umgeben hat, um mit größtmöglicher Durchschlagskraft den eigenen Kulturwandel und den inhaltlichen Reformkurs umsetzen zu können (Müller 12/2015). ■

4.4 Strukturen: Optimierung in der Unternehmensorganisation

Wer die vielen Studien aus der Ecke des Personalwesens vor Augen hat, wie nun mit den künftigen Nachwuchshoffnungen in den Organisationen umzugehen sei, den kann manchmal das ungute Gefühl beschleichen, dass man hier der hohen Kunst der Schwarz-Weiß-Malerei huldigen möchte. Es ist weder so, dass bislang Mitarbeiterinnen und Mitarbeiter keine Ansprüche an ihre Arbeit, an die Arbeitsumgebung und den Arbeitgeber gestellt haben, noch ist es zutreffend, dass sich Unternehmen bis jetzt nicht um die Belange der Mitarbeiter/-innen gekümmert haben und einfach auf deren willfährige Mitarbeit gesetzt haben. Auch hier muss man sich vergegenwärtigen, dass Trends, die einzelnen Mitarbeitergruppen oder Mitarbeiter-„Generationen“ zugeordnet werden, bei den benannten Gruppen zwar stärker ausgeprägt sind, aber grundsätzlich nicht aus dem Nichts auftauchen. Sie entwickeln sich über Jahre hinweg und unterscheiden sich am Ende in der Deutlichkeit der Ausprägung.

Ein zentraler Erfolgsfaktor für Unternehmen in komplexen Märkten mit hoher Wettbewerbsintensität ist die Qualität der Zusammenarbeit im Unternehmen, die einerseits auf horizontaler Ebene zwischen den Kolleginnen und Kollegen stattfindet und sich andererseits auf vertikaler Ebene zwischen Vorgesetzten und Mitarbeitenden feststellen lässt. Diese Kultur und Qualität der Zusammenarbeit sind am Ende mit maßgebend dafür, ob die Arbeit insgesamt als zufriedenstellend empfunden wird oder nicht.

4.4.1 Organisation, Improvisation, Disposition

Bei oberflächlicher Betrachtung scheint das nun eine eher akademische Diskussion zu sein, ob wir uns mit Organisation, Disposition oder Improvisation befassen. Schaut man jedoch die Begriffe und Phänomene etwas genauer an, wird deutlich, dass die richtige Verteilung dieser „Zutaten" bestimmt, ob wir das Rezept für die ideale Kombination, bezogen auf die aktuelle Situation des Unternehmens, haben oder nicht.

Unter Organisation verstehen wir die Schaffung dauerhafter, fester Strukturen und Prozesse, die für längere Zeit Gültigkeit besitzen sollen.

Unter Improvisation verstehen wir die vorübergehende, vorläufige Struktur, die jedoch nicht gefestigt ist und deren Prozesse den Charakter von Versuchsballons in sich tragen.

Unter Disposition verstehen wir die Einzelfallentscheidung, was bezogen auf Strukturen und Prozesse fallweise, einmalige Festlegungen über Zuständigkeiten und Abläufe betrifft. Es wird eben keine Struktur im engeren Sinne festgelegt.

Was ist nun für ein Unternehmen die richtige Mischung? Wir haben uns zum Ziel gesetzt, das richtige Rezept festzulegen. An diesem Punkt kommt eine alte Weisheit des Managementbereichs zum Tragen. Die meisten Fragen dieser Art kann man nur mit einem abwägenden „es kommt darauf an" beantworten. Aber worauf kommt es an? Wovon ist es abhängig, welche Mischung für ein Unternehmen und seine Akteure auf den unterschiedlichen Hierarchieebenen das Richtige ist?

Wenn wir uns mit dem Unternehmen in einer Aufbau- oder Umbruchsituation befinden, ist es wichtig, dass sich die Organisation auf die wenigen zentralen Funktionen konzentriert, die in ihrer Grundstruktur stehen. Alles, was wir organisiert haben, ist effizient, hat aber auch den Nachteil, dass es festgelegt und damit in gewisser Hinsicht starr ist. Wir benötigen jedoch in der Aufbau- und Umbruchsituation eine ausreichende Flexibilität, um zum Hinterfragen und Experimentieren anzuregen. Wenn intern bei Prozessen, die es zu überarbeiten gilt, direkt auf die offizielle Prozessbeschreibung verwiesen wird, die entsprechend dem Total-Quality-Management-Ansatz nach DIN/ISO ihre Gültigkeit nicht verlieren soll, dann wird es sehr schwer sein, eine kreative Atmosphäre und eine ergebnisoffene Diskussion zu bekommen. Man muss an dieser Stelle auf die kostengünstigen Vorteile der klar strukturierten Organisationsformen in einigen Bereichen verzichten, da eine Untersteuerung des Unternehmens in diesem Fall besser ist als eine zu komplexe und starre Festlegung. Es ist dem Wesen der Umbruchssituation des digitalen Wandels geschuldet, dass durchgängige, starre Systeme mit einer zu hohen Regelungsdichte hier nicht brauchbar sind.

Als Vorstufe für spätere organisatorische Lösungen ist die Improvisation von zentraler Bedeutung. Nehmen wir das Beispiel eines wenig standhaften Sonnenschirms, der als Ampelschirm konzipiert wurde, aber entgegen den treuherzigen Beteuerungen der Fachkraft aus dem Baumarkt nicht überall dort für Schatten sorgt, wo Sie es sich wünschen, sondern stattdessen wenig windresistent wie ein trauriges Menetekel an Ihrer Terrasse hängt. In dem Moment, in dem Sie den Schirm tatsächlich benötigen, schaffen Sie sich meist eine kurzfristige Lösung, damit beispielsweise der Besuch am Ende dennoch den Tag auf der Terrasse genießen kann. Hierfür entwickeln Sie meist neue situationsangepasste Lösungen. Es werden neue Stützstreben erfunden, Teile des Schirms mit Schnüren abgespannt etc. All dies entwickeln und konstruieren Sie, damit aus dem traurigen Symbol einer Fehlkonstruktion oder eines Fehlkaufs ein taugliches Stück Einrichtung wird. In vielen Fällen sind diese Improvisationen erfolgversprechend. Entscheidend ist dann – sowohl bei unserem Haushaltsbeispiel als auch im Unternehmen – die Frage: Wann möchten Sie gezielt aus dieser nun erprobten Improvisation eine dauerhafte Lösung schaffen?

Dies bedeutet, die Improvisation gibt Ihnen im Unternehmen die Freiheit Lösungen zu testen, die gar nicht den Anspruch haben, für die Ewigkeit konzipiert zu sein. Sie übertragen beispielsweise bestimmte Themen als Einzelprojekte der Ausbildungsabteilung und schauen, wie die Ergebnisse aussehen. Sie legen sich damit aber nicht fest, künftig immer so zu handeln. Das ist aufwendiger, da es mit mehr Unsicherheit verbunden ist, schafft aber auch Flexibilität und kann für die Kolleginnen und Kollegen sehr motivierend wirken. Letzteres setzt jedoch voraus, dass man das Team auch in die Improvisation mit einbezieht. Ein reines Top-down-Improvisieren entlang der Hierarchie sorgt stattdessen für Verdruss. „Können die das denn nicht klar regeln?“ oder „Die haben das wohl selbst nicht im Griff.“ sind dabei noch die freundlicheren Kommentare.

Bei einer optimierten Unternehmung versucht man, möglichst viele Dinge, die regelmäßig immer wieder auftreten, über organisatorische Strukturen zu lösen. Hier finden die anerkannten Formen der Aufbau-/Strukturorganisation ihren Platz. Hier sind die Prozesse abgestimmt und optimiert. Dieser Aufwand lohnt sich jedoch nur für das Gros der wiederkehrenden Situationen. Es kann nicht das Ziel sein, alle Eventualitäten im Vorfeld durch organisatorische Lösungen zu durchdenken. Gerade in Umbruchphasen ist es nicht sinnvoll, an dieser Stelle in einen Planungsperfektionismus zu verfallen. Stattdessen braucht man neben Organisation und Improvisation auch die Bereitschaft zur Einzelfallentscheidung. Die Disposition ist zwar aufwendiger, da man neu überlegen und entscheiden muss und sich nicht an eine vorgefertigte Entscheidungsschablone halten kann, dennoch gibt sie den Akteuren den notwendigen Spielraum. Man kann präziser die Entscheidung auf die Situation abstimmen und ist nicht in den Zwängen vorheriger Überlegungen gefangen. Hier liegt allerdings auch eine Gefahr.

Zahlreiche Stakeholder wünschen sich ein flexibles Unternehmen. Agile Mitarbeiter/-innen, anspruchsvolle Kunden, alle wollen die Freiheitsgrade für passgenaue Lösungen. Disposition bedeutet jedoch auch den Mehraufwand der Entscheidungsfindung und die Inkonsistenz der Entscheidungen, da sie jeweils für den Einzelfall getroffen werden. Als Kunde möchte man jedoch beispielsweise nicht, dass die Frage, ob und wie ein Projekt durchgeführt wird, davon abhängt, mit wem ich gerade aufseiten der Firma in Kontakt trete. Wenn ich Frau Müller am Telefon habe, klappt das Projekt, während Herr Meier mir bei derselben Ausgangslage sagen würde, dass er keine Möglichkeit sieht, meine Anforderungen zu erfüllen.

Es gibt eine Faustregel, mit der man prüfen kann, ob man in Sachen Disposition zu viel des Guten macht: Wenn Entscheidungen mit einer gewissen Regelmäßigkeit auftreten und die Rahmenbedingungen der Entscheidungen gleich bleiben, dann lohnt es sich, die Erfahrungen der Einzelfallentscheidungen für eine neue organisatorische Lösung zu nutzen.

Für die Integration von Digital Natives und der anspruchsvollen Zielgruppe der Generation Y kann es dabei von Bedeutung sein, dass wir ausreichend große Freiheitsgrade anbieten können. Die Managementprinzipien des agilen Managements gehen gerade davon aus, dass wir Lösungen im kleinen Rahmen in der Logik des Prototypings testen und nicht bei jeder Idee die Zeit dazu haben zu prüfen, ob sie den Anforderungen für eine generelle Lösung standhalten kann. Da Markt- und Kundenanforderungen oft nicht präzise beschrieben werden können und sich zudem im Zeitablauf ändern, wäre es nicht klug, an dieser Stelle auf eine sehr starre und formale organisatorische Lösung zu setzen. Das kann bei einer späteren Umsetzung im Rahmen eines eigenen Roll-outs in die Massenproduktion nachgeholt werden. Es wäre auch ein viel zu enger Rahmen für die agilen Methoden, das Testen und Lernen im Rahmen von Management 4.0.

Es geht um die Schaffung von ausreichend viel Flexibilität, die es ermöglicht, nicht nur die passenden Lösungen für die aktuellen Herausforderungen zu schaffen, sondern eine nahezu passgenaue Umgebung für die Mitarbeiterinnen und Mitarbeiter zu liefern. Wenn Sie in einem etablierten Unternehmen oder einer etablierten Organisation arbeiten oder diese gar führen, dann achten Sie bitte einmal auf die Hauptkritikpunkte vonseiten der aktiven Mitarbeiter/-innen. Es geht nicht um die Kritik von den Mitarbeiterinnen und Mitarbeitern, die generell alles schlecht finden, was von der Chefin/vom Chef vorgeschlagen wird, und hinter jeder Neuerung befürchten, dass ihre Arbeitsbelastung größer wird. Es geht um die Mitarbeiter/-innen, die sehr viele eigene Ideen haben, sich selbstständig einbringen und ihren eigenen Arbeitsbereich im Griff haben. Diese Mitarbeiter/-innen sind meist auch nicht diejenigen, deren Kritik Sie bereits in der Pausenecke oder der Teeküche vernehmen können. Die konstruktive Kritik dieser Kolleginnen und Kollegen erfahren Sie in den Kollegen- und Mitarbeitergesprächen oder bei gezielten Runden zur Manöver- und Strukturkritik. Meist ist bei dieser Gruppe von Teammitgliedern der Wunsch vorhanden, mehr Verantwortung für eigene Ideen übernehmen zu können und dafür im Rahmen der Organisation den notwendigen Spielraum zu bekommen. Es geht hier nicht um die volle Freiheit, tun und lassen zu können, was man will. Verbindliche Festlegungen werden in vielen Fällen als hilfreich empfunden. Es geht aber um die Chance, neue Ideen testen und realisieren zu können, die bestehenden Probleme selbst zu lösen und damit einen eigenen Beitrag zu einer entwicklungsorientierten und anpassungsfähigen Unternehmung leisten zu können.

Diese Kolleginnen und Kollegen wollen sich einbringen, wollen etwas tun und wir müssen bei der Strukturierung der Aufgaben darauf achten, dass die Arbeitsumgebung und Unternehmensstruktur hier eine Hilfe und kein Hindernis sind.

4.4.2 Motivationstheorien und Motivationspraxis

Wie schafft man es nun, die anspruchsvollen Zielgruppen der jungen und ungestümen Generation Y, der Digital Natives und der routinierten erfahrenen Fach- und Führungskräfte gleichermaßen zu motivieren und so zu unterstützen, dass am Ende Höchstleistungen möglich werden und ein dynamisches und langfristig erfolgreiches Unternehmen seinen Kurs fortsetzen kann?

Einige der Grundzüge der Motivationstheorien, wie etwa das Flow-Konzept, haben wir bereits angesprochen. Es geht jedoch auch um die grundsätzliche Haltung der Führungskräfte gegenüber Mitarbeiter/-innen. Traut man ihnen im positiven Sinne alles zu oder traut man ihnen im negativen Sinne alles zu?

Theorie X, Theorie Y

Das persönliche Menschenbild der Führungskräfte bestimmt die Grundhaltung gegenüber den Mitmenschen und damit auch gegenüber den Teammitgliedern (vgl. Hirsmüller 2014, S. 147 ff.). Die Grundhaltung einer Führungskraft gegenüber den Mitarbeiterinnen und Mitarbeitern kann nach Douglas McGregor (1960) durch zwei diametral gegensätzliche Haltungen geprägt sein:

- Die Theorie X geht davon aus, dass Menschen grundsätzlich faul und egoistisch sind. Entsprechend diesem Menschenbild muss eine Führungskraft nicht nur klare Zielsetzungen vereinbaren, sondern gleichzeitig vorgeben, wie diese Ziele erreicht werden können, und diesen Weg sehr eng begleiten. Nur durch klare Anweisung und Kontrolle ist ein erfolgreiches, leistungsorientiertes Arbeiten möglich, da die Mitarbeiterinnen und Mitarbeiter sonst ihrem Drang nach Faulheit nachgehen würden.
- Die Theorie Y hingegen geht von einem positiven Menschenbild aus, wonach Mitarbeiterinnen und Mitarbeiter grundsätzlich motiviert sind und von der Führungskraft die entsprechenden Rahmenbedingungen erhalten möchten, um möglichst eigenverantwortlich erfolgreich arbeiten zu können. Die höheren Freiheitsgrade in der Entscheidung, wie die Ziele erreicht werden sollen, ermöglichen autonomeres Arbeiten und ebnen den Weg zu größerer intrinsischer Motivation.

Für die Transformation eines Unternehmens im digitalen Zeitalter ist man im Regelfall darauf angewiesen, möglichst viele Führungskräfte an Bord zu haben, die durch die Theorie Y geprägt sind, und passend dazu Teams zu haben, in denen die Teammitglieder auch dem Menschenbild der Theorie Y entsprechen. Es geht also bei der Aufgabenstellung der Motivation im Wesentlichen darum, die intrinsische Motivation zu stärken und zu stimulieren. Gleichzeitig muss man auch davon ausgehen, dass es eine Reihe von Vorgesetzten geben wird, die durch die Theorie X geprägt sind und – unabhängig davon, wie die Führungskräfte „ticken" – auch einige Mitarbeiterinnen und Mitarbeiter eher aus der Tradition der Theorie X stammen. Hier hilft eine konsequente Personalpolitik, sowohl bei der Personalauswahl als auch bei der Personalentwicklung, die dafür sorgt, dass die Theorie Y mit den aktiven Mitgliedern den Ton angibt und mehr und mehr in den kritischen Bereichen die Eigenverantwortung von Teams und Mitarbeitenden gestärkt wird. Ohnehin stellt die Personalpolitik gemeinsam mit der strategischen Orientierung eines der entscheidenden Managementfelder für die digitale Transformation dar, was vor allem bei digitalen Startups direkt sichtbar wird (vgl. Groß-Selbeck 2010, S. 93 f.).

Mit einer Organisation, wie sie von Frederick Taylor zu Beginn der Industrialisierung umgesetzt wurde, kann man keine autonomen hochspezialisierten Teams führen. Die Anforderungen der damaligen Zeit waren anders. Es ging darum, Landarbeiter in die Automobilproduktion zu integrieren, als Henry Ford die Zerlegung der Arbeitsgänge propagierte, sodass ungelernte Arbeiter gemeinsam ein komplexes Auto erstellen konnten. Heute haben wir es im Regelfall mit hochqualifizierten Teams zu tun, die im Idealfall eben nicht die inhaltliche Verbindung zum Gesamtziel verlieren, sondern das Unternehmensziel fest vor Augen haben.

Herzberg (Motivatoren)

Wenn es um die Umsetzung von Motivation in der Praxis geht, kommt nach wie vor der Hinweis von vielen Managerinnen und Managern, dass alles eine Frage der Bezahlung sei und statt des Akkordsystems der Produktion ein effektives Prämien- und Bonisystem den Gesamterfolg am besten gewährleisten könne. Die Zielorientierung der Mitarbeiter/-innen, mit finanziellen Vorteilen verbunden, wäre somit die Gewähr für Unternehmenserfolg.

Schaut man diese Argumentation im Lichte der Theorie und der Praxis etwas genauer an, kann man an dieser einfachen Sichtweise zweifeln. Nach Herzberg lassen sich die unterschiedlichen Versuche der Motivation in Motivatoren und Hygienefaktoren trennen (vgl. Seeger/Breyer-Mayländer 2013, S. 89). Während die Hygienefaktoren nur extrinsisch motivieren und damit nur einen kurzfristig positiven Effekt ausüben, sind die echten Motivatoren intrinsisch. Das bedeutet, die Mitarbeiterinnen und Mitarbeiter sind aus ihrem eigenen Ich heraus motiviert. Dies setzt eine Verbundenheit mit der Aufgabe, der Arbeitsorganisation und den Mitarbeiterinnen und Mitarbeitern voraus und bedarf zusätzlich einer klaren positiven Zielorientierung in der Führung. Das alles entspricht dem Szenario, mit dem wir Führungsarbeit verbinden wollen, den Teams, die sich in hohem Maße mit den jeweiligen Unternehmens-, Bereichs- und Abteilungszielen identifizieren können. Die Mitarbeiterinnen und Mitarbeiter müssen verlässlich wissen, was von ihnen erwartet wird und wie sie diese Ziele erreichen können. Dies setzt eine klare und transparente Zielsetzung voraus.

Hygienefaktoren

Hygienefaktoren stehen in keinem Zusammenhang mit der Arbeit selbst. Sie wirken sich überwiegend auf die extrinsische Motivation aus. Sie werden bei Gewährung sehr schnell zur Selbstverständlichkeit und motivieren daher nicht mehr (nur kurzfristige Wirkung). Während die positive Wirkung also begrenzt ist, kann sich das Ausbleiben von Hygienefaktoren negativ auf die Motivation auswirken. Im schlimmsten Fall äußert sich das sogar in Demotivation. Beispielhaft sind hierfür eine angemessene Bezahlung und die Ausstattung mit geeignetem Arbeitsgerät. Aber auch die Gestaltung der Arbeitsumgebung wie das Büro zählen dazu.

Motivatoren

Motivatoren richten sich an die nichtmateriellen intrinsischen Arbeitsmotive und bewirken dauerhafte Zufriedenheit. Sie haben für die Mitarbeiterinnen und Mitarbeiter das Potenzial, sich selbst und andere zu motivieren, und stehen in direktem Zusammenhang mit der Arbeit. Dabei handelt es sich in erster Linie um psychologische Faktoren wie Leistungserlebnisse, Erfolge oder persönlicher Fortschritt durch Wissenszuwachs; also

Erlebnisse, die in unmittelbarem Kontext zur Tagesarbeit stehen. Wichtig ist hier, dass es um das Erleben der Erfolge und nicht um das „erfolgreich sein“ als solches geht. Dieses positive Erleben muss im Rahmen eines authentischen Lobs und Feedbacks durch die Führungskraft unterstützt werden.

Die meisten Führungskräfte glauben, dass Geld ein Motivationsfaktor sei: Es hat sich gezeigt, dass eine zu geringe Entlohnung (absolut zur Deckung der Lebenshaltungskosten und relativ im Verhältnis zum Arbeitseinsatz und zu branchenüblichen Standards) zur Demotivation führt. Das Argument „Wir sind als junge Firma gerade im Aufbau und bei den Gehältern noch nicht auf dem Niveau des Marktes angekommen“ kann man nur für eine begrenzte Zeit heranziehen. Für ein etabliertes Unternehmen, das sich dem digitalen Wandel unterzieht, ist es ohnehin tabu. Es ist jedoch im Gegensatz auch nicht so, dass eine steigende Gehaltsentwicklung gleichbedeutend ist mit steigender Motivation. Hier gibt es einen rasch merkbaren und sogar messbaren Sättigungseffekt.

Um beim Einsatz von Motivatoren eine Adaption als Hygienefaktor zu verhindern, ist es ratsam, motivationsbezogene Aktionen als einmalige und spontane Aktion zu organisieren. Wenn es jedes Mal zu Weihnachten ein „tolles Geschenk“ gibt, dann führt das nicht nur zu einer Erwartungshaltung, der man auch mit viel Phantasie nicht jedes Jahr auf originelle Weise entsprechen kann. Es wird auch nach Eintritt in die Gewöhnungsphase nicht mehr als positiver Motivationsschub wahrgenommen. Stattdessen wird im Falle des Wegfalls dieses Thema als „Demotivation“ wahrgenommen. Auch das Fitness-Studio oder die Massage am Arbeitsplatz als typische Elemente einer digitalen und neuen Unternehmenskultur werden sehr schnell zur Gewohnheit (commodity), die nur dann noch bemerkt wird, wenn sie aus Kostengründen in Frage gestellt wird. Den digitalen Wandel können etablierte wie junge Unternehmen nur mithilfe der Motivatoren umsetzen. Führung nach dem Management-4.0-Ansatz setzt voraus, dass ich meine Mitarbeiterzielgruppe (Nerds, Normalos und Traditionalisten) mit den richtigen Motivatoren anspreche.

Maslow

Wenn Sie sich wundern, warum Motivation so gestrickt ist, dass wir bestimmte Voraussetzungen erfüllen müssen, die jedoch für eine echte Motivation nicht ausreichen, dann hilft ein Blick auf die Struktur und Ebene der Bedürfnisse. Viele Führungskräfte mit kaufmännischem Hintergrund (Ausbildung, BWL-Studium etc.) kennen aus den zahlreichen Darstellungen im Marketing die unterschiedlichen Ebenen der Motivation nach Abraham H. Maslow, die heute in den meisten Fällen, und so auch in Bild 4.19, in einer fünffach abgestuften Pyramidenform dargestellt werden. Dabei sind die unteren Ebenen der Pyramide den Grundbedürfnissen gewidmet, während weiter oben Elemente wie Selbstverwirklichung, Erfolg, Anerkennung, also soziale Bedürfnisse und persönliche Entwicklungsbedürfnisse eine Rolle spielen. Wir sehen, dass eine Reihe von Voraussetzungen, wie klare Zielsetzungen, erfüllt sein müssen, um erfolgreich arbeiten zu können. Am Ende sind es jedoch die sozialen Motive, die Ich-Motive und die Selbstverwirklichung, die dazu führen, dass wir erfolgreiche und motivierte Teams haben. Dies deckt sich sehr stark mit den Anforderungen aus der Theorie Y und der Erwartungshaltung des aktiven und motivierten Teils der Generation Y. Wenn man angesichts der Digitalisierung die Maslow-Pyramide analysiert, kann man auch auf die Idee kommen, noch vor den physiologischen Grundbedürfnissen das Internet als Basis aller Bedürfnisse anzusehen (vgl. Hermes 2015). Dies zeigt sich in vielen Situationen, in denen sich für viele junge Menschen – ob bei Hotelbuchungen, Restaurantbesuch oder bei Seminarbeginn – zunächst stets die Frage nach dem WLAN-Zugang stellt.

Wenn wir die Maslowschen Erkenntnisse auf die Erwartungen der Generation Y anwenden, erhalten wir eine klare Auswahl an Themenfeldern, die nicht nur die Spitze der Pyramide, sondern auch die Basisthemen wie den Wunsch nach Geborgenheit und Sicherheit beinhalten (Bild 4.20).

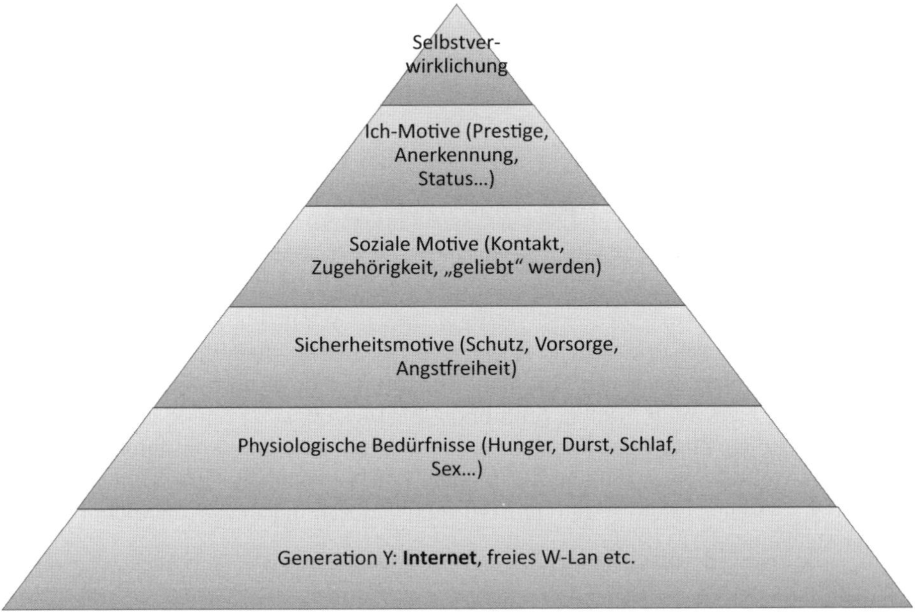

Bild 4.19 Motivationsebenen nach Maslow (ergänzt um Hermes 2015, S. 45)

Bild 4.20 Grundbedürfnisse aus dem Blickwinkel der Generation Y (Quelle: Ruthus 2014, S. 22)

Wie sich die Erwartungen der Mitarbeiterinnen und Mitarbeiter auf konkretes Führungshandeln auswirken können, zeigt Bild 4.21. Diese richtige Einschätzung der Themen aus Sicht der Zielgruppe der Mitarbeiter/-innen ist die eine Konsequenz aus dem intensiven Wettbewerb um die besten Talente. Eine beispielhafte Übersicht macht die Trennung zwischen Motivatoren und Hygienefaktoren nochmals deutlich (Seeger/Breyer-Mayländer 2013, S. 95 f.).

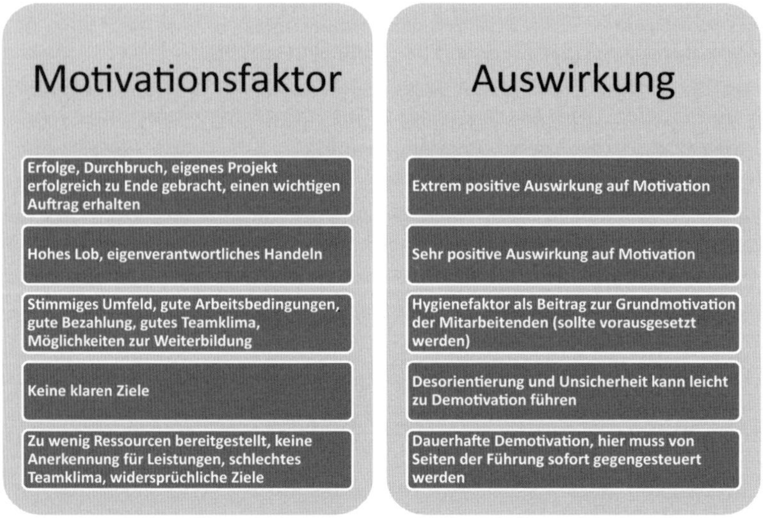

Bild 4.21 Motivationsfaktoren für wirksame Führungsarbeit (Quelle: Seeger/Breyer-Mayländer 2013, S. 95 f.)

Wie aus Bild 4.21 hervorgeht, sind zwei Punkte für die Mitarbeitermotivation von besonderer Bedeutung: Mitarbeiter/-innen wollen einerseits wissen, woran sie sind und woran sie gemessen werden bzw. wann sie ein Ziel erreicht haben. Auf der anderen Seite sind die Anerkennung und das Geben von Feedback zu Zwischenständen oder ein Lob ein zentrales Element des Führungshandelns.

Einige Grundregeln für das Loben (vgl. Seeger/Breyer-Mayländer 2013, S. 97 f.):

- Zeitpunkt des Lobs
  - Unmittelbar nach der erfolgreichen Arbeit
  - Keine Verzögerung
- Umfang des Lobs
  - Dem Schwierigkeitsgrad und der Leistung entsprechend
  - Gruppenlob bei Gruppenleistung
  - Einzellob vor der Gruppe, nur dann, wenn angemessen und akzeptiert

Neben dem simplen Lob gibt es auch noch die Aufgabe, „Erfolge erlebbar zu machen". Das bedeutet, ein Team, das z. B. soeben eine Wettbewerbspräsentation gewonnen hat, muss diesen Erfolg direkt spüren können und darf nicht nur eine simple Dankes-Mail bekommen. Grundregeln, um „Erfolge erlebbar zu machen":

- Zeitpunkt
  - Direkt nach Bekanntwerden des Erfolgs (nicht verschieben)
  - Einbeziehung aller Beteiligten ist notwendig
  - Darauf achten, dass nicht zeitgleich zusätzlicher Termindruck aufkommt
- Möglichkeiten der Anerkennung, des „Erlebens"
  - Prämien (bitte direkt und zeitnah)
  - Gemeinsame Events
  - Gemeinsames Mittagessen, Glas Sekt, Portion Eis etc.

Bei der Frage nach den passenden Zielen für ein agiles Unternehmen im Sinne von Management 4.0 empfiehlt sich auch eine Anpassung der weiteren Managementtechniken. Statt der sonst üblichen Jahresbudgetierung gibt es mit „Beyond Budgeting" einen Ansatz, der auch in Budgetfragen eine Flexibilisierung von Planungen und Vorgaben und ein Empowerment der aktiven Ebene des Unternehmens vorsieht. Dabei ist eine wesentliche Quelle für dieses Vorgehen die Erkenntnis, dass Ziele ambitioniert sein sollten, Prognosen jedoch realistisch. Die üblichen Planungsszenarien versuchen jedoch stets, alles an der einen entscheidenden Zahl festzumachen, die dann im Zweifel einen schwachen Plan oder eine unrealistische Prognose repräsentiert (vgl. Eckstein 2015, S. 17). Die sonst immer wieder anzutreffende Gefahr, dass Budgets nach wenigen Monaten nicht mehr aktuell sind, aber dennoch bestehen bleiben, führt aufgrund der mangelnden Marktnähe zu Demotivation und stärkt die Wahrnehmung der Führung als autoritäres Instrument (vgl. Canditt/Braun 2015, S. 30).

Motivation und Sinn

Wenn es um Motivation der Mitarbeiter/-innen geht, dann kann man sich unabhängig von der jeweiligen Generationenzuordnung auf einige grundsätzliche Zusammenhänge verlassen. Der Wiener Psychologe Viktor Frankl (1905 bis 1997) hat den Zusammenhang zwischen Motivation und Sinn betont (vgl. Frankl 2012, S. 13 f.). Wer in seinem Leben einen Sinn sieht, kann deutlich besser seine Lebenschancen nutzen und kommt auch mit größeren Herausforderungen zurecht. Bei Frankl waren das in seiner Biografie existenzielle Herausforderungen, wie das Überleben im KZ. Frankl begründete in der Folge die sogenannte Logotherapie, die sich aus dem Begriff Logos ableitet. Logos steht im altgriechischen nicht nur für das „Wort" (in der altgriechischen Fassung der Bibel steht „Am Anfang war der Logos"), sondern auch für die Themenfelder „Logik" und „Sinn". Es geht daher im Rahmen des Ansatzes von Frankl um sinnstiftende und sinngebende Aufgaben und Arbeit als zentrales Element der Motivation.

An dieser Stelle könnte man jetzt wieder anzweifeln, dass gerade derart konservativ anmutende, hehre Ziele tatsächlich den Nerds und Digital Natives und dem Wesen der Generation Y entsprechen. Doch erinnern Sie sich noch an die Charakterisierungen der Generation Y in Kapitel 3? Hier war in den entsprechenden Auflistungen stets das Thema „Sinn" unter den TOP 5 der zentralen Anforderungen junger Menschen an das Arbeitsleben. Man muss sich aus der Perspektive der älteren Führungskräfte lediglich damit abfinden, dass es vielleicht nicht die von einem selbst bevorzugten Dinge sind, die von jüngeren Mitarbeitenden und fachlich vielleicht speziell sozialisierten Techies als sinnhaft wahrgenommen werden.

4.4.3 Arbeiten jenseits der Hierarchie: Wozu brauchen wir Führungskräfte?

Auch wenn die Darstellungen moderner Unternehmen häufig den Eindruck machen, als handle es sich um eine fröhliche Wohngemeinschaft mit angeschlossenem Geschäftsbetrieb, haben gerade auch die jungen Organisationen, die scheinbar so unkonventionell und antiautoritär daherkommen, ausgeprägte Machtstrukturen. In vielen Fällen werden diese Strukturen nicht sehr stark formalisiert, sie sind jedoch faktisch vorhanden und wirksam. Grund genug, sich gerade im Hinblick auf die Einstellung der Digital Natives der Generation Y mit dem Themenfeld Autorität und Macht etwas detaillierter zu befassen.

Wenn ich in Seminaren junge Führungskräfte oder Studierende mit dem Thema Macht konfrontiere, ist das immer wieder typisch für die deutsche Grundhaltung zu diesem Themenfeld. Die Frage: „Wer von Ihnen hat Interesse an Macht?" führt zunächst zu einem betretenen Schweigen im Raum, bevor eine differenzierte Auseinandersetzung mit dem Begriff und dem Phänomen stattfindet. Zu stark schwingen hier die historischen Bezüge bis hin zur „Machtergreifung" negativ mit. Dennoch kann ich seit der Jahrtausendwende zunehmend einen Wandel feststellen. Das Thema Macht um seiner selbst willen verliert an Bedeutung, aber dass Macht im positiven Sinne eine wichtige

Größe darstellen kann, um Dinge zu bewegen und verändern zu können, rückt mehr und mehr ins Bewusstsein.

Macht ist eine der wichtigsten formalen Voraussetzungen, wenn wir hierarchische Beziehungen analysieren. Sie wird als Funktionsmacht mit der Ernennung zur/zum Vorgesetzten formal übertragen. Dabei kann sie sich schon deutlich im Umfang unterscheiden – je nachdem, ob sie mit oder ohne disziplinarische Vollmachten ausgestattet ist. Eine reine Fachvorgesetzte/ein reiner Fachvorgesetzter wird nicht in dem Maße als Machtinstanz wahrgenommen, als dies bei einer/einem Vorgesetzten mit fachlicher und disziplinarischer Vorgesetztenrolle der Fall ist. Dass es hier dennoch in der Praxis sehr große Unterschiede geben kann, liegt in der Ausgestaltung der Führungsrolle, den weiteren Machtquellen und der Autorität, die eine Vorgesetzte/ein Vorgesetzter verkörpert.

Wenn sich die Macht einer/eines Vorgesetzten nur auf die Funktionsmacht stützt, nach dem Motto „Ich bin deine Chefin/dein Chef, weil ich dazu ernannt worden bin", dann haben wir es traditionell mit einer sehr schwachen Autoritätsposition zu tun. Schon immer waren solche Chefs stark gefährdet, da die Teammitglieder aus der Mitarbeiterposition heraus nur aus Loyalität gegenüber dem Gesamtunternehmen und der festgelegten Organisationsstruktur eine solche Chefin/einen solchen Chef anerkannten. Es beruht auf einem archaischen Verständnis von Autorität. Die zahlreichen militärisch geprägten Begriffe der Managementwissenschaften, die von der Harvard Business School aus dem Militärischen in den zivilen Bereich übertragen wurden, verdeutlichen auch die Herkunft dieser archaischen Autoritätsstrukturen. Es war die innerhalb hierarchischer Gebilde übertragene Aufgabe zu führen. Autorität beinhaltet den Anspruch, andere Menschen dazu zu bringen, bestimmte Dinge zu tun. Im archaischen Sinne bedeutet das „Mache, was ich dir sage, oder ich kann dir schaden."

Die typische Frage der Generation Y „Warum sind Sie mein Chef?" zielt auf die moderne Form der Autorität ab. Das archaische Autoritätsverständnis beinhaltet keinen positiven Nutzen. Jemandem nicht zu schaden, ist zwar auch schön, aber noch kein motivierendes Szenario. Es geht um die Frage: „Was bringt es mir für Vorteile, wenn ich mit meiner Chefin/meinem Chef zusammenarbeite?" Eine Chefin oder ein Chef, die/der hier durch seine Arbeit keine sinnvollen Antworten liefern kann, hat ein Problem.

Hier gilt es, die weiteren Quellen von Macht und Autorität ins Auge zu fassen. Typische Machtquellen können jedoch in einer modernen Unternehmensorganisation wieder relativiert werden.

A) Übertragene Macht = Funktionsmacht

Diese Machtquelle ist immer im Spiel, wenn wir es mit einer formalisierten Organisation zu tun haben. Dies ist auch wichtig, damit diejenigen, die Macht ausüben können, auch formal die Verantwortung hierfür übernehmen können bzw. müssen. Macht und Verantwortung müssen in der Balance bleiben, damit ein verantwortungsvolles Arbeiten möglich wird. In diesem Zusammenhang sehen wir auch, dass wir ein Minimum an Hierarchien und formalisierter Organisation benötigen, um die Verantwortung nach innen und außen klar kommunizieren zu können. Auch ein Startup braucht hier klare Strukturen, da sonst keiner der Kooperationspartner und Investoren einfach darauf vertrauen wird, dass „die das irgendwie schon richtig machen".

Das Beispiel der Firma Kreditech zeigt, dass gerade die Führungscrew, die Verantwortung trägt, hier besonders im Visier der Fachöffentlichkeit und der Anleger steht. Wenn das Management in schwierigen Umbruchphasen eines jungen Unternehmens in einem dynamischen Markt eher durch exklusive Freizeitvergnügen und markige Sprüche als durch strategisch weitsichtiges, seriöses unternehmerisches Handeln auffällt, dann stellt sich aus dem Blickwinkel der Governance sehr schnell die Frage, ob die Funktionsmacht hier richtig angesiedelt ist (vgl. Alvares des Souza Soares 8/2015, 10/2015). Diese Machtquelle hat auch im digitalen Zeitalter nichts von ihrer Bedeutung eingebüßt.

B) Kontrolle über Ressourcen

Wer Ressourcen wie Geld, Personal, Maschinen, Material kontrolliert, hat dadurch ebenfalls eine Machtposition. Grundsätzlich ist auch diese Machtstruktur bei den meisten modernen Unternehmen einer der prägenden Faktoren. Selbst diejenigen, die lediglich die Organisation der Ressourcen unter sich haben und nicht allein darüber verfügen, haben eine besondere Stellung im Unternehmen, da es sich auch um eine besondere Vertrauensposition handelt. Dem Finanzvorstand kommt in jedem Unternehmen eine besondere Bedeutung zu. Er ist in vielen Unternehmen auch derjenige, der seinen Vorstandschef am einfachsten zu Fall bringen kann. Hier kann die Transparenz des Vergabeprozesses dazu beitragen, dass dieses Machtelement begrenzt wird und damit die Ressourcendiskussion nicht am Ende zu einer Machtdemonstration verkommt.

C) Nutzen

Wie beschrieben, ist der konkrete Nutzen, den eine Führungskraft einem anderen Menschen bringen kann, das konstruktivste Machtinstrument. Daher ist gerade im Rahmen der offenen Diskussionskultur moderner Unternehmen ein Vorgesetzter dann mit einem sehr starken Rückhalt im Team ausgestattet, wenn er seinen Job gut macht und dem intrinsisch motivierten Team etwas bei der Erreichung der Ziele bringt. Führung im Kontext des digitalen Wandels im Rahmen von Management 4.0 setzt eine nutzenstiftende Führungsarbeit voraus.

Problematisch sind anders motivierte Nutzen, die Vorgesetzte für die Teammitglieder haben können. Immer wieder trifft man auf Vorgesetzte, die ebenfalls eine starke Position und guten Rückhalt in der Mitarbeiterschaft haben, da sie es fertigbringen, dass von dem mäßig motivierten Team (auch hier gibt es in diesen Fällen dann sehr homogene Mannschaften) nicht allzu viel erwartet wird. Der Chef als erfolgreicher Arbeitsbegrenzer genießt auch eine gewisse Popularität, ist jedoch für das Unternehmen ein Problemfall. Wenn wir den Transformationsprozess etablierter Unternehmen voranbringen wollen, dann sind genau diese Fallkonstellationen zu bewältigen. Sie sind jedoch schwer zu identifizieren (es gibt keine Konflikte zwischen Chef/-in und Team) und sie sind auch nicht ohne Probleme durch Reorganisation zu knacken. Es ist jedoch entscheidend, dass wir nicht neben den selbstständigen und motivierten Teams eine Struktur mit einer Mannschaft in kollektivem Schongang tolerieren. Das wiederum ist die Aufgabe der nächsthöheren Führungsebene, die, um im Rahmen von Management 4.0 Nutzen zu stiften, den Wandel leiten und die Dynamik steuern muss.

D) Beziehungen zu Schlüsselpersonen

Gute Vernetzungen innerhalb und außerhalb des Unternehmens stärken die Macht von Schlüsselpersonen. Dies setzt jedoch einen zurückhaltenden Umgang mit diesen Strukturen voraus. Wer in jedem zweiten Satz erzählt, dass er mit dem Vorstand im selben Golfclub oder mit dem Aufsichtsratsvorsitzenden im selben Rotary-Club ist, wird sehr schnell weniger ernst genommen, da man damit den Eindruck vermittelt, als sei man so auch an seine übertragene Macht gekommen. Netzwerke innerhalb und außerhalb des Unternehmens sind in allen Unternehmensstrukturen von Bedeutung. Wer jedoch Netzwerke gezielt nur unter beruflichem Blickwinkel aufbaut, läuft Gefahr, von seiner Unternehmensumwelt als unangenehm wahrgenommen zu werden. Die Nähe zu Entscheidern im eigenen Unternehmen kann auch zu geliehener Macht führen. Diese Macht ist jedoch diffizil und kann im Zweifel nicht formal eingesetzt werden. Sie ist dann am wirksamsten, wenn sie bekannt ist, aber nie betont und schon gar nicht angewandt wird. Gerade in einer modernen Unternehmensorganisation verliert eine Führungskraft schnell ihre Autorität, wenn sie im Falle einer Machtprobe „den großen Bruder" holen muss, der dann den anderen sagt, wo es langgeht. Es reicht, wenn alle wissen, dass man „einen großen Bruder" hat.

E) Expertenmacht

Typischerweise ist der beste Fachexperte nicht notwendigerweise die beste Führungskraft. Hat eine Führungskraft jedoch in dem Gebiet, das sie vertritt, keine oder kaum brauchbare Kenntnisse, dann fehlen ihr zentrale Voraussetzungen für den regen Austausch zwischen Team und Chef/-in, wie ihn die kooperativen Führungsstile vorsehen. Auch Spezialisten ohne Führungsaufgaben haben in vielen Fällen zentrale Stellungen und damit eine gewisse Macht. Die Expertenmacht ist auch im Rahmen der globalen digitalen Aufgabenteilung und im Zeitalter der Expertensysteme kein Phänomen der Vergangenheit. Die Expertenmacht kann auch darin bestehen, einen guten Grundüberblick über ein Themengebiet zu haben und über den Zugang zu den echten Experten zu verfügen. Wer im Rahmen von Management 4.0 ein Unternehmen im digitalen Transformationsprozess auf den Weg schickt, sollte sich eher diese Form der Expertenmacht zum Vorbild machen, da die Detailexpertise einem sehr schnellen Wandel unterliegt und unter Umständen schon gar nicht mehr eine Aufgabe ist, die man im Unternehmen selbst vorhalten möchte, sondern bewusst nur punktuell von außen mit einbezieht.

F) Informationsmacht

Wer einen Informationsvorsprung besitzt, d. h. Informationen hat, die anderen noch nicht vorliegen, dem steht in vielen Fällen eine zusätzliche Machtquelle zur Verfügung. Wird dies innerhalb des Unternehmens bewusst als Machtinstrument eingesetzt, ist das jedoch in vielen Fällen alles andere als hilfreich und konstruktiv, da dann bewusst wichtige Informationen verzögert oder zurückgehalten werden. Hier setzen moderne Formen der Information im Rahmen des agilen Managements an, wenn mithilfe klar strukturierter Verfahren eine große Transparenz über Projektfortschritt, Projektkosten etc. hergestellt wird. Es geht um offene Innovationsprozesse (vgl. Kapitel 1), die keine Machtspielchen mit Informationen vertragen.

G) Erfolg/Reputation

Wer schon mit seinem Team das eine oder andere erfolgreich bewältigt hat, dem traut man auch bei künftigen Herausforderungen mehr zu als einem unbeschriebenen Blatt. Daher geht es intern und extern auch immer wieder um die angemessene Darstellung der eigenen Erfolge. Ein großsprecherisches Vorgehen ist jedoch kontraproduktiv. Hier kann wieder Kreditech als negatives Beispiel dienen. Wer diese Machtquelle dadurch stärken möchte, dass er von 500 % Wachstum erzählt, die das Unternehmen unter seiner glorreichen Ägide erreicht hat, und in Wirklichkeit ein Startup führt, das sich in einer äußerst prekären Situation befindet, der wird mittel- und langfristig diese Machtquelle verlieren. Im Zeitalter von Social Media ist noch mehr auf Konsistenz zwischen gepflegter und echter Reputation zu achten.

H) Auftreten/Authentizität

Eine der ältesten Machtquellen, die auch jenseits aller hierarchisch-organisatorischen Strukturen ihre Bedeutung hat, ist das Auftreten von Menschen. Hier ist nach wie vor das stimmige Auftreten, das authentische Verkörpern einer Persönlichkeit relevant. Im Rahmen von flexiblen Unternehmensstrukturen, in denen die formalen Festlegungen eher reduziert wurden, gewinnt diese Machtquelle zusätzlich an Bedeutung. Auch in der Generation Y wird weitgehend akzeptiert, dass authentisches Auftreten nicht ohne Einschränkungen mit der Haltung gleichzusetzen ist, dass die anderen mich einfach so nehmen müssen, wie ich nun einmal bin, sondern dass authentische Persönlichkeiten und Wahrung von Konventionen sich nicht ausschließen müssen. Ob wirklich alle Konventionen wiederum die nächsten Jahrzehnte überdauern werden, wird erst der Prozess der Entwicklung von Unternehmen und Wirtschaft zeigen, denn hier gibt es andere Vorstellungen bei der Generation Y (vgl. Solf 2016, S. 63), wenngleich Respekt nicht nur entlang der Hierarchie nach oben, sondern gegenüber allen Mitarbeitenden auch in dieser Generation gut ankommt (vgl. Huber 2013, S. 3). Auch dieses Element guter Führungsarbeit ist im Rahmen von Management 4.0 uneingeschränkt gültig. Christoph Keese weist beispielsweise ausdrücklich darauf hin, dass gerade im Silicon Valley, dem Geburtsort der Virtualisierung, die reale unvermittelte Kommunikation der persönlichen Begegnung sehr hoch eingeschätzt wird. Es geht nicht um die Präsenz mithilfe digitaler Technologien, sondern um die persönliche Begegnung, weshalb sich viele Jungunternehmen direkt vor Ort im Silicon Valley ansiedeln (wollen), da sonst die Gefahr bestünde, nicht ausreichend wahrgenommen zu werden.

Machtvakuum

Wer Unternehmen auf ihrem Entwicklungs- und Transformationsprozess begleitet, der kann immer wieder Situationen erleben, in denen gerade junge und dynamische Fachleute in ihren ersten Führungsfunktionen verkünden, dass sie nicht die Chefin oder den Chef raushängen wollten und somit gar nicht den Anspruch hätten, Macht zu besitzen. Das ist als Grundeinstellung nicht verkehrt, darf aber nicht dazu führen, dass Machtbereiche deshalb vakant bleiben, weil man sie als Führungskraft nicht selbst ausfüllen mag. Wer einen Zuständigkeits- und damit faktisch einen Machtbereich nicht selbst ausfüllen will oder kann (beispielsweise aus zeitlichen Gründen), muss ihn im Rahmen einer Delegation dem Team oder einzelnen Mitarbeiterinnen/Mitarbeitern zuweisen. Sonst entsteht ein Machtvakuum. Die/Der formal Zuständige trägt noch die Verantwortung, nimmt aber den Machtbereich nicht wahr. Wie jedes Vakuum ist auch ein Machtvakuum instabil. Andere (Vorgesetzte oder Mitarbeiterinnen/Mitarbeiter bei einer vertikalen Machtverschiebung oder Kolleginnen/Kollegen aus Nachbarabteilungen bei einer horizontalen Machtverlagerung) werden die Macht am Ende ausüben. An diesen fast schon banalen Grundregeln ändern auch Schritte zur Flexibilisierung des Unternehmens und zur Mobilisierung der Teams nichts.

Lehrer werden Lernbegleiter und Chefs werden Coaches?

Grundsätzlich stellt sich die Frage: Wie viel Hierarchie verträgt ein modernes Unternehmen bzw. wie viel Hierarchie braucht ein modernes Unternehmen? Eine klare Aufbauorganisation regelt in den berühmten Organigrammen zunächst einmal die inhaltliche Verantwortung, die thematische Zugehörigkeit und den Informationsfluss. Diese grundsätzlichen Festlegungen sind in allen auch noch so kreativen neuen Organisationsformen und Arbeitsumgebungen elementar. Es geht um die Zuordnungen, die intern und extern notwendig sind, um gerade bei größeren Organisationseinheiten erfolgreich zusammenarbeiten zu können. Damit ist jedoch noch nicht geklärt, welche Rolle die Führungskräfte einnehmen und wie stark die im Rahmen der Organisation festgelegte Hierarchie den Arbeitsalltag prägt. Hier hat sich das Aufgabenspektrum von Führungskräften in der Zusammenarbeit mit den jeweiligen Teams stark verändert (vgl. Ellebracht/Lenz/Osterhold 2011, S. 287). War es früher eher bestimmten Branchen oder höheren Hierarchieebenen vorbehalten, sehr stark auf das Know-how der Kolleginnen und Kollegen bzw. Mitarbeitenden zu setzen, so ist dies in den meisten Umfeldern der Industrie inzwischen der gängige Standard. Denn es gilt, mit hochqualifizierten Kolleginnen und Kollegen zusammenzuarbeiten und deren Erfahrung nicht nur zu bezahlen, sondern auch zu nutzen. Selbst hierarchisch geprägte Führungskräfte „vom alten Schlag" wie etwa der Spediteur Klaus-Michael Kühne haben sich vor allem über ihre Fähigkeit als Teambilder und Teamgestalter einen Namen gemacht. Für den Erfolg der Führungsarbeit der Zukunft ist diese Fähigkeit, die im Regelfall im Profisport von der Öffentlichkeit wahrgenommen wird, von zentraler Bedeutung (Machatschke 8/2015).

4.4.4 Organisations- und Veranstaltungsformen verändern sich

Beispielhaft für diese These kann ein Camp stehen, mit dem die Deutsche Telekom AG junge Nachwuchskräfte angesprochen hat, ohne sich auf die Struktur typischer Workshops einzulassen. Stattdessen wurde ein Rahmen bevorzugt, der stärker Elemente von offenen Großgruppen-Moderationstechniken wie Open-Space, World-Café etc. beinhaltet.

Praxisbeispiel: „Palomar5 – ein extremer Prototyp eines informellen Lern- und Aktionsraums

„Wie eingangs erwähnt, wollten wir das Camp als extremen Prototypen entwickeln. Herausstechende Bestandteile des Camp-Rahmens waren die Dauer von sechs Wochen, ein gemeinsames kommunen-ähnliches Zusammenarbeiten und -leben und eine deutliche Trennung von ‚Außen' und ‚Innen', d. h. von alten Strukturen und dem Camp als Möglichkeitsraum. Natürlich waren die Teilnehmer in der Camp-Location nicht ‚Big-Brother'-ähnlich eingesperrt, sondern konnten das Gelände jeder Zeit verlassen, um auf andere Gedanken zu kommen oder auch einfach nur, um das Berliner Nachtleben zu erkunden. Im Laufe der Zeit entstand allerdings eine Art Gravitationsfeld um das Camp herum, so dass die Mehrheit der Teilnehmer entgegen unserer Erwartung nur selten das Bedürfnis hatte, das Camp zu verlassen. Schnell hatten sie anscheinend das Gefühl, etwas Wichtiges zu verpassen, so dass wir mit Unternehmungen in und um Berlin manchmal ‚Zwangspausen' für alle einlegen mussten. Im Unterschied zu ‚normalen' Konferenzen, ThinkTanks und Workshops, die geprägt sind von einer starr vorgegebenen und nur selten am Bedarf der Teilnehmer orientierten Agenda, war ein vordefiniertes Programm nach den ersten 10 Tagen im Camp die Ausnahme. Als wichtigen Bestandteil des Camp-Frameworks drehten wir die beiden Blöcke des formellen und informellen Austauschs vom zeitlichen Umfang her einfach um. Die Normalität war das Informelle, das zur Selbstorganisation den Gruppen Übergebene. Und wie man das von Konferenzen her kennt, wo sich gerade in den Kaffeepausen die wirklich interessanten Gespräche ergeben, war dies auch im Camp der Fall – nur dass man jetzt eben viel mehr Zeit dafür hatte."

(Wind/Imme 2011, S. 32). ■

Loyalität, Vertrauen und Zusammenarbeit

Wer darauf baut, dass sich im Sinne der Theorie Y die Mitarbeiter intrinsisch motiviert ans Werk machen, der muss ihnen Vertrauen entgegenbringen. Für wirksame Führung im Rahmen von Management 4.0 ist im Idealfall ein gegenseitiges Vertrauensverhältnis die Grundlage der Zusammenarbeit, ohne dass es in ein blindes Vertrauen mündet, bei dem die Führungsebene ihrer Verantwortung nicht mehr gerecht werden kann.

Damit Vertrauen entsteht, benötigen wir im Regelfall Zeit für Erfahrungen, die wir mit den Menschen machen, denen wir vertrauen. In dieser Zeit ist ein authentisches, stimmiges Auftreten der erste Schritt auf dem Weg zum Vertrauensverhältnis. Glaubwürdigkeit ist dann die Ebene, die im nächsten Schritt eine als authentisch wahrgenommene Person erreichen kann, wenn sie das, was sie sagt, auch tatsächlich macht. Wenn die Erfahrung lehrt, dass man sich auf den anderen in diesen Kategorien verlassen kann, bestehen gute Voraussetzungen für den Aufbau einer Vertrauensbeziehung als Basis für eine vertrauensvolle Zusammenarbeit.

Hier kommt im Rahmen der Generationendiskussion die eine oder andere zusätzliche Baustelle hinzu. In sehr traditionellen hierarchischen Führungskontexten war das gegenseitige Vertrauen oft begrenzt, die Führungskräfte konzentrierten sich stärker auf direkte Unterweisung und Kontrolle und dennoch waren manche Voraussetzungen für eine vertrauensvolle Zusammenarbeit in der Regel einfacher gegeben, als dies heute der Fall ist. Die Loyalität als Voraussetzung für Vertrauen war meist schon im Führungsanspruch verankert. Illoyale Mitarbeiter bekamen die volle Wucht der Autorität der Hierarchie zu spüren.

Wenn Hierarchien im Rahmen des Lean Managements flacher werden, die jeweiligen Job-Engagements kürzer und unverbindlicher werden, dann nimmt konsequenterweise die mittel- bis langfristige Loyalität gegenüber dem Arbeitgeber ab. Ein typisches Statement der Generation Y sieht in etwa wie folgt aus: „Es ist das Projekt, in das ich jetzt eingebunden bin, die Firma, in der ich jetzt im Moment arbeite, aber ob das in zwei Jahren noch so sein wird, steht in den Sternen."

Man muss an dieser Stelle nicht die Diskussion führen, ob die verringerte Bindung zwischen Firmen und Mitarbeitenden nun zuerst auf Arbeitgeberseite begonnen hat, bevor sie sich als übergreifender Trend in der Generation Y breitgemacht hat. Wir können jedoch in diesem Zusammenhang meist in den guten Fällen von einer gewissen Loyalität in der gegenwärtigen Arbeitsbeziehung ausgehen. Dies ist jedoch eine zeitlich begrenzte Loyalität, die vor diesem Hintergrund auch weniger belastbar ist als dies in früheren Generationen der Fall war, wo von beiden Seiten, Firma und Mitarbeitenden, noch eine sehr langfristige, mitunter lebenslange Loyalität den Hintergrund bildete.

Da wir in der Haltung von Teammitgliedern gegenüber Führungskräften eine größere Distanz wahrnehmen können und der Nutzen der Führungskräfte durch die Mitarbeiter/-innen deutlicher hinterfragt wird, können wir auch auf der Ebene der Arbeitsbeziehung zwischen Mitarbeiter/-in und Chef/-in nicht immer von einer sehr großen persönlichen Loyalität ausgehen. Wenn im hierarchischen System der vom Chef produzierte „Mist" als solcher wahrgenommen wurde, dann war es oftmals eine Folge der Loyalität und des Respekts gegenüber den Strukturen, dass man sich dennoch dem Chef gegenüber loyal verhielt, solange es nicht die Loyalität gegenüber dem Team, dem Unternehmen und den Unternehmenswerten gefährdete. Diese Schonzeit für „Mist und Mistproduzenten" dürfte in flachen und offenen Organisationsstrukturen in den meisten Fällen der Vergangenheit angehören. Dies muss aber auch aus Sicht des Vertrauens kein Nachteil sein, da damit eine falsche Loyalität zu Ende geht, die weder der Führungsebene noch den Mitarbeitenden größeren Erfolg und größere Zufriedenheit beschert hatte.

Vor diesem Hintergrund sind die Chancen für eine vertrauensvolle Zusammenarbeit nicht geringer geworden, wenn wir hierarchische Bezüge in den Hintergrund treten lassen. Die „Gefahr", vonseiten des Teams offen hinterfragt und kritisiert zu werden, nimmt durch die Transformation eines Unternehmens zu. Unfähige Führungskräfte können im Rahmen von Management 4.0 daher weniger auf eine langfristige schonende Behandlung durch ihre Mitarbeiterinnen und Mitarbeiter setzen. Für einige kann dies der Grund sein, den eigenen Teams zu misstrauen, da man nie weiß, ob die klassischen Mechanismen noch leben oder wiederaufleben, wonach es immer wieder Mitarbeiterinnen und Mitarbeiter gibt, die alles, was aus der Position der Vorgesetzten kommt, per se für fragwürdig halten. Führte das früher zu Kritik im privaten Umfeld oder bestenfalls in den Pausengesprächen, so fördert eine offene Unternehmenskultur dagegen Situationen, in denen diese Kritik offen formuliert wird.

Auch wenn es immer wieder Führungskräfte gibt, die genau vor diesem Hintergrund große Mühe haben, ihren Teams zu vertrauen, ist das aber kein Grund, das Vertrauen in die Teammitglieder in Frage zu stellen - im Gegenteil. Wenn Führungskräfte davon überzeugt sind, dass sie einen sinnvollen Beitrag zum Gelingen der gemeinsamen Aufgaben und zum Erreichen der gemeinsamen Ziele leisten können, dann ermöglicht eine offene Diskussionskultur mit den eher unerschrockenen Angehörigen der Generation Y eine größere Vertrauensbasis. Führungskräfte können darauf vertrauen, dass Kritik nicht nur hinter vorgehaltener Hand geäußert wird. Das schafft zum einen die Gelegenheit, auf die Kritik einzugehen, und zum andern dort, wo es an Information vonseiten der Führungskräfte gemangelt hat, noch etwas nachzulegen. Es ist aber auch vor allem die Chance, die berechtigten Kritikpunkte zeitnah aufzunehmen und abzuarbeiten. Es ist also ein erweitertes Vertrauensverhältnis, das sich einstellen kann. Als Führungskraft vertraue ich meinen Mitarbeiterinnen und Mitarbeitern nicht nur, dass sie ihre Arbeit gut machen wollen und gut machen können. Ich vertraue als Führungskraft auch nicht nur darauf, dass sie nicht gegen mich intrigieren, sondern ich setze mein Vertrauen auch in die Bereitschaft der Mitarbeiterinnen und Mitarbeiter, mich und mein Führungshandeln konstruktiv kritisch zu begleiten.

Auf einer Fachkonferenz hat dies der Personalleiter eines Medienkonzerns einmal so zusammengefasst, dass in diesem Zusammenhang Mitarbeiterführung mit der Generation Y einfach viel anspruchsvoller und anstrengender geworden sei. Darauf muss man im Transformationsprozess die eigenen Führungskräfte vorbereiten.

Welche Loyalität erwartet nun im Gegenzug der Mitarbeiter/die Mitarbeiterin von seinem/ihrem Vorgesetzten und dem Unternehmen? Was ist hier die Voraussetzung für eine vertrauensvolle Zusammenarbeit? Die Nibelungentreue der Mitarbeiterin/des Mitarbeiters verbunden mit einer lebenslangen Beschäftigungsgarantie durch die Vorgesetzten und das Unternehmen ist Geschichte. Dies ist in der Regel auch nicht die Erwartungs- oder gar Anspruchshaltung der Mitarbeiter - es sei denn, das Unternehmen oder die Organisation ist im Umfeld des öffentlichen Dienstes angesiedelt. Dann werden manchmal auch bei zeitlich klar befristeten Projektverträgen die Bilder einer lebenslangen Loyalität heraufbeschworen.

In Unternehmen der Privatwirtschaft bleibt als Erwartung zunächst ein offener und fairer Umgang. Dies setzt voraus, dass gerade auch in den kritischen Fällen, in denen weder Chef/-in noch Unternehmen mit der Leistung eines Mitarbeiters zufrieden sind, ein fairer Umgang gewährleistet ist. Wer ein differenziertes Personalbeurteilungssystem nicht nur anbietet, sondern auch im betrieblichen Alltag etabliert hat, der hat hier schon günstige Voraussetzungen geschaffen. Klare konstruktive Rückmeldungen zu den positiven und negativen Leistungen geben den Teammitgliedern die Chance, sich in ihrem Arbeitsumfeld zu entwickeln. Transparenz über die eigene Leistung, die Teamleistung und die Performance des gesamten Unternehmens machen auch in unsicheren Umbruchphasen den Erfolg messbar und die Risiken kalkulierbar. Auch das größte persönliche Risiko im Zusammenhang mit dem Job, nämlich das Risiko, genau diesen mitunter geliebten, in manchen Phasen auch verhassten Job zu verlieren, kann so vonseiten der Mitarbeitenden eingeordnet werden. Wenn das Unternehmen erfolgreich und wirtschaftlich stabil ist, das Team seine Ziele erreicht und man selbst seine Aufgaben mit großem Erfolg erledigt, ist die Unsicherheit begrenzt, vorausgesetzt, ich bin über genau diese Dinge als Mitarbeiter/-in informiert.

Bild 4.22 stellt traditionelle und moderne Unternehmen zusammenfassend gegenüber.

Kriterium	Traditionelle Unternehmen	Moderne Unternehmen
Privatsphäre	Abgrenzung Privat-Berufsleben	Zeitliche Vermischung (Work-Life-Blending)
Arbeitsdauer	Beginn, Ende, Pausen geregelt	Gesetzl. Obergrenze als einzige Schranke
Lage der Arbeitszeit	Gleitzeitregelung	Eigenverantwortung
Smartphone-/Tablet	Keine Privatnutzung	Private Nutzung möglich
Kleidung + Ansprache	Formell	Informell
Bürogestaltung	Einzel- und Zweierbüros	Teambüros
Interne Kommunikation	Intransparenz	Transparenz
Teilhabe	Wenige Entscheider	Beteiligung vieler
Führungsverhalten	Fremdsteuerung	Selbststeuerung/ Eigenverantwortung

Bild 4.22 Traditionelle versus moderne Unternehmen (Quelle: Dahrendorf 2011, S. 152)

Digital kompetent? – Individuelle Kompetenzen und Unternehmenskompetenzen

Eines der Schlagworte der vergangenen zwanzig Jahre ist das der „digitalen Kompetenz“, die Unternehmen erwerben müssen, um ihr Geschäft auch in Zukunft noch erfolgreich betreiben zu können. Bereits seit den 1990er-Jahren entstand mit dem Aufkommen des World Wide Web eine digitale Querschnittstechnologie. Mit offenen technologischen Standards und Schnittstellen sowie der weltweiten Verbreitung veränderte diese Technologie den üblichen Handlungsrahmen für die meisten Branchen und Unternehmen tiefgreifend. Entsprechend sind die Kompetenzen für das gesamte Unternehmen auch als digitale Kompetenzen nicht nur ein weiteres Themenfeld, sondern ein Kompetenzfeld, das die gesamte bisherige Organisation in Frage stellt. Es geht um das Unternehmen als lernende Organisation. Das Lernen ist dabei die Kompetenzperspektive im Sinne einer „Entwicklung kreativer, selbstorganisierter Handlungsfähigkeit“ (Erpenbeck/Sauter 2013, S. VII) und nicht die Anhäufung eines Wissensvorrats. Damit wird nochmals klar, was der Ansatz des „Entwicklungsorientierten Managements“ aus den 1990er-Jahren meinte: ein Unternehmen, das sich selbst entwickelt, um eine möglichst permanente Handlungsfähigkeit zu erreichen.

Ein Unternehmen, das sich im Rahmen von Management 4.0 dem digitalen Transformationsprozess verschrieben hat, muss sich damit auseinandersetzen, welche Unternehmenskompetenzen künftig erforderlich sind, um den digitalen Wandel als Organisation zu bewältigen (Bild 4.23). Wenn man unter „Kompetenz ... die erlernbare Fähigkeit, situationsadäquat zu handeln“ versteht, d.h. „ein in den Grundzügen eingespielter Ablauf zur Aktivierung, Bündelung und zum Einsatz von persönlichen Ressourcen für die erfolgreiche Bewältigung von anspruchsvollen und komplexen Situationen, Handlungen und Aufgaben“, dann wird deutlich, welche Aufgabe für die Entwicklung persönlicher Kompetenzen im Unternehmen und Kompetenzen des Unternehmens insgesamt entwickelt werden muss. „Messbar und erlebbar ist nicht die Kompetenz selbst, sondern das Ergebnis kompetenten Handelns, die sogenannte Performanz“ (North/Reinhardt 2013, S. 43), weshalb in der Praxis viele Unternehmen sehr spät reagieren, um Defizite in der Kompetenzbilanz zu kompensieren.

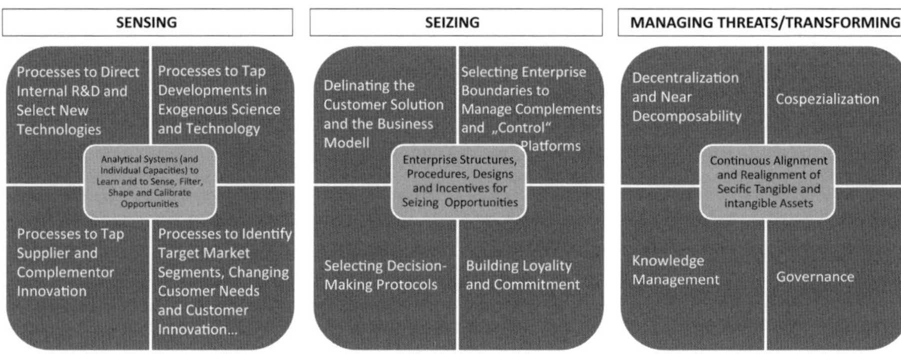

Bild 4.23 Entwicklung dynamischer Fähigkeiten zur Sicherung der Wettbewerbsfähigkeit (Quelle: North 2015, S. 39)

Die digitalen Kompetenzen sind lange Zeit auch unter dem Begriff der „Internetkompetenz“ beschrieben worden, die unterschiedliche Teilbereiche umfasst (vgl. Schmalz 2010, S. 101 ff.):

- Werkzeugkompetenz (digitale Technologien, unter anderem Hard- und Software),
- Adaptionskompetenz (Auswahl und Weiterentwicklung digitaler Tools),
- Quellenkompetenz (Bewertung von Daten und Wissen über Zugänge),
- Sozialkompetenz (gesellschaftliche Relevanz und soziale Dynamik digitaler Medien),
- Kritikfähigkeit (Chancen- und Risikenbewertung digitaler Entwicklungen),
- ökonomische Kompetenz (digitales Wirtschaften und Geschäftsmodelle),
- ethische und rechtliche Kompetenz (ethische und rechtliche Bewertung digitaler Innovationen),
- kreative Kompetenz (kreative Innovationsfähigkeit).

Aus Sicht der Personalentwicklung ist man versucht, die Kompetenz einer Organisation als Summe der persönlichen Kompetenzen im Unternehmen zu begreifen. Derartige summarische Kompetenzen in Form von Wissenslandkarten oder beispielsweise im wissenschaftlichen Bereich als Forschungslandkarte dienen zwar der Veranschaulichung der Themenpalette an Kompetenzen, können jedoch nicht die Kompetenz als Organisation oder Unternehmen beschreiben. Bei einem Franchise-Unternehmen der Fastfood-Branche werden nicht immer nur sehr kompetente Menschen in den einzelnen Unternehmensbereichen arbeiten, dennoch können derartige Restaurants bei entsprechender Führung und Steuerung eine hohe Unternehmenskompetenz aufweisen. Bei Hochschulen gibt es mitunter einen umgekehrten Effekt. Fachlich hoch kompetente Professorinnen/Professoren und Forscher/-innen ergeben bei allzu großer Individualität und unter schwierigen Rahmenbedingungen in der Summe manchmal ein Gebilde, das zusätzlich unter dem Einfluss mangelnder Steuerung nicht die Kompetenz repräsentiert, die eigentlich möglich sein müsste. Ein entscheidendes Bindeglied sind gemeinsame Werte, die die Verbindung zwischen Individualkompetenzen und Unternehmenskompetenzen herstellen (Erpenbeck 2014) sowie eine wirksame Führung.

Ob wir es fertigbringen, gerade in jungen Unternehmen innerhalb kurzer Zeit ausreichende Unternehmenskompetenzen für alle betrieblichen Funktionen im Sinne einer funktionalen Gliederung zu etablieren, ist auch eine Frage der zur Verfügung stehenden Ressourcen. Am Beispiel von Vertriebskompetenzen lässt sich das darstellen (Bild 4.24; vgl. Fearns 2009, S. 29 ff.). Die Vertriebskompetenz eines (jungen) Unternehmens ist mehr als nur die Summe der Qualifikationen und Motivationen der Vertriebsmitarbeiter/-innen. Hinzu kommt der Wert der organisatorischen Ressourcen und Routinen. Gerade bei jungen Unternehmen ist hier im Regelfall noch nicht viel etabliert, da man sich noch eher im Stadium der Improvisation befindet.

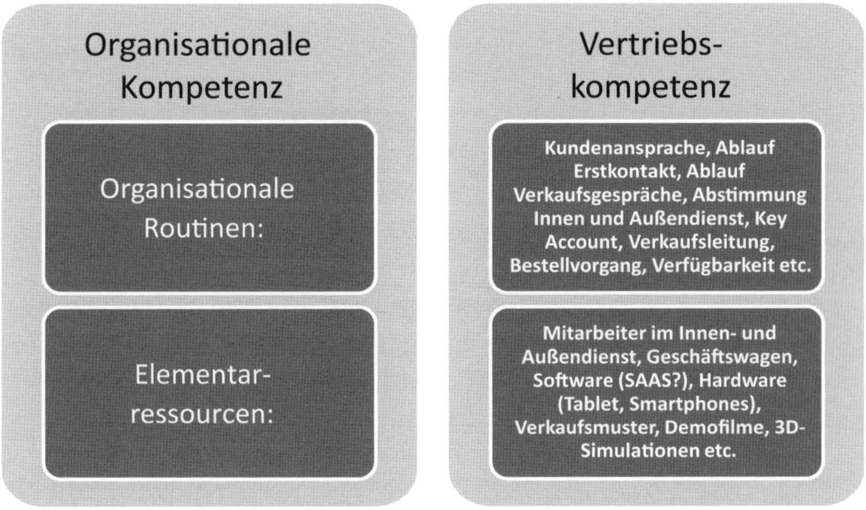

Bild 4.24 Organisationale Kompetenzen am Beispiel Vertrieb (Quelle: Fearns 2009, S. 29)

Elementarressourcen sind hier die Ressourcen, die aus anderen Märkten bezogen werden. Hierzu zählen auch die in der Aufbauphase zentralen Ressourcen des HR-Bereichs (Mitarbeiter/-innen als Träger der Qualifikationen und Motivationen). Die organisationalen Routinen wiederum sind die eingeübten Handlungsmuster, die jedoch gerade in der Startphase noch mit einer gewissen Unsicherheit behaftet sein können (vgl. Fearns 2009, S. 29 f.).

Innovationskompetenz

Da wir im Rahmen von Management 4.0 nicht nur agile Managementpraktiken nutzen, sondern auch eine ausreichende Fähigkeit im Bereich Technologie- und Innovationsmanagement benötigen, ist es von großer Bedeutung, dass es gelingt, im Unternehmen eine Innovationskompetenz aufzubauen. Dazu gehören unter anderem folgende Elemente (vgl. dazu auch eine ähnliche Darstellung bei: Fearns 2009, S. 32):

- Einstellung neuer innovativer Mitarbeiter/-innen,
- Weiterbildung im Bereich agiler Managementpraktiken und Kreativitätsstrategien,
- Stärkung der Führungskompetenz durch Trainings und Coachings,
- systematische Verankerung des Innovationsprozesses.

Wie können wir bei etablierten größeren und bei dynamisch wachsenden jungen Unternehmen sicherstellen, dass die Erfolge des Innovationsmanagements, das bedeutet die in der Praxis wirksame Innovationskompetenz, auch mittelfristig für die Unternehmensentwicklung zur Verfügung steht? Wie sichern wir uns ab, dass es sich dabei nicht nur um eine Eintagsfliege handelt? Um gute Antworten auf diese Fragen finden zu können, benötigen wir gerade für Unternehmen in den Umbruch¬situationen des digitalen Wandels ein Wissensmanagement, das sich gut in die strategische Entwicklung von Unternehmenskompetenzen einfügt (Bild 4.25).

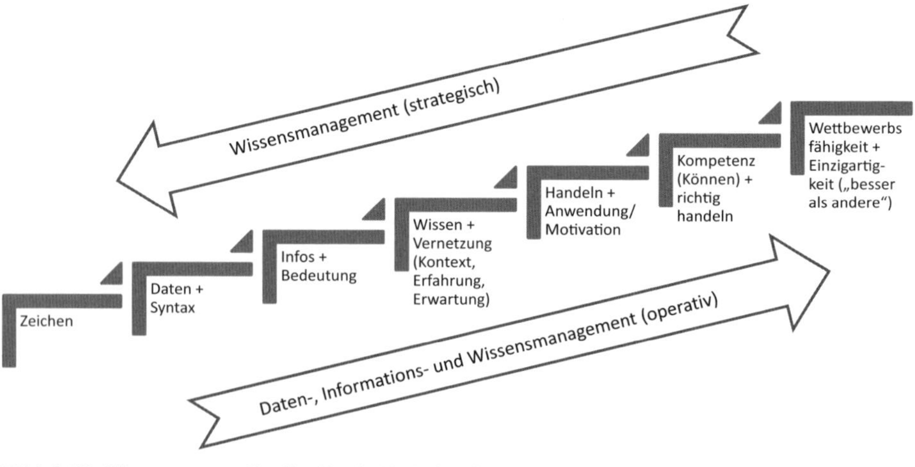

Bild 4.25 Wissenstreppe (Quelle: North 2015, S. 42)

Dabei muss man jedoch bei der Implementierung des Wissensmanagements darauf achten, dass hier nicht lediglich bestehendes Know-how abgebildet und statisch strukturiert wird. Das dynamische Umfeld im Rahmen des digitalen Transformationsprozesses setzt voraus, dass wir im Rahmen von Management 4.0 ein dynamisches Wissensmanagement etablieren. Nur so kann sichergestellt werden, dass die autonomen Unternehmenseinheiten und Teams auch in der Lage sind, die Wissensressourcen zu erschließen, die für die anstehenden Innovationsschritte notwendig sind. Agiles Management setzt die Dynamisierung des Wissensmanagements voraus (Bild 4.26).

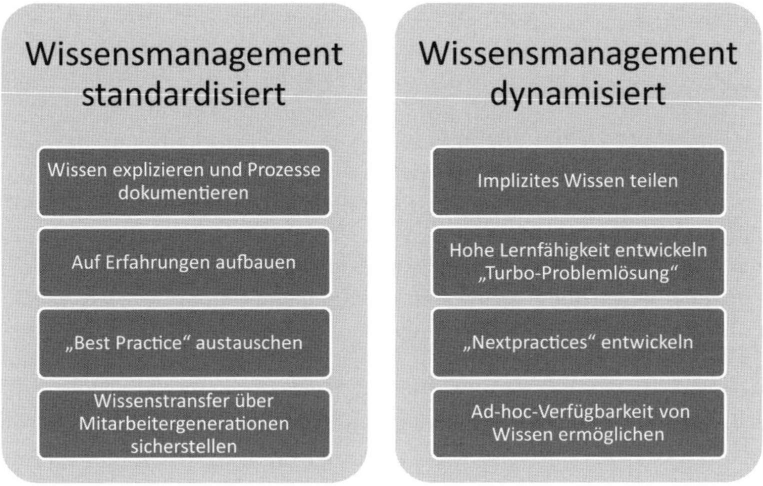

Bild 4.26 Dynamisches Wissensmanagement (Quelle: North 2015, S. 47)

Je nach Branchensituation gibt es unterschiedliche Erfahrungen mit der Realisierung des dynamischen Wissensmanagements in den jeweiligen Unternehmen. Selbst in Branchen mit einer sehr hohen Entwicklungsdynamik ist die Fokussierung des Kompetenzmanagements auf ein dynamisches, wissensbasiertes Innovationsmanagement nicht selbstverständlich. Eine typische Realisierung im innovativen Industrieumfeld, wie die unterschiedlichen Kompetenzprojekte im Hause Festo, liefert die notwendigen Voraussetzungen für neue Entwicklungen im Rahmen von Industrie 4.0 (Bild 4.27).

Bild 4.27 Subway-Projekt der Firma Festo (Kimmich 2015, S. 58)

Wenn man sich mit der Umsetzung des Wissensmanagements in deutschen Firmen beschäftigt, kann man einen merkbaren Unterschied zwischen multinationalen Unternehmen (MNU) und kleineren und mittleren Unternehmen (KMU) feststellen. Eine gezielte Förderung der „High potentials", d.h. der zukünftigen Leistungsträger (vgl. Fernández-Aráoz/Groysberg/Nohira 2011), ist sehr viel häufiger ein Thema in multinationalen Unternehmungen, während KMUs hier weniger engagiert sind. Vor dem Hintergrund der erwartbaren Versorgungslücken, die entstehen, wenn es schwierig wird, neue junge Mitarbeiter/-innen zu gewinnen, ist eine weitere Professionalisierung der Nachwuchsförderung im Rahmen von Management 4.0 auf alle Fälle ratsam. Durch systematische Personalentwicklung lassen sich die Kompetenzen strukturiert weiterentwickeln (vgl. Stolzenberg/Heberle 2006, S. 168 ff.). Dabei ist zu beachten, dass Personalentwicklung im Zeichen der Digitalisierung auch als strategische Aufgabe innerhalb des Unternehmens Anerkennung findet. Bei Industrieunternehmen, die sich für die Anforderungen von Industrie 4.0 weiterentwickeln, ist eine vorausschauende Personal- und Rekrutierungsstrategie beispielsweise einer der erfolgskritischsten Faktoren im Transformationsprozess (vgl. Littig 2016, S. 23). Dabei zeigt sich sehr klar, dass nach Ansicht der größeren Unternehmungen dieses Thema vor allem durch die Personalabteilung gesteuert werden sollte.

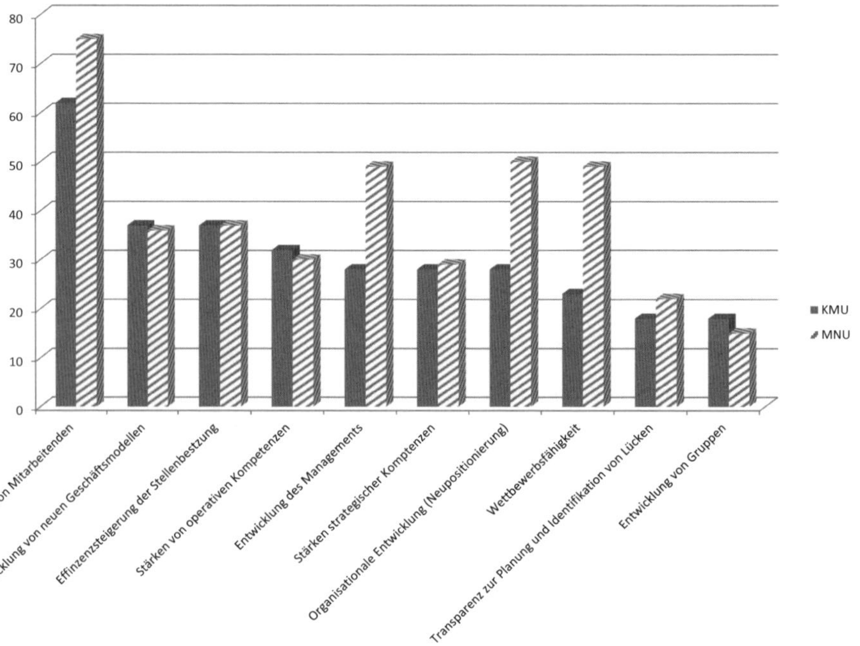

Bild 4.28 Ziele des Kompetenzmanagements (Quelle: Anzengruber 2015, S. 68)

Die kleineren und mittleren Unternehmen sowie die multinationalen Unternehmen sehen gleichermaßen in der Entwicklung von Mitarbeiterinnen und Mitarbeitern das wichtigste Ziel des Kompetenzmanagements (Bild 4.28). Auch das ist auf die Situation in dynamischen Wettbewerbsumgebungen abbildbar, wo wir für die Nutzung der agilen

Managementpraktiken im Rahmen von Management 4.0 Mitarbeiterinnen und Mitarbeiter benötigen, die in der Lage sind, die autonomen Methoden im Alltag anzuwenden, und das nötige Rüstzeug im Sinne der Personalentwicklung mitbringen. Ein Managementrahmen, der die individuelle und organisatorische Kompetenzentwicklung sicherstellt und unterstützt, ist dabei ein weiterer Gunstfaktor für den Erfolg im Rahmen des digitalen Transformationsprozesses.

4.4.5 Organisationsentwicklung

Dieses abstrakte Thema lässt sich am besten durch einen konkreten Unternehmenstypus veranschaulichen, und zwar die Transformation der Tageszeitungsverlage zu Medienhäusern:

Die Zeitungsbranche in Deutschland hat nach der Neuordnung der Eigentümerstrukturen, der Betriebsgrößen und der Verbreitungsgebiete nach 1949 jahrzehntelang davon profitiert, dass der Markt hohe Marktzutrittsbarrieren aufwies und neue Wettbewerbsmedien in den lokalen und regionalen Märkten in die Unternehmensgruppen integriert werden konnten. Anzeigenblätter, privater Rundfunk, Direktverteilung und Postdienste waren dabei Produktbereiche, die man entweder vom Wettbewerber aufkaufen oder in Eigenregie in den Markt bringen konnte. Die Unternehmen konnten durch Investment, Kooperation oder eigenen Know-how-Aufbau das jeweilige Produktsegment erschließen (Bild 4.29).

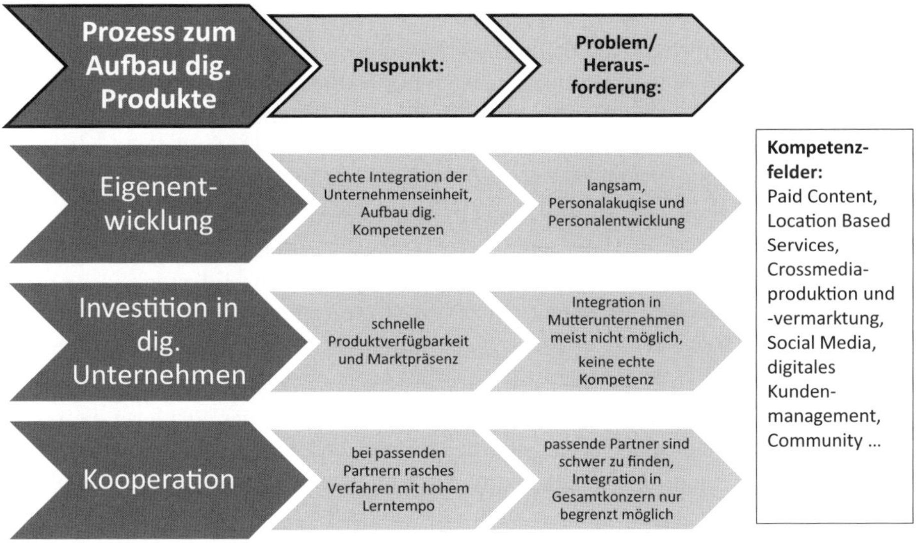

Bild 4.29 Digitale Produkte im Zeitungsverlag ergeben noch keine digitalen Kompetenzen

Wenn Unternehmen und Organisationen wesentliche Veränderungen vornehmen, da sich die Unternehmensumwelt verändert und das Leistungsspektrum an neue Gegebenheiten angepasst wird, bedeutet dies im Regelfall auch eine Veränderung der internen Strukturen und Prozesse. Dies sind Kernthemen der Organisationsentwicklung, die notwendig sind, um den Wandel vom Zeitungsverlag als Einproduktunternehmen zum Medienhaus als Mehrproduktunternehmen erfolgreich nachvollziehen zu können.

Im Fall kleinerer lokaler Zeitungsverlage entstanden Stammhauskonzerne, bei denen die Konzernmutter der Zeitungsverlag ist, der das Hauptprodukt herstellt, und die Konzerntöchter beispielsweise Teilfunktionen des Zeitungsgeschäfts beinhalten, wie z. B. den Zeitungsvertrieb (in Form von Zustellgesellschaften) oder die Werbevermarktung.

Bei größeren Mediengruppen werden auf der Ebene der Konzernmutter oftmals typische Holdingfunktionen miteinander verbunden.

Kompetenzen im Management

Das Zeitungsgeschäft war über Jahrzehnte hinweg durch Unternehmensführung in stabilen Märkten geprägt. Durch die deutliche Strukturkrise sind Zeitungsmanagement und damit die Steuerung und strategische Weiterentwicklung von lokalen und regionalen Medienkonzernen ein wesentlich komplexeres Geschäft geworden. Stand früher die „Verwaltungsfunktion" mit einigen Repräsentativaufgaben im Vordergrund, geht es heute um eine „Gestaltungsfunktion" und die klare Entscheidungs- und Steuerungsfähigkeit des Unternehmens.

Kompetenzen bei Inhalten

Die inhaltliche Kompetenz, die beim Einproduktunternehmen Zeitungsverlag bislang auf die redaktionelle Ausgestaltung einer Zeitung fokussiert war, bekommt durch die Diversifikation in unterschiedliche Medienkanäle eine breitere Bedeutung. Im Zeitungshaus muss die Kompetenz vorhanden sein, unterschiedliche Medienkanäle mit ihren jeweiligen inhaltlichen Erfordernissen und Stärken kombiniert einzusetzen.

Wie erhält nun aber eine sehr traditionelle Unternehmung der Zeitungsbranche die notwendigen Kompetenzen als Unternehmenskompetenz? Zunächst geht es darum, neben den skizzierten Schritten des Zukaufs kompletter Unternehmenseinheiten, eigene Kompetenzen aufzubauen und zu entwickeln. Dies ist für Zeitungsverlage keine einfache Aufgabe, da ihre Attraktivität als Arbeitgeber mit Entwicklungs- und Zukunftsperspektive bei der Generation Y begrenzt ist (Seeger 2014).

Wenn mithilfe der systematischen Personalentwicklung und des Employer Branding nun in ausreichendem Maße neue Mitarbeiterinnen und Mitarbeiter bei den lokalen und regionalen Medienkonzernen an Bord gehen und somit die notwendigen Qualifikationen und Motivationen vorhanden sind, ist es dennoch nicht so, dass eine einfache Summe der Einzelkompetenzen die erforderliche Unternehmenskompetenz ergeben. Erst die Art der Zusammenarbeit, auf Basis der Organisations- und Unternehmenskultur, ermöglicht hier ein sinnvolles Umfeld, um auch eine Kompetenzentwicklung des gesamten Unternehmens zu erzielen. Ein wichtiges Element ist die Teamorganisation

(Hillebrecht 2014), die in den jeweiligen funktionalen Teams (Vermarktung, Redaktion etc.) eigenständige Kompetenzfelder ermöglicht.

Um mit den jungen Wettbewerbern aus dem digitalen Sektor mithalten zu können, müssen die Unternehmen insgesamt digitale Kompetenzen aufbauen. Da viele Aufgabenfelder in Unternehmen der Zeitungsbranche durch die jahrzehntelange Erfahrung der erfolgreichen Gestaltung und Vermarktung von Print-Produkten geprägt sind, kommt den Crossmedia-Strategien und Crossmedia-Kompetenzen in der Gesamtentwicklung der Unternehmen eine Schlüsselstellung zu.

Wenn wir dieses Beispielszenario verallgemeinern, lassen sich daraus in Bezug auf den Prozess der Kompetenzentwicklung einige klare Schlussfolgerungen ziehen:

Digitale Kompetenz bedeutet je nach Branchenkontext völlig Unterschiedliches. Der Erwerb der Kompetenz und die Sicherung der Kompetenz aus Sicht der Unternehmensführung sind sowohl auf der Ebene der Individualkompetenzen relevant als auch auf der Ebene der Unternehmenskompetenzen. Die Veränderung der Organisationsstruktur im Rahmen des Transformationsprozesses darf nicht dazu führen, dass die Flexibilisierung der Struktur, die Relativierung der Hierarchie am Ende bedeuten, dass wir die vorhandenen Individualkompetenzen nur unzureichend koordinieren können. Die Wirkung der Individualkompetenzen als gemeinschaftliche Unternehmenskompetenz ist die Messlatte, an der der Erfolg des Unternehmens im Markt gemessen wird. Um auf diesen Feldern am Ende erfolgreich sein zu können, müssen Unternehmenskultur, Organisationsentwicklung, Personalentwicklung, aber auch die konkreten Themenfelder wie Employer-Branding/Personalakquise aufeinander abgestimmt werden. Dabei ist die Unternehmenskompetenz nicht nur die Summe der Individualkompetenzen. Die digitale Unternehmenskompetenz ist aber auch nicht gleichzusetzen mit der digitalen Weisheit im Sinne von Management 4.0. Denn erst die Fähigkeit, als Organisation von der Erfahrung in den unterschiedlichen praktischen Unternehmensbereichen zu profitieren, schafft die Möglichkeit, aus der Unternehmenskompetenz eine digitale Weisheit als organisationale Weisheit zu entwickeln.

Die Organisationsentwicklung ist ein zentraler Teil, der für den Veränderungsprozess im Rahmen der digitalen Transformation entscheidend ist, die wir mit Management 4.0 beabsichtigen. Dennoch ist es das Zusammenspiel unterschiedlicher Ebenen im Rahmen von Change-Prozessen, aus dem sich die Bereitschaft der Teams und Führungsebenen zu Veränderungen ergibt. Es ist einerseits das konkrete Management der einzelnen Projekte, bei dem dann die agilen Managementpraktiken eine besondere Bedeutung bekommen. Es ist aber darüber hinaus das Führen mit Storymanagement (Loebbert 2015, S. 32 f.), bei dem die Motivation der Teammitglieder durch Vorbilder und Metaphern (vgl. Morgan 1986) sichergestellt wird. Alle drei Ebenen müssen dabei harmonieren (Bild 4.30).

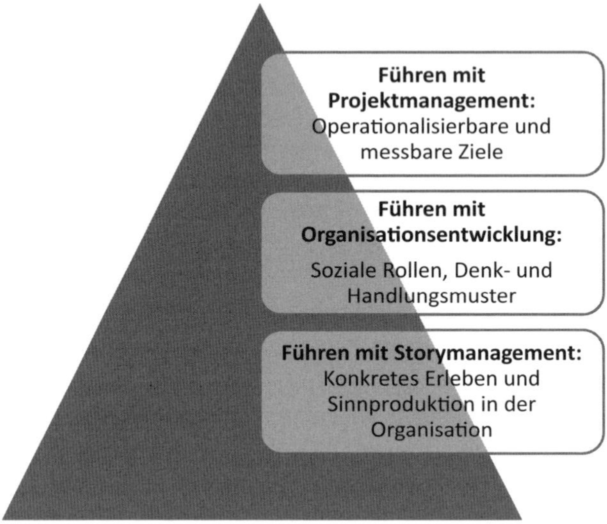

Bild 4.30 Die drei Führungsebenen von Veränderung in Organisationen (Quelle: Loebbert 2015, S. 33)

Wenn man die Ebene des Storymanagements, das vor allem im Umfeld der Startup-Kultur rege Anwendung findet, um Investoren und potenzielle Kooperationspartner, Kunden und Mitarbeitende von der eigenen Idee, Vision und Unternehmung zu überzeugen, auf sich wirken lässt, erkennt man die Verbindung zu unserem Ziel von Management 4.0, der digitalen Weisheit. Die Art, wie aus den philosophischen und theologischen Wurzeln Weisheit für Gruppen zugänglich gemacht wurde, war das Storytelling. Es waren die mündlichen Überlieferungen der antiken Philosophen und die gleichartigen Überlieferungen im Rahmen der religiösen Bewegungen unterschiedlicher Glaubensrichtungen, die Weisheit im Sinne von richtigem Verhalten, weisen Regeln und Lebensklugheit zugänglich machen sollten.

4.4.6 Lebensrhythmus oder Algorithmus?

Bei der digitalen Transformation wird immer wieder einmal euphorisch im Warnton der Kassandra die Veränderung des Arbeitsrhythmus beschworen. Arbeit findet kurzzyklisch mit direkten Erfolgserwartungen statt, wenn auf Basis von agilen Methoden ein Projekt vorangetrieben wird. Die Möglichkeiten der digitalen Kommunikation ermöglichen einen „Rund-um-die-Uhr"-Betrieb und die Teammitglieder können sich mithilfe der digitalen Projektmanagementtools immer wieder über Projektdetails verständigen. Diese Form der Zusammenarbeit verträgt sich meist nicht mit einem veralteten Modell der Work-Life-Balance, das so strukturiert ist, dass zwischen der Arbeit als dem unangenehmen Teil des Lebens und dem entspannenden Teil auf der anderen Seite unterschieden wird. Gleichzeitig besteht die Gefahr, dass die Möglichkeit des permanenten Mailchecks und der ständigen Erreichbarkeit dazu führt, dass Teammitglieder keine Distanz mehr zu ihrer Arbeit entwickeln können und damit nicht nur sich selbst und ihrer persönlichen und privaten Umgebung schaden, sondern auch in professioneller Hinsicht unter der mangelnden Distanz leiden. Beim Postulat von „guter Arbeit" (Vašek 2013) geht es um eine sinnerfüllende Arbeit, die sich in die Bedingungen des persönlichen Lebens integrieren lässt. Hier kann man den direkten Bezug zur Motivationstheorie von Viktor Frankl sehen, der die Motivation aus dem Sinn, insbesondere dem Lebenssinn ableitete. Das kann man sowohl als persönliches als auch als unternehmerisches Ziel begreifen.

Telearbeit

Zunächst geht es um die Möglichkeit, Arbeit zeitlich und räumlich so zu flexibilisieren, dass sie sich in die Lebensbedingungen der Mitarbeiter/-innen einpasst und gleichzeitig ein effizientes und effektives Zusammenarbeiten innerhalb der Teams gewährleistet ist. Überall dort, wo die Flexibilisierung von der Arbeitsorganisation, der Unternehmenskultur und der Persönlichkeit der Handelnden möglich ist, sollte man sie versuchen zu integrieren. Hinter der Flexibilisierung steht die Idee: „Arbeite wann und wo du willst" (vgl. Bullinger/Ilg 2005, S. 560).

Wenn es bei den Akteuren Defizite gibt – das kann sowohl aufseiten der Führungskräfte als auch aufseiten der Mitarbeitenden sein – ist es eine Aufgabe der Personalentwicklung, mehr Spielraum zu erreichen. Was ist der Hintergrund dieses Postulats der Flexibilisierung der Arbeit? Es geht darum, Zufriedenheit mit der Arbeitssituation und Arbeitsbelastung zu erzeugen. Selbst dann, wenn die Aufgaben eine/-n Mitarbeiter/-in weit weniger fordern, wird sie/er am Ende des Tages weniger zufrieden sein, wenn die Arbeit dennoch massive negative Auswirkungen auf ihre/seine persönliche Lebensführung hat. Wer zum Beispiel mehr als drei Stunden am Tag mit Fahrzeit zubringt, der wird allein durch diesen Umstand schon gestresst sein, ohne dass er eine besondere Leistung während der Arbeit erbringt. Wenn an dieser Stelle die Möglichkeit besteht, beispielsweise auch einer Führungskraft mit Familienpflichten einen Homeoffice-Tag in der Woche anzubieten, dann ist dies im Hinblick auf die gerade in der Generation Y so kritische Mitarbeiterbindung ein positiver Faktor. Die oftmals feststellbare Wirkung, dass die Mitarbeiter/-innen in dieser Situation dann nicht weniger, sondern eher mehr arbeiten und auch nicht weniger, sondern mehr involviert sind, klingt zwar für den einen oder anderen Gewerkschafter bereits nach typischer arbeitgeberorientierter Ausbeutung der Ressource Kollege, ist aber ein für beide Seiten positives Fazit. Hier gibt es auch Untersuchungen, die gerade in agilen Managementpraktiken und der höheren Selbstbestimmtheit und Selbstwirksamkeit einen Ansatz für eine verbesserte Work-Life-Balance sehen (vgl. Hofmann 2015, S. 137).

Permanente Erreichbarkeit

Welche Tools geben wir nun unseren Teams in realer oder virtueller Präsenz mit auf den Weg? Den Rahmen für Kommunikation und Kooperation kann ein Team ohne größere Probleme selbst festlegen. Wer in seiner Freizeit mit seinem privaten Umfeld in einer permanenten Kommunikation steht, der mag sich bei hoher intrinsischer Motivation nicht von einer Rahmenregelung sagen lassen, wie er mit seinen Teamkollegen in Kontakt bleiben soll. Mit BYOD („Bring your own device") hat sich in vielen Fällen auch die Erkenntnis durchgesetzt, dass wir den Kolleginnen und Kollegen nicht mehr vorschreiben können, mit welchen technischen Tools sie arbeiten. Wer iPhone-Liebhaber ist, der mag sich nicht mit einem Blackberry „herumplagen" und umgekehrt. Was im Hinblick auf die Unternehmens- und IT-Sicherheit neue Herausforderungen schafft, führt im Hinblick auf die Arbeitsqualität zu positiven Ergebnissen. Es ergibt sich an dieser Stelle eine permanente Erreichbarkeit. Wie nun mit dieser faktisch permanenten Erreichbarkeit umzugehen ist, kann in den Spielregeln des Teams festgelegt werden. Dabei wird es allgemein verbindliche Regelungen geben, die alle gleichermaßen betreffen sowie Empfehlungen und individuelle Wünsche. Ein Erfolgsrezept agiler Unternehmen der digitalen Welt besteht gerade darin, klar zu erkennen, was einer übergreifenden Regelung bedarf und was nicht. Was im Abschnitt Organisation, Improvisation und Disposition schon anklang, gilt auch hier. Nicht alles muss am Ende in einer rechtsverbindlichen Regelung landen, die die nächsten Jahrzehnte Bestand haben und für alle Gültigkeit erlangen soll.

Arbeiten und entspannen

Was den persönlichen Arbeitsrhythmus angeht, ist die Kombination aus leistungsorientierten Phasen im Beruf und entspannenden Phasen in Beruf und Privatleben ein zentraler Baustein für langfristig gute Leistungen. Das Porträt von Arianna Huffington über ihre eigenen Überbelastungen ist ein typisches Beispiel für die Gefahr, die die digitalen Selbstoptimierer bedrohen kann. Auch wenn Huffington kein jahrgangsmäßiger Teil der Generation Y ist und auch von der Generationenlogik nicht den Typus des Digital Native verkörpert, bildet sie doch eine Art digitale Avantgarde ab. Da gibt es zum einen den Anspruch, in allem, was man macht, besonders erfolgreich zu sein. Dies führt nicht nur zum Typus der planungsversessenen Helikoptereltern, die das „Projekt Kind" permanent optimieren, damit es am Ende auch gelingt. Dieser Anspruch führt auch zu einer religionsähnlichen Einordnung in Lifestyle- und Gesundheitsfragen, bei denen es auch um den richtigen Weg zu Gesundheit, Schönheit und nach Möglichkeit einer gewissen Form der Alterslosigkeit geht. Genau hier ist dann in vielen Fällen eine selbstkritische Betrachtung angesagt, die sich damit auseinandersetzt, ob das nun wirklich alles zu einem sinnvollen Ganzen passt oder zu einer Situation der permanenten Überforderung führt.

Lebensphasen und Lebenssituationen

Die Leistungsfähigkeit und Leistungsbereitschaft der Teammitglieder hängt mittelfristig betrachtet stark von ihrer Lebenssituation ab. Welche weiteren Pflichten (Pflege von Angehörigen, Betreuung von Kindern) sind in der weiteren Entwicklung noch einzuplanen? Work-Life-Balance und Work-Life-Blending sind in hohem Maße individuell und hängen von Lebenssituationen, Erfahrungen, Wertvorstellungen und Erwartungen der Mitarbeiterinnen und Mitarbeiter ab. Um hier mehr über die eigene Klientel zu lernen, gibt es die Möglichkeit, über spezielle Formen der Großgruppenmoderation wie Open Space oder Boot-Camps die Wertvorstellungen und Erwartungen von Nachwuchsführungskräften transparent zu machen. Ein Beispiel, das in Kooperation mit der Deutschen Telekom AG umgesetzt wurde, zeigt, welche Ergebnisse man aus solchen Projekten erzielen kann. Sie dienen dann für die Ausgestaltung eines passenden Führungsrahmens als inhaltliche Leitlinie der Bedürfnisse, Erwartungen und Wünsche:

Praxisbeispiel: Denkanstöße aus dem Palomar5 Camp für Unternehmen

„Was das Experimentieren angeht, so kann man aus dem Palomar5 Camp ableiten, wo sich einige potenzielle Stellschrauben und Schieberegler befinden, die die „Gunst der Millennials" positiv beeinflussen können:

- *Faire Verteilung des Applauses: Die finanzielle Vergütung reicht als Vergütungs- und Belohnungsmodell nicht. Millennials wollen gegenüber Kollegen und Kunden für ihren Beitrag an erfolgreichen Projekten transparent gewürdigt werden. Applaus unter Arbeitern sollte so einfach und transparent wie mit einem „gefällt mir"-Facebook-Button verteilt werden können.*
- *Cockpit für Projektaktivitäten: Millennials sind es gewohnt, an mehreren Projekten zu arbeiten und kennen durch ihre Kommunikation im Web ein hohes Maß an Transparenz. Analog dem erwähnten Ideengrab auf dem Camp brauchen Unternehmen daher Instrumente, um den aktuellen Energieeinsatz und den Erfolgsfortschritt von Projekten für jedermann darzustellen.*
- *Scheitern im Rampenlicht, aber mit Lerneffekt: Überall hört man: „Wir brauchen eine bessere Fehlerkultur". Dafür muss man etwas tun. Wenn gescheiterte Projekte beispielsweise in unverkrampften Eventformaten mit dem Segen des Managements im Rampenlicht präsentiert und die Lernpotenziale zelebriert und geteilt werden, so steigen Mut, Transparenz und Innovationskraft in der Organisation.*
- *Förderung des Multi-Rollen-Mitarbeiters: Gerade junge Mitarbeiter sind voller Neugierde und können bzw. wollen sich in multiplen Rollen einbringen. Ein Palomar5 Camp-Teilnehmer war oft am gleichen Tag Konzepter, Berater, Netzwerker, Designer, Programmierer und Researcher zugleich. Stellenbeschreibungen, Visitenkartentitel und Abteilungsstrukturen sollten daher eine neue Form von Professionalisierung zulassen und fördern.*
- *Schaffen von Schnittstellen: Unterschiedliche Menschen – unterschiedliche Präferenzen für Kommunikationstools. Wir erziehen Linkshänder nicht mehr zu Rechtshändern. Warum verlangen wir dann von jahrelangen Facebook-Nutzern, dass sie mit ihren Kollegen während der Arbeitszeit nur über das halbausgereifte eigenentwickelte firmeninterne Social Network zu kommunizieren haben? Auch wenn es für die IT-Abteilung eine große Herausforderung ist: Es gilt also vor allem sinnvolle Schnittstellen zu schaffen, damit eine Kommunikation zwischen den populären Online-Tools (Facebook, Twitter, Blogs), technologischen Eigenentwicklungen und tradierten Offline-Instrumenten (Post-Its und Flipcharts in Meetingräumen) stattfinden kann.*

- *Spielend arbeiten: Lego-Männchen werden in Strategie- und Innovationsseminaren langsam salonfähig (vgl. http://www.seriousplay.com). Doch Führungskräfte sollten ihren Mitarbeitern und sich selbst mehr Möglichkeiten zum analogen und digitalen Spielen bieten. Im Camp erlebten wir eindrucksvoll, wie sich über kreative Spielformate Erfahrungen austauschen, Ideen generieren, Gedanken reflektieren und energieleere Akkus wieder auftanken lassen.*
- *Wissen teilen macht erfolgreich: Der erfolgreiche Konzernmitarbeiter war lange dafür bekannt, dass er es schaffte, möglichst lange möglichst wenig von seinem Wissen Preis zu geben. Die erfolgreichsten Camp-Teilnehmer waren bei uns dafür bekannt, dass sie Formate kreierten, um möglichst schnell möglichst viel von ihrem Wissen zu teilen. Organisationen sollten Online- und Offline-Formate zulassen, prämieren und selbst initiieren, um Wissen und Erfahrungen virusartig und exponentiell zu verbreiten.*
- *Mobile Arbeitsplätze ja, aber anders: Millennials sind mit Laptop, Smartphone und Tablet überall einsatzfähig. Wenn sie einen festen Anker in Form eines Büros haben, wollen sie a) ihren Platz aber möglichst individuell gestalten und b) ihn deshalb auch nicht ständig im Rahmen eines mobilen Arbeitsplatzkonzepts wechseln müssen. Was ihnen hilft: ein Grundvertrauen des Unternehmens, dass sie ihre individuellen Umgebungen für Inspiration, Reflektion, Konzentration und Rehabilitation im Unternehmen, in ihrer Stadt und in der Welt selbst finden und nutzen werden."*

(Wind/Imme 2011, S. 47 f.)

Der Ansatz, jeden Menschen von den Segnungen einer Festanstellung mit (lebens-)langer Beschäftigungsperspektive überzeugen zu wollen, kann bei einigen Millenials in die falsche Richtung führen. Dominik Wind und Jonathan Imme (2011, S. 48) haben den Vergleich gewählt, dass es Menschen gibt, die sich in ihrem Beziehungsleben lieber von einer leidenschaftlichen Affäre in die nächste stürzen, als sich auf eine kontinuierliche Beziehung in Form einer Ehe einzulassen. In diesem Beispiel wäre die Empfehlung, nun endlich zu heiraten, nicht unbedingt die Lösung, da andere Werte und Erwartungshaltungen dahinterstehen.

Eine offene, flexible Organisation verbindet die digitale Kompetenzen mit Sozial- und Selbstkompetenz (Bild 4.31).

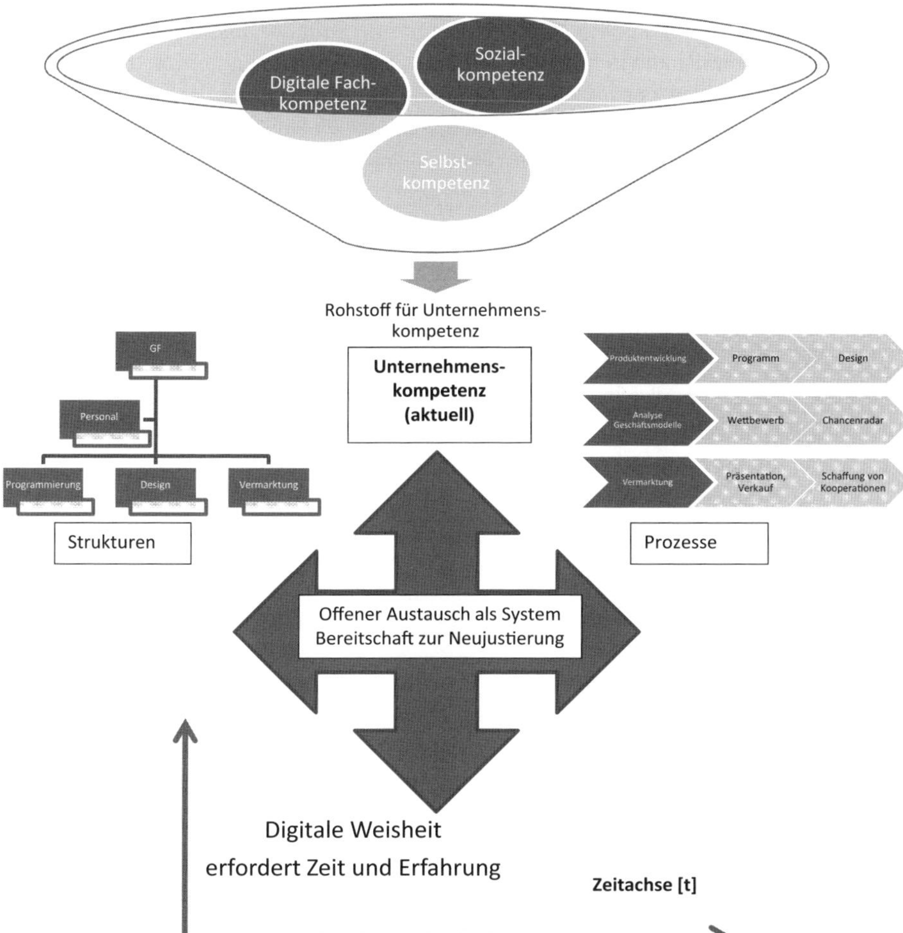

Bild 4.31 Die offene, flexible Organisation (Quelle: Steinbeis-Beratungszentrum „Leadership in Science and Education“)

Praxisbeispiel: Bosch – der Weg zur digitalen Unternehmung

Bosch ist vom Grundsatz her nach wie vor vor allem ein traditioneller Automobilzulieferer mit einer langen Unternehmenshistorie. Um das traditionelle Unternehmen im Bereich der sich verändernden Märkte noch stärker in Schwung zu bringen, hat der neue Chef, Volkmar Dener, eine Reihe von Veränderungen eingeführt, die den Kulturwandel zum digitalen Unternehmen begünstigen sollen.

Meetings sollen nur noch mit sechs bis acht Personen durchgeführt werden. „Mehr Silicon Valley, weniger Schillerhöhe“ (Freitag/Noé 3/2013, S. 40). Das Ziel ist es auch, durch neue Kommunikationsformen wie Blogs das Unternehmen Bosch fit zu machen für das Zeitalter des „Internet der Dinge“. Hierzu gehören auch Startups, wie das 2005 gegründete Unternehmen, das in wesentlich kürzerer Zeit Mikrosensoren für den Massenmarkt der Mobilkommunikation entwickelte als es bislang im Bosch-Konzern für die Abnehmer aus der Automobilindustrie üblich war.

Eigene Konzern-Startups als Corporate-Startup wurden 2014 mit einem eigenen Inkubator (Bosch Startup Plattform – BOSP) unterstützt, um unternehmerisch denkende Talente aus den eigenen Reihen nicht dann zu verlieren, wenn die eigenen Ideen der Talente noch nicht nahtlos in die bestehende Unternehmensarchitektur und Produktwelt von Bosch passen (vgl. Cole 2015, S. 194).

Aber auch bei einem Unternehmen wie Bosch reicht es nicht aus, die Kultur zu verändern und den Tanker Konzern um ein paar Schnellboote wie den Bereich Ebike-Systems zu ergänzen. Die Strukturen müssen auf die neuen Umfeldbedingungen angepasst werden, weshalb an einzelnen Standorten seit 2008 deutlich Personal abgebaut wurde. Auch bei den schwierigen Maßnahmen im Rahmen eines Konzernumbaus spielt die Gesamtkultur eine Rolle, da man sich bei Bosch um möglichst verlässliche sozialverträgliche Regelungen bemühte. ■

4.5 Literatur

Alvares desSouza Soares, Philipp (8/2015-2): Elitäres Milieu, in: Manager Magazin 8/2015, S. 80 – 83

Alvares des Souza Soares, Philipp (10/2015): Abwärts, in: Manager Magazin 10/2015, S. 25

Anzengruber, Johanna (2015): Kompetenzmanagement von morgen verstehen – wie man Kompetenzen sichtbar machen und mobilisieren kann; in: Steinbeis-Stiftung (Hrsg.): Steinbeis Consulting Tag, Fokus: Unternehmenskompetenzen. Dokumentationsband 3. Juli 2014. Stuttgart, S. 61 – 70

Bleicher, Knut (2004): Das Konzept Integriertes Management: Visionen – Missionen – Programme, Campus-Verlag Frankfurt

Brandes, Ulf/Gemmer, Pascal/Koschek, Holger/Schültken, Lydia (2014): Management Y: Agile, Scrum, Design Thinking & Co.: So gelingt der Wandel zur attraktiven und zukunftsfähigen Organisation. Campus Verlag. Frankfurt

Brettschneider, Frank (2011): Kommunikation und Meinungsbildung bei Großprojekten. Aus Politik und Zeitgeschichte 61, S. 40 – 47

Brettschneider, Frank (2012): Legitimation durch Kommunikation? Die gesellschaftliche Debatte über Ingenieurprojekte. In: mining + geo 3/2012, S. 435 – 439

Brettschneider, Frank (2013): „Wutbürger“ in der „Dagegen-Republik“? Grundregeln für die Kommunikation bei Infrastrukturprojekten. In: Bauingenieur Jahresausgabe 2013/2014, S. 12 – 15

Breyer-Mayländer, Thomas (2013b): Sachleistungsmarketing, in: Pepels, Werner (Hrsg.): Marketing im Nebenfach, Berliner-Wissenschafts-Verlag, Berlin 2013, S. 195 – 213

Breyer-Mayländer, Thomas (2015a): Führung braucht Klarheit. Hanser München

Breyer-Mayländer, Thomas (2015d): Vom Zeitungsverlag zum Medienhaus: 50 Jahre Markt- und Organisationsentwicklung im lokalen und regionalen Zeitungsmarkt, in: Breyer-Mayländer, Thomas (Hrsg.) (2015): Vom Zeitungsverlag zum Medienhaus: Geschäftsmodelle in Zeiten der Medienkonvergenz, Springer-Gabler Wiesbaden, S. 15 – 27

Bruch, Heike/Kunze, Florian/Böhm, Stephan (2010): Generationen erfolgreich führen: Konzepte und Erfahrungen im Management des demografischen Wandels, Springer Gabler Wiesbaden

Buchenau, Peter/Fürtbauer, Dominik (2015): Chefsache Social Media Marketing – Wie erfolgreiche Unternehmen schon heute den Markt der Zukunft bestimmen, Springer-Gabler Wiesbaden

Buchhorn, Eva/Werle, Klaus (11/2011): Junge Pioniere, in: Manager Magazin 11/2011, S. 152 – 158

Buckingham, Marcus/Clifton, Donald O. (2007): Entdecken Sie Ihre Stärken jetzt!: Das Gallup-Prinzip für individuelle Entwicklung und erfolgreiche Führung; Campus Frankfurt/New York

Bullinger, Hans-Jörg (2013): „Die Stärken des deutschen Innovationssystems liegen in der guten Vernetzung“, in: Keuper, Frank et al. (Hrsg.): Digitalisierung und Innovation – Planung, Entstehung, Entwicklungsperspektiven, Springer-Gabler, Wiesbaden, S. 27 – 34

Bullinger, Hans-Jörg/Ilg, Rolf (2005): Leben und Arbeiten in einer vernetzten Welt: 10 Trends, in: Kuhlin, Bernd/Thielmann, Heinz (Hrsg.) (2005): Real-Time Enterprise in der Praxis: Fakten und Ausblick, Springer Heidelberg/Berlin, S. 551 – 562

Buß, Eugen (2007): Die deutschen Spitzenmanager: Wie sie wurden, was sie sind – Herkunft, Wertvorstellungen, Erfolgsregeln, Oldenbourg München

Buß, Eugen (2012): Managementsoziologie: Grundlagen, Praxiskonzepte, Fallstudien; 3. Auflage, Oldenbourg München

Canditt, Sabine/Braun, Peter (2015): Mit Beyond Budgeting zu einem flexiblen Unternehmen, in: Lang, Michael/Scherber, Stefan (Hrsg.) (2015): Agiles Management: Innovative Methoden und Best Practices, Symposion Düsseldorf, S. 29 – 51

Cole, Tim (2015): Digitale Transformation: Warum die deutsche Wirtschaft gerade die digitale Zukunft verschläft und was jetzt getan werden muss!, Vahlen München

Dahrendorf, Stephan (2011): Führung durch Kommunikation: Interaktionsprozesse für Millenials gestalten, in: Klaffke, Martin (2011) (Hrsg.): Personalmanagement von Millennials: Konzepte, Instrumente und Best-Practice-Ansätze. Springer Gabler. Wiesbaden, S. 147 – 162

DGFP (2011): Zwischen Anspruch und Wirklichkeit: Generation Y finden, fördern und binden. Praxis Papier 9/2011, Düsseldorf

Dueck, Gunter (2005): „Wir brauchen ein artgerechtes Management für Techies", Interview von Alexandra Mesmer, in: Computerwoche, *http://www.computerwoche.de/a/wir-brauchen-ein-artgerechtes-management-fuer-techies,556167,3* (Abruf: 01.01.2016)

Ellebracht, Heiner/Lenz, Gerhard/Osterhold, Gisela (2011): Systemische Organisations- und Unternehmensberatung – Praxishandbuch für Berater und Führungskräfte, 4. Auflage, Springer-Gabler Wiesbaden

Ernst & Young, Valid Research (2015): Digitalisierung: Wer investiert und profitiert – wer verliert? 2015, Seite 9, zitiert nach: Statista *http://de.statista.com/statistik/daten/studie/455780/umfrage/umfrage-zur-zukuenftigen-veraenderung-von-geschaeftsmodellen-in-unternehmen-weltweit* (Abruf: 08.02.2016)

Erpenbeck, John/Sautter, Werner (2013): So werden wir lernen!: Kompetenzentwicklung in einer Welt fühlender Computer, kluger Wolken und sinnsuchender Netze, 978-3-642-37180-6, Berlin, Heidelberg, S. VII

Facit/Horizon Consulting (2014): Horizont Nr.44 vom 30. Oktober 2014, Seite 48, zitiert nach Statista *http://de.statista.com/statistik/daten/studie/347521/umfrage/forderungen-der-generation-y-an-ihre-vorgesetzten* (Abruf: 08.02.2016)

Fearns, Hanna (2009): Entwicklungsorientiertes Management aus strategischer Perspektive: Die Entwicklung von Kernkompetenzen im Unternehmen. in: Gmürr, Markus (Hrsg.) (2009): Entwicklungsorientiertes Management weitergedacht. University Press Kassel, S. 27 – 36

Fernández-Aráoz, Claudio/Groysberg, Boris/Nohira, Nikita (2011): High Potentials richtig fördern, in: Harvard Business Manager 12/2011, S. 20 – 28

Fisher, Roger/Brown, Scott (1989): Gute Beziehungen: Die Kunst der Konfliktvermeidung, Konfliktlösung und Kooperation, Campus Verlag Frankfurt/New York

Frankl, Viktor E. (2012): Der Wille zum Sinn, 6. Auflage, Verlag Hans Huber Bern

Freitag, Michael/Maier, Astrid/Palan, Dietmar (04/2015): Silicon Valley, in: Manager Magazin 04/2015, S. 78 – 88

Freitag, Michael/Noé, Martin (3/2013): Die Antriebskraft, in: Manager Magazin 3/2013, S. 38 – 45

Frenzel, Ralph (2008): Das erste Mal Chef; Haufe Freiburg

Gatermann, Michael (5/2012): Viel Spaß, viel Druck, in: Manager Magazin 572012, S. 118 – 120

Gillies, Constantin (06/2016): Sie haben Post vom überforderten Chef, in: VDI-Nachrichten 06/2016, S. 28 – 29

Goebel, Wolfgang (2011): Erfolgreiche Rekrutierung von Millenials durch Perspektiven für Talente, in: Klaffke, Martin (2011) (Hrsg.): Personalmanagement von Millenials: Konzepte, Instrumente und Best-Practice-Ansätze. Springer Gabler. Wiesbaden, S. 115 – 132

Goscinny, René/Uderzo, Albert (1961): Asterix bei den Goten, Ehapa Stuttgart

Gross, Peter (1994): Die Multioptionsgesellschaft; Suhrkamp Frankfurt a. M.

Groß-Selbeck, Stefan (2010): Wie man aus einem Startup ein erfolgreiches Unternehmen entwickelt, in: Burda, Hubert/Döpfner, Matthias/Hombach, Bodo/Rüttgers, Jürgen (Hrsg.) (2010): 2020 Gedanken zur Zukunft des Internets, Klartext Medienwerkstatt Essen, S. 91 – 95

Hanisch, Ronald (2013): Das Ende des Projektmanagements – Wie die Digital Natives die Führung übernehmen und Unternehmen verändern, Linde Wien

Heinrich, Christian (2015): „Ich operier dann morgen weiter", in: DIE ZEIT vom 19. 11. 2015, Nr. 47/2015, S. 83

Hermes, Vera (2015): Was die Digitalisierung mit uns macht, in: Absatzwirtschaft Sonderausgabe dmexco 2015, S. 44 – 47

Hillebrecht, Steffen (2015): Herausforderung Personalentwicklung im Zeitungsverlag – von der Einzelkompetenz zur Teamkompetenz, in: Breyer-Mayländer, Thomas (Hrsg.) (2015): Vom Zeitungsverlag zum Medienhaus: Geschäftsmodelle in Zeiten der Medienkonvergenz, Springer-Gabler Wiesbaden, S. 43 – 51

Hirsmüller, Dieter (2014): Mutmacher sein: Staunen – Leben – Lieben, Verlag Colleg für Führung und Persönlichkeit Wehr/Baden

Hofbauer, Helmut/Kauer, Alois (2011): Einstieg in die Führungsrolle: Praxisbuch für die ersten 100 Tage; 3. Auflage, Hanser München

Hofmann, Michael (2015): Scrum und mentale Gesundheit, in: Lang, Michael/Scherber, Stefan (Hrsg.) (2015): Agiles Management: Innovative Methoden und Best Practices, Symposion Düsseldorf, S. 133 – 152

Hombach, Bodo (2010): Über das Internet und die Entgrenzung kultureller und zeitlicher Lebensräume, in: Burda, Hubert/Döpfner, Matthias/Hombach, Bodo/Rüttgers, Jürgen (Hrsg.) (2010): 2020 Gedanken zur Zukunft des Internets, Klartext Medienwerkstatt Essen, S. 239 – 246

Horx, Matthias (2013): Trendbericht 2013. Kelkheim

Huber, Daniel F. (2013): „Generation Y" und Work-Life-Balance: Anregungen für die Praxis, in: HR Consulting Review 02/2013, Online First, *http://macs2.psychologie.hu-berlin.de/vqp/uploads/VQP13_06a_Huber.pdf* (Abruf: 10. 02. 2016)

Huffington, Arianna (2014): Die Neuerfindung des Erfolgs. Riemann Verlag. München

Jandura, Olaf/Karnowski, Veronika (2015): Digital Natives vs. Digital Immigrants – fruchtbares empirisches Konzept für die Kommunikationswissenschaft oder populärwissenschaftliche Fiktion?, in: Publizistik 29. Januar 2015, S. 63 – 79

Jung, Hans (2009): Persönlichkeitstypologie: Instrument der Mitarbeiterführung; Oldenburg München

Katzer, Catarina (2016): Cyberpsychologie – Leben im Netz: Wie das Internet uns ver@ndert, dtv München

Keese, Christoph (2014): Silicon Valley – Was aus dem mächtigsten Tal der Welt auf uns zukommt, Knaus München

Keller, Heidi(2015): Die Entwicklung der Generation Ich – Eine psychologische Analyse aktueller Erziehungsleitbilder, Springer-Fachmedien Wiesbaden

Kimmich, Martin (2015): Wissensmanagement bei Festo; in: Steinbeis-Stiftung (Hrsg.): Steinbeis Consulting Tag, Fokus: Unternehmenskompetenzen. Dokumentationsband 3. Juli 2014. Stuttgart, S. 51 – 59

Kirchner, Sebastian/Breyer-Mayländer, Thomas (2014): Manager in der Öffentlichkeit – Fettnäpfchen kennen und meiden, Springer Gabler Wiesbaden

Klaffke, Martin/Parment, Andres: (2011): Herausforderungen und Handlungsansätze für das Personalmanagement von Millenials. in: Klaffke, Martin (2011) (Hrsg.): Personalmanagement von Millenials: Konzepte, Instrumente und Best-Practice-Ansätze. Springer Gabler. Wiesbaden. S. 3 – 22

Kleiminger, Harriet (2011): Gen Y: Implikationen für Personalentwicklung, in: Klaffke, Martin (2011) (Hrsg.): Personalmanagement von Millenials: Konzepte, Instrumente und Best-Practice-Ansätze. Springer Gabler. Wiesbaden. S. 133 – 146

Klusmann, Steffen (Hrsg.) (2006): 101 Haudegen der deutschen Wirtschaft – Köpfe, Karrieren und Konzepte, FinanzBuch Verlag München

Köchling, A./Volkholz, V. (2009): Demografie-Werkzeuge für Unternehmen, in: Bullinger, Hans-Jörg/Spath, Dieter/Warnecke, Hans-Jürgen/Westkämper/Engelbert (Hrsg.) (2009): Handbuch Unternehmensorganisation: Strategien, Planung, Umsetzung, Springer-Verlag Berlin/Heidelberg, 3. Auflage, S. 910 – 928

Kohler, Kirstin (2015): Nerds als Helden – Ein wenig mehr Silicon Valley in Deutschland wäre schön!, in: Informatik Spektrum 38, Heft 1/2015, S. 37 – 40

Kohlmann-Scheerer, Dagmar (2009): Gestern Kollege – heute Vorgesetzter: So schaffen Sie den Rollentausch, Gabal Offenbach

Kreutzer, Ralf/Land, Karl-Heinz (2015): Dematerialisierung: Die Neuverteilung der Welt in Zeiten des digitalen Darwinismus. Future Vision Press. Köln.

Kruse, Peter (2014): Wandel der Arbeitswelt, Vortrag, veröffentlicht am 05.11.2014 *https://www.youtube.com/watch?v=dst1kDHJqAc* (Abruf: 01.01.2016)

Latz, Isabelle (2016): Personalakquisition im Spiegelbild der Generationenvielfalt, Springer Gabler Wiesbaden

Laugemann, Rabea/Buschow, Christopher/Schneider, Beate (2015): Wer gewinnt den „War for Talent": Konzern oder Startups?, in: Medienwirtschaft 4/2015, S. 24 – 31

Lehdonvirta, Vili/Ernkvist, Mirko (2011): Knowledge map of the virtual economy CONVERTING THE VIRTUAL ECONOMY INTO DEVELOPMENT POTENTIAL, InfoDev, zitiert nach Statista, *http://www.infodev.org/infodev-files/resource/InfodevDocuments_1056.pdf* (Abruf: 08.02.2016)

Littig, Peter (2016): Personalentwicklung im Zeichen von Industrie 4.0, in: Maschinenmarkt KW 7/2016, S. 22 – 23

Loebbert, Michael (2015): The Art of Change – Von der Kunst, Veränderungen in Unternehmen und Organisationen zu führen, 2. Auflage, Springer Gabler Wiesbaden

Lopp, Michael (2012): Managing Humans: Biting and Humorous Tales of a Software Engineering Manager, Springer-Verlag New York

Machatschke, Michael (8/2015): Der Sperrige, in: Manager Magazin 8/2015, S. 44 – 46

Machatschke, Michael (12/2015): Solange die Beine tragen, in: Manager Magazin 12/2015, S. 42 – 46

Maier, Astrid (10/2015): Tal der Selbstvermarkter – Warum der Erfindergeist im Silicon Valley völlig überschätzt wird, in: Manager Magazin 10/2015, S. 67

Maier, Angela (11/2015): Teilen, spalten, zerschlagen, in: Manager Magazin 11/2015, S. 68 – 73

Maier, Astrid (12/2011): Jagd auf die Über-App, in: Manager Magazin 12/2011, S. 128 – 134

Markiewicz, Pete (2008): The Millennial Generation as Employees, Art Institute of California; Los Angeles

Marwan, Peter (2015): Fußgänger werden durch Smartphone-Nutzung zum Verkehrsrisiko, itespresso, 2. November 2015, 11:12 Uhr, *http://www.itespresso.de/2015/11/02/fussgaenger-werden-durch-smartphone-nutzung-zum-verkehrsrisiko/* (Abruf: 01.01.2016)

McGregor, Douglas (1960): The Human Side of Enterprise, McGraw-Hill New York

Meckel, Miriam (2012): Serendipity als Innovationsstrategie. in: Stadler, Rupert/Brenner, Walter/Herrmann, Andreas (Hrsg.) (2015): Erfolg im digitalen Zeitalter: Strategien von 17 Spitzenmanagern, Frankfurter Allgemeine Buch, Frankfurt. S. 35 – 50

Müller, Eva (03/2016): Neues Deutschland, in: Manager Magazin 03/2016, S. 54 – 59

Müller, Eva (12/2015): Die Reifeprüfung zu Guru, in: Manager Magazin 12/2015, S. 74 – 77

Müller, Eva (5/2012): Gründerparadies Deutschland, in: Manager Magazin 5/2012, S. 100 – 107

Müller, Eva (9/2015-2): Republik der Angsthasen, in: Manager Magazin 9/2015, S. 62 – 66

Niewerth, C. (2014): Peter Druckers Thesen im Praxischeck, in: Harvard Business Manager 13. November 2014, 07:35 Uhr, *http://www.harvardbusinessmanager.de/blogs/peter-druckers-thesen-im-praxischeck-a-1001227.html* (Abruf: 16.11.2015)

North, J./Reinhardt, K. et. al., Kompetenzmanagement in der Praxis, Springer-Gabler Wiesbaden 2013

North, Klaus (2015): Wissen und Lernprozesse managen in turbulentem Umfeld; in: Steinbeis-Stiftung (Hrsg.): Steinbeis Consulting Tag, Fokus: Unternehmenskompetenzen. Dokumentationsband 3. Juli 2014. Stuttgart, S. 37 – 49

Parment, Anders (2009): Die Generation Y – Mitarbeiter der Zukunft Herausforderung und Erfolgsfaktor für das Personalmanagement, Springer-Gabler Wiesbaden

Pelkner, Ann-Kathrin/Boehnke, Klaus (2003): Streber als Leistungsverweigerer: Projektidee und erstes Datenmaterial einer Studie zu mathematischen Schulleistungen, in: Zeitschrift für Erziehungswissenschaft, 6. Jahrgang Heft 1/2003, S. 106 – 125

Richarz, Hans-Robert (2015): Das Smartphone als Unfallrisiko, in: Deutsche Handwerkszeitung, 09.12.2015, *http://www.deutsche-handwerks-zeitung.de/das-smartphone-als-unfallrisiko/150/3097/319749* (Abruf: 01.01.2016)

Ruthe, Reinhold (1993): Seelsorge, wie macht man das? – Grundlagen für das therapeutisch-seelsorgerische Gespräch, Brunnen-Verlag Gießen/Basel

Ruthus, Julia (2014): Arbeitgeberattraktivität aus Sicht der Generation Y: Handlungsempfehlungen für das Human Resources Management. Springer Science Gabler Wiesbaden

Safranski, Rüdiger (2015): Zeit: Was sie mit uns macht und was wir aus ihr machen, Carl Hanser Verlag München

Scholz, Christian (2015): Generation Y plus Generation Z, in: Human Resources Manager, 27.04.2015 – 14:38 (*http://www.humanresourcesmanager.de/ressorts/artikel/generation-y-plus-generation-z-13605*, abgerufen: 05.07.2015)

Schulz, Thomas (02/2016): Apps für die Psyche, in: Der Spiegel 02/2016, S. 71

Schutz, Thomas (2016): Die digital geprägten Generationen Y & Z: Wie führe ich die Unführbaren?, in: Germanis, Olaf/Hermann, Kristina (Hrsg.) (2016): Führen in ungewissen Zeiten, SGO-Publikation, Springer Gabler, Wiesbaden, S. 299 – 311

Schwartz, Barry (2012): Die Qual der Wahl, in: Spektrum der Wissenschaft Spezial „Warum entscheiden wir?" 1/12, S. 6 – 11

Seeger, Christof/Breyer-Mayländer, Thomas (2013): Vom Studenten zur erfolgreichen Führungskraft; UVK Konstanz

Simon, Hermann (2006): Erfolgsfaktoren – Was zeichnet die „Stillen Stars" im Mittelstand aus?, in: Krüger, Wolfgang/Klippstein, Gerhard/Merk, Richard/Wittberg, Volker (Hrsg.) (2006): Praxishandbuch des Mittelstands: Leitfaden für das Management mittelständischer Unternehmen, Gabler Verlag, Wiesbaden, S. 49 – 62

Solf, Ute (2016): Moderne Meetingformen als Instrument des Mitarbeitermarketings – Anreize zur Mitarbeiterbindung, in: Knoll, Thorsten (Hrsg.) (2016): Neue Konzepte für einprägsame Events: Partizipation statt Langeweile – vom Teilnehmer zum Akteur, Springer Gabler Wiesbaden, S. 55 – 68

Spieß, Erika/Rosenstiel, Lutz von (2010): Organisationspsychologie – Basiswissen, Konzepte und Anwendungsfelder, Oldenbourg München

Spitzer, Manfred (2012): Digitale Demenz – Wie wir uns und unsere Kinder um den Verstand bringen, Droemer Knaur München

Staufenbiel Institut GmbH (Hrsg.): Top-Arbeitgeber Engineering (*https://www.staufenbiel.de/ratgeber-service/arbeitgeber-ranking/ingenieure.html*, Abruf: 11.07.2015)

Stolzenberg, Kerstin/Heberle, Krischan (2006): Change Management – Veränderungsprozesse erfolgreich gestalten – Mitarbeiter motivieren, Springer Medizin Verlag Heidelberg

Student, Dietmar/Werres, Thomas (06/2015): House of CEOs, in: Manager Magazin 06/2015, S. 38 – 46

Thomas, Christoph (2011): Erfolgreiches Retention Management von Millenials, in: Klaffke, Martin (2011) (Hrsg.): Personalmanagement von Millenials: Konzepte, Instrumente und Best-Practice-Ansätze, Springer Gabler. Wiesbaden. S. 163 – 180

Towers Watson (2010): towerswatson.com zitiert nach: Statista *http://de.statista.com/statistik/daten/studie/152246/umfrage/motivation-bei-der-arbeit/* (Abruf: 08.02.2016)

Trefler, Alan (2015): Der Bauplan für den digitalen Wandel – Revolutionieren Sie das Kundenerlebnis durch ständige digitale Innovationen, Wiley – VCH Weinheim

Vašek, Thomas (2013): Work-Life-Bullshit: Warum die Trennung von Arbeit und Leben in die Irre führt, Riemann München

Werle, Klaus (5/2012): Die Menschenfischer, in: Manager Magazin 5/2012, S. 108 – 112

Wind, Dominik/Imme, Jonathan (2011): 1000-Stunden Innovationscamp Palomar5: Millenials bauen ihre Arbeitswelt von morgen. in: Klaffke, Martin (2011) (Hrsg.): Personalmanagement von Millenials: Konzepte, Instrumente und Best-Practice-Ansätze. Springer Gabler. Wiesbaden, S. 23 – 52

Wohlrab, Sabine (2014): Baby-Boomer trifft auf Generation Y – Sicher führen im Generationen-Mix. in: Haufe Akademie 02/2014 (*https://www.haufe-akademie.de/download server/FB/Sicher_fuehren_im_Generationen-Mix.pdf* (Abruf: 29.08.2015)

Wunderer, Rolf (2011): Führung und Zusammenarbeit: Eine unternehmerische Führungslehre; 9. Auflage, Luchterhand – Wolters Kluwer Köln

Ziems, Dirk (2015): Sehnsucht nach Geschichte und Struktur, in: Absatzwirtschaft 10/2015

5 Anforderungen digitaler Märkte – Digitalstrategien im Management

5.1 Zukunftsorientierung: Frühwarnsysteme und Visionen

Die meisten Branchen und Unternehmen haben seit den 1990er-Jahren einen großen Wandel durchlebt, der in vielen Fällen mit nichts vergleichbar war, was zuvor stattgefunden hatte. Selbst wenn man die Entwicklung von Märkten und Branchen primär unter dem Blickwinkel der Digitalisierung analysiert, muss man an diesem Punkt eingestehen, dass es nicht nur die technologiebasierte Innovation der Digitalisierung war, die diese Veränderungen bewirkte. Es waren atuch politisch-gesellschaftliche Trends, die in vielen Fällen fundamental die Spielregeln veränderten.

Um dieser Aussage das Abstrakte zu nehmen, lohnt es sich, Beispiele anzuschauen. Märkte wie der Energiesektor entstanden erst durch die Liberalisierungspolitik, die in den neunziger Jahren Europa dominierte und aus heutiger Sicht in einigen Bereichen auch über das Ziel hinausgeschossen war. Bleiben wir beim Beispiel des Energiemarkts, dann wird die Problematik der konsequenten strategischen Unternehmensplanung und -entwicklung deutlich. Neue gesellschaftliche Anforderungen des Energiesparens und der Nachhaltigkeit führten zu neuen Rahmenbedingungen. In Deutschland kam später noch der Atomausstieg, dann der Ausstieg aus dem Atomausstieg und nach Fukushima der Ausstieg aus dem Ausstieg des Atomausstiegs hinzu. Somit entstand in dieser Branche ein Markt mit mittel- und langfristig planenden Unternehmen (ein Kraftwerk bauen, in Betrieb nehmen und abschreiben dauert länger als Kauf und Abschreibung einer neuen IT-Ausstattung) mit mittelfristig deutlich variierenden Rahmendaten. Auch wenn der langfristige Trend vorgegeben ist und nur die Details (wie viel riskante und langfristig nicht abgesicherte Atomkraftwerke und wie viel klimaschädliche Kohlekraftwerke wollen wir uns in der Zwischenzeit leisten?) variieren, es bleibt für die Branche nicht einfach und die einzelnen Unternehmen haben zum Teil deutlich Mühe, ihre eigene Rolle in dem „Spiel“ zu definieren.

Gleichzeitig fragt sich die Gesellschaft, ob diese Unternehmen wirklich die Partner sind, die bis zum Ende der Halbwertszeit den Umgang mit radioaktivem Abfall übernehmen können. Die Digitalisierung mit den Möglichkeiten, unterschiedliche Formen der Energieerzeugung, -speicherung und -produktion miteinander intelligent zu koppeln, ist für die Energiebranche nicht der Anlass für die Veränderung, sondern eher das Tool, um damit umzugehen. Dabei geht es um Fragen, die den Umgang mit regenerativen Energien und neue Energiekonzepte erst ermöglichen, wie die folgende Frage: Wie können Elektroautos, die über Nacht geladen werden, den Speicher für Energieschwankungen bilden, wenn sie über intelligente Netze (smart grids) miteinander verbunden sind?

In anderen Branchen war es die Digitalisierung, die die Veränderung auslöste. In der Medienbranche hat sich seit der Etablierung des dualen Rundfunksystems in Deutschland in den 1980er-Jahren einiges bewegt, aber die neuen und alten Märkte und Medien konnten durch Volumenausweitung bei Nutzungszeit und bei einer Volumenausdehnung des Werbemarkts einige Elemente des klassischen Verdrängungswettbewerbs geschickt vermeiden. Mit der Digitalisierung entstand zunächst nur ein zusätzlicher Wettbewerb durch das Erweitern der früher begrenzenden Ressource Sendefrequenz, da mehr Sender in das Frequenzspektrum passten. Erst die Möglichkeit, aus dem Nerd- und-Uni-Netz Internet ein consumertaugliches Netzwerk zu etablieren, schaffte die Voraussetzung für fundamentale Veränderungen im Bereich der Werbe- und Nutzermärkte. Neue Möglichkeiten der Produktentwicklung haben in diesem Zusammenhang für die alteingesessenen Player immer viel Beängstigendes und daher sind es oft die Unternehmen aus den Rändern des Markts oder aus anderen Teilmärkten, die die Innovationen vorantreiben, da sie nichts zu verlieren haben. Den Online-Buchhandel dominierte nicht der Konzern, der in führender Rolle internationale Online-Services, Buchverlage, Buchhandlungen und Buchdirektvermarktung betrieb (nämliche Bertelsmann aus Gütersloh), sondern das Startup des ehemaligen Börsenmenschen Jeff Bezos (Amazon). Der Grund war die Furcht von Bertelsmann, in den Märkten Verlag und Buchhandel Gegenwind zu bekommen, wenn man gleichzeitig an einem neuen Vertriebssystem bastelt. Nicht die Musikindustrie schaffte es, das Fraunhofer-Patent mp3 in eigene Vertriebsstrukturen einzubauen, sondern Steve Jobs mit Apple, der zunächst nur seinen iPod im Markt stärken wollte und sich später aber auch nicht scheute, sich selbst mit dem iPhone Konkurrenz zu machen. Auch hier war die Musikindustrie befangen gewesen, da ihr klar war, dass mit der flächendeckenden Etablierung des Downloads von Einzeltiteln das Geschäft mit den Musikpaketen in Form von CDs leiden würde. Richtig war die Einschätzung, dass das Unbundling in Form des Single-Track-Downloads die Verluste aus dem Rückgang des CD-Geschäfts nicht kompensieren kann. Falsch war jedoch die Einschätzung, dass man eine solche Entwicklung durch Verzögerungstaktiken aufhalten kann. Zudem hat sich in diesem Fall der Markt zunächst selbst Lösungen geschaffen, indem illegale Downloads das Geschehen dominierten.

Die beiden skizzierten Marktsplitter zeigen, dass es in vielen Fällen darum geht, einerseits eine Strategie für das eigene Unternehmen zu entwickeln und die langfristige Richtung für das Unternehmen zu planen und andererseits muss jedoch die Organisation dazu befähigt werden, sich kurzfristig anzupassen und damit flexibel auf neue Anforderungen zu reagieren. Ein widersprüchliches Anforderungsprofil, das eine Herausforderung für das Management darstellt.

5.2 Analyse und Strategie statt „Lost in Transformation“

Ständig veränderte Umwelt

Wie komplex Entscheidungssituationen sind, wenn sich die Rahmenbedingungen für Unternehmen permanent verändern, wurde bereits an den Beispielen der Energie- und Medienbranche deutlich. Gehen Sie in den meisten Fällen davon aus, dass Sie innerhalb kurzer Zeit immer wieder aufs Neue die Spielregeln überarbeiten müssen, an denen Sie sowohl Ihre Aktivitäten im Markt als auch Ihr innerbetriebliches Geschehen ausrichten. Dabei müssen Sie auch berücksichtigen, dass es uns im Normalfall nicht gerade leichtfällt, unsere Umwelt auch nur halbwegs präzise wahrzunehmen oder gar zu beschreiben, da wir selektiv, subjektiv und inferential wahrnehmen (Johann/Buchholz 2011, S. 17).

Selektiv bedeutet, dass wir entsprechend unserer Vorprägungen wahrnehmen. Wenn wir also einen Erfolg erwarten, suchen wir nach Erfolgsanzeichen. Subjektiv bedeutet, dass es zwischen unterschiedlichen Menschen keine zwei gleichen Wahrnehmungen geben wird, was auch die anschließende gemeinsame Interpretation des Wahrgenommenen im Team erschwert. Inferential bedeutet, dass wir von einer Eigenschaft auf eine andere schließen, auch wenn das in keinem Zusammenhang steht. Ein dynamisch auftretender Kooperationspartner vermittelt uns den Eindruck von Kompetenz und Sicherheit, wobei zwischen den wohlgewählten Worten und dem perfekt sitzenden Anzug und seiner Digitalstrategie nicht notwendigerweise ein Zusammenhang bestehen muss.

Wenn also aus vielen verschiedenen Gründen die Unternehmensumgebung und damit die Märkte, Kundenwünsche und Vertriebsstrukturen nicht der fixe Ankerpunkt des Unternehmens sein können, vom dem aus die Entwicklungsschritte geplant werden: Woran kann man angesichts der veränderten betrieblichen Umwelt dann seine Entwicklung festmachen?

Es sind die besonderen Fähigkeiten des Unternehmens selbst, die, basierend auf den Menschen und Erfahrungen sowohl den Unternehmenswert ergeben als auch die Keimzelle für das unternehmerische Handeln auf allen zeitlichen Ebenen von der operativen Entscheidung bis zur langfristigen Strategie prägen. Die Digital Natives der Generation Y sind sich darüber im Klaren, was deren manchmal auch grotesk anmutende Selbsteinschätzung prägen kann. In der Praxis ist es „immer wieder erfrischend“, wenn man in einem Vorstellungsgespräch erleben kann, wie sich ein junger Fachmann mit dreijähriger Berufserfahrung und wenigen Detailkenntnissen über die Strukturen und Bedingungen seines potenziellen Arbeitgebers lässig in den Stuhl hängt und den anwesenden Führungskräften seines Wunscharbeitsbereichs – ohne dass dies Gegenstand einer konkreten Frage war – locker erklärt, wie man den angestaubten Laden doch mal auf Vordermann bringen könnte. Bei aller Freude an zupackenden, selbstbewussten Kolleginnen und Kollegen, die in der Lage sind, ihre Arbeitsbereiche stets im Blick zu behalten und zu reformieren; das ist dann doch zu weit weg von den Realitäten und der Kandidat wird sich mit dieser Haltung im Regelfall „ins Off schießen“.

Die eigenen Fähigkeiten im Unternehmen sind immer in Bezug zu den Märkten zu sehen, denn nur dann, wenn es eine Entsprechung im Markt gibt, wo Bedürfnisse von uns besser gedeckt werden können als von der Konkurrenz, werden wir erfolgreich sein. Aber das ist dann schon der zweite Schritt, nämlich die Frage, wie ich die besonderen Fähigkeiten unter den gegebenen Marktbedingungen kommerzialisieren kann.

Zudem gehört zu den besonderen Ressourcen, mit denen ein Unternehmen den Herausforderungen der Zukunft begegnen kann, auch ein zentraler Punkt, der mit der Veränderung selbst zu tun hat: die Bereitschaft, sich auf Veränderungen einzulassen und sie als Teil der normalen Entwicklung des Unternehmens zu akzeptieren. Dies ist im Wesentlichen eine Frage der inneren Haltung, wie sie von den Unternehmensangehörigen selbst, angefangen von den im Rahmen der Governance eingebundenen Stakeholdern (z. B. Gesellschafter, Aufsichtsräte), der Unternehmensleitung, den Führungskräften und den Mitarbeitern gelebt wird. Eine solche Haltung führt in der Regel zu mehr Gelassenheit, die nicht mit Trägheit oder Gleichgültigkeit verwechselt werden sollte. Meist entsteht eine solche Haltung über die Gewohnheit, sich auf neue Umweltbedingungen einzustellen; sie wird zur Trainings- und Traditionsfrage. Wer erlebt hat, wie gelassen die keltische Bevölkerung der Bretagne und Schottlands mit Wetterkapriolen umgeht, und dieses Verhalten mit dem der Menschen in der Mitte Deutschlands vergleicht, wo der Wetterbericht klar vorhersagen soll, was die nächsten Stunden, Tage oder am besten Wochen passiert, der kann sich dieses Bild als Beispiel dafür heranziehen, wie unterschiedlich Menschen mit Unsicherheit und Ambiguität umgehen können.

Schwache Signale

Wer rechtzeitig etwas steuern möchte, muss in der Lage sein, den notwendigen Veränderungsbedarf zu registrieren, zu interpretieren und anschließend darauf zu reagieren. Seit dem Untergang der Titanic ist es den meisten Menschen bewusst, dass gerade im Wahrnehmen von Problemen eine entscheidende Herausforderung liegen kann. Wer den Eisberg sieht, kann ausweichen. Wer ihn spürt, hat kaum mehr eine Chance zu reagieren. Ähnliches gilt für Unternehmen und Organisationen. Die rechtzeitige Wahrnehmung von Problemen ist entscheidend. Gemeinhin sind es die sogenannten „schwachen Signale“ (vgl. Ansoff 1976), die man auswerten muss, um sicherzugehen, dass man rechtzeitig reagieren kann. Die Kunst besteht nun darin, diese schwachen Signale rechtzeitig zu interpretieren. Der Begriff beschreibt ja gerade den Umstand, dass es sich um Frühwarnindikatoren handelt, die meist schwach ausgeprägt sind. Zu allem Überfluss sind sie auch noch ungerichtet und nicht eindeutig. Ein Leichtes also, sie zu übersehen oder, wenn man sie registriert hat, zu übergehen, verkünden sie doch meist auch Handlungsbedarf und damit für viele Menschen auch eine unangenehme Botschaft. Bevor man Strukturen ändert oder Prozesse anpasst, wartet man lieber nochmals ab, ob sich das Ganze nicht in Wohlgefallen auflöst.

Auch hier hat die Digitalisierung entscheidende Veränderungen bewirkt. Neben der persönlichen Überwachung von Themen im Rahmen eines Monitorings haben sich auch automatische Kontrollen etabliert. Hier besteht dann die Möglichkeit, aus einer Fülle von Daten bereits erste Aufbereitungsschritte vorzunehmen. Wenn in einem Segment die Diskussion um „Big Data“ (vgl. Kapitel 3) als neues zentrales Element der Unternehmensführung und des Wettbewerbs seine Berechtigung hat, dann im Bereich der Frühwarn- und Steuerungssysteme.

Sobald der Hinweis auf wichtige Veränderungen vorliegt und die Entscheidungsträger sich Gedanken machen, wie man auf die Veränderungen reagieren sollte, schlägt die Stunde der Analyse: die Aufbereitung der Daten, aus der Zusammenhänge sichtbar und damit auch Entscheidungsoptionen erkennbar werden.

Interpretation mit klassischen Mustern

Die typischen Interpretationsansätze, mit denen Daten für das eigene Unternehmen aufbereitet werden, sind die etablierten strategischen Analysetools: die in Kapitel 1 geschilderten Five-Forces, die SWOT-Analyse, unterschiedliche Formen der Portfolioanalyse und die PESTEL-Analyse.

Bei der sogenannten SWOT-Analyse (Bild 5.1) geht es um die Kombination von internem Blickwinkel (Wie sehe ich mich selbst?) mit dem externen Blickwinkel (Wie werden die anderen mich sehen?). Auch bei der strategischen Analyse von Unternehmen geht es darum, unternehmensinterne und -externe Blickwinkel zu kombinieren. In Theorie und Praxis hat sich ein Verfahren etabliert, das unter dem Begriff der SWOT-Analyse beide Dimensionen vereint. SWOT steht dabei für *S*trength und *W*eakness als Dimension der unternehmensinternen Analyse und *O*pportunities und *T*hreats zur Beschreibung der externen Situation. Auch hier ist die Verbindung zur Idee der digitalen Weisheit direkt sichtbar. Es geht um die Erfahrung. Auch schwache Signale lassen sich nur erfahrungsbasiert deuten und interpretieren. Es ist in diesem Zusammenhang auch hilfreich, wenn man sich darüber im Klaren ist, dass all diese Frühwarnsysteme und Versuche, die strategischen Wendepunkte klar zu identifizieren, keine Erfolge garantieren können. Es geht in der Praxis um ein systematisches Analysieren und die Offenheit, auch mit mehrdeutigen Ergebnissen arbeiten zu können. Wer im Anschluss daran auf Basis der agilen Methoden der Lean-Startup-Welt mit minimal funktionsfähigen Produkten (MFP/MVP) die Markthypothesen überprüft, ist in der Lage, eine Reihe der fehlenden Informationen durch reale Tests auszugleichen.

Auch hier hilft das Verfahren zum Erkennen von Chancen und zum Vermeiden von Risiken, es ist jedoch auch ein sehr aufwendiges Verfahren, wenn es um Abschätzung von diskontinuierlichen Entwicklungen geht, wie wir sie im Zuge der Digitalisierung in vielen Märkten auch bei den sehr gut planenden Akteuren erleben.

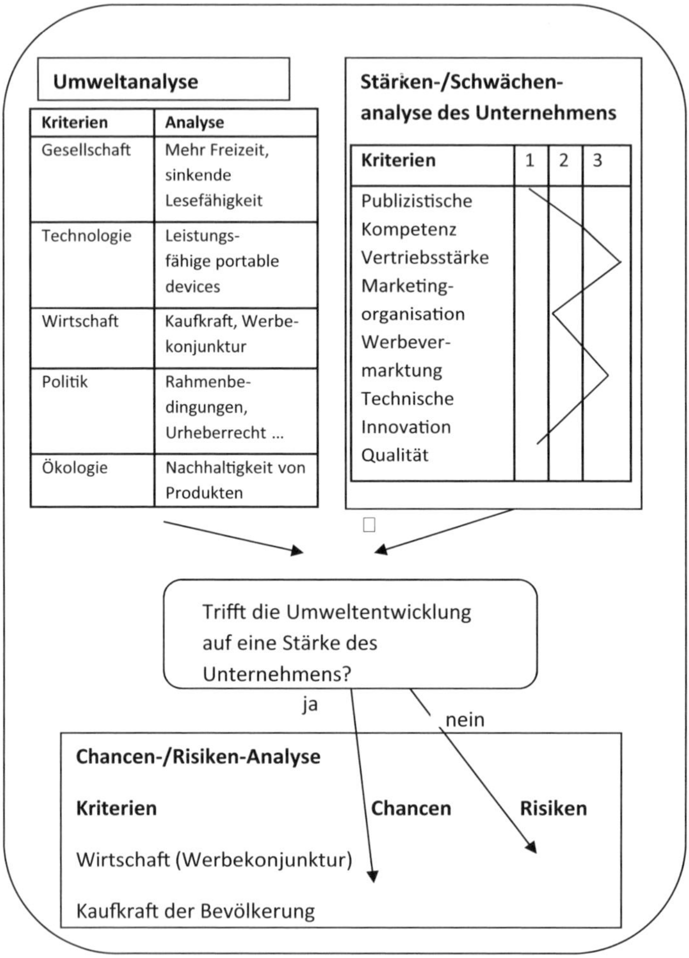

Bild 5.1 SWOT-Analyse an einem Beispiel der Verlagsbranche (Quelle: Steinbeis-Beratungszentrum „Leadership in Science and Education")

Das Spektrum der Portfoliomethoden ist noch etwas breiter gefasst und es lohnt sich, im Zweifel für die eigene Fragestellung nochmals zu hinterfragen, ob es wirklich die beiden Parameter Marktwachstum und Marktanteil sind, nach denen, wie im klassischen Portfolio der Boston Consulting Group, das Unternehmen mit Tochtereinheiten und Produktbereichen zu klassifizieren ist (vgl. Kapitel 2). Im Zweifel wird auch dieses Verfahren den Blick dafür schärfen, wo man derzeit erfolgreich arbeitet und wo man künftig noch intensiver hinschauen muss, ob Investitionen erforderlich sind oder ob ein Produktbereich als Cash-Cow ausgedient hat und als Poor-Dog eliminiert werden muss. Große Diskontinuitäten lassen sich damit jedoch auch nicht abbilden.

Eine weitere bekannte Analyseform ist die sogenannte PESTEL-Analyse. Dabei stehen die Anfangsbuchstaben des Akronyms für folgende Inhalte:

- P: Politics
- E: Economy
- S: Social/Cultural
- T: Technology
- E: Environment
- L: Legal

Diese Umweltbereiche sind maßgebliche Rahmenbedingungen für die Entwicklung von Märkten und Unternehmen (Bild 5.2). Sie verleiten jedoch manchmal zu sehr umfassenden Analysebereichen, die dann bezogen auf die eigenen Märkte und Unternehmensbedingungen etwas unkonkret erscheinen. Im Rahmen von Management 4.0 muss man jedoch diesen etwas breiteren Analyseblickwinkel mitberücksichtigen, sorgt er doch dafür, dass wir ausreichend über den Tellerrand schauen. Ein Großteil der wichtigen Innovationen für eine Branche findet in den meisten Fällen nämlich außerhalb des Unternehmens und der engeren Branche statt.

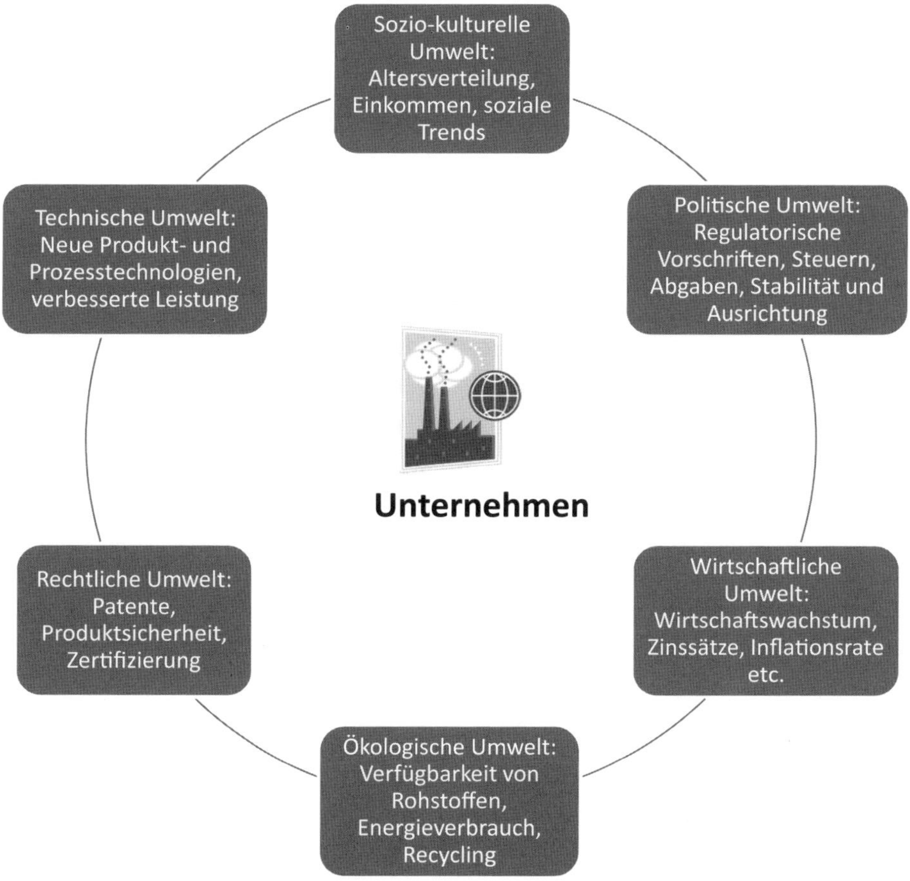

Bild 5.2 Die sechs Umweltbereiche der PESTEL-Analyse (Quelle: Moser 2012, S. 39)

„Lost in Transformation"

Die Reaktion vieler Unternehmen auf die Ratlosigkeit der Kollegenbetriebe, die eigene Unsicherheit und die Verunsicherung der kompletten Branche sind eine Art Dauermobilmachung, um ja nicht Entscheidendes zu versäumen und um immer handlungsfähig zu sein. Das Ziel ist die permanente Anpassung an Umweltveränderungen, die mit einer fast permanenten Veränderung im Haus erreicht werden soll. Als ich vor einigen Jahren den Auftrag einer mehrjährigen Schulung von Führungskräften eines Verlags hatte, musste ich nach wenigen Terminen feststellen, dass es fast nicht möglich war, diesem Auftrag nachzukommen. Die Führungskräfte zeigten deutliche Anzeichen von Erschöpfung und Orientierungslosigkeit. Der Hintergrund dafür konnte rasch geklärt werden. Die Veränderungen im Markt und in der Governance (zwei Gesellschafterwechsel in drei Jahren) hatten dazu geführt, dass das Management sich entschlossen hatte, dem Verlag eine nach eigener Sicht möglichst agile und dynamische Struktur zu verpassen. Es fand somit eine mehr oder weniger permanente organisatorische Umstrukturierung auf der Ebene der Aufbauorganisation (Zuständigkeiten, Abteilungszuschnitt, Kompetenzen etc.) statt, sodass die Orientierung der Mitwirkenden mehr oder weniger verloren ging – ein Zustand permanenter Veränderung, der sich mit „Lost in Transformation" am besten beschreiben lässt. Der eigentliche Veränderungsprozess wird dadurch nicht gefördert, wie man sich das meist vornimmt, indem man bekundet, die etablierten Kräfte aus der „Komfortzone" holen zu wollen, sondern der Veränderungsprozess wird erschwert und mitunter sogar gefährdet.

Es ist im Sinne von Management 4.0 ratsam, agile Managementpraktiken zu nutzen, wie wir sie in Kapitel 2 ausführlich dargestellt haben. Es geht jedoch nicht um eine ständige Reorganisation aller Strukturen. Entwicklung erfordert Zeit und wir benötigen verlässliche Fixpunkte in den Strukturen.

Konzentration auf das Wesentliche – die Strategie

Angesichts der Verunsicherung durch den digitalen Wandel gibt es in vielen Branchen Akteure, die zwar verinnerlicht haben, dass nichts so bleiben wird, wie es war, die jedoch versuchen, in alle Richtungen gleichzeitig loszumarschieren, um keine Option und kein Handlungsfeld zu verpassen. Hintergrund ist oft eine ausgedehnte Analyse, die am Ende Analyse bis zur Paralyse bewirkt und weder das Management geschweige denn das gesamte Unternehmen dazu befähigt, sinnvolle Handlungsoptionen zu entwickeln, um etwa neue Geschäftsmodelle für die eigenen Kernleistungen in Angriff zu nehmen. Spätestens hier lohnt es sich, auf die Strategie zu fokussieren, die in der Lage ist, die wenigen wesentlichen Punkte der Unternehmensentwicklung zusammenzufassen.

Unter Strategie versteht man in diesem Sinne die von Wettbewerbern nicht ohne Weiteres kopierbaren Unternehmenskompetenzen, die auch in mehr als fünf Jahren noch wettbewerbsrelevant sein werden und dafür sorgen, dass funktionsfähige Geschäftsmodelle realisiert werden können. Es geht letzten Endes um die langfristig nutzbaren Problemlösungsstrategien im Sinne des entwicklungsorientierten Managements (EOM).

Bombenwurfstrategien und permanente Anpassung

Es gibt immer wieder Fälle, in denen Mitarbeiter/-innen ihr „blaues Wunder“ erleben, wenn sie nach einem intensiven Bewerbungsprozess endlich bei ihrem Wunscharbeitgeber gelandet sind. Nicht nur der Umgangston ist unter Umständen anders als erwartet, nein, in diesen Fällen verwandelt sich das von außen so beeindruckend dynamische Unternehmen bei näherer Betrachtung in einen „Laden“ mit zahlreichen Mängeln und teilweise aberwitzig schrägen oder langsamen Prozessen sowie Produkten, die bei näherem Hinsehen auch nicht so konkurrenzlos scheinen.

Für viele Unternehmen sind die Veränderungen im Unternehmensumfeld in der jüngsten Vergangenheit so einschneidend, dass sie zum einen in der Lage sein müssen, ihre Grundausrichtung komplett zu überdenken, und zum anderen sich die Frage stellen, wie man mit einer permanenten Optimierung jenseits des kontinuierlichen Verbesserungsprozesses erfolgreich sein kann.

Bombenwurfstrategien - das Mittel, wenn nichts mehr geht?

In den 1990er-Jahren hatte sich für viele Unternehmen die Frage gestellt, wie man dem Veränderungsdruck, der bei einigen Branchen offensichtlich wurde, entsprechen könne. Es gab in diesem Zusammenhang zwei Lager:

Da waren diejenigen, die versuchten, den aktuell realisierten Ansatz, Geld zu verdienen, dadurch zu retten, dass man die gewählten Prozesse analysierte und weiterentwickelte. Durch diesen Ansatz der permanenten, kleinen Verbesserungen versuchte man seine Arbeitsweise so lange zu optimieren, bis die wirtschaftlichen Kennzahlen diese Rationalisierungsschritte auch positiv widerspiegelten. In Deutschland, wo es bei der Untergliederung von Arbeitsprozessen nach dem REFA-Prinzip eine lange Tradition in Optimierung, Prozessanalysen und Zeitstudien gab, fand dieses Verfahren in Verbindung mit den Kaizen-Erfahrungen der Japaner (vgl. Kapitel 2) Anklang und wurde auch mit einem gewissen Erfolg betrieben.

Das Problem dieses Ansatzes kann für ein Unternehmen jedoch darin bestehen, dass er nicht viel bringt, wenn man grundsätzlich auf dem Holzweg ist und seine gesamten Prozesse hinterfragen und verändern sollte. Wer beispielsweise sein Produkt mit der falschen Methode herstellt, diese jedoch akribisch optimiert, wird am Ende auch keinen Erfolg verzeichnen können. Der methodische Gegenentwurf, der dieses Problem verhindern sollte, ist das Business-Process-Reengineering (vgl. Hammer/Champy 2003), die grundsätzliche Überarbeitung der bestehenden Prozesse. Es geht dabei darum, zunächst einmal die bestehenden Prozesse zu hinterfragen, ob sie überhaupt Bestand haben, bevor man sich an die Detailarbeit der Optimierung macht.

In einigen Fällen wurde diese Methode - unterstützt durch die TOP-Consultants der internationalen Beraterszene - jedoch so wenig vermittelnd angewandt, dass das Vorgehen vonseiten der Belegschaft als „Bombenwurfstrategie“ empfunden wurde. Der abwertende Begriff zeigt ohne viele Worte, wie sich Mitarbeiter/-innen fühlen können, vielleicht sogar fühlen müssen, wenn von oben oder von außen jemand besonders Kluges und Wichtiges kommt und ihnen sagt, dass bisher alles verkehrt gewesen sei und jetzt alles anders laufen müsse.

Anpassung durch Befähigung zum Wandel

Wer sein Unternehmen fit für die Zukunft machen möchte und nicht immer wieder in die Werkstatt der Beraterszene gehen will, um das Unternehmen neu für die Zukunft aufzustellen, der muss zusehen, dass die Impulse nicht von außen kommen, sondern das Unternehmen selbst mit seinen Teams aus Führungsmannschaft und Fachleuten in der Lage ist, den Wandel voranzutreiben. Ähnlich wie im Qualitätsmanagement, wo es langfristig das Ziel ist, statt einer Überprüfung der Standards von außen eine eigene Überprüfung durch eigene Fachleute zu institutionalisieren, geht es dabei also um die Befähigung der eigenen Teams und damit um den Aufbau eigener Unternehmenskompetenzen für eine wandlungsfähige Organisation.

Einige Managementberater gehen seit 2010 verstärkt mit einem Set neuer Methoden in den Markt, um agile Methoden, Scrum und alles, was an neuen Entwicklungen vorhanden ist, möglichst vielen Kunden anzubieten. Gleichzeitig vermitteln sie den Führungskräften den Eindruck, dass man damit alles vergessen könne, was früher einmal als Managementidee gelernt worden war. Die agilen Managementpraktiken eignen sich jedoch nicht als Rahmen für das komplette Management im gesamten Unternehmen. Hier ist der Fokus im Sinne von Management 4.0 weiter zu fassen. Schaut man sich die Entwicklung der Managementtrends an, dann wird deutlich, dass dieselben Themen immer wieder kommen und ein großer Teil der vermeintlichen und echten Innovationen an der Schnittstelle zwischen Wissenschaft und Beratung entstehen. Es gibt die echten Innovationen und den Part „alter Wein in neuen Schläuchen“, bei dem es primär darum geht, den Blickwinkel auf Unternehmen und Märkte neu zu fokussieren.

Unternehmen brauchen beides, echte neue Rezepte und eine Neujustierung der vorhandenen Managementprinzipien. Letztere fußen auf Erfahrung und auch auf einer Managementtradition. Daher ist es nicht so, dass mit neuen Managementtrends alle künftigen Probleme gelöst werden und alles Frühere auf den Ablagestapel bzw. Müllhaufen der entsorgten Managementprinzipien gehört.

St. Galler Management-Modell

Beim St. Galler Management-Modell wird Management als „Gestaltung, Lenkung und Entwicklung sozialer Systeme verstanden“ (Bleicher 2004, S. 3). Dabei wird eine Systemsichtweise entwickelt, die zwischen den drei Ebenen des normativen, strategischen und operativen Managements differenziert. Der Kern des strategischen Managements wurde schon kurz dargestellt. Das normative Management ist für die Unternehmenskultur maßgebend. Unter dem normativen Management werden die generellen Ziele der Unternehmung, Normen und Spielregeln zusammengefasst, die die Lebens- und Entwicklungsfähigkeit des Unternehmens beeinflussen. Die unternehmerische Vision wird auf dieser Ebene in einen allgemeinen Rahmen der Unternehmensentwicklung transformiert.

Der erste Baustein des normativen Managements ist die Unternehmenspolitik, die dafür Sorge trägt, dass das Unternehmen in der Lage ist, in unterschiedlichem Ausmaß den Ansprüchen der Unternehmensumwelt (Konsumenten, Kapitalgeber, Mitarbeiter, Kommunen, Fiskus etc.) Rechnung zu tragen. Neben den selbst gesetzten unternehmerischen Zielen sind externe Rahmenbedingungen zu berücksichtigen. Die Aufgabe der Unternehmenspolitik besteht darin, die künftige Entwicklung unter Beachtung der externen Randbedingungen und Einflüsse so vorzubereiten, dass das Unternehmen möglichst viel Handlungsspielraum besitzt. Die Ausformung dieser allgemeinen Verhaltensweisen in konkrete Planschritte ist wiederum eine Aufgabenstellung auf der Ebene des strategischen Managements.

Der nächste Baustein im Rahmen der normativen Managementebene ist die Unternehmensverfassung, die den generell zu respektierenden Verhaltensrahmen vorgibt und damit „als Grundsatzentscheidung über Inhalt und Form der gestaltenden Ordnung der Unternehmung“ (Bleicher 2004, S. 5) verstanden werden kann. Hier geht es im Wesentlichen um die Erstellung rechtlich-orientierter Rahmenbedingungen für die unternehmerische Tätigkeit. Dieser Part muss ebenfalls zur Unternehmenspolitik passen.

Bei der Unternehmensverfassung geht es um weitere konstitutive Entscheidungen für das Unternehmen, die über die klassischen konstitutiven Entscheidungen im Rahmen der Betriebswirtschaftslehre hinausgehen. Hierzu gehören

- Satzungen, Statute,
- Geschäftsverteilungsplan und
- Geschäftsordnung,

mit denen die grundsätzliche Zusammenarbeit zwischen Organen und Gremien festgelegt werden kann.

Die komplette Governance-Struktur wird damit systematisiert und mit der Strategiebildung im Rahmen des Managementmodells verbunden. Sie kennen diese Elemente aus den Unternehmen und Organisationen, mit denen Sie bislang zu tun hatten, und durch diese Festlegungen ist nicht sichergestellt, dass ein Unternehmen damit auch nur halbwegs den Anschluss an die aktuellen Themen der Zeit findet. Im Gegenteil, ausgiebige Regelungen des normativen Managements führen in der Regel zu einer Erstarrung der Strukturen. Die Tendenz zur Überregulierung und Übersteuerung eines Systems durch zu viele Festlegungen macht sich in keinem Bereich so schnell breit wie im Bereich normativer Festlegungen in Unternehmungen. Wer denkt, dass dies ein Thema der Vergangenheit sei, der lasse sich bitte die Dienstwagenregelung eines deutschen Konzerns zeigen. Im Regelfall sind dies elaborierte Traktate, die wesentlich detailgetreuer ausgearbeitet sind als transatlantische Abkommen. An dieser Stelle hilft wieder ein Blick auf die neueren Managementpraktiken, wie die Empfehlung „Kill a stupid rule“ des „Kill the company“-Ansatzes (Bodell 2013, S. 93).

Aber zurück zum Normalbetrieb des normativen Managements: Wo liegt nun die Bedeutung dieses Managementmodells für die Unternehmenspraxis? Wie sollen ausgerechnet Unternehmen, die mitten in der Umstellungs- und Veränderungsphase stecken, da die Folgen der Digitalisierung kaum abschätzbar, die ersten negativen Auswirkungen jedoch deutlich spürbar sind, mit einem solchen Modell arbeiten können?

Strategie nach dem St. Galler Management-Modell

Viele Autoren (vgl. Brenner/Herrmann 2012, S. 19) gehen davon aus, dass sich das Modell des Managements in der digitalen, vernetzten Welt problemlos auf ein Grundmodell aufbauen lässt, das rund 50 Jahre „auf dem Buckel hat". Auch hier bestätigt sich die These, dass die Notwendigkeit, neue Dinge anzugehen, nicht automatisch bedeutet, dass alle Erfahrungen, die bis dahin gemacht wurden, bedeutungslos sind. Manchmal entsteht bei den mit großem emotionalem Engagement von Beraterseite vorgetragenen Innovationsthesen der Eindruck, dass die Vergangenheit komplett irrelevant sei. Wie sich das auf die Haltung der Generation Y im Hinblick auf die Geringschätzung jeglichen Erfahrungswissens auswirken kann, ist immer wieder in der Praxis zu sehen. Hier kommt daher nochmals der ausdrückliche Hinweis, dass auch in einer Unternehmensumwelt, die sich stark wandelt und Unternehmen immer wieder vor neuen Herausforderungen stellt, Erfahrungswissen relevant ist. Der Wissensträger ist in diesem Fall die Mitarbeiterin/der Mitarbeiter als „Wissensträger Mensch" (vgl. Bullinger 2010, S. 165).

Das St. Galler Management-Modell (Rüegg-Stürm 2003; Ulrich/Krieg 1972) begreift ein Unternehmen als komplexes System. Den drei Ebenen Kunden, Unternehmen, Produkte kommen dabei besondere Bedeutungen zu, die sich im digitalen Management auch auf der Ebene der Datenbeziehung analysieren lassen (Bild 5.3).

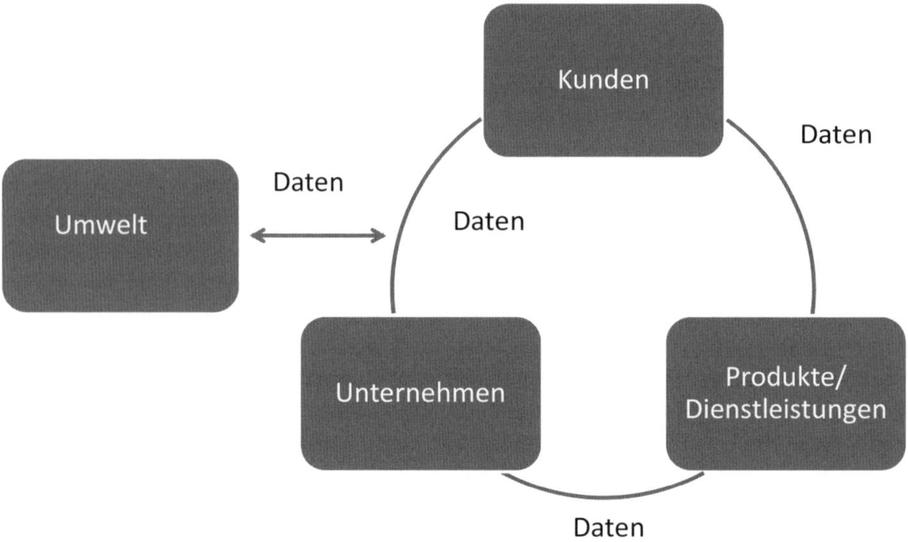

Bild 5.3 Das Modell des Managements der digitalen, vernetzten Welt (Quelle: Brenner/Herrmann 2012, S. 20)

Entwicklungsorientiertes Management

Ausgehend vom St. Galler Management-Modell entwickelte Rüdiger Klimecki den Ansatz des entwicklungsorientierten Managements (EOM), ein konzeptioneller Ansatz, der sich aus der Systemtheorie, der Entwicklungspsychologie und der Evolutionstheorie ableiten lässt (vgl. Eberl 2009, S. 5). Ziel dieses Managementansatzes ist es, Organisationen und Unternehmen so zu gestalten, dass sie selbst in der Lage sind, die notwendigen Anpassungen vorzunehmen, um sich ihre Zukunftsfähigkeit zu erhalten. Dabei ist einer der Schlüsselbegriffe das „Problemlösungspotenzial“ (Eberl 2009, S. 7). Damit wird klar, dass es eben nicht um aktuelle und künftige Produkt-Markt-Kombinationen geht. Es geht im Rahmen von Management 4.0 um die Fähigkeiten im Sinne der Kernressourcen und der Kernkompetenzen. Verbunden mit der Strategiedefinition ergibt sich damit die Fokussierung des Unternehmens auf das langfristig nutzbare Problemlösungspotenzial.

Pioniere statt Siedler

Was führt nun zur Bereitschaft, sich persönlich oder als Unternehmen auf Neues einzulassen und damit eine echte Innovationskultur zu schaffen und zu leben? Um am Ende eine Organisation zu schaffen, in der die einzelnen Teammitglieder motiviert ihre Themen und damit das gesamte Unternehmen voranbringen können, muss ein entsprechender Geist das Unternehmen beherrschen. Brandes et al. (2014, S. 33 ff.) sprechen in diesem Zusammenhang von unterschiedlichen Rollen, die in einer Organisation je nach aktueller Situation und Anforderung gefragt sein können. Die Rolle der „Siedler“ ist die derjenigen, die bestehende Systeme stabilisieren und optimieren. Die Voraussetzung hierfür sind weitgehend planbare Situationen, bei denen klassische Optimierungsansätze greifen können. Bei den „Pionieren“ hingegen geht es um ungewisse und neue Situationen, für die es noch keine echten Erfahrungen und damit auch keine Blaupause für das richtige Vorgehen geben kann. Es geht in diesen Fällen darum, mit einer großen Fehlertoleranz zu starten und letztendlich damit zufrieden zu sein, dass mit kleinen Tests und Prototypen Erfahrungen gesammelt werden, die helfen können, die chaotische Situation zu strukturieren und damit von der wachsenden Erfahrung in einer unsicheren Umgebung wirklich zu profitieren.

Damit ist ein Leitbild für ungewisse Situationen und chaotische Umgebungen vorhanden, das es ermöglicht, die Führungsarbeit und das strategische Management in den passenden Rahmen zu stellen. Hier fügt sich das übergeordnete Managementmodell (z. B. St. Galler Management-Modell) mit den agilen Methoden und Managementpraktiken wie dem Lean-Startup-Ansatz oder dem Design Thinking zu einem sinnvollen Ganzen, dem Management 4.0. Fredmund Malik folgt bei der Weiterentwicklung der Managementsysteme ebenfalls der Tradition des St. Galler Management-Modells, einem systemorientierten kinetischen Managementansatz. Im Rahmen von Management 4.0 wäre es nicht ausreichend, nur auf der Ebene der Managementpraktiken zu arbeiten (z. B. durch Einsatz der einen oder anderen agilen Methode) und dabei die Notwendigkeit außer Acht zu lassen, dass die Gestaltung des digitalen Transformationsprozesses in einem Managementsystem stattfinden muss.

Typischerweise ist ein Management mit dem Ansatz des Pioniers mit höheren Risiken und einer schnelleren Lernkurve verbunden, da es darum geht, möglichst schnell typische Unsicherheiten zu begrenzen und damit Fortschritte zu erzielen. Wir brauchen dafür insgesamt aber eine hohe Fehlertoleranz im gesamten Unternehmen und eine Offenheit, was interne Vorgänge angeht. Wer nicht bereit ist, seinen Teams entsprechende Freiheitsgrade einzuräumen, wird ebenfalls Schwierigkeiten damit haben, eine offensive Umgestaltung aus eigener Kraft unter Einbeziehung der eigenen Unternehmensressourcen hinzubekommen. Die normative Ebene des St. Galler Management-Modells setzt somit im Bereich der Unternehmensverfassung eine maßvolle Regelungsdichte und auf der Ebene der Unternehmenskultur eine offene Kultur des gegenseitigen Austauschs voraus, um den Anforderungen der heutigen Zeit zu entsprechen.

Die Bedeutung von Zielen

Das Setzen von Zielen wird dabei für jede Form der Unternehmenssteuerung immer mehr zur entscheidenden Fähigkeit. Dabei kommt es darauf an, wer die Ziele festlegt und wie sie vermittelt werden. Die in vielen Fällen – aus falsch verstandenem Management-by-Objectives – etablierten Ansätze der Zielvorgabe, bei denen der Chef top-down sagt, wo es langgeht, helfen bei Veränderungen nur dann, wenn die Chefetage das Zentrum der Veränderung sein soll und diese auch gegen den Widerstand der betroffenen Teams hierarchisch durchsetzen möchte. Wie aussichtsreich ein solches Unterfangen in den meisten Fällen sein wird, können Sie mit Ihrer eigenen Erfahrung wahrscheinlich sehr gut selbst beurteilen.

Nicht nur in den Management-Sonntagsreden ist die Rede davon, dass es darum geht, das Team bei den Entscheidungen mitzunehmen, das wäre dann schon immerhin der Ansatz der kooperativen, gemeinsamen Zielvereinbarung. Was wir für ein Unternehmen mitten im digitalen Wandel jedoch benötigen und was junge, gut qualifizierte Kolleginnen und Kollegen auch zunehmend einfordern, ist eine gemeinsame Verständigung über die Oberziele und die Bereitschaft, die Fähigkeit der Mitarbeiterinnen und Mitarbeiter anzuerkennen, selbst zu sehen, was sie am besten zur gemeinsamen Zielerreichung beitragen können und wie in diesem Zusammenhang ihr jeweiliges Teilziel aussehen kann.

Wenn man über die Hierarchie die Ziele umsteuern muss, entsteht ein sehr schwergängiger Apparat, während es sehr viel einfacher ist, diese Umsteuerung mithilfe des Inputs der Mitarbeiter/-innen vorzunehmen. Damit gewinnt ein Unternehmen schon sehr viel mehr Geschwindigkeit auf dem Kurs zu einem adaptiven Unternehmen. Jeder Akteur hat dabei selbst die Aufgabe zu schauen, ob Veränderungen in seinem Bereich eine Änderung der Zielsetzung erforderlich machen. Damit ist dieser Managementansatz der verteilten und dezentralen Steuerung mit hoher Eigenverantwortung der Mitarbeiterinnen und Mitarbeiter auch eine direkte Weiterentwicklung des entwicklungsorientierten Managements, bei dem das Hinterfragen und Überarbeiten der Ziele einen wesentlichen Faktor darstellt.

Damit das alles überhaupt funktionieren kann, müssen die Ziele und Zielformulierungen klar und verständlich sein. Eine klare Entwicklung mittel- und langfristiger Entwicklungsziele für Mitarbeiter/-innen, Arbeitsbereiche, Gruppen, Abteilungen ist jedoch nur dann möglich, wenn auch eine gemeinsame Klarheit über die Unternehmensziele besteht.

Ein anerkanntes Verfahren ist die Kommunikation von Zielen nach dem Drei-P-Ansatz (Adler 2012, S. 186 f.):

- *Purpose* (Zweck): Bei der Kommunikation von Zielen geht es zunächst um die Absicht und den Zweck und damit um die fundamentalen Fragen.
- *Process* (Prozess): In diesem Schritt geht es darum, deutlich zu machen, wie vorgegangen werden soll, um das Ziel zu erreichen.
- *Payoff* (Lohn): Der Nutzen und die Vorteile, die mit der Erreichung des Ziels verbunden sind, bilden den Abschluss bei der Präsentation des Ziels.

Dabei müssen auf der Ebene des Gesamtunternehmens unterschiedliche Zeithorizonte gelten. Die Kunst besteht darin, dass das Management in der Lage ist, die unterschiedlichen Ziele zu harmonisieren. Die unterschiedliche Dynamik von Abteilungen und Teilbereichen des Unternehmens im Rahmen des digitalen Transformationsprozesses kann zu einem erheblichen Harmonierungsbedarf führen. Das Ergebnis ist ein komplexes Zielsystem, das zu allem Überfluss bei Unternehmen in dynamischen Umfeldern kontinuierlich angepasst werden muss. Wer diesen entscheidenden Punkt jedoch gut löst, hat die Gewissheit, dass die strategische Gesamtausrichtung genauso funktioniert wie die individuelle Zielsetzung und Motivation auf der Ebene der Mitarbeiter/-innen und Führungskräfte (vgl. Watzka 2011, S. 25 ff.). Damit kann sich auch ein größeres Unternehmen gemeinsam im Wandel auf den Weg machen.

Die Zielharmonisierung ist jedoch nicht nur ein Thema für die Gegenwart. Wenn wir davon ausgehen, dass die Mitarbeiter/-innen Erfolge und Zufriedenheit aus der Arbeit ableiten sollen und selbstständig die Ziele ihres Aufgabenbereichs festlegen, dann muss klar sein, wofür das Unternehmen auch in Zukunft steht.

Die erste Ebene der Zielfestlegung ist die Ebene der Unternehmensstrategie. Hier gelten ein Zeithorizont von mehr als vier bzw. fünf Jahren und die Anforderung, dass es sich um Themenfelder mit hoher Relevanz für das Unternehmen handelt. Die Strategie liefert den Rahmen für die zeitlich kürzer ausgeprägten Zeithorizonte und damit auch den Korridor für die Organisationsentwicklung insgesamt.

Für die Mitarbeiter/-innen sind zumindest Eckpunkte der Strategie relevant, um zu erkennen, welche Entwicklungen geplant sind. Die Mannschaft muss so weit in die Strategie eingebunden sein, dass alle wissen, wohin die Reise langfristig gehen soll. Nur so kann man die eigenen Planungen und Überlegungen auch auf die Gesamtplanungen des Unternehmens abstimmen.

Die Ebene der taktischen Ziele liegt im Zeitraum zwischen einem Jahr und vier oder fünf Jahren und beinhaltet schon detailliertere Festlegungen als die strategische Ebene. Für Unternehmen im digitalen Transformationsprozess ist selbst dieser Zeitraum im Rahmen der Planung schon fast nicht mehr detailliert beschreibbar. Diese Festlegungen können dennoch auch auf kleinere Organisationseinheiten wie Abteilungen und Gruppen heruntergebrochen werden.

Die operativen Ziele, die innerhalb von einem Jahr bzw. während des laufenden Jahres relevant sind, werden häufig als Jahresziele in Mitarbeiter/-innen-Gesprächen oder Zielvereinbarungen fixiert. Um hier in der Praxis auch bei gemeinsamer Zieldiskussion keinen zu engen Korridor festzulegen, gibt es die Möglichkeit, die strategischen und taktischen Zielsetzungen im Gegenstromverfahren festzulegen. Dabei wird nicht nach Hierarchie von oben nach unten der Strategierahmen festgelegt, sondern es wird sowohl top-down als auch bottom-up geplant. Die unterschiedlichen Ziele werden anschließend in einer zweiten Phase miteinander abgeglichen. Gerade die operativen Ziele zwischen Mitarbeiter/-innen und Führungskräften sind im Rahmen der Digitalisierung ein Feld, auf dem auch unterschiedliche Prinzipien und Generationenerfahrungen (Generation X versus Generation Y) abgeglichen werden.

Dabei ist es für klare Ziele wichtig, die Prinzipien auf den Zeithorizont der Planungen zu beziehen. Strategische Festlegungen sind in der Regel stärker zentralisiert und durch die Unternehmensleitung geprägt, während operative Ziele oder Ad-hoc-Ziele während des Arbeitsprozesses auch stärker von den Mitarbeiter/-innen und den unteren Führungsebenen geprägt sind. Um hier den fachlichen Input der operativen Ebene zu stärken und damit auch die Adaptionsfähigkeit des Unternehmens zu erhöhen, empfehlen sich in der Praxis Techniken der Großgruppenmoderation, die den Input der Mitarbeiter/-innen und Teams abholen. Open-Space-Konferenzen sichern den Input in der Breite und mit Fish-Bowl-Diskussionen können die jeweiligen Ergebnisse der Teilgruppen sehr gut zusammengefasst und gleichzeitig veranschaulicht und kommuniziert werden.

Um das hohe Gut der persönlichen Zufriedenheit zu erreichen, muss man sich über seine eigenen Ziele auf den unterschiedlichen Zeithorizonten klar werden. Ähnlich, wie Sie das vielleicht bereits aus den Situationsbeschreibungen in der Szenariotechnik kennen, werden die Zielbeschreibungen in der Zielplanung immer unschärfer, je weiter sie zeitlich von der Gegenwart entfernt sind (Bild 5.4).

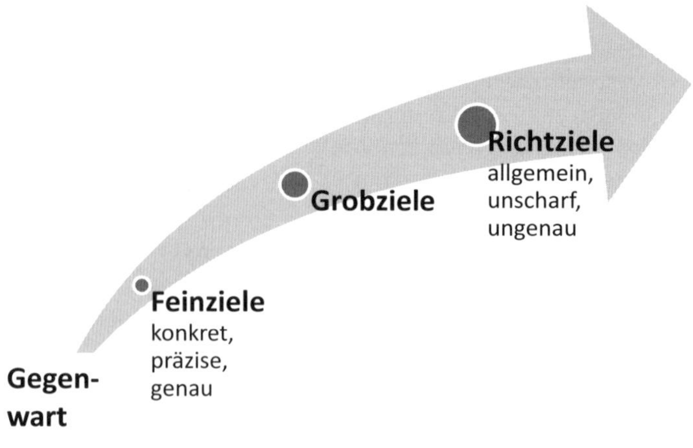

Bild 5.4 Zielarten und Zeithorizonte (Quelle: Simon 2001, S. 20)

Die Agenda für die nächsten Jahre: Auswirkungen der Megatrends

Wir können in den meisten Märkten tiefgreifende Veränderungen beobachten, die teilweise auch in den Praxisbeispielen bereits angeklungen sind. Hier ist es eine der zentralen Aufgaben, die von unterschiedlichen Seiten ermittelten Megatrends zu beobachten und zu analysieren. Dabei werden unter den Megatrends die langfristigen Trends zusammengefasst und nicht, wie es in den letzten Jahren in Mode kam, die „Megatrends" für das kommende Jahr (vgl. Budde 2015). Hier unterscheiden sich die mittel- und langfristigen Trends deutlich von den kurzfristigen Moden.

Erhoben werden diese Megatrends meist von internationalen Beratungsfirmen oder von den deutschen Trendforschern wie Matthias Horx und Peter Wippermann (Trendbüro, Zukunftsinstitut). Dabei liefert ein Megatrend keine detaillierte Beschreibung eines Zukunftsszenarios, sondern der Megatrend gibt Hinweise auf Themenfelder, die sich künftig ändern.

Aber nicht immer liefern die Zukunftsvisionen eine gute Beschreibung künftiger Entwicklungen (vgl. Graeber 2016). Die Aufgabe der Unternehmensstrategie besteht nun darin, zu erkennen, welche Trends sich ggf. auf das eigene Unternehmen auswirken können. Dabei unterscheiden sich die Trends je nach Branche und Funktion, die man näher betrachtet (vgl. Haas 12/2015). Eine komprimierte Darstellung der Megatrends auf dem Stand des Jahres 2015, wie sie von Simone Kimpeler vom Fraunhofer Institut für System- und Innovationsforschung ISI vorgenommen wurde (im Folgenden: Kimpeler, 2014, S. 5 – 8), gibt eine Vorstellung, welche Trends aus dieser Perspektive absehbar waren.

Technologische Megatrends

IT

- Infrastrukturen: Cloud und Mobile Computing stellen neue Anforderungen an Weiterentwicklung von Anwendungen, insbesondere in Kombination mit Big Data.
- Prozessoren und Speicher: Weiterhin exponentielle Entwicklung der Leistungsfähigkeit von Haupt- und externen Speichern, Festkörperspeicher und statische magnetische Speicher mit kurzer Latenzzeit im Trend, durch zunehmende Internet-Bandbreite mehr Storage-as-a-service, größere Rechenleistung und Speicherkapazität ermöglichten mehr Verarbeitung größerer Datenmengen und Lösung komplexer Aufgaben, inkl. Verschlüsselungstechnologie, Treiber: Forschungseinrichtungen und Unternehmen in USA, Japan, Südkorea, Taiwan.
- Alternativen zu klassischen Halbleitertechnologien: Quanteninformationstechnik, biomolekulare Computer, selbstorganisierende Architekturen.
- Netze: Heutige Netzarchitekturen reichen nicht für Anforderungen in 2030, universelle All-Over-IP-Netze weiter dominierend (hohe Innovationsdynamik: Glasfaserkabel, drahtlose Netze), Maschine-Maschine-Kommunikation, evolutionäre Ansätze in der Netzentwicklung haben Clean-Slate abgelöst, Treiber: F&E Akteure außerhalb Europas, Potenziale für europäische Akteure noch in Bereichen Mobilfunktechnik (LTE/4G und folgende) und Maschine-Maschine-Kommunikation.
- Hardwaretechnologien: Aufgrund Grenzen der Miniaturisierung der Silizium-Halbleiter-Technik zukünftig Bottom-up-Nanoelektronik, Photonik, spezielle Druckverfahren. Rolle-zu-Rolle-Beschichtungs- und Strukturierungsmethoden ermöglichen zukünftig auch mobile Elektronik (integriert in Verpackung, „Wegwerf-Elektronik“), flexible Endgeräte und Displays.

- Software: komplementäre Trends der Standardisierung, Automatisierung und Wiederverwendung („Industrialisierung der Softwareentwicklung"), bis 2030 nur inkrementelle Verbesserungen.
- Daten- und Wissensbasierte Systeme und Verfahren: Analyse, Simulation, Visualisierung komplexer Systeme und Verknüpfung großer Datenbestände (Visual Analytics); multidisziplinäre Verfahren mit Ansätzen aus Informatik, Sozialwissenschaften, Kognitionswissenschaften; Repräsentation und Modellierung mit KI und semantische Technologien; Erkennen von Zusammenhängen in Echtzeit durch Complex Event Processing; Sensorik und Affective Computing (F&E Bedarf bei Stimmerkennung, Gesichts- oder Gestenerkennung, Integration verschiedener Methoden); Mensch-Computer-Interaktion: Augmented Reality, neue Schnittstellen wie Brain-Computer-Interfaces erst langfristig marktreif; Simulationen im Bereich Verhaltensprognosen, natürliche Prozesse (Systembiologie), Vorhersagen von Krisen (z. B. Integrated Conflict Early Warning System (ICEWS)) und Multiskalensimulation.

Produktion

- Cyber-physische Produktionsprozesse (CPS)
- Generative Fertigungsverfahren
- Energie- und ressourcenautarke Wertschöpfungsketten
- Flexible und robuste Maschinen
- Mensch-Fabrik-Interaktion
- Simultanes Systems-Engineering
- Know-how- und Vulnerabilitätsschutz von digitalen Produktionssystemen

Dienstleistung

Für produzierende Unternehmen ist die dienstleistungsorientierte Wertschöpfung in Form innovativer Produkt-Dienstleistungsbündel ein wichtiger Wettbewerbsfaktor, der auch künftig weiter an Bedeutung gewinnt. Treiber im Bereich der Dienstleistungen sind vor allem die Informations- und Kommunikationstechnologie (IKT) sowie innovative Technologien zur Herstellung materieller Güter. Die Entwicklung und Umsetzung von Problemlösungen aus Kundenperspektive erfordern sowohl technisches als auch betriebswirtschaftliches Wissen.

Folgende Teilgebiete der Dienstleistungsforschung werden bis 2030 von hoher Relevanz für Forschung und Innovation (FuI) sein:

- Kunden- und marktspezifische Anpassung hybrider Geschäftsmodelle
- Integration von Dienstleistungen und neuen Technologien
- Modellierung und Simulation von Dienstleistungen
- Service Engineering
- Entwicklung hybrider Geschäftsmodelle für dezentrale Produktion.

Grundsätzlich lässt sich festhalten, dass im Forschungsfeld Dienstleistungen nicht technische Innovationen im Vordergrund stehen. Trotz dieser Einschränkung kommt den genannten Themen eine zentrale Rolle auch im Hinblick auf den technologischen Fortschritt zu, da nicht technische Innovationen wie Dienstleistungen oder neue Geschäftsmodelle wichtige Treiber für technische Entwicklungen sind.

In der Erforschung einer optimalen Integration von Dienstleistung und neuer Technologie kommt den IT-gestützten Informationsplattformen eine besondere Bedeutung zu, da diese viele neue Dienstleistungen überhaupt erst ermöglichen bzw. ehemals etablierte Geschäftsmodelle revolutionieren. Neben der IT sind unter Dienstleistungsgesichtspunkten jedoch auch die Energietechnik oder Biomedizin zu nennen, die beide ein hohes Anwendungspotenzial versprechen. In Ansätzen vorhanden, aber noch lange nicht ausgereizt, sind die Fernwartung von Maschinen, die Produktion von Ersatzteilen durch generative Verfahren (Rapid Manufacturing, z. B. 3D-Drucker), Ferndiagnose anhand genetischer Merkmale oder die Fernüberwachung von kritischen Körperwerten (z. B. Puls, Blutdruck), die alle langfristig auf der Forschungsagenda stehenbleiben werden.

Unter dem Teilgebiet „Service Engineering“ versteht man die systematische Entwicklung neuer Dienstleistungen mithilfe der adäquaten Übernahme von bereits vorhandenen ingenieurwissenschaftlichen Methoden, beispielsweise aus der klassischen Produktentwicklung. Im Service Engineering werden folglich Referenzmodelle für systematische Dienstleistungsentwicklungsprozesse entwickelt und anwendungsbezogen ausgestaltet. Hierzu müssen geeignete Methoden, Vorgehensweisen und Instrumente ausgewählt werden, die ein spezifisches Engineering auch für unterschiedliche Typen von Dienstleistungen ermöglichen. Es ist zu erwarten, dass im Zeithorizont bis 2030 neue Anwendungen des Service Engineering nicht auf einzelnen, separaten Dienstleistungen liegen werden, sondern vielmehr verstärkt in Bereichen der integrierten Entwicklung von ganzheitlichen Produkt-Dienstleistungs-Kombinationen und damit verbundenen innovativen hybriden Produkten.

Die zukünftige Entwicklung hybrider Geschäftsmodelle für die dezentrale Produktion verspricht, durch innovative Produkt-Dienstleistungskombinationen zusätzlichen Mehrwert für die anbietenden Unternehmen generieren zu können. Im B2B-Bereich ist davon auszugehen, dass das Hauptaugenmerk bis 2030 auf dem Ersatzteilmarkt (z. B. im Maschinen- und Anlagenbau) liegen wird. Hier lässt sich eine noch stärkere Integration des Kunden in den Prozess der Leistungserstellung prognostizieren, da der Kunde durch die neue Fertigungstechnik in die Lage versetzt wird, benötigte Ersatzteile zeitnah und eigenständig herzustellen. Hier müssen folglich innovative hybride Geschäftsmodelle entwickelt werden, die eine konsequente Ausrichtung des gesamten Geschäftsmodells am Kundennutzen ermöglichen und derart eine flächendeckende Verbreitung unterstützen.

Material und Werkstofftechnik

Ein wesentlicher Trend in der Materialwissenschaft und Werkstofftechnik ist die zunehmende Diversifizierung der eingesetzten Werkstoffe und die Entwicklung hin zu Multimaterialsystemen. Dabei verfolgt man das Prinzip, für jedes Bauteil oder jede Einzelkomponente den Werkstoff auszuwählen, der die jeweiligen Anforderungen am besten erfüllt. Dadurch nimmt die Zahl der eingesetzten Materialien und Werkstoffvarianten stetig zu. Es entstehen neuartige Materialkombinationen in Verbundwerkstoffen und Hybridbauweisen, und die Entwicklung von Techniken zum Fügen verschiedenartiger Werkstoffe gewinnt an Bedeutung. Weitere wichtige Randbedingungen, die bei der Auswahl des richtigen Werkstoffs eine immer größere Rolle spielen, sind die Verfügbarkeit der erforderlichen Rohstoffe, der Beitrag zur Energie- und Ressourceneffizienz der jeweiligen Anwendung und die Möglichkeit zum Recycling oder zur Wiederverwendung nach der Nutzungsphase des jeweiligen Produkts. Der aktuelle Entwicklungsstand, das Anwendungspotenzial, die technologischen Herausforderungen und die Entwicklungsdynamik variieren von einem Werkstoff zum anderen sehr stark. Ebenso sind die Entwicklungen in den verschiedenen Werkstoffgruppen eng mit der jeweiligen Verfahrens- und Prozesstechnik zur industriellen Herstellung und Verarbeitung verknüpft.

Anwendungsbeispiele, die ein hohes Lösungs- und Innovationspotenzial aufweisen:

Stahl wird auch im Jahr 2030 ein Grundwerkstoff für ein breites Anwendungsspektrum sein, das sich von dem heutigen nicht grundlegend unterscheiden wird. Vor allem durch die Wirkungsgradsteigerung fossiler Kraftwerke, den Ausbau der erneuerbaren Energien und Leichtbaukonzepte im Fahrzeugbau mit innovativen Stahlwerkstoffen bestehen große Potenziale zur Einsparung von CO_2-Emissionen in diesen Anwendungsfeldern. Allerdings ist die Herstellung von Stahlprodukten mit einem hohen Energieeinsatz und entsprechend hohen CO_2-Emissionen verbunden. Für den Zeithorizont 2030 und darüber hinaus besteht daher die zentrale Aufgabe darin, das Verhältnis aus eingesparten CO_2-Emissionen durch die Anwendung neuer Stahlwerkstoffe und den Emissionen, die bei der Produktion dieser Stähle entstehen, zu verbessern. Die Stahlindustrie in Europa hat sich daher zum Ziel gesetzt, die CO_2-Intensität der Stahlproduktion mittelfristig drastisch zu reduzieren.

Werkstoffe mit hoher Innovationsdynamik sind: Nichteisenmetalle, Keramiken, Glas, Polymere, Kunststoffe, Halbleiter, Biowerkstoffe, Verbundwerkstoffe, Textile Werkstoffe, Funktionsmaterialien, Mineralische Baustoffe

Nanotechnologie

Nanokomponenten werden technologisch am einfachsten nach ihrer physikalischen Strukturierung eingeteilt: eindimensional nanostrukturiert (z. B. ultradünne Schichten), zweidimensional nanostrukturiert (z. B. Nanoleitungen, Quantendrähte) und dreidimensional nanostrukturiert (z. B. Quantenpunkte, Nanopartikel). Zudem bedarf es zum Verstehen und Herstellen von Nanosystemen einer leistungsfähigen Analytik sowie umfangreichen Wissens über die Eigenschaften von nanoskaligen Materialien und ihren Oberflächen/Strukturen als auch ein entsprechendes Verständnis der für die System- und Produktgenerierung verwendeten Prozesse und Verfahren. Daraus leiten sich fünf Teilgebiete der Nanotechnologie mit hoher Relevanz für Forschung und Innovation bis 2030 ab: Nanoanalytik, Nanomaterialien, Nanobeschichtungen, Nanostrukturierungen und Nanosysteme. Die Randbedingungen für eine aus diesen fünf Teilgebieten heraus erfolgende Produktentwicklung werden in vielen Fällen durch die Nachfrage nach extremen Einsparungen bei Gewicht, Volumen, Rohstoff- und Energieverbrauch, durch den Wunsch nach Ersatz von seltenen oder toxischen Materialien sowie durch den Trend zu Schnelligkeit bei der Produktherstellung bestimmt.

Photonik

Photonik ist die technische Beherrschung von Licht in jeder Form. Im Blickpunkt der Photonik stehen Erzeugung, Kontrolle, Messung und vor allem die Nutzung von Licht in nahezu allen gesellschaftlich und ökonomisch wichtigen Gebieten. Der Begriff „Photonik“ reflektiert dabei den Bezug zum Photon, dem Lichtteilchen, so wie der Begriff „Elektronik“ auf das Elektron verweist. Die Schlüsseltechnologie Photonik macht die Eigenschaften des Lichts nutzbar und verbindet Anwendungsbereiche wie Produktionstechnik, Energie- und Beleuchtungstechnik, Medizintechnik, Umwelttechnik, Sicherheitstechnik, Plasmatechnologie, Informations- und Kommunikationstechnik sowie Instrumentierung für die Forschung. Es wird erwartet, dass Photonik ein Schlüssel zu nachhaltigen Formen des Wirtschaftens sein wird. Die folgenden fünf Teilgebiete weisen eine hohe Relevanz für Forschung und Innovation bis 2030 auf: Photonik für die Produktion, Photonik für Life Science und Gesundheit, Kommunikation und Information, Beleuchtung und Energie und Emerging Technologies. ■

Diese technologischen Megatrends müssen durch die gesellschaftlichen Megatrends ergänzt werden (vgl. Bertelsmann Stiftung Change 1/2015) und liefern somit ein Szenario für ein mögliches Marktumfeld in circa zehn Jahren. Die Kunst besteht darin, zu erkennen, wo es einen Trend geben wird, der vordergründig mich zwar nicht betrifft, der aber das Potenzial hat, zum Gamechanger für meine Produkte und Märkte zu werden. Nicht sofort war bei Google-Maps erkennbar, dass es am Ende auch die Hoheit im

Automarkt geben kann. Welche Funktion hat ein Auto in 20 Jahren im Massenmarkt (Volumensegment)? Gibt es dort noch ein Branding über die Automarke oder über die Services und Dienste im elektronischen Bereich? Gerade das Kundenverhalten kann mitentscheidend sein, ob die prognostizierten Technologie- und Produkttrends tatsächlich erfolgreich sind. Peter Wippermann geht beispielsweise davon aus, dass künftig die Mehrzahl der Kunden an Diensten und Produkten interessiert sein wird, die dabei helfen, Zeit zu sparen (vgl. Wippermann 2015, S. 54).

Eine weitere Trenddimension sind die wirtschaftlichen Megatrends, wie sie von Hermann Simon in einer komprimierten Form dargestellt wurden (Simon 2013):

- *Die Globalisierung beschleunigt sich*

  Zahlreiche grenzüberschreitende Indikatoren (Flüchtlingsströme, Publikationen zur Globalisierung, Zahl der täglichen Finanztransaktionen, ausländische Direktinvestitionen etc.) haben sich in den letzten Jahren vielfach verstärkt und prägen damit nicht nur die Zukunftserwartungen, sondern auch die ganz reale Zukunft.

- *Politik nimmt stärker Einfluss auf wirtschaftliche Entwicklungen*

  Durch die Regulierungsanforderungen in der Folge der Finanzkrise des Jahres 2008 haben sich zahlreiche neue Anforderungen an die Wirtschaft ergeben, durch gezielte Arbeit in Gremien und Organisationen den Lobby-Interessen Geltung zu verschaffen und dem freundlichen Regulierungswunsch aus Politik und Gesellschaft zu widersprechen.

- *Interessenangleichung zwischen Management und Kapital*

  Die Grundinteressen von angestellten Managerinnen/Managern und den Eigentümerinnen/Eigentümer-Gesellschaftern der Unternehmen werden durch die Beseitigung von Fehlanreizen in den Bonussystemen der Unternehmen und Branchen harmonisiert. Wenn Manager in nennenswertem Umfang zu Mitgesellschaftern werden, wie dies nicht nur bei den Industriegrößen wie Siemens, sondern sogar bei Mittelständlern mehr und mehr der Fall ist, dann sind die Interessen der Shareholder den Unternehmer-Managern sehr präsent. Dies ist auch eine Maßnahme, wie der scheinbare Widerspruch zwischen Entrepreneur/Unternehmer/-in und Manager/-in aufgelöst werden kann. Eine Auflösung, die im Sinne des Managementansatzes 4.0 notwendig ist, da wir unternehmerische Einstellungen auf allen Ebenen im Unternehmen benötigen.

- *Produktwelten verschieben sich innerhalb der Teilmärkte*

  Simon führt hier die unterschiedlichen Anforderungen in den Premium- bzw. Low-cost-Segmenten an, wobei er der deutschen Wirtschaft auch zutraut, auch im Billigsegment mit erfolgreichen Produkten vertreten zu sein.

- *Verändertes Kundenverhalten*

  Die Kunden haben beispielsweise durch die Verunsicherung der Finanz- und Wirtschaftskrise 2008 mit Kaufverweigerung reagiert. Um Märkte am Leben zu erhalten, mussten die Unternehmen bei komplexen Produkten, wie wir sie beispielsweise im Finanzsektor kennen, zusätzliche Garantien und Sicherheiten einräumen, damit die Verunsicherung der Verbraucher/-innen reduziert wird.

- *Zunehmende Vernetzung*

  Die Basisannahme der digitalen Wende ist Ausgangspunkt dieser These, nämlich der Sachverhalt, dass das Internet „bereits weit in die Unternehmensfunktionen vorgedrungen" (Simon 2013, S. 302) sei. Die Technologie bietet die Basis für unterschiedliche digitale Vernetzungsmöglichkeiten, die inzwischen auch häufig mobil genutzt werden.

- *Schnellere Entwicklung und Veränderung*

  Wegen der sich schnell wandelnden Umweltbedingungen gewinnt die Fähigkeit von Unternehmen zur schnellen Umsetzung von Veränderungsmaßnahmen an Bedeutung.

Die unterschiedlichen Trends werden immer wieder unter neuem Blickwinkel aufbereitet und analysiert. Als Mitglied der AG Lehre der Expertenkommission für die Ingenieurwissenschaften („Expertenkommission Ingenieurwissenschaften@BW2025") habe ich mich 2015 mit einer Reihe von unterschiedlichen Trendanalysen befasst, die das Umfeld beschreiben, in dem sich künftig die Ingenieurwissenschaften in Baden-Württemberg, aber auch die Entwicklungsmöglichkeiten der Wirtschaft im Rahmen von Industrie 4.0 in Deutschland bewegen werden (vgl. Expertenkommission 2015, S. 18 – 24). Die übergreifenden grundsätzlichen Trends waren und sind erkennbar, ohne dass man daraus ein komplett einheitliches Bild mit allen Details und Facetten zeichnen kann.

Eine zusätzliche Dimension der Trendanalyse, die für das Management 4.0, das heißt die Steuerung des digitalen Wandels, maßgeblich ist, ist die Trenderfassung des digitalen Wandels im gesellschaftlichen Kontext. Hier liefern die Forschungsabteilungen der großen Trendbüros Impulse, die die eigenen Überlegungen und Erfahrungen im Unternehmen ergänzen können. Die Zusammenstellung von Markus Lause und dem Trendforscher Peter Wippermann (Lause/Wippermann 2012) ist nur ein Beispiel für derartige Analysen. Die beiden beschreiben gesellschaftliche Trends der Nutzung persönlicher digitaler mobiler Medien sowie des veränderten Freizeit- und Arbeitsverhaltens und schließen dabei auch die aus ihrer Sicht absehbaren Entwicklungen auf der Ebene der Unternehmen mit ein.

Wenn wir hier die Veränderungen auf der Ebene der Unternehmen als Beispiel herausgreifen, liefert das bereits ein Bild, das einigen unserer Grundannahmen in Kapitel 1 entspricht (vgl. Lause/Wippermann 2012, S. 120 ff.):

- Teilen statt abschotten (die Notwendigkeit von Open-Innovation),
- Innovation durch Networking (Kontakte und Allianzen gewinnen an Bedeutung),
- alle lernen von allen (Social-Media-Elemente beschleunigen den kollektiven Lerneffekt),
- Sicherheit, Transparenz und intelligente Vernetzung (IT zwischen Sicherheit und Innovation),
- die neue Macht der IT (Schlüsselressort für Unternehmenserfolg),
- die neue Macht der Kunden (Kunden können Öffentlichkeit erzeugen),
- der neue Dialog mit den Konsumenten (Kunden teilen ihre Erfahrungen öffentlich),
- die Kraft des viralen Marketings (virale Effekte prägen die Kommunikation).

Damit die Organisation tatsächlich in einem aktiven und fruchtbaren Austausch mit dem Umfeld steht, benötigt man die notwendigen Voraussetzungen, um in den äußeren Entwicklungen die Chancen und Risiken aus interner Perspektive erkennen zu können. Diese Fähigkeit lässt sich auch nicht auf externe Institutionen, beispielsweise Berater, übertragen, sondern diese Fähigkeit gehört zu den elementaren, wettbewerbsrelevanten Kompetenzen einer Organisation. Es geht also um den Blickwinkel outside-in, welche externen Veränderungen in wirtschaftlicher, gesellschaftlicher und technologischer Hinsicht erkennbar sind und sich auf das Unternehmen auswirken werden. Es geht aber darüber hinaus auch um den Blickwinkel inside-out, bei dem man die internen Anforderungen an die Erlös-/Geschäftsmodelle, an die Kompetenzen und Wertschöpfungstiefe bei digitalen Technologien sowie an die sozialen und kollegialen Strukturen und Erwartungen (z. B. Erwartungen der Teams an Führung und Work-Life-Balance) mit den externen Entwicklungen in den genannten drei Feldern (Wirtschaft, Technologie, Gesellschaft) abgleicht und nach neuen und besseren Lösungen für die eigene Organisation, das eigene Unternehmen sucht (Bild 5.5).

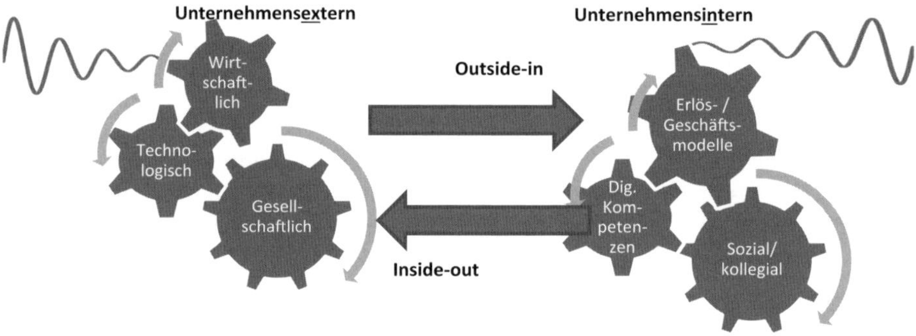

Bild 5.5 Trend-Radar inside-out und outside-in (Quelle: Steinbeis-Beratungszentrum „Leadership in Science and Education“)

Dabei ist es für die Strategieentwicklung der deutschen Industrie entscheidend, in welchem Grundmodus die Trends interpretiert werden. Grundsätzlich werden der deutschen mittelständischen Wirtschaft sehr gute Fähigkeiten attestiert, sich konstruktiv mit den digitalen Herausforderungen auseinanderzusetzen:

> *„Die deutsche Industrie hat es wie keine andere immer wieder geschafft, sich neu zu erfinden. Selbst wenn der technologische Fortschritt woanders stattfand. Sind wir auch im digitalen Zeitalter unkaputtbar?“* (Müller/Palan 5/2015, S. 84)

Für die eigene Trendrecherche gibt es eine Reihe von allgemeinen Internetplattformen über Trendforschung und Trendanalyse, nachfolgend drei Beispiele (vgl. Bodell 2013, S. 100 – 101):

- *http://apf.org/* (Association of Professional Futurists)
- *http://iftf.org/home/* (Institut for the Future)
- *https://www.gov.uk/government/publications* (Horizon Scanning Programme)

Darüber hinaus bieten die Trendforschungsbüros und Zukunftsinstitute sowie die internationalen Unternehmensberatungen Auswertungen für allgemeine Trends oder Branchenentwicklungen. Die jeweiligen Branchen- und Fachverbände haben in vielen Fällen ebenfalls in den vergangenen Jahren Studien beauftragt, die sich mit Zukunftsentwicklungen befassen, sodass für die meisten Unternehmen brauchbare Sekundärdaten vorliegen. Sie müssen jedoch gelesen, verstanden und analysiert werden.

Praxisbeispiel: Innovationstreiber gesucht, Wettbewerber gefunden

Der Bedarf an Prognosen für das Unternehmensumfeld ist in den vergangenen Jahren in allen Branchen gestiegen, da das Bewusstsein, dass die eigene Marktposition stets nur eine fragile Momentaufnahme darstellt, gewachsen ist. Für Unternehmensberatungen ist diese Unsicherheit angesichts einer zunehmend dynamischeren Umgebung ein günstiges Umfeld, um eigene Prognosen und die damit verbundenen Strategien vermarkten zu können.

Beispielhaft werden hier Innovationstreiber dargestellt, wie sie von Bain & Company ermittelt wurden (Müller 2/2012):

1. Neue Mittelschicht (Entwicklung einer neuen Mittelschicht in den Schwellenländern)
2. Schönes für die Reichen (im gehobenen Segment werden hochpreisige Innovationen honoriert)
3. Sieg über das Siechtum (neue Heilmethoden und preisgünstige Arzneimittel)
4. Neue Netze knüpfen (Energie- und Verkehrsnetze erfordern Auf- und Ausbau)
5. Unsichere Zeiten (Sicherheits- und Militärtechnik als Hightech-Konfliktvorbeuger und -löser)
6. Grüne Effizienz (Cleantech und grüne Produkte zur Sicherung der Ressourceneffizienz)
7. Exportgut Wissen (Export von Bildungs- und Ausbildungsstrukturen in Schwellenländer)
8. Die Killer-Apps (Killerprodukte, die gesamte Märkte aufrollen oder neue Märkte schaffen)

Auffallend an dieser Zusammenstellung von Innovationstendenzen ist der Umstand, dass hier nicht auf eine spezifische Technologie Bezug genommen wird. Stattdessen werden die Anwendung und der Marktbezug der Trends in den Vordergrund gerückt.

Erweitert man diese Analyse noch um den Fokus auf die Wettbewerber, erhält man ein Bild, das für Deutschland nicht unbedingt große Entspannung oder Entwarnung bedeutet. Eine Zusammenstellung von McKinsey (Maier/Student 4/2015) sieht bei den besonders wachstumsstarken und aggressiv-dynamischen Unternehmen die Player aus Asien und den USA in der Pole-Position. Auf Platz 16 liegt dabei das beste deutsche Unternehmen, der Softwarekonzern SAP aus Walldorf. ■

5.3 Innovationsorientierung: Technologie und Kreativität

Wie bekommen wir im Rahmen von Management 4.0 eine ansprechende Innovationskultur in Unternehmen, die sehr unterschiedliche Innovationstraditionen haben?

Zunächst muss man sich hier nochmals Gedanken machen, wie wir üblicherweise mit den Themen Kreativitäts-, Innovations- und Technologiemanagement in Unternehmen umgehen und wo hier noch Spielräume für Verbesserungen vorhanden sind. Die Themen, die Firmen zur digitalen Innovation und Transformation bewältigen müssen, sind zwar eng verwandt, haben aber erkennbar unterschiedliche Schwerpunkte. Um erfolgreiche Transformationsprozesse einzuleiten, lohnt es sich, die Stärken der einzelnen Managementbereiche zu berücksichtigen und auszunutzen.

Wer aktives Technologiemanagement betreibt, orientiert sich an der Entstehung der Leistungen und Technologien. Die Verwertung der Erkenntnisse ist jedoch dann in der Regel auf den Bereich der Technologie beschränkt. Die für die Marktentwicklung zentrale Verwertung der Leistungen ist dagegen bereits eine Teilaufgabe des Innovationsmanagements.

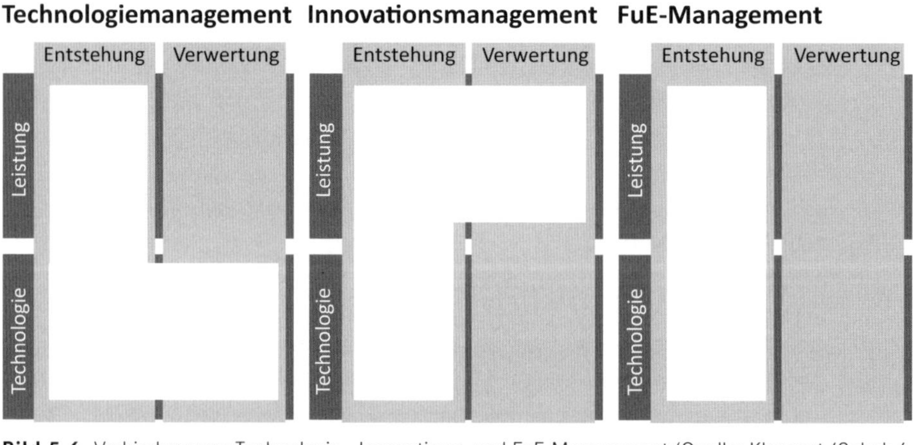

Bild 5.6 Verbindung von Technologie-, Innovations- und FuE-Management (Quelle: Klappert/Schuh/Aghassi 2011, S. 8 auf Basis von Binder/Kantowsky 1996)

Vor allem im industriellen Umfeld ist es entscheidend, dass die Koordination der unterschiedlichen Managementfelder für innovative Prozesse funktions- und abteilungsübergreifend stattfindet (Bild 5.6).

Innovationsmanagement

Gerade für die Diskussion von Innovationen im technisch-industriellen Umfeld ist es wichtig, nochmals zu betonen, dass Innovationen nicht lediglich als technologieinduzierte Innovationen auftreten. Zunächst lohnt sich ein Blick auf den Innovationsbegriff. Während die „technische Realisierung neuer wissenschaftlicher Erkenntnisse" (Bullinger 1994, S. 35) eine *Invention* darstellt (vgl. Breyer-Mayländer/Werner 2003, S. 301), ist die „erstmalige wirtschaftliche Anwendung von Inventionen" (Bullinger 1994, S. 35) eine *Innovation*. Obwohl wir uns in diesem Abschnitt noch intensiv mit Technologiemanagement als eine Säule des Innovationsmanagements befassen, muss man hier schon direkt vor Augen haben, dass es sehr viele Innovationen gibt, die in keiner Weise mit technologischen Neuerungen verbunden sind. Ein Beispiel ist die Harry-Potter-Serie im Buchsektor. Es handelt sich mit den Crossover-Geschichten für Erwachsene und Jugendliche um eine echte inhaltliche Innovation, die jedoch auf einem konventionellen gedruckten Buch als „Basistechnologie" beruhte.

Im deutschen Selbstverständnis von Innovationen haben wir in einigen Bereichen einen Nachholbedarf, da gerade im politischen Umfeld in Deutschland Innovationen gerne so dargestellt werden, als ob sie zwangsläufig mit technologischen Veränderungen verbunden sein müssten. Beispielhaft kann man das Programm „Junge Innovatoren" heranziehen, das für den wissenschaftlichen Nachwuchs in Baden-Württemberg gedacht ist, aber einem ausschließlich technischen Innovationsbegriff folgt.

> *„Das Förderprogramm Junge Innovatoren hilft jungen wissenschaftlichen Mitarbeitern und Mitarbeiterinnen aus Hochschulen und außeruniversitären Forschungseinrichtungen dabei, sich zur Herstellung und zum Vertrieb von innovativen Produkten oder Verfahren selbständig zu machen. Förderwürdig sind nur Unternehmensgründungen, bei denen es um Produkte und Verfahren geht, die auf Erfindungen von Existenzgründern und -gründerinnen, einer von ihnen entwickelten Software oder ihrem technologischen Know-how beruhen.*
>
> *Mit dem Programm soll eine Alternative zur abhängigen Beschäftigung geschaffen werden und gleichzeitig der Technologie- bzw. Know-how-Transfer von den Hochschulen in die Wirtschaft gefördert werden. Insbesondere zukunftsträchtige Felder wie Optoelektronik, Biotechnologie, Medizintechnik, Solartechnik, Automatisierungstechnik und Mechatronik stehen im Förderfokus."*
>
> (Quelle: MWK o. J.)

Grundsätzlich kann man im Rahmen des betrieblichen Innovationsmanagements zwischen den unternehmensinternen Innovationen (Prozess-, Struktur- und Sozialinnovationen) und den unternehmensexternen Produktinnovationen unterscheiden. Im Rahmen des konventionellen Innovationsmanagements werden die einzelnen Teilschritte des Innovationsprozesses abgearbeitet (Bild 5.7), bis die Innovation abgeschlossen ist.

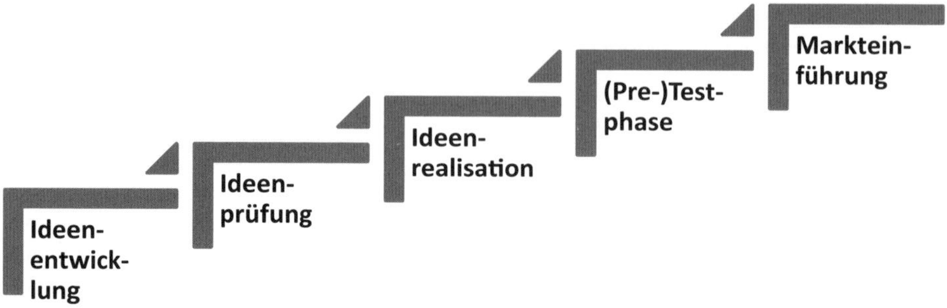

Bild 5.7 Innovationstreppe (Quelle: Steinbeis-Beratungszentrum „Leadership in Science and Education")

Mit einem Innovationsmanagement nach diesem Muster lassen sich respektable Schritte erzielen. Dennoch zeigte sich zu Beginn des Digitalzeitalters sehr schnell, dass ein abgeschlossener Innovationsprozess seine Grenzen hat. Im Jahr 1995 hatte ich im Auftrag der Burda New Media GmbH die Aufgabe, Online-Dienste für Europe Online zu entwickeln, ein geschlossener Dienst, der auf der Technologie von AT&T Interchange beruhte. Wir mussten dabei sehr schnell erkennen, dass das zu dieser Zeit neu etablierte WWW mit einem offenen Innovationsprozess und unzähligen dezentralen Entwicklungsschritten in seiner Entwicklungsdynamik dem abgeschlossenen Innovationsprozess aus einem „professionellen System" deutlich überlegen war.

Neben den unterschiedlichen klassischen Formen des Innovationsmanagements hat sich daher im Zuge der Digitalisierung auch eine Verschiebung des Schwerpunkts ergeben und das Prinzip „Open Innovation" etabliert. Dahinter stehen eine Reihe sehr unterschiedlicher Verfahren (z. B. Innovation-Jams), mit denen externer Input in den eigenen Innovationsprozess eingebunden werden kann (vgl. Kaiserswerth 2010, S. 379).

> *„The Open Innovation paradigm can be understood as the antithesis of traditional vertical integration model where internal research and development (R&D) activities lead to internally developed products that are then distributed by the firm. If pressed to express its definition in a single sentence, „Open Innovation" is the use of purposive inflows and outflows of knowledge to accelerate internal innovation, and expand the markets for external use of innovation respectively."* (Chesbrough 2006).

> *„Je freizügiger der Umgang mit Wissen jeder Art ist, desto größer die Chance auf einen hohen Innovationsgrad der Wirtschaft, für einen hohen Innovationsgrad der Wissenschaft und einen hohen Demokratisierungs-/Transparenzgrad des politischen Systems ohnehin."* (Kuhlen 2004, S. 362)

Das ist ein heikler Schritt. Ich öffne mich als Unternehmen gegenüber meiner „Systemumwelt" und kann damit als Unternehmen nicht mehr ohne Weiteres kontrollieren, wer Zugang zu meinem Innovationsprozess und den Ergebnissen hat. Der Vorteil an der klassischen proprietären Forschung im Unternehmen mit abgeschlossenem Innovationsprozess ist die Kontrolle über den Zugang zu den Forschungsergebnissen und damit auch eine Kontrolle über die Sicherung des Know-hows. Wenn sich ein Unternehmen für den Prozess einer offenen Innovation entscheidet, muss man im Zuge dieser Entscheidung prüfen, welche Risiken durch Know-how-Abfluss bestehen.

Dem Risiko des Know-how-Abflusses steht die Erkenntnis gegenüber, dass ein zu langsamer Innovationsprozess, der aber gut von der Öffentlichkeit abgeschirmt ist, uns auch nicht weiterbringt. Die frühe Einbeziehung von Nutzern und Lieferanten ist ohnehin dafür prädestiniert, dass die jeweilige Innovation für Teilzielgruppen auch zeit- und marktgerecht entstehen kann.

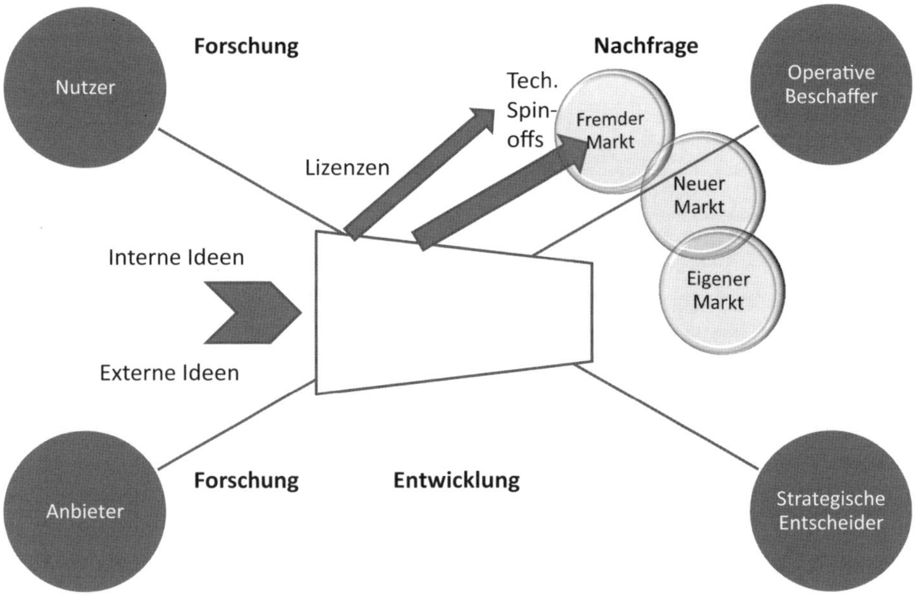

Bild 5.8 Open Innovation (Quelle: Wiktor 2014)

Dabei haben sich vier typische Formen von Open Innovation (Bild 5.8) herausgebildet (vgl. Habann 2013, S. 118 ff.):

- Co-Creation mit ausgewählten Lead-Usern (z. B. durch Fokusgruppendiskussionen und Pretests)
- Unternehmensinterne Innovationscommunities (z. B. durch interne Plattformen)
- Innovationsplattformen als Intermediäre (externe Plattformen)
- Nutzerinitiierte Innovationen (kollaborative Plattformen und Feedbackmechanismen)

Bei allem Bemühen in den Innovationsschritten unter Einbeziehung von Kunden oder Anwendern und dem Bemühen um „wisdom of the crowd" ist es in vielen Fällen auch ein Zufallselement, das am Ende den Innovationsprozess begünstigt. So wie statt linearer zielorientierter Recherche auch in der formal strengen Disziplin der Informationswissenschaft der Zufallsfund (Serendipity-Effekt) existiert, der auch dazu führen kann, dass man vom einmal gewählten Pfad ab- und am Ende doch beim richtigen Ergebnis ankommt, gibt es auch den Glückstreffer im Bereich der Innovationen. Hier kann im Rahmen des Innovationsprozesses dieses zufällige und zum Teil auch etwas irrationale Element weiter gestärkt werden, indem man die Szene der Hobbynutzer und Freaks mit in den Prozess integriert (vgl. Hoffmeister 2013, S. 101 ff.).

Besonders im Zusammenhang mit technologiegetriebener Innovation ist es wichtig, die Unterschiede zwischen Open Innovation und Open Source sowie zwischen Open Innovation und offenen Datenschnittstellen parat zu haben. Gerade der offene Entwicklungsprozess von Open-Source-Software erfordert Klarheit über die Restriktionen und Basisnormierungen in Bezug auf vereinbarte Schnittstellendefinitionen (Bild 5.9; vgl. Picot/Fiedler 2008, S. 236 ff.).

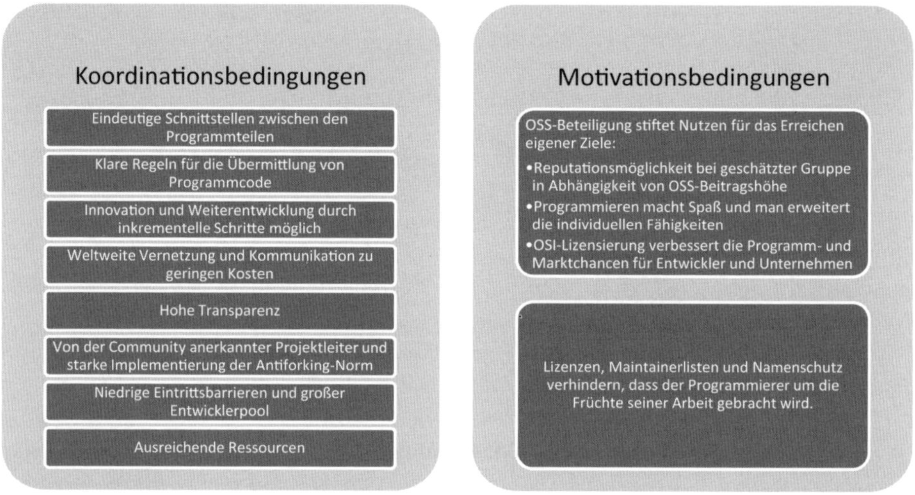

Bild 5.9 Organisatorische Rahmenbedingungen von Open-Source-Projekten (Quelle: Picot/Fiedler 2008, S. 247; OSS: Open Source Software, OSI: Open Source Innovation)

Bei den offenen Datenschnittstellen, wie dem „Open Core Engineering“ von Bosch Rexroth (vgl. Bürger/Tragl 2014, S. 561 ff.) geht es nicht um eine komplette Systemoffenheit, sondern um eine Öffnung unterschiedlicher vordefinierter und proprietärer technischer Systeme. Es werden lediglich die Schnittstellen als offene Standards definiert, um – in diesem Beispiel – die Brücke zwischen klassischer IT-Automation und SPS-Automationskomponenten zu gewährleisten.

Disruptive Innovationen als Teil des Innovationsmanagements, wie sie in Kapitel 1 und 2 bereits dargestellt wurden, erfordern einen Blickwinkel, der sich mit der Innovation als neuartiger wirtschaftlicher Anwendung befasst und nicht auf Teilbereiche des Innovationsprozesses beschränkt bleibt.

Wie man Innovationsmanagement nach den beschriebenen Prinzipien der Open Innovation bei digitalen Transformationsszenarien in der Unternehmenskultur eines Unternehmens als zentralen Baustein verankern kann, zeigen die neun Innovationsprinzipien, mit denen Google einen Teil seiner Erfolgsgeschichte beförderte (vgl. Schindler 2010, S. 150 ff.):

Valide Informationen als Basis für Entscheidungen

- Der Nutzer kommt zuerst, nicht das Geld.
- Ideen kommen von überall her.
- Ideen austauschen und offen bleiben.
- Think Big.
- Schnell ist besser als langsam.
- Auf das Kerngeschäft konzentrieren.
- Über den Tellerrand schauen.
- Immer weiter lernen.

Technologiemanagement

Bei den technologieabhängigen Innovationen ist in der öffentlichen Diskussion immer wieder die Tendenz zu erleben, aus jeder neuen Entwicklung eine „Schlüsseltechnologie" herbeizureden. Dabei muss man sich jedoch vergegenwärtigen, dass nur wenige Technologiebereiche so beschaffen sind, dass sie für die künftige Entwicklung von Märkten und Branchen den entscheidenden Ausschlag geben.

> *„Schlüsseltechnologien (Key Technologies) haben aktuell die höchste wettbewerbsstrategische Bedeutung. Sie haben signifikanten Einfluss auf die aktuellen Wettbewerbspositionen in der Branche und sind bereits ein fester Bestandteil des Technologiespektrums der Branche, jedoch noch nicht für alle Wettbewerber zugänglich."* (Bullinger 1994, S. 97)

Das Modell, nach welchem wir uns angewöhnt haben, unterschiedliche Technologien nach ihrer Relevanz für weitere Entwicklungen und Industrien zu klassifizieren, geht auf ein Modell des Beratungsriesen McKinsey zurück. Auch Arthur D. Little hatte in der weiteren Entwicklung die Ausbreitung der Technologien und deren Wettbewerbsrelevanz weiter untersucht, sodass auf Basis dieser klassischen Beratungsansätze seit Jahrzehnten eine gute Basis für das Technologiemanagement existiert (Bild 5.10).

In vielen Fällen ist es eine Schrittmachertechnologie, die von den Marktführern beherrscht wird, die meist auch nicht dazu geeignet ist, eine echte Differenzierung im Wettbewerb herbeizuführen.

Viele digitale Erfolgsunternehmen und -produkte der letzten Jahre sind mit neuer Technologie zustande gekommen. Eine Plattform wie Facebook war von einem günstigen Markteinführungsmodell gepusht worden, bei dem eine steigende Zahl an Profilen zu einer steigenden Nachfrage führte und damit den Markt in Gang setzte. Es war nicht die überlegene Technik im Sinne von elaborierteren Features als bei vergleichbaren Plattformen. Dass es bei manchen Innovationen auch problematisch sein kann, mit einer frühen Technologie zu starten, sieht man bei all jenen Fällen, in denen ein technisch gutes, zu seiner Zeit sogar überlegenes Produkt in den Markt gebracht werden soll, aber an den bestehenden Strukturen und der noch fehlenden Marktakzeptanz scheitert.

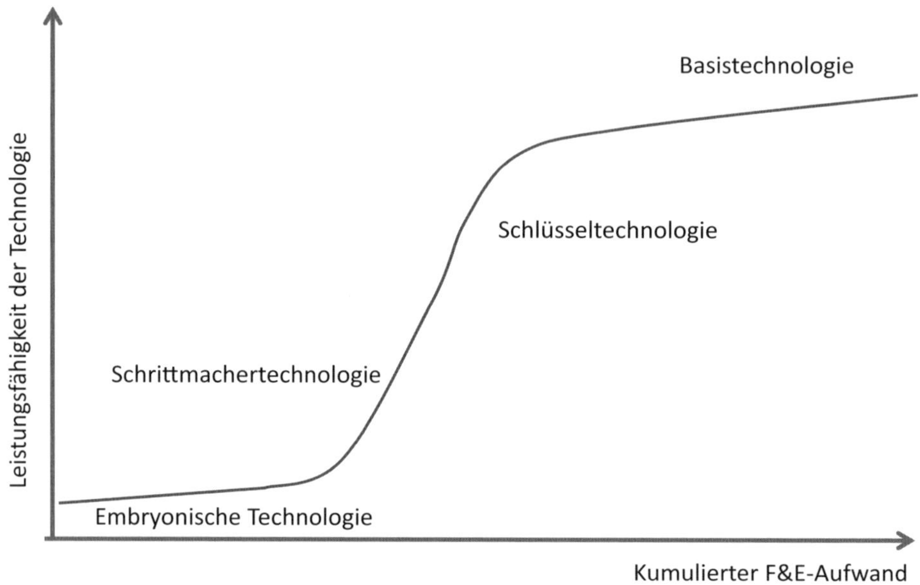

Bild 5.10 Einteilung der Technologieebenen anhand des Technologielebenszyklus (Quelle: Schuh/Klappert/Schubert/Nollau 2011, S. 43)

Der Gartner Hype Cycle beschreibt den Reifegrad unterschiedlicher Technologien, wenn es um die Vermarktung im internationalen Kontext geht. Dabei wird deutlich, wie der Zeitablauf zwischen Euphorie und Ernüchterung bei einem „normalen" Ablauf eines Hypes beschaffen sein kann. Wenn man die unterschiedlichen Technologien, die im Zusammenhang von Industrie 4.0 relevant sind, in dieses Schema packt, erhält man ein komplexes Bild, das zeigt, dass es nicht so einfach ist, den Stand der Technologiediskussion in ein einziges Bild zu fassen (Bild 5.11).

Diese Vereinfachung kann jedoch dazu führen, dass man die Gesamtsituation des Begriffs „Industrie 4.0" als Hypebegriff wahrnimmt. Hier kommt Kaufmann zu dem Schluss, dass das Gesamtphänomen Industrie 4.0 noch in der wachsenden Hypekurve zu sehen ist, während die Teile der Entwicklung auch schon Ernüchterungsphasen durchlebt haben und noch durchleben werden (Bild 5.12; vgl. Kaufmann 2015, S. 10). Ohne den Blick auf spezifische disruptive Phänomene zu richten, ergibt sich bereits aus der Strategiebildung im Technologiemanagement die Notwendigkeit, im Rahmen der Technologie- und Innovationsstrategien auf das richtige Timing zu achten, um die richtige Phase einer Technologie im Aufschwung zu erwischen (vgl. Bullinger/Renz 2005, S. 94).

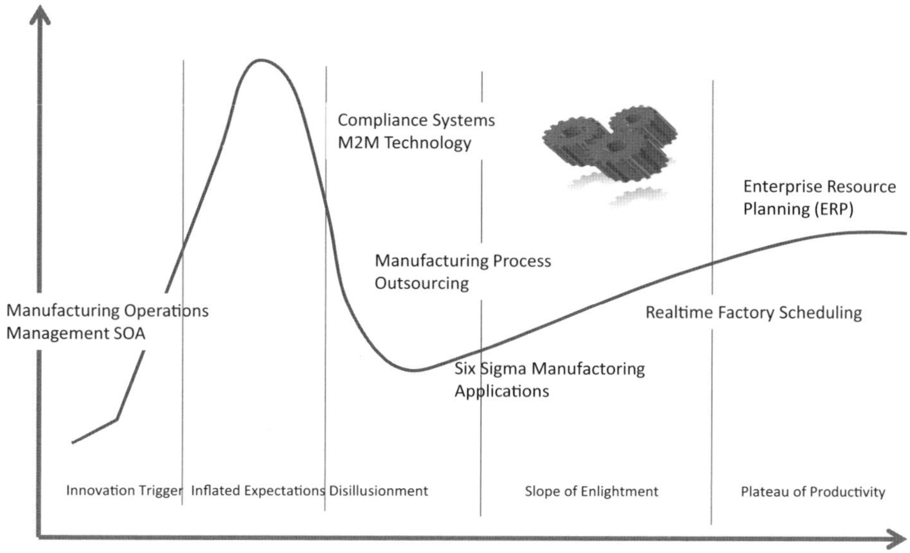

Bild 5.11 Teilfunktionen von Industrie 4.0 im Gartner Hype Cycle (Quelle: Schuh/Klappert/Schubert/Nollau 2011, S. 42)

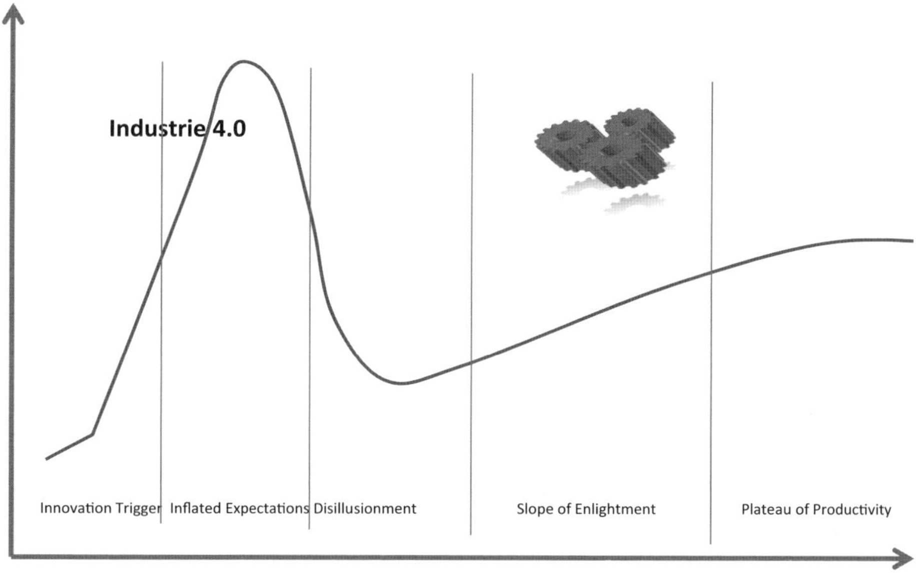

Bild 5.12 Einordnung Industrie 4.0 im Jahr 2015 in den Gartner Hype Cycle (Quelle: Kaufmann 2015, S. 10)

Für Management 4.0, das Management in der digitalen Umgebung, ist es von entscheidender Bedeutung, dass sich Führungskräfte von althergebrachten Einschätzungen der Unternehmenswelt verabschieden. Die typische Industrie, wie wir sie gerade in Deutschland als technologieintensive Industrie vor Augen haben, entstand aus einer sehr traditionellen Kopplung von Forschung und Entwicklung an Möglichkeiten der Produktion. Peter Drucker verweist in seinen Schriften auf Werner von Siemens, der einer der Ersten, wenn nicht gar der Erste gewesen sei, der einen Wissenschaftler der Universität für sein Unternehmen gesucht habe, um damals das Themenfeld der Niederspannungstechnik (heute würden wir das Elektronik nennen) für sein Unternehmen zu erschließen. In der Folgezeit haben sich komplette Industrien darauf konzentriert, eigene Labore und Forschungsabteilungen einzurichten, die dann exklusiv für die jeweilige Branche und das Unternehmen aktiv waren. Mit der Erforschung des Transistors in den Bell-Labs trat dann erstmalig das Phänomen auf, dass eine Branche und ein Unternehmen etwas entwickelt hatten, das man dort (eben in der Telefonbranche) nur teilweise verwenden konnte. Für geringes Geld (25 000 Dollar) wurde diese Technologie damals von den Bell-Labs freigegeben. Damit wurde einer der größten Entwicklungserfolge fast verschenkt (Göök 1989, S. 268).

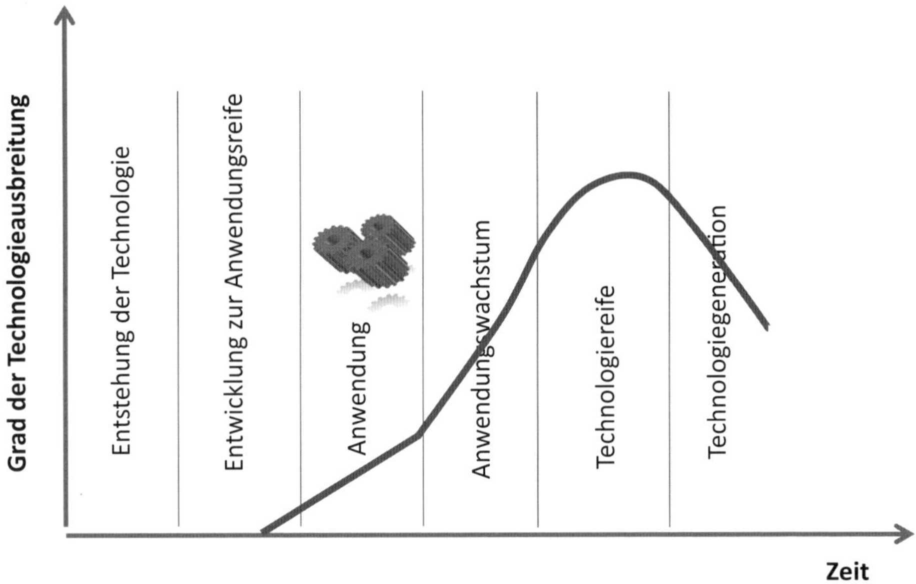

Bild 5.13 Technologielebenszyklus (Quelle: Kaudela-Baum/Holzer/Kocher 2014, S. 186)

Nicht immer schafft es eine neue Technologie, den Hype Cycle nach der Gartner-Terminologie zu erklimmen. Statt des Hypes kann es auch einfach um normales und solides Wachstum im Rahmen eines typischen Technologieentwicklungszyklus gehen (Bild 5.13).

Wenn man sich diese historische Entwicklung vor Augen führt, versteht man auch, warum es nach wie vor für viele Akteure schwierig ist zu akzeptieren, dass wir hier heute einen fundamentalen Unterschied haben. Technologien und wissenschaftlicher Fortschritt lassen sich nicht mehr einer Branche oder gar einem Unternehmen zuordnen. Neue Entwicklungen können in allen Branchen und Segmenten für Innovationen und Veränderungen sorgen. Für die neuen Technologien im Umfeld der Digitalisierung gilt dies in besonderem Maße. Damit ist auch klar, dass bei einer Technology-Impact-Analyse, wenn man die Auswirkungen neuer Technologien auf unterschiedliche Märkte und Produkte abschätzt, immer nur die ersten Schritte einer Kettenreaktion sichtbar werden. Wie bei der unkontrollierten Ausbreitung einer Lawine kann man daher kaum seriös prognostizieren, wo eine heutige Neuentwicklung als klassischer Impuls nach mehreren Stationen als Abschluss der Reaktionskette landen wird. Denn die richtigen Innovationsimpulse kommen in der Regel von außerhalb und nicht aus der eigenen Branche.

Kreativitätsmanagement

Der klassische industrielle Innovationsprozess ist in vielen Fällen stark durch Forschung und Entwicklung, klassisches Technologiemanagement und ein eher reduziertes Innovationsmanagement geprägt. Hier liegt beim digitalen Transformationsprozess ein Spielraum, der im Rahmen von Management 4.0 durch ein gezieltes Kreativitätsmanagement ausgeschöpft werden kann. Systematisches Kreativitätsmanagement ist ein Element, um das komplette Spektrum der denkbaren Möglichkeiten erfahren und erarbeiten zu können. Insbesondere bei digitalen Projekten an der Schnittstelle zwischen Technologie und klassischer Kreativleistung kann eine Systematisierung hier von Vorteil sein (vgl. Neumann 2003).

Angesichts der Neigung, in schwierigen Situationen eher erhaltende und keine disruptive Innovationen zu entwickeln, stellt sich die Frage, ob das typische Kreativitäts- und Innovationsmanagement dazu geeignet ist, ein Unternehmen – insbesondere im Industriesektor – auf die digitale Transformation vorzubereiten. Dabei kommt es auf das korrekte Verständnis der Kundenbedürfnisse und des Markts an und die Fähigkeit, möglichst schnell erste Produkte zu liefern, die anschließend evaluiert werden können.

Innovationstreiber und Branchen

Zunächst einmal gilt es, die Grenzen des technologiedominierten Innovationsprinzips im Blick zu behalten. In vielen digitalen Branchenfeldern ist es nicht die Technologie, die primär für die Innovationen verantwortlich ist. Wir haben beim Beispiel „Harry Potter“ bereits sehen können, dass es echte Innovationen geben kann, die dennoch eine herkömmliche Basistechnologie nutzen, die nicht spektakulär ist.

Wir erleben in einigen Märkten Innovationen, die als „Technology-Push“-Innovation (vgl. Bullinger/Warschat 2007, S. 208) gesehen werden können. Eine neue Technologie gestattet in diesen Fällen neue Produktfeatures oder ermöglicht überhaupt erst neue Produkte (dies können sowohl Sachgüter als auch Dienstleistungen sein). So könnten ohne Smartphones und die Überallverfügbarkeit von Apps keine Dienstleistungen wie der Taxidienst Uber oder andere mobile Services etabliert werden. Dennoch ist für einen echten Erfolg auch die Nachfrage nach dem Produkt entscheidend. Der „Market-Pull“-Ansatz beschreibt, wie die Nachfrage nach Lösungen für bestimmte Bedürfnisse und Probleme innovationsauslösend sein kann. Hier kann eine neue Technologie relevant sein, muss aber nicht.

Auch hier kann man feststellen, dass selbst dieser Ansatz vielen Innovationen der digitalen Märkte nicht gerecht wird. Menschen können ihre Bedürfnisse in vielen Fällen nicht formulieren, da ihnen echte innovative Angebote nicht als anschaulicher Prototyp zur Verfügung stehen. Daher lassen sich Innovationen, die einen Sprung in der Entwicklung bestehender Produkte darstellen, auch nur sehr schwer mithilfe von Marktforschung präzisieren. Niemand forderte von Kundenseite die Etablierung eines Crossover-Literaturangebots im Sinne von „Harry Potter" und es gab auch keine Beschreibungen der neuen mobilen Kommunikationsformen, die sich seit 1990 etabliert haben. Am auffälligsten war das beim jahrelang erfolgreichsten Kommunikationsdienst, der SMS, der nur dadurch entstand, dass ein technischer Kommunikationskanal freigegeben wurde. Es lagen ursprünglich weder große inhaltliche Konzeptionen noch Businesskonzepte zugrunde.

Die Vorteile und Veränderungen disruptiver Technologien sind für Interessierte in vielen Fällen erkennbar. Damit am Ende ein sinnvoller Innovationsschritt entsteht, kommt es jedoch auf das richtige Timing an (vgl. Hoffmeister 2013, S. 92). Nur dann, wenn aufseiten der Kunden und Stakeholder eine ausreichende Akzeptanz für die neuen Technologien besteht, kann daraus ein erfolgreicher Markt werden. Die ersten Social-Media-Plattformen waren deutlich vor Facebook am Start. Es fehlte in diesen Fällen nicht an Funktionalität, sondern an Akzeptanz, da man sich den tatsächlichen Nutzen solcher Produkte zu dieser Zeit nicht vorstellen konnte. Mit der Analyse der Zukunftsvisionen der Vergangenheit kann einerseits die derzeit aktuellen Trendprognosen hinterfragt und andererseits auch ein Gefühl dafür entwickelt werden, wie lange schon die eine oder andere Anwendung und Produktlösung vorstellbar ist, ohne dass diese sich bislang im Markt durchsetzen konnte. Die 1989 gedrehte Folge der Trilogie „Zurück in die Zukunft", in der sich die Helden der Filme in das Jahr 2015 katapultierten, konnte mit Virtual-Reality-Datenbrillen und ähnlichen visionären Elementen aufwarten, die Stand heute (2016) zwar technisch realisierbar, aber nicht im Massenmarkt etabliert sind.

Auch anhand der oftmals langjährigen, nur wenig erfolgreichen Vorläufer heutiger Produkte kann die These, dass es kaum echten „Technology-Push" gibt und bei der Realisierung technologieinduzierter Innovationen immer das Timing eine Rolle spielt, gestützt werden. Mitte der 1990er-Jahre propagierte während der Fachkonferenz ein Vertreter des Bertelsmann-Konzerns das „Rocket E-Book". Ein noch etwas klobiges, aber funktionsfähiges E-Book und damit einer der Vorläufer unserer heute (2016) akzeptierten E-Book-Reader. Nur damals konnte und wollte sich niemand auf ein solches Produkt und die Technologie einlassen.

Kreativitäts- und Innovationsmanagement

Wenn Change Management jedoch nicht nur als Prozess abgearbeitet werden soll, dann benötigen wir im Unternehmen auch ausreichend inhaltliches Material, um deutlich zu machen, wohin uns der Wandel führen soll. Man kann schlecht ein Unternehmen auf neue Dinge ausrichten, ohne sich darüber klar zu sein, was nun neue innovative Ansätze sein sollen. Auch hier gibt es eine ganze Zunft an Einflüsterern, die Innovationsberatung machen und die Aufgabe haben, träge und innovationsfeindliche Strukturen und Akteure auf die notwendige Drehzahl zu bringen. Hier hilft vielleicht ein einfacher Vergleich aus der Chemie. In diesem Sinne kann der Berater nur ein Katalysator sein. Er ist dazu da, die Aktivierungsenergie herabzusetzen, damit eine Reaktion in Gang kommt. In der Chemie muss ich dann den Bunsenbrenner weniger lange an das Reagenzglas halten, da die Reaktion mithilfe des Katalysators schneller in Gang kommt. Es bleibt jedoch die Aufgabe der Führung, die Aktivierungsenergie aufzubringen, und das Ziel ist die selbstständige Reaktion.

Was versteht man nun unter Kreativität im Management? Es besteht ein Konsens, dass „Kreativität das Erarbeiten von qualitativ hochstehenden, originellen und eleganten Lösungen von komplexen, neuen, schlecht definierten oder strukturierten Problemstellungen ist“ (Bild 5.14; Kaudela-Baum/Holzer/Kocher 2014, S. 29).

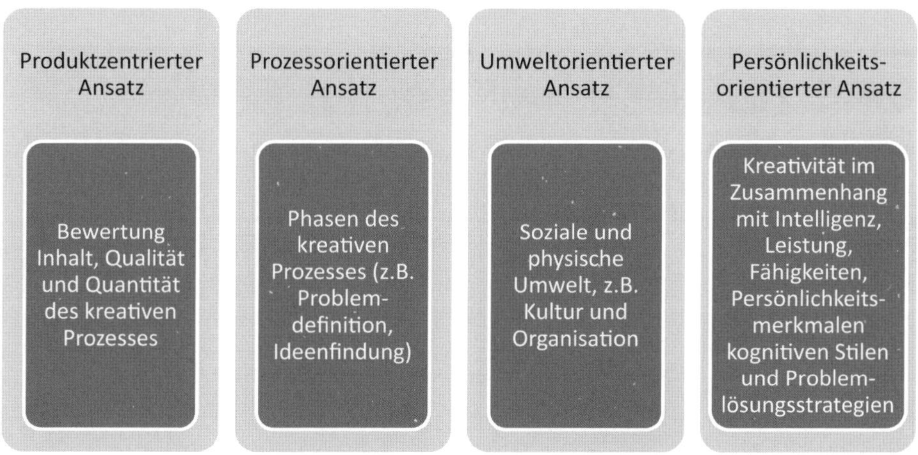

Bild 5.14 Übersicht über Kreativitätsforschung (Quelle: Kaudela-Baum/Holzer/Kocher 2014, S. 30)

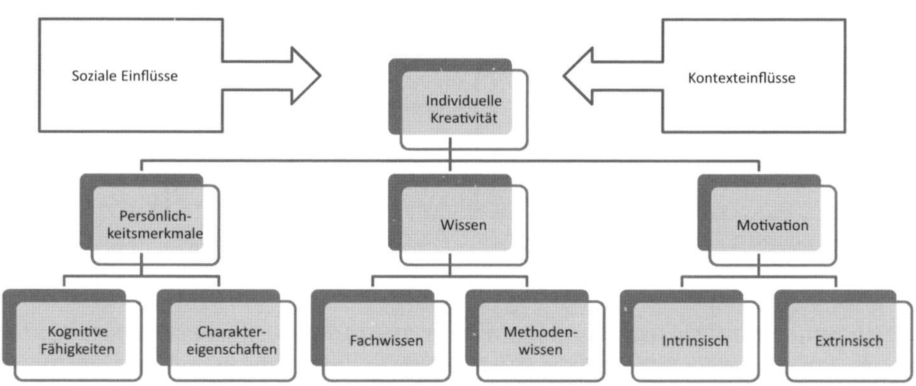

Bild 5.15 Bestimmungsgrößen individueller Kreativität (Quelle: Gaier 2011, S. 8)

Eine empirische Studie aus dem Jahr 2010 zu den Erfolgsfaktoren des Kreativitätsmanagements zeigt, dass es deutliche Unterschiede gibt zwischen den Anforderungen, die technisch kreative Mitarbeiter/-innen (in der Untersuchung waren es Ingenieure) und gestalterisch kreative Mitarbeiter/-innen an das Kreativitätsmanagement stellen (Bild 5.15; Gaier 2011, S. 161 f.). Eine weitere Unterscheidung besteht in der Frage, welchen organisatorischen Kontext die Kreativen insgesamt antreffen, sodass in der Studie nochmals zwischen Hochschule und Unternehmen differenziert wurde. Bei der Analyse der Maßnahmen, die sich für Kreative in Unternehmen positiv oder negativ auswirken, ergab die Studie auch einige Ergebnisse, die gängigen Ideen widersprechen. So waren sowohl die gestalterisch als auch die technisch Kreativen davon überzeugt, dass eine bewusst vermeintlich kreative physische Arbeitsumgebung eher hinderlich sei.

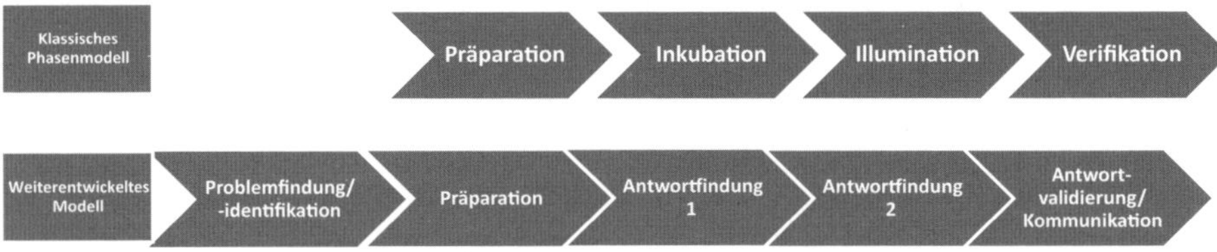

Bild 5.16 Kreativitätsbezogenes Management als Modell (Quelle: Gaier 2011, S. 15)

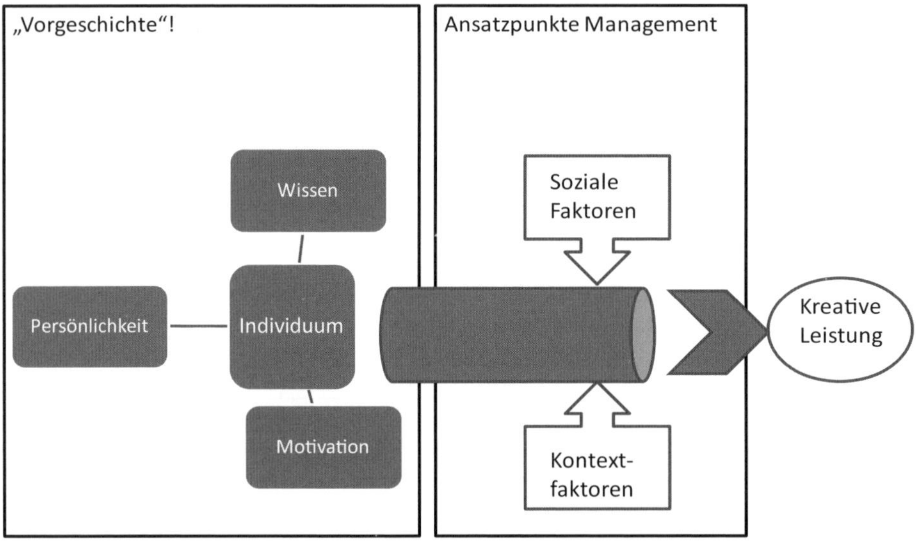

Bild 5.17 Ansatzpunkte für kreativitätsbezogenes Innovationsmanagement (Quelle: Gaier 2011, S. 22)

Damit nun dieses überschaubare und nachvollziehbare Prozessmodell (Bild 5.16) für das kreative Innovationsmanagement tatsächlich in Unternehmen und Organisationen im positiven Sinne wirksam werden kann, müssen auch die anderen Belange berücksichtigt werden (Bild 5.17). Das Kreativmanagement im engeren Sinne muss dann in die komplette Unternehmensumgebung integriert werden (Bild 5.18).

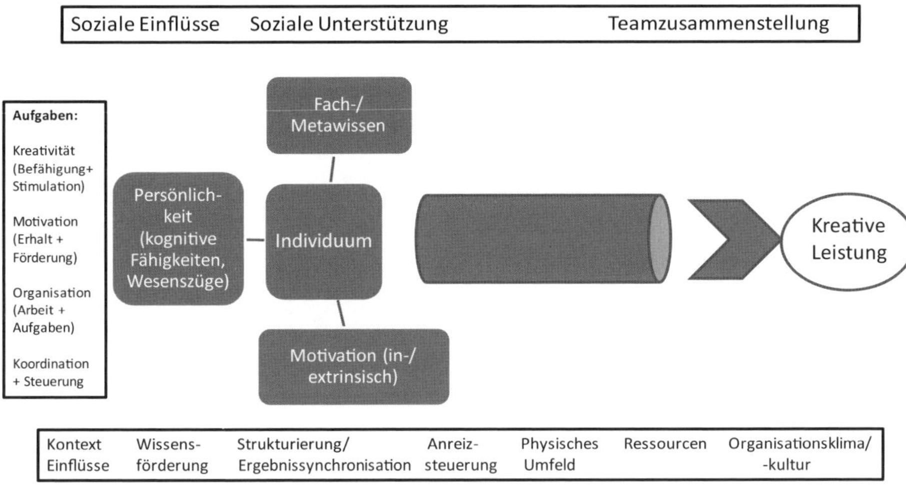

Bild 5.18 Einflussbereiche und kreativitätsbezogenes Management (Quelle: Gaier 2011, S. 23)

Praxisbeispiel: Bellin-Campus – neue Büroarchitektur für eine neue Kooperationskultur

„ETTENHEIM. Zwei Mitarbeiter, die während der Arbeitszeit konzentriert Billard spielen – Carambolage, das Billard mit drei Kugeln, um genau zu sein. Und der Chef, der die Szene unbemerkt von beiden wahrnimmt, freut sich. Martin Bellin, der Chef, erzählt diese kleine Episode aus den ersten Tagen in Bellin II, dem gerade bezogenen Neubau auf dem Bellin-Campus an der Tullastraße, weil sie typisch sei für den Bau und die Atmosphäre darin: Es geht um eine neue Arbeitsatmosphäre, um eine ästhetische Arbeitsumgebung, um bewusst angeordnete Bewegungsflächen und Treffpunkte, die die Spezialisten im Unternehmen zusammenbringt. Es geht um Kommunikation.

Der Billardtisch ist nur ein Element am „Marktplatz der Ideen" (so der Arbeitstitel bei den Planern). Auf einem Flachbildschirm lodert ein Kaminfeuer, moderne Sitzmöbel fordern geradezu auf, sie auszuprobieren, sich darin niederzulassen und bereitgelegte Fachliteratur zur Hand zu nehmen – oder eben mit Kollegen ins Gespräch zu kommen. Selbst die dezente Theke mit Espressomaschine und Wasserspender hat etwas Kommunikationsförderndes. „Ich sehe es gerne, wenn sich dort kleine Schlangen bilden, denn in der Warteschleife redet man miteinander. Austausch ist ganz wichtig in unserem Unternehmen. Daraus entstehen neue Ideen", sagt Martin Bellin.

Plattformen für Kommunikation schaffen

Eine Plattform für Kommunikation und Ideen zu schaffen, das scheint das Kredo dieses neuen Bürogebäudes zu sein. Kommunikation stand auch ganz am Anfang der Planung. Denn als das Ettenheimer IT-Unternehmen 2006 an der Tullastraße einen ersten Betonbau für zwölf Mitarbeiter bezog, bald 25 Mitarbeiter zählte und deshalb schon 2008 erste Überlegungen für einen Erweiterungsbau Bellin II entstanden, wurde als Konsequenz nicht einfach angebaut. Dem Spatenstich im Februar 2014 ging eine fast drei Jahre dauernde Planungsphase voraus.

Martin Bellin führte in Workshops Spezialisten aus allen für das Zukunftsprojekt notwendigen Branchen zusammen: Architekt Günter Erny aus Rust, der schon Bellin I realisiert und als Freund der Familie die Unternehmensphilosophie verinnerlicht hatte, die Experten von Vitra Bürowelten in Weil am Rhein, die ein für Bellin maßgeschneidertes Raumkonzept entwickeln – und Führungskräfte aus dem Unternehmen selbst, die ihr Wissen über Arbeitsabläufe einbringen sollten. „Wir haben nicht nur Geld, sondern vor allem viele Gedanken in das Gebäudekonzept investiert, damit es unsere Arbeitsprozesse unterstützt und Innovationen fördert“, erklärte Firmengründer und Geschäftsführer Martin Bellin bei der offiziellen Einweihung am vergangenen Samstag.

Entstanden ist ein neues Gebäude, das nicht nur den Campus-Charakter von Bellin betont – wegen der Raumnot waren rund 60 Mitarbeiter in das ehemalige Stückle-Gebäude 200 Meter vom Hauptsitz des Unternehmens „ausquartiert“ worden. Sie zogen in der vergangenen Woche in Bellin II ein und damit auf den Campus zurück. Der L-förmige Baukörper über zwei Etagen ist als offen gestaltetes Büroloft mit 1200 Quadratmetern Nutzfläche konzipiert, der nicht nur stationäre und flexible Arbeitsplätze für PC und Laptop bietet, sondern für Konferenzen und Besprechungen auch flexibel und mit mehrfachlagigen Theatervorhängen abgetrennte Räumlichkeiten bereithält. Darüber hinaus gibt es im Büroloft auch noch sogenannte „Think Tanks“ – eine von Architekt Erny konzipierte Raum-in-Raum-Konstruktion im Zentrum des Lofts, die vertrauliche Konferenzen und Kundengespräche ermöglicht.

Natürliche Belüftung statt Klimaanlage

Zur besonderen Herausforderung für den Architekten wurde die Betonbauweise. „Für die Akustik stellt Beton ein Problem dar. Und der Loftcharakter verschärft diese Problemstellung noch dazu“, beschrieb Günter Erny die Aufgabenstellung. Die Lösung ist die Summe mehrerer Komponenten. Eine vom Fraunhofer-Institut entwickelte schallabsorbierende Beton-Akustik-Decke und eine spezielle offenporige Oberfläche in den Holzeinbauten, sei es in Wandschränken oder in Raumteilern, lösen die Anforderungen an die Raumakustik. Auch für das Raumklima im Gebäude wurde ein eigenes Konzept entwickelt. Eine Wärmepumpe mit drei Dutzend etwa 30 Meter tief in die Erde gerammten Erdsonden sorgen für Kühlung im Sommer und Heizung im Winter. „Selbst bei der extremen Hitze in den vergangenen Tagen stieg die Raumtemperatur nicht über 24 Grad“, erklärte Erny. Zum Raum-

klima gehört auch ein ausgeklügeltes Belüftungssystem, eine automatisierte natürliche Belüftung. Bellin: „Wir wollten bewusst keine Klimaanlage." In den Nachtstunden öffnen sich die Fenster am Gebäude wie von Geisterhand gesteuert und lassen Frischluft herein.

Geister scheinen auch beim Beleuchtungskonzept am Werk. Lichtschalter? Fehlanzeige! Die Beleuchtung wird rein über Bewegungsmelder gesteuert. „Wenn's an einem Arbeitsplatz dunkel wird, ist der Mitarbeiter eingeschlafen", scherzte Bellin. Dass es erst gar nicht zum Büroschlaf kommt, dafür sorgen die Wege, die vom Mitarbeiter gefordert sind. Ein Beispiel: Im Büroloft gibt es nur einen Drucker – aber umso mehr Wasserspender. Und auch mehrere, kleinere Rückzugsbereiche, sogenannte Lounges mit bequemen Sitzmöbeln.

Im neuen Gebäude ist aber nicht nur Raum für Arbeit und Kommunikation – auch für Kunst. Der Offenburger Künstler Stefan Strumbel hat zwei Installationen im Gebäude geschaffen, die sich mit dem Begriff Heimat und Bodenständigkeit auseinandersetzen. Dass das Unternehmen weltweit aktiv ist, sollen ein geschnitztes Totem aus Vancouver und eine Steinlaterne aus Kyoto im Außenbereich des Campus symbolisieren."

(Quelle: Fischer 2015)

■

Innovationsmanagement oder Innovation Leadership?

Für ein erfolgreiches Innovationsmanagement ist es erforderlich, den klassischen Managementblickwinkel zu hinterfragen, weshalb Innovationsexperten auch gerne von Innovation Leadership sprechen, d. h. der Führungshaltung, die ein Unternehmen zu echter Innovation befähigt (Bild 5.19). Effizienz und die damit verbundene Reduzierung von Freiräumen führt in der Regel dazu, dass eine Organisation vordergründig wirtschaftlicher arbeitet, aber gleichzeitig das Potenzial für echte Innovationen eingeschränkt wird (vgl. Kaudela-Baum/Holzer/Kocher 2014, S. 5). Hier haben wir eine Diskussion, die sich an die grundsätzliche Abgrenzung zwischen Management und Leadership, mit der sich beispielsweise Henry Mintzberg beschäftigt hatte, anlehnt. Management umfasst die typischen Prozesse der Effizienzsteigerung wie Planung, Budgeterstellung, Organisation, Stellenbesetzung und Leistungsmessung. Leadership hingegen hat die Kernaufgabe, für eine gemeinsame Führung zu sorgen, das bedeutet, eine Richtung festzulegen, für gemeinsame Ziele und Visionen zu sorgen, damit eine Gruppe von Menschen motiviert in eine Richtung arbeiten kann (vgl. Kotter 2015, S. 46). Je unsicherer und weniger planbar die Unternehmensumgebung sich darstellt, desto bedeutsamer werden die Elemente des Leadership-Ansatzes, bei dem es um die grundsätzlichen Orientierungsmuster einer Organisation geht und nicht um die – in der Umsetzung dann notwendige – Detailoptimierung.

Von Stephen R. Covey stammt eine Abgrenzung zwischen Management und Leadership, die die Kernunterschiede anschaulich verdeutlicht:

„Den wichtigen Unterschied zwischen Führung und Management versteht man schnell, wenn man sich vorstellt, wie eine Gruppe von Leuten sich mit Macheten einen Weg durch den Dschungel erkämpft. Sie sind die Macher, die Problemlöser. Sie arbeiten sich durchs Unterholz, machen den Weg frei. Die Manager sind hinter ihnen, schärfen ihre Macheten, schreiben die Verfahrens- und Vorgehensregeln fest, führen Fitnessprogramme durch, bringen technologische Verbesserungen ein, erstellen Arbeitspläne und Ausgleichsprogramme für die Machetenschwinger. Der Führer ist derjenige, der auf den höchsten Baum klettert, die ganze Situation von oben betrachtet und runterruft: ‚Wir sind im falschen Dschungel!' Aber wie reagieren die meisten stark beschäftigten und sehr effizienten Mitarbeiter und Manager? ‚Halt die Klappe! Wir kommen gut voran!'" (Covey 2013, S. 58)

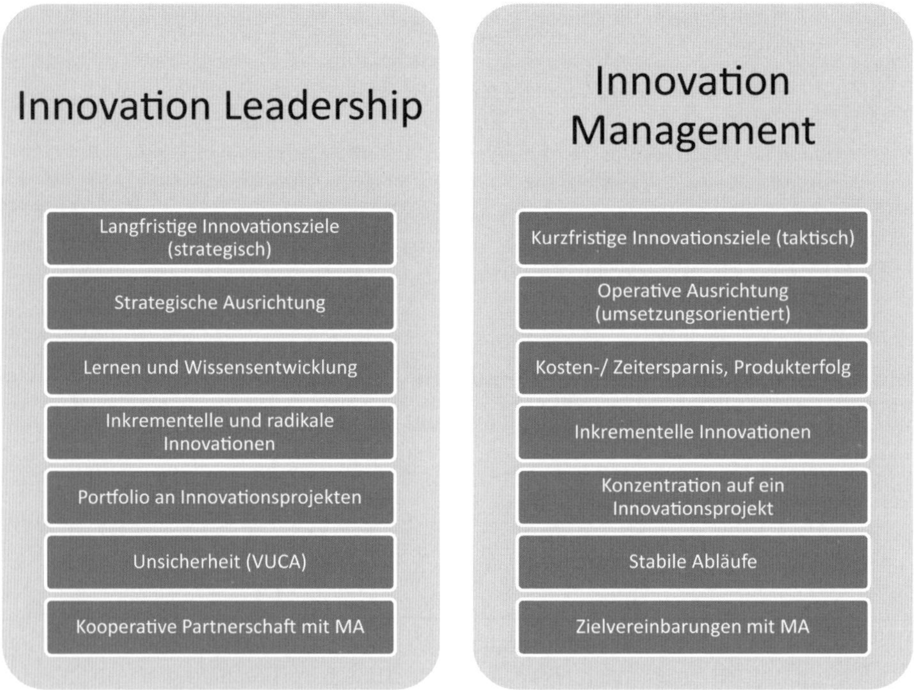

Bild 5.19 Innovation Leadership und Innovation Management (Quelle: Kaudela-Baum/Holzer/Kocher 2014, S. 72)

Angesichts einer immer schnelleren Folge von Innovationen und einem komplexeren Innovationsgeschehen erhöhen sich die Anforderungen an das Management in innovativen Organisationen. Bei der Komplexität der heutigen Produkte hat das Bild vom einsamen Innovator, der wie Robert Bosch zwar nichts selbst erfindet, aber einsam das Potenzial von Inventionen als Basis für Innovationen erkennt und sie dominiert, ausgedient. Es geht um eine gemeinsame Innovationskultur, bei der die unterschiedlichen Blickwinkel, die der kreativen Veränderung (Öffnung) und die der kontinuierlichen (Kosten-)Optimierung und Begrenzung (Schließung) im Gleichgewicht stehen müssen (Bild 5.20).

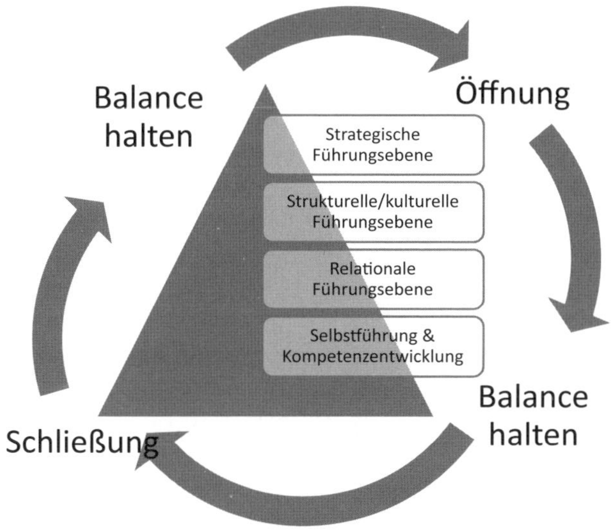

Bild 5.20 Innovationsfördernde Führung (Quelle: Kaudela-Baum/Holzer/Kocher 2014, S. 16)

Nach Schumpeter ist nicht ein neues Produkt, sondern erst die Durchsetzung einer technischen oder organisatorischen Neuerung im Markt eine Innovation (vgl. Kaudela-Baum/Holzer/Kocher 2014, S. 22). Für Organisationen, die sich einer innovativen Grundorientierung verschrieben haben, ist es entscheidend, diesen Prozess von der ursprünglichen technologieorientierten Anwendung wissenschaftlicher Methoden zur Generierung neuer Erlös- und Geschäftsmodelle aktiv zu unterstützen und mit geeigneten Strukturen und Prozessen zu fokussieren. Auch in diesem Zusammenhang kommt der Balance aus Öffnung und Schließung eine besondere Bedeutung zu (Bild 5.21).

Bild 5.21 Führung als Halten der Balance (Quelle: Kaudela-Baum/Holzer/Kocher 2014, S. 67)

Gerade im Rahmen der Digitalisierungsstrategien muss das teilweise sehr stark an einzelnen Detailtechnologien und deren individuellen Lebenszyklen orientierte Modell etwas relativiert werden. Es geht darum, Technologiepotenziale rechtzeitig zu erkennen und auszuschöpfen, dazu können auch die für die Unternehmensentwicklung schwierigen disruptiven Potenziale gehören. Parallel dazu geht es um eine systematische Erfassung und gegebenenfalls Nutzung von Marktpotenzialen, die für einen wirtschaftlichen Erfolg von zentraler Bedeutung sind (Bild 5.22).

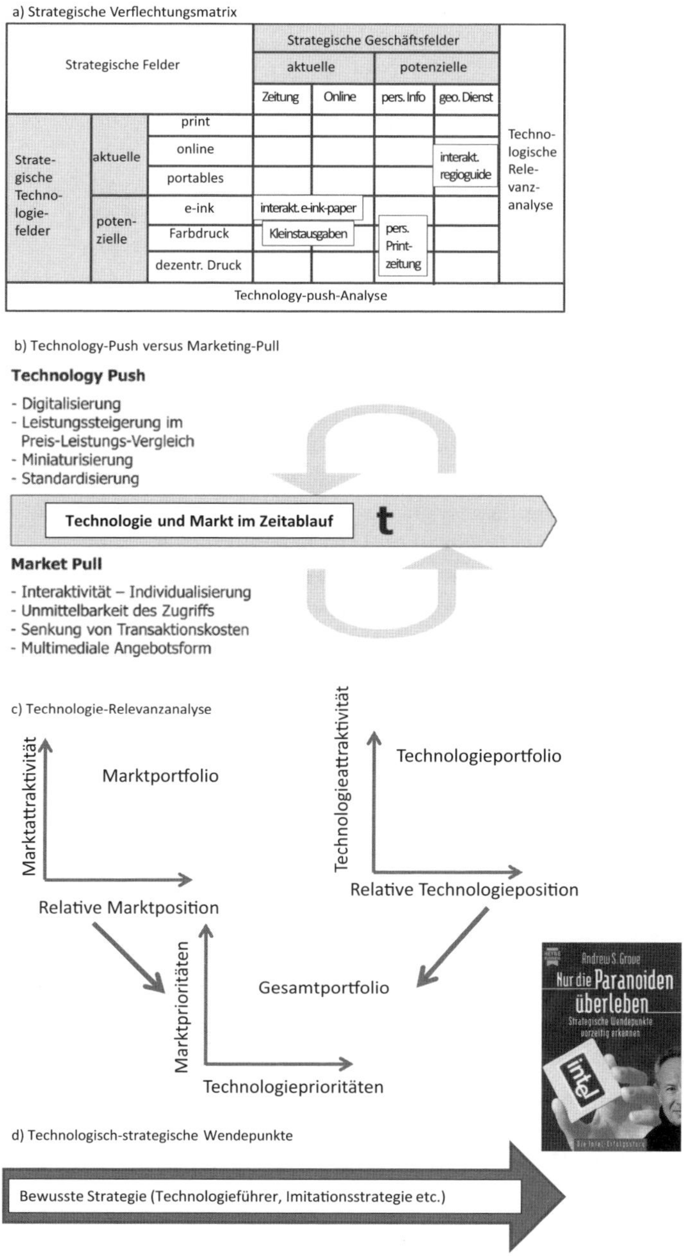

Bild 5.22 Auf dem Weg zur kundenzentrierten, digitalen Technologiestrategie (Quelle: Steinbeis-Beratungszentrum „Leadership in Science and Education"; Pfeiffer/Dögl 1986, Krubasik 1982, S. 30, Grove 1999, S. 142)

Praxisbeispiel: Kampf den Unangepassten? – Fehlentwicklungen in der Innovationskultur

Nach einer Studie der Unternehmensberatung A. T. Kearney ist Deutschland im Bereich der Innovationskultur aktuell auf einem Platz im hinteren Mittelfeld gelandet. Hierfür wird den deutschen Firmen immer wieder angelastet, dass ihre Unternehmenskultur und die dabei eingesetzten Organisationsstrukturen kreativitätshemmend wirken (Hage/Neßhöver 4/2014).

Das Prinzip, dass die innovativen Gründungen außerhalb der Konzerne stattfinden und anschließend die deutschen Konzerne sich in die in ihren Geschäftsfeldern aktiven interessanten Startups einkaufen, scheint dabei auch keine Lösung zu sein. Die Konzerne kaufen sich zwar in junge Unternehmungen ein, jedoch bringen sie in vielen Fällen (Bionade, Mytaxi, Scout24 etc.) auch die Innovationsdynamik der jungen Unternehmen fast zum Erliegen. Die Stärke der deutschen Business-Kultur wird in diesem Zusammenhang häufig in der Optimierung bestehender Produkte gesehen und nicht unbedingt in der Schaffung neuer Produkte und Segmente (Hage/Neßhöver 2/2014, S. 92). Der konstruktive Umgang mit unangepassten kreativen Köpfen, eine der Erwartungshaltungen der Generation Y, scheint in vielen Fällen noch ausbaufähig zu sein. Abhilfe schaffen Strukturen, bei denen die neuen kreativen Produkte in den Konzernen in besonderen Konzerneinheiten entwickelt werden, die sich als Kreativinseln abschotten können. ■

5.4 Marktorientierung: Umgang mit unsicheren Marktentwicklungen

Management 4.0 als Rahmenwerk für die Unternehmensführung im digitalen Transformationsprozess muss sich mit den besonderen Bedingungen auseinandersetzen, die wir in diesen Wendephasen und Umbruchsituationen wahrnehmen. Die Welt der meisten Unternehmen entspricht dem VUCA-Szenario. VUCA steht für Volatilty, Uncertainty, Complexity und Ambiguity, das heißt volatile, unsichere, komplexe und uneindeutige Situationen. Die Signale aus dem Markt sind meist so schwach, dass man lediglich mit Sicherheit sagen kann, dass es sich um eine Umbruchsituation handelt, aber noch nicht unbedingt, in welche Richtung das Ganze einmal gehen wird.

Unklare Verhältnisse im Markt und in der Unternehmensumwelt sowie die in dieser Zeit notwendigen Entwicklungsschritte im eigenen Unternehmen führen dazu, dass bei allen Akteuren auf allen Ebenen eine große Unsicherheit besteht. Eine der großen Herausforderungen in der Unternehmensführung besteht darin, in einer solchen als „unsicher“ wahrgenommenen Situation ein positives gemeinsames zielgerichtetes Arbeiten zu ermöglichen.

Dabei ist Unsicherheit nicht per se ein Problem, weder persönlich noch für das Unternehmen. Es gibt jedoch in Verbindung mit Unsicherheiten operative Schwierigkeiten in der Unternehmensführung, die man durch gezielte Managementarbeit begrenzen kann. Es lohnt sich daher, die Unsicherheiten von Einzelpersonen, Gruppen und Organisationen näher zu betrachten, um zu verhindern, dass das eigene, im Transformationsprozess befindliche Unternehmen am Ende Teileinheiten beinhaltet, die die Struktur eines aufgescheuchten Hühnerhaufens an den Tag legen.

Der Wunsch nach Sicherheit als Urbedürfnis

Der Wunsch eines Menschen nach Sicherheit ist sehr tief im menschlichen Wesen angelegt und keine Luxusentwicklung der letzten Jahrzehnte, in denen für viele Menschen – gerade in Nordamerika und Mitteleuropa – die Überlebensängste keine Rolle mehr spielen. In der Motivationstheorie wird oft auf die Theorie von Maslow (1981) verwiesen, dessen Ausarbeitungen zu unterschiedlichen Bedürfnisebenen später von Corell in eine Pyramidenform gebracht wurden, in der sie sich heute noch großer Beliebtheit erfreut (siehe Kapitel 2). Die Basisstufe der Bedürfnisse sind nach Maslow die physiologischen Grundbedürfnisse Nahrung, Kleidung, Schlaf, Sexualität etc. Eine Ebene, die – nicht nur nach dem Mindestlohn – bei allen Mitarbeiter/-innen gesichert sein sollte, auch wenn deren Realisierung nicht in die Verantwortung des Unternehmens fällt oder gar alles auch am Arbeitsplatz stattfinden sollte. Spätestens bei Schlaf und Sex würden die meisten Arbeitgeber dann die Notbremse ziehen wollen. Diese Ebene ist für unsere Überlegungen zum Umgang mit Unsicherheit jedoch ohnehin nur insofern relevant, als sie die vorgeschaltete erste Ebene darstellt, bevor auf der zweiten Ebene der Bedürfnisse, direkt im Anschluss an die eher banalen physiologischen Grundbedürfnisse, das Bedürfnis nach Sicherheit kommt. Diese zweite Bedürfnisebene schließt den Wunsch nach Schutz, Vorsorge, Angstfreiheit mit ein und zeigt damit bereits, dass es ein differenziertes Bedürfnis ist, das sehr individuelle Ausprägungen haben kann.

Sozialisation und Erfahrungen von Einzelpersonen und Gruppen

Wie groß das Bedürfnis nach Sicherheit und somit die Furcht bei Unsicherheit ist, hängt im Wesentlichen von der Sozialisation und den damit gemachten Erfahrungen ab. Je nach Familiensituation können bei diesem Thema schon sehr früh unterschiedliche Erfahrungen vorliegen, die eine entsprechende Erwartungshaltung und auch ein dazu passendes Verhalten in der Arbeitsumgebung nach sich ziehen. Auch generationenabhängige Erfahrungen spielen hier eine große Rolle. In der zweiten Hälfte der 1990er-Jahre, als es im Bereich der digitalen Unternehmen eine Reihe selbstbewusster Startups gab, prallten in Deutschland in einigen Bereichen unterschiedliche Erwartungen im Bereich Sicherheitsbedürfnis aufeinander. Bei einem Abstimmungsgespräch zwischen Tarifpartnern, das die Wettbewerbsfähigkeit etablierter Unternehmen im Verhältnis zu jungen Startups zum Gegenstand hatten, war beispielsweise auffallend, dass die Veränderungen in der Wahrnehmung von Arbeitgeberleistungen durch die Mitarbeitenden nicht bei allen angekommen war. Die junge Generation dachte an Stock-Options und die

Beteiligung am unternehmerischen Risiko, die Haltung der älteren Generation war eher die Orientierung an den Kategorien der betrieblichen Altersvorsorge. In diesem speziellen Fall zeigte sich noch eine große Distanz der Tarifpartner in der offenen Diskussion der Veränderungsprozesse. Die Gewerkschaftsvertreter in diesem Gespräch fanden die neuen Wettbewerber ohnehin sehr beunruhigend, man konnte den Eindruck bekommen, dass das auch daran lag, dass die Belegschaften der Startups nicht als sehr gewerkschaftsaffin galten. Am Ende hatten sich die Tarifprofis auf beiden Gesprächsseiten wieder in den „tarifpolitischen Schützengraben“ begeben, sodass ein offener Gedankenaustausch unterblieb.

Dieses Beispiel zeigt bereits, dass es Bereiche gibt, in denen sich innerhalb der Belegschaft eine Differenzierung anbietet, um den Bedürfnissen der Einzelnen besser gerecht zu werden. Auch bei Unternehmensreformen und Veränderungsprozessen gibt es unterschiedliche Erwartungen an das Sicherheitsniveau. Neue Märkte werden von einigen als neue Risiken, von anderen als neue Chancen interpretiert. Es bleibt die Aufgabe, gerade bei der Neuausrichtung eines Unternehmens auf neue Geschäftsfelder und bei der Digitalisierung bestehender Produkt- und Marktbereiche, den Wandel vor dem Hintergrund der unterschiedlichen Erwartungen an die Sicherheit nicht nur richtig zu gestalten, sondern auch zu kommunizieren.

Gruppen und Unsicherheit

Die Unsicherheit, die eine Veränderung in Gruppen auslösen kann, geht über die Summe der einzelnen Verunsicherungen weit hinaus, da der gruppendynamische Effekt hier als verstärkendes Element eine große Rolle spielt. Gerade die Unentschlossenen trauen sich kaum, das Positive zu sehen, wenn wortgewaltige und gut vernetzte Opponenten den Ton angeben. Im Rahmen des Change Management muss man daher unterschiedliche Varianten anwenden (siehe Kapitel 5), um die einzelnen Gruppen von mehr oder weniger veränderungsbereiten oder verunsicherten Mitarbeiter/-innen mit in den Veränderungsprozess einzubeziehen.

Wer verhindern will, dass in Umbruchphasen breite Verunsicherung entsteht, der muss frühzeitig über die geplanten Änderungen informieren, damit Gerüchte, die das Informationsvakuum füllen, gar nicht erst in großem Stil um sich greifen können. Auch der Führungsstil muss auf die Situation angepasst werden. In Phasen der Veränderung und auch in Phasen der Krise wünschen sich die Mitarbeiter/-innen zwar, dass sie und ihre Meinungen und Ängste gehört werden und auf Augenhöhe ernst genommen werden, sie haben jedoch gleichzeitig die Erwartung, dass ihnen die Führung das Gefühl von Sicherheit vermitteln kann. Diese Erwartung verhindert in den meisten Fällen eine rein kooperative gruppenbezogene Lösung. Krisenphasen sind die Phasen der autoritären Vorgehensweisen. Ähnlich wie bei Staaten und Gesellschaften, in denen bei Krisenphasen oftmals radikale und autoritäre Gruppen die Oberhand gewinnen, geht es in einem Unternehmen im Rahmen von Krisen oftmals darum, den Leuten mit klaren Ansagen das Gefühl der Sicherheit zu geben. Eine Führung, die trotz aller Widrigkeiten erklärt, was sie mit einer Veränderung erreichen will, eine deutliche Ansage macht, wohin die Reise gehen soll, wird im Regelfall mehr Vertrauen bekommen als eine Führung, die in erster Linie die Unsicherheiten und Unwägbarkeiten betont. Dies ist auch die Brücke zu den unternehmerischen Visionen, die als gemeinsame Vision zwischen Leitung und Mitarbeiter/-innen die Basis für den Unternehmenserfolg darstellen können.

Wie Unsicherheit verstärkt wird

Im Beratungsalltag, aber auch bei Fachkongressen zum Thema Führung und Unternehmenskompetenzen sind immer wieder Wissenschaftler und Praktiker unterwegs, die die Unsicherheit der Mitarbeiter/-innen als wesentliche Triebkraft für motiviertes Arbeiten ansehen. Das Hauptargument lautet in diesen Fällen immer wieder, dass nur die Mitarbeiterin/der Mitarbeiter, die/der Angst haben muss, bei Versagen den Job zu verlieren, am Ende des Tages ausreichend motiviert ist. Alles andere seien Fach- und Führungskräfte mit Beamtenmentalität, da es bei denen dann um nichts mehr gehen würde. Manche bauen diesen Aspekt der bewussten Verunsicherung sogar noch weiter aus und sehen in der Angst (beispielsweise der Existenzangst) eine große positive Triebfeder, die dazu führen könne, sehr beeindruckende Arbeitsleistungen zu erhalten, die die Mitarbeitenden sonst nie freiwillig erbracht hätten.

Frei nach dem Motto „Man rennt nur dann schnell, wenn wirklich der Löwe hinter einem herrennt" werden vermeintliche oder tatsächliche Risiken dazu benutzt, Angst unter den Mitarbeiterinnen und Mitarbeitern systematisch aufzubauen, um sie zu Höchstleistungen zu motivieren. Angst kann Energien freisetzen, die sonst nicht verfügbar wären. Wer schon einmal erlebt hat, wie eine Bache ihre jungen Frischlinge gegen tatsächliche oder vermeintliche Angriffe verteidigt, weiß, was damit gemeint ist. Dieses Prinzip der punktuellen Höchstleistung durch Angst ist also auch im Tierreich zu beobachten.

Dennoch muss man sich darüber im Klaren sein, dass eine solche Extremsituation nicht mittel- oder langfristig als Basisszenario für die Zusammenarbeit im Unternehmen taugen kann. Man kann nicht über längere Zeit hinweg höchste Gefahr simulieren, ohne zu riskieren, dass das bei den Mitarbeiter/-innen negative Spuren hinterlässt. Vor allem muss man die Dimension von Unsicherheit und Angst innerhalb von Beziehungen betrachten. Beziehungen, die auch Vertrauensbeziehungen sein oder werden sollen, müssen angstfrei sein. Bei Beziehungen, und dazu gehört auch die Arbeitsbeziehung zwischen Chef und Mitarbeiter, die nicht angstfrei sind, können wir uns im Regelfall nicht so wie gewünscht für eigenständiges Arbeiten öffnen und wir werden als Mitarbeiter sehr viel Zeit und Energie für die Bekämpfung der Angst verwenden. In vielen Fällen gehen die Mitarbeitenden aufgrund ihrer Angst auf Distanz und resignieren.

In der Praxis gibt es bei den sehr erfolgreichen Digitalfirmen beides: das Management mit Angst und das angstfreie Management, beides mit guten Erfolgen. So gelten die Samwer-Brüder mit der Rocket Internet AG eher als Verfechter einer nach außen hin lockeren, nach innen jedoch sehr herben Unternehmenskultur, was auch von außen so wahrgenommen wird (Jensen/Katzensteiner/Maier 12/2012, S. 42). Bei Google dominiert nach außen hin das Image des Lifestyle-Nerd-Campus, wobei auch hier – beispielsweise nach der Rückkehr von Larry Page – auch immer wieder klare Ansagen der Führung an der Tagesordnung sind, die den Teams die hohen Wachstumserwartungen und die Performanceorientierung gegenüber den Teams zum Ausdruck bringen.

Offenheit und Transparenz bei Unsicherheit

Unsicherheit entsteht in vielen Fällen durch Unwissenheit und die Unwissenheit entsteht dann nicht durch Dummheit, sondern durch fehlende Informationen. Proaktive Informationen in Umbruchsituationen lassen sich theoretisch gut einfordern, aber in der Praxis lässt sich das nur schwer umsetzen. Die Furcht, zu früh mit unausgegorenen Dingen auf die Teams zuzugehen und damit noch mehr Verunsicherung zu erzeugen, ist begründet. Es geht jedoch um eine Grundhaltung, die man vermitteln kann. In Umbruchphasen kann man allein dadurch schon Verunsicherung reduzieren, indem man die Bereitschaft signalisiert, alle Unternehmenszahlen offen mit den Teams zu diskutieren. Das Prinzip „Jeder kann in den Monatsabschluss Einsicht nehmen", „Die aktuellen Kennzahlen werden mit dem Dashboard aufbereitet und stehen jedem zur Verfügung" wird sehr häufig nicht dazu führen, dass die Teams sich mit sehr vielen Zahlen befassen, die nicht mehr oder weniger direkt mit ihrem Arbeitsgebiet verbunden sind. Aber es entsteht subjektiv mehr Sicherheit, da man die Möglichkeit hat, sich umfassend zu informieren. Das Vertrauen, das mir als Mitarbeiter/-in entgegengebracht wird, stärkt auch mein Vertrauen in das Unternehmen und die Leistungsfähigkeit von Firma und Management.

Entwicklungsorientierte Kulturen akzeptieren Unsicherheiten

Im Rahmen des entwicklungsorientierten Managements geht es darum, eine Unternehmenskultur zu stärken, die in der Lage ist, Unsicherheiten als Teil des täglichen Arbeitens zu akzeptieren und konstruktiv damit umzugehen. Damit wird Unsicherheit vom nicht vermeidbaren Übel zum Kern des unternehmerischen Denkens und Arbeitens. Man sucht zum Beispiel unsichere Märkte, um deren Potenzial, die Chancen zu nutzen, statt mit mäßigen Margen und Renditen lediglich bekanntes Terrain zu bespielen. Im Rahmen von Management 4.0 geht es um robuste Führungswerkzeuge und -rahmenbedingungen, die eine Fokussierung auf den Kunden und die Schaffung von Kundennutzen ermöglichen. Dies setzt eine entwicklungsorientierte Kultur der Organisation, aber auch der einzelnen Akteure innerhalb der Organisation voraus.

Bild 5.23 fasst die notwendige digitale Weisheit zusammen.

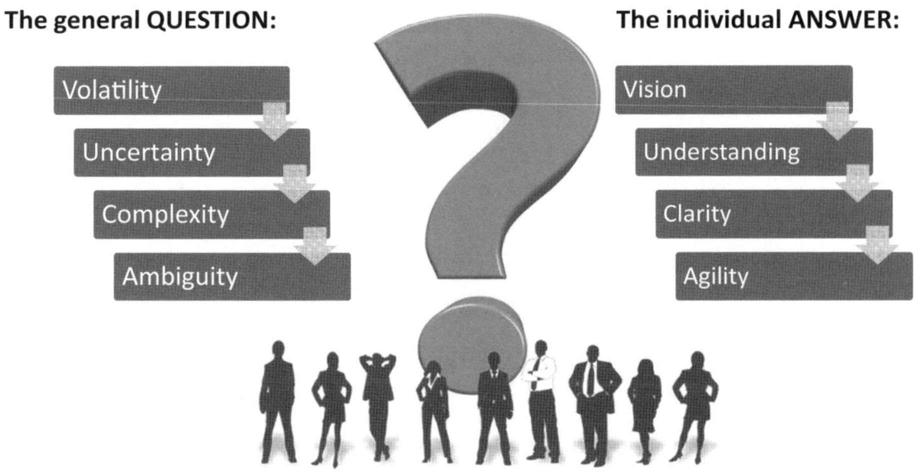

Bild 5.23 Digitale Weisheit in einer VUCA-World (Quelle: Steinbeis-Beratungszentrum „Leadership in Science and Education“ auf Basis einer Idee von: *http://www.wisdomatwork.com/*)

Praxisbeispiel: Aktivierung des Innovationspotenzials bei Metabo

Der Elektrowerkzeughersteller Metabo ist geradezu ein Prototyp für den baden-württembergischen Mittelstand und daher weitgehend unverdächtig, allzu große weltfremde Visionen zu verbreiten. Im Rahmen der strategischen Neuausrichtung des Unternehmens wurde jedoch die Unternehmensstruktur und -kultur auf mehr eigenverantwortliches Arbeiten ausgerichtet. Bei klarem Unternehmensziel soll ein Maximum an Eigenverantwortung auf den Arbeitsebenen liegen, sodass mit weniger Hierarchieebenen und schnellerer Kommunikation wesentliche Elemente des Lean Managements realisiert sind, die wiederum die Voraussetzung dafür sind, dass das Unternehmen in einer sich wandelnden Umgebung erfolgreich sein kann.

Durch die Einführung von neuen Organisationsstrukturen bekamen einzelne Teilbereiche mehr Autonomie, sodass in Verbindung mit agilen Arbeitsmethoden sehr viel schneller Ergebnisse erzielt werden, als das im Rahmen der alten Organisationsform der Fall war. Dass dabei trotz der gesteigerten Verantwortung der Mitarbeiter/-innen der Aspekt der Führung nicht zu kurz kommt, zeigt sich an den „klaren Ansagen“, die den Mitarbeitenden als „Leitplanken“ dienen und für ein effektives und effizientes Arbeiten erforderlich sind.

(Sommer 2015)

5.5 Kundenorientierung: Kundennutzen als Ziel aller Aufgaben

Am Beispiel des Business-Process-Reengineering (BPR) sieht man, dass das Bedürfnis, Unternehmen zu renovieren, eine Aufgabenstellung ist. Wenn es jedoch darum geht, den Aufbau des Unternehmens grundsätzlich zu überarbeiten, hilft das allein nicht weiter. Ein Hersteller von gedruckten Adressbüchern wird seine Unternehmenszukunft nicht dadurch retten, dass er die Druckverfahren optimiert und die Kosten senkt. Gut, sagen Sie sich hier vielleicht, das Beispiel ist trivial, er muss im Sinne des BPR komplett neue Verfahren etablieren und ist daher mit digitalen Adressbuchversionen und Adress-Apps am Markt und damit dicht am Kunden. Im Sinne der Robustheit des Unternehmens und der Produkte im Markt wäre das jedoch auch nicht ausreichend. Es geht nicht um die einmalige Anpassung und Veränderung des Unternehmens, dessen Strukturen und Produkte nicht mehr in die Zeit passen.

Es geht im Rahmen von Management 4.0 um die Fähigkeit, als Unternehmen flexibel zu handeln. Es geht darum, das Unternehmen so aufzubauen, dass klar wird, wo der spezifische Kundennutzen jetzt und in Zukunft liegt, dass kleine Teams hier immer wieder in der Lage sind nachzujustieren und dass sich das Unternehmen damit immer wieder aus eigener Kraft auf neue Situationen einstellen kann. In unserem Beispiel des Anbieters von Verzeichnismedien muss Klarheit darüber herrschen, was die Kernkompetenz des Unternehmens darstellt. Sind es exklusive Adressbestände, die entsprechend weiter angereichert und qualifiziert werden können, um im Werbegeschäft eingesetzt zu werden? Sind es die allgemeinen Adressdaten, kombiniert mit einer etablierten Verkaufsmannschaft, die im lokalen und regionalen Werbemarkt Kombiprodukte vermarkten kann? Je nach Antwort und Voraussetzung wird es am Ende unterschiedliche Entwicklungspfade für das Unternehmen geben.

Gemeinsame Ausrichtung der Beteiligten

Ein zentrales Problem bei der Veränderung von Unternehmen und Organisationen ist der Umstand, dass Menschen in der Regel froh sind, wenn sie ein gewohntes Umfeld haben und selbst bestimmen können, wenn sich etwas in ihrem Alltag verändern soll. Je nach Naturell des Einzelnen können wir individuell deutliche Unterschiede feststellen, wie viel Gewohntes notwendig und wie viel Neues gewünscht ist. Dabei gibt es Zusammenhänge zwischen den beruflichen Umgebungen und der individuellen Disposition. Was, glauben Sie, macht den Unterschied, ob Sie in einem Seminar mit Marketingfachleuten den Ablauf der Tagesordnung ändern oder in einem Seminar mit Controlling-Experten eine Variation des geplanten Ablaufs diskutieren? In diesem Fall ist das Ergebnis so, wie wir es aus der Schublade unserer Berufsfunktionsklischees erwarten, und dennoch sollten wir gerade daraus keine falschen Schlussfolgerungen ziehen.

Entscheidend bei unserem Unternehmen, das wir mit einer flexiblen und zukunftsorientierten Struktur versehen wollen, ist nun nicht, dass wir den Kollegentypus, der klare verlässliche Strukturen liebt, nicht an Bord nehmen. Für manche Aufgabenbereiche wird dieser Typus genau der Richtige sein. Oder haben Sie schon einmal einen spontan kreativ-tatkräftigen Ideensammler als Buchhalter/-in oder Qualitätsmanager/-in eingesetzt? Es geht darum, sich gemeinsam so aufzustellen, dass eine zielorientierte Entwicklung des Unternehmens von allen Beteiligten als Unternehmensziel anerkannt wird.

Für den Prozess der Veränderung hat sich das Themenfeld „Change Management" in der Fachliteratur etabliert. „Change" hat sich inzwischen sehr breit als deutscher Fachbegriff in diesem Umfeld etabliert, es ändert jedoch nichts an den Kernproblemen im Umgang mit dem Wandel, die sich auch in neuen Umgebungen verändern, jedoch stark personenbezogen sind. Das klingt mitunter etwas bemüht, vor allem wenn in manchen Unternehmen winzigste Veränderungen als großartige Change-Erfolge von der Unternehmensleitung gefeiert werden, aber es hat als Aufgabenspektrum für die Herbeiführung von Veränderungsbereitschaft seine Berechtigung. Eines der Hauptziele aller Change-Prozesse ist die Erhöhung der Dynamik (vgl. Vermeulen/Puranam/Gulati 2010, S. 37). Für Management 4.0 ist es einer der wichtigsten Gründe für Veränderung, die Dynamik zu erhöhen und die Ausrichtung des Unternehmens neu zu justieren.

Wenn in einem Unternehmen komplett oder zum Teil organisatorische Veränderungen anstehen und dies „normal" abläuft, kommt eines Tages die Führungsebene und erläutert, dass Veränderungen anstehen, warum diese notwendig geworden sind und wie der Zeitrahmen für die Veränderungen aussehen wird. Wenn es gut läuft, ist die erste Information nur ein Startsignal für einen Veränderungsprozess, in den die Mitarbeiter/-innen eingebunden sind und damit gewissermaßen von „Betroffenen" zu „Beteiligten" werden, ihr Know-how und ihre Sichtweise einbringen können, aber nicht allein über die Veränderungen entscheiden können. Wenn es schlecht läuft, findet die Information durch die Führungsspitze zu spät statt und die lokale Presse oder die interne Buschtrommel oder wahlweise der erste Report der Branchenfachpresse setzen die Umstrukturierungsbemühungen auf die Agenda.

Die erste Frage, die von betroffenen Mitarbeiterinnen und Mitarbeitern bei den ersten Diskussionsrunden immer wiederkommt, ist die Frage: „Warum stehen jetzt Veränderungen an? Es lief doch bisher im alten System alles so gut!" Das ist allerdings nicht die Kernfrage, die sich die Generation Y stellen wird, die sich manchmal eher darüber wundert, warum man bestimmte Dinge erst jetzt in Frage stellt.

Dies hat mit einem der Probleme des gesteuerten Veränderungsprozesses des Change Management zu tun. Mitarbeiterinnen und Mitarbeiter sehen die Veränderungen aus dem persönlichen Blickwinkel und hier stehen meist folgende Punkte im Vordergrund:

- Sicherheit des Arbeitsplatzes,
- Arbeitsort, Arbeitszeit, Arbeitseinkommen,
- Anforderungen (Qualifikation, Motivation, Verhalten),
- Positions- und Statusmerkmale,
- positionelles Umfeld,
- Bezugsgruppe,
- privates Umfeld.

Für unsere Digital Natives sind diese Punkte genauso relevant wie für alteingesessene Ingenieure kurz vor der Pension. Es unterscheiden sich jedoch die Schwerpunkte. Digital Natives nach dem Muster der Generation Y sehen weniger in der Sicherheit des Arbeitsplatzes das größte Problem. Sie sind ohnehin mit der Überzeugung ausgestattet, dass ein Arbeitsplatz keine lebenslange Arbeitsgarantie darstellt und man selbst in der Lage sein muss, rechtzeitig die Reißleine zu ziehen. Stattdessen ist für sie das Thema Zukunftssicherheit des Unternehmens und der Unternehmensidee von größerer Bedeutung, sonst suchen sie den Absprung. Die organisatorischen Rahmenbedingungen der Arbeit und die Frage, wie stark man sich mit seiner Arbeit nach dem Veränderungsprozess noch identifizieren kann und wie gut man die eigene Kreativität einbringen kann, dominieren den Typus Generation Y.

Wer sich mit den unterschiedlichen persönlichen Fragestellungen im Zusammenhang mit Veränderungen im Unternehmen und im Arbeitsumfeld befasst, merkt schnell, dass es jeweils eine individuelle Ebene der Wahrnehmung gibt, die jedoch in früheren Zeiten kaum offen diskutiert wurde. Stets wurden scheinbare Sachauseinandersetzungen in den Vordergrund gerückt, um die Veränderungsideen als Ganzes zu diskreditieren und Teile der Gruppe davon zu überzeugen, dass der Wandel nicht positiv sei. Entscheidend sind bei den Mitarbeiterinnen und Mitarbeitern jedoch nicht die vordergründigen Sachargumente, sondern die Einstellungen, die Bewusstseinslagen und die Rollen (Promotoren, Opponenten, Unentschiedene) der einzelnen Kolleginnen und Kollegen (vgl. Krüger 1999). Das „Eisberg"-Modell zeigt, dass hinter dem sichtbaren Teil der scheinbaren Auseinandersetzung stets der tatsächliche Konflikt zu finden ist (Bild 5.24).

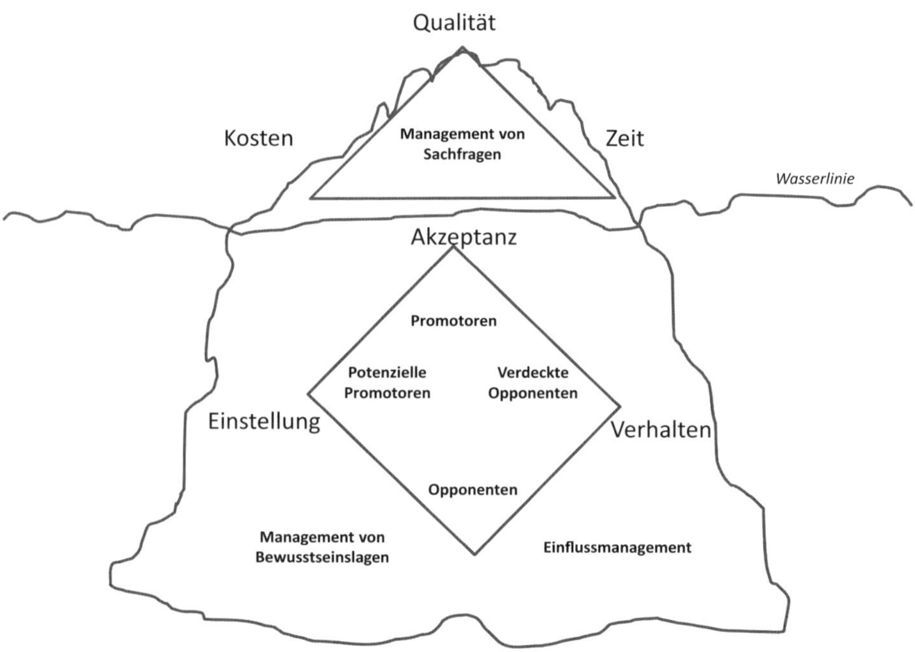

Bild 5.24 Scheinbare Sachfragen als Spitze des Eisbergs (Quelle: Krüger 1999, S. 887)

In vielen Fällen finden Sie eine bunte Mischung vor. Typisch sind beispielsweise 20% Promotoren, 70% Unentschiedene, 10% Opponenten (vgl. zu unterschiedlichen Zahlenbeispielen auch Vahs 2015, S. 337). Damit nun in einem Team nicht der Geist des Verharrens dominiert und Ihre vielleicht ungeduldigen jungen Kolleginnen und Kollegen daran verzweifeln, dass sich in einem etablierten Team aus ihrer Sicht „nichts“ oder „zu wenig“ bewegen lässt, muss auch bei einem gemeinsamen Veränderungsprozess die Führung darauf achten, dass sie im Zweifel den Weg frei macht für diejenigen, die etwas verändern wollen. Vier Grundregeln helfen dabei, dieses Unterfangen zu begleiten und zu unterstützen:

- Fördern Sie Promotoren.
- Stärken Sie die positive Entschlusskraft der Unentschiedenen.
- Eliminieren Sie dauerhafte Opponenten und Nörgler.
- Halten Sie sich nicht mit angeblichen Sachdiskussionen auf, die keine sind.

Gerade der Umgang mit Opponenten ist oft kritisch. Es geht nicht darum, kritische Kolleginnen und Kollegen, die den Finger in die Wunde legen und die Risiken und Probleme des Unternehmens und des Veränderungsprozesses benennen, mundtot zu machen oder gar zu entlassen. Diese kritischen Geister, die meist zu den Leistungsträgern gehören, sind einer Sachdiskussion zugänglich und bringen sowohl den Change-Prozess als auch das Team sowie das gesamte Unternehmen voran. Problematisch sind jene Opponenten, die nicht nur deshalb gegen eine Veränderung sind, weil sie organisatorisch nach eigener Wahrnehmung zunächst zu den Verlierern gehören werden (z. B. ein Abteilungsleiter, dessen Bereich künftig Zuständigkeiten abgeben muss), sondern die Opponenten, die eine dauerhafte negative Grundeinstellung gegenüber dem Unternehmen und dem Management mitbringen. Einzelne Kolleginnen und Kollegen können dafür sorgen, dass ein gesamtes Team eine negative Haltung entwickelt und in den Modus des Dauernörgelns hineinkommt. Solche Akteure sind auch dann mit einer negativen Haltung zugange, wenn sich Veränderungen abzeichnen. Es sind zwar oft auch Kolleginnen und Kollegen, die selbst einen Wandel anmahnen, aber mit den Dingen, die dann gemeinsam mit dem Management entwickelt werden, selten zufrieden sind. In diesen Fällen hilft nur das direkte Gespräch zwischen Führungskraft und Mitarbeiterin und Mitarbeiter. Wir legen im Regelfall unseren Mitarbeiterinnen/Mitarbeitern keine Fußfesseln an und sie arbeiten freiwillig in unserem Unternehmen. Wer als Mitarbeiterin oder Mitarbeiter mit allem unzufrieden ist, sollte sich daher fragen, ob sie/er an der richtigen Stelle im Unternehmen oder überhaupt im richtigen Unternehmen aktiv ist. Nehmen Sie diese Kolleginnen und Kollegen in die Verantwortung. Wenn möglich sollten sie in ihrem Umfeld für die notwendigen Änderungen direkt Verantwortung tragen und dann die bisher nur begrenzt konstruktive Energie als Dauerkritikerin/-kritiker neu und konstruktiv einsetzen. Führungskräfte müssen im Rahmen des Change Management *„vier Basiskompetenzen aufweisen, um Agilität gewährleisten zu können“* (Schwarzmüller/Brosi/Welpe 2015, S. 161):

- Dynamische Entscheidungen ermöglichen (Voraussetzung: Zugang der Mitarbeitenden zu Informationen und Übertragung von Verantwortung)
- Wissen integrieren (Voraussetzung: Zugang zu anderen Unternehmensbereichen und Nutzung eines gemeinsamen Ziels)

- Vorhandenes Wissen hinterfragen (Voraussetzung: Austausch über die Verbesserungsmöglichkeiten trotz aktueller Erfolge)
- Als Vorbild fungieren (Voraussetzung: moralische Integrität und vorbildliches authentisches Verhalten)

Organisation von Innovationen als Aufgabe einer flexiblen Unternehmung

Die Frage nach der „richtigen" Organisation von Innovationsbereichen oder innovativen Unternehmen (Bild 5.25) ist nicht mit einfachen Modellen lösbar. Die Kernthematik der Innovation ist sensibel und kann nur von erfahrenen Führungskräften im Rahmen der Organisationsentwicklung in der Kultur des jeweiligen Unternehmens miteingebracht und gefördert werden.

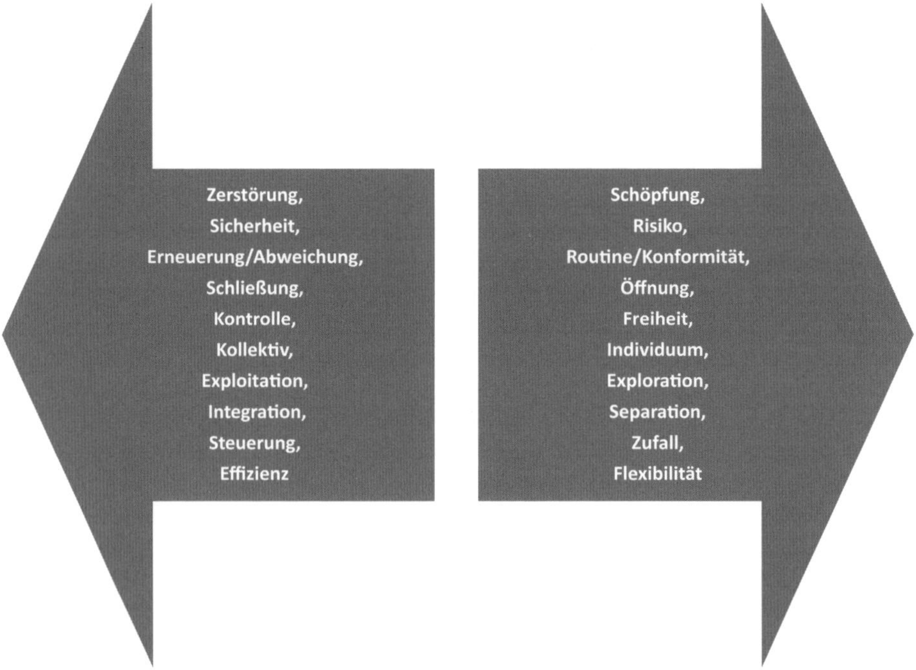

Bild 5.25 Innovative Organisation als bipolares Modell (Quelle: Kaudela-Baum/Holzer/Kocher 2014, S. 46)

Die meisten Unternehmen haben nach wie vor in Teilen eine funktionale Gliederung als eines der Gliederungsprinzipien für Abteilungen und Teams. Die Gliederung des Unternehmens nach dem „funktionalen" Prinzip bedeutet, dass sich die oberste Gliederungsebene des Unternehmens anhand der „Verrichtung", also der auszuführenden Tätigkeiten, orientiert und somit funktionsbezogene Fachabteilungen, wie in Bild 5.26 dargestellt, entstehen. Typische Abteilungen, die so gebildet werden, sind Einkauf, Produktion, Verkauf, Technik, Marketing, Buchhaltung/Verwaltung etc.

Bild 5.26 Funktionale Gliederung als Grundform organisatorischer Linienmodelle

Der Vorteil dieser Organisationsform besteht in der Schaffung weitgehend homogener Fachbereiche, in denen die jeweiligen Spezialisten mit ihresgleichen zusammenarbeiten und damit nicht nur ihre fachliche Einarbeitung und Weiterentwicklung sehr gut steuern können, sondern auch mit einem Minimum an Personalressourcen Aufgaben bewältigen können. Unter dem Gesichtspunkt der Flexibilität und Wandlungsfähigkeit einer Organisation haben wir jedoch genau in solchen Strukturen die größten Probleme. Viele Unternehmen haben es zugelassen, dass die fachliche Orientierung in Fachabteilungen zu einer Art Stammessozialisation führt, bei der man sich primär für den Blickwinkel der eigenen betrieblichen Funktion interessiert und die Bedürfnisse anderer betrieblicher Funktionen zu Schnittstellenproblemen degradiert werden. Der Entwicklungsingenieur ist dann bei einer negativen Etablierung einer funktionalen Gliederung derjenige, der das eigene Produkt technisch perfektionieren möchte, den aber die Frage der Produktion „Lässt sich das auch sinnvoll und kostengünstig produzieren?", die Frage des Vertriebs „Für welche Kundengruppen ist das denn zu welchem Preis vermarktbar?" oder gar die Frage des Marketings „Was ist der Hauptnutzen des Produkts gegenüber anderen vergleichbaren Produkten?" nicht mehr interessiert. Für eine flexible und wandlungsfähige Organisation ist das eine schlechte Voraussetzung. Management 4.0 als die digitale Transformation einer klassischen Unternehmung erfordert den Einsatz funktionsübergreifenden Arbeitens. Zumindest auf der Ebene der projektorientierten Zusammenarbeit muss diese Auflösung des funktionalen Stammes- und Silodenkens erfolgen (vgl. Canditt/Braun 2015, S. 34).

Wenn statt der Optimierung der fachlichen Abteilungsarbeit andere Kriterien für die Bündelung der organisatorischen Verantwortung maßgebend sind, gibt es Alternativen zur althergebrachten funktionalen Gliederung. Eine Alternative ist die divisionale Gliederung, die meist nach Produktgruppen (Profitcenter) oder beispielsweise Regionen als Vertriebsgebiete oder ähnlichem strukturiert ist (Bild 5.27).

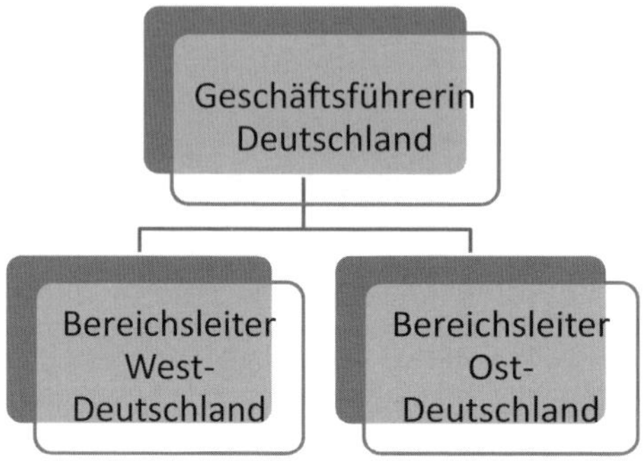

Bild 5.27
Grundschema der divisionalen Gliederung

Wenn sich im Markt die Arbeit nach dem gewählten Divisionskriterium deutlich unterscheidet, beispielsweise die Vertriebsbedingungen in Süd- und Norddeutschland sehr stark voneinander abweichen, kann diese Gliederung eine Hilfe sein. Sie löst jedoch selten das komplette Organisationsproblem eines größeren Unternehmens und wird daher meist durch funktionale Teiluntergliederungen ergänzt. Zudem kann auch diese Gliederung dazu führen, dass das große Ganze nicht mehr gesehen wird, sondern der einzelne Teilbereich (z. B. die Verantwortung für einzelne Regionen oder Produktgruppen) im Vordergrund steht. Auch hier muss man dann feststellen, dass eine flexible Organisation, die Innovationen begünstigt, anders aussehen muss.

In vielen Fällen wird dies über eine Matrixorganisation gelöst, wie sie Bild 5.28 veranschaulicht. Die Besonderheit der Strukturierungsform besteht darin, dass neben der fachlichen Führungskraft meist auch eine Projektleitungsebene existiert. Damit wird die Organisationsform etwas komplizierter und auch von den Ressourcen her aufwendiger, sie bekommt jedoch eine etwas größere Dynamik und Flexibilität.

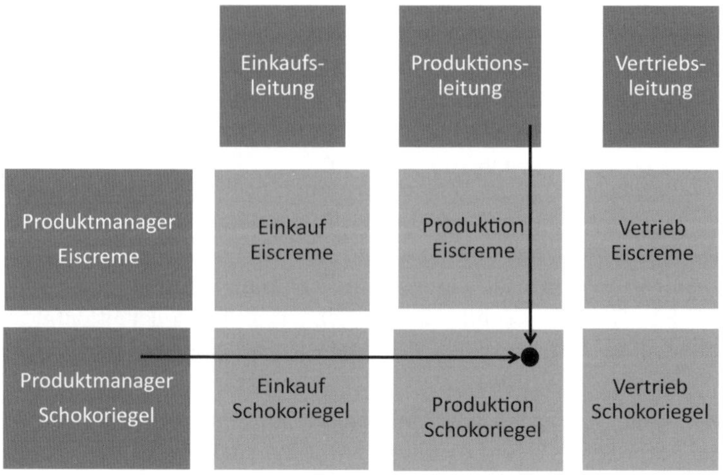

Bild 5.28 Matrixorganisation (Beispielschema)

Die Matrixorganisation kann durch ihre Flexibilität und trotz des hohen Kommunikationsaufwands sehr erfolgreich sein, wenn sich Fachvorgesetzte bzw. Fachvorgesetzte und Projektleiterin bzw. Projektleiter oder Produktmanagerin bzw. Produktmanager umfassend abstimmen und offen kommunizieren. Sollte es hier jedoch Probleme geben, da beispielsweise Störungen auf der Beziehungsebene zwischen den beiden Führungskräften eine gute Verständigung erschweren, können die Mitarbeiterinnen und Mitarbeiter zwischen die Stühle geraten, weil sie quasi „Diener zweier Herren“ sind.

Bereits hier zeigt sich, dass es keine optimale Organisationsform gibt. Jede dargestellte konventionelle Strukturierungsform hat Vor- und Nachteile. Die Kunst besteht darin, eine Organisationsform auszuwählen, bei der die Vorteile überwiegen und die Nachteile nicht allzu sehr ins Gewicht fallen.

Die Nachteile der meist funktional gegliederten Aufbauorganisationen zeigen sich besonders dann, wenn man sich mit der Frage befasst, wie ein Unternehmen sich den veränderten Marktbedingungen anpassen kann. Wir müssen im Rahmen von Management 4.0 das Unternehmen am Kundennutzen ausrichten (Bild 5.29). Das dargestellte Beispiel unseres Medienunternehmens aus dem Sektor Verzeichnismedien mag dies veranschaulichen. In den meisten Medienmärkten geht es um die Integration neuer Medienprodukte und den Aufbau neuer digitaler Geschäftsfelder. In den meisten Branchen würde eine solche Aufgabe sehr früh dazu führen, dass man die Abteilung „Forschung und Entwicklung“ in Anspruch nimmt. Im Medienunternehmen ist dies häufig nicht möglich, weil in den meisten Unternehmen diese Abteilung nicht existiert. Es gibt zwar eine Markt- und/oder Medienforschung, in der das Verhalten im Rezipienten- oder Werbemarkt untersucht wird, aber es gibt keine zentrale Entwicklungsabteilung. Wer sich mit Medienproduktion befasst, wird ohnehin die Feststellung machen können, dass „Forschung“ allein auch nicht ausreicht, um neue Medienkonzepte zu entwickeln. Sie brauchen das Know-how der inhaltlichen Macher, das Wissen des Content-Sektors und darüber hinaus noch die Expertise der marktnahen Abteilungen. Wie kann nun dieses Problem im Rahmen einer funktionalen Gliederung gelöst werden?

Die Lösung für diese Herausforderung sind funktionsübergreifende Projektteams, die sich um einzelne Innovationsbereiche kümmern. Klären Sie in der Organisationsstruktur den Stellenwert der Innovationen. Dies erfordert meist auch eine eigene Art der Teambildung und Teamunterstützung, wie beispielsweise Team-Bootstrapping, ein eigener meist extern moderierter Workshop, der dafür sorgen soll, dass das Team arbeitsfähig wird und wirksame Kooperation entstehen kann (vgl. Roock 2016, S. 141 f.).

Bild 5.29 Zielhierarchien und Funktionsbereiche (Quelle: Kaudela-Baum/Holzer/Kocher 2014, S. 204)

Alle geschilderten Veränderungen der Organisationsstruktur von Unternehmen dienen dazu, das Unternehmen an seine Umwelt anzupassen. Man kann sich dieses Verhalten gedanklich so vorstellen, wie die Entwicklung in der Evolution im Tierreich vorangeschritten ist. Ein Unternehmen als Organisation muss sich an seine Umgebung anpassen. In dürren Jahren muss es in der Lage sein, seinen Ressourcenverbrauch zu reduzieren, sodass ein Überleben gesichert wird. In der Praxis erleben wir dies immer wieder in Form von „Spar-Programmen". Sollte die Nahrung/Beute von alten Bereichen in neue abwandern, muss die Organisation in der Lage sein, im neuen Bereich/Markt aktiv zu sein und weiterhin die Grundlage des Überlebens zu sichern. Dass dies auch eine Veränderung der Organisationsstrukturen bedeutet, ist nachvollziehbar.

Die Primärorganisation (vgl. Vahs 2015, S. 141 ff.) bildet dabei das Grundgerüst für das unternehmerische Arbeiten, das durch die Sekundärorganisation ergänzt wird, in der flexible Strukturen oftmals auch hierarchieübergreifend organisiert sind.

Dies kann temporär sein, wie es zum Beispiel beim Rohstoffunternehmen Heraeus der Fall ist (vgl. Werres 08/2015). Es gibt jedoch auch einige klassische Anwendungsbereiche (Bild 5.30).

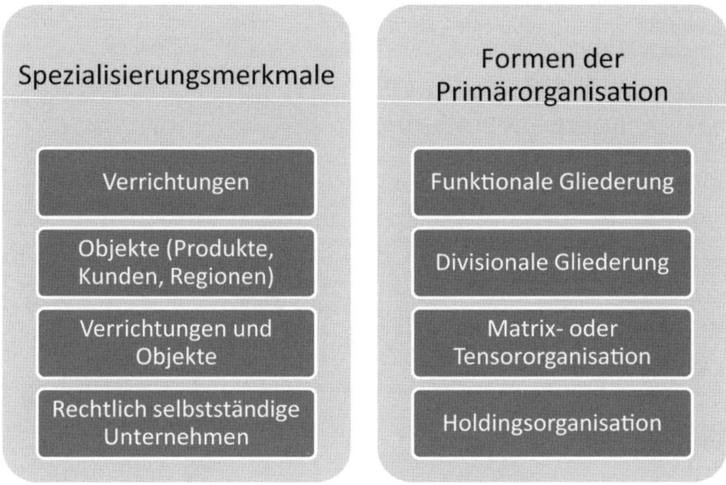

Bild 5.30 Typische Spezialisierungsmerkmale im Rahmen der Aufbauorganisation (Quelle: Vahs 2015, S. 142)

Da die Primärorganisation mit den vorherrschenden Gliederungskriterien nicht nur die Struktur definiert, sondern zugleich die Wirksamkeit der Prozesse beeinflusst, muss es im Rahmen von Management 4.0 das Ziel sein, die entsprechenden Nachteile der Primärorganisation im Blick zu behalten und den Ausgleich über die Sekundärorganisation zu erzielen (Bild 5.31).

Erst dann, wenn eine ausreichende Orientierung an den Marktgegebenheiten, insbesondere die Fokussierung auf die Schaffung von Kundennutzen gegeben ist, haben wir mit unserer Organisationsstruktur den richtigen Rahmen für den digitalen Wandel im Sinne von Management 4.0 (Bild 5.32).

Bild 5.31 Problemorientierte Lösungen in der Sekundärorganisation (Quelle: Vahs 2015, S. 142)

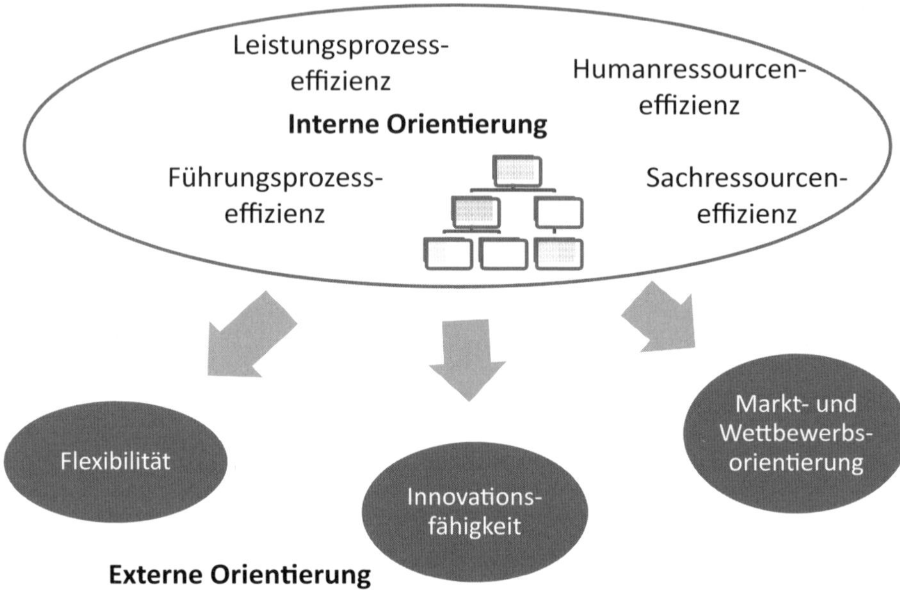

Bild 5.32 Anforderungen an Organisationskonzepte (Quelle: Vahs 2015, S. 143)

Flexibilisierung in den Köpfen/kreative Destruktion

Um die Flexibilisierung eines Unternehmens voranzutreiben, muss auch die Bereitschaft vorhanden sein, die bisherige Entwicklungslinie in Frage zu stellen. Der Ökonom Joseph A. Schumpeter ist mit seiner „creative destruction" im Internetzeitalter daher in Mode gekommen, während er zu Lebzeiten stets die Nummer zwei hinter dem Zeitgenossen Keynes war. Der heutige Zeitgeist, bestärkt durch das Lebensgefühl der digitalen Veränderungen, ist also günstig für die Kommunikation von Zielen, die in die Zeiten allgemeiner Umbruchsituationen und unternehmensspezifischer Veränderungen passen. Dabei muss uns jedoch klar sein, dass Umbruchsituationen für viele Mitarbeiter/-innen eine Phase der Irritation darstellen, da man wenige Fixpunkte hat, an die man sich halten kann. Dies erfordert im Regelfall eine Unternehmenskultur, die einerseits die Offenheit für neue Herausforderungen und andererseits die Sicherheit durch verlässliche Werte beinhaltet. Zudem erfordert es jedoch von jeder einzelnen Mitarbeiterin und jedem einzelnen Mitarbeiter die Bereitschaft, sich auf Neues einzulassen. Wir können dies durch die Prozesse des Change Management begünstigen, durch die Unternehmenskultur mit offenen Diskussionen fördern, aber wir bleiben auf die persönliche Bereitschaft unserer Teams und Teammitglieder angewiesen. Daher ist es hilfreich, durch Personalauswahl und Personalentwicklung das Potenzial an kreativen und wandlungsbereiten Menschen in unseren Unternehmen zu stärken, ohne auf eine „Monokultur" bestimmter Persönlichkeitstypen zu setzen.

Managementmethoden im 21. Jahrhundert

Die Zahl der Erfolgsrezepte für das richtige Management seit Etablierung des strategischen Managements an der Harvard Business School bis in die Gegenwart lässt sich kaum exakt angeben. Zu häufig waren es auch Variationen und Nuancen unterschiedlicher Konzepte, die jeweils unter neuem Namen mit Verve in den Markt gebracht wurden. Wenn es darum geht, neue Managementmethoden für das digitale Zeitalter zu diskutieren, dann findet diese Überlegung immer vor dem Hintergrund der bis dahin etablierten Methoden statt. In Kapitel 2 wurden die unterschiedlichen, agilen Managementpraktiken im Sinne von Management 4.0 diskutiert, während in diesem Abschnitt der Schwerpunkt auf die Managementmethoden gelegt wird, die die Strategie und die Unternehmenssteuerung betreffen. Es geht an dieser Stelle um die Fähigkeit des Unternehmens, innerhalb kürzester Zeit neue Produkte zu entwickeln und sich auf neue Marktbedingungen einzustellen. Wir schauen hier in die Boutique der neuen Modelle des Managements, ohne uns auf die Modelle der Saison zu konzentrieren, die vermutlich bald als Auslaufmodelle wieder ausrangiert werden. Genauso wichtig ist es, die Longseller des Managementsektors unter die Lupe zu nehmen, inwiefern sie uns bei der Aufgabenstellung zur Steuerung von Unternehmen in hochdynamischen Umfeldern von Nutzen sein können.

Management by Objectives als zentrales Managementkonzept

Management by Objectives (MbO) bzw. Management durch Zielsetzung ist eines der bekanntesten Managementkonzepte und auch eines der umfassenderen Konzepte, das auch für zahlreiche neuere Methoden die Grundlage liefert. Bei MbO steht die Zielsetzung im Vordergrund, die es ermöglicht, Einzelziele der Mitarbeiterinnen und Mitarbeiter zu Teamzielen zu aggregieren und am Ende nach einer weiteren Aggregation über die Hierarchieebenen hinweg, die Ziele des Einzelnen in die Gesamtziele des Unternehmens einzupassen. Auch hier wird wieder deutlich, dass die Ziele nicht nur für die Motivation des Einzelnen, sondern auch für die Steuerung des Gesamten von entscheidender Bedeutung sind. Über abgestimmte Ziele ist es möglich, ein Unternehmen als soziales System in eine Richtung hin zu orientieren. Dieses Alignment ist die Voraussetzung für erfolgreiches Handeln. Es geht nicht nur darum, dass alle gemeinsam fröhlich an einer Sache arbeiten und sich nach bestem Wissen und Gewissen einbringen, sondern dass über das Gesamtunternehmen hinweg Ziele erreicht und am Ende unternehmerische Erfolge auf Basis von Markterfolgen erzielt werden können. Die Ziele sind direkt mit der Strategie des Unternehmens verbunden und können durch unterschiedlichste Managementmethoden gesteuert und kontrolliert werden. Die einfachste ist in diesem Zusammenhang der Managementzyklus, bei dem folgende Elemente auftreten:

- Ziele setzen
- Planen
- Entscheiden
- Realisieren
- Kontrollieren

Für die Zielsetzung ist nicht nur das strategische, taktische oder operative Gesamtziel des Unternehmens maßgeblich, sondern auch die Adaption auf der Ebene der einzelnen Mitarbeiter/-innen. Wenn dieser Part nicht gut gelöst ist, ist weder eine Steuerung im Rahmen des allgemeinen Managements im Sinne der Unternehmensführung möglich noch werden die typischen Managementaufgaben auf der Ebene der Personalführung (z. B. Motivation der Mitarbeiter/-innen) von Erfolg gekrönt sein.

Andere Managementkonzepte wie Management by Exception, Management by Delegation sind im Vergleich zu MbO lediglich Teilkonzepte, die bestimmte Aspekte besonders betonen. Auch bei den neueren Managementmethoden, die gute Ansätze liefern, um Unternehmen im Digitalzeitalter fit zu machen, geht es meist um bestimmte Teilperspektiven, die besonders betont werden. Es geht an dieser Stelle also um einen Blick in den Werkzeugkasten. Gleichzeitig kann das auch nur ein Ausschnitt der möglichen Werkzeuge sein. Hier ist es wichtig, dass man die Methoden, die einem selbst vertraut sind, nicht als Maß aller Dinge betrachtet. Denken Sie daran:

> Wer nur einen Hammer zur Verfügung hat, versucht in jedem Problem einen Nagel zu erkennen.

Man kann unter dieser Überschrift die Aufforderung sehen, einzelne Managementthemen herauszugreifen und damit den Eindruck zu vermitteln, dass die übrigen seit Jahren und Jahrzehnten etablierten Managementprinzipien künftig keine Rolle mehr spielen. In den Anfängen der Diskussion über die Internetökonomie entstand neben der sachorientierten Analyse (vgl. Zerdick et al. 1999) schnell eine Diskussionsebene, die sich damit befasste, warum in der sogenannten „New Economy" die bisherigen Grundsätze des Wirtschaftens und des Managements keine Relevanz mehr haben. Dieser Ansatz hat sich sowohl vonseiten der Theorie als auch vonseiten der Wirtschaftspraxis als nicht haltbar erwiesen. Spätestens seit dem Platzen der Internetblase des „Neuen Markts" wurden auch die hartnäckigen Optimisten der Wirtschaftspraxis davon überzeugt. Es geht daher jetzt nicht darum, funktionierende Managementprinzipien als überholt oder bedeutungslos zu charakterisieren, sondern deutlich zu machen, welche Managementthemen von besonderer Bedeutung für den Erfolg in der digitalen Wirtschaft sind. Die agilen Managementpraktiken aus Kapitel 2 wurden bereits als wichtige Tools zur Etablierung schnellen Kundennutzens und von Produktentwicklungszyklen vorgestellt. Über diese Werkzeuge hinaus gibt es neben dem in Kapitel 5 vorgestellten strategischen Rahmen einige zentrale Managementfelder, die notwendig sind, um die disruptiven Situationen des digitalen Wandels erfolgreich zu bewältigen.

Change Management

Die Fähigkeit eines Unternehmens zum Wandel ist ein Leitprinzip für die digitale Wirtschaft. Die Basisveränderung der eigenen Unternehmung, um den Wandel einzuleiten und die eigenen Produkte und Geschäftsmodelle auf die digitale Wirtschaft auszurichten, sind davon abhängig, ob ich generell mein Unternehmen so aufgestellt habe, dass Wandel als etwas Positives gesehen wird. Jetzt könnte man aber an der Stelle auch sagen, dass dies eher ein zeitlich begrenztes Thema sei, wenn es darum gehe, den Kurs zu korrigieren. Reicht es dann nicht, ein Projekt aufzusetzen, entsprechend erfahrene Berater von außen mit einzubinden und dann den Wandel anzugehen? Muss daraus eine dauerhafte Themenkompetenz für den Wandel im Unternehmen entstehen?

Wenn wir davon ausgehen, dass wir nicht eine einmalige Kurskorrektur anstreben und dann wieder in Business-as-usual abgleiten wollen, dann muss das Change Management zur zentralen Anforderung an die unterschiedlichen Managementebenen, zumindest des mittleren Managements und der Unternehmensführung, herangezogen werden. Da wir heutzutage selbst im öffentlichen Dienst Erfahrungen mit Change-Prozessen in den Anforderungen bei Stellenausschreibungen für Führungskräfte vorfinden, ist das auch kein außergewöhnlicher Anspruch. Daher sind die diskutierten Methoden mit den Erfolgs- und Misserfolgsbeispielen essenzielle Managementthemen. Die Innovationsorientierung des Unternehmens muss daher in der Strategie selbst angelegt sein (Bild 5.33).

Bild 5.33 Spielraum von Innovationen im Rahmen der Strategieentwicklung (Quelle: Kaudela-Baum/Holzer/Kocher 2014, S. 173)

Eine kundenorientierte Unternehmung zeichnet sich dadurch aus, dass sie zum einen den Kernauftrag des Marketings ernst nimmt und ihr unternehmerisches Handeln an den Bedürfnissen der Kunden ausrichtet. Ohne Kunden ist ein Unternehmen nichts. Es geht also in einem Unternehmen immer darum, Kundennutzen zu stiften. Ein Unternehmen muss im Sinne des klassischen Marketingmixes zunächst auch alle Hausaufgaben auf der Ebene der Produktpolitik erledigen, bevor im Rahmen des gesamten unternehmerischen Handelns die anderen drei Politikbereiche des Marketings (Kommunikations-, Kontrahierungs- und Distributionspolitik) relevant sind. Wenn man diese einzelnen Phasen nun wiederum entsprechend unserem Postulat der kundenorientierten

Organisation an den unterschiedlichen Phasen des Austauschs zwischen Unternehmen und Kunden orientiert, erhält man das Kernschema einer kundenorientierten Unternehmung nach dem Prinzip von Management 4.0 (Bild 5.34).

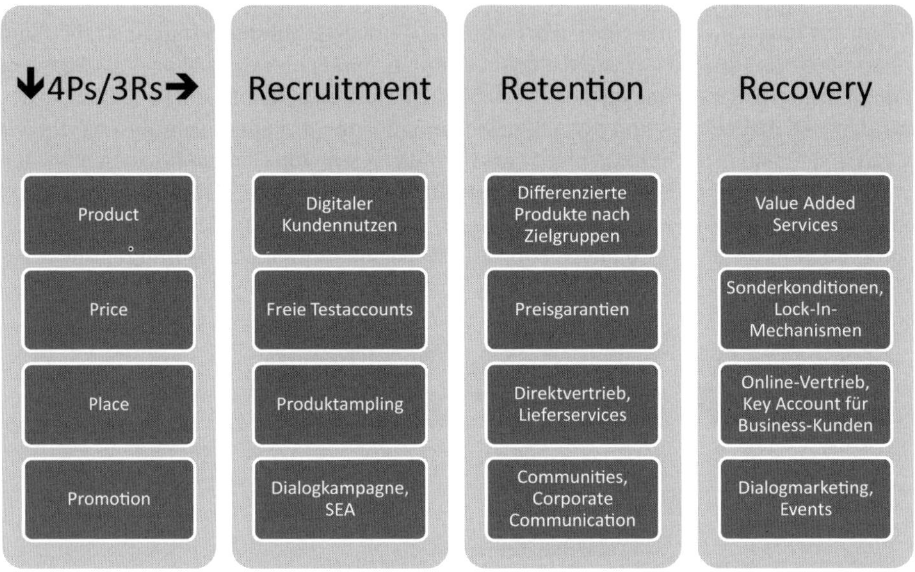

Bild 5.34 Beispiele für die Grundorientierung an Kundenphasen und digitalen Maßnahmen (Quelle: Steinbeis-Beratungszentrum „Leadership in Science and Education"; Weiterentwicklung nach dem Modellansatz von Bruhn 2012, S. 32)

Die Phasen beschreiben dabei folgende Inhalte, die bei der jeweiligen Rubrik des Marketingmixes dann im Vordergrund stehen:

- Recruitment (Kundenakquise, Kundendialog)
- Retention (Kundenbindung, Kundenzufriedenheit)
- Recovery (Kundenrückgewinnung, Wechselbarrieren)

Praxisbeispiel: Doc Morris – kundenorientierte lebenserhaltende Maßnahmen

Doc Morris ist seit der Gründung im Jahr 2000 mehr als eine Versandapotheke, da das Modell mit Pharmarabatten nicht nur ein neues Geschäftsmodell in einem stark regulierten Markt bedeutete, sondern darüber hinaus auch an rechtliche Grenzen stieß. Mit einem Urteil des Bundesgerichtshofs, wonach der einheitliche Apothekenabgabepreis keine Ausnahmen zulässt, schien das Geschäftsmodell am Ende zu sein.

Inzwischen ist es das Ziel von Doc Morris, der führende E-Health-Anbieter zu sein, was ihn wiederum von den rechtlichen Rahmenbedingungen abhängig macht, jedoch auch eine klare Fokussierung auf Kundengruppen und Kundennutzen zulässt. Die Kernprodukte sind derzeit:

- Versand verschreibungspflichtiger Medikamente (Zielgruppe sind vor allem chronisch Kranke),
- Online-Apotheke,
- internetbasierte Beratungs- und Serviceleistungen.

Ziel ist die digitale Gesundheitsberatung, für die derzeit bereits ein Team an fachlich qualifizierten Mitarbeiterinnen und Mitarbeitern zur Verfügung steht, die in der Lage sind, die Beratung der Patientinnen und Patienten zu übernehmen und das Abklären von Fehl- und Doppelverordnungen zu übernehmen.

(Müller 9/2015)

5.6 Literatur

Adler, N. (2012): Tools für Projektmanagement, Workshops und Consulting: Kompendium der wichtigsten Techniken und Methoden; 4. Auflage, Publicis Erlangen

Ansoff, H. I. (1976): Managing Surprise and Discontinuity – Strategic Response to Weak Signals, in: zfbf, 1976, S. 129 – 152

Bertelsmann Stiftung (2015): Change – Magazin der Bertelsmann Stiftung 01/2015

Binder, V., Kantowsky, J. (1996): Technologiepotentiale: Neuausrichtung der Gestaltungsfelder des strategischen Technologiemanagements. DUV, Wiesbaden

Bleicher, Knut (2004): Das Konzept Integriertes Management: Visionen – Missionen – Programme, Campus-Verlag Frankfurt

Bodell, Lisa (2013): Kill the Company: 12 Killer tools für die Wiedergeburt Ihres Unternehmens, Campus Frankfurt

Brandes, Ulf/Gemmer, Pascal/Koschek, Holger/Schültken, Lydia (2014): Management Y: Agile, Scrum, Design Thinking & Co.: So gelingt der Wandel zur attraktiven und zukunftsfähigen Organisation. Campus Verlag. Frankfurt

Brenner, Walter/Hermann, Andreas (2015): Das Modell des Managements in der digitalen, vernetzten Welt. in: Stadler, Rupert/Brenner, Walter/Herrmann, Andreas (Hrsg.) (2015): Erfolg im digitalen Zeitalter: Strategien von 17 Spitzenmanagern, Frankfurter Allgemeine Buch, Frankfurt. S. 13 – 33

Breyer-Mayländer, Thomas (2015a): Führung braucht Klarheit. Hanser München

Bruhn, Manfred (2012): Marketing – Grundlagen für Studium und Praxis, 11. Auflage, Springer Gabler Wiesbaden

Budde, Lars (2015): Mega-Trends 2015 – 18 Experten und ihre Prognosen fürs neue Jahr; in: tn3 03.01.2015 (*http://t3n.de/news/mega-trends-2015-585671/*, abgerufen: 25.08.2015)

Bullinger, Hans-Jörg (1994): Einführung in das Technologiemanagement: Modelle, Methoden, Praxisbeispiele, Teubner Stuttgart

Bullinger, Hans-Jörg (2010): Wissenstrends – Forschungstrends – Techniktrends, in: Kornwachs, Klaus (Hrsg.) (2010): Technologisches Wissen: Entstehung, Methoden, Strukturen, acatech, Springer Verlag Berlin/Heidelberg, S. 161 – 182

Bullinger, Hans-Jörg/Renz, Karl-Christof (2005): Strategisches Management von Innovationen, in: Albers, Sönke/Gassmann, Oliver (Hrsg.) (2005): Handbuch Technologie- und Innovationsmanagement, Gabler Wiesbaden, S. 83 – 100

Bullinger, Hans-Jörg/Warschat, Joachim (2007): Innnovationsmanagement in Netzwerken, in: Garcia Sanz, Francisco J./Semmler, Klaus/Walther, Johannes (Hrsg.) (2007): Die Automobilindustrie auf dem Weg zur globalen Netzwerkkompetenz: Effiziente und flexible Supply Chains erfolgreich gestalten, Springer Berlin/Heidelberg, S. 199 – 2014

Bürger, Thomas/Tragl, Karl (2014): SpS-Automatisierung mit den Technologien der iT-Welt verbinden, in: Bauernhansl, Thomas/ten Hompel, Michael/Vogel-Heuser, Birgit (Hrsg.) (2014): Industrie 4.0 in Produktion, Automatisierung und Logistik – Anwendung, Technologien, Migration, Springer Vieweg, Wiesbaden, S. 559 – 569

Canditt, Sabine/Braun, Peter (2015): Mit Beyond Budgeting zu einem flexiblen Unternehmen, in: Lang, Michael/Scherber, Stefan (Hrsg.) (2015): Agiles Management: Innovative Methoden und Best Practices, Symposion Düsseldorf, S. 29 – 51

Chesbrough, Henry (2006): Open Innovation: A New Paradigm for Understanding Industrial Innovation, in: Chesbrough, Henry/Verbeke, Wim Vanha/West, Joel (Hrsg.) (2006): Open Innovation: Researching a New Paradigm, Oxford University Press, New York

Covey, Stephen R. (2013): Seine Weisheiten und Prinzipien, Gabal-Verlag Offenbach

Eberl, Peter (2009): Die Idee des Entwicklungsorientierten Managements. in: Gmürr, Markus (Hrsg.) (2009): Entwicklungsorientiertes Management weitergedacht. University Press Kassel, S. 5 – 10

Expertenkommission Ingenieurwissenschaften@BW2025 (2015) (Hrsg.): Abschlussbericht, Stuttgart Dezember 2015, *https://mwk.baden-wuerttemberg.de/fileadmin/redaktion/m-mwk/intern/dateien/Anlagen_PM/2015/132_PM_Anlage_Abschlussbericht_Expertenkommission_Ingenieurwissenschaften.pdf* (Abruf: 01.01.2016)

Fischer, Klaus (2015): Bellin definiert Arbeitsumfeld neu, in: Badische Zeitung 14.07.2015 (*http://www.badische-zeitung.de/ettenheim/bellin-definiert-arbeitsumfeld-neu–107634246.html* (Abruf: 26.08.2015)

Gaier, Claudia (2011): Management kreativer Prozesse: Theoretische und empirische Fundierung von Gestaltungsempfehlungen in technischen und gestalterischen Unternehmen. Zugleich Dissertation Universität München 2010. Gabler Research, Wiesbaden

Göök, Roland (1989): Die großen Erfindungen: Radio, Fernsehen, Computer, Sigloch Edition Blaufelden

Graeber, David (2016): Unsere Träume von fliegenden Autos, in: Der Spiegel 7/2016, S. 126 – 129

Grove, Andrew S. (1999): Nur die Paranoiden überleben: Strategische Wendepunkte vorzeitig erkennen, Wilhelm Heyne Verlag, München

Haas, Mathias (12/2015): Die 22 wichtigsten Topics, in: Absatzwirtschaft 12/2015, S. 66 - 67

Habann, Frank (2013): Open Innovation: Werden die kreativen Industrien durch uns kreativer? - Entwicklungslinien in der Medienwirtschaft, in: Breyer-Mayländer, T. (Hrsg.) (2013): Clustermanagement und Entwicklungsperspektiven der kreativen Industrie, Nomos Baden-Baden, S. 115 - 128

Hage, Simon/Neßhöver, Christoph (4/2014): Darwin verkehrt, in: Manager Magazin 4/2014, S. 88 - 93

Hammer, Michael/Champy, James (2003): Business Reengineering: Die Radikalkur für das Unternehmen, 7. Auflage, Campus Frankfurt

Hoffmeister, Christian (2013): Digitale Geschäftsmodelle richtig einschätzen, Hanser München

Jensen, Sören/Katzensteiner, Thomas/Maier, Astrid (12/2012): Heiße Sohle, in: Manager Magazin 12/2012, S. 34 - 42

Johann, Thomas/Buchholz, Holger (2011): Soziale Wahrnehmung I, in: Johann, Thomas (2011): Mitarbeiter erfolgreich führen - Psychologische Grundlagen und praktische Beispiele, Springer-Gabler Wiesbaden, S. 15 - 23

Kaiserswerth, Matthias (2010): Digitale Wissenswelten, in: Redwitz, Gunter (Hrsg.) (2010): Die digital-vernetzte Wissensgesellschaft: Aufbruch ins 21. Jahrhundert, Piper München/Zürich, S. 373 - 387

Kaudela-Baum, Stephanie/Holzer, Jacqueline/Kocher, Pierre-Yves (2014): Innovation Leadership: Führung zwischen Freiheit und Norm. Springer Gabler. Wiesbaden

Kaufmann, Timothy (2015): Geschäftsmodelle in Industrie 4.0 und dem Internet der Dinge: Der Weg vom Anspruch in die Wirklichkeit, Springer Vieweg, Wiesbaden

Kimpeler, Simone (2015) Fraunhofer ISI: Kapitel 3 „Die Welt 2025“, Entwurf, 21.10.14, Initiative IngBW2025

Klappert, Sascha/Schuh, Günther/Aghassi, Susanne (2011): Einleitung und Abgrenzung, in: Schuh, Günther/Klappert, Sascha (Hrsg.) (2011): Technologiemanagement - Handbuch Produktion und Management, 2. Auflage, Springer, Berlin/Heidelberg, S. 5 - 10

Kotter, John P. (2015): Accelerate: Strategischen Herausforderungen schnell, agil und kreativ begegnen, Vahlen München

Krubasik, Edward (1982): Strategische Waffe, in: Wirtschaftswoche, Jg. 36, H. 25/1982, S. 28 - 33

Krüger, Wilfried (1999): Implementierung als Kernaufgabe des Wandlungsmanagements, in: Hahn, Dietger/Taylor, Bernd (Hrsg.) (1999): Strategische Unternehmensplanung - Strategische Unternehmensführung, Physica Verlag Heidelberg, S. 863 - 891

Kuhlen, Rainer (2004): Informationsethik, UVK Konstanz

Lause, Markus/Wippermann, Peter (2012): Leben im Schwarm: Die Spielregeln der Netzwerkökonomie, Red Indians Publishing Reutlingen

Maier, Astrid/Student, Dietmar 4/2015): Wer hat Angst vor Jack Ma?, in: Manager Magazin 4/2015, S. 30 – 40

Malik, Fredmund (2003): Führen Leisten Leben: Wirksames Management für eine neue Zeit, Heyne München

Malik, Fredmund (2015): Navigieren in Zeiten des Umbruchs: Die Welt neu denken und gestalten, Campus Frankfurt

Maslow, Abraham H. (1981): Motivation und Persönlichkeit, Rowohlt Reinbek bei Hamburg

Horx, Matthias (2013): Trendbericht 2013. Kelkheim

Moser, Christian (2012): User Experience Design, X.media.press, Springer-Verlag Berlin/Heidelberg

Müller, Eva (2/2012): Die Billionen-Chance, in: Manager Magazin 2/2012, S. 92 – 100

Müller, Eva (9/2015): Totgesagte leben länger, in: Manager Magazin 9/2015, S. 58 – 59

Müller, Eva/Palan, Dietmar (5/2015): Baum der Erkenntnis, in: Manager Magazin 5/2015, S. 84 – 88

MWK (Hrsg.) (o.J.): Junge Innovatoren, *http://www.junge-innovatoren.de/* (Abruf: 13.10.2015)

Neumann, Lars (2003): Ideenfindung in der inhaltlichen Konzeption interaktiver Projekte, Josef Eul Verlag Lohmar, Köln

Pfeiffer, W./Dögl, R. (1986): Das Technologie-Portfolio-Konzept zur Beherrschung der Schnittstelle Technik und Unternehmensstrategie, in: Hahn, D./Taylor, B. (Hrsg.) (1986): Strategische Unternehmungsplanung – Strategische Unternehmungsführung. Stand und Entwicklungstendenzen. 4. Auflage, Physica Heidelberg-Wien, S. 149 – 177

Picot, Arnold/Fiedler, Marina (2008): Organisation von Innovation – Koordination und Motivation von Open-Source-Software-Projekten, in. Sackmann, Sonja A. (Hrsg.) (2008): Mensch und Ökonomie: Wie sich Unternehmen das Innovationspotenzial dieses Wertespagats erschließen, Gabler Wiesbaden

Roock, Stefan (2016): Scrum – auf dem Bierdeckel erklärt; Begriffe, Konzepte, Grundverständnis, dPunkt Verlag Heidelberg (OpenBook); *http://dpunkt.de/material/Scrum/ScrumPrimer.pdf* (Abruf: 04.02.2016)

Rüegg-Sturm, Johannes (2003): Das neue St. Galler Management-Modell. Grundkategorien einer integrierten Managementlehre. Der HSG-Ansatz. 2. Auflage. Bern: Haupt Verlag

Schindler, Philipp (2010): Wie das Internet den technologischen Fortschritt beschleunigt – Zur Innovationskultur von Google, in: Burda, Hubert/Döpfner, Matthias/Hombach, Bodo/Rüttgers, Jürgen (Hrsg.) (2010): 2020 Gedanken zur Zukunft des Internets, Klartext Medienwerkstatt Essen, S. 149 – 156

Schuh, Günther/Klappert, Sascha (Hrsg.) (2011): Technologiemanagement – Handbuch Produktion und Management, 2. Auflage, Springer, Berlin/Heidelberg

Schwarzmüller, Tanja/Brosi, Prisca/Welpe, Isabell M. (2015): Führung im digitalen Zeitalter, in: Becker, Thomas/Knop, Carsten (Hrsg.) (2015): Digitales Neuland – Warum

Deutschlands Manager jetzt Revolutionäre werden, Springer Fachmedien Wiesbaden, S. 155 - 166

Simon, Walter (2001): Ziele managen - Ziele planen und formulieren, zielgerichtet denken und handeln; 2. Auflage, Gabal Offenbach

Simon, Hermann (2013): Die Wirtschaftstrends der Zukunft, in: Kersten, W./Wittmann, J. (Hrsg.) (2013): Kompetenz, Interdisziplinarität und Komplexität in der Betriebswirtschaftslehre, Springer-Gabler Wiesbaden, S. 297 - 302

Sommer, Sarah (2015): Einfach mal machen lassen, in: Human Resources Manager, Dezember 2015/Januar 2016, S. 32 - 34

Ulrich, Hans/Krieg, Walter (1972): Das St. Galler Managementmodell. Haupt Verlag Bern

Vahs, Dietmar (2015): Organisation: Ein Lehr- und Managementbuch. 9. Auflage Schäffer Poeschel. Stuttgart

Vermeulen, Freek/Puranam, Phanish/Gulaty, Ranjay (2010): Fitnessprogramm für Unternehmen, in: Harvard Business Manager 08/2010, S. 34 - 41

Watzka, Klaus (2011): Zielvereinbarung in Unternehmen: Grundlagen, Umsetzung, Rechtsfragen; Gabler Wiesbaden

Werres, Thomas (8/2015): Der Verlust des Goldstandards, in: Manager Magazin 8/2015, S. 52 - 55

Wiktor, Kerstin (2014): Projektleiterin Innovationsmanagement, Pumacy Technologies AG in DOK Magazin, *http://www.dokmagazin.de/wp-content/uploads/2014/03/art1_abbildung.png* (Abruf: 14. 10. 2015)

Wippermann, Peter (2015): Verführungsoptimierung, in: Markenartikel 2/2015, S. 52 - 54

Zerdick, A. et al. (1999): Die Internet-Ökonomie: Strategien für die digitale Wirtschaft (European Communication Council), Heidelberg/Berlin

6 Rahmenbedingungen und Folgen der digitalen Transformation

6.1 Digitale Arbeitswelt – von der Work-Life-Balance zum Work-Life-Blending

Befindet sich Ihr Leben im Gleichgewicht?

Work-Life-Balance ist seit mehr als 20 Jahren als Schlagwort aus der Diskussion um richtige Lebensführung und sinnvolle Arbeitsorganisation nicht mehr wegzudenken. Längst herrscht Einigkeit darüber, dass ein Leben, das nur auf den Beruf und die beruflichen Erfolge fixiert ist, eine große Anfälligkeit aufweist und damit selbst dann nicht erstrebenswert ist, wenn man aus Arbeitgebersicht vielleicht primär am Nutzen des eigenen Unternehmens interessiert ist und sich weniger um das persönliche Wohlergehen der Mitarbeiterinnen und Mitarbeiter sorgt. Was mit Führungskräften passiert, die einen Karriererückschlag hinnehmen müssen und über kein oder wenig Privatleben verfügen, können wir jeden Monat aufs Neue dem Manager Magazin entnehmen. Dies ist aber kein Problem der Spitzenkräfte der Wirtschaft. Es trifft nicht nur das Top-, sondern auch das mittlere und untere Management und auch bei Fachkräften mit hoher Fixierung auf die Arbeit lassen sich die negativen Phänomene eines fehlenden Gleichgewichts feststellen.

Das Bild von der Balance

Einer der Vorteile des Begriffs ist der Begriff der „Balance“, des Gleichgewichts. Wenn man sich eine Balkenwaage vorstellt, dann hängt der Messpunkt, an dem das Gleichgewicht entsteht, stets davon ab, was in der anderen Waagschale liegt. Das Leben muss nicht die Arbeit aufwiegen. Das wäre eine absurde Abgrenzung zwischen Arbeit und Leben, die nur beweisen würde, dass man gegenwärtig den falschen Job hat (denn nur dann gerät man in Versuchung, die eigene Arbeit nicht als Teil des eigenen Lebens zu begreifen). Es geht darum, dass das richtige Gewicht der Arbeit individuell ist. Um das zu verstehen, hilft ein Blick auf die Motivationstheorie.

Ob ich mit meiner Arbeit, der Arbeitsbelastung, der Arbeitsorganisation zufrieden bin, hängt in hohem Maße auch von den Erwartungen an die eigene Arbeitsleistung ab. Dies wird im Flow-Konzept des amerikanischen Psychologen Mihály Csikszentmihályi besonders gut deutlich. Für ihn ist das persönliche Erwartungsniveau an Herausforderungen entscheidend für die Zufriedenheit eines Menschen mit seiner Arbeit. Bild 6.1 verdeutlicht diesen Zusammenhang. Erscheint die Arbeit zu schwer, führt dies zu Stress durch Überforderung, erscheint die Arbeit zu leicht, führt diese Unterforderung auch wiederum zu Unzufriedenheit, die Stress bereiten kann. Deshalb ist es notwendig im Sinne der Work-Life-Balance, dass jedes Teammitglied in der Lage ist, das individuelle Erwartungsniveau zu erreichen, und damit ein Flow-Erlebnis möglich wird. Dieses positive, beflügelnde Flow-Erlebnis wird zwar meist anhand der Themen Sport oder bei kreativen Berufen beschrieben, aber es kann grundsätzlich bei allen Berufsgruppen auftreten. Bekannt sind aus unterschiedlichen Filmen wie „The Social Network" die Darstellungen von Programmierern, die gerade „im Tunnel sind" und sich damit im klassischen Sinne in einer Flow-Phase befinden.

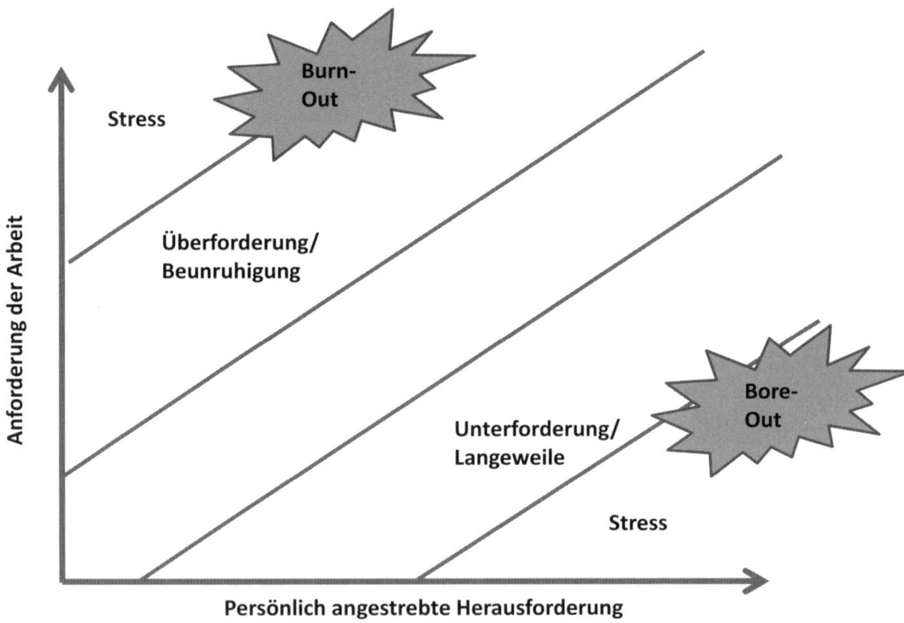

Bild 6.1 Flow-Erleben als Teil des Arbeitens (Quelle: Csikszentmihályi nach Cube 2006, S. 83)

Im Flow kommen gerade bei Programmierern und Techies die positiven Aspekte der Arbeitshaltung und Arbeitsbegeisterung der Nerds als Teil der Generation Y zur Geltung. Im Rahmen des Managements 4.0 geht es mithilfe agiler Managementpraktiken darum, genau dieses Erleben der eigenen Leistungsfähigkeit und des eigenen Erfolgs zu ermöglichen. Motivation entsteht durch das Erreichen und Erleben der intrinsischen Ziele. Es ist daher die Aufgabe des Managements, bei der Klärung des Zielkorridors mitzuwirken und die Teams bei der Erreichung der Ziele zu unterstützen. In diesem Sinne kann sich jede/-r Vorgesetzte ganz im Sinne der Generation-Y-Frage an Chefs tatsächlich fragen: „Was trage ich zum Erfolg meiner Mitarbeiter/-innen bei?"

Wir erleben in der Unternehmenspraxis sehr oft, dass Mitarbeiterinnen und Mitarbeiter außerhalb des Unternehmens sehr viel Energie und Verantwortung aufbringen, um sich ehrenamtlich oder mit einem Hobby zu beschäftigen. Dies ist im Sinne der Work-Life-Balance auch richtig und wichtig. Es kann aber auch ein Indiz dafür sein, dass im Arbeitsleben selbst der Flow-Bereich nicht ermöglicht wird, weil Rahmenbedingungen nicht passen, aber auch, weil wir dem Mitarbeiter zu wenig zutrauen und damit auch zumuten.

Balance bei Entgrenzung

Die größte Diskussion, wenn das volle Spektrum der digitalen Wirtschaft auf der Organisations- und Prozessebene ausgeschöpft wird, ist die Diskussion, ob die permanente Erreichbarkeit in beruflichen Fragen, die sich eng mit dem „always-on“-Lebensprinzip der Generation Y bzw. Digital Natives verbindet, nicht zu einer kompletten Entgrenzung der Lebensbereiche Arbeit und Privatleben führt. Mitarbeiterinnen und Mitarbeiter müssen gewahr sein, dass sie jederzeit erreichbar sind/sein sollen und damit jederzeit während der Freizeit eine Störung auftreten kann. Kritiker sehen hier automatisch eine negative Entgrenzung, die eine sinnvolle Balance zwischen Privat- und Berufsleben erschwert, wenn nicht gar verhindert.

Ist Arbeit das Gegenteil von Leben?

An diesem Punkt, wenn es um die Probleme der Abgrenzung von Privat- und Berufsleben geht, muss man das Bild von der Work-Life-Balance hinterfragen, wie es Vašek (2013) bereits in einem anderen Zusammenhang gemacht hat. Er kritisiert die Darstellung vieler Apologeten dieses Prinzips, wonach die Arbeit den unerfreulichen Teil der Lebenszeit darstellt, den man wohl oder übel in Kauf nehmen muss, um den angenehmen Teil der Lebenszeit, das Privatleben, als das wahre Leben genießen zu können. Wer sich vergegenwärtigt, dass er selbst bei einer sehr beschränkten Arbeitszeit den Großteil seiner wachen und aktiven Lebenszeit mit Arbeiten zubringt, für den kann ein solcher Blickwinkel nicht richtig sein. Die Arbeit ist ein zentraler Teil des Lebens, der je nach Aufgabenstellung auch entscheidende positive Impulse für mein privates Leben mit sich bringen kann. Mit dieser Sichtweise, bei der es nicht um die Frage nach einer radikalen verbindlichen Begrenzung der wöchentlichen Arbeitszeit geht, sind schon viele Anforderungen der Generation Y bzw. Digital Natives an die Arbeitswelt berücksichtigt. Es geht darum, die Arbeit in das eigene Privatleben zu integrieren, was zeitliche und räumliche Flexibilität, aber auch inhaltliche Integration und sinnhafte Aufgabenstellungen erfordert.

Warum die Wahl des Berufs und die Arbeitsbedingungen entscheidend sind

Wer beim gewählten Beruf seine eigenen Talente gut nutzen kann, wer seine Arbeitsumgebung als angenehm, den Kontakt zu Kolleg/inn/en und Vorgesetzten als positiv empfindet, wer die Chance hat, eigenständig zu arbeiten, allein oder gemeinsam mit anderen Ziele zu erreichen und das wahrzunehmen, für den wird es bei der Work-Life-Balance nicht in erster Linie um die Frage der wöchentlichen Arbeitszeit gehen. Daher ist die Anforderung des Personalwesens, dass Fähigkeiten und Erwartungen eines Bewerbers zur Stelle und zum Aufgabengebiet passen müssen, nach wie vor gültig und die unterschiedlichen Erfolge der einzelnen Teammitglieder eines Unternehmens lassen sich in vielen Fällen direkt aus dem gelungenen oder fehlenden Abgleich ableiten.

Bei den hohen Erwartungen der Generation Y an die Arbeitsumgebung geht es daher nicht um die Reduzierung der Arbeitsbelastung oder die Einschränkung der Arbeitszeit. Die Furcht, dass es sich um ein Sammelsurium arbeitsentwöhnter vollversorgter Nachwuchschefs handeln könnte, denen die Mühen des operativen Daseins ohnehin zu langweilig und schwierig erscheinen, die lieber direkt Chef werden wollen, ist unbegründet. Stattdessen dominiert der Anspruch, etwas für die Arbeit einbringen zu können, und hängt im Regelfall direkt mit dem Einbringen wollen zusammen.

Aus Work-Life-Balance wird bei genauerer Betrachtung Work-Life-Blending (vgl. Jugel 2015, S. 38 ff.). Es gibt eine Reihe von Mitarbeiterinnen und Mitarbeitern, die bereit sind, auch in ihrer Freizeit und am Wochenende an Problemlösungen für den Job zu arbeiten. Wer jetzt aus Arbeitgeberperspektive innerlich schon jubiliert und denkt, dass damit alles einfacher würde, da die Leute einfach unbegrenzt zur Verfügung stünden und arbeiteten, der sollte den Blick auch auf die Kehrseite der Medaille richten. Diese Gruppe von Mitarbeitenden erwartet nicht nur im Gegenzug die Chance, sich auch entsprechend mit Leidenschaft und Engagement im Unternehmen einbringen zu können. Zusätzlich erwarten sie auch, dass sie während der Arbeitszeiten oder während der Anwesenheit bei der Arbeit ihre privaten Interessen nicht aus dem Blick verlieren müssen.

Die Kehrseite der Leistungsbereitschaft: private Themen am Arbeitsplatz

Was sich früher vorwiegend um das Thema rankte, ob man privates Surfen an den beruflichen Computern duldet, ist heute generell die Frage, wie man mit elektronischen Diensten beim Arbeiten umgeht. Viele Firmen klagen über die vermehrte Smartphone-Nutzung und das in der Folge unkonzentrierte Arbeiten mit geringerem Pensum. Die Bandbreite reicht hier von der Notarkanzlei bis zum Produktionsbetrieb mit unterschiedlichen Ausprägungen, je nachdem, ob das Büro zur Surfgemeinschaft wird oder der produktionsverantwortliche Maschinenführer WhatsApps versendet und über Kopfhörer Musik hört und damit während seiner Nachtschicht nicht mehr ansprechbar ist. Warum besteht der Wunsch nach Smartphone-Nutzung während der Arbeitszeit? Für den Arbeitgeber sind die Hinweise, dass man als Eltern reagieren muss, wenn die Kinder eine Stunde früher aus der Schule kommen, vielleicht noch nachvollziehbar. Warum aber die Kollegin im Büro direkt erfahren muss, wie die neuen Dreadlocks ihrer Freundin aussehen, und dies zeitnah kommentieren möchte, erschließt sich aus Arbeitgeberperspektive weniger.

Wo entsteht nun in der Praxis das Hauptproblem? Problematisch wird es stets dort, wo vonseiten der Mitarbeiter/-innen der Anspruch aufrechterhalten wird, private Kommunikation am Arbeitsplatz durchzuführen, während die Bereitschaft oder auch die Möglichkeit zum beruflichen Engagement in der Freizeit, im privaten Umfeld nicht besteht. Umgekehrt kann es jedoch auch nicht funktionieren, wenn vom Unternehmen eine große Einsatzbereitschaft erwartet wird, die auch Arbeit am Abend oder am Wochenende miteinschließt, gleichzeitig jedoch das Raster für zulässige Aktivitäten am Arbeitsplatz sehr eng gefasst wird. Auch im Work-Life-Blending ist eine Ausgewogenheit im Sinne einer Balance sinnvoll und notwendig.

Zu regeln ist hier einerseits die private Nutzung von Smartphones während der Arbeitszeit. Hier gibt es nach einem Urteil des Landesarbeitsgerichts Rheinland-Pfalz grundsätzlich etwas mehr Klarheit. Das Verbot der Smartphone-Nutzung kann vom Arbeitgeber einseitig festgelegt werden und ist nicht zustimmungspflichtig. Die Arbeitnehmer können auch aus einer bisherigen betrieblichen Übung keine Ansprüche ableiten (vgl. Fechner/Beuth 2012).

Darüber hinaus besteht ein Regelungsbedarf, wenn nach dem Bring-Your-Own-Device-(BYOD-)Prinzip private Geräte für Zwecke des Arbeitgebers genutzt werden. Hier gibt es vonseiten des Verbands BITKOM entsprechende Musterausarbeitungen, die Regelungen für unterschiedliche Fallkonstellationen vorsehen (BITKOM 2013).

Schließlich bedarf es noch weiterer Regelungen, wenn im Rahmen von Telearbeit oder Bereitschaftsdiensten die Arbeitnehmer/-innen während ihrer Freizeit dienstlich tätig werden. Hier geht es um Klarheit bei der Abgrenzung zwischen privater Zeit und Arbeitszeit. Dabei sind auch die Auswirkungen auf die maximal zulässigen Arbeitszeiten nach dem Arbeitszeitgesetz (ArbZG) zu beachten (vgl. Voigt 2015).

Wir sehen bereits an diesen drei einfachen Beispielen, dass es gar nicht so einfach ist, die Kultur eines Startups, bei dem die Grenzen zwischen Arbeit und Freizeit direkt in fließendem Übergang sind, mit der Kultur einer geordneten Arbeitszeitregelung in einem klassischen deutschen Unternehmen zu verbinden. Der Leiter des Fraunhofer-Instituts für Arbeitswirtschaft und Organisation (IAO) in Stuttgart, Wilhelm Bauer, fordert daher eine „deutliche Ausweitung des Flexibilisierungsrahmens“ (Steiger 2015). Er geht insgesamt von einem Mangel an Agilität in der deutschen Industrie aus. Denn rechnet man neben den formalen Regelungen und unterschiedlichen Interpretationsweisen auch noch die unterschiedliche Arbeitstradition hinzu, wird deutlich, warum es nicht einfach ist, eine wirksame Weiterentwicklung agiler Arbeitskulturen zu bewirken.

Lebenskompetenz

Im Rahmen des Work-Life-Blendings geht es aber nicht nur um die unterschiedlichen Anteile des Berufs- und Privatlebens (Bild 6.2). Es geht auch um die Lebenskompetenz als Teil der Lebensklugheit, die die einzelnen Angehörigen eines Unternehmens entwickeln und ausleben können. Das Ziel des Managements 4.0, auch im Sinne einer allgemeinen gesellschaftlichen Verantwortung, besteht darin, die Mitarbeiter/-innen auch in deren persönlicher Entwicklung und ihrem Bestreben nach einem erfüllenden Leben zu unterstützen.

Auch dieser Ansatz wird kritisch interpretiert. Die Schaffung motivierender Arbeitsbedingungen, die die Erfüllung bei der Arbeit und intrinsische Motivation begünstigen, könne sich negativ auf die Mitarbeitenden auswirken. Schließlich wäre hier eine Entgrenzung von Arbeit und Freizeit im weiteren Sinne dadurch möglich, dass die Mitarbeitenden auch in ihrer Freizeit über Belange der Arbeit nachdenken und damit über das notwendige Maß hinaus sich für die Belange ihres Arbeitgebers einbringen und aufopfern. Dieser Überlegung liegt der Ansatz zugrunde, wonach die Mitarbeitenden vom Arbeitgeber ausgebeutet werden, der hierfür wiederum eine Gebühr in Form des Lohns oder Gehalts zu entrichten hat. Diese Haltung kann man direkt auf die Marx'schen Ideen zurückführen, wonach diejenigen, die die Produktionsmittel besitzen, diejenigen ausbeuten, die die Arbeit verrichten. Dass motivierende Arbeitsbedingungen, wie sie im Rahmen von Management 4.0 anzustreben sind, jedoch nicht als besonders perfide Methode der Ausbeutung zu betrachten sind, versteht man dann, wenn man sich vergegenwärtigt, dass die von Marx am schärfsten kritisierte Entfremdung zwischen den Arbeitenden und ihrem Arbeitsgegenstand genau durch diese Art des Managements aufgehoben wird. Es bliebe dann noch die unterschiedliche Rollenaufteilung zwischen Arbeit und Kapital, die nur durch die Beteiligung der Mitarbeitenden am Gesamtunternehmen ausgeglichen werden kann.

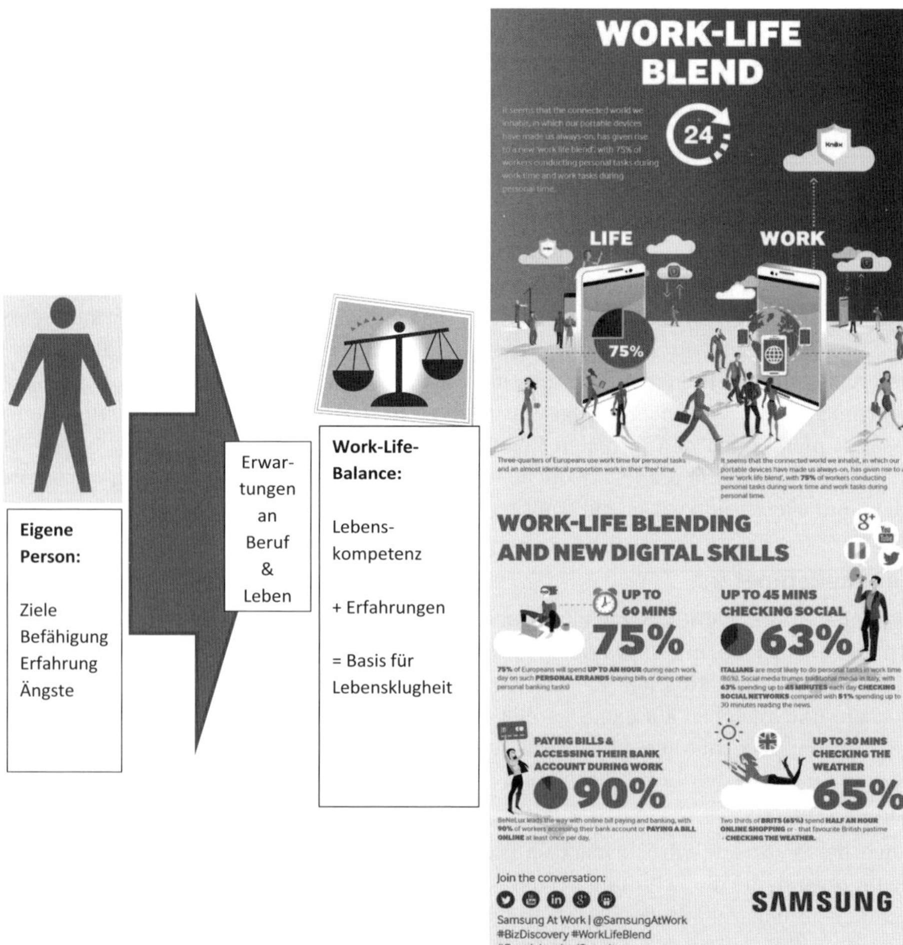

Bild 6.2 Die digitalen Work-Life-Blender der Generation Y (Quelle: Steinbeis-Beratungszentrum „Leadership in Science and Education" unter Integration des Datenmodells von Samsung, *http://visual.ly/have-glance-work-life-blending-and-new-digital-skills;* Abruf: 29.12.2015)

Praxisbeispiel: Work-Life-Balance für Fortgeschrittene – Manager/-innen als Aus- und Umsteiger

Im Rahmen des Managements 4.0 reicht es nicht aus, sich auf die Bedürfnisse der jungen Kolleginnen und Kollegen einzustellen, die als mehr oder weniger junge Fach- und Führungskräfte im eigenen Unternehmen aktiv sind. Es geht auch um die Zufriedenheit der arrivierten Mitarbeiter/-innen. Deren individuelle Wünsche lassen sich im Regelfall nicht kartografieren und kategorisieren. Man kann jedoch eine Vorstellung davon bekommen, was etablierten Expertinnen und Experten fehlt, wenn man die Motive derjenigen analysiert, die gut dotierte und sichere Jobs aufgeben, um zunächst einmal einfach „rauszukommen" aus dem aus ihrer Sicht falschen Berufsleben.

In vielen Fällen sind es Führungskräfte, die rund 50 Jahre alt sind, die sich für den Schritt entscheiden, das etablierte Berufsleben zu verlassen. Meist werden die Fremdbestimmung und der Termindruck als Argument angegeben. Aus Sicht der Arbeitsmedizin liegt jedoch auch allein in der Routine ein Problem. *„Wenn man mehr als 20 Jahre lang das macht, was man gut macht, verblödet man"*, stellt Michael Kastner, Leiter des Instituts für Arbeitspsychologie und Arbeitsmedizin in Herdecke fest (Willenbrock 2016, S. 71).

Wenn man diese Befunde mit der Tatsache verbindet, dass es nicht *den* einen einzigen und wahren Beruf für den einzelnen Menschen gibt, so kann man für die mittel- und langfristige Motivation von Mitarbeiter/-innen feststellen, dass Selbstbestimmtheit, Methoden- und Aufgabenwechsel und ein Rhythmus, der den privaten Anforderungen im Wesentlichen gerecht werden kann, dem Gefühl vorbeugt, in Sachen Work-Life-Balance aus dem Gleichgewicht zu geraten. ■

■ 6.2 Digitale Bildung – Verbund von Bildung, Wissenschaft und Arbeitswelt

Die deutsche Politik hat im Jahr 2015 ihr Herz für das Schlagwort „Industrie 4.0" entdeckt. Für eine risikoscheue Gesellschaft wie Deutschland ist das schon mal was. Aber die Veranstaltungen und Publikationen zu diesem Theman zeigen, dass jeder – ausgehend von seinem bisherigen Standpunkt – unter diesem Thema etwas anderes versteht und dass viele betriebliche und gesellschaftliche Veränderungen noch nahezu tabuisiert sind. Typisch ist das Beispiel der sehr unterschiedlichen Interpretationsweisen und Presseschlagzeilen auf Basis von ein und derselben Studie des bundeseigenen Instituts für Arbeitsmarkt- und Berufsforschung (IAB) zu den Auswirkungen von Industrie 4.0

auf den Arbeitsmarkt (vgl. Kapitel 2). In diesem Kapitel geht es um die grundsätzliche Haltung gegenüber Veränderung. Das ist zum einen ein gesellschaftliches Thema, das damit über den reinen unternehmerischen Verantwortungsbereich hinausgeht, das ist jedoch zum anderen auch ein Kernthema der Ausrichtung einer Organisation oder eines Unternehmens. Wie kann ich in meinem Wirkungs- und Verantwortungsbereich die Änderung der Rahmenbedingungen mitgestalten und für mich und meine Ziele nutzbar machen?

Ein immer wieder gern intoniertes Klagelied ist das gesellschaftliche Klagen über die Unfähigkeit der vorgelagerten Stufe bzw. des Umfelds. Der Klassiker beginnt bei unserer Personalentwicklung schon sehr früh. Die Kindergärten klagen über mangelnde Strukturen in der Erziehung der Familien („Früher wurden die Kinder noch erzogen.“). Die Grundschule beschwert sich darüber, wie man die Kinder aus Kindergarten und Familien „angeliefert“ bekommt („Die Konzentrationsfähigkeit hat stark nachgelassen.“). Die weiterführende Schule in der Sekundarstufe 1 (Klasse 5 bis 9/10 in Deutschland) beklagt die Lücken aus der Grundschule („Die können ja noch nicht richtig schreiben.“) und bei der Sekundarstufe 2 (Klassen 11 bis 12 oder 11 bis 13 in den Gymnasien) ist die Freude über die angehenden Abiturientinnen und Abiturienten auch nicht sehr groß („Wir werden immer mehr zur Gesamtschule.“). Die Hochschulen klagen über die mangelnde Studierfähigkeit. Die Unternehmen wiederum beklagen sich, dass Ausbildungsplätze unbesetzt bleiben und Azubis sowie Hochschulabsolventinnen und -absolventen immer weniger in der Lage seien, den betrieblichen Anforderungen zu genügen; und überhaupt sei früher alles besser gewesen.

Was lernen wir daraus? Dass wir dazu neigen, es uns möglichst einfach zu machen und die Schuld bei anderen zu suchen. Dass die Frage, wie zukünftig ein Unternehmen mit Unternehmensteilen in Deutschland auf die Herausforderungen der Unternehmensumwelt reagieren kann, auch sehr stark damit zusammenhängt, wie wir die Chance nutzen, uns auf die aktuellen Herausforderungen einzustellen, und damit auch konstruktiv mit der Ressource Personal umgehen. Eine Überlegung, die im Jahr 2015 bei vielen Verantwortlichen verstärkt angestellt wurde, als es um die Frage ging, wie man große Zahlen an Geflüchteten mit sehr heterogenen Voraussetzungen in die Gesellschaft, aber auch in den Arbeitsmarkt und die Wirtschaft integrieren kann. Bezogen auf die Digitalisierung geht es um die Herausforderungen des Bildungswesens, für ausreichende individuelle digitale und technologische Kompetenzen zu sorgen, die in der Summe die gesellschaftlichen und wirtschaftlichen Entwicklungen stärken. Wir brauchen auch in Zukunft die Nerds mit Affinität zu IT und Technik, wenn wir uns nicht darauf beschränken wollen, weltweit etablierte Geschäftsmodelle zu kopieren. Und selbst bei diesem Geschäfts- und Unternehmensmodell sind spezifische IT- und Technikkenntnisse erforderlich, um Produkte und Märkte zu verstehen.

Angesichts der vielen Diskussionen um Projekte im Bereich Mathematik, Informatik, Naturwissenschaften und Technik (MINT) möchte ich nochmals auf den Umstand hinweisen, dass es für die digitale Zukunft der deutschen Wirtschaft und Gesellschaft von zentraler Bedeutung sein wird, dass wir das „I“ und das „T“, das heißt die Informatik und die Technik, besser positionieren, als das gegenwärtig der Fall ist. Wir benötigen dazu eine noch bessere Vernetzung der Bereiche Schule, Wissenschaft und Wirtschaft und wir müssen darauf achten, dass auch im Bildungswesen die entsprechenden Ressourcen vorhanden sind. Christoph Keese stellt in seinem Buch „Silicon Valley“ ebenfalls die Frage nach der Kompetenz deutscher Schülerinnen und Schüler im Coding, dem praktischen Programmieren. Wir müssen hier zunächst die Frage nach der Kompetenz der Schulen im Unterrichten dieser Fächer stellen, denn in den meisten Bundesländern wurden oder werden rund um Informatik und Programmierung Fächerverbünde aufgebaut, in denen zentrale Themen fachfremd unterrichtet werden. Nur dann, wenn wir auch für diese Bildungsinhalte Infrastruktur zur Verfügung stellen, werden wir im Bereich digitaler Kompetenzen der jüngeren Generation über die reinen Anwenderkompetenzen im Sinne der Medienerziehung hinauswachsen.

Wenn es um die künftigen Entwicklungsmöglichkeiten von Unternehmen geht, dann gewinnt das Zusammenwirken von Bildung, Ausbildung und Wissenschaft (Lehre und Forschung) mit der Arbeitswelt noch stärker an Bedeutung, als es ohnehin in den vergangenen Jahrzehnten der Fall war (Bild 6.3). Dies bedeutet zunächst, dass sich die Systeme der Lehre öffnen müssen für neue Wege des Wissenserwerbs, und zugleich jedoch auch klar sein muss, wo „alte“ und „traditionelle“ Arbeitsweisen und Tugenden nach wie vor ihre Berechtigung haben. Die Generationen Y und Z sind weniger auf gelerntes Wissen fixiert, sondern haben sich andere Wege des Wissenserwerbs angeeignet. Dennoch wird es auch künftig darum gehen, eine Expertise in seinem Gebiet zu besitzen, um neue Entwicklungen verfolgen und einordnen zu können. Dem Informations- und Wissensmanagement im Unternehmen kommt damit eine noch größere Bedeutung zu (vgl. Kapitel 4).

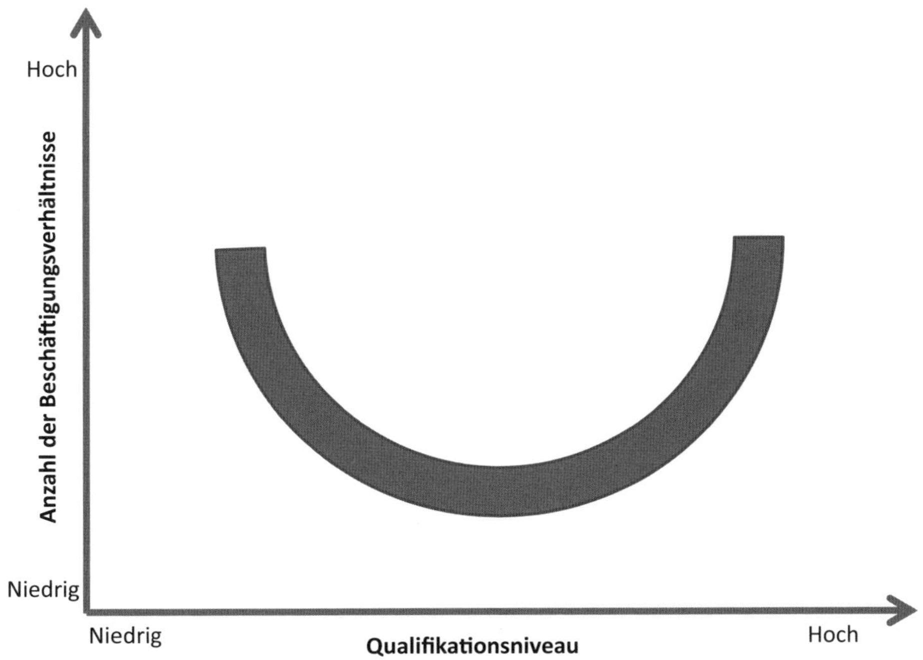

Bild 6.3 Zusammenhang zwischen Qualifikationsniveau und Anzahl der Beschäftigungsverhältnisse (Quelle: Kreutzer/Land 2015, S. 95)

Aus diesem idealtypischen Zusammenhang lässt sich ableiten, dass Peter F. Druckers Ansatz von der Wissensgesellschaft und der Ära der Wissensarbeiter in Unternehmen und Institutionen gegenwärtig die Realität prägt und damit auch die Verteilung der Arbeitsverhältnisse auf unterschiedliche Segmente des Arbeitsmarkts sehr klar zugeordnet werden kann. Es geht um eine Abstimmung der Bildungs- und Qualifikationsmaßnahmen auf die aktuellen und künftigen Erfordernisse des Markts (Bild 6.4).

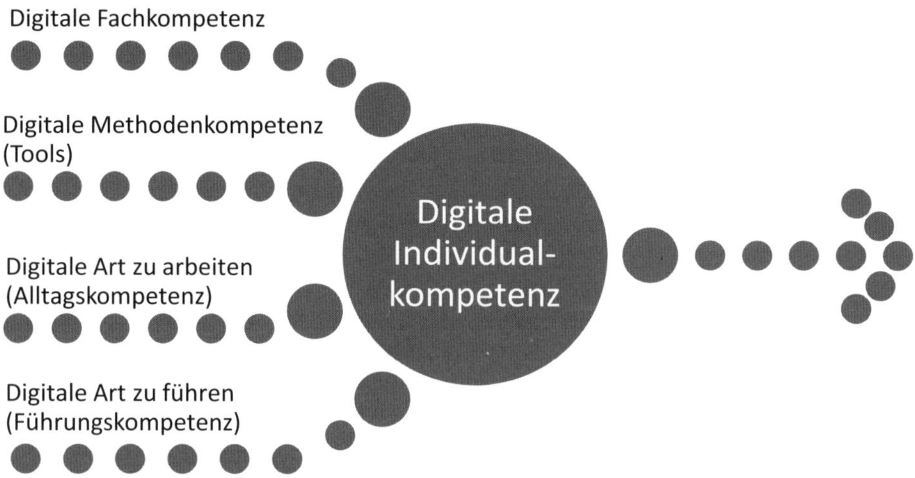

Bild 6.4 Digitale Individualkompetenz (Quelle: Steinbeis-Beratungszentrum „Leadership in Science and Education")

Praxisbeispiel: Digitale Kompetenzen für Chefs

Wenn eine Organisation auf Digitalkurs gebracht werden soll, sind an der Unternehmensspitze auch glaubwürdige Vertreter der Digitalisierung erforderlich. Die Fähigkeit digitale Entwicklungen einschätzen zu können und im Kalkül der eigenen unternehmerischen Möglichkeiten angemessen zu berücksichtigen, ist zentral für die Entwicklungsfähigkeit. Damit ist die digitale Kompetenz von einigen ausgewiesenen Vertretern der Unternehmensleitung ein zentrales Thema von Management 4.0. Digitale Weisheit kann nicht dadurch entstehen, dass man von digitalen Themen sehr weise spricht, die man aber selbst nicht erfahren und durchdrungen hat.

Bei der Bertelsmann-Tochter Arvato hatte man die Berufung des Microsoft-Managers Achim Berg im April 2013 damit begründet, dass es im Rahmen der Weiterentwicklung und Neupositionierung des Mediendienstleisters darum gehe, die konventionell geprägten Mitarbeiterinnen und Mitarbeiter zu einem Team für die vernetzte Zukunft zu formieren. Dass eine derartige Mission trotz digitaler Kompetenzen scheitern kann, zeigt die sehr abrupte Abberufung Bergs im Juli 2015. Dennoch bleibt die Anforderung, aus der Chefetage selbst heraus mit den notwendigen Machtpromotoren den digitalen Wandel zu prägen. Denn die Ziele der digitalen Transformation sind Teil der Topmanagementaufgaben und elementar für die gemeinsame Weiterentwicklung der Unternehmensstrategie.

(Müller 2/2014)

Praxisbeispiel: Digitale Kompetenzen als Netzwerk – Steffi Czerny

In einem ausführlichen Porträt widmet sich das „Manager Magazin“ Steffi Czerny, die für die Hubert Burda Media die digitale Leitkonferenz DLD (Digital Life Design) konzipiert und als digitale Netzwerkerin für die notwendigen Kontakte sorgt, die das Medienhaus nach außen hin positionieren, und gleichzeitig Kooperationen und weitere Entwicklungsschritte im Rahmen der Digitalisierung ermöglichen soll. Auch der Bayerische Rundfunk hat über diese zentrale Aufgabe von Steffi Czerny, die Welt des Silicon Valley für das Medienunternehmen Burda zugänglich und verständlich zu machen, ein Porträt angefertigt (2016). Die digitale Kompetenz, die hier zum Tragen kommt, steht schon an der Schwelle von der Individualkompetenz zur Unternehmenskompetenz, denn es ist nicht die individuelle Kompetenz der Führungskraft bei der Analyse und Einschätzung digitaler Entwicklungen, sondern die Fähigkeit der gesamten Organisation des Unternehmens Burda, das sich hier entsprechend mit den Kontakten im Markt weiterentwickelt.

Dabei ist dieses Modell der Aufgabenteilung eher ungewöhnlich. Während man in anderen Konzernen und Organisationen hierfür externe Scouts beschäftigt (die Verlegerverbände VDZ und BDZV haben hier lange Jahre kooperiert), wird die Netzwerkarbeit im Konzern internalisiert, ohne jedoch in die Linienhierarchie eingebunden zu sein. Das führt zu Irritationen des Managements, wenn parallel zur normalen Organisationsstruktur und Hierarchie gewissermaßen aus einer Stabsperspektive heraus digitale Entwicklungen mitangestoßen werden. Ich hatte die Gelegenheit, die Anfangsphase von Steffi Czerny als digitaler Beauftragten des Verlegers im Konzern mitzuerleben. Sie war unter anderem auch für die Koordination unserer Truppe zuständig, die „Uni online“, einen studentischen Online-Dienst produzierte. Für mich waren Nachrichten auf dem Anrufbeantworter (1995 waren mobile Telefone noch eher die Ausnahme) wie etwa „Thomas, der Hubert hat heute Morgen etwas in der Süddeutschen gelesen, das ist ein Thema, das ihr unbedingt auch aufgreifen müsst“ nichts Ungewöhnliches und für unsere „Turnschuhtruppe“ war das auch reizvoll und inspirierend. Dass solche Impulse quer zur Hierarchie für gestandene Chefredakteure und Manager, so diese Impulse auch da an der Tagesordnung waren, eher schwer verdaulich waren, ist nicht verwunderlich. Entsprechend war die Anfangsphase dieser Managerin für den digitalen Wandel auch alles andere als einfach. Nach fast 20 Jahren kommt das Manager Magazin aber zu der Bewertung, dass sich trotz eines Defizits bei der DLD-Veranstaltung die Kontakte für das Unternehmen auszahlen und damit „die Nörgler und Erbsenzähler, die es in München gibt wie überall", immer wussten, *„An Czerny gibt es nichts zu rütteln, sie steht in der Gunst des Königs."* (Kammerer 7/2014, S. 124). Auch wenn man Einblick nimmt in die Notizbücher von Hubert Burda aus den Jahren 1990 bis 2015 zeigt sich, wie groß der Anteil an diesen „Notizen zur digitalen Revolution" ist, den Steffi Czerny direkt oder indirekt mit dem DLD an der digitalen Orientierung des Verlegers und damit Inhabers von Hubert Burda Media einnimmt (Burda 2016). Viele Unternehmenskontakte und digitale Beteiligungen des Konzerns, die elementar sind für die digitale Transformation von Hubert Burda Media, gehen auf diese Netzwerkarbeit zurück. ■

■ 6.3 Digitale Opfer – Verwerfungen der digitalen Ökonomie

Wer die disruptive Veränderung von Branchen durch neue digital geprägte Wertschöpfungsketten analysiert, der wird sehr schnell neue Firmen und Berufsbilder ausmachen, die alte traditionelle Branchen tangieren oder gar komplett ersetzen. Es gibt den sanften Wandel von Berufsbildern in etablierten Strukturen, wie etwa die Diskussion des DIHK über kaufmännische Ausbildungsberufe im E-Commerce (vgl. o. V. 2016), aber auch die radikal veränderten Unternehmensbedingungen und Berufsbilder. Uber wird beispielsweise – je nach Standpunkt – von manchen als neue Form des Taxiservice gefeiert oder gefürchtet. Mit diesen neuen Unternehmen sind auch im Rahmen neuer Wertschöpfungsketten neue Unternehmen und Kooperationen entstanden. Für Startups wie „Shopwings" gibt es dann den berufsmäßigen Einkäufer, der für andere einkauft. Dies macht er aber nicht als angestellter Berufseinkäufer für seine Kunden, sondern – so das Prinzip der digitalen Plattformwirtschaft – als freiberuflicher selbstständiger Unternehmer. Man muss kein Sozialpolitiker oder Gewerkschafter sein, um zu ahnen, dass die On-Demand-Economy nicht nur freiwillige, neugierige, dynamische Jungunternehmer produziert, die als Verwirklichung des Idealbilds des Digital Native erfolgreich selbstbestimmt und selbstoptimiert aktiv sind (vgl. Schwab 2016, S. 47). Der Wissensarbeiter als Click-Worker, der sich weltweit vermarktet, weist auch bereits auf die Schattenseiten des autonomen digitalen Managements hin. Wenn das große Angebot dazu führt, dass der eine oder andere glaubt, dass ein primär kostenorientiertes Optimieren von digitalen Dienstleistungen das Ziel sein sollte, kann dies auch wieder zu Problemen führen.

Es gibt beide Seiten (vgl. Alvares des Souza Soares/Maier 7/2015), die Hipster, die gerne ihre Aufträge für qualifizierte Arbeiten im Bereich Produktentwicklung und Vertrieb von einer Plattform und damit meist von einer App beziehen und es genießen, frei entscheiden zu können, wann, wie und wo sie die Aufgaben erledigen. Diese Selbstständigen der neuen On-Demand-Economy hatten im Regelfall auch zahlreiche Jobalternativen im klassischen Beschäftigungssektor und haben sich frei für diese Form der Arbeit entschieden. Es gibt aber auch die andere Seite der Medaille: Jobs, die stark operativ geprägt sind, wo es keine kreativen Spielräume und wenig Marge bei der Bezahlung gibt. Wo die fehlende Sozialversicherung und die Notwendigkeit, ein eigenes Auto zu unterhalten, dazu führen, dass eine kritische Betrachtung der Einkommenschancen diese Jobs im Liefer- und Servicebereich nur begrenzt attraktiv macht. Wenn Studierende diese Jobs als Nebenjob machen und dabei von ihrer bestehenden Sozialversicherung profitieren, dann geht die Rechnung meist noch auf. Bei denjenigen, die aus der Arbeitslosigkeit oder aus prekären Beschäftigungsverhältnissen heraus sich auf den Weg machen, sieht das schon deutlich schlechter aus.

Wer jetzt jedoch ausschließlich auf die neue Welle der „New Economy" einprügelt, springt in der Argumentation mit Sicherheit zu kurz. Die Liberalisierung der Zustellmärkte in Deutschland und die damit entstandenen Services und Dienstleister haben bereits seit Ende der 1990er-Jahre derartige Jobs entstehen lassen, die dazu geführt haben, dass Menschen zwar Arbeit haben, aber dennoch mit hohen Risiken finanziell kaum über die Runden kommen. Privatisierte Fuhrparks etablierter Zustellorganisationen im Bereich Presse und Werbung haben diesen Trend abgerundet. Es stellt sich die Frage, wie margenschwache Geschäfte (beispielsweise im Bereich Putz- und Lieferdienste) überhaupt zu finanziell tragfähigen, konkurrenzfähigen Produkten entwickelt werden können. Kunden, die ihre bisherige Putzhilfe auf der Basis eines geringfügigen Beschäftigungsverhältnisses angestellt haben, sehen zwar Vorteile im Bereich der Serviceverfügbarkeit, aber das führt im Regelfall nicht dazu, dass die Verdienstmöglichkeiten in einer völlig anderen Region liegen. Wenn hier nun von diesem Entgelt noch eine Plattform und weitere Dienstleister mitfinanziert werden müssen, kann das sehr schnell dazu führen, dass das Geschäftsmodell nicht mehr aufgeht.

Bei der Vermittlung von Dienstleistungen von Programmierern, Anwälten oder Marketing- und Vertriebsexperten sind hingegen die Preisspielräume wesentlich größer, sodass hier nicht zwangsläufig aufgrund des Kostendrucks ein digitales Proletariat entstehen muss.

Welche Qualität die Beschäftigungsverhältnisse für die Mitarbeitenden besitzen, betrifft jedoch nicht nur die Selbstständigen. Auch bei den Großen der Branche steht die Qualität der Arbeit immer wieder in Frage. Waren es bei Amazon von Beginn an die eher einfacheren Arbeiten im Bereich Logistik, die unter dem Blickwinkel von Vergütung und Arbeitsbedingungen in der öffentlichen Diskussion standen, so wurde mit einer Veröffentlichung der „New York Times" im August 2015 generell die Arbeits- und Denkweise des Unternehmens in Frage gestellt. Das zahlengetriebene Management (vgl. Brauck 2015) schien die typischen zwischenmenschlichen Belange zu sehr in den Hintergrund zu rücken. Bild 6.5 zeigt die Auswirkungen des ökonomischen Digitalzeitalters im Überblick.

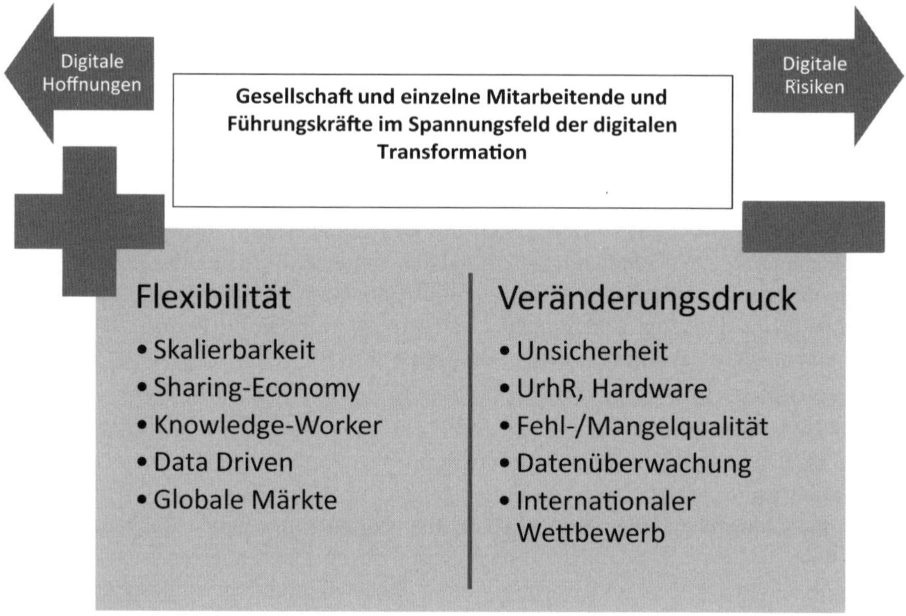

Bild 6.5 Auswirkungen des ökonomischen Digitalzeitalters (Quelle: Steinbeis-Beratungszentrum „Leadership in Science and Education“)

Praxisbeispiel: Shopwings „Nur Deppen schleppen“?

Shopwings, ein Startup für den Online-Einkauf, wirbt mit dem einprägsamen Motto „Nur Deppen schleppen“ und liefert damit bewusst bereits die Arbeitsplatzbeschreibung ihrer Mitarbeiter/-innen. Bei einer Liefergebühr von maximal 6,90 Euro sollen Arbeitslohn der Shopper, deren anteilige Abschreibung am Auto, Kosten für Sprit, Sozialversicherung, Kfz-Versicherung und mobile Datenrate für das obligatorische Smartphone abgedeckt sein. Das ist mit der aus Kundensicht „hohen“ Liefergebühr und den tatsächlichen Kosten kein sinnvoller Job. Die Selbstständigkeit, die den Berufsshoppern mithilfe dieser Aufträge ermöglicht wird (meist Rentner, Studierende und Ex-Arbeitslose), schafft keine echte Berufs- und Lebensperspektive. Dies hat im Fall der Lieferdienste auch mit den Problemen der Geschäftsmodelle zu tun, die in vielen Fällen einer Analyse nach dem Business-Modell-Canvas nicht standhalten und damit einen „Markt“ geschaffen haben, der noch einige Bereinigungen erleben wird (vgl. Rungg 10/2015).

Die Arbeitsbedingungen der sogenannten Click-Worker stehen generell zur Diskussion, da sie oftmals in einer Art Scheinselbstständigkeit für nur einen Auftraggeber tätig sind und weder das Arbeitsvolumen noch die Verdienstmöglichkeiten beeinflussen können. Damit sind auch die entscheidenden Parameter einer echten unternehmerischen Tätigkeit nicht in der Hand der Clickworker. Die schwierigen Arbeitsbedingungen können in Indien tätige Programmierer/-innen, die sich um Aufträge aus Europa oder den USA bemühen, genauso betreffen wie die Fahrer des Mobilitätsdiensts Uber oder eben die Lieferanten eines Lebensmittellieferservice. Es geht also um geringqualifizierte Aushilfsjobs in gleichem Maße wie auch um Berufe mit akademischem Profil.

(Alvares des Souza Soares/Maier 7/2015)

6.4 Digitale Unternehmenskompetenzen – fit für die Zukunft?

Konstruktive Zerstörung ist ein aktuelles Thema. Schumpeter hat mit seiner „creative destruction“ dieses Thema bereits in Grundzügen mitangelegt. Es geht heute jedoch mehr denn je darum, die Ausrichtung des eigenen Unternehmens selbst in Frage zu stellen, bevor es die Märkte (Kunden, Lieferanten, Anleger) tun. Die Bereitschaft, bestehende Strukturen und Prozesse tatsächlich zu „zerstören“, ist dabei ebenso notwendig wie die Erkenntnis, dass man gerade beim destruktiven Part des Einreißens bereits den konstruktiven Part des Umgestaltens und Neuerrichtens im Blick haben muss.

Damit verändern sich auch die Machtstrukturen. War früher das Erfahrungswissen (der Arzt, der eine bestimmte OP schon 1000 Mal gemacht hat) für die Stellung in der Hierarchie entscheidend, so können neue Prozesse und Technologien (die Simulation einer OP oder die Simulation eines neuen Bauteils bei technischen Konstruktionen) dazu führen, dass es nicht mehr auf die Erfahrung und das „Bauchgefühl“, sondern auf die numerischen Ergebnisse ankommt.

Was aber sind dann Fähigkeiten, die Mitarbeiterinnen und Mitarbeiter mitbringen und entwickeln sollen, damit sie langfristig erfolgreich sind? Es geht um eine maximal themen- und branchenbezogene Systemkompetenz. Das klingt abstrakt und wird von vielen auch gerne im persönlichen Gespräch in der Sphäre der akademisch-theoretischen Verschwurbelung angesiedelt. Nehmen wir Ihren persönlichen Werdegang. Stellen Sie sich einmal die Frage, wie viel Prozent der Dinge, die Sie in Ihrer Ausbildung oder in Ihrem Studium gelernt haben, Sie bei Ihrer bisherigen beruflichen Tätigkeit nutzen konnten? War dieser Bruchteil des Erlernten jemals ausreichend, um Ihre Aufgaben zu erfüllen? Wie viel Prozent der Kompetenzen, die Sie heute anwenden, gehen auf Ihr Studium zurück? Woher kommen die anderen Kompetenzen? Wie haben Sie diese erworben? Wie viel Prozent der Kompetenzen, die Sie in fünf Jahren brauchen, haben Sie heute schon?

Die immer wieder zitierte Erkenntnis, dass viele von ihrem Studium nur dadurch profitieren konnten, dass sie gelernt hätten, wie man etwas lernt, scheint auch heute noch eine gewisse Gültigkeit zu besitzen. Die Diskussion über didaktische Konzepte und selbstständiges Lernen und Arbeiten in Schulen stellt eine Weiterentwicklung dieser Idee dar. Wir wollen junge Nachwuchskräfte, die in der Lage sind, nicht nur im privaten Kontext als Selbstoptimierer aufzutreten (man denke nur an den Fitness- und Wellness-Trend oder an die bei Männern wie Frauen gleichermaßen boomende Industrie der Schönheitschirurgie). Gesucht werden Selbstoptimierer, die dies auch als Herausforderung in beruflicher Hinsicht verstehen und sich darauf einlassen.

Für die Unternehmen stellt sich die Frage, ob sich das Prinzip der Systemkompetenz und der kompetenzorientierten individuellen Selbstoptimierung auch auf Organisationen und Unternehmen übertragen lässt. Unternehmenskompetenzen ergeben sich aus der Kombination individueller Kompetenzen und den unternehmerischen Kompetenzen im Bereich Organisation, Führung und Strategieentwicklung. Die Summe der Einzelkompetenzen kann somit um ein Vielfaches durch die Unternehmenskompetenzen übertroffen werden, vorausgesetzt, die Ausrichtung passt. Dieses kollektive Kompetenzraster kann genauso wie die individuelle Kompetenz optimiert und dem Bedarf entsprechend angepasst werden.

Was ist dann aber die verbindliche Grundlage, auf der sich das Unternehmen entwickelt? Woran können sich die Stakeholder orientieren – oder verliert sich das anpassungsfähige Unternehmen damit in vollkommener Beliebigkeit? Man kann durch die Offenheit der Unternehmensentwicklung der Gefahr begegnen, sich als Gesamtunternehmen auf die falschen Themen zu konzentrieren. Wenn sich ein Unternehmen früher auf konventionelle Produkte der Branche konzentrierte, bestand oft genug die Gefahr, dass man die neueren Entwicklungen verpasste. Die Hersteller des konventionellen Fotofilms verpassten dadurch die entscheidenden Entwicklungen, die heute ihre Branche prägen. Die disruptive Entwicklung wurde von anderen geprägt (Bild 6.6).

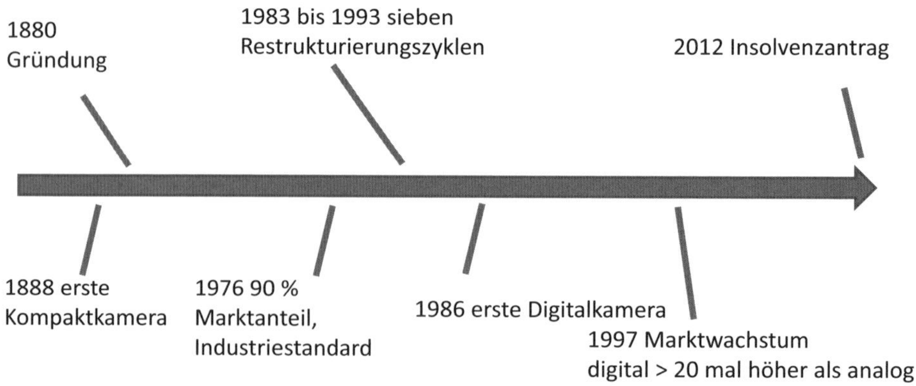

Bild 6.6 Kodaks gescheiterte digitale Transformation (Quelle: Kreutzer/Land 2015, S. 160)

Dennoch ist bei der Definition der Unternehmensphilosophie eine Basis notwendig, die den Informations- und Sicherheitsbedürfnissen unterschiedlicher Stakeholder-Gruppen eine Basis gibt. Für Mitarbeiterinnen und Mitarbeiter sind die Art der Zusammenarbeit und die grundsätzliche Arbeits- und Herangehensweise von großer Bedeutung. Auch externe Partner wie Shareholder und Kunden schätzen diese Gewissheit.

Bei den strategischen Zielen, die für die Anteilseigner zentral sind, ist es auch sinnvoller, das grundsätzliche Vorgehen zu beschreiben, als einzeln alle derzeit im Visier befindlichen Produkte und Märkte aufzuzählen. Man schwankt daher stets zwischen Detailgenauigkeit und Oberflächlichkeit.

Praxisbeispiel: Alphabet bzw. Google

Beim Börsengang von Google im Jahr 2004 wurde eine „Anleitung für Investoren" („An Owner's Manual" for Google's Shareholders) mitherausgegeben, in dem die beiden Gründer erklärten, was aus ihrer Sicht das Besondere des Unternehmens sein soll.

„INTRODUCTION

Google is not a conventional company. We do not intend to become one. Throughout Google's evolution as a privately held company, we have managed Google differently. We have also emphasized an atmosphere of creativity and challenge, which has helped us provide unbiased, accurate and free access to information for those who rely on us around the world.

(...)

SERVING END USERS

Sergey and I founded Google because we believed we could provide an important service to the world-instantly delivering relevant information on virtually any topic. Serving our end users is at the heart of what we do and remains our number one priority.

(...)

LONG TERM FOCUS

As a private company, we have concentrated on the long term, and this has served us well. As a public company, we will do the same. In our opinion, outside pressures too often tempt companies to sacrifice long term opportunities to meet quarterly market expectations. Sometimes this pressure has caused companies to manipulate financial results in order to ‚make their quarter.' In Warren Buffett's words, ‚We won't ‚smooth' quarterly or annual results: If earnings figures are lumpy when they reach headquarters, they will be lumpy when they reach you.'

(...)

RISK VS REWARD IN THE LONG RUN

Our business environment changes rapidly and needs long term investment. We will not hesitate to place major bets on promising new opportunities.

(...)

We encourage our employees, in addition to their regular projects, to spend 20 % of their time working on what they think will most benefit Google. This empowers them to be more creative and innovative. Many of our significant advances have happened in this manner. For example, AdSense for content and Google News were both prototyped in ‚20 % time.' Most risky projects fizzle, often teaching us something. Others succeed and become attractive businesses.

(...)

EXECUTIVE ROLES

We run Google as a triumvirate. Sergey and I have worked closely together for the last eight years, five at Google. Eric, our CEO, joined Google three years ago. The three of us run the company collaboratively with Sergey and me as Presidents. The structure is unconventional, but we have worked successfully in this way.

(...)

CORPORATE STRUCTURE

We are creating a corporate structure that is designed for stability over long time horizons. By investing in Google, you are placing an unusual long term bet on the team, especially Sergey and me, and on our innovative approach.

(...)

IPO PRICING AND ALLOCATION

It is important to us to have a fair process for our IPO that is inclusive of both small and large investors. It is also crucial that we achieve a good outcome for Google and its current shareholders. This has led us to pursue an auction-based IPO for our entire offering. Our goal is to have a share price that reflects an efficient market valuation of Google that moves rationally based on changes in our business and the stock market. (The auction process is discussed in more detail elsewhere in this prospectus.)

(...)

GOOGLERS

Our employees, who have named themselves Googlers, are everything. Google is organized around the ability to attract and leverage the talent of exceptional technologists and business people. We have been lucky to recruit many creative, principled and hard working stars. We hope to recruit many more in the future. We will reward and treat them well.

(...)

DON'T BE EVIL

Don't be evil. We believe strongly that in the long term, we will be better served-as shareholders and in all other ways-by a company that does good things for the world even if we forgo some short term gains. This is an important aspect of our culture and is broadly shared within the company.

(...)

MAKING THE WORLD A BETTER PLACE

We aspire to make Google an institution that makes the world a better place. In pursuing this goal, we will always be mindful of our responsibilities to our shareholders, employees, customers and business partners. With our products, Google connects people and information all around the world for free.

(...)

SUMMARY AND CONCLUSION

Google is not a conventional company. Eric, Sergey and I intend to operate Google differently, applying the values it has developed as a private company to its future as a public company. Our mission and business description are available in the rest of this prospectus; we encourage you to carefully read this information. We will optimize for the long term rather than trying to produce smooth earnings for each quarter. We will support selected high-risk, high-reward projects and manage our portfolio of projects. We will run the company collaboratively with Eric, our CEO, as a team of three. We are conscious of our duty as fiduciaries for our shareholders, and we will fulfill those responsibilities. We will continue to strive to attract creative, committed new employees, and we will welcome support from new shareholders. We will live up to our ‚don't be evil' principle by keeping user trust and not accepting payment for search results. We have a dual class structure that is biased toward stability and independence and that requires investors to bet on the team, especially Sergey and me.

(...)

Larry Page

Sergey Brin"

(*https://investor.google.com/corporate/2004/ipo-founders-letter.html*, abgerufen 25.08.2015)

■

Die Unterscheidung zwischen klaren Cash-Cows des Kerngeschäfts der optimierten Suche mit der damit verbundenen Webvermarktung und den eher unsicheren Geschäftsfeldern der innovativen Diversifikation führt zu mehr Instabilität bei der Entwicklungsfähigkeit der Geschäftsfelder. Jedoch kann damit auch im Hinblick auf weitere Investitionen und Partnerschaften bei erfolgreichem Management gleich die Risikostreuung mitdargestellt werden. Vor diesem Hintergrund ist Googles Weg zur Aktivierung seines Kreativpotenzials auch als konsequenter Pfad zu verstehen (Bild 6.7).

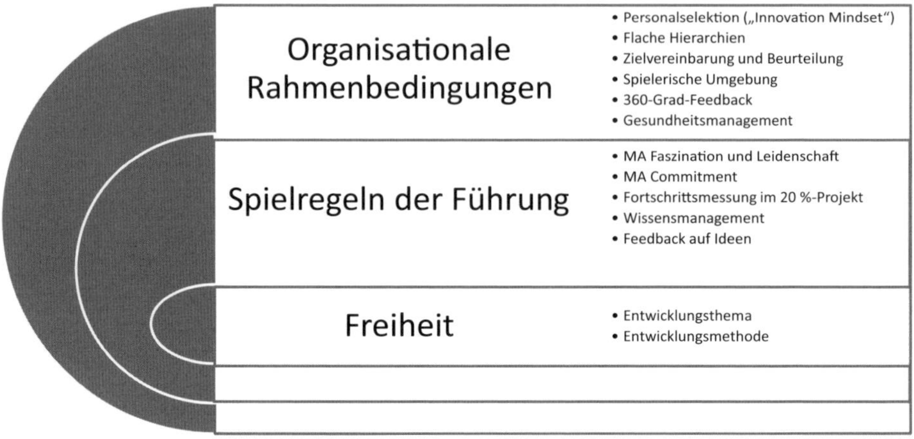

Bild 6.7 Die 20-Prozent-Regel von Google (Quelle: Kaudela-Baum/Holzer/Kocher 2014, S. 150)

Auch wenn sich die beiden Gründer bei ihren Formulierungen nach eigenem Bekunden von Warren Buffet inspirieren ließen, so haben sie in ihrem Statement anlässlich des Börsengangs gezielt die Kernpunkte ihres eigenen Unternehmens herausgearbeitet. Die Umbenennung von Google in Alphabet im Jahr 2015 und die Etablierung einer Holdingstruktur, bei der die Google-Suche mit allen Beiprodukten nur einen Portfoliobereich darstellt und die technikgetriebenen „Moonshots", die aus anderen Lebensbereichen stammen, davon isoliert werden, entspricht diesem ursprünglichen Gründergeist. Zur Gründungszeit wirkte die Anleitung für potenzielle Google-Investoren wie „naive Weltverbesserungsfantasien junger Gründer" (Schulz 34/2015, S. 18), aber sie sind die Beschreibung einer besonderen Unternehmensidee. Diese ist nicht branchenbezogen („Wir sind ein innovativer Dienstleister im Bereich des Online-Marketings.") oder gar produktspezifisch („Wir betreiben die beste Suchmaschine.") formuliert, sondern sie beschreibt die grundsätzliche Unternehmensidee. Eine Zielsetzung, die sich erst mehr als zehn Jahre später (auch das gibt es bei erfolgreichen digitalen Startups) in einer neuen Organisationsstruktur niederschlägt. Bild 6.8 stellt die Risiken und Chancen einer starken Unternehmenskultur gegenüber. Dass Unternehmenskompetenzen noch kein Garant für „digitale Weisheit" sind, zeigt Bild 6.9.

Die Tradition des technikgetriebenen Startups zeigt sich auch in der Doppelstruktur, in der das auf Effizienz getrimmte Brot-und-Butter-Geschäft mit Suchmaschinen und Werbevermarktung das kreativ-innovative Hochtechnologiegeschäft aus unterschiedlichen Bereichen wie Life-Sciences (intelligente Kontaktlinsen für Diabetiker), Nest (Smart-Home) und den generellen Forschungs-Think-Tank „Google X" (autonomes Fahren, Weiterentwicklung von Produkten rund um virtuelle Realität) finanziert.

Bild 6.8 Chancen/Risiken starker Unternehmenskulturen (Quelle: Kaudela-Baum/Holzer/Kocher 2014, S. 231)

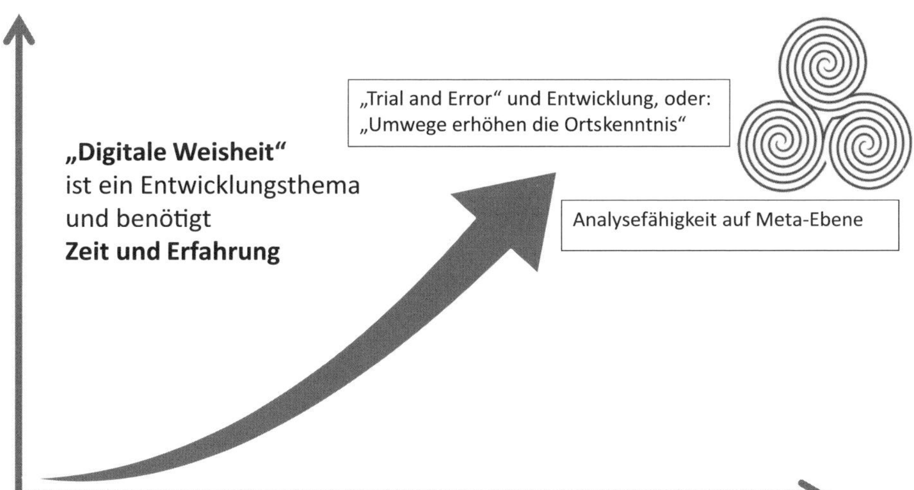

Bild 6.9 Unternehmenskompetenzen sind noch kein Garant für „digitale Weisheit" der Organisation (Quelle: Steinbeis-Beratungszentrum „Leadership in Science and Education")

Praxisbeispiel: General Electric vor permanenten Herausforderungen

Woran erkennt man nun Unternehmungen, die sich auf den Weg gemacht haben, strategische Wendepunkte in ihren Märkten wahrzunehmen und damit konstruktiv umzugehen? Es gibt dafür – wie auf die meisten zentralen Fragen des Managements – keine einfache pauschale Antwort. Man kann allenfalls über Indizien feststellen, welche Unternehmen hier nach Lösungen suchen und aktiv sind.

Der US-Konzern General Electric war jahrzehntelang unter seinem früheren CEO Jack Welch der Inbegriff des erfolgreichen Unternehmens. Umso schwieriger war es für den Nachfolger Jeffrey R. Immelt, hier entsprechend weiterzumachen. Unter dem Motto „Zukaufen“, „Verkaufen“ und „Auf den Prüfstand stellen“ wurde das komplette Portfolio neu sortiert (Bild 6.10). Solche Maßnahmen müssen nicht immer (sofort) zu Erfolgen führen; sie sind jedoch günstige Voraussetzungen, um auch bei etablierten Unternehmen den Erstarrungen und dem Beharrungsvermögen etablierter Strukturen und Gewohnheiten entgegenzuwirken (Freitag/Katzensteiner 8/2012). ■

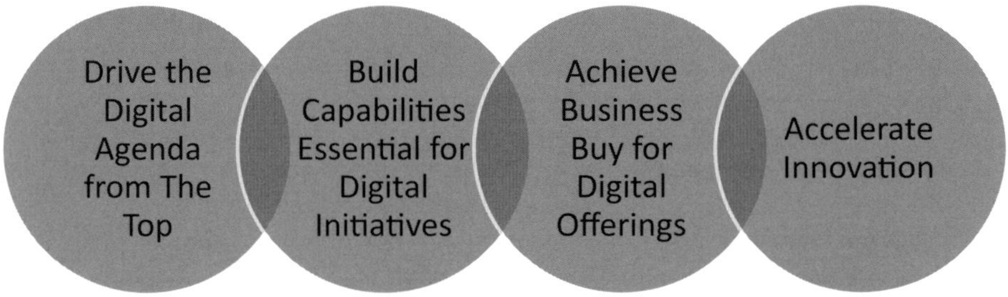

Bild 6.10 General Electrics Weg zur Digitalisierung (Quelle: Buvat/Bisht/KVJ 2015, S. 5)

6.5 Literatur

Alvares des Souza Soares, Philipp/Maier, Astrid (7/2015): Kapitalismus auf Koks; in: Manager Magazin 7/2015, S. 82-88BITKOM (Hrsg.) (2013): Bring Your Own Device, Berlin, *https://www.bitkom.org/Publikationen/2013/Leitfaden/BYOD/130304-LF-BYOD.pdf* (Abruf: 01.01.2016)

Brauck, Markus (2015): Amazons Roboter; Leitartikel in: Der Spiegel 35/2015, S. 6

Burda, Hubert (2016): Wie Medien sich ändern – Notizen zur digitalen Revolution, Petrarca Verlag München

Buvat, Jerome/Bisht, Ashish/KVJ, Subrahmanyam (2015): Going Digital: General Electric and its Digital Transformation, Capgemini Consulting, *https://www.capgemini-consulting.com/general-electric-and-its-digital-transformation* (Abruf: 08.02.2016)

Cube, Felix von (2006): Lust an Leistung: Die Naturgesetze der Führung; Piper München

Fechner, André M./Beuth, Frank-Eberhard (2012): Handy-Nutzung im Betrieb, in: Personalpraxis und Recht (PuR) 04/2012, S. 80 – 82

Freitag, Michael/Katzensteiner, Thomas (8/2012): Turbo-Leader, in: Manager Magazin, S. 36 – 41

Jugel, Delia (2015): Generation Y: Die Neuinterpretation des Begriffs Work-Life-Balance und die Motivationsinstrumente der Führung von und für Digital Natives. Bachelorthesis Fakultät Medien und Informationsweisen. Hochschule Offenburg

Kammerer, Steffi (7/2014): Out of Kreuth, in: Manager Magazin 7/2014, S. 120 – 125

Kaudela-Baum, Stephanie/Holzer, Jacqueline/Kocher, Pierre-Yves (2014): Innovation Leadership: Führung zwischen Freiheit und Norm. Springer Gabler. Wiesbaden

Kreutzer, Ralf/Land, Karl-Heinz (2015): Dematerialisierung: Die Neuverteilung der Welt in Zeiten des digitalen Darwinismus. Future Vision Press. Köln.

Müller, Eva (2/2014): Der digitale Chef, in: Manager Magazin 2/2014, S. 68 – 73

o. V. (2016): Kaufmann im E-Commerce, in: IHK WirtschaftsForum 02/2016, IHK-Frankfurt am Main, S. 6

Rungg, Andrea (10/2015): Das große Fressen, in: Manager Magazin 10/2015, S. 60 – 62

Schulz, Thomas (34/2015): Wetten auf die Zukunft; in: Der Spiegel 34/2015, S. 18 – 19

Schwab, Klaus (2016): The Fourth Industrial Revolution, World Economic Forum, Cologny/Geneva

Steiger, Hartmut (2015): „Deutsche Unternehmen nicht agil genug“, in: VDI Nachrichten 42/2015, S. 2

Vašek, Thomas (2013): Work-Life-Bullshit: Warum die Trennung von Arbeit und Leben in die Irre führt, Riemann München

Voigt, Sandra (2015): Smartphone aus? – Erreichbarkeit in der Freizeit, in: Wirtschaft in Mittelfranken (IHK-Magazin der IHK Nürnberg) 06/2015, S. 32

Willenbrock, Harald (2016): Wir sind dann mal weg, in: Brand eins 01/2016, S. 68 – 75

7 Die Umsetzung

Die Hauptthemenfelder und Erfolgsprinzipien von Management 4.0 als Voraussetzung für die digitale Transformation wurden in den vorhergehenden Kapiteln beschrieben. Damit am Ende eine erfolgreiche (Neu-)Ausrichtung des Unternehmens an den (veränderten) Kundenbedürfnissen möglich wird und das Unternehmen im Sinne einer Strategie auch künftig in der Lage ist, dauerhaften Kundennutzen zu stiften, muss ein Verfahren gefunden werden, das diesen Wandel gewährleistet. Es geht um eine systematische Weiterentwicklung des Unternehmens und die rechtzeitige Einleitung von Wendepunkten zur strategischen Umkehr.

Für einzelne Anwendungsszenarien wie Industrie 4.0 gibt es Vorgehensmodelle, die den Wandel im Rahmen der Digitalisierung beschreiben (Bild 7.1). Diese Darstellungen zeigen anhand der Beispiele, wie grundsätzlich der digitale Wandel als Managementaufgabe umgesetzt werden muss.

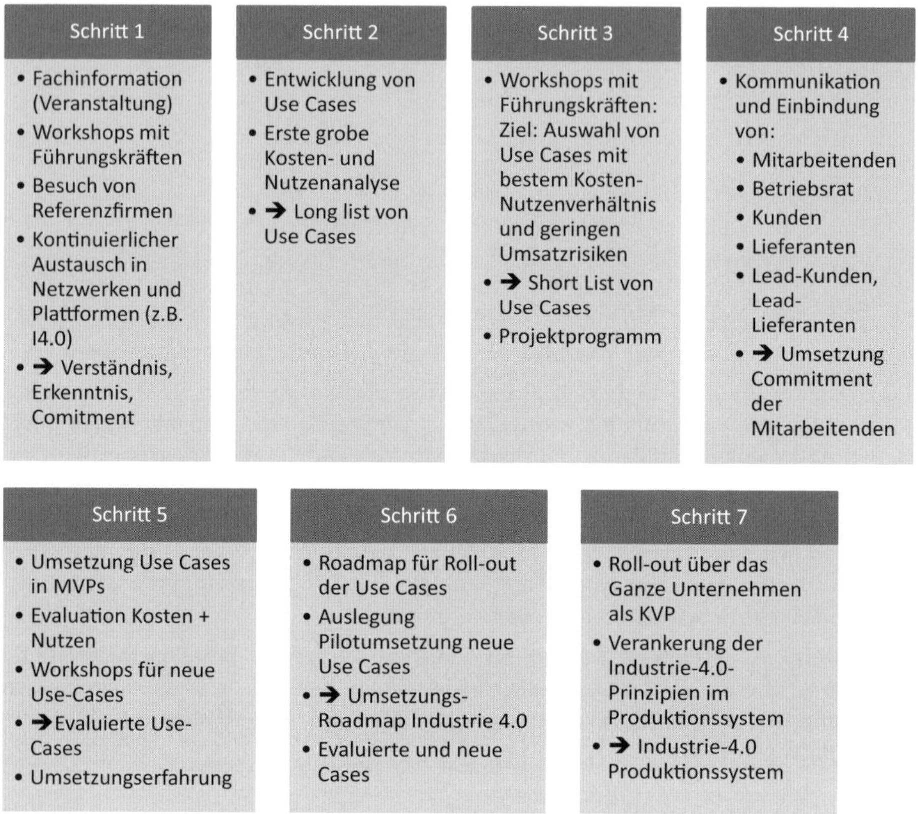

Bild 7.1 Einführungsprozess von Industrie 4.0 (Quelle: Bildstein/Seidelmann 2014, S. 588)

Benötigte Bausteine zur Umsetzung des digitalen Wandels und zur Implementierung von Management 4.0

1. Strategie

Welche Fähigkeiten, die …

- vom Wettbewerb nicht ohne Weiteres kopierbar sind,
- für die künftige Umwelt- und Marktsituation bedeutsam sind,
- langfristigen Erfolg sichern können,

wollen wir weiterentwickeln?

2. Masterplan

Welche Prozessschritte müssen umgesetzt werden, um das Unternehmen im digitalen Wandel auf Kurs zu bringen und die notwendigen Wendepunkte zu berücksichtigen?

Diese beiden Schritte stehen am Beginn des Transformationsprozesses und sind eine der Voraussetzungen für einen erfolgreichen Wandel im Sinne von Management 4.0. Sie liegen in der Verantwortung des Topmanagements und bedürfen auch im Rahmen der

Corporate Governance einer breiten Unterstützung, etwa durch den Aufsichtsrat oder Schlüsselpersonen/-gruppierungen aus den Reihen der Gesellschafter.

3. Disruptions-Check

Um die Geschwindigkeit und die Intensität besser abschätzen zu können, mit der der digitale Wandel die eigene Branche und das eigene Unternehmen trifft, bedarf es einer systematischen Betroffenheitsanalyse. Neben der reinen Analyse im Sinne einer Diagnostik geht es bereits um erste Optionen für Maßnahmen im Sinne einer Therapie. Hier sollen die Manager/-innen bereits mit neuen Projekten, Produkten und Geschäftsmodellen aufwarten, was eine Planung mit den Tools der Startup-Szene, wie dem Business Model Canvas, erfordert. Ansätze wie Kill-the-Company und die Überlegung, dass eine grundsätzliche Portion Paranoia („Only the paranoid survive", Andy Grove) nicht schadet, helfen dabei, das eigene Unternehmen konsequent in Frage zu stellen. Für diese Aufgaben haben sich inzwischen auch eigene Dienstleistungs- und Beratungsansätze etabliert, wie beispielsweise der „Digitalcheck" des Handelsblatts Research Institute (Bild 7.2).

Bild 7.2 Dienstleistungsportfolio „Digitalcheck" der Verlagsgruppe Handelsblatt (Quelle: Handelsblatt-Digitalcheck 2016)

4. Wandel der Unternehmenskultur

Ein Ziel für eine agile und flexible Gesamtorganisation ist die Stärkung der Eigenverantwortung und der Befugnisse aller Mitarbeiter/-innen. Neben der Frage, wie die einzelnen Belegschaftsmitglieder eine solche Veränderung für sich selbst wahrnehmen, sind auch die Unternehmenstradition und die Organisationsstruktur begrenzende Faktoren. Dieser Kulturwandel ist eine notwendige Voraussetzung, um auf der Ebene der Managementpraktiken auch agile Methoden wie Scrum erfolgreich einsetzen zu können. Lean Management, ausgedünnte Hierarchieebenen und eine möglichst direkte Rückkopplung mit den jeweiligen Führungsebenen im Sinne einer Feedback-Schleife bilden dabei das organisatorische Umfeld für die Einführung von Management 4.0. Dabei ist für viele Unternehmen agiles Management in Reinkultur nicht unbedingt die passende Variante, sondern es geht auch hier darum, das richtige Maß zu finden (vgl. Gruhn 2015, S. 157). Der Kulturwandel bedeutet auch, dass im Sinne der Idee der „digitalen Weisheit" bei den älteren Führungskräften die Bereitschaft vorhanden ist, von den jüngeren zu lernen. Bei Nestlé gibt es beispielsweise ein Projekt im Rahmen der Digitalisierung, bei dem die Topmanager von den Digital Experts gecoacht werden (vgl. Beuchler 2015, S. 19).

5. Wandel der Unternehmensstruktur

Die Bildung dezentraler Einheiten mit funktionsübergreifenden Projektteams ist eine wesentliche Voraussetzung für den Erfolg im Sinne einer zielorientierten, schlagkräftigen Organisation. Darüber hinaus sind folgende drei Wege zur Integration neuer digitaler Geschäftsfelder symptomatisch:

- Akquise neuer Unternehmen durch Kooperation mit Dritten (z. B. Softwarebranche, Unternehmen anderer, themenverwandter Branchen)
- Akquise neuer Unternehmen durch Ein- oder Aufkauf der Unternehmen
- Einrichtung eines neuen Unternehmens durch Ausgründung von erfolgreichen, dynamisch wachsenden Unternehmensteilen, deren Produkte sich in Herstellung, Vermarktung etc. klar abgrenzen lassen

6. Pionierbereiche

Festlegung von Pionierbereichen für den digitalen Wandel, in denen rasche Transformationserfolge möglich sind. Diese Pionierbereiche dienen als Beispiel und Symbol für den Wandel.

7. Roll-out über das Gesamtunternehmen

Grundlage für das Roll-out ist die Nutzung der Erfahrungen aus den Pionierbereichen zur Transformation des Gesamtunternehmens. Es geht dabei um eine Weiterentwicklung der Best-Practice-Kultur und die Übertragung der Erfahrungen aus der Testen-Messen-Lernen-Feedbackschleife auf andere Bereiche.

8. Personalentwicklung und digitale Kompetenz

Die Personalentwicklung und die Planung der digitalen Kompetenz als individuelle und organisatorische Kompetenz des Gesamtunternehmens sowie einzelner Unternehmenseinheiten sollen die langfristige Entwicklungsperspektive des Unternehmens absichern.

Vermeidung des organisatorischen Ablasshandels

Ein typisches Problem begleitet die Umsetzung der digitalen Transformation, die Gefahr der Symbolhandlungen und des organisatorischen Ablasshandels. So werden zum Beispiel gerne unterhalb der Vorstands- oder Geschäftsführungsebene Manager/-innen eingestellt, die den Auftrag haben, die digitale Transformation voranzubringen und umzusetzen. In den Medienunternehmen und Agenturen nimmt man dafür richtig Geld in die Hand und lässt sich auch beim Jobtitel nicht lumpen. „Chief Digital Officer" oder „Head of Digital Change" oder was sonst noch innovativ und wichtig klingt, wird hier gerne eingesetzt. Was dann in der Folge passiert, wenn diese Person, meist von außen kommend, ihren Job antritt, ist der „organisatorische Ablasshandel". Waren früher sehr viele Mitarbeiter/-innen mit Fragen des digitalen Wandels befasst, sagen sich nun alle, dass es dafür die Neue/den Neuen gibt, die/der das mal mit seiner Truppe übernehmen kann. Statt nun mehr Drive in das Thema digitaler Wandel zu bekommen, erlahmt nun alles, da alle auf die zentrale Einheit verweisen und dort die Anbindung an die jeweiligen Fach- und Produktbereiche die bisherige dezentral geleistete Arbeit nicht ersetzen kann.

Die Parallele zum Ablasshandel? Auch dort hat man jemandem Geld gegeben, damit er sich um die unangenehmen Dinge kümmert (damals die Sünden) und sie einem abnimmt, damit man sich selbst nicht mehr darum kümmern muss. Das hat damals so wenig wie heute funktioniert. Wer also den Bereich digitale Transformation oder digitaler Wandel im Sinne eines Veränderungsprozesses stärken möchte, tut daher gut daran, die jeweiligen Innovationstreiber in der Organisation miteinander zu vernetzen. Es wird nur über die aktiven und für dieses Thema offenen Personen möglich sein, rechtzeitig Fahrt für ein Umsteuern zu gewinnen. Auch die Offenheit für neue Geschäftschancen hängt sehr stark von den bei diesem Thema miteinbezogenen Personen ab. Ein Thema, das wie der digitale Wandel das gesamte Unternehmen betrifft, darf nicht zur Angelegenheit von wenigen Spezialisten werden, die sich dann scheinbar zu Lasten derjenigen profilieren, die die tägliche Arbeit erledigen und mit ihrer Arbeit das Unternehmen bis jetzt am Leben erhalten haben.

Nestlé-Managerin Tina Beuchler, selbst „Digital & Media Director" des deutschen Konzernteils und Vorstandsvorsitzende der Organisation Werbungtreibende im Markenverband (OWM), sieht genau diese Spezialisierungen in den Unternehmen kritisch. In Bezug auf die Folgen und Bedingungen der Digitalisierung sagt sie:

> *„Im Wesentlichen geht es darum, dass wir auch die Menschen, die im Unternehmen arbeiten, abholen und beim Transformationsprozess mitnehmen. Es reicht nicht, sich ein paar Digital Experts an Bord zu holen. Die alleine werden es nicht richten"* (Beuchler 2015).

An unserem Praxisbeispiel zum Thema individuelle digitale Kompetenzen, das wir aus dem Hause Burda dargestellt haben, wurde bereits deutlich, dass es ein sehr sensibler Prozess ist, die digitalen Impulsgeber eines Konzerns in die Struktur zu integrieren. Sind sie reine Stabsstellen ohne eigene Linien- und Produktverantwortung, dann hängen sie im Regelfall direkt vom Machtpromoter, das heißt von der digitalen Umsetzungsstärke der Chefs ab. Man vermeidet durch diese Konstruktion den geschilderten „organisatorischen Ablasshandel", der die Entwicklungsdynamik bremst. Dazu gehören auch der permanente Kontakt zum operativen Geschäft und die Einbindung der Linienverantwortlichen. Die Digitalisierungsexperten und Verantwortlichen für Digitalisierungsstrategien haben in ihrem Selbstverständnis das Problem, dass sie sich nicht als identisch mit ihrer Organisation oder als deren steuernde Instanz sehen können. Sie liefern in ihren Beschreibungen stattdessen das Selbstbild von Entdeckern.

> *„In der Empirie zeigen sich Digitalisierungsstrategien damit nicht als die durchschlagende Umgestaltung verkrusteter Strukturen durch visionäre Macher, sondern sie ermöglichen zunächst einmal praktisch die Einrichtung und operative Abgrenzung einer gesonderten Beobachterposition."* (Süssenguth 2015, S. 103)

Im Februar 2016 veröffentlichte die Unternehmens- und Personalberatung Kienbaum eine Studie, die deutlich machte, dass bei der digitalen Transformation in vielen Fällen die Verantwortlichkeiten unklar waren. Nur elf Prozent der Firmen hatten einen Hauptverantwortlichen für die Digitalisierung von Geschäftsmodellen und -prozessen benannt (Kienbaum 2016). Dabei zeigten bereits frühere Studien, dass die Digitalisierung vor allem in den Unternehmen gut läuft, in denen die Chefetage klare Bekenntnisse zur digitalen Transformation abgibt und eine gemeinsame Vision zur digitalen Erneuerung auf die Agenda bringt (vgl. Fitzgerald et al. 2013; Bild 7.3).

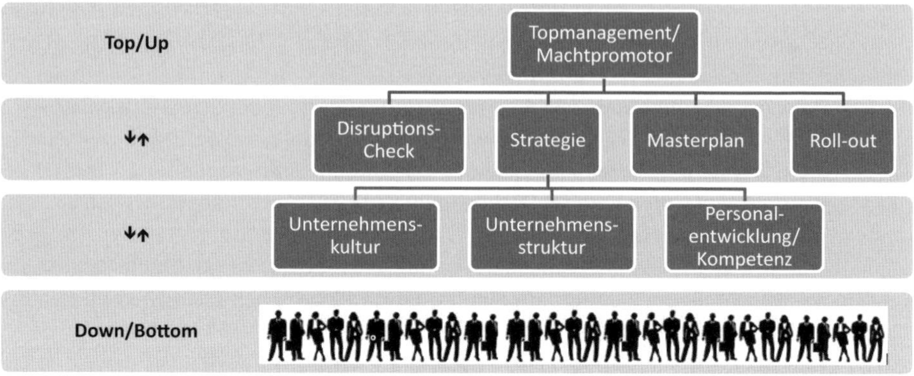

Bild 7.3 Digitale Transformation – die Umsetzung von Management 4.0 (Quelle: Steinbeis-Beratungszentrum „Leadership in Science and Education“)

Praxisbeispiel: Digitalisierung bei TRUMPF – Industrie 4.0 ist mehr als Blech

1990 begannen die Werksplaner bei TRUMPF, von Hallenlayouts mit Maschinenanordnungen auf CAD-Planungen umzustellen. Wie immer bei solchen Umbruchphasen hatten die jüngeren Mitarbeiterinnen und Mitarbeiter, die sich in die Software eingearbeitet hatten, die vielen Vorteile der CAD-Pläne im Blick, während die älteren Planer darauf schworen, dass das mit den Computerplänen zwar ganz nett sei, die schnelle Planung am Zeichenbrett jedoch eindeutig Vorteile habe.

Wenn die Aktivitäten von TRUMPF aus heutiger Perspektive betrachtet werden, dann fällt zunächst einmal das große Wachstum auf, welches das Unternehmen in den vergangenen 25 Jahren realisieren konnte. Aus dem Hersteller von Blechbearbeitungsmaschinen ist nach eigenem Bekunden ein „Hochtechnologieunternehmen“ geworden, das „Fertigungslösungen in den Bereichen Werkzeugmaschinen, Lasertechnik und Elektronik“ bietet (TRUMPF 05/11/2015).

„2014/15 erwirtschaftete das Unternehmen mit knapp 11 000 Mitarbeitern einen Umsatz von 2,72 Milliarden Euro. Mit rund 70 Tochtergesellschaften ist die Gruppe in fast allen europäischen Ländern, in Nord- und Südamerika sowie in Asien vertreten. Produktionsstandorte befinden sich in Deutschland, Frankreich, Großbritannien, Italien, Österreich und der Schweiz, in Polen, Tschechien, den USA, Mexiko, China und Japan.“ Damit ist TRUMPF ein Unternehmen, das von der Ausrichtung am Markt her in doppelter Hinsicht vom digitalen Wandel betroffen ist. Zum einen auf der Ebene der Produkte, hier betrifft die Digitalisierung die eigenen Angebote an die Kunden. Denn die Kunden aus dem Bereich der Produktion erwarten von TRUMPF Lösungen, um Industrie 4.0 umzusetzen. Zum anderen auf der Ebene des eigenen Betriebs, wo die Umsetzung von Industrie 4.0

als vernetzte Produktion auch in den eigenen TRUMPF-Werken eine Form des digitalen Wandels darstellt.

Wie löst man nun eine derart komplexe Aufgabe im Sinne von Management 4.0? Es wäre nicht angemessen, hierfür lediglich eine Unternehmensberatung dazuzuholen, die mit den gängigsten Tools des agilen Managements und dem Schreckgespenst der Disruption alle aus ihrer Arbeitsroutine befreit, um dann mit dem Charme nach dem Motto „Jetzt machen wir auch in Industrie 4.0" wieder von dannen zu ziehen. Auch das so beliebte Spiel, einen Chief-Digital-Officer zu ernennen, der sich dann intern um die Umsetzung kümmern soll, wird nicht erfolgversprechend sein. Es geht nicht um die Beruhigung eines schlechten digitalen Gewissens, sondern um eine konsequente Analyse, von der das eigene Unternehmen betroffen ist, und um die Frage, welcher Umbau bei Organisation und Produkten notwendig ist, um der doppelten Betroffenheit im digitalen Wandel zu entsprechen und den erwarteten Kundennutzen zu liefern. Damit ist eine Weiterentwicklung der Strukturen, Prozesse und der Unternehmenskultur erforderlich. All das benötigt Zeit.

TRUMPF hat auf der Strukturebene seine Aufgaben im Bereich Management 4.0 erledigt. Das Unternehmen hat Beteiligungen an Softwareunternehmen (beispielsweise Xetics in Stuttgart oder C-Labs in Redmond) erworben, um den neuen Kompetenzbereich Software für vernetzte Produktion zu stärken (TRUMPF 05/11/2015). Aus Sicht des schwäbischen Maschinenbauers ist gerade im Maschinenbau eine Differenzierung im Wettbewerb künftig immer stärker durch die Elektronik und Software geprägt (vgl. Hensel 2016). In Ergänzung zum Zukauf von Kompetenzen hat TRUMPF mit „Axoom" ein eigenes Startup gegründet, das eine Plattform für Software zur Planung von Produktionsabläufen aufbauen soll (vgl. SWR 2015). Damit sind zwei typische Veränderungen der Organisationsstruktur vorgenommen worden, wie es in Kapitel 2 beschrieben wurde.

Gleichzeitig erfolgte damit auch ein wesentlicher Schritt im Bereich der Anpassung der digitalen Produktpalette. Das Unternehmen ist mit Angeboten wie „TruConnected" in der Lage, den eigenen Kunden Technologien und Beratung zur vernetzten Fertigung und damit zur Einführung und Weiterentwicklung von Industrie 4.0 anzubieten (TRUMPF 03/11/2015).

„Die ersten Überlegungen beginnen direkt in der Fertigung des Kunden. Experten von TRUMPF analysieren dessen Prozesse und identifizieren Verbesserungspotentiale, durchgängig und umfassend entlang der gesamten Wertschöpfungskette. Anhand der Ist-Situation definieren sie dann gemeinsam mit dem Kunden, welche Lösungsansätze für das Unternehmen sinnvoll sind. Entscheidend dafür sind die Kriterien des Kunden, er bestimmt den Fokus der Verbesserungsansätze: Mehr Transparenz, bessere Wirtschaftlichkeit, schnelleren Durchlauf, höhere Reaktionsgeschwindigkeit auf Änderungen oder eine Mischung von mehreren Kriterien. In einer Umset-

zungsempfehlung erfährt der Kunde anschließend, wie er das gewünschte Ziel erreichen kann." (TRUMPF 03/11/2015)

Diese Ausweitung der Produktpalette ist im Rahmen des digitalen Wandels von strategischer Bedeutung. „Wir werden keinesfalls zulassen, dass wir zum Hardware-Hersteller marginalisiert werden", beschreibt Vize-Chef Peter Leibinger die Zielsetzung des Engagements im Bereich Software und Planungs-Apps (o. V. 2015). Mit einem eigenen App-Store für den Industriesektor würde das Unternehmen den Bereich der unterstützenden Dienstleistungen für das Kerngeschäft mit vernetzten Fertigungslösungen weiter ausbauen. Eine Bank für die Finanzierung von Maschinenkäufen wurde bereits etabliert.

Dass solche großen Veränderungen nicht nur aus eigener inhaltlicher Kraft möglich sind, sondern für die Bewältigung der Herausforderungen des digitalen Wandels auch die Anbindung an die aktuellen wissenschaftlichen Erkenntnisse hilfreich ist, liegt auf der Hand. TRUMPF hat das durch ein „Industry-on-Campus"-Projekt mit dem Fraunhofer Institut für Produktionstechnik und Automatisierung (IPA) gelöst. Im sogenannten „TRUMPF LAB" werden die Kompetenzen von TRUMPF, IPA und der Universität Stuttgart gebündelt (TRUMPF/IPA 29/07/2015).

Man kann an diesen wenigen Beispielen bereits einige Elemente von Management 4.0 erkennen. Eine gewisse Konsequenz in der Vorbereitung und Umsetzung sowie eine klare Philosophie der Unternehmensleitung sind erkennbar. Firmen-Chefin Nicola Leibinger-Kammüller erklärt den Aufbau des Startups beispielsweise wie folgt: *„Wir werden damit zum Provider eines Betriebssystems"* (SWR 2015). ■

Die Praxisbeispiele in diesem Buch sind nicht nach systematisch wertenden Kriterien erfolgt. Ich habe beispielsweise Manfred Wittenstein von der Wittenstein AG als sehr kundigen und engagierten Leiter der Arbeitsgruppe „Transfer und Zusammenarbeit" im Rahmen der „Expertenkommission Ingenieurwissenschaften@BW2025" erlebt und seine Führungskräfte im Unternehmen haben mit wissenschaftlich begleiteten Modellprojekten gezeigt, dass der Mittelstand in der Lage ist, seine eigene Linie im Rahmen der Digitalisierungswelle zu finden (vgl. Spilok 2015). Besonders beeindruckend am Beispiel der Wittenstein AG ist die Bereitschaft, sich in Führungsfragen durch externe Expertise (die St. Galler Business School) begleiten zu lassen und gezielt vor dem Hintergrund Industrie 4.0 in Führungsausbildung in Form einer mehrmonatigen Schulung („FührungsDialog") zu investieren (vgl. Wittenstein 2016). Es wären daher weitere erfolgreiche Unternehmen darstellbar, jedoch musste aus Platzgründen eine Fokussierung auf einige wenige Beispiele erfolgen.

Der digitale Wandel findet nicht nur auf der Ebene einzelner Unternehmen statt, die sich aufgrund ihrer Produkte und Marktstrukturen besonders intensiv mit den Veränderungsprozessen befassen, sondern es geht an dieser Stelle auch um Cluster von Unternehmen, die sich gemeinsam auf den Weg machen, um innerhalb einer Region oder

Branche die Transformation voranzutreiben. Ein Beispiel hierfür ist die E-COM Region Ortenau, eine regionale E-Commerce-Initiative, bei der die Hochschule Offenburg gemeinsam mit Partnern der regionalen Wirtschaft (unter anderem Burda, Printus, Markant, Edeka Südwest und die Volksbank Offenburg) sowie Partnern aus dem Umfeld der Politik (Wirtschaftsregion Offenburg/Ortenau, Stadt Offenburg) sowohl die Kooperation untereinander vorantreibt, die Forschung stärkt, die Entwicklung von Fach-/Führungsnachwuchs fördert als auch die öffentliche Wahrnehmung des digitalen Wandels stärkt.

Das Konzept der digitalen Weisheit

Die Philosophie hat sich jahrhundertelang mit dem Begriff und dem Wesen der Weisheit auseinandergesetzt. Dabei war es immer wieder ein Streitpunkt, ob der Mensch nun in der Lage sei, Weisheit zu erlangen, oder ob Weisheit nur ein (göttliches) Ideal darstellte, das vom Menschen zwar angestrebt werden solle, aber nie erreicht werden könne. Seit Kant hat sich die Philosophie immer weniger mit dem Weisheitsbegriff auseinandergesetzt. Dieses Vakuum haben in den letzten Jahrzehnten und Jahrhunderten zunehmend metaphysische esoterische Strömungen übernommen. Abgesehen davon, dass man hier eine Brücke zu den Pythagoreern schlagen könnte, bietet sich diese Situation für eine Analogie im Bereich Management und Leadership an, was den digitalen Wandel betrifft. War es früher ein enges Anliegen der Managementlehre, das Prinzip der Lebensklugheit als eine der Weisheitsdefinitionen zu vermitteln und damit im Sinne von Entrepreneurship und Leadership lebenskluges Handeln darzustellen, haben im Kontext der Digitalisierung andere Gruppierungen und Strömungen diese Aufgabe übernommen. Ein Vakuum, das die klassischen Managementtheorien und -akteure hinterlassen haben, das dann im Laufe der Zeit von anderen Akteuren und Instanzen gefüllt wurde. Statt klassischer Management- und Strategieberatungen sind es dann die teilweise hochspezialisierten Change- und Digitalisierungsagenturen, die sich um das Management des digitalen Wandels kümmern.

Der Ansatz dieses Buchs ist es, das lebenskluge Handeln im digitalen Veränderungsprozess zum Hauptgegenstand von Management zu machen. Es soll damit keine Handreichung zur digitalen Hybris erfolgen, die ein Sendungsbewusstsein beinhaltet im Sinne von „Ich allein weiß, wie der künftige richtige digitale Weg aussehen wird". Im Gegenteil, wer sich intensiv mit der Digitalisierung befasst, wird nicht nur sensibilisiert sein, wo Aufgabenbereiche für den digitalen Transformationsprozess liegen, er wird auch eine gewisse Demut entwickeln, die ihn vor einem allzu nassforschen Vorgehen bewahrt. Digitale Weisheit schließt damit auch das Wissen um die eigene Begrenztheit mit ein. Nur wer in diesem Sinne auch die Offenheit hat, andere Impulse und Erfahrungen wahrzunehmen und in das geplante Konzept zu integrieren, wird in der Lage sein, engagierte und motivierte Teams im digitalen Wandel anzuleiten. Darüber hinaus ist es eine klassische Teilaufgabe des Managements, die – im Sinne der Weisheit als philosophischer Teildisziplin – nur im Rahmen der bisherigen Erfahrungen und Erkenntnisse im Bereich Führung und Zusammenarbeit sowie im Bereich Unternehmensführung und Unternehmensstrategie erfolgreich umgesetzt werden kann.

Dass die Demut gegenüber den eigenen strategischen und analytischen Fähigkeiten angebracht erscheint, soll das abschließende Praxisbeispiel illustrieren:

Praxisbeispiel

Ich hatte im Jahr 2013 von einem regionalen Medienkonzern die Anfrage bekommen, das Unternehmen bei einem entscheidenden strategischen Planungsprozess als Moderator zu begleiten. Es ging um die Investition in ein neues Druckzentrum, das heißt um eine Investition im deutlich zweistelligen Millionenbereich mit einer Abschreibungsdauer von rund 20 Jahren. Für ein Unternehmen, dessen Hauptprodukt gegenwärtig eine gedruckte Tageszeitung darstellt, ist ein derartiges Investment eine Wette darauf, dass man auch künftig (zumindest die nächsten 20 Jahre lang) in diesem Segment der gedruckten Tagespresse noch Geld verdienen kann. Ich reiste zu dem entscheidenden Workshop an und alle waren versammelt, Geschäftsführung, Verlagsleitung, Chefredaktion, Abteilungsleiter aus den Abteilungen Controlling, Marketing, Vertrieb, Anzeigen und nicht zuletzt die Marktforscher, die schon seit Wochen die Daten vorbereitet hatten. Die Frage, die man nun in dieser Runde zu lösen gedachte, war die folgende: Welche Verkaufsauflage der gedruckten Zeitung und welche Ausgabenstruktur (sublokal, lokal, regional differenziert) werden unsere Tageszeitungstitel in 20 Jahren haben? Eine berechtigte Frage, denn genau darauf muss man die inhaltliche Konzeption der Investition in ein Druckzentrum abstimmen, um anschließend auch die Maschinen an Bord zu haben, die dies leisten können. Dennoch startete ich den Einstieg in die Tagesordnung mit folgendem Statement: „Wenn wir jetzt versuchen zu ergründen, welche Markt- und Wettbewerbsverhältnisse wir in zwanzig Jahren antreffen, sollten wir das mit einer gewissen Demut tun, denn wir können uns zunächst einmal die folgende Frage stellen: Was wussten wir vor zwanzig Jahren über die heutige Marktlage?“ Daraufhin herrschte zunächst Schweigen im Raum und wir haben uns in die Zeitreise zurück ins Jahr 1993 begeben. Das Internet war noch eine TCP/IP-Vernetzung von Nerds an Universitäten, es gab noch keine massentaugliche Oberfläche in Gestalt des WWW und portable devices wie Tablets und Smartphones waren noch Themenstellungen für Science-Fiction-Serien wie StarTrek. Auch wenn der Begriff der „Demut“ bei tatkräftigen, leistungsorientierten Führungskräften immer zu Beginn Erschrecken und Widerspruch hervorruft, so war bei diesem Einstieg in den gemeinsamen Workshop allen Beteiligten schnell klar, dass wir nicht umhinkommen, bei unseren Prognosen den Umstand zu akzeptieren, dass wir trotz aller Erfahrung und den entsprechenden Szenarien und Modellen eben nur einen begrenzten Wissens- und Informationsstand haben und dennoch entscheiden müssen. ■

Wir sehen an diesem Beispiel, dass wir nicht umhinkommen, den digitalen Wandel als Führungsaufgabe im Sinne von Leadership und Management anzunehmen und zu gestalten, auch wenn es dabei keine Erfolgsgarantie geben kann. Wer jedoch gemeinsam mit den Kolleginnen und Kollegen neue Impulse aufnehmen und mit den Erfahrungen und Talenten im Unternehmen verbinden kann, hat gute Voraussetzungen, die möglichen Erfolgspotenziale seines Unternehmens zu identifizieren und zu nutzen. Einer gemeinsamen Entwicklung zum erfolgreichen digitalen Unternehmen steht dann nichts mehr im Wege.

■ 7.1 Literatur

Beuchler, Tina (2015): Herkulesaufgabegemeinsam angehen, Interviewerin: Vanessa Göbel, in: Markenartikel 11/2015, S. 18 - 21

Bildstein, Andreas/Seidelmann, Joachim (2014): Industrie 4.0-Readiness: Migration zur Industrie 4.0-Fertigung, in: Bauernhansl, Thomas/ten Hompel, Michael/Vogel-Heuser, Birgit (Hrsg.) (2014): Industrie 4.0 in Produktion, Automatisierung und Logistik - Anwendung, Technologien, Migration, Springer Vieweg, Wiesbaden, S. 581 - 597

Fitzgerald, Michael/Kruschwitz, Nina/Bonnet, Didier/Welch, Michael (2013): Empracing Digital Technology, MITSloan Research Report 2013 in collaboration with Capgemini Consulting

Gruhn, Volker (2015): „Gezähmte Agilität" - das Beste aus beiden Welten, in: Lang, Michael/Scherber, Stefan (Hrsg.) (2015): Agiles Management: Innovative Methoden und Best Practices, Symposion Düsseldorf, S. 153 - 168

Handelsblatt-Digitalcheck (2016): *http://digitalcheck.handelsblatt.com/#digitalcheck* (Abruf: 14. 02. 2016)

Hensel, Roland (2016): Von Facebook für die Produktion lernen, in: VDI-Nachrichten 1-2/2016, S. 17

Kienbaum (2016) (Hrsg.): Kienbaum-Studie: Digitalisierung erfordert einen Transformer als Chef, Pressemeldung - 1. Februar 2016, *www.kienbaum.de* (Abruf: 08. 02. 2016)

o. V. (2015): Trumpf erwägt App-Store für Industrie-Software, in: Handelsblatt.com 26. 04. 2015

Spilok, Kathleen (2015): Leinen los für Industrie 4.0, in: VDI-Nachrichten 42/2015, S. 3

Süssenguth, Florian (2015): Die Organisation des digitalen Wandels - Zur Funktion von Digitalisierungssemantiken in Wirtschaft, Medien und Politik, in: Süssenguth, Florian (Hrsg.) (2015): Die Gesellschaft der Daten - Über die digitale Transformation der sozialen Ordnung, transcript Verlag Bielefeld, S. 93 - 121

SWR (2015): Laserspezialist setzt auf Industrie 4.0, SWR-Fernsehen in Baden-Württemberg 21. 10. 2015, 18:00 Uhr, 1:59 min

SWR 2015

TRUMPF (03/11/2015): Get Connected: TruConnect, die TRUMPF Technologie für vernetzte Fertigung, ebnet den Weg in Richtung Industrie 4.0, Pressemeldung 03. 11. 2015

TRUMPF (05/11/2015): TRUMPF expandiert im Softwarebereich: TRUMPF beteiligt sich an den zwei Softwareherstellern Xtics und C-Labs – Konsequente Stärkung des Industrie 4.0-Portfolios, Pressemeldung 05.11.2015

TRUMPF/IPA (29/07/2015): Fabrik der Zukunft auf Forschungscampus: Grundlagenforschung zu Industrie 4.0 – gemeinsames Projekt von TRUMPF und Fraunhofer IPA, Pressemeldung 29.07.2015

Wittenstein, Manfred (2016): „Bei Führung 4.0 ist konstruktives Stören erwünscht“, in: VDI-Nachrichten 1-2/2016, S. 2 – 3

Index

Symbole

A

B

E

F

G

H

I

J

K

L

M

N

O

Autor

Prof. Dr. Thomas Breyer-Mayländer (Dipl.-Wirt.-Ing. (FH), Dipl.Inf.Wiss.), geboren 1971 in Stuttgart, studierte Wirtschaftsingenieurwesen für Verlage an der Hochschule der Medien in Stuttgart und Informationswissenschaft an der Universität Konstanz, bevor er nebenberuflich im Bereich Medienökonomie am Institut für Journalistik der Universität Dortmund zum Dr. phil. promovierte. Er war während seines zweiten Studiums selbständiger Berater im Online-Sektor eines Zeitschriftenverlags. Nach dem Studium war er mehr als fünf Jahre als Referent für Betriebswirtschaft und Multimedia beim Bundesverband Deutscher Zeitungsverleger in Bonn beschäftigt, bevor er Geschäftsführer der zentralen Gattungsmarketingeinrichtung der deutschen Zeitungsbranche, der ZeitungsMarketingGesellschaft: ZMG Frankfurt, wurde. 2001 wechselte er mit 30 Jahren als Professor für Medienmanagement an die Hochschule Offenburg, wo er in den folgenden Jahren Studiengangleiter, Prodekan und Dekan der Medienfakultät war. Seit 2011 verantwortet er als Prorektor in der zweiten Amtszeit die Themen Marketing und Organisationsentwicklung in der Hochschulleitung. Thomas Breyer-Mayländer ist als Moderator, Seminartrainer, Coach und Berater sowie als Aufsichtsratsmitglied eines Buchverlags nach wie vor eng mit der Praxis verbunden. Er ist Leiter des Steinbeis-Beratungszentrums „Leadership in Science and Education“, Ettenheimmünster und Autor zahlreicher Fachbücher und Veröffentlichungen zu den Themen Bildungsmanagement, Medien, Management und Kommunikation.

http://www.leadership-science-education.de

http://www.kommunikation-management.de